U0094953

THE ANATOMY COLORING BOOK

邊看邊畫邊學，為知識上色，更有趣、更輕鬆、更好記

人體解剖
著色學習手冊

維恩・凱彼特 *Wynn Kapit*／勞倫斯・埃爾森 *Lawrence M.Elson* **合著**

蔡承志 **譯**

獻辭

獻給我的妻子洛琳（Lauren）及兒子尼爾（Neil）、艾略特（Eliot）。

——維恩．凱彼特

這個新版本要獻給先前用過本書舊版，研讀解剖學的數百萬學生及他們的老師，這群廣大的讀者在親手為結構、相關術語及功能之間的關係上色時，徹底並重新認識及記憶了人體的構造與功能。他們的努力，成功掌握了解剖知識，還把求知所得應用在專業及個人生活上，由此也驗證了動覺型學習（Kinesthetic learning）的潛力與價值。

——勞倫斯．埃爾森

作者、譯者及審定者簡介

作者簡介

維恩．凱彼特（Wynn Kapit）

凱彼特是本書的設計者，還為本書製作了精彩的圖解，他的專業橫跨法律、平面和廣告設計、繪畫和教學等多種領域。

1955 年，他以優等成績從邁阿密大學法學院畢業，並取得佛羅里達州律師資格。投入法律實務工作期間，還一度加入軍職。四年後，決定追求童年抱負，進入洛杉磯藝術中心學院（Art Center College）的前身就讀，開始學習平面設計。隨後在紐約廣告界工作六年，擔任設計師及藝術總監職務。1960 年代晚期，他「脫隊」回到加州開始繪畫，曾經多次展出畫作，包括 1968 年在加州榮譽軍人紀念堂（California Palace of the Legion of Honor）舉辦的個展。他重回學校，1972 年獲柏克萊加州大學的繪畫碩士學位。

1975 年，凱彼特在舊金山成人教育體系教授人體畫時，進入舊金山城市學院（City College of San Francisco）修讀埃爾森博士的解剖課。就學期間，他設計了一種文字加插圖的著色格式，採用這種做法似乎能以極高效能學會這門學科。他拿了幾幅版面設計給埃爾森博士過目，並表示他想為藝術家撰寫一本骨頭和肌肉的著色書。埃爾森博士立刻看出這方面的發展潛力，於是表達合作意願，鼓勵凱彼特企畫一本「完整的」解剖學著色書，兩人一起投入這項出版計畫。《人體解剖著色學習手冊》第一版在 1977 年推出，立刻大受歡迎，也激使出版界發展出一個全新的領域：教育著色書類。

隨後凱彼特在 Robert I. Macey 博士及 Esmail Meisami 博士兩位柏克萊大學教授的協助下，繼續創作及出版《生理學著色手冊》（*The Physiology Coloring Book*）；1990 年代早期，凱彼特推出所撰寫及設計的《地理學著色手冊》（*The Geography Coloring Book*）。上述兩本書目前都已出到第二版。

勞倫斯．埃爾森（Lawrence M. Elson）

埃爾森博士為本書規畫內容及組織架構，還提供草圖並撰寫文本。這是他的第七本教科書，其著作包括《認識你的身體》（*It's Your Body*）和《動物學著色手冊》（*The Zoology Coloring Book*），合著作品有《人腦著色手冊》（*The Human Brain Coloring Book*）和《微生物學著色手冊》（*The Microbiology Coloring Book*）。他在柏克萊加州大學拿到動物學學士和醫學預科學位，接著在母校繼續深造，獲得人類解剖學博士學位。

埃爾森博士曾在休士頓貝勒醫學院（Baylor College of Medicine）擔任解剖學助理教授，參與推展醫師助理計畫，並在舊金山加州大學醫學院授課，教授大體解剖學，同時也在舊金山城市學院教一般解剖學。

埃爾森博士年輕時受過海軍飛行訓練，後來還曾經前往西太平洋，駕駛俯衝轟炸機從航艦起飛執勤。到了大學和研究所階段，他依然待在海軍航空後備隊，駕駛反潛巡邏機和直升機，他的海軍生涯持續了二十年。

埃爾森博士目前是保險公司顧問，提供人身傷害諮詢，還為醫療事故律師提供受傷／死亡因果關係問題諮詢，也多次為人身傷害訴訟案和仲裁案出席作證。有意與他聯絡的讀者，可以透過電子郵件信箱 docelson@gmail.com。

譯者簡介

蔡承志

國立政治大學心理學碩士，全職科普類書譯者。1994 年業餘投入翻譯，1999 年轉任全職迄今。2014 年獲第七屆「吳大猷科普著作獎」翻譯類金籤獎。累計作品出版者七十餘本，包括：《伊波拉浩劫》、《星際效應的科學原理》、《伊波拉》、《現代醫學專有名詞》、《好奇號帶你上火星》、《創新者的處方》、《時空旅行的夢想家：史蒂芬·霍金》、《法醫，屍體，解剖室：犯罪搜查 216 問》、《給未來總統的物理課》、《3D 人體大透視》、《重返人類演化現場》、《死亡翻譯人》、《古文明七十發明》、《恐龍與史前生物百科全書》、《大衛艾登堡的鳥類世界》、《約翰·惠勒自傳》、《領導基因》、《螞蟻·螞蟻》、《穿梭超時空》。

審定者簡介

張宏名博士

臺灣大學物理治療學系學士、臺灣大學解剖學暨細胞生物學研究所博士。歷任國軍高雄總醫院復健官、中山醫學大學教授，現任臺北醫學大學醫學系解剖學暨細胞生物學科教授。

楊世忠博士

中山醫學大學研究所博士，現任中山醫學大學醫學系解剖學科講師。

陳儷友博士

中山醫學大學研究所博士，現任中山醫學大學醫學系解剖學科講師。

致謝

瑪麗和傑生·盧洛斯（Mary and Jason Luros）：兩位的建言和忠告我們非常重視，也在此致謝。

琳賽·菲爾萊（Lindsey Fairleigh）：由衷感謝你編輯初稿並完成微軟 Word 頁面格式，我們才能依循一致風格來發展出打字稿，也感謝你在這個企畫案從頭到尾都身兼好「耳朵」、能幹的編輯和朋友。

比爾·紐曼（Bill Neuman）：感謝牧師您提供拱心石、萬有引力和人體相關工程學等所有寶貴的意見。

格倫·吉斯勒（Glen Giesler）博士：非常感激您對腦神經功能組織方面做出的貢獻。

赫德利·艾姆斯利（Hedley Emsley）博士、皇家內科醫學院院士：感謝您熱心審閱本書使用的皮節神經分布圖。

埃里克·艾威格（Eric Ewig），物理治療師：感謝您從物理治療師臨床觀點就肌肉骨骼功能及功能障礙提出的洞見，對我們來說這些都是無價的珍寶，受惠良多。

最後要感謝我們的家人，他們的貢獻不下於其他人，沒有他們的愛和諒解，這個出版計畫永遠不可能完成。

凱彼特 于加州聖塔芭芭拉（Santa Barbara）
埃爾森 于加州納帕山谷（Napa Valley）

目錄

肌肉系統

心血管系統

淋巴系統

免疫（淋巴）系統

呼吸系統

消化系統

泌尿系統

內分泌系統

生殖系統

如何使用本書

本書依主題區分為 18 大單元、162 堂解剖課，讀者未必要依循各篇順序來著色。要注意的是，上色最好使用色鉛筆，一來是顏色不會透到紙張另一面；二來是即使上色後，你仍能看到圖解構造圖的細節及文字說明。下面就用四個步驟來說明如何使用本書，達到最好的學習效果。

步驟 1

先閱讀左頁的說明文字

每一堂解剖課都以跨頁呈現，採一頁文一頁圖解的方式編排。上色前先閱讀左頁的文字說明，理解該堂課所要講解的內容。

咀嚼是咬碎食物的動作。咀嚼肌運動顳顎關節，大
負責下頜骨的上舉、前引、後縮以及側向運動。
群肌肉採雙側功能運作，來促動單一骨骼（下頜骨）和
處關節。咀嚼是兩種動作結合的作用，包括上提肌（含
肌和咬肌）在單一側的動作，以及在另一側的**翼外側肌**
縮動作。

讀者在研究這些肌肉的起端和止端時，請使用右頁的
插圖並參照上方較大的圖解來領略全貌。

在「上提」和「後縮」兩圖中，請特別注意冠狀突前側
的顳肌止端和下頜骨前枝。

咬肌的起端，在「咀嚼肌群」圖組的左上圖中看得最清
這塊肌肉從顴弓下緣前表面伸出（在顴弓的點狀部位，
說標示為「咬肌的起端」）。咬肌還從顴弓的深表層（
面）伸出。基本上，這塊肌肉就附著在下頜骨冠狀突
外側面，以及下頜枝的上半部。

面對壓力時，顳肌和咬肌經常會無意識收縮（磨牙），
可能導致嚴重的雙顳側頭痛和耳前頭痛。這些肌肉收
時，很容易觸摸得到。從下頜枝的外表面就能觸摸得到
肌：把你的手指擺在這裡，接著收縮肌肉（緊咬住牙齒）
相對來說，由於顳肌的止端附著於冠狀突的內表面，要
摸頭部側邊才容易察覺。顳肌有緻密的筋膜，不會出現
肌帶來的那種鼓脹感受。

翼內側肌和翼外側肌位於顳下窩內，從體表觸摸不到。

咀嚼肌群全都由第五對腦神經（即三叉神經）的下頜支
分支來負責支配。

解剖名詞中英對照（按英文字母排序）

Condylar process 髁突
Coronoid process 冠狀突
Digastric muscle 二腹肌
Elevator muscle 上提肌
External auditory 外耳道
Greater wing of sphenoid bone 蝶骨大翼
Insertion sites 止端位置
Lateral pterygoid muscle 翼外肌
Mandible 下頜骨
Mandibular fossa 下頜窩
Medial pterygoid muscle 翼內肌
Mylohyoid muscle 下頜舌骨肌
Origin of masseter muscle 咬肌的起端
Posterior fibers 後部肌纖維
Ramus 枝
Styloid process 莖突
Temporalis 顳肌
Temporomandibular joint 顳顎關節
Trigeminal nerve 三叉神經
zygomatic arch 顴弓

步驟 4

邊著色邊記憶，英中對照好學習

逐頁英中對照，右頁的英文解剖名稱可以直接在左頁找到中譯，可以邊著色邊記憶解剖結構在身體的部位、走向及特色。書末另有全書解剖名稱英中索引彙整，方便檢索。

步驟 2

上色前，要先看「著色說明」

每一堂解剖課的圖解數目不一，著色方式及順序也多有不同。因此，開始上色前一定要先讀懂「著色說明」，務必按照說明的上色順序仔細上色。除非另有指定，否則顏色可以自行選擇。

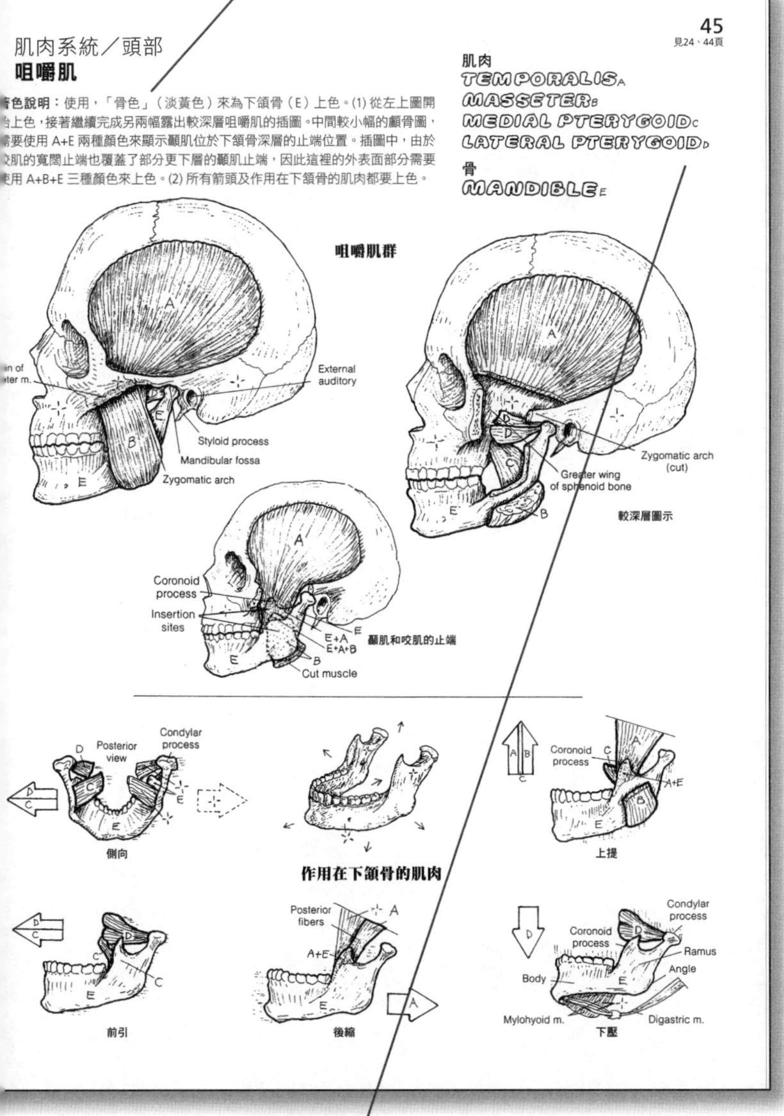

步驟 3

名稱先填色，再幫圖解的對應部位上色

這是上色原則。每個解剖名稱都以鏤空方式呈現，方便填色。名稱後面會附上對照用的小字母色碼，先把鏤空字母填好顏色後，再依色碼找到該部位在圖解上的位置，使用同一顏色著色。詳見次頁進一步說明。

縮寫表

本書圖解英文名採用以下縮略寫法（含大小寫），例如耳後肌的縮寫為 Post. auricular m.，肱動脈縮寫為 Brachial a.。

A., As. = Artery(ies)（動脈）
Ant. = Anterior（在前側的）
Br., Brs. = Branch(es)（分支）
Inf. = Inferior（在下方的）
Lat. = Lateral（側邊的）
Lig. = Ligament（韌帶）
M., Ms. = Muscle(s)（肌肉）
Med.（在名詞前）= Medial（內側的）
Med.（在名詞後）= Medius（中間的，中層的）
N., Ns. = Nerve(s)（神經）
Post. = Posterior（在後側的）
Sup. = Superior, superficial（位於上方的、淺層的、表面的）
Sys. = System（系統）
Tr. = Tract（束、道、徑）
V., Vs. = Vein(s)（靜脈）

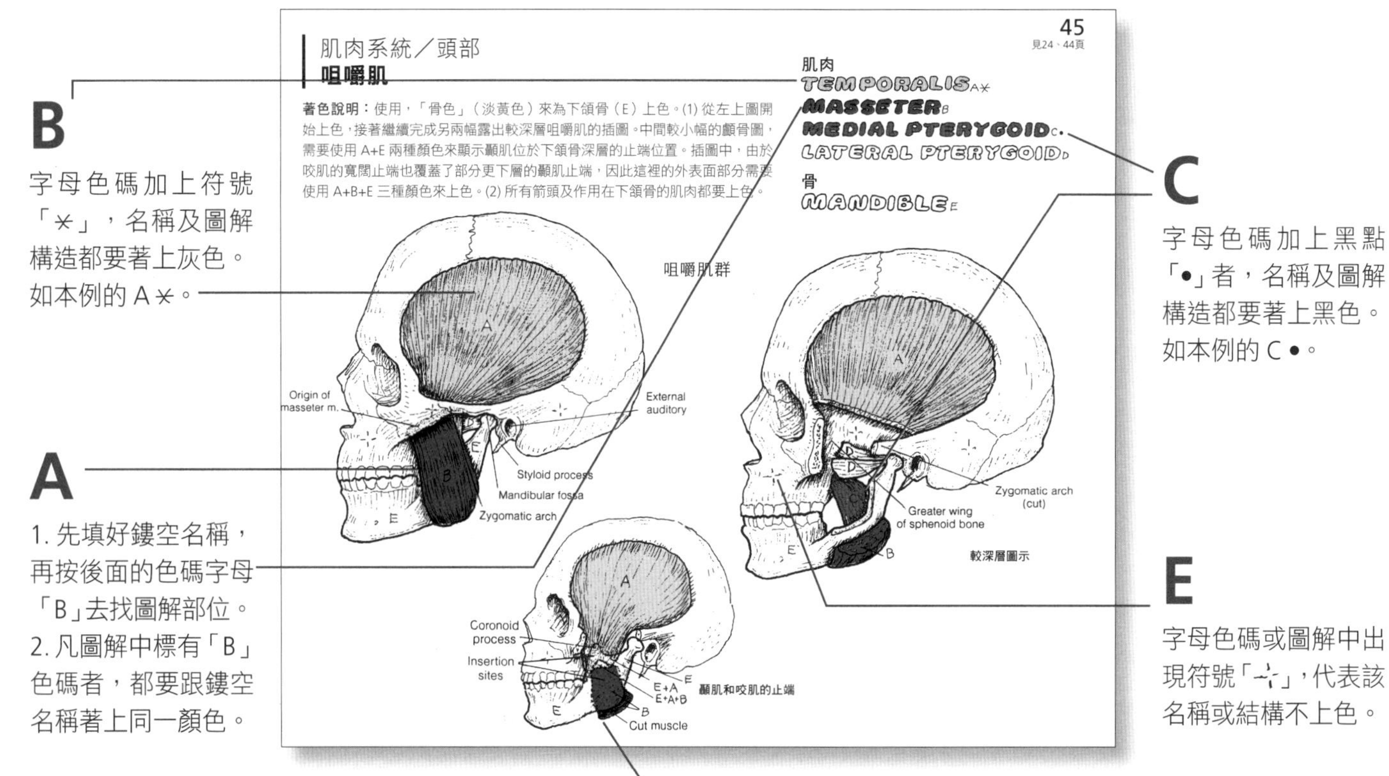

B

字母色碼加上符號「⚹」，名稱及圖解構造都要著上灰色。如本例的 A⚹。

A

1. 先填好鏤空名稱，再按後面的色碼字母「B」去找圖解部位。
2. 凡圖解中標有「B」色碼者，都要跟鏤空名稱著上同一顏色。

C

字母色碼加上黑點「•」者，名稱及圖解構造都要著上黑色。如本例的 C •。

E

字母色碼或圖解中出現符號「-¦-」，代表該名稱或結構不上色。

D 圖解中出現虛線「……」者，代表邊界線內有深層及淺層的重疊構造，所以會重複上色。

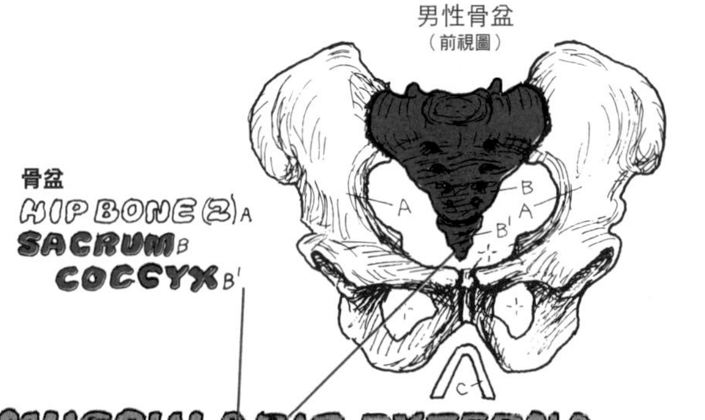

G 只要色碼字母相同，不管 B^1、B^2、B^3……，鏤空名稱與構造都要著上與 B 一樣的顏色。

H 字母色碼加上符號「－」，代表圖解沒有畫出該結構，但鏤空名稱要著色。

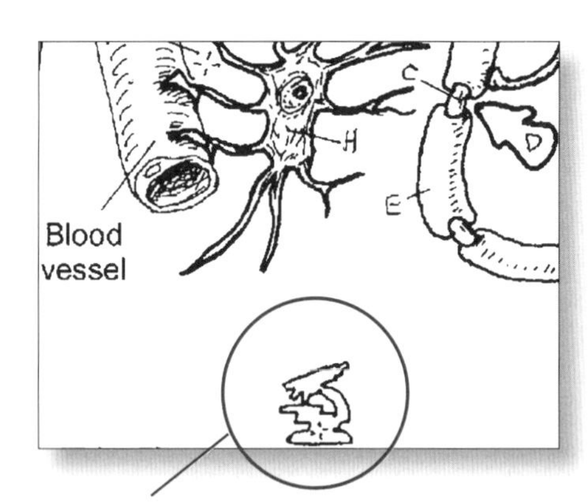

F 圖解中出現此符號者，代表該構造原為顯微尺寸。

上色小訣竅

1. 色鉛筆中必須包括一枝中灰色筆，重複上色時就能看出層次感。
2. 每一種色鉛筆會因施力不同而有深淺差別，所以不用準備太多顏色的筆，一般來說，10 種顏色就夠用了。
3. 為了好區辨，相近的顏色要盡量錯開使用。
4. 身體構造是立體的，要以平面圖解表達時，有時同一區會有深層與淺層兩種構造重疊，因此會重複上色。此時深層結構要使用淺色，而淺層結構則使用較深的顏色，兩種顏色才能顯現出來。
5. 著色範圍越大的，越要使用淺顏色，較小的結構可以使用深色或亮色，才容易看得到。。
6. 建議動脈用紅色，靜脈用藍色，紫色是微血管，黃色為神經，綠色則是淋巴管。

【前言】

一筆在手，專業解剖學普及化

有句俗話說得好：「一圖抵萬言。」對於這本解剖著色手冊能再接再厲推出改良設計的第四版，我們都深感驕傲與欣喜，這次新版最大的不同點是圖解加大了，更方便上色，此外也多加了相關文字的獨立頁面。

這大概是你生平第一本專業度夠高（可與大學、研究所等專門學府相提並論）的著色書。事實上，這正是我們當初企畫推出這類書種的假設。當你第一眼瞥見書中內容時，可能會望而卻步！但堅持下去，照我們說的做，最後你勢必能從中獲益良多，而且成果會超出你的想像。

你可能有過像這樣的類似經驗：你完全聽不懂老師在說什麼。但高明的老師拿出一本便條紙，她邊畫邊解釋：「你看看這裡……」你的眼睛盯著紙面上逐漸成形的圖像，然後神奇的事發生了——你一下子就能心領神會了。視覺化學習，妙就妙在這裡。接下來，你或許會對老師說：「可不可以讓我也把我的理解描畫出來，然後請您告訴我，我的理解有沒有偏差？」於是，你手持鉛筆把想法具體化，然後等你的圖畫好了，其中的意義就變得更清楚了。所以你發現，動覺（動手）型學習真的很有效。本書，就是我們特別為你的學習之旅所設計的禮物。

我們的目標對象，比起傳統教科書的讀者群更為廣泛，書中有些主題對一般的大學生來說或許會覺得吃力，但對修讀醫學或物理治療的大一新生，卻又不是那麼困難。倘若某幅圖解讓你深覺困惑，就回過頭去再讀讀書中相關的文字說明。如此一再往返複習，直到你能明白後，再往前推進一課。

感謝廣大的讀者對我們提出建言、鼓勵我們，其中有教練、訓練員、老師、救護人員、理療師、書記官、律師、保險理賠員、法官、舞者、瑜伽老師，還有各科系的學生及各行各業的人。多年來，這許許多多的人因為不同的理由與目的被《人體解剖著色學習手冊》所吸引，並在專業學習的道路上樂此不疲，這正是我們開頭所說的「一圖抵萬言」的最好證明。

這是你的身體，你理當有所認識。我們十分希望每個人都能有一次積極學習的經驗，當你看著自己的學習成果，心中一定會覺得努力有了回報。此外，倘若對本書有任何建議及修正，也歡迎你跟我們聯繫。

祝你　著色快樂！

研究人體，必須有條理有組織地熟記體內各部位的樣貌。解剖（dissection, dis, apart；sect, cut）一詞，指的是製備標本供檢視整體結構或體內特定部位的過程。要研究身體的內部構造，可以透過「切面」來學習，切面（section）依想像的平直表面來分割，這些表面就稱為平面（plane）。平面適用於直立站姿，肢體自由垂展於身體兩側，手掌與足趾朝前，拇指朝外。

這種「**解剖體位**」（anatomical postition）可參見右頁圖示。目前有好幾種技術都能以電腦造影來顯示個體在生前、死後的不同剖視圖，這類人體結構圖示包含沿單一平面或多個平面切割出的連串（切面）影像。電腦斷層掃描（CT）和磁振造影（MRI）也能得出這種解剖影像。

正中面（median plane）是指把頭和軀幹對半，分成左、右兩部分的中線縱切面。這個平面的特徵之一，是沿中線把脊柱和脊髓分開並形成切面。與正中面平行的平面稱為「矢狀面」。請注意！「medial」一字意指內側的，指的不是一個平面。

矢狀面（sagittal plane）是一種縱切面，把身體（頭、軀幹、肢體）或其他部位區分成左、右兩部分（但不是正中對剖）。矢狀面與正中面平行。

冠狀面（coronal plane）亦稱額面（frontal plane），也是一種縱切面，把身體部位前後對半分開或分成前、後兩部分。冠狀面垂直於正中面、矢狀面。

橫切面（transverse or cross plane）是把身體上下對半分開或分切成上下兩部。橫切面垂直於縱切面，屬於身體解剖體位的水平面類別。

解剖名詞中英對照（按英文字母排序）

Cerebrum 大腦
Heart 心
Liver 肝
Lung 肺
Spleen 脾
Sternum 胸骨

身體結構入門指南
解剖平面與解剖切面

著色說明：使用最淺的顏色來為 A 至 D 著色。(1) 先為中間圖的身體平面著色；接著再為該平面的名稱、相關剖視圖和身體切面著色。(2) 本頁各幅剖視圖的深色輪廓內部所有結構都要著色。

MEDIAN A
SAGITTAL B
CORONAL, FRONTAL C
TRANSVERSE, CROSS D

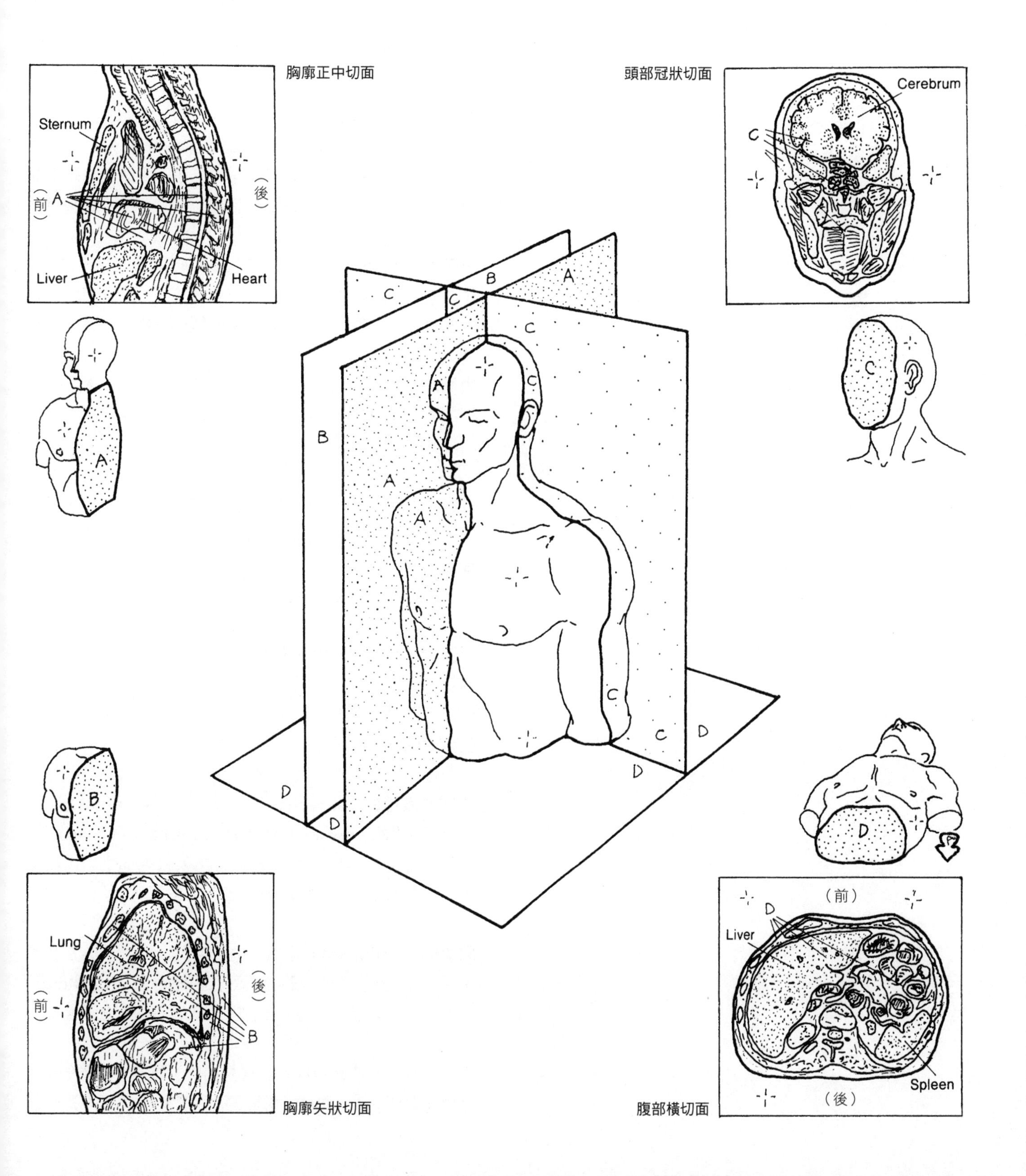

位置和方向的術語，是用來描述體表／體內某一結構與另一結構在解剖體位上的關係。解剖體位是指：身體直立，四肢垂展於體側，手掌與足趾朝前，拇指朝外。

頭顱的（cranial）和**上方的**（superior）均是用來指稱某結構的位置，比頭、頸或軀幹（肢體除外）中的另一結構，更靠近頭頂部位。

前面的（anterior）是指某一結構的位置，比體內另一結構更朝向前方。位於**腹部的或腹面的**（ventral）是指朝腹部那側，就兩足動物而言，則與前面同義。**嘴側的或吻側的**（rostral），是指位於頭部或腦部前端並向前突伸的喙狀結構。

後面的（posterior）和**背部的**（dorsal）均是指某一結構，比體內另一結構更偏向背後。這兩個術語互為同義詞（以「後面的」從優使用），不過四足動物除外。

內側的（medial）是指某一結構比體內另一結構更接近正中面。**外側的**（lateral）則是指稱某一結構比體內另一結構更遠離正中面。

近側或近端的（proximal）只用來形容肢體，是指肢體內某一結構比另一結構更接近正中面或軀幹。同樣的，**遠側或遠端的**（distal）也只用來形容肢體，指稱肢體內某一結構比另一結構更遠離正中面或軀幹。

尾部的（caudal）和**下方的**（inferior）是指體內某一結構比另一結構更接近足部或身體下方部位。這兩個形容詞都不適用於四肢。而就四足動物而言，「尾部的」意指較接近尾巴部位。

淺層或表面的（superficial）和**外部的**（external）互為同義詞；**深的**（deep）和**內部的**（internal）互為同義詞。就胸壁上的參考點而言，較接近體表的結構稱為「表面的或淺層的」，而遠離體表的結構就是「深的」。

同側的（ipsilateral）是指「位於相同一邊」（以右頁圖來說，就是指位於參考點的同側）；**對側的**（contralateral）是指「位於對面那一邊」（相對於參考點的這側而言）。

附帶一提，**四足動物**具有四種方向點：頭端（頭顱的）、尾端（尾部的）、腹側（腹面的）及背側（背部的）。

上接第1頁

身體結構入門指南

位置與方向術語

著色說明：需要著色者，包括箭頭、位置和方向的鏤空名稱；插圖不必上色。

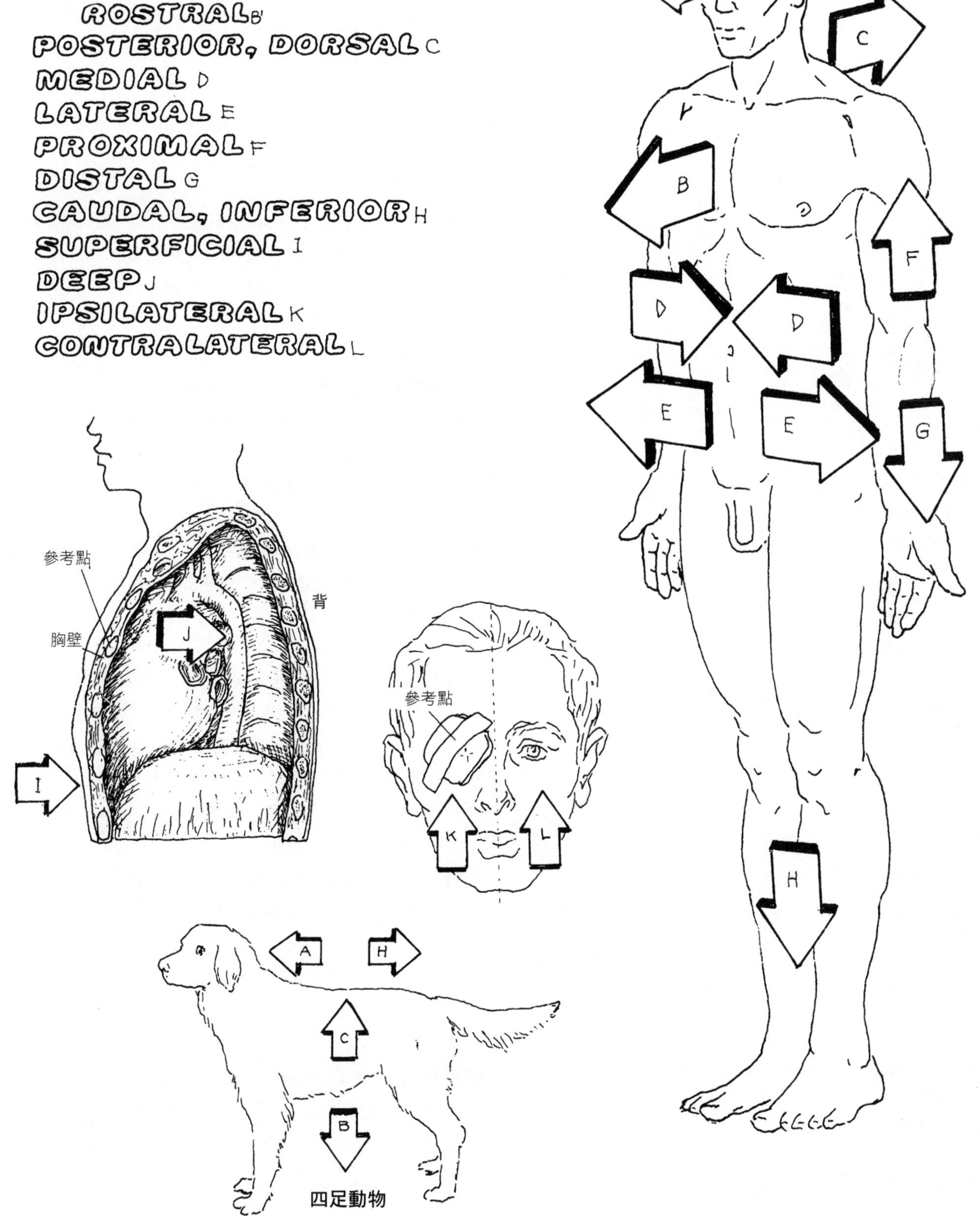

相似的細胞群集組合成**組織**。四種基本組織整合成體壁、內臟結構及臟器。**系統**由一群具有共通機能的器官和結構組合而成。單一系統的器官和結構，分布在體內的不同部位，不見得都會聚集在一起。

骨骼系統（skeleton system）由骨頭及負責穩固骨關節的韌帶共同組成。

關節系統（articular system）的組成包括不動關節和可動關節兩大類。

肌肉系統（muscular system）包括負責移動骨骼、臉和其他結構，並形成身體外觀、形狀的**骨骼肌**；負責泵送血液流過心臟的**心肌**；以及能活動內臟、血管和腺體，還能移動皮膚毛髮的**平滑肌**。

心血管系統（cardiovascular system）的組成，包括：具有四個腔室的心臟；傳輸血液給組織的動脈；在組織間往返傳輸，運送養分、氣體和分子物質的微血管；以及從組織傳輸血液回心臟的靜脈。

淋巴系統（lymphatic system）是一套脈管系統，負責協助靜脈回收身體的組織液並送回心臟。**淋巴結**可過濾身體各處的淋巴液。

神經系統（nervous system）由引發和傳導脈衝的組織共同組成，這些組織一起建構一套中樞神經系統（腦和脊髓），以及一套周邊神經系統（腦神經和脊髓神經）。周邊神經系統涉及非自主的「戰－逃反應」機能，以及其他非意識機能的自主（內臟）神經系統。

內分泌系統（endocrine system）是由各種腺體組合而成，各自分泌並注入組織液和血液的化學因子（激素），從而影響身體多處部位的機能，對腦部的作用也不可小覷。激素（荷爾蒙）有助於維繫身體許多系統的均衡代謝機能。

皮膚系統（integumentary system）由皮膚組成，具有許多腺體、感覺受器、脈管、免疫細胞和抗體，還有負責保護身體，抵抗環境有害因子的細胞層和角質層。

解剖名詞中英對照（按英文字母排序）

Adrenal gland 腎上腺
Artery 動脈
Brain 腦
Cardiac muscle 心肌
Cauda equine 馬尾
Heart 心臟
Hypophysis 腦下垂體（腦下腺）
Islets 胰島
Joint capsule 關節囊
Ligament 韌帶
Lymph node 淋巴結
Lymph vessel 淋巴管
Nerve 神經
Ovary 卵巢
Pelvis 骨盆
Pineal 松果腺
Rib cage 肋骨架
Skelet muscle 骨骼肌
Skull 頭顱
Smooth muscle 平滑肌
Spinal cord 脊髓
Testis 睪丸
Tissue 組織
Thoracic duct 胸管
Thymus 胸腺
Thyroid 甲狀腺
Vein 靜脈
Vertebral column 脊柱

見第4頁

身體結構入門指南
身體系統 (1)

著色說明：本頁面和第 4 頁都必須使用非常淺的顏色，才不會遮蓋插圖的細節部分。為了方便日後參考及加深印象，請努力完成各個系統的整幅圖解上色，不用特別注意細節。(1) 為求逼真，肌肉系統（B）請塗上褐色、淋巴系統（E）塗綠色、神經系統（F）塗黃色、內分泌系統（G）塗橘色、皮膚系統（H）塗上膚色。(2) 心血管系統的名稱不上色；動脈（C）和靜脈（D）分別著上紅色、藍色。(3) 分別使用紅色、藍色來為小血管著色。

SKELETAL A
ARTICULAR A'
MUSCULAR B
CARDIOVASCULAR
ARTERIES C
VEINS D
LYMPHATIC E
NERVOUS F
ENDOCRINE G
INTEGUMENTARY H

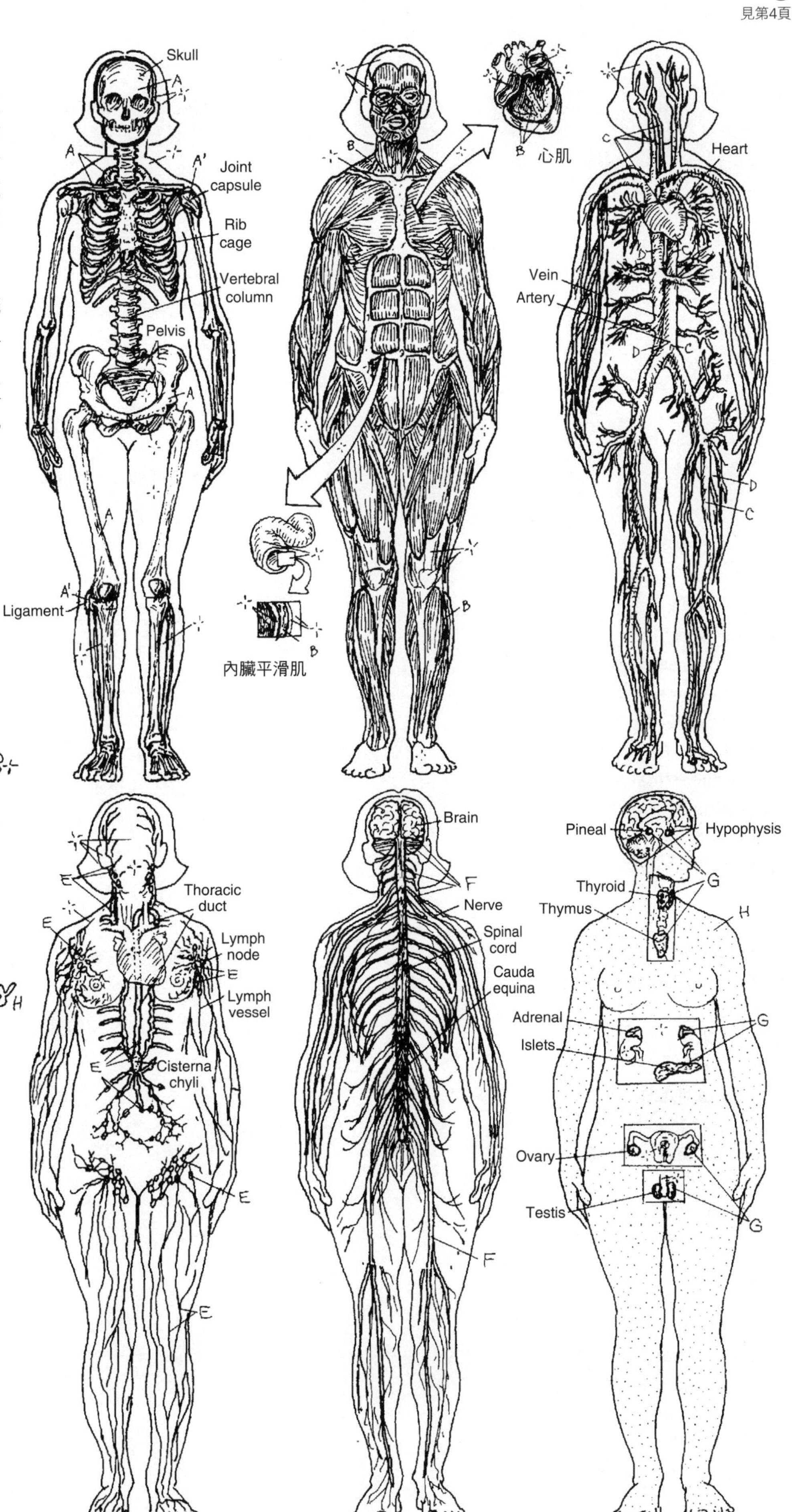

呼吸系統（respiratory system）由上、下呼吸道共同組成，上呼吸道從鼻子延伸至喉部，下呼吸道從氣管延伸至肺部氣室。這些管道多半專供氣體通行；只有稱為**肺泡**的氣室和非常細窄的細支氣管，才負責進行肺泡和肺微血管之間的氣體交換。

消化系統（digestive system）由一條消化道和腺體共同組成。這套系統負責分解、消化及吸收食物，還有排泄消化後的殘渣。消化系統的腺體，包括肝臟、胰臟和膽道系統（膽囊和相關管道）。

泌尿系統（urinary system）負責保存水分，維持體液的中性酸鹼平衡。腎臟是這套系統的主功能者；殘留液體（尿液）經輸尿管排入膀胱貯存，接著經由尿道排出體外。

免疫／淋巴系統（immune/lymphoid system）由與身體防衛有關的多種器官共同組成。這套系統包括一群分布全身的免疫相關細胞，它們能抵禦入侵的微生物，還能清除受損或出現其他異常狀況的細胞。

女性生殖系統（female reproductive system）分泌性荷爾蒙（激素）、製造並輸送生殖細胞（卵）、接受並輸送男性生殖細胞到受精地點，以及維繫並供養發育期的胚胎／胎兒生長直到出生。

男性生殖系統（male reproductive system）分泌雄性荷爾蒙（雄激素）、維繫生殖細胞（精子），以及輸送生殖細胞到女性生殖道。

解剖名詞中英對照（按英文字母排序）

Alveoli 肺泡
Blood vessel 血管
Bone marrow 骨髓
Diaphragm 橫膈膜
Ductus deferens 輸精管
Esophagus 食道
Gastrointestinal tract 胃腸道
Intestine 腸
Kidney 腎
Larynx 喉
Liver 肝
Lungs 肺
Lymph nodes 淋巴結
Microglia 微小神經膠細胞
Nasal cavity 鼻腔
Ovary 卵巢
Penis 陰莖
Prostate 攝護腺
Salivary gland 唾液腺
Seminal vesicle 儲精囊
Spleen 脾
Testis 睪丸
Thymus 胸腺
Tonsil 扁桃腺
Trachea 氣管
Ureter 輸尿管
Urethra 尿道
Urinary bladder 膀胱
Uterine tube 輸卵管
Uterus 子宮
Vagina 陰道

見第3頁

身體結構入門指南
身體系統 (2)

著色說明：要使用非常淺的顏色，而且必須和前頁使用過的不同色。

RESPIRATORY H
DIGESTIVE I
URINARY J
IMMUNE/LYMPHOID K
FEMALE REPRODUCTIVE L
MALE REPRODUCTIVE M

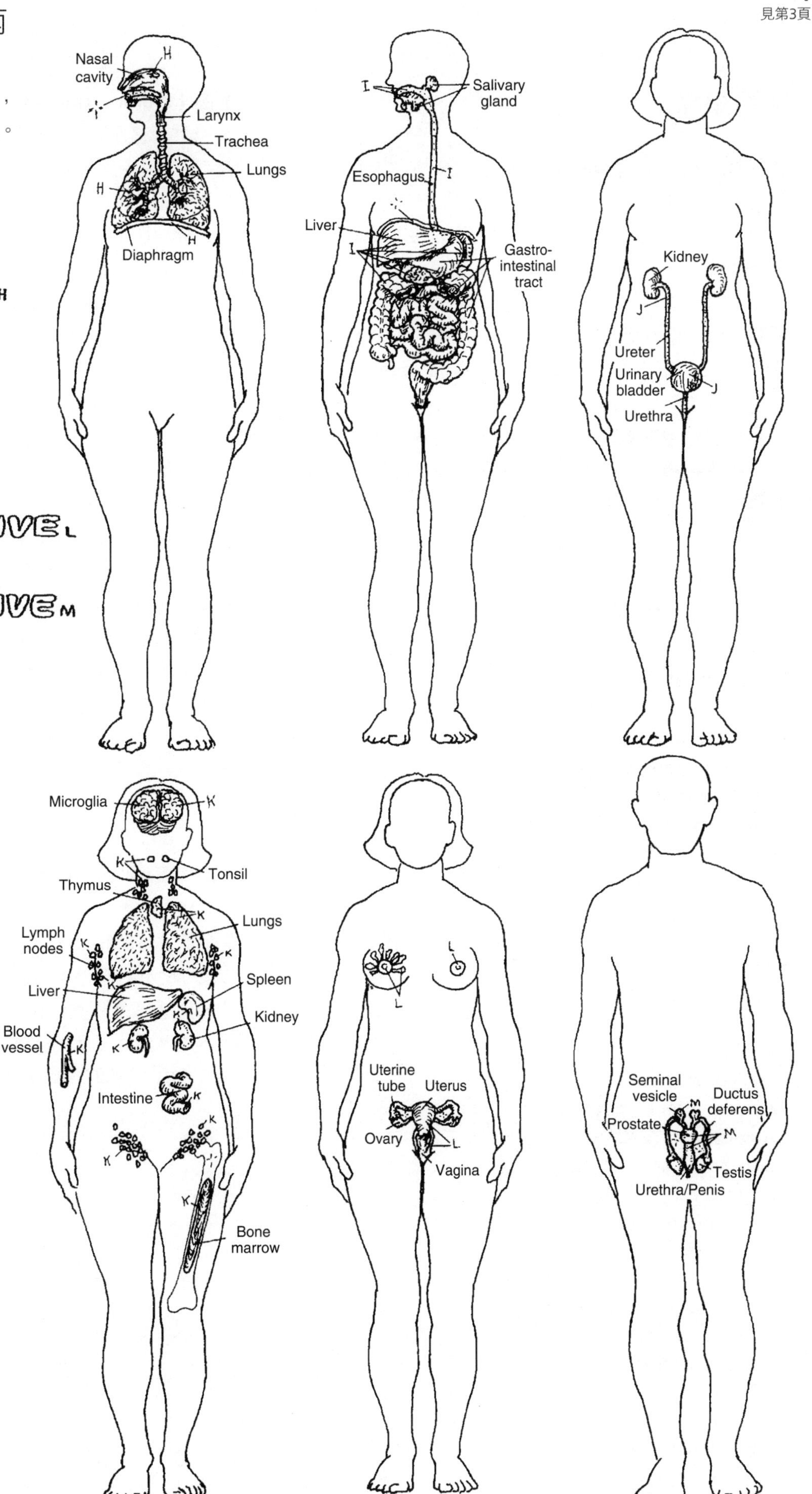

密閉體腔

密閉體腔（closed body cavities）沒有通往體外的開孔。不過，有些器官仍有可能通過這類體腔，或者位於腔內，但器官腔隙沒有開口通往這類密閉體腔。密閉體腔內，襯有一層薄膜。

顱腔（cranial cavity）由腦與其被覆結構、腦神經以及血管（見 68 頁）占用。**脊椎腔（vertebral cavity）**內有脊髓與其被覆結構，還有相關脈管和神經根（見 77 頁）。這兩種體腔內都襯有一種堅韌的纖維性膜，稱為硬腦脊膜。脊髓腔的硬腦脊膜在枕骨大孔位置，和顱腔的硬腦脊膜相連。

胸腔（thoracic cavity）內含肺、心和胸廓內部的相關結構。構成胸腔的骨性外壁，其後側由胸椎骨和肋骨所組成，其前外側由肋骨組成，胸骨和位於前方的肋軟骨則構成該骨性外壁的前側（見 28 頁）。胸腔頂部是一層膜，底部則是橫膈膜（見 48 頁）。胸腔的中央隔間稱為縱膈（見 103 頁），裡面有許多結構（例如心臟）。縱膈把胸腔區隔成左右兩部，兩部都襯覆一層胸膜（又名肋膜），裡面是肺臟。

腹盆腔（abdominopelvic cavity）內含胃腸道和相關腺體、泌尿道和大量脈管與神經。其前外側有肌壁（見 49 頁），側邊還有下肋和肌肉，後方則為腰椎、薦椎和肌肉（見 48 頁）。**腹腔**（abdominal cavity）的頂部是橫膈。腹腔和**骨盆腔**（pelvic cavity）彼此相通。骨盆腔內有膀胱、直腸、生殖器官和下胃腸道，前側有肌壁，側邊有骨壁，後面則有薦椎。腹壁內表面襯覆一層漿膜，稱為壁層腹膜，壁層腹膜和包覆在腹內臟器外表的臟層腹膜相連（見 138 頁）。漿液分泌物讓活動的腹內臟器在運動時能夠平順滑溜，不會互相摩擦。

開放內臟腔

開放內臟腔（open visceral cavities）是內臟器官的通道（管道），大半呈管狀並有開口通往體外（見 14 頁），包括開孔在鼻和口的呼吸道、開孔在口和肛門的消化道，以及開孔在會陰部尿道口處的泌尿道。這些腔隙都襯覆一種稱為黏膜的黏液分泌層，這是開放體腔的功能性作用組織（提供分泌、吸收及防護功能）。黏膜襯覆上皮細胞，其下並由一層滿布血管的結締組織和一層平滑肌支撐。

解剖名詞中英對照（按英文字母排序）

Abdominal wall 腹壁
Anterior thoracic wall 前胸壁
Costal cartilage
Diaphragm 橫膈
Digestive tract 消化道
Epithelial cell 上皮細胞
Esophagus 食道
Foramen magnum 枕骨大孔
Kidney 腎
Large intestine 大腸
Mediastinum 縱膈
Mucosa 黏膜
Nasal cavity 鼻腔
Parietal peritoneum 壁層腹膜
Parietal pleura 壁層胸膜
Posterior thoracic wall 後胸壁
Respiratory tract 呼吸道
Small intestine 小腸
Sternum 胸骨
Stomach 胃
Thoracic diaphragm 胸隔／橫隔膜
Thoracic wall 胸壁
Urinary bladder 膀胱
Urinary tract 泌尿道
Visceral peritoneum 臟層腹膜
Visceral pleura 臟層胸膜

身體結構入門指南
腔隙與襯膜

著色說明：使用淺顏色為腔隙 A 至 D 著色，沿用相同色系但取較深的顏色來為襯膜 A¹ 至 D¹ 上色。(1) 首先處理上兩幅圖解的英文鏤空名稱，並為 A 部分上色，兩圖都完成後再繼續為 B、C 和 D 部分著色。(2) 接著為下面兩圖的名稱與開放內臟腔上色。請注意，內襯膜（H）全部要使用相同顏色，請為它挑個鮮亮的顏色。

密閉體腔

CRANIAL A
DURA MATER A'
VERTEBRAL B
DURA MATER B'
THORACIC C
PLEURA C'
ABDOMINOPELVIC D
PERITONEUM D'

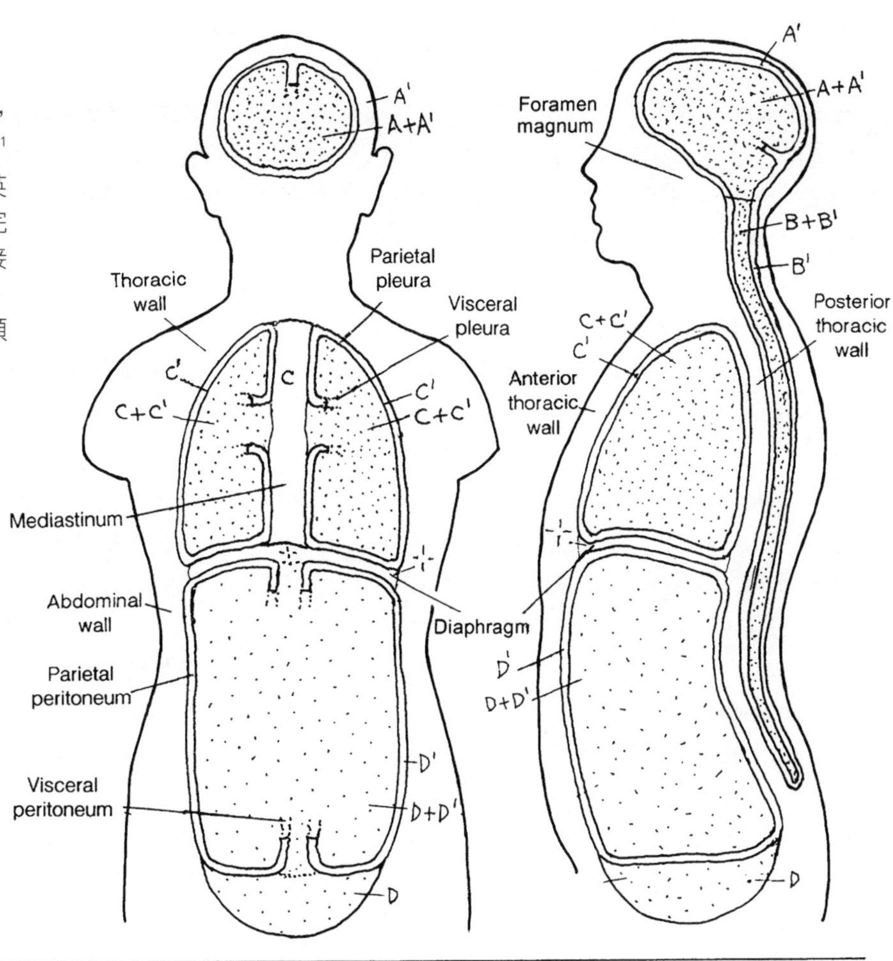

開放內臟腔

RESPIRATORY TRACT E
URINARY TRACT F
DIGESTIVE TRACT G
MUCOSA H

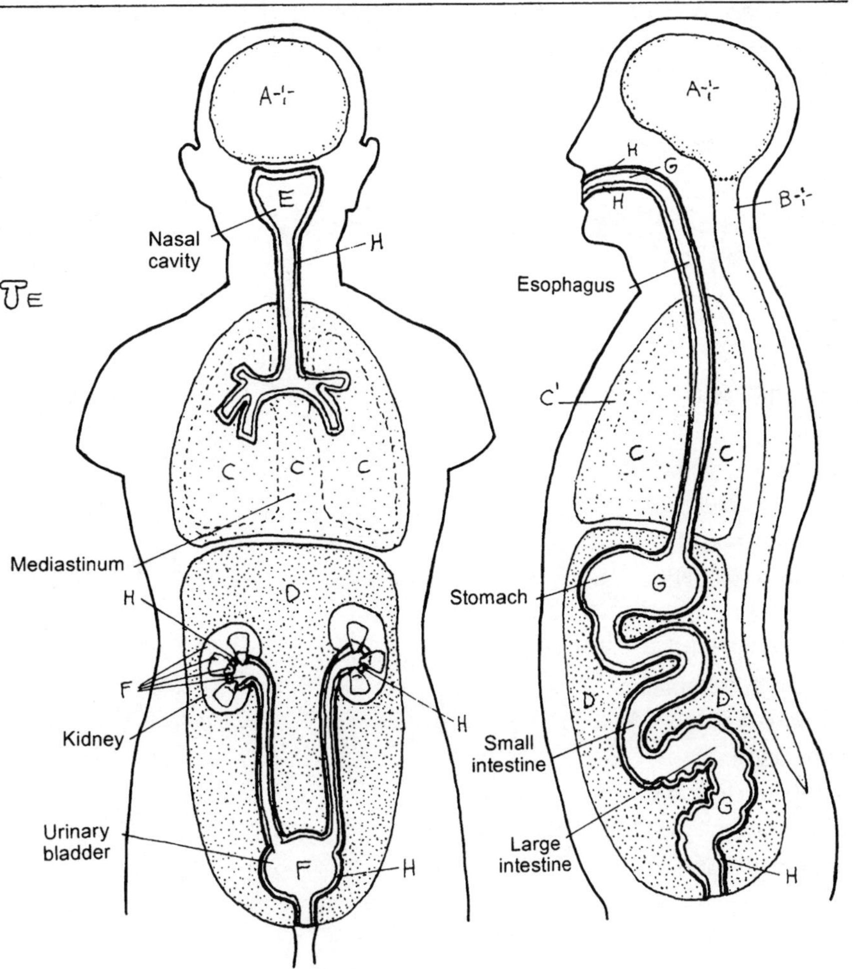

細胞是人類有機體生命結構的基本單元。複雜的身體結構是由細胞的集群（組織、器官）和其生成的產物所構成。細胞的活動形成生命作用。就你所知，你身體所含的十兆個細胞，存有哪些基本的生命作用呢？

細胞胞器（cell organelle）：意思是「細小器官」，用以指稱細胞內一群以生物膜與外界隔開的機能性構造，包括細胞核、粒線體等。

細胞膜（cell membrane）：細胞的脂蛋白膜分界面。這層薄膜保持內部結構，還可以做出內包／外張的動作，將物質向內、向外輸運，就像白血球細胞膜形成偽足將細菌送入細胞的方式一樣。

核膜（nuclear membrane）：脂蛋白質的多孔界膜，可調節分子進出細胞核。

核漿（nucleoplasm）：內含**染色質**（chromatin）和RNA（**核糖核酸**）的細胞核質。

核仁（nucleolus）：大半為 RNA 的團塊。核仁形成核醣體核醣核酸（RNAr），透過核膜進入細胞質，成為蛋白質合成的作用地點。

細胞質（cytoplasm）：細胞（細胞核除外）的基礎材料。細胞質內含**胞器和包含體**（inclusion，一群無膜的脂質、肝醣和染色體）。

解剖名詞中英對照（按英文字母排序）

Actin filament 肌動蛋白絲
Cartiage cell 軟骨細胞
Centrosome 中心體
Endocytosis 胞飲作用
Epithelial cell 上皮細胞
Exocytosis 胞洩作用
Fibroblast 纖維母細胞
Inclusion 包含體
Neuron 神經元
Skeletal muscle 骨骼肌
Smooth muscle 平滑肌
White blood 白血球

平滑／粗糙內質網（Smooth/rough endoplasmic reticulum, ER）：襯覆薄膜的盤繞細管，有些上附**核醣體**（ribosome，形成粗糙內質網），有些則否。平滑內質網在負責合成類固醇（脂質）的細胞內數量極多，如肝細胞。肌肉的平滑內質網能貯藏鈣離子。

核醣體（ribosome）：蛋白質合成的作用地點，那裡的胺基酸遵循細胞核**信使核醣核酸**(mRNA) 的指令循序串接。

高基氏體（golgi complex）：襯覆薄膜的扁平狀囊，體緣會不斷萌生出小囊；收集、包裹分泌產物以供使用或向外運輸。

粒線體（mitochondrion）：通常為長橢圓形的膜質結構，內膜盤繞得像迷宮，膜上接連發生氧化還原的系列複雜反應，能提供能量供細胞運作使用。

液胞（vacuole）：襯覆薄膜的運輸載具，能夠彼此合併或與細胞膜、溶酶體等其他襯覆薄膜的構造合併。

溶酶體（lysosome）：襯覆薄膜的小容器，裡面所裝的酶（蛋白質）能消化微生物，破壞細胞的組成部位，還能攝取養分。

中心粒（centriole）：筒狀的細微管束，位於細胞核附近的**中心體**（centrosome）裡面，通常兩兩成對且彼此垂直。在細胞分裂期間，**紡錘體**（spindle）的中心粒可供遷徙的染色分體使用。

微小管（microtubule）：屬於**細胞骨架**（cytoskeleton）的一部分；從中心體向外放射，為胞器提供結構和動力方面的支持力量。

微細絲（microfilament）：又稱肌動蛋白絲，負責細胞膜的改變：包括胞飲作用、胞洩作用及偽足的形成。

細胞和組織

細胞簡介

著色說明：先把左上部各種形狀的細胞塗上灰色，使用最淺的顏色為 A、C、D、F 和 G 著色。(1) 小圓圈代表核醣體（H），普遍見於細胞質（F）內和粗糙內質網（G[1]）表面；先把這整個大範圍全部上色，包括核醣體。(2) 接著，再用較深的顏色來為核醣體重疊上色。

胞器

CELL MEMBRANE A
ENDOCYTOSIS B
EXOCYTOSIS B'
NUCLEAR MEMBRANE C
NUCLEOPLASM D
NUCLEOLUS E
CYTOPLASM F
ENDOPLASMIC RETICULUM
SMOOTH G, ROUGH G'
RIBOSOME H
GOLGI COMPLEX I
MITOCHONDRION J
VACUOLE K
LYSOSOME L
CENTRIOLE M
MICROTUBULE N
MICROFILAMENT N'

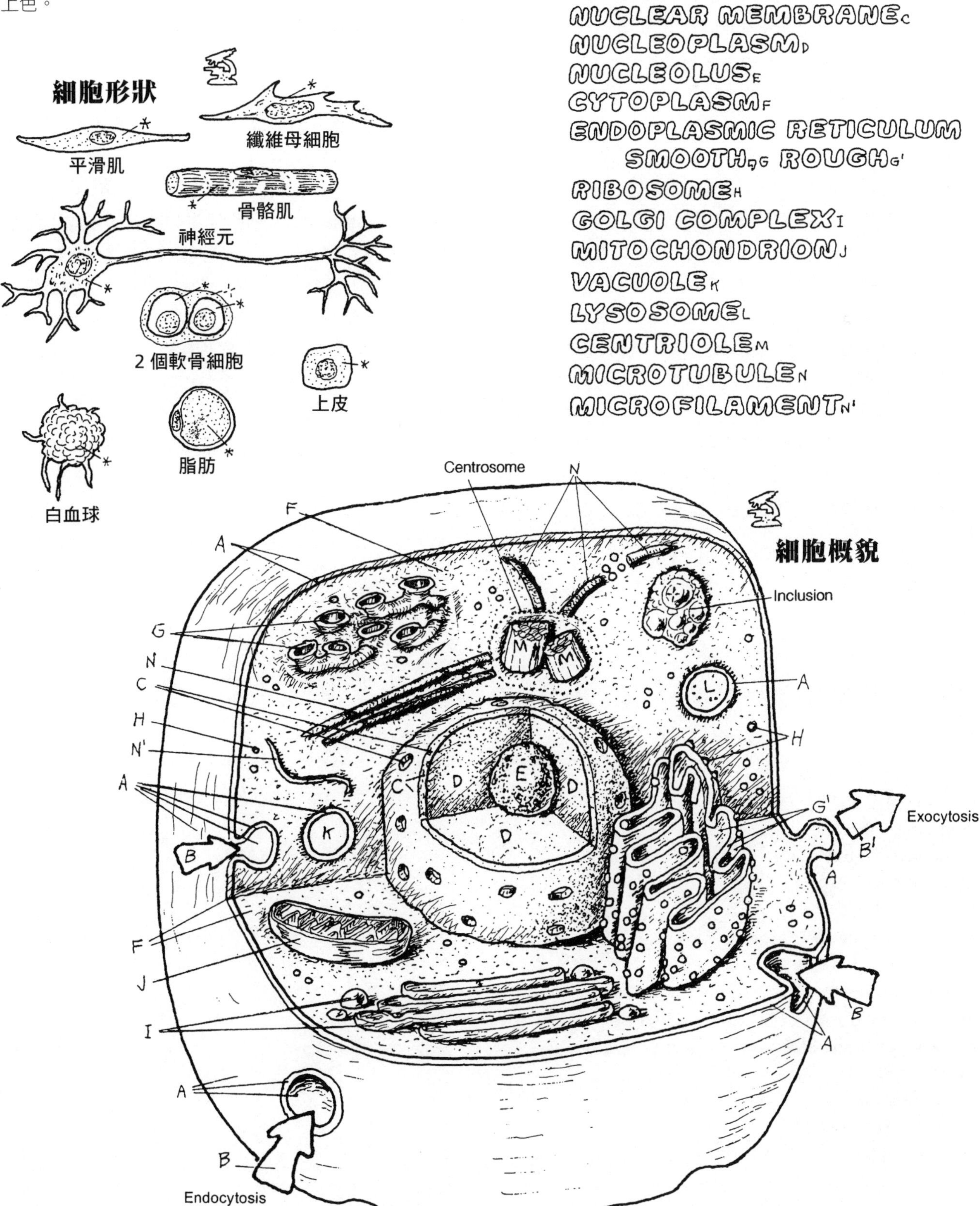

生物的一大特性是能夠繁殖同類的個體。細胞的繁殖作用包括複製及分裂，這種過程稱為**有絲分裂**。以下簡單說明一下：**核染色質**（即 DNA 和相關蛋白質組成的纏繞性結構）一經複製就會轉變成 46 個染色體，接著就細分為成對的子單元（92 個**染色分體**）；這些染色分體彼此分離並移往分裂細胞的兩端，接著在每個新形成的**子細胞**內，各自再形成 46 個染色體。為了能簡單呈現，右頁只畫出四對染色分體和染色體。

間期（interphase）：連續分裂之間的休止期，是繁殖周期的最長階段。染色質所含 DNA 的複製就發生在這個階段。離散後的染色質 (D*) 在核漿裡面形成一個綿密的纖維絲網絡，而不是肉眼可辨的個別實體。細胞核和**核仁**都是完整的實體。成對的中心粒在中心體裡面分裂。

前期（prophase）：離散的染色質 (D*) 變得濃稠、縮短並蜷繞形成濃縮的染色質染色體 (D1*)。每個染色體都含兩個染色分體 (E、F)，彼此以一**著絲粒**（G）相連。每個染色分體都有相等數量的染色體 DNA。核膜和核仁在分裂前期崩解。中心粒分離並遷移到細胞兩端，並各自突伸出**微小管**（**紡錘絲**），稱為**星狀體**。**著絲點**（G1）在著絲粒上形成。

中期（metaphase）：一股股的微小管從成對的中心粒向外生長，並遍布於細胞中心區。染色分體在著絲粒相連並附著在紡錘體纖維上面，在細胞中心分兩邊併列，每邊各占一半（46 個染色分體）。

後期（anaphase）：活化的子著絲粒（G1；著絲點）各自附著於一個染色分體，並帶著所屬的染色分體沿著紡錘絲朝細胞同側端移動。分離的染色分體構成染色體。一直到子染色體分別抵達所屬兩端（每邊各 46 個）後，後期結束。

末期（telophase）：細胞從中央截斷，形成兩個和母細胞一模一樣的子細胞（假設沒有發生突變的話）。細胞質和胞器先前已經複製完成，這時分隔開來，各自納入新形成的所屬細胞。細胞核重新組成之時，各個新細胞也重新長出了**核膜**和核仁，染色體逐漸變成離散的染色質，著絲粒也消失了。當母細胞完全分裂成子細胞，各自擁有完全一樣的細胞內含物後，有絲分裂結束。每個子細胞各自進入「間期」，重新展開整個細胞繁殖過程。

解剖名詞中英對照（按英文字母排序）

Aster 星狀體
Cell membrane 細胞膜
Centriole 中心粒
Centromere 著絲粒
Centrosome 中心體
Chromatid 染色分體
Chromatin 染色質
Chromosome 染色體
Contractile ring 收縮環
Kinetochore 著絲點
Microtubules 微小管
Nuclear membrane 核膜
Nucleolus 核仁
Nucleus 細胞核
Spindle pole 紡錘極
Spindle 紡錘體

見第6頁

細胞和組織

細胞分裂／有絲分裂

著色說明：使用你在前一頁為該構造所塗的顏色來替本頁的細胞膜（A）、核膜（B）、核仁（C）和中心粒 (H) 上色。E–E^2 和 F–F^2 分別使用對比色；D-D^1 使用灰色。(1) 首先為間期細胞上色。(2) 為各階段的鏤空名稱及相應進展的箭頭上色。注意，間期的初始染色質（D*）和子細胞的染色質（E^2、F^2）要分別使用不同顏色；不過這依然是相同的染色質。

CELL MEMBRANE A
NUCLEAR MEMBRANE B
NUCLEOLUS C
CHROMATIN D*
CHROMOSOME D¹*
CHROMATID E
CHROMOSOME E¹
CHROMATIN E²
CHROMATID F
CHROMOSOME F¹
CHROMATIN F²
CENTROMERE G
KINETOCHORE G¹
CENTRIOLE H
ASTER I
SPINDLE J

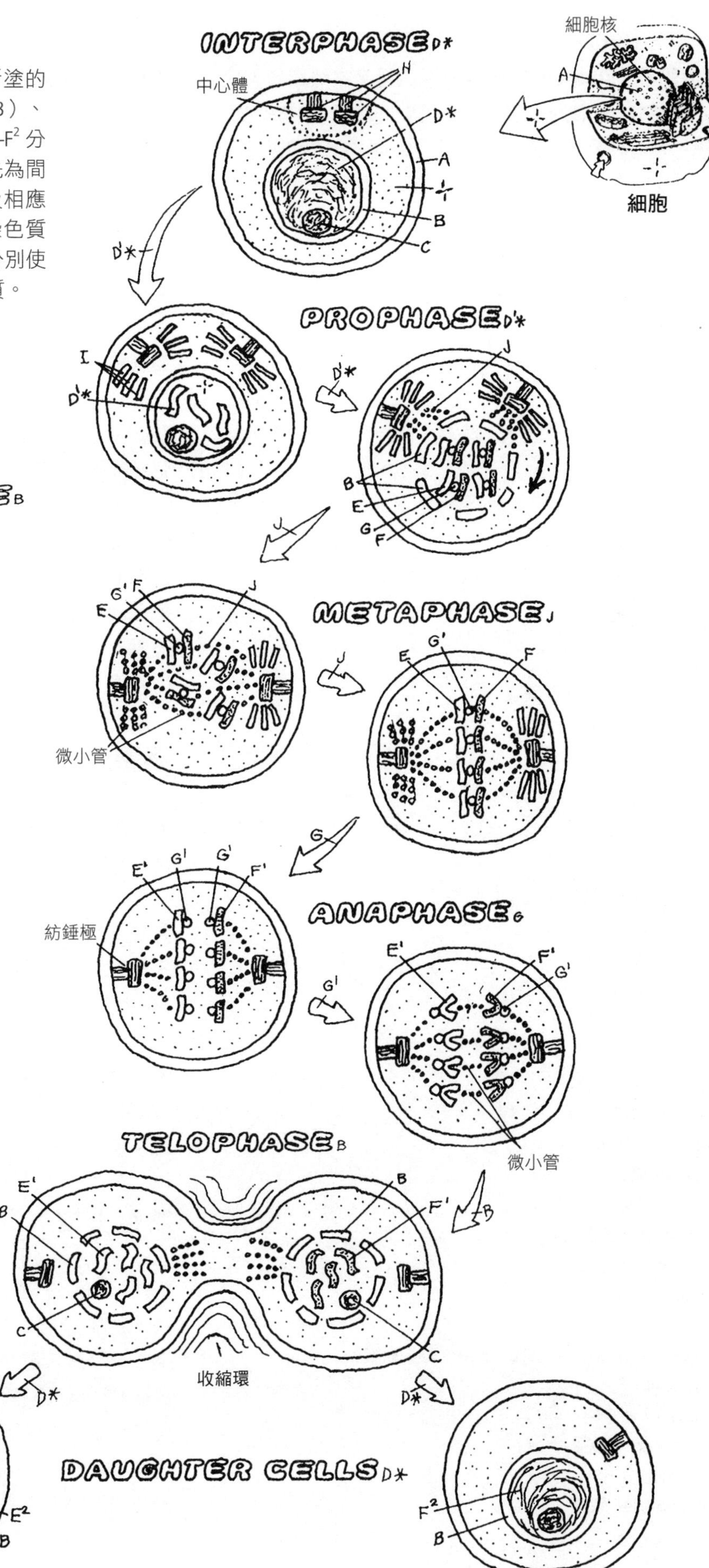

上皮組織（epithelial tissue）是四種基本組織類型之一，構成皮膚的表皮和所有體腔的內襯，同時也構成腺體、管道和脈管。上皮組織具有保護、分泌和吸收功能，有些還能收縮，稱為**肌上皮**。上皮細胞彼此間藉由一處或多處細胞接合點互相連結；上皮組織的最底層隔著一層**基底膜**和下方的結締組織結合。

單層上皮

這層表面組織具有過濾、擴散、分泌和吸收功能。單層上皮構成氣室、血管和淋巴管、腺體、體腔和臟器的內襯或覆膜。

解剖名詞中英對照（按英文字母排序）

Basement membrane 基底膜
Blood vessel 血管
Bronchus 支氣管
Capillary 微血管
Cilia 纖毛
Duct cell 管道細胞
Free surface 游離面
Gastrointestinal tract 胃腸道
Gland cell 腺細胞
Heart cavity 心臟腔室
Keratin 角質素
Kidney 腎
Lung 肺
Mammary gland 乳腺
Microvilli 微絨毛
Myoepithelia 肌上皮
Nasal cavity 鼻腔
Oral cavity 口腔
Sebaceous gland 皮脂腺
Secretory cell 分泌細胞
Skin 皮膚
Stomach 胃
Supporting connective tissue 支持性結締組織
Surface 表面
Sweat gland 汗腺
Thyroid gland 甲狀腺
Trachea 氣管
Urinary bladder 膀胱

單層鱗狀上皮（simple squamous epithelia）是一種扁平狀的薄層細胞，具有擴散功能。這類上皮襯覆心臟、所有血管和淋巴管、氣室、體腔和泌尿道的腎絲球。

單層立方上皮（simple cuboidal epithelia）通常具有分泌功能，構成全身各部的腺體、腎小管和肺部末端的細支氣管。

單層柱狀上皮（simple columnar epithelia）襯覆胃腸道，具有分泌與吸收功能。這種上皮的游離面（頂面）有可能覆蓋稱為**微絨毛**的手指狀細胞膜突起，能擴大細胞的分泌／吸收表面積。

偽複層柱狀上皮（pseudostratified columnar epithelia）細胞群集形成單一層理，看來像是有多層，但其實不然；每個細胞各自附著於基底膜。這類細胞襯覆在生殖道和呼吸道上面，游離面的纖毛能藉由「動力衝程」和「休息衝程」的協同交替來搬動物質。

複層上皮

複層鱗狀上皮（stratified squamous epithelial）的特色是擁有不只一層細胞。這種組織的名稱由來，是因其組織表面是由扁平狀（鱗狀）的細胞所構成，其表面部分可以是角質化的（如皮膚），也有些不是（如口腔、食道等）。**基底細胞**通常呈柱狀且具有分裂能力。因此，複層上皮可以隨時替換補充細胞，從而抵抗消耗毀損。

泌尿道的襯膜組織則是一種**移形性複層上皮**（transitional stratified epithelia），由層次多寡不等的細胞層組成，能因應尿量伸展變薄或收縮。

腺性上皮

腺性細胞能生成、分泌／泌出各種成分的物質，例如荷爾蒙（激素）、汗水和皮脂。**外分泌腺**，如汗腺、皮脂腺、胰腺、乳腺等是由上皮組織包圍起來的腺體，仍保有一條通往腔隙或皮膚游離面的導管，並能泌出汗水或皮脂。至於**內分泌腺**則是上皮增生物，不過在發展時已經不再跟表面相連。內分泌腺和微血管的緻密網絡緊密牽連，並把分泌的產物（例如激素）注入微血管網絡。

細胞和組織
組織：上皮組織

著色說明：使用最淺的顏色。(1) 上皮組織的所有細胞都要著色，但基底膜或纖維性結締組織不上色。(2) 所有指向身體各器官的上皮組織所在位置的箭頭都要著色。

單層上皮

SQUAMOUS A
CUBOIDAL B
COLUMNAR C
PSEUDOSTRATIFIED COLUMNAR D

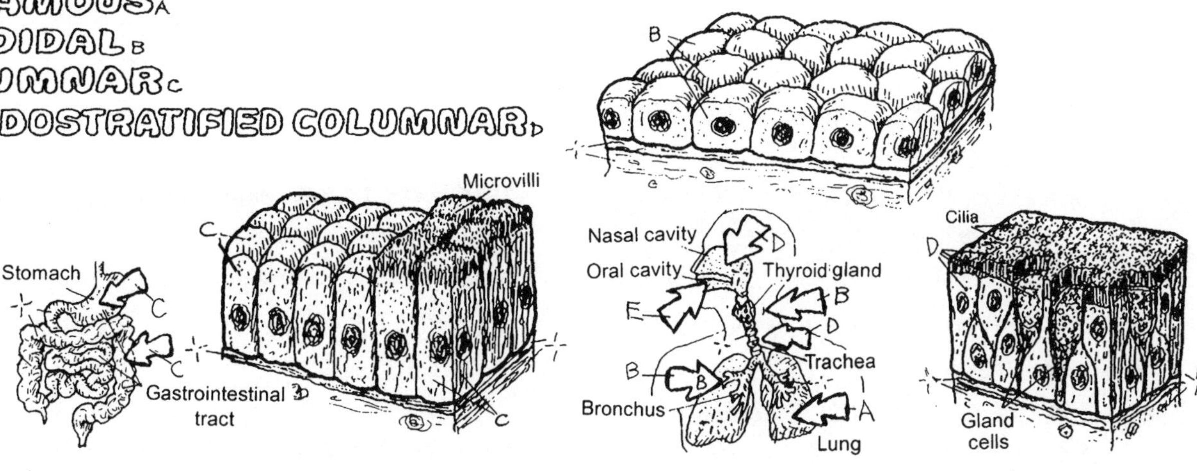

複層上皮

STRATIFIED SQUAMOUS E
TRANSITIONAL F

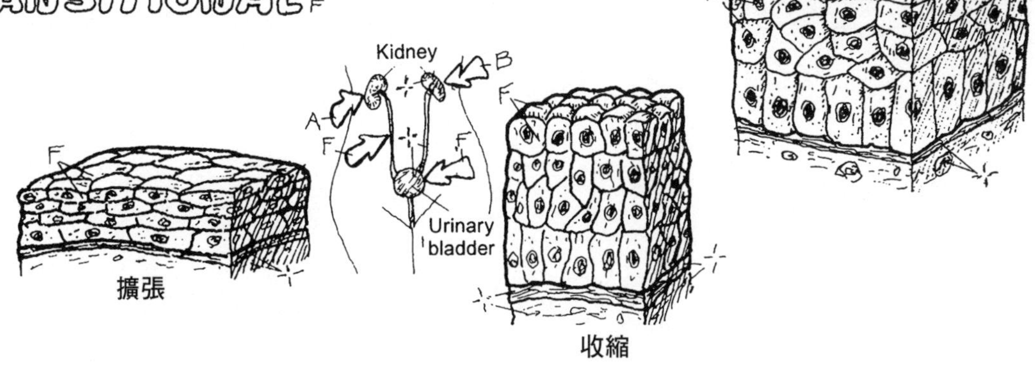

腺性上皮

EXOCRINE G
ENDOCRINE H

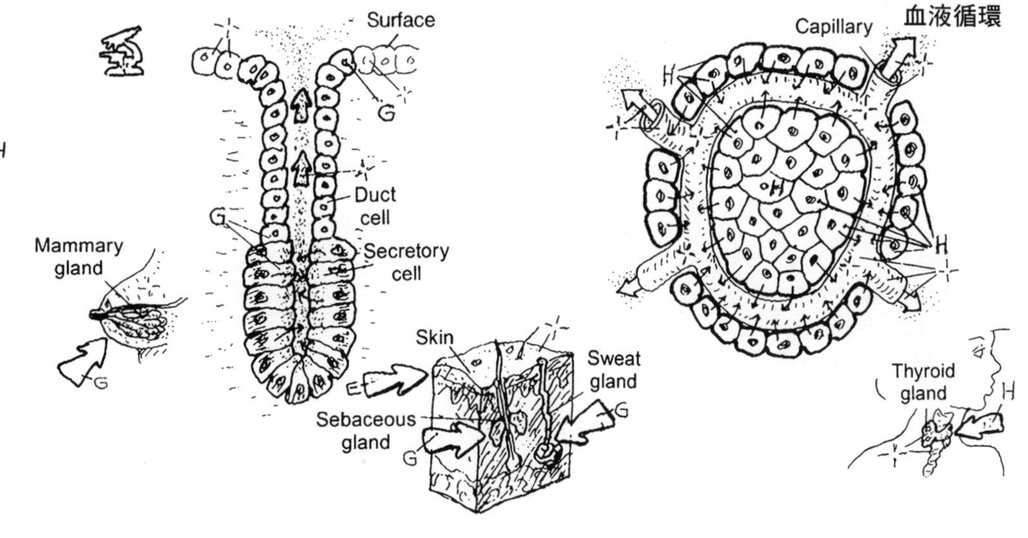

固有結締組織（connective tissue proper）包含數量不等的細胞和纖維，以及容納這些細胞和纖維的黏性基質共同組成，負責連接、結合及支持身體結構。右頁的圖解約放大了 600 倍，可以看出結締組織內的纖維具有疏鬆排列和緻密排列兩種方式。這些纖維就是身體的「包裝材料」，負責把骨頭束縛在一起，鞏固關節和骨骼肌，並保護全身各處的神經血管結構。

疏鬆性網狀結締組織（areolar connective tissue）的特點包括：含有多種細胞、不規則鬆散配置的纖維，以及中等黏滯的液體基質。這種組織的纖維由**纖維母細胞**分泌，主要的纖維性支持元素包括兩種：(1) **膠原蛋白**，由一連串的蛋白質接合形成，具有強大的張力；(2) **彈性纖維**，由稱為彈性蛋白的蛋白質構成。**網狀纖維**，是一種構造較小的膠原蛋白，負責支持造血組織內的較小型細胞群體、淋巴組織和脂肪組織。具移動能力的**巨噬細胞**和免疫反應協同作用，吞噬細胞的殘屑、異物和微生物（見 122 頁）。脂肪細胞負責貯藏脂質，可少量出現或大批集結（形成脂肪結締組織，參見下文）。**漿細胞**能因應感染情況來製造抗體（見 121 頁）。**肥胖細胞**見於微血管旁邊，跟發炎反應（見 122 頁）有關，尤其是面對過敏反應的發炎作用。其他細胞也可能穿過疏鬆纖維組織，包括白血球。**基質**也稱為細胞間質，上述所有細胞都在這裡面發揮作用。這種組織裡面分布眾多的微血管。中空器官的漿膜和上皮組織的黏液膜深處，也可以見到一種稱為**淺筋膜**的疏鬆性結締組織。

脂肪結締組織（adipose connective tissue）由脂肪細胞聚集而成，並由網狀纖維和膠原纖維來支撐，跟微血管及微淋巴管都有密切關聯。這種組織扮演能源、絕緣材料和機械性填充料的角色，也負責貯藏脂溶性維生素。

緻密規則性結締組織（dense regular connective tissue）的成分是一團團平行配置的膠原／彈性纖維，形成韌帶和肌腱，兩種構造對軸向負載張力同具強大的拮抗力量，卻又容許若干伸展性能。這種組織類型內含的細胞很少，大半是纖維母細胞。

緻密不規則性結締組織（dense irregular connective tissue）的成分是一種黏性基質，裡面有一團團不規則交織配置的膠原纖維（及部分彈性纖維）。這種組織構成關節囊、包覆肌肉組織（稱為深筋膜），還包納某些內臟器官（肝、脾等），以及構成皮膚真皮的大半。這種組織能對抗衝擊、含鮮少細胞，而且只有極端稀少的血管分布。

解剖名詞中英對照（按英文字母排序）

Collagen 膠原蛋白
Deep fascia 深筋膜
Dermis 真皮
Elastic fiber 彈性纖維
Fibroblast 纖維母細胞
Humerus 肱骨
Ligament 韌帶
Muscle 肌肉
Macrophage 巨噬細胞
Matrix 基質
Mast cell 肥胖細胞
Plasma cell 漿細胞
Reticular fiber 網狀纖維
Scapula 肩胛骨
Superficial fascia 淺筋膜

細胞和組織

組織：纖維性結締組織

著色說明：C 和 C' 塗上黃色，J 部分塗紅色。我們建議基質（I）部分不必上色。但倘若你想要上色，這四幅圖的基質請都使用非常淺的顏色，並先把圖框內的其他所有結構都上好顏色後再為 I 著色。(1) 下面四圖的鏤空字母都要著色；圖框及圖框內部組成也要上色。(2) 最後再為這類組織在人體的典型分布範圍上色（右上人體圖）。

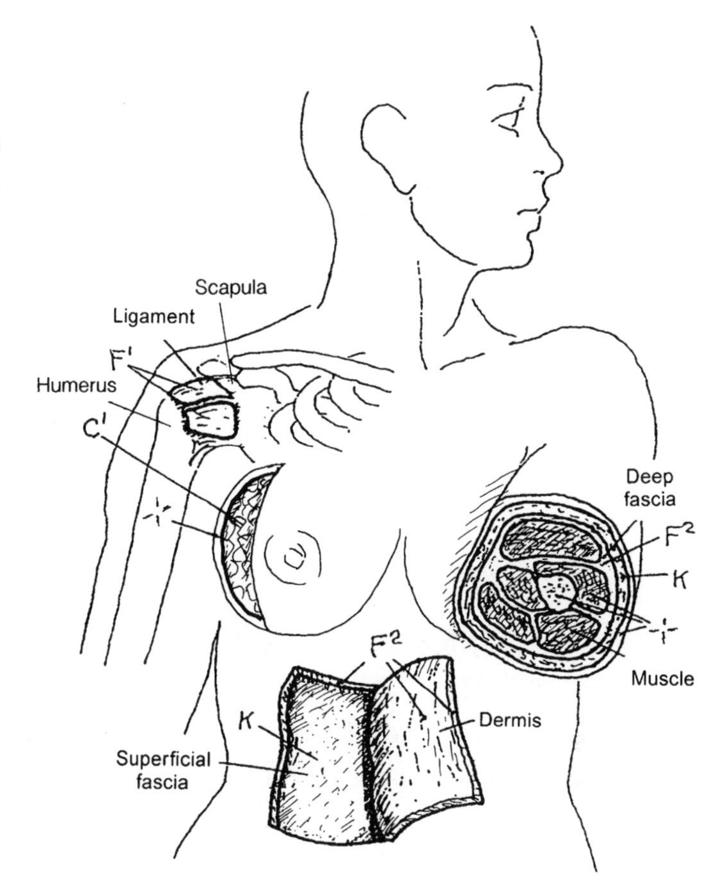

細胞

FIBROBLAST A
MACROPHAGE B
FAT CELL C
PLASMA CELL D
MAST CELL E

纖維

COLLAGEN F
ELASTIC G
RETICULAR H

MATRIX, GROUND SUBSTANCE I
CAPILLARY J

LOOSE, AREOLAR K
結締組織

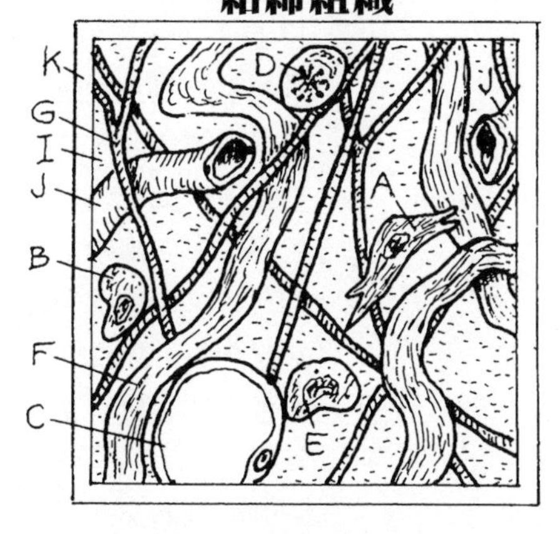

ADIPOSE C'
結締組織

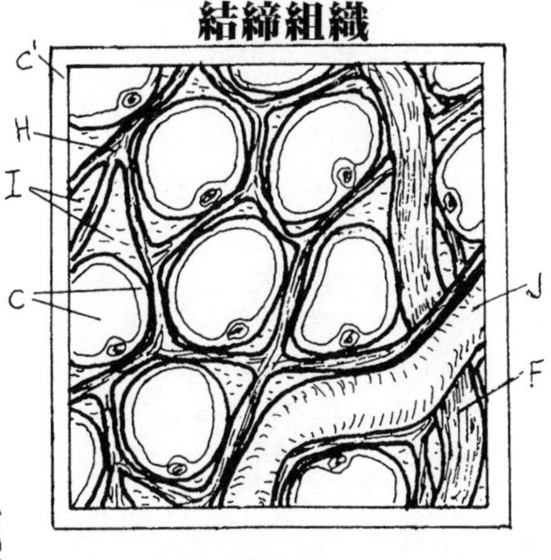

DENSE REGULAR F'
結締組織

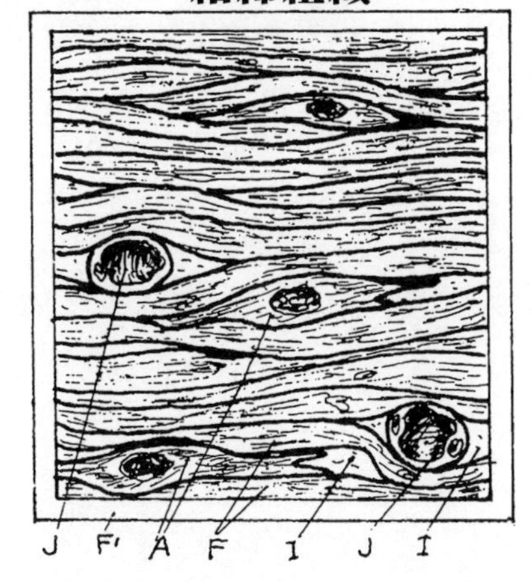

DENSE IRREGULAR F²
結締組織

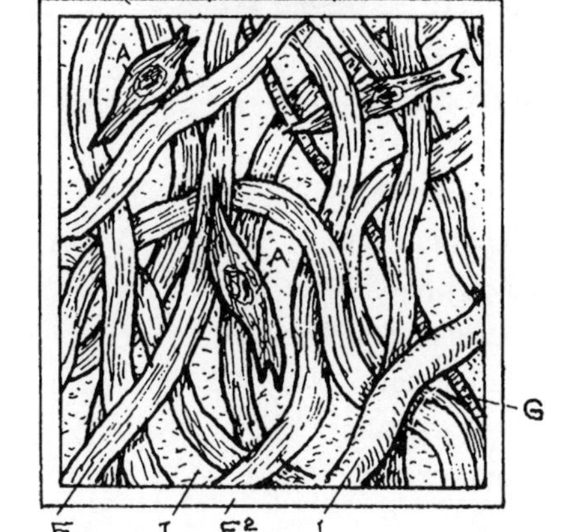

軟骨

軟骨（cartilage）組織的顯微切面，可見到**軟骨細胞**位於稱為骨穴的細小空腔內，周圍包覆很堅硬卻又柔韌的基質。這種基質以水與複合糖蛋白分子束縛組成，成分包括蛋白多醣（proteoglycan）、糖胺多醣（glycosaminoglycans, GAG）和膠原纖維。這種基質就是軟骨的獨有特徵。軟骨的分類由纖維成分決定，分別為：透明軟骨、彈性軟骨或纖維軟骨。軟骨沒有血管，只能從軟骨膜所含血管擴散出來的成分取得養分。軟骨一旦受傷就無法妥善修復。

眾所周知，骨頭末端的表面覆有一層關節軟骨，這是一種透明軟骨，不具血管、感覺遲鈍且具有可壓縮性。透明軟骨有很多小孔，能強化養分和氧氣的吸收性能。這種軟骨支撐外鼻部（你可摸摸自己的鼻子，和耳朵的彈性軟骨比較一下），也是支撐喉頭和下呼吸道大半結構的要素。這種軟骨也構成多數骨頭早期發展階段的雛型（見 18 頁）。

彈性軟骨（elastic cartilage）基本上就是具有彈性纖維和若干膠原的透明軟骨。彈性軟骨支撐外耳和喉部會厭，觸摸你的外耳，感覺一下這種軟骨的特有柔韌性。

纖維軟骨（fibrocartilage）的組成包括緻密纖維組織，並夾雜著軟骨細胞和細胞間質。這種軟骨的質地強固並具柔韌度，能耐受衝擊和拉力，最佳例子就是椎間盤。

硬骨

硬骨（bone）的獨特處是骨中含有礦化基質（依重量比，含 65% 的礦物質和 35% 的有機物質）。骨骼由硬骨組成，用來固定肌肉、肌腱和韌帶。骨骼保護眾多的內臟、輔助呼吸機制，還能用來儲藏鈣質。某些硬骨的內腔是形成血細胞的中樞。

硬骨含緻密部（密質骨）和疏鬆部（海綿骨）兩種形式（見 17 頁）。密質骨／緻密骨是能夠耐受衝擊，負責承重的骨殼，外襯一層稱為骨膜、支持生命的纖維骨膜護套。密質骨由數個叫做**哈維氏系統**，或稱為**骨元**的圓柱所構成；骨元含一批同心排列的**骨板**，其外環是礦化的膠原基質，包繞中央一條內含血管的哈維氏管。**佛氏管**是連通不同哈維氏管之間的橫向管道。請注意，包繞骨元的同心骨板稱為**環骨板**，介於骨元和骨元之間的骨板則稱為**間質骨板**。骨板之間有細小空腔（骨穴），彼此以稱為**骨小管**的細小管道相連。這些空間和哈維氏管相連，內部填充**骨細胞**和它們的細胞突起。在「骨基質再吸收區」內，可以見到具有多核的大型**蝕骨細胞**貪婪地吞噬基質，這種細胞伸出多重胞質凸起，朝向它們要動手破壞的基質。骨形成細胞在骨膜中發育，稱為成骨細胞或造骨細胞（右頁圖未畫出）。海綿骨位於密質骨內側，在長骨末端很容易見得到。海綿骨由不規則的樑柱形**骨小樑**交織組成，沒有哈維氏系統。

解剖名詞中英對照（按英文字母排序）

Articular cartilage 關節軟骨
Canaliculi 骨小管
Chondrocyte 軟骨細胞
Circumferentia lamella 環骨板
Compact bone 密質骨／緻密骨
Fibrocartilage 纖維軟骨
Haversian canal 哈維氏管
Haversian system 哈維氏系統
Interstitial lamelia 間質骨板
Intervertebral disk 椎間盤
Lacuna 骨穴
Lamellae 骨板
Matrix 基質
Nucleus 細胞核
Osteoblast 成骨細胞／造骨細胞
Osteoclast 蝕骨細胞
Osteon 骨元
Osteocyte 骨細胞
Periosteum 骨膜
Pinna of ear 耳廓
Spongy bone 海綿骨
Trabeculae 骨小樑
Vertebral body 椎體
Vertebral column 脊柱
Volkman's canal 佛氏管

細胞和組織
組織：支持性結締組織

著色說明：沿用你在上一頁所使用的相同顏色，為膠原（D）、彈性纖維（E）和基質（C）上色。F 部分塗上淺棕色或黃色，L 使用紅色。A、B、G、I 和 I' 分別塗上不同的淺顏色。就像前面所說，如果想為基質上色請最後再做。(1) 先完成軟骨切面的上色後，再為硬骨切面上色。

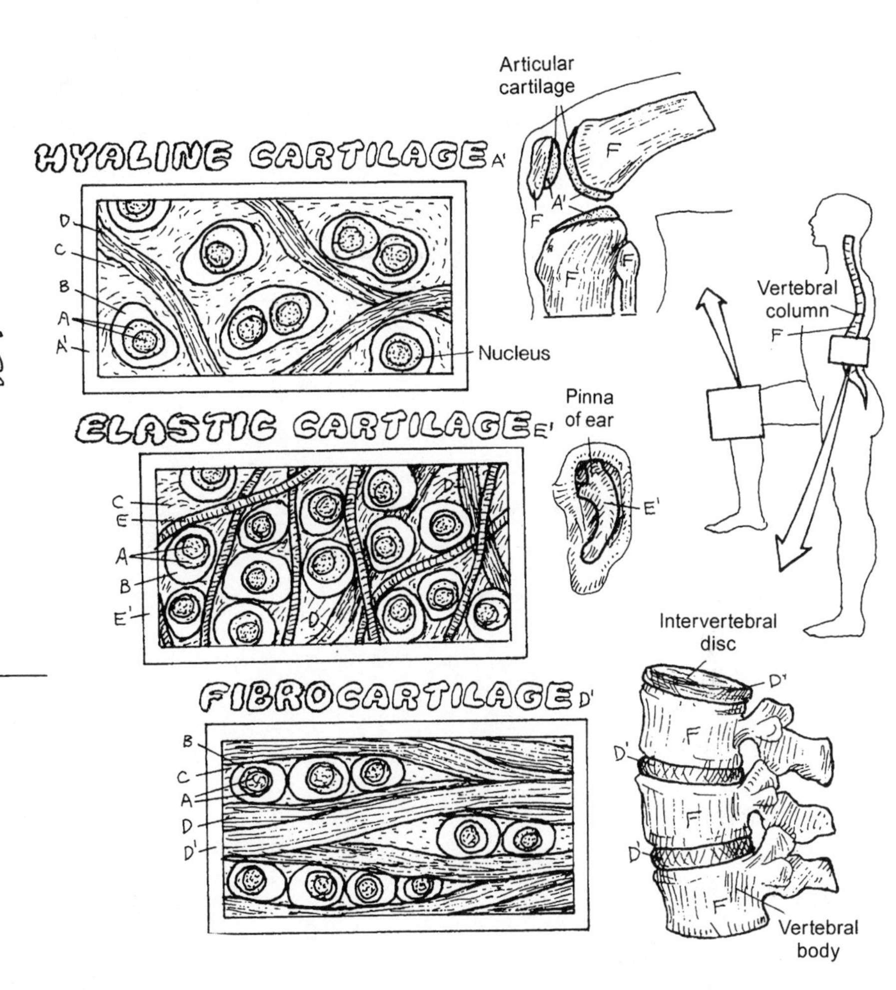

軟骨

CHONDROCYTE A
LACUNA B
MATRIX C
COLLAGEN FIBER D
ELASTIC FIBER E

硬骨

BONE F
PERIOSTEUM F'
COMPACT BONE G
HAVERSIAN SYSTEM
HAVERSIAN CANAL H
LAMELLAE G'
OSTEOCYTE I
OSTEOCLAST I'
LACUNA B
CANALICULI J
VOLKMAN CANAL K
BLOOD VESSEL L
SPONGY BONE G²

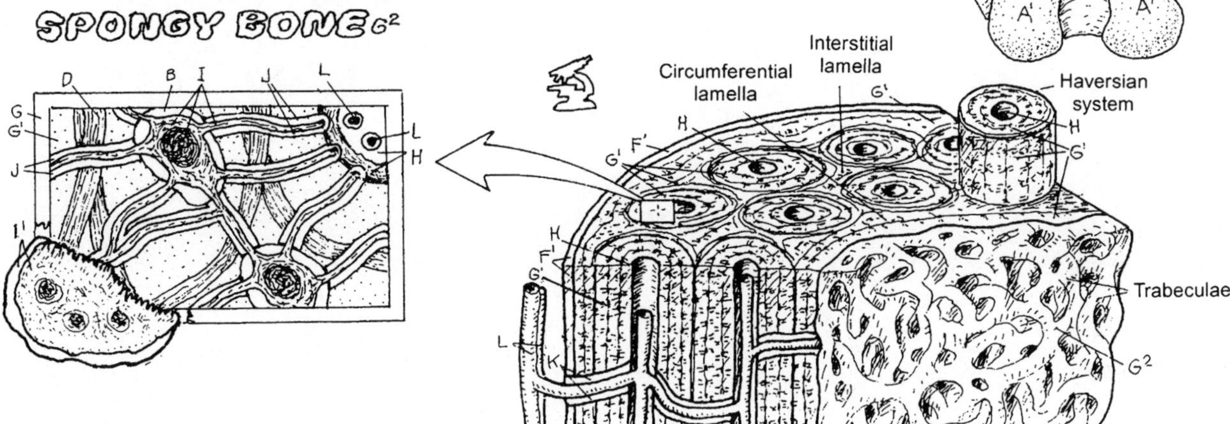

骨骼肌／橫紋肌

骨骼肌細胞是長條狀、具橫紋的多核型細胞，胞內有細胞質，稱為**肌漿質**，並具有肌原纖維、粒線體和其他胞器等成分；細胞外被一層細胞膜，稱為**肌纖維膜**。大群的肌細胞共同形成**肌腹**，也就是整束肌肉能收縮的部分。骨骼肌對身體外形的影響甚巨。肌肉附著於骨性接合點，跨接一處或多處關節並移動它們。肌肉只拉不推。

骨骼肌收縮作用是一種暫時性的快速縮短動作，通常能發出相當大的力量。肌細胞收縮時都最大程度地縮短。骨骼肌收縮必須在具有神經支配的情況下才能進行。去除神經支配之後，骨骼肌細胞就不再收縮；若是不重新恢復神經支配重建神經連接，那麼肌細胞就會死亡。

解剖名詞中英對照（按英文字母排序）

Capillary 微血管
Cardiac muscle 心肌
Connective tissue 結締組織
Endomysium 肌內膜
Gastrointestinal tract 胃腸道
Intercalated disc 閏盤
Intermediate fiber 中間型纖維／中間絲
Joint 關節
Left ventricle 左心室
Mitochondrion 粒線體
Muscle belly 肌腹
Muscle tone 肌張力
Myoblast 肌母細胞／成肌細胞
Myofibrils 肌原纖維
Myofilament 肌絲
Nucleus 細胞核
Plasmalemma 胞漿質膜
Red fiber 紅肌纖維
Sarcolemma 肌纖維膜
Sarcoplasm 肌漿質
Skeletal muscle 骨骼肌
Smooth muscle 平滑肌
Sphincter 括約肌
Striated muscle 橫紋肌
Tendon 肌腱
Visceral muscle 內臟肌
White fiber 白肌纖維

肌肉經去除神經支配的部分會失去張力，變得虛軟。一陣子之後，整塊肌肉就會萎縮。肌肉收縮一般都在自主控制下進行，不過大腦也會不自主地保持身體的骨骼肌相當程度的收縮作用，稱為**肌張力**。

受了傷害之後，**肌母細胞**（**又名成肌細胞**）會再生出具有中度運作能力的骨骼肌細胞。鍛鍊／運動也會導致骨骼肌肥大（hypertrophy）。

心肌／橫紋肌

構成心臟肌肉的心肌細胞是一種有橫紋的分枝狀細胞，具有一顆或兩顆位於中央的細胞核，還有一層肌纖維膜包覆胞內肌漿質。心肌細胞彼此以稱為**閏盤**的連接複合體連在一起。心肌細胞的結構和骨骼肌細胞相似，不過組織較無條理。心肌密布血管，收縮具有節律，力量很強，不過其節律性地收縮較不受神經節制，而是由一組特殊的衝動傳導肌細胞來負責規範。心肌的收縮速率由自主神經系統負責調節。

內臟肌／平滑肌

平滑肌細胞是一種長條狀、無橫紋且兩端收窄的細胞，中央有細胞核；每個細胞外圍都包覆一層細胞膜，稱為**胞漿質膜**。肌絲彼此交叉，組成模式不像骨骼肌那麼有條有理。這群肌細胞分布於內臟器官外壁，能以緩慢、持續的收縮作用，推動裡面的構造沿著腔室縱長移動，這種動作通常有節律感，且力道很強（想想月經或腸痙攣現象）。某些特定位置的平滑肌細胞扮演閘門角色，例如**括約肌**，負責管制流量（例如阻止尿液流出）。平滑肌纖維密布血管，能因應自主神經和荷爾蒙（激素）做出收縮反應。這類纖維也能自發收縮。

組織：肌肉組織

著色說明：C 部分塗上紅色，接著用最淺的顏色為 B、E、G 和 I 著色。(1) 包覆各個骨骼肌細胞和心肌細胞的肌纖維膜（F），只有切端面需要著色；而包覆各個平滑肌細胞的胞漿質膜 (F^1)，同樣只有切端面才需要著色。(2) 心肌細胞和平滑肌細胞的細胞核（A）都位於胞內深處，只有切端面才需要著色。(3) 這裡把一顆心肌細胞的閏盤（H）單獨分離出來，呈現其結構（示意圖）。

NUCLEUS A
CONNECTIVE TISSUE B
CAPILLARY C
MITOCHONDRION D

骨骼肌／橫紋肌

MUSCLE E
CELL E'
SARCOLEMMA F

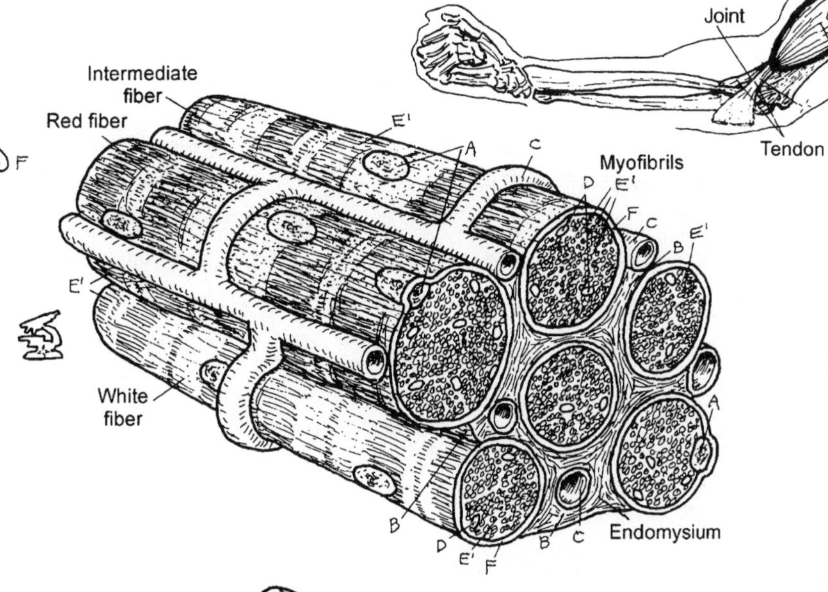

心肌／橫紋肌

MUSCLE G
CELL G'
INTERCALATED DISC H

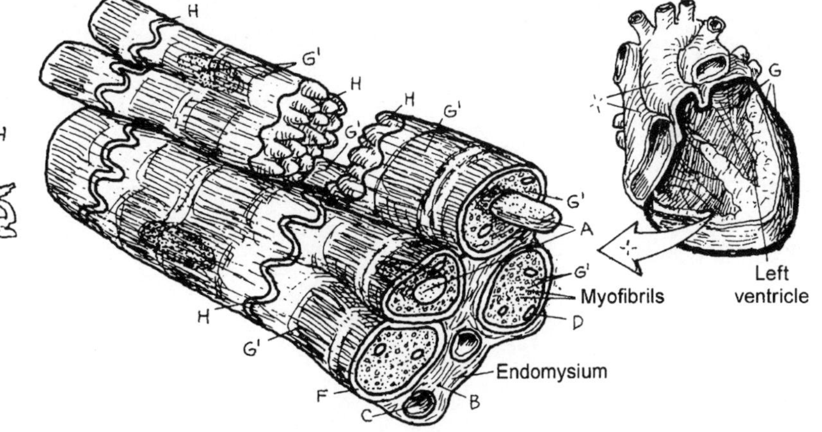

內臟肌／平滑肌

MUSCLE I
CELL I'
PLASMALEMMA F'

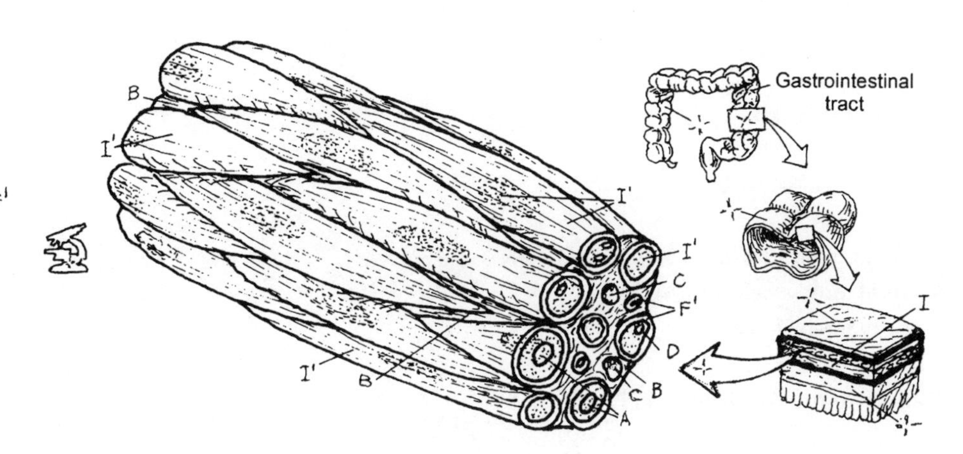

右頁所示是骨骼肌細胞的切片，在肌纖維膜開啟的情形下，露出細胞內所含部分構造。胞內最清楚可見的是**肌原纖維**，也就是細胞的收縮單元。肌原纖維外被一層平直、管狀的**肌漿內質網**，這層網能夠局部調節鈣離子向肌原纖維分布。肌纖維膜同時也會向細胞內凹陷，延伸成呈管狀的橫小管系統。橫小管系統在肌原纖維的 Z 線處橫向跨越肌漿內質網，可以貯藏鈉離子和鈣離子，亦能將電化學興奮從肌纖維膜傳導到肌原纖維。粒線體為細胞運作提供能量。

肌原纖維由肌絲組成：**粗肌絲（大半為肌凝蛋白）**的頭部向外突伸，構成一道道「橫橋」（cross bridge），而**細肌絲大半為肌動蛋白**）則以兩束交織股線編成。這兩類肌絲配置成可收縮的單元，形成一段段**肌節**（亦稱肌原纖維節）。每條肌原纖維都以好幾段排列有序的肌節配置組成。相鄰肌節以 Z 線分開，細肌絲的一端則永久附著於 Z 線。肌節所含粗肌絲和細肌絲的相對布局，構成了深帶（A）和淺帶（I、H）區域以及 M 線，這所有構造共同產生出骨骼肌和心肌的橫紋外觀。

肌原纖維縮短時，首先細肌絲向中央區（H 區）滑移，帶動各肌節的 Z 線彼此靠攏。肌絲並不縮短；肌凝蛋白絲也不移動。橫小管系統和 Z 線的密切關係，暗示這處地點是誘發滑移機制的「觸動區」。這種滑移動作是由連往細肌絲的橫橋（不能動的粗肌絲的頭部）誘發的。橫橋經由三磷酸腺苷（ATP）的高能量鍵活化，像船槳一般，協同朝 H 區擺盪、也帶著細肌絲隨同移動。當相對的細肌絲在 M 線交會，甚至重疊，這時肌節也就縮短了。

一個肌細胞收縮時，其所有或大半肌原纖維的肌節都會同時縮短，於是肌細胞從靜止長度縮短的程度就會不一樣。專業運動員成千上萬個經過調節的肌細胞，會反覆發生這樣的過程，於是這種收縮力量就能拉動球棒沿弧線揮出，力道強得能把一顆硬球打上半空，飛到 100 公尺或更遠距離之外。

解剖名詞中英對照（按英文字母排序）

Actin 肌動蛋白
Adenosine triphosphate（ATP） 三磷酸腺苷
Bundle of fibers 肌纖維束
Cross bridge 橫橋
Mitochondrion 粒線體
Muscle fiber 肌纖維
Muscle 肌肉
Myofibril 肌原纖維
Myosin 肌凝蛋白
Sarcolemma 肌纖維膜
Sarcomere 肌節
Sarcoplasmic reticulum（SR） 肌漿內質網
Skeletal muscle cell 骨骼肌細胞
Thick filament 粗肌絲
Thin filament 細肌絲
Transverse tubule system（TTS） 橫小管系統

見第11頁

細胞和組織

組織：骨骼肌的微細結構

著色說明：沿用前頁已使用的相同顏色為本頁的肌纖維膜（A）和粒線體（D）上色。G 和 J 要使用淺色，H 要使用深色，而 F 和 K 則要塗上更深的顏色。(1) 首先細看手臂的繪圖，再為切開的肌肉剖面（A）上色。(2) 為大幅圖解中的肌細胞 A 至 H 部位上色。(3) 為大幅圖解最底下的外露肌原纖維各處部位上色，並為色標字母，以及各帶、線和區著色。注意，為方便辨認，這條肌原纖維的切端面 E 要著上顏色；此為正下方圖解肌節之 A 帶的一部分。(4) 分別為鬆弛和收縮的肌節、肌絲和收縮機制上色；在用色上，要特別注意肌原纖維及其各處部位之間的關係。

骨骼肌細胞

SARCOLEMMA A
SARCOPLASMIC RETICULUM B
TRANSVERSE TUBULE SYSTEM C
MITOCHONDRION D

MYOFIBRIL E
SARCOMERE F
I BAND G
THIN FILAMENT (ACTIN) G'
Z LINE F'
A BAND H
THICK FILAMENT (MYOSIN) H'
CROSS BRIDGE I
H ZONE J
M LINE K

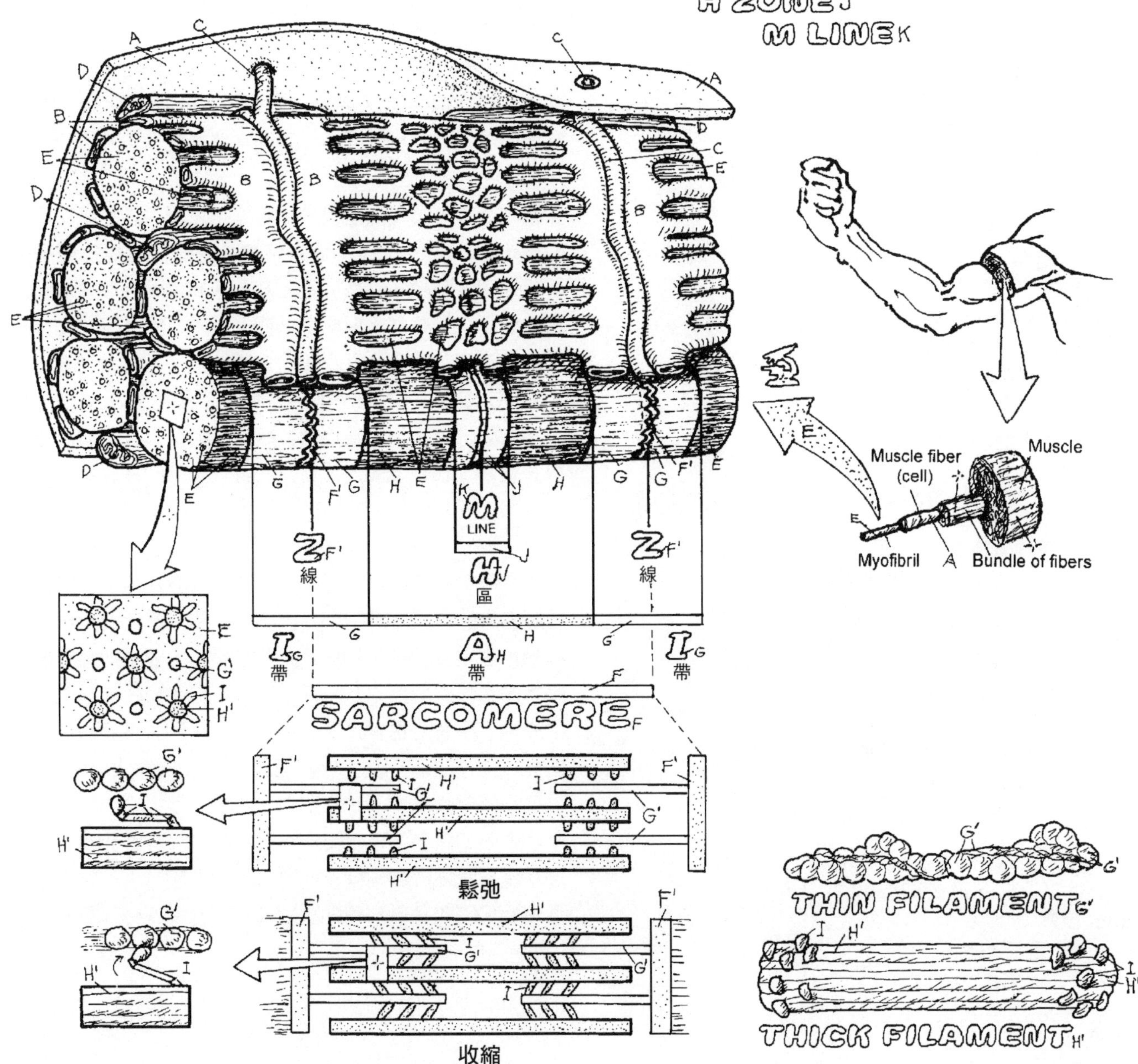

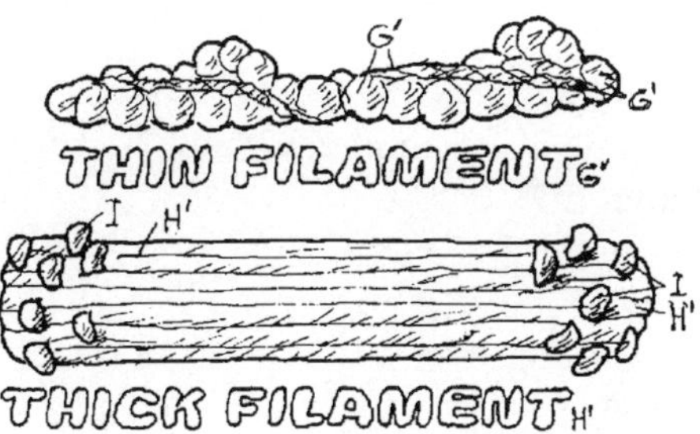

神經組織的組成含**神經元**（即神經細胞）和**神經膠細胞**。神經會發出電化學脈衝，並經由神經元突起向外傳導。神經膠細胞是神經系統的支持細胞，不負責生成／傳導脈衝。神經元的主要部分是**細胞本體**，細胞核也位於此處。神經元的細胞質含有尋常胞器，其獨有特徵是內質網成群出現，稱為**尼氏小體**。神經元的生長作用包括細胞遷移，以及逐漸形成樹狀分歧的突起。神經元是腦和脊髓（中樞神經系統），以及脊神經和腦神經（周邊神經系統）的衝動傳導細胞。

解剖名詞中英對照（按英文字母排序）

Axon 軸突
Bipolar neuron 雙極神經元
Blood vessel 血管
Blood–brain barrier 血腦障蔽
Brain 腦
Cell body 細胞本體
Central process 中樞突
Cytoplasm 細胞質
Dendrite 樹突
Endoplasmic reticulum 內質網
Fibrous astrocyte 纖維性星狀神經膠細胞
Microglia 微小神經膠細胞
Motor neuron 運動神經元
Multipolar neuron 多極神經元
Myelin 髓鞘
Nerve 神經
Neurilemma 神經鞘
Neuroglia 神經膠細胞
Neuromuscular junction 神經肌肉接合點
Neuron 神經元
Nissl substance 尼氏小體
Nodes of Ranvier 蘭氏結
Nucleolus 核仁
Nucleus 細胞核
Oligodendrocyte 寡樹突神經膠細胞
Peripheral process 周邊突起
Phagocyte 吞噬細胞
Process 突起
Protoplasmic astrocyte 原漿性星狀神經膠細胞
Pseudounipolar neuron 偽單極神經元
Receptor 受器
Schwann cell 許旺氏細胞
Sensory neuron 感覺神經元
Skeletal muscle 骨骼肌
Skin 皮膚
Spinal cord 脊髓

神經元的類型

神經元可依突起（極）的多寡區分為三種結構類別，包括：單極（unipolar）、雙極（bipolar）和多極（multipolar）形式。具有繁多分歧（樹狀分岐）且沒有髓鞘覆蓋的突起稱為**樹突**；樹突能把神經脈衝從周邊傳往細胞本體（樹突是細胞本體向外延伸突起的一部分）。修長且分歧極少的突起稱為**軸突**，負責把來自細胞本體的衝動向外傳導。每種結構類別都包含樣式繁多的神經元，各具不同的外形和尺寸。**偽單極神經元**僅含一個突起，這個突起位於細胞本體近處，隨後再二分為周邊和中樞突起（請參見周邊神經系統的感覺神經元，見右頁左下圖解），周邊和中樞突起都朝相同方向傳導脈衝，功能上類似樹突與軸突。**雙極神經元**有兩個突起，分別稱為樹突與軸突，兩個突起亦朝相同方向傳導脈衝。**多極神經元**有三個或多個突起，其中許多突起是樹突，只有一個突起是軸突。運動神經元發送脈衝到其他神經元，或傳往動作器（effector，骨骼肌／平滑肌）。單極和雙極神經元通常都負責傳導感覺脈衝。

多數軸突都外覆一層或多層（多達兩百層）具絕緣功能的磷脂（phospholipid），稱為**髓鞘**，這種外鞘能提高脈衝傳導速率。髓鞘由中樞神經系統的**寡樹突神經膠細胞**和周邊神經系統的**許旺氏細胞**所構成。周邊神經系統的軸突全都覆有外鞘，得自許旺氏細胞的細胞膜，稱為**神經鞘**，但神經鞘未必會纏繞多層而形成髓鞘。在兩個相鄰許旺氏細胞之間的縫隙稱為**蘭氏結**，神經脈衝可以在結與結之間快速傳導。許旺氏細胞對於周邊神經系統的軸突再生也有貢獻。

中樞神經系統和周邊神經系統都有**神經膠細胞**，位於周邊神經系統的神經膠細胞就是許旺氏細胞。**原漿性星狀神經膠細胞**主要見於中樞神經系統的灰質（主要由神經元的細胞本體和樹突所構成），而**纖維性星狀神經膠細胞**則見於中樞神經系統的白質（主要由具有髓鞘的軸突所構成）。這群細胞的突起附著於神經元及血管上，似乎能提供代謝、滋養和物理性支持，有可能在「血腦障蔽」的作用上扮演一個重要的角色。寡樹突神經膠細胞位於神經元附近，其尺寸比星狀神經膠細胞小，突起數量也比較少。**微小神經膠細胞**是腦和脊髓部位的小型清掃細胞，具有吞噬細胞的功能。

組織：神經組織

著色說明：使用淺色為 A 著色。注意，小箭頭表示神經脈衝的傳導方向。周邊神經系統的神經元（見左下插圖）是採左上臂肢方位，已經大幅放大了。

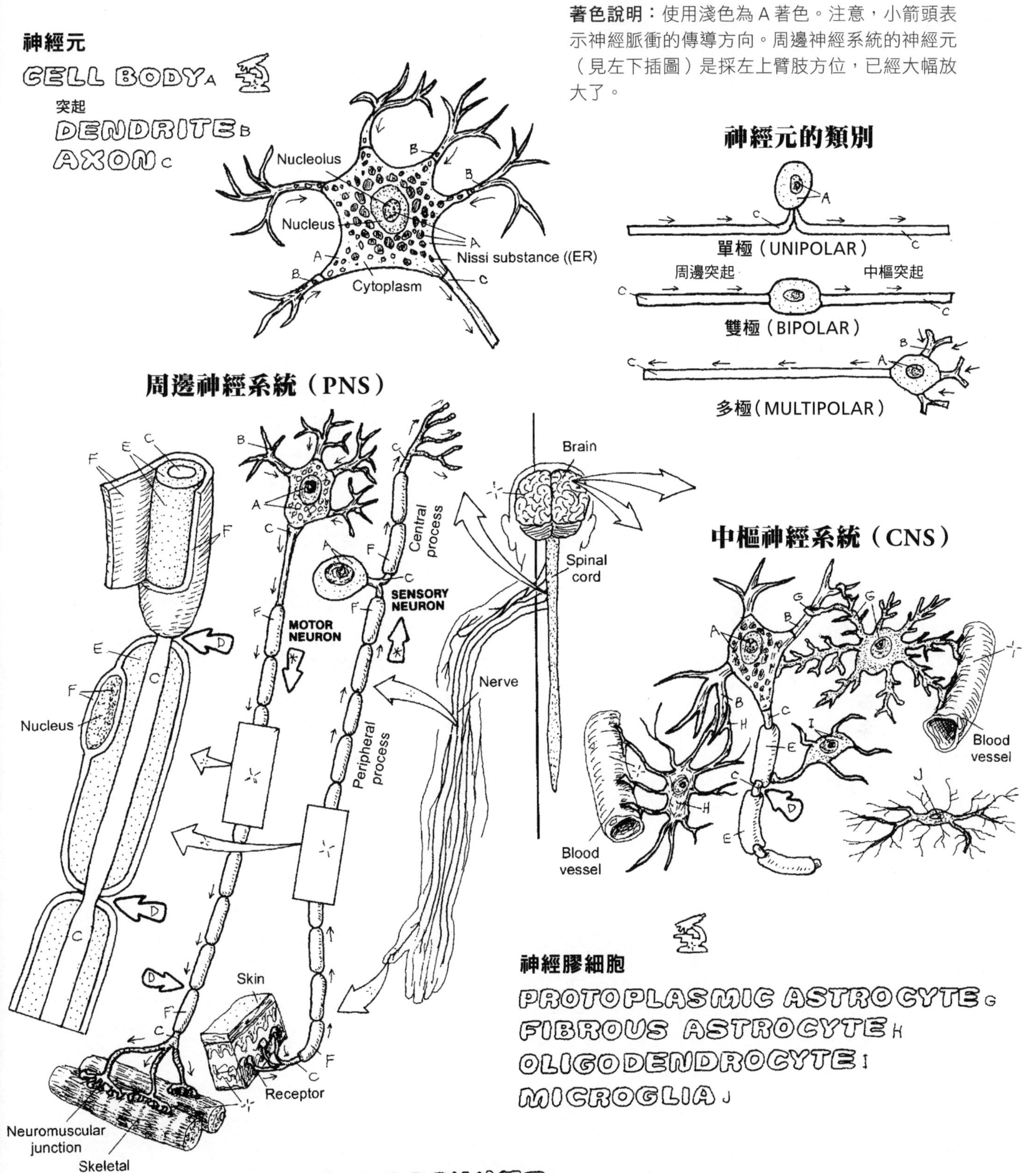

神經膠細胞

PROTOPLASMIC ASTROCYTE G

FIBROUS ASTROCYTE H

OLIGODENDROCYTE I

MICROGLIA J

NODE OF RANVIER D

軸突被膜

MYELIN E

SCHWANN CELL F

軀體結構

軀體結構（somatic structure）是指外覆皮膚且構成身體的肌肉骨骼框架，其功能跟穩定性、運動以及防護有關。體壁的最外層，被覆著一層由防護性角質素所構成的複層鱗狀上皮組織（即表皮）。軀體結構內還有其他上皮組織分布，包括位於血管內壁的表層和腺體（右頁圖沒有畫出來）。體壁的結締組織層包括**真皮**（由緻密、不規則的纖維性結締組織所構成），以及位於其下方的皮下**淺筋膜**（由疏鬆的結締組織及脂肪組織所構成），內含皮神經、小血管，偶爾還有大靜脈。**深筋膜**是一種血管分布較密集的不規則纖維性結締組織，反應比較敏銳，結構也比較緻密。深筋膜包裹骨骼肌，稱為肌筋膜組織（myofascial tissue），這種組織同時也包覆支配骨骼肌的神經和血管。**韌帶**是緻密的規則性結締組織，負責連接不同骨頭，韌帶的附著位置可穿入**骨膜**（由細胞組成、具血管、緻密的不規則纖維性結締組織），並深達骨膜下方的緻密骨，此即所謂的夏庇氏纖維。**骨骼肌**和其支配神經封裝成群，肌群之間藉由滑溜的深筋膜區隔開來，深筋膜也負責穩固神經血管束。包覆在骨骼肌外方的纖維性結締組織在肌肉的端點匯聚形成肌腱，並附著、插入骨膜，與韌帶的方式大致相同。

內臟結構

內臟結構（visceral structure）一般跟吸收、分泌、截留和／或移動內臟腔內的食物、空氣、分泌物和／或廢物有關。**上皮組織**構成內臟內壁的表層，稱為**黏膜內襯**。面朝內腔的單層細胞能以酶（酵素）分解表面物質以供吸收；或者只構成一種覆蓋黏液的表面，結合蠕動收縮，共同發揮輸運功能。源自單細胞腺體和多細胞腺體的分泌物質還能協助消化，提供可供胃腸道吸收的物質。黏膜包含一層上皮下層（由疏鬆性纖維組織構成），稱為**固有層**，負責支持上皮層細胞的活動、腺體、血管和神經。黏膜的最下層是一種細薄的平滑肌層，能運動黏膜表面的指狀凸出物（絨毛）。黏膜下方則是一層緻密性纖維組織，稱為**黏膜下層**，裡面充滿供應黏膜的大型脈管、小神經及神經細胞。位於黏膜下層下方（即更靠近胃腸道外壁），則有兩、三層平滑肌，稱為**肌織膜**，肌織膜由位於其內的局部性神經細胞所支配，能產生蠕動性收縮來運動腸壁。胃腸道最外層是一種滑溜的**漿膜**，漿膜的外側是具有分泌功能的單層鱗狀上皮組織，內側則是由具有支持功能的少量纖維組織所構成。

解剖名詞中英對照（按英文字母排序）

Arteriole 小動脈
Artery 動脈
Capillary 微血管
Cutaneous nerve 皮神經
Deep fascia 深筋膜
Dermis 真皮
Epithelial tissue 上皮組織
Gland 腺體
Lamina propria 固有層
Ligament 韌帶
Lumen 內腔
Lymph vessel 淋巴管
Mucosal lining 黏膜內襯
Myofascial tissue 肌筋膜組織
Periosteum 骨膜
Serosa 漿膜
Sharpey's fiber 夏庇氏纖維
Skeletal muscle 骨骼肌
Smooth muscle 平滑肌
Superficial fascia 淺筋膜
Subepithelial layer 上皮下層
Submucosa 黏膜下層
Tendon 肌腱
Tunica muscularis 肌織膜
Vein 靜脈
Venule 小靜脈
Villus 絨毛

組織：組織之間的整合

著色說明：A 和 B 使用淺的對比色，C 使用中等褐色，D 則塗上黃色。血液、淋巴管和神經都由多種組織構成，不用上色。(1) 先完成上圖的著色，再接著完成下圖。

軀體結構

上皮組織

SKIN (OUTER LAYER) A

結締組織

SKIN (DEEP LAYER) B

SUPERFICIAL FASCIA B^1

DEEP FASCIA B^2

LIGAMENT B^3

BONE B^4

PERIOSTEUM B^5

肌肉組織

SKELETAL MUSCLE C

神經組織

NERVE D

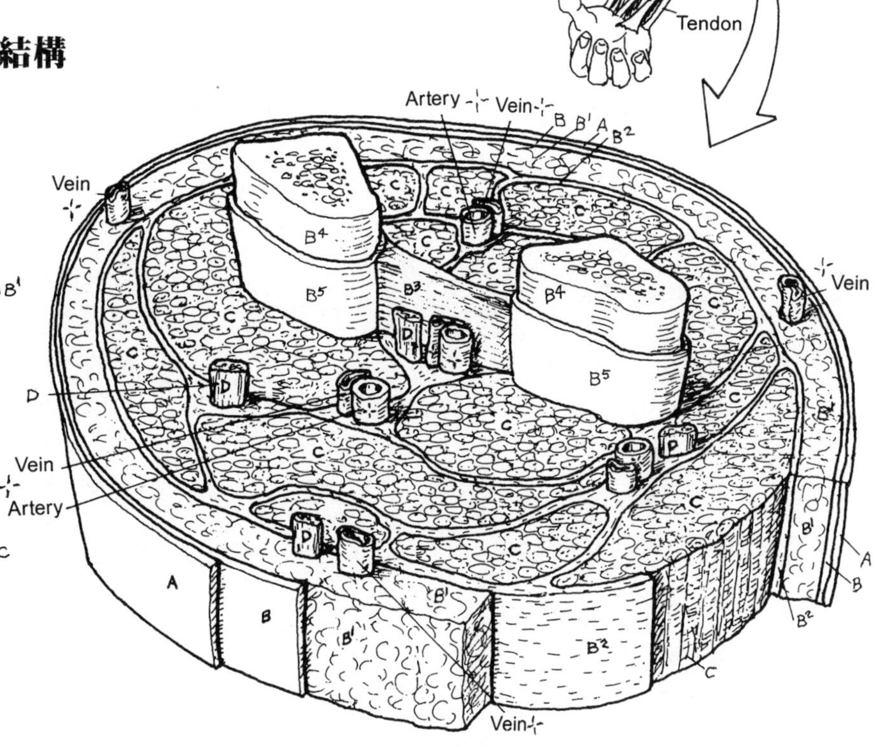

內臟結構

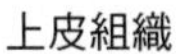

上皮組織

MUCOSAL LINING A^1

GLAND A^2

SEROSA (OUTER LAYER) A^3

結締組織

LAMINA PROPRIA B^6

SUBMUCOSA B^7

SEROSA (INNER LAYER) B^8

肌肉組織

SMOOTH MUSCLE C^1

神經組織

NERVE CELLS D^1

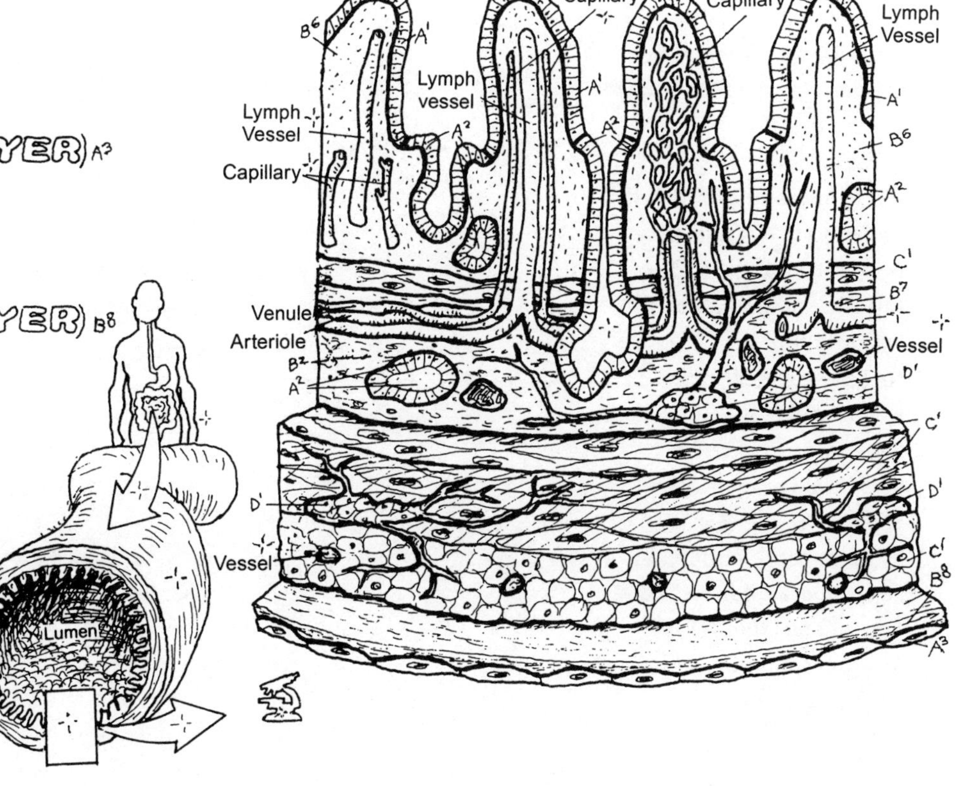

皮膚完勝，「魔術師的斗篷完全比不上，皮膚扮演種種不同的角色，是防水層、外套、遮陽棚、盔甲，也是冷藏庫，從輕如羽毛的碰觸，到溫度和疼痛都有靈敏反應，還能耐受七十年歲月的耗損，以及執行不斷的自我修護。」註 [1]

表皮是一種無血管的複層鱗狀上皮層。由於具生成作用的基底層緊鄰真皮，所以右頁圖要從最底下一層往上著色。這一層立方形矮柱狀細胞一直都在活躍進行著有絲分裂，養分則由下方真皮基底膜的微血管滲出的液體來供應。分裂出的子細胞向上推進，來到相鄰的**棘狀層**（這群細胞用顯微鏡觀察能見到棘刺）。子細胞和「餐車」微血管相隔越來越遠，同時也開始解體並取得角膜層透明質顆粒，轉變成**角質形成細胞**。隨著角質形成細胞繼續移動，遠離基底膜，內部的深色顆粒也開始顯露出來，於是就形成**顆粒層**。這幾層外皮組織都沒有微血管，養分供應不充足。最外側的**角質層**由**角質細胞**組成，這種細胞幾乎只含角質素顆粒和脂質，為下層的水合作用建立一道屏障。最外側這幾層會自然脱落，洗澡也會助長脱落。**透明層**是厚厚的一層無毛皮膚，代表另一個階段的細胞內解體現象。

黑色素細胞會生成黑色素顆粒，並順著細胞質的延伸部分（樹突）分散開來。這些樹突交織分布在基底層和棘細胞層的細胞之間，並在角質形成細胞之中散布黑色素。黑色素能夠保護皮膚不受紫外線傷害。**梅克爾氏細胞**是皮膚表面因為碰觸產生的機械變形的感測器，還能向伴隨的神經發送相關脈衝。**蘭格漢氏細胞**是一種樹突狀細胞，見於真皮層、基底層及棘細胞層。這些細胞基本上都屬於吞噬型，還能將抗原呈現給 T 淋巴細胞（見 122 頁）。

板狀構造的**指甲**由角質層高度角質化的緊實細胞所構成，呈半透明狀，露出下方甲床的血管。甲床的組成只含基底層和棘細胞層。指甲板的近端稱為**指甲根**，安插在近端指甲褶底下的一道溝槽裡面。指甲根周圍的上皮是指甲板的供源組織（A^2），並從指甲根部延展到白色月牙（指甲弧）。當基質上皮朝遠端生長，指甲板也就跟著加長。

註 [1] 引文出處：經許可轉載，引自 Lockhart, R. D., Hamilton, G. F., and Fyfe, F. W. *Anatomy of the Human Body* (2nd ed.). J.B. Lippincott & Co., Philadelphia, 1959.

解剖名詞中英對照（按英文字母排序）

Basement membrane 基底膜
Capillary 微血管
Corneocyte 角質細胞
Cuticle 甲床表皮
Dendritic cell 樹突狀細胞
Epidermis 表皮
Eponychium 甲上皮
Integumentary System 皮膚系統
Keratinocyte 角質形成細胞
Langerhans cell 蘭格漢氏細胞
Lunule 指甲弧（月牙）
Matrix 基質
Melanin granules 黑色素顆粒
Melanocyte 黑色素細胞
Merkel cell 梅克爾氏細胞
Mitotic cell 有絲分裂細胞
Nail bed 甲床
Nail plate 指甲板
Nail root 指甲根
Sensory axon 感覺軸突
Sperficial fascia 淺筋膜
Stratum basale 基底層
Stratum corneum 角質層
stratum granulosum 顆粒層
Stratum lucidum 透明層
Stratum spinosum 棘狀層
Sweat pore 汗孔

見第16頁

皮膚系統
表皮

著色說明：整頁都使用非常淺的顏色。(1) 首先為本頁上方小方塊的表皮塗上灰色。(2) 右上圖的大塊皮膚，每一層及鏤空名稱都要上色。這裡的著色順序比較特別：先為基底層（A）的名稱著色，接著再塗對應層（A）。然後繼續為 B、C 和 E 的名稱和對應層著色，這個上行順序即表皮生長的方向。(3) 透明層（D）只見於無毛髮的厚皮部位，因此名稱不用著色。(4) 右下圖是放大表皮剖面圖，上色方法和步驟 2 一樣，黑色素細胞要使用深灰色，然後使用較淺的灰色為梅克爾氏細胞和樹突狀細胞上色。要注意的是，基底膜底下含血管的真皮層不要著色。(5) 左下圖是指甲板的縱切面，連同其所有的支持要素都要塗上顏色。

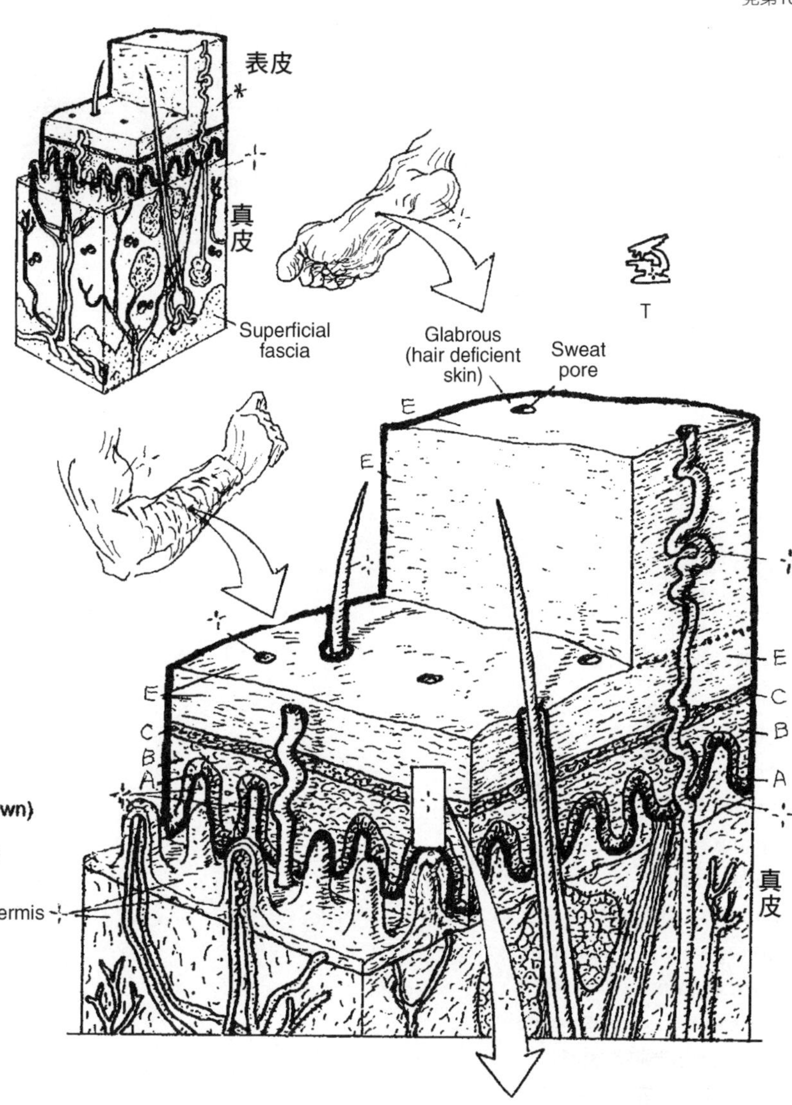

表皮

STRATUM CORNEUM E
STRATUM LUCIDUM D (Not shown)
STRATUM GRANULOSUM C
STRATUM SPINOSUM B
STRATUM BASALE A

指甲

NAIL PLATE F
NAIL ROOT F'
NAIL BED A'
MATRIX A²

Lunule
F
Eponychium (cuticle)
A' F F' A²
Bone

指甲板和相關結構

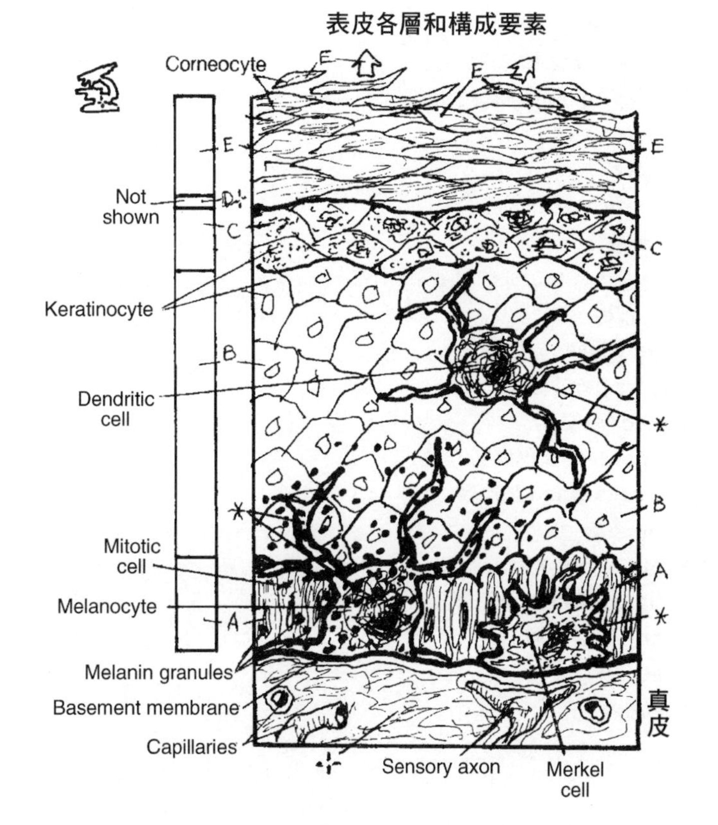

真皮是皮膚兩層構造當中較深的那一層，其特徵是上方 20% 為疏鬆結締組織，稱為**乳突層**，較深的 80% 則為緻密的不規則網狀纖維網絡。乳突層有**真皮乳突**突出伸進表皮，但並未侵入表皮真皮連結處的基底膜。皮膚發育時，會長出好幾種表皮衍生物（皮膚附器，包括毛幹和毛囊、皮脂腺、汗腺）進入真皮層中。動脈、靜脈組成微血管叢，連同微淋巴管、神經和**感覺受器**一併伸入乳突。真皮的深層界線是**淺筋膜**（即皮下組織），這是一層疏鬆結締組織，含有多寡不等的脂肪組織。

毛幹從表皮的**毛囊**長出來，發育時會向下伸進較薄皮膚的真皮／皮下組織。某些表皮不長毛幹，包括較厚的皮膚、雙唇、泌尿生殖孔以及雙手和雙腳的某些部位。毛囊的起點是毛髮離開表皮的位置，止點則是毛髮根部，看起來就像一顆球莖。毛囊球底部向內翻轉，稱為內陷（invaginated），可以容納含血管的真皮乳突。從這裡長出的（基質）細胞會促生毛幹。毛髮根部的起點在毛囊球內，延伸到毛幹脫離皮膚的定點。毛幹的組成，包括角質素層和周圍的一層層毛囊細胞。一束斜擺的平滑肌把毛囊外膜和真皮層的乳突錐連接在一起，這束肌肉稱為**豎毛肌**，收縮時能把附著的毛髮豎立起來。許多哺乳動物提高警覺時，毛髮都會豎直起來。

皮脂腺（sebaceous gland）是腺泡狀腺體，由形狀像葡萄的細胞群（稱為腺泡）構成。**腺泡**環繞毛囊，共用一條導管。各個腺體的基部活躍地進行有絲分裂；子細胞移入腺體中央，且胞內逐漸充滿脂質。**皮脂**由分泌物及細胞殘屑組成，而腺體導管會把皮脂輸送到表皮表面或毛囊上方。皮脂無臭無味，分布在皮膚和毛髮表面，提供相當程度的防水性。

汗腺（sweet gland）是相互盤繞的管狀腺，位於真皮下層。這類腺體的導管螺旋包繞角質細胞並橫越表皮，開口通往皮膚表面。腺細胞負責生成汗水，其成分大致上就是鹽水以及些微的尿素和其他分子。流汗引發蒸發作用，能發揮若干冷卻功能。

解剖名詞中英對照（按英文字母排序）

Acinus 腺泡
Arrector pili muscle 豎毛肌
Artery 動脈
Basement membrane 基底膜
Bulb 毛囊球
Capillary plexus 微血管叢
Collagen fibers 膠原纖維
Dermal papilla 真皮乳突
Duct epithelium 導管上皮
Elastic fiber 彈性纖維
Epithelial cell 上皮細胞
Follicle 毛囊
Gland cell 腺細胞
Gland epithelium 腺體上皮
Hair shaft 毛幹
Lipid 脂質
Lymphatic vessel 淋巴管
Matrix 基質
Meissner's corpuscle 梅斯納氏小體
Nerve 神經
Papillary layer 乳突層
Papillary peg 乳突錐
Receptor 受器
Reticular layers 網狀層
Sebaceous gland 皮脂腺
Sebum 皮脂
Secretion 分泌作用
Superficial fascia 淺筋膜
Sweat gland 汗腺
Sweat 汗
Vein 靜脈

見第15頁

皮膚系統

真皮

著色說明：I 要著上紅色，J 使用藍色，K 塗綠色，L 使用黃色，其他部分都使用淺色。(1) 皮膚切面的毛幹（C）和汗孔（G）都要上色，其他表皮部分不上色。(2) 在為皮脂腺（E）和汗腺（G）的放大圖解上色時，務請遵照左頁說明。

真皮

PAPILLARY LAYER A 疏鬆結締組織
DERMAL PAPILLA A'
RETICULAR LAYER B 緻密結締組織
HAIR SHAFT C
FOLLICLE C'
ARRECTOR PILI MUSCLE D
SEBACEOUS GLAND E
EPITHELIAL CELL E'
SECRETION F
BURST EPITHELIAL CELL E²
SEBUM F+E²
SWEAT GLAND G
DUCT EPITHELIUM G'
GLAND EPITHELIUM G²
SWEAT H

ARTERY I
VEIN J
LYMPHATIC VESSEL K
NERVE L
RECEPTOR L'

皮膚剖面

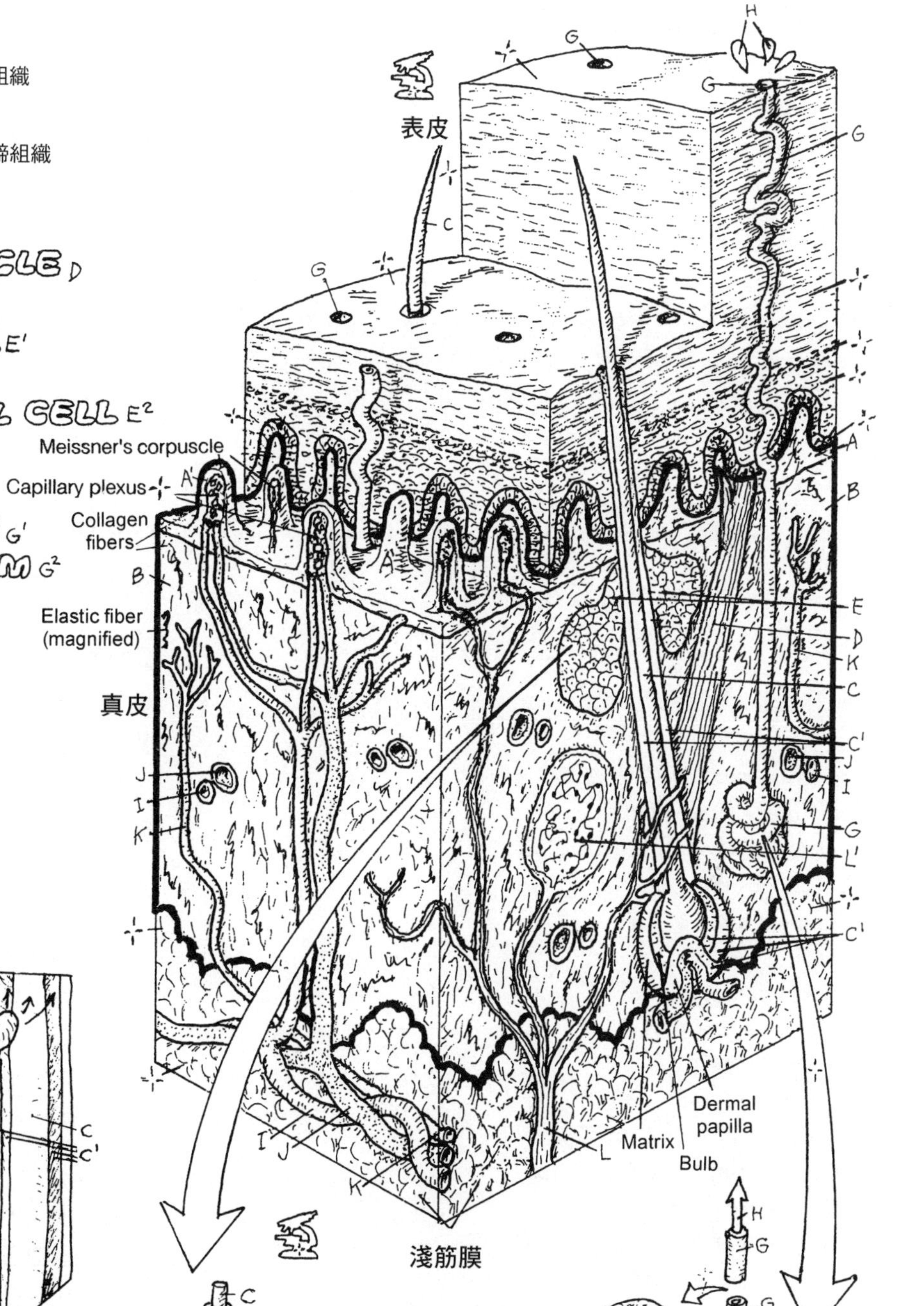

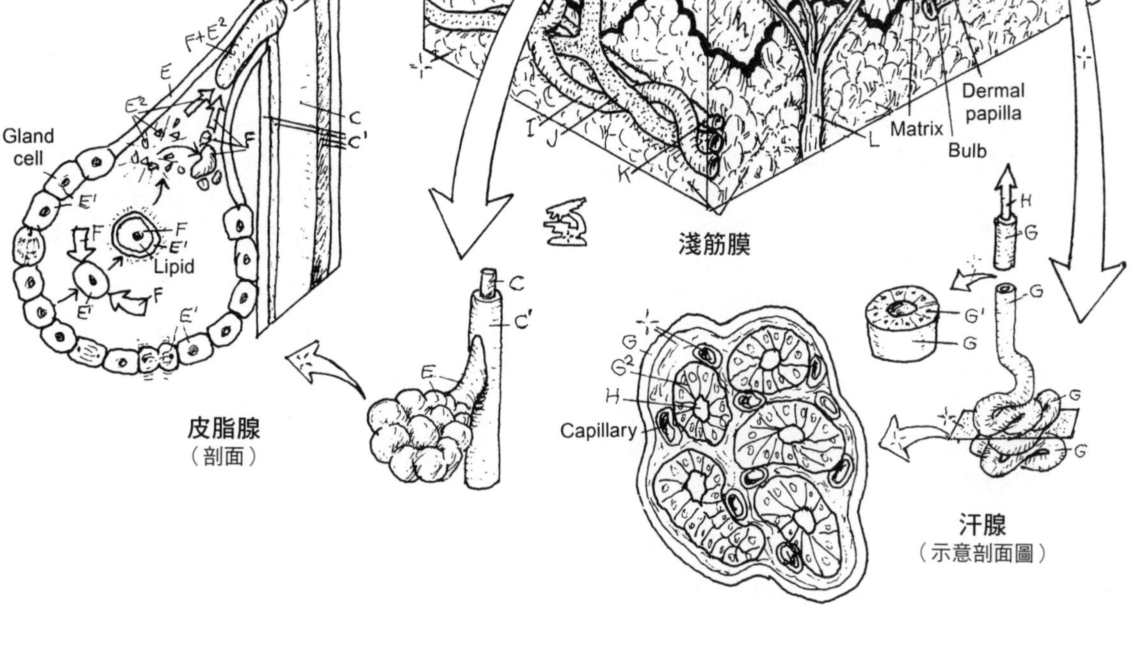

表皮
Meissner's corpuscle
Capillary plexus
Collagen fibers
Elastic fiber (magnified)
真皮
Dermal papilla
Matrix
Bulb
淺筋膜

Gland cell
Lipid

皮脂腺
（剖面）

Capillary

汗腺
（示意剖面圖）

骨頭是一種活生生、包含血管的構造，由有機組織及礦物質組成。骨頭的有機成分包括細胞、纖維、細胞外基質、脈管和神經，大約占骨頭重量的 35%；剩下 65% 的重量則是礦物質，稱為羥磷灰石。骨頭的功能包括 (1) 支持；(2) 是骨骼肌、韌帶、肌腱和關節囊的附著點；(3) 鈣質的來源；以及 (4) 血球重要的發育處。股骨歸入**長骨**類別。

長骨的末端稱為**骨骺**。成熟的骨骺大都是疏鬆骨（即海綿骨），其關節面以 3 ～ 5 公釐的透明軟骨相連，這就是關節軟骨。長骨的主幹稱為**骨幹**。骨幹有充滿骨髓的骨髓腔，腔外包覆著緻密骨，外面襯覆能形成骨細胞的外骨膜，內表面則襯覆能形成骨頭的內骨膜（右頁圖未畫出）。

解剖名詞中英對照（按英文字母排序）

Articular cartilage 關節軟骨
Articular surface 關節面
Calcium hydroxyapatite 羥磷灰石
Cancellous bone 疏鬆骨
Compact bone 緻密骨
Diaphysis 骨幹
Endosteum 內骨膜
Epiphyseal line 骨骺線
Epiphysis 骨骺
Extracellular matrix 細胞外基質
Haversian system 哈維氏系統
Hematopoietic tissue 造血組織
Hyaline cartilage 透明軟骨
Long bone 長骨
Medullary cavity 骨髓腔
Nutrient artery 營養動脈
Nutrient foramen 營養孔
Periosteum 骨膜
Red marrow 紅骨髓
Shaft 骨幹
Sinusoid 竇狀隙
Spongy bone 海綿骨
Trabecula 骨小樑
Yellow marrow 黃骨髓

關節軟骨的質地平滑、多孔且具延展性，本身既無神經也無血管，所以也沒有感覺功能。關節軟骨是成人硬骨發育的前身，也是硬骨由軟骨發育而來的殘遺證據。關節軟骨是活動關節的關節銜接面。

外骨膜是一種纖維質構造，含有豐富的血管、神經和細胞，相當敏感。這層骨頭外鞘對於骨頭的生成、成長及修復都有重大意義，終其一生都是供應骨細胞的源頭。

疏鬆骨也稱海綿骨，其組成包括相互交織的**骨小樑**，見於長骨骨骺、脊椎骨的椎體及其他無空腔的骨頭。骨小樑之間的空隙充滿了紅色或黃色的骨髓及血管。疏鬆骨形成一種動態的格構桁架，能夠因應重量壓力、姿勢改變和肌肉張力表現出機械性變形。

緻密骨形成骨幹的厚實骨壁，以及沒有關節軟骨的其他骨頭較細薄的外表面，比如頭顱的扁平骨。

骨髓腔是骨幹的內腔。腔室內有骨髓：年輕時骨髓呈紅色，許多長骨在成熟後骨髓會轉為黃色。骨髓腔襯覆一層**內骨膜**（細薄的結締組織），以及許多能形成骨頭的細胞。

紅骨髓是一種凝膠狀的紅色物質，由發育中的紅血球和白血球組成，這種骨髓稱為**造血組織**，有各種不同的發育形式，並有包纏著網狀組織的特化微血管，稱為**竇狀隙**。成人身上的紅色骨髓，大都局限在胸骨、脊椎骨、肋骨、髖骨、鎖骨和顱骨。

黃骨髓是一種含大量脂肪的結締組織，不能製造血球（血細胞）。

營養動脈（nutrient artery）是骨幹或骨的主要動脈，也是氧氣和營養素的主要供應來源；其分支蜿蜒穿越哈維氏系統和骨頭其他管腔。

見10、18頁

骨骼和關節系統

長骨結構

著色說明：C 塗上藍色，D 用棕褐色，E 和 F 都選用非常淺的顏色，I 使用黃色，J 塗紅色。(1) 為右側的股骨上色，這道縱橫代表長骨的骨骺（A）和骨幹（B）。接著再為長骨各部位及左側小圖著色。(2) 髓質腔（G）不上色。

長骨結構

EPIPHYSIS A
DIAPHYSIS B
ARTICULAR CARTILAGE C
PERIOSTEUM D
CANCELLOUS (SPONGY) BONE E
COMPACT BONE F
MEDULLARY CAVITY G-:-
RED MARROW H-:-（未畫出）
YELLOW MARROW I
NUTRIENT ARTERY J
BRANCHES J'

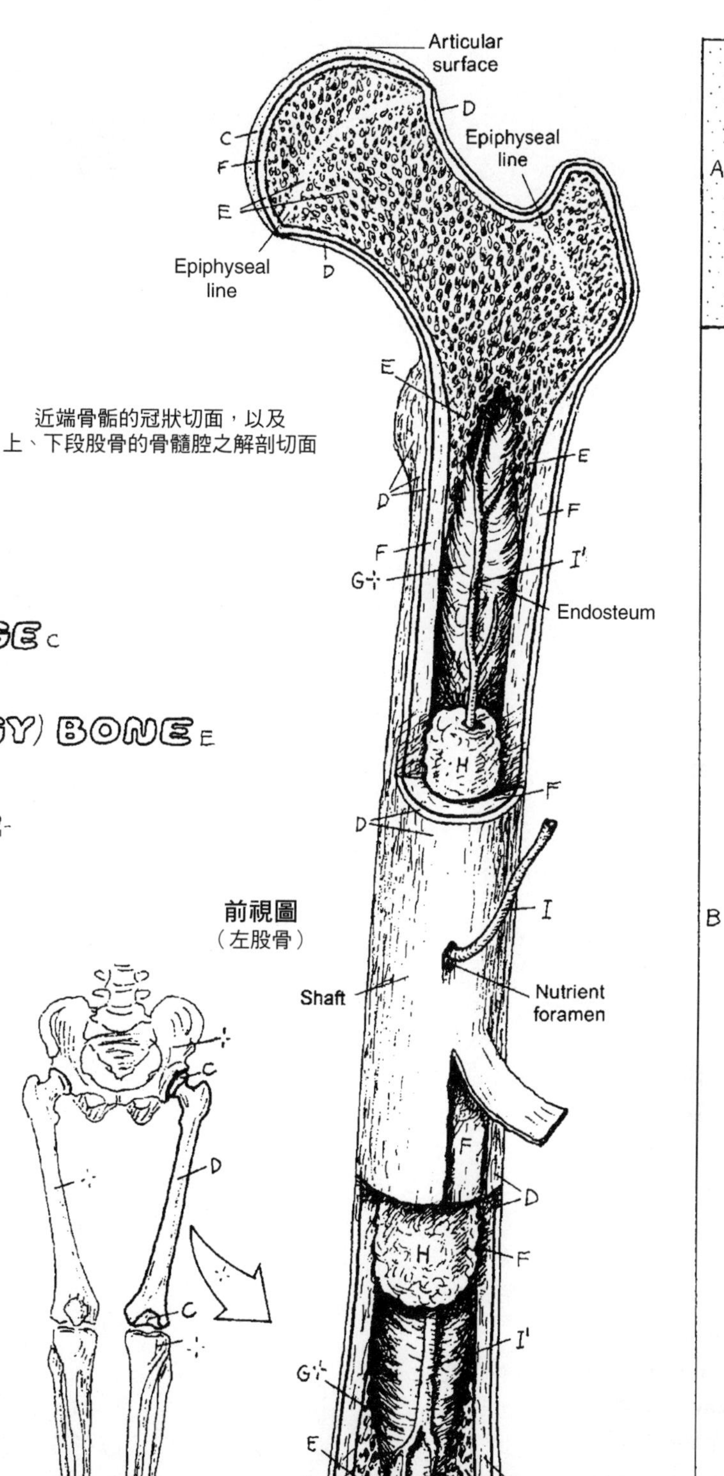

近端骨骺的冠狀切面，以及上、下段股骨的骨髓腔之解剖切面

前視圖（左股骨）

骨骼發育生長的方式有兩種：一種是**膜內骨化**，另一種是**軟骨內骨化**。右頁圖示是發育中的長骨縱切面，可以看出這兩種骨化作用，但更強調的是**軟骨內成骨**的生長情況。

軟骨生長的過程在受精後五週左右開始展開，這時軟骨雛型逐漸從胚胎結締組織形成。接下來（在往後 16 ～ 25 年期間），軟骨大都由硬骨取代（見圖 2 ～ 8）。這個作用的速率和持續期間，大都會視一個人的身高決定。

軟骨內骨化首先由形成透明軟骨雛型 (1) 開始；隨著軟骨結構的增長，其中央部分會脫水。軟骨細胞開始退化：增大、死亡及鈣化。在此同時，血管也把**造骨細胞**運送到軟骨雛型的中段部，接著就在軟骨膜內面的軟骨骨幹周圍形成一道骨頸 (2)。到了這時，圍繞在骨頸外面那層由細胞組成、滿布血管的纖維膜就稱為**外骨膜**。新生骨頸稱為**骨膜性骨**，此時就成為軟骨雛型的支持性管狀主幹，核心則是逐漸退化及鈣化的軟骨 (3)。

纖維性骨膜的血管穿透骨頸，取道**骨膜芽** (4) 進入軟骨雛型，接著增生並引領骨膜造骨細胞進入軟骨雛型 (4)。受精後約八週，這些造骨細胞開始沿著骨幹兩端的鈣化軟骨凸出部位 (5) 排列，並分泌出新骨 (5)。鈣化的軟骨退化後被吸收進入血液。**軟骨內成骨**就這樣取代了鈣化的軟骨。此一作用的兩個發生位置，稱為「初級骨化中心」，其生長方向會朝著發育中骨頭的兩端進行。鈣化的軟骨及骨幹的部分軟骨內成骨，隨後都會被吸收而形成骨髓腔 (5)。胚胎正在發育的骨幹，其骨髓腔會逐漸充滿凝膠狀的紅色骨髓。胎兒出生時，初級骨化中心已經發育健全。

從出生後頭幾年開始，血管會穿透骨骺部位的軟骨，「次級骨化中心」也開始在那裡出現 (6)。骨骺骨化中心和骨幹骨化中心之間的健全軟骨變成**骨骺板** (7)。我們的骨頭能夠增長，就是這種成長作用促成的。由於骨幹骺端的軟骨逐漸被骨細胞置換 (7)，這塊骨骺板會變得越來越薄，最後骨骺和骨幹骨化中心會癒合在一起 (8)，而骨頭的縱向生長也就此終止了（大約 12 ～ 20 歲）。癒合位置的緻密部位（**骨骺線**），有可能維持到成年期。

解剖名詞中英對照（按英文字母排序）

Articular cartilage 關節軟骨
Bone collar 骨頸
Calcified cartilage 鈣化的軟骨
Compact bone 緻密骨
Eiphyseal line 骨骺線
Eiphyseal plate 骨骺板
Eiphyseal 骨骺
Endochondral bone 軟骨內成骨
Endochondral ossification 軟骨內骨化
Hyaline cartilage 透明軟骨
Intramembranous ossification 膜內骨化
Marrow cavity 骨髓腔
Marrow space 骨髓腔隙
Medullary cavity 骨髓腔
Metaphysis 骨幹骺端
Nutrient artery 營養動脈
Osteoblast 造骨細胞
Perichondrium 軟骨膜
Periosteal bone 骨膜性骨
Periosteal bud 骨膜芽
Periosteal osteoblast 骨膜成骨細胞
Periosteum 骨膜
Primary centers of ossification 初級骨化中心
Secondary centers of ossification 次級骨化中心

骨骼和關節系統
軟骨內骨化

著色說明：沿用第 17 頁 C、F 和 E 所使用的顏色，為本頁面的透明軟骨（A）、骨膜性骨（B）及軟骨內成骨（E）著色。D 要塗上紅色。(1) 一個階段上色完成後，再做下一個階段。(2) 階段 3 與骨膜性骨相鄰的外骨膜不要上色。(3) 圖 5～8 的骨骺和骨幹，裡頭的小形狀（E）要上色。這些形狀代表的是源自軟骨的海綿骨（疏鬆骨）。

所有圖解
都是縱剖面

Perichondrium

(1)
透明軟骨雛型
約五週（最佳受精狀況）

增大的
軟骨細胞

(2)
骨頸

Periosteum

(3)
軟骨鈣化作用約八週
（受精後）

Periosteal bud

被吸收
的鈣化
軟骨

(4)
骨膜芽侵入作用

Marrow cavity

(5)
骨幹的初級骨化位置
出生時（受精後 38 週）

骨骼的成長發育

HYALINE CARTILAGE A
PERIOSTEAL BONE B
CALCIFIED CARTILAGE C
BLOOD VESSEL D
ENDOCHONDRAL BONE E

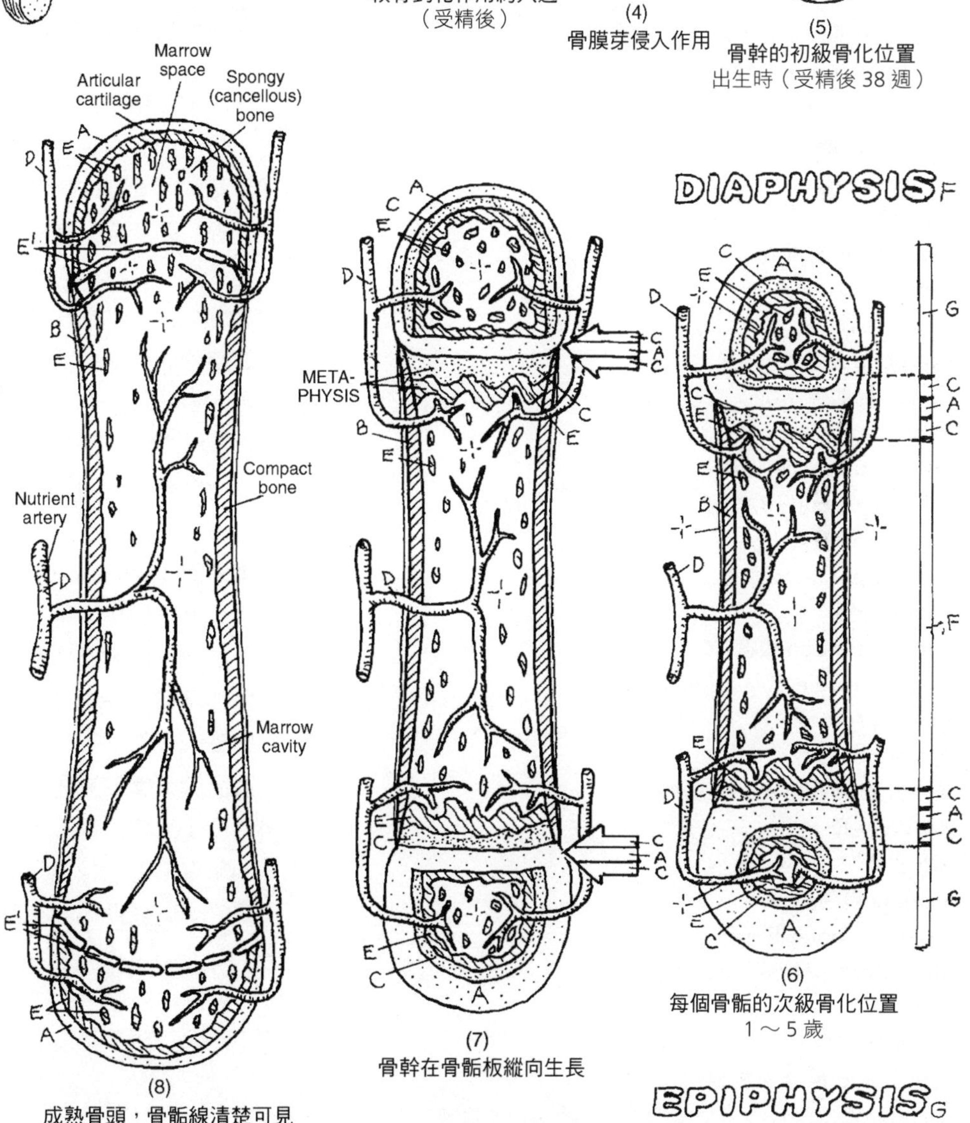

(8)
成熟骨頭，骨骺線清楚可見
12～20 歲

(7)
骨幹在骨骺板縱向生長

(6)
每個骨骺的次級骨化位置
1～5 歲

EPIPHYSIS G

EPIPHYSEAL LINE E'

EPIPHYSEAL A C
（成長）
PLATE A C

中軸骨骼（axial skeleton）是人體最主要的支持結構，沿著身體正中的縱軸列置，包括顱骨、脊椎骨、胸骨、肋骨和舌骨。軀幹的靈活度，大半要歸功於遍布整條脊柱的多重關節。

附肢骨骼（appendicular skeleton）包括肩帶（上肢帶）和骨盆帶，以及上臂骨、前臂骨、腕骨、手骨、大腿骨、小腿骨和足骨。附肢骨骼的關節賦予上肢和下肢相當程度的活動自由度。這部分的骨骼比較容易出現骨折和脫臼，但中軸骨骼一旦出問題通常情況會更嚴重。

骨頭的分類

骨頭有多種不同形狀，其實很難依照外形來分類；但這種分類法卻自古有之。長骨的一軸明顯比另一軸更長，這類骨頭的特色是有一個骨髓腔、一根由緻密骨構成的中空骨幹，以及至少有兩個骨骺（例如股骨、指骨和趾骨，都是長骨）。短骨約略呈立方形，這類骨頭主要都是疏鬆骨（海綿骨），具有細薄的緻密骨皮質，而且沒有空腔（例如腕骨和跗骨，都是短骨）。扁平骨（顱骨、肩胛骨和肋骨）的形狀通常都比較扁平，呈較不完整的圓形。不規則骨（例如脊椎骨）有兩種或多種的不同形狀，不是特別長或特別短的骨頭，都會歸入這一類。

種子骨（sesamoid bone）是位於肌腱（如髕腱）的小骨頭，大半都是硬骨，也經常會摻雜纖維組織和軟骨。這類骨頭有一個軟骨關節表面，朝向毗連的骨頭之關節面。有些種子骨是滑液關節的組成部分，外面包覆關節囊的纖維外鞘。種子骨一般都為豌豆大小，最常見於手腳上的某些肌腱／關節囊內，偶爾也見於上下肢的其他關節位置。髕骨（即膝蓋骨）是人體最大塊的種子骨，併入股四頭肌的肌腱。種子骨能耐受摩擦和壓迫，可以加強關節活動，或許也能輔助局部循環。

解剖名詞中英對照（按英文字母排序）

Appendicular skeleton 附肢骨骼
Axial skeleton 中軸骨骼
Carpal bone 腕骨
Clavicle 鎖骨
Cortex 皮質
Cranium 顱骨
Facial bone 顏面骨
Femur 股骨
Fibula 腓骨
Flat bone 扁平骨
Humerus 肱骨
Hyoid bone 舌骨
Intercostal space 肋間隙
Irregular bone 不規則骨
Long bone 長骨
Metacarpal bone 掌骨
Patella 髕骨
Patellar tendon 髕腱
Pectoral girdle 肩帶／上肢帶
Pelvic girdle 骨盆帶
Phalanges 趾骨
Quadriceps femoris 股四頭肌
Radius 橈骨
Rib 肋骨
Scapula 肩胛骨
Sesamoid bone 種子骨
Short bone 短骨
Skull 頭顱
Sternum 胸骨
Synovial joint 滑液關節
Tarsal bone 跗骨
Tibia 脛骨
Ulna 尺骨
Vertebral column 脊柱
Vertebra 脊椎骨

骨骼和關節系統

中軸骨骼／附肢骨骼

著色說明：A和B要使用淺色的對比色。(1)本頁三幅圖的中軸骨骼（A）都要上色。肋骨間隙不要著色。(2)附肢骨骼（B）的輪廓線顏色較深，要為附肢骨骼上色。(3)所有指出骨頭形狀／類別的箭頭都要著色。

AXIAL SKELETON A
APPENDICULAR SKELETON B

骨頭的分類

LONG C
SHORT D
FLAT E
IRREGULAR F
SESAMOID G

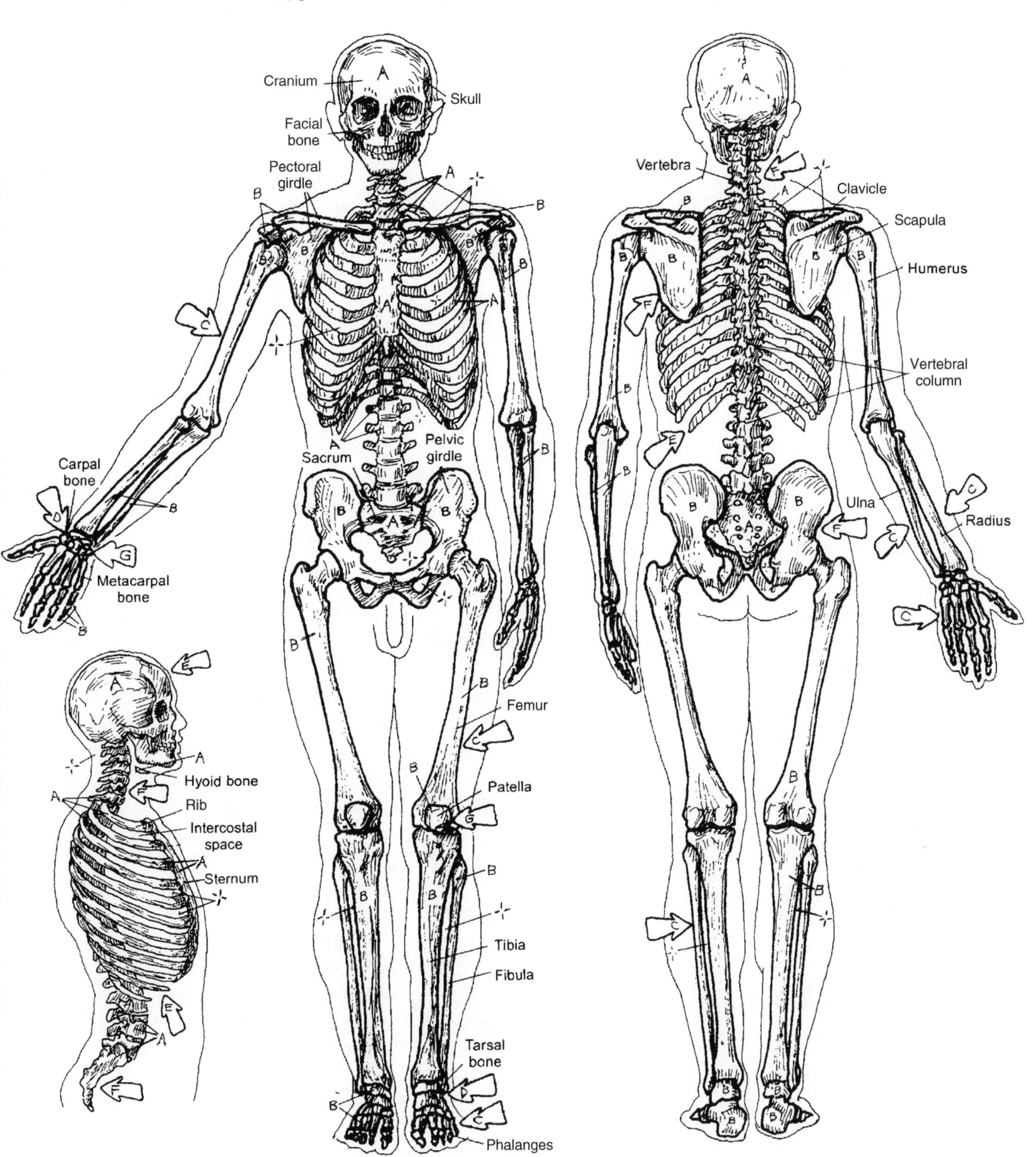

骨骼之間彼此以關節相連；所有骨骼之間的活動都在關節處。關節可依功能區分為三類，包括：不能活動的不動關節、能局部活動的微動關節，以及能自由活動的可動關節。此外，能夠自由活動的關節，還可以依構造來分類，下文會再說明。

解剖名詞中英對照（按英文字母排序）

Acromioclavicular joint 肩鎖關節
Amphiarthrosis 微動關節
Articular cartilage 關節軟骨
Articulating bones 以關節相連的骨頭
Articulation 關節
Ball-and-socket joint 杵臼關節
Bicondylar knee joint 雙髁膝關節
Bursa 滑液囊
Capitulum 肱骨小頭
Carpometacarpal joint 腕掌關節
Cartilaginous joint 軟骨關節
Collateral ligament 副韌帶
Condyloid joint / Condylar joint 髁狀關節
Diarthrosis 可動關節
Ellipsoid joint 橢圓關節
Epiphyseal plate 骨骺板
Facet Joint 小面關節
Fibrocartilage joint 纖維軟骨關節
fibrous joint 纖維關節
Gliding joint 滑動關節
Gomphosis 嵌合關節
Hinge joint 屈戌關節
Humeroulnar joint 肱尺關節
Intercarpal joint 腕骨間關節
Interosseous ligament 骨間韌帶
Interphalangeal joint 指（趾）骨間關節
Intertarsal joint 跗骨間關節
Intervertebral disc 椎間盤
Joint capsule 關節囊
Muscle / Tendon 肌肉／肌腱
Partially Movable Joint 微動關節
Periosteum 骨膜
Pivot joint 車軸關節
Radiocarpal joint 橈腕關節
Sacroiliac joint 薦髂關節
Saddle joint / Sellar joint 鞍狀關節
Sternal angle 胸骨角
Suture 骨縫
Symphysis pubis 恥骨聯合
Symphysis 聯合關節
Synarthrosis 不動關節
Synchondrosis 軟骨結合關節
Syndesmosis 韌帶聯合關節
Synovial cavity 滑液腔
Synovial joint 滑液關節
Synovial membrane 滑液膜
Temporomandibular joint 顳顎關節
Vertebral body 椎體

纖維關節（fibrous joint）屬於不動關節，指的是骨與骨之間彼此以纖維組織相連的關節。顱骨縫基本上都屬於不能活動的纖維關節，特別是隨年齡增長而骨化後更是如此。齒槽裡面的牙齒是一種固定式纖維關節，稱為嵌合關節。韌帶聯合是一種能局部活動的纖維關節，例如前臂骨頭之間的骨間韌帶或小腿骨之間的骨間韌帶。

軟骨關節（Cartilaginous joint）是一種以透明軟骨連結的關節，基本上屬於不動關節，見於生長期間，例如生長板（骨骺板）及第一肋和胸骨之間的關節。纖維軟骨關節則是一種微動關節，能局部活動，例如椎間盤及薦髂關節的一部分。聯合關節也是一種能局部活動的纖維軟骨關節，例如恥骨之間的恥骨聯合，以及胸骨柄和胸骨體之間的胸骨角。

滑液關節（synovial joint）是可動關節，能在韌帶及骨結構範圍內自由活動。這類關節的特徵是銜接的骨骼，末端覆蓋著關節軟骨，外圍還包覆了以韌帶強化的敏感纖維囊（關節囊），囊內還襯覆著富含血管的滑液膜，能分泌潤滑液並進入腔內。滑液膜沒有覆蓋關節軟骨。我們全身各處凡是有摩擦接觸面的相鄰結構，全都有滑液囊扮演緩衝的重要角色，這種囊袋的表面都襯覆著滑液分泌膜。滑液囊可以減緩摩擦，讓運動時不會有刺痛感，而且通常都與滑液關節有關，另外有一些則跟髖、肩和膝關節等部位有關。

杵臼關節（ball-and-socket joint）的最佳例子是髖關節和肩關節。這種關節能朝所有方向活動，包括屈曲、伸展、內收、外展、內旋、外旋及迴旋動作。

屈戌關節（hinge joint）只能在單一平面上運動，亦即做屈曲／伸展動作。踝關節、指（趾）骨間關節和肘關節的肱尺關節都是屈戌關節。

鞍狀關節（saddle joint, sellar joint）具有兩個凹形關節面，除了不能旋轉，其他動作都能做。大拇指根部的「腕掌關節」屬之。

橢圓關節（ellipsoid joint）又稱髁狀關節，這是杵臼關節的簡化版，較大的旋轉動作大致都無法做到。雙髁膝關節、顳顎關節以及腕關節的橈腕關節屬之。

車軸關節（pivot joint）有個骨環以一根短樁為軸心旋轉；例如，C1 脊椎骨環繞 C2 的齒突旋轉，以及圓形的肱骨小頭以橈骨頭為支點旋轉。

滑動關節（gliding joint）通常都具有平坦的銜接面，例如脊椎骨的小面關節、肩鎖關節、腕骨間關節及跗骨間關節均屬之。

骨骼和關節系統
關節的分類

著色說明：D 使用淺藍色，F 用黑色，H 塗上灰色。(1) 本頁上半部的骨頭插圖全都不上色。(2) 下半頁所有指向關節位置的箭頭，以及各種表現形式的關節全都要上色。

纖維關節

IMMOVABLE A
PARTLY MOVABLE A'

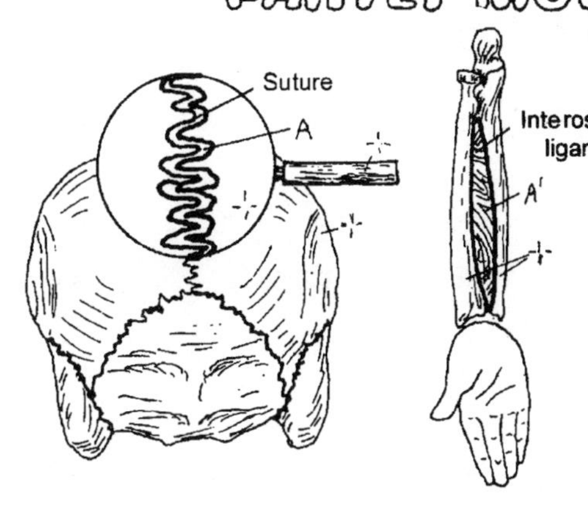

軟骨關節

IMMOVABLE B
PARTLY MOVABLE B'

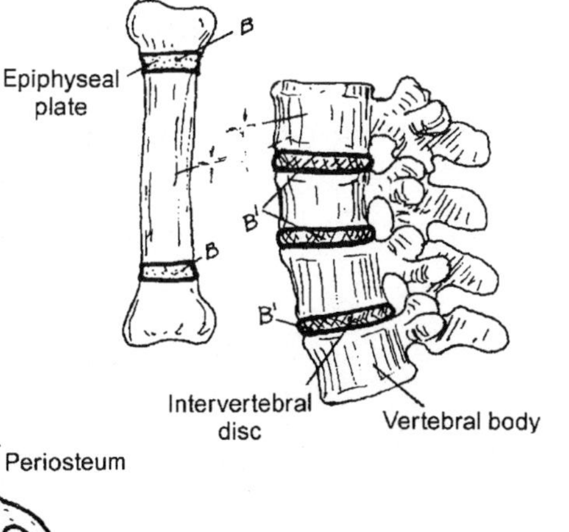

理想化的滑液關節和滑液囊

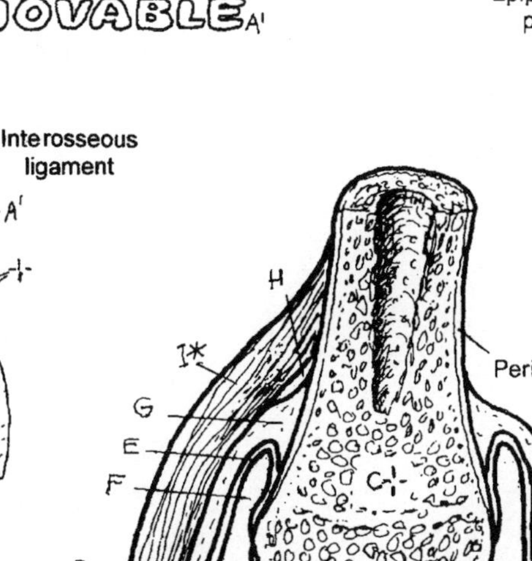

滑液關節
（能自由活動）

ARTICULATING BONES C
ARTICULAR CARTILAGE D
SYNOVIAL MEMBRANE E
SYNOVIAL CAVITY (FLUID) F
JOINT CAPSULE G
BURSA H
COLLATERAL LIGAMENT I*

滑液關節的類別

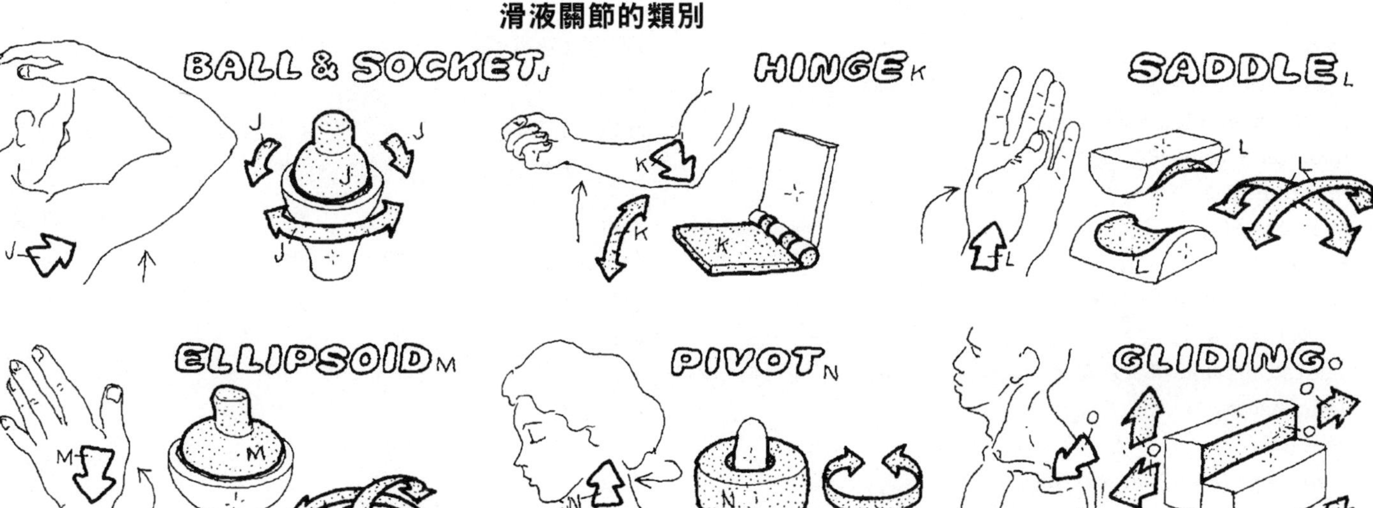

骨骼的動作都在關節處產生，因此動作的相關術語也可以用來描述關節，卻不適用於骨骼（比如說，屈曲骨骼往往會把骨頭折斷）。某處關節的動作範圍，受限於關節的骨質結構、相關韌帶及跨越該關節的肌肉。每個動作的方向及範圍，都可以參照解剖體位來明確描述及測定。

伸展（extension）某關節，通常代表的是把該關節伸直。就解剖體位而言，多數關節都處於「放鬆伸展」的狀態，稱為中立位（neutral），且伸展動作是在矢狀面上進行。極端的或甚至於異常的伸展，稱為伸展過度（hyperextension）。踝部關節和腕關節的伸展稱為**背側屈曲**。

屈曲（flexion）某處關節，意味著彎折或者縮小該關節骨與骨之間的夾角。屈曲動作同樣也在矢狀面進行。踝關節的屈曲也稱為**蹠屈**。

關節的內收是指移動一塊骨骼朝身體中線移動（若以手指或腳趾來說，則是朝向手或腳的中線移動）。就解剖體位而言，在冠狀面上的動作，包括外展與內收兩種。而關節的外展是指移動一塊骨頭遠離身體的中線（或遠離手或腳的中線）。

迴旋（circumduction）是一種繞圈的動作，杵臼關節、髁關節和鞍狀關節都能做出這種動作。迴旋的特徵是會按照屈曲、外展、伸展、內收的順序進行。

關節的旋轉（rotation）是骨骼沿著其軸心轉動。轉動一肢朝向身體稱為內旋，也就是向內旋轉；轉動一肢遠離身體稱為外旋，也就是向外旋轉。

旋後（supination）是向外旋轉肱橈關節，使手和腕轉到手心朝上的姿勢。就足部而言，「旋後」指的是內翻距骨下關節（又名距跟關節）和橫跗關節（包括距舟關節和跟骰關節；參見 40 頁），也就是將腳底朝內側翻轉。

旋前（Pronation）是向內旋轉橈肱關節，使手和腕轉到手心朝下的姿勢。就足部而言，「旋前」指的是外翻距骨下關節和橫跗關節，也就是將腳底朝外翻轉的意思。

內翻（inversion）是指把腳底向內翻轉成內側緣向上（或兩個腳底互相貼近時的動作），這是距骨下關節及橫跗關節的旋後動作，加上足前段內收產生的結果。**外翻（eversion）**是把腳底板向外翻轉、讓外側緣向上的動作（鴨板腳狀），這是距骨下關節及橫跗關節的外翻，加上足前段外展產生的結果。

解剖名詞中英對照（按英文字母排序）

Abduction 外展
Adduction 內收
Ankle 踝
Atlantoaxial joint 寰軸關節
Calcaneocuboid joint 跟骰關節
Circumduction 迴旋
Dorsiflexion 背側屈曲
Elbow 肘
Eversion 外翻
Extension 伸展
Finger 手指
Flexion 屈曲
Hip 臀
Hyperextension 伸展過度
Internal rotation / Medial rotation 內旋
Inversion 內翻
Knee 膝
Lateral rotation 外旋
Neck 頸
Plantar flexion 蹠屈
Radiohumeral joint 肱橈關節
Radioulnar joint 橈尺關節
Rotation 旋轉
Shoulder 肩
Spine 脊椎
Subtalar joint 距骨下關節
Supination 旋後
Talocalcaneal joint 距跟關節
Talonavicular joint 距舟關節
Toes 腳趾
Transverse tarsal joint 橫跗關節
Wrist 腕

骨骼和關節系統
動作相關術語

著色說明：本頁右上的三幅圖，左、右兩個人形分別表現出屈曲關節（C）、（D）及伸展關節（A）、（B）時的模樣。(1) 所有動作的鏤空字母要上色，指出各處關節的箭頭也要著上相對應的顏色。(2) 幫每個箭頭上色時，請以相同方式試著動動你身上同一部位的關節。

EXTENSION A
DORSIFLEXION B
FLEXION C
PLANTAR FLEXION D
ADDUCTION E
ABDUCTION F
CIRCUMDUCTION G
ROTATION H
SUPINATION I
PRONATION J
INVERSION K
EVERSION L

解剖體位
（中立位）

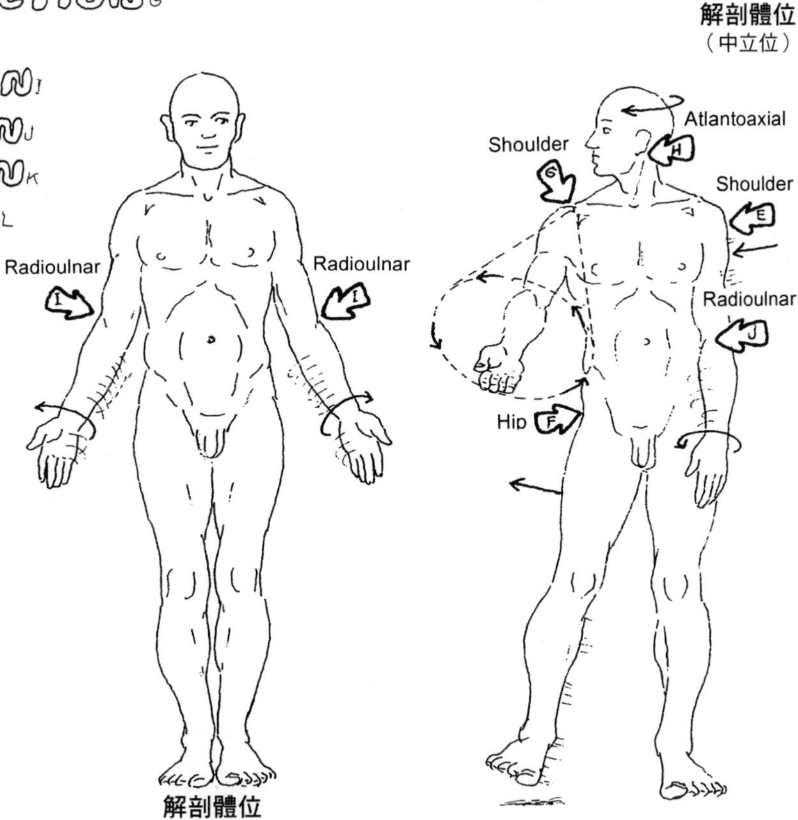

解剖體位
（中立位）

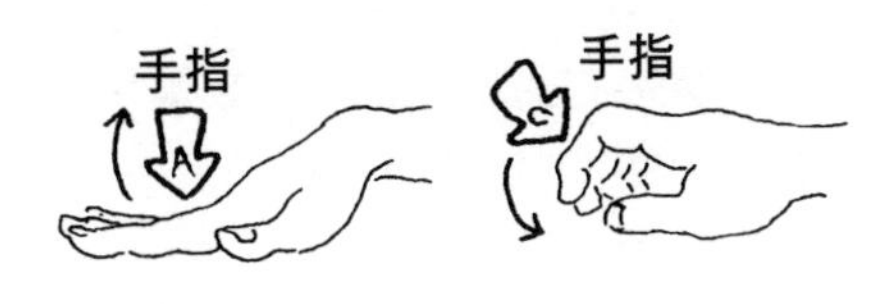

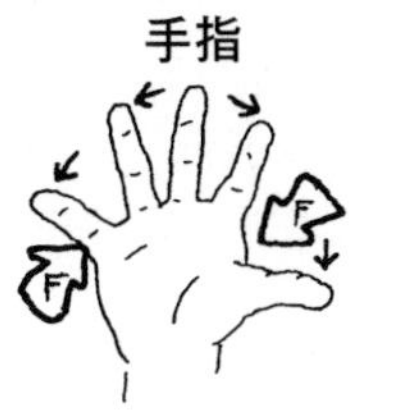

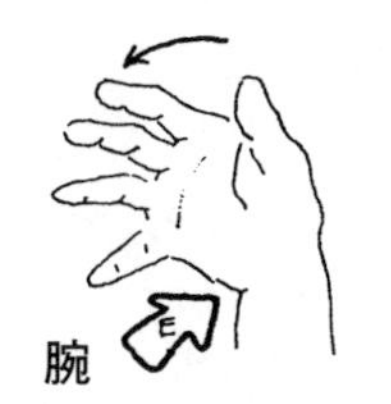

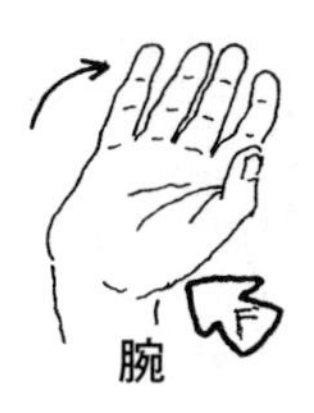

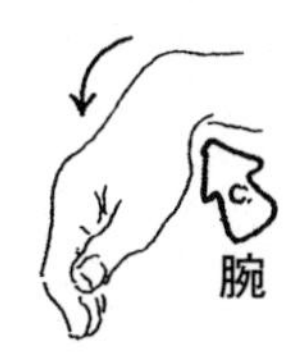

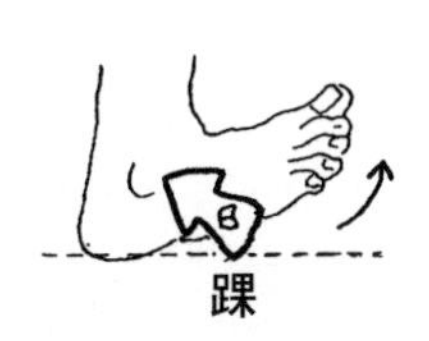

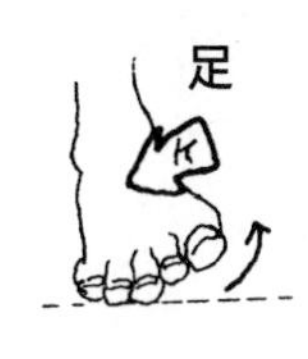

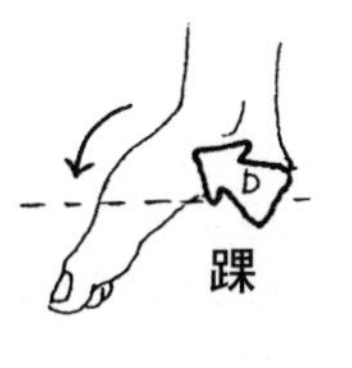

解剖名詞中英對照（按英文字母排序）

Angle 下頷角
Anterior nasal spine 前鼻棘
Body 下頷體
Condyle 髁狀突
Coronal suture 冠狀縫
Cranial bone 顱骨
Cutaneous branch 皮支
Ethmoid bone 篩骨
External auditory meatus 外耳道
External occipital protuberance 枕外隆凸
Facial bone 顏面骨
Frontal bone 額骨
Glabella 眉間
Inferior nasal concha 下鼻甲
Inferior orbital buttress 眶下壁
Inferior orbital fissure 下眶裂
Infraorbital foramen 眶下孔
Infraorbital nerve 眶下神經
Infratemporal fossa 顳下窩
Lacrimal bone 淚骨
Lambdoidal suture 人字縫
Lateral orbital buttress 眶外壁
Lateral/medial pterygoid plates 翼外板／翼內板
Mandible 下頷骨
Mandibular foramen 下頷孔
Mastoid process 乳突
Maxilla 上頷骨
Medial orbital wall 眶內側壁
Mental foramen 頦孔
Mental nerve 頦神經
Mental protuberance 頦隆凸
Middle meningeal artery 中腦膜動脈
Nasal bone 鼻骨
Nasal cavity 鼻腔
Occipital bone 枕骨
Occipital condyle 枕骨髁
Optic canal 視神經孔
Orbit 眼眶
Palatine bone 腭骨
Parietal bone 頂骨
Ramus 枝
Sagittal suture 矢狀縫
Sphenoid bone 蝶骨
Styloid process 莖突
Superior nuchal line 上項線
Superior orbital fissure 上眶裂
Superior orbital buttress 眶上壁
Supraorbital foramen 眶上孔
Supraorbital nerve 眶上神經
Temporal bone 顳骨
Temporalis muscle 顳肌
Temporomandibular joint 顳顎關節
Vomer 犁骨
Zygomatic arch 顴弓
Zygomatic bone 顴骨
Zygomatic process of temporal bone 顳骨的顴突

頭顱由**顱骨**及**顏面骨**組成，前者形成一個顱頂以容納腦部，後者為臉部表情肌肉提供起始點並支撐腦部。除了顳顎關節（屬於滑液關節）之外，頭顱的所有骨頭全都是以幾乎不可動的纖維關節（骨縫）結合在一起，而且經過一段時間後，往往都會骨化形成骨性結合。

眼眶由七塊骨（C、E、F、I、J、K 和 L）組成，其中一塊 (K) 對眼眶的形成貢獻微乎其微，右頁圖沒有畫出。眼眶有兩道裂隙和一條溝管，眶中有眼睛及相關肌肉、神經與脈管。顱骨中最薄弱的一塊 (I) 位於眶內側壁。外鼻部大半都屬於軟骨，因此除了鼻骨之外，外鼻部並不屬於骨質頭顱的一部分。

頭顱某些部位的骨頭特別加厚，形成了支撐柱壁。這些柱壁對於外界施力具有強大的拮抗力量，能夠傳導外力偏離脆弱的眼眶、鼻腔和腦部，也因此能防範骨折。最明顯的三塊是眶上壁、眶外壁和眶下壁，你自己就可觸摸得到。其他部位也有這種骨壁構造，包括口部周圍的咀嚼壁、下巴處的頦結節壁及頭顱背側的**枕骨**壁等。

頭顱有好幾個開孔讓腦神經和血管可以進出腦殼與顱腔。這些神經血管的連通路徑有許多都可在第 23 頁找到，請注意有三對開孔分別位於眼眶上、下方的垂直線上及下頷骨上，分別是眶上神經、眶下神經和頦神經的穿出位置，而分布在臉部皮膚的感覺纖維，就是從這些神經分出。這些神經全都屬於三叉神經三個分部的皮支（含 V1、V2 和 V3，見 83 頁）。

把你一根手指塞進耳朵，同時做出咀嚼動作，接著請看右頁的顱骨側視圖（注意看外耳道附近）。你會感覺到耳朵裡有個突起碰觸外耳道底部，這就是下頷骨的「髁狀突」。你還可以在這道突起的正上方觸摸到**顴弓**，還有更深處的顳肌，以及強健的「筋膜覆蓋層」（見 45 頁）。這種骨質－肌肉－筋膜構造的骨壁能在頭部側面受到重擊時，保護分布在顳骨內表面溝槽裡的「中腦膜動脈」。

骨骼和關節系統

頭顱骨的組成 (1)

8 顱骨

OCCIPITAL (1)A PARIETAL (2)B FRONTAL (1)C
TEMPORAL (2)D ETHMOID (1)E SPHENOID (1)F

14 顏面骨

NASAL (2)G VOMER (1)H LACRIMAL (2)I
ZYGOMATIC (2)J PALATINE (2)K MAXILLA (2)L
MANDIBLE (1)M INFERIOR NASAL CONCHA (2)N

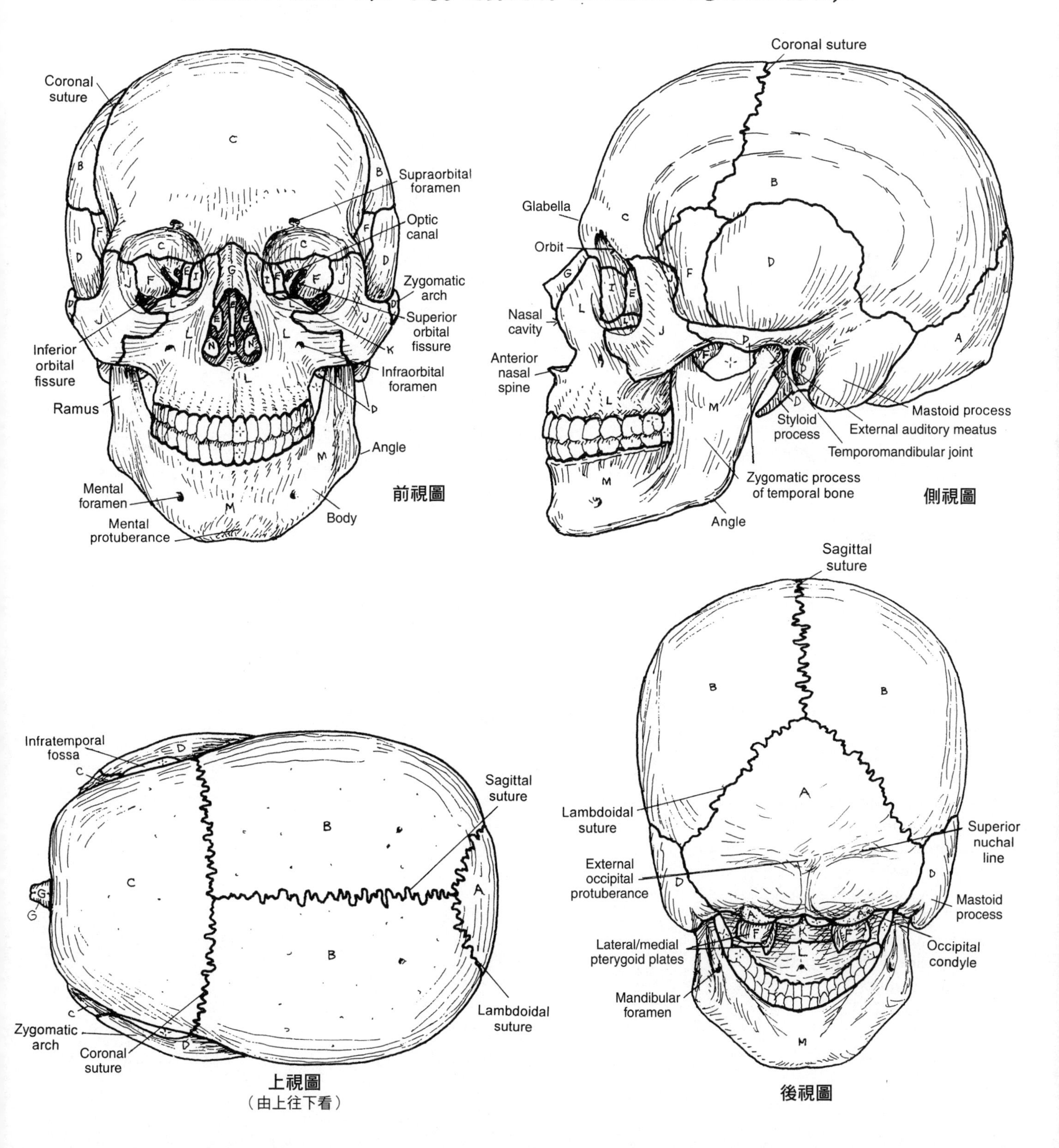

解剖名詞中英對照（按英文字母排序）

Anterior cranial fossa 顱前窩
Atlas 寰椎
Basilar part of occipital bone 枕骨基底部
Basilar part of sphenoid bone 蝶骨基底部
Cavernous sinus 海綿竇
Choana 鼻後孔
Cribriform plate 篩狀板
Deviated septum 鼻中隔彎曲
Ethmoid bone 篩骨
External occipital protuberance 枕外隆凸
Foramen lacerum 破裂孔
Foramen magnum 枕骨大孔
Foramen ovale 卵圓孔
Foramen rotundum 圓孔
Foramen spinosum 棘孔
Frontal bone 額骨
Frontal sinus 額竇
Hypoglossal canal 舌下神經管
Hypophysis 腦下垂體
Inferior nasal concha 下鼻甲
Inferior orbital fissure 下眶裂
Internal auditory meatus 內耳道
Jugular foramen 頸靜脈孔
Lateral pterygoid plate 翼突外側板
Mandibular fossa 下頷窩
Mastoid process 乳突
Maxilla 上頷骨
Medial pterygoid plate 翼突內側板
Middle cranial fossa 顱中窩
Naal bone 鼻骨
Nasal septum 鼻中隔
Occipital bone 枕骨
Occipital condyle 枕骨髁
Ofactory tract 嗅徑
Optic canal 視神經管
Palate 腭
Palatine bone 腭骨
Paranasal sinus 副鼻竇
Perpendicular plate of the ethmoid 篩骨垂直板
Petrous portion of the temporal bone 顳骨岩部
Petrous ridge 岩部脊
Pharyngeal wall 咽壁
Posterior nasal aperture 鼻後孔
Prietal bone 頂骨
Sella turcica 蝶鞍
Sphenoid bone 蝶骨
Sphenoidal sinus 蝶竇
Styloid process 莖突
Superior nuchal line 上項線
Superior orbital fissure 上眶裂
Temporal bone 顳骨
Temporal lobe 顳葉
Vomer 犁骨
Zgomatic bone 顴骨

右頁上圖所示是顱內右側。請由前往後觀察，並注意骨質的**鼻中隔**將鼻腔區分為左右兩腔，犁骨及篩骨的垂直骨板都是鼻中隔的重要組成部分。如果鼻中隔受創破裂，可能會導致「鼻中隔彎曲」，而引發鼻塞及呼吸困難。

頭顱裡面有稱為**副鼻竇**的骨質腔隙（見 129 頁），這裡還可以見到，在蝶骨裡面有個大型的**蝶竇**。腦下垂體安置在馬鞍狀的蝶鞍裡，底下就是蝶竇。蝶鞍左右兩側各有一個裡面充滿靜脈血的大型竇，稱為**海綿竇**。回流的靜脈血會流經海綿竇，如果靜脈血受到細菌感染，有可能形成海綿竇血栓，最後會導致「熊貓眼」或黑眼圈、水腫，還可能出現隱伏性靜脈出血的風險。

接著來看看右頁的左下圖，這是顱腔底板（頭顱底部的內側觀），你可以見到**顱前窩**，這處結構負責支持大腦額葉（見 73 頁）；嗅徑位於篩狀板上方，嗅神經從這裡通過（見 99 頁）。**顱中窩**包納顳葉，請注意這裡有許多開孔（通道），以供腦神經和脈管通行。**顱後窩**的後部有小腦，前面部分則有腦幹（見 76 頁），此外窩裡還有相關腦神經和脈管進出（見 83 頁）。當後腦勺跌倒撞擊或遭受鈍器敲擊時，幾乎不會受到損傷，但卻會導致額葉底部與前顱窩擦碰，有可能造成額葉或（和）前額葉區的對衝性腦挫傷。

請看右頁的右下圖解，這是頭顱底部的外視圖。**枕骨**寬廣的外表面是一層層頸後肌肉組織的附著位置之一（見 47 頁）。枕骨大孔是下腦幹／脊髓的交接處。大的枕髁與寰椎（即第一頸椎）的小面形成關節。肌肉構成的咽壁，附著於後鼻孔的周邊。

骨骼和關節系統
頭顱骨的組成 (2)

著色說明：同一種骨必須沿用前一頁所使用的顏色來上色。(1) 三幅大圖要同步上色。(2) 注意下方兩幅圖有許多孔洞，需留白不上色。(3) 試著比對最下面的那幅小圖與左側大圖，小圖不用上色，這是左側大圖的簡圖，可以清楚區分三個顱窩。

顱骨

OCCIPITAL A PARIETAL B FRONTAL C
TEMPORAL D ETHMOID E SPHENOID F

顏面骨

NASAL G VOMER H ZYGOMATIC J PALATINE K
MAXILLA L INFERIOR NASAL CONCHA N

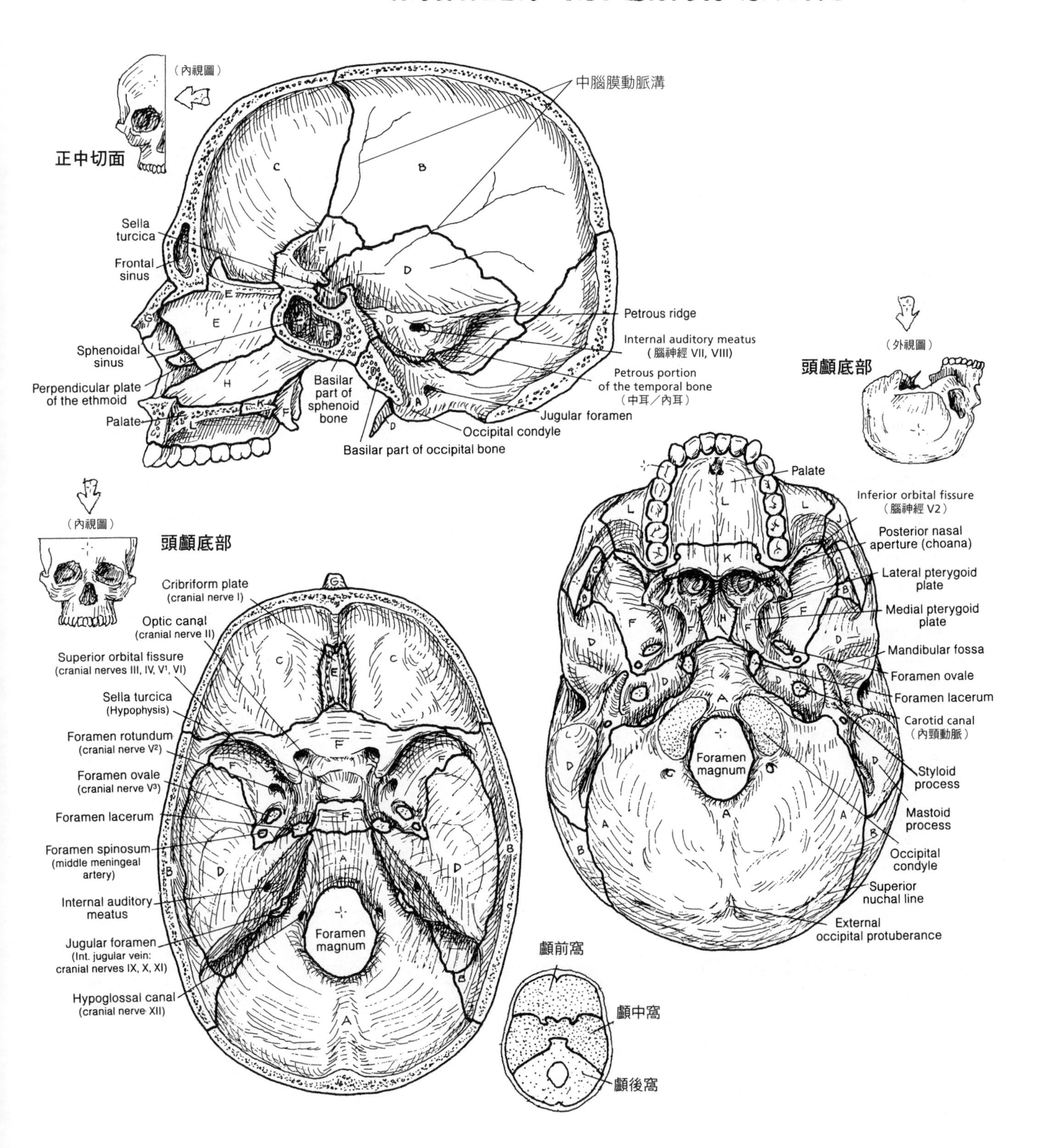

兩側**顳顎關節**或稱顱顎關節，其組成包括顳骨的成對關節窩與下頜骨左、右髁突。這兩個顳顎關節之一的運動或創傷，永遠牽連對側那組關節。顳顎關節是複雜的滑液關節，儘管只是看似簡單的下顎屈戌運動，其實就包括了滑動、屈角和旋轉動作。顳顎關節各種運動可以參見 45 頁。

顳顎關節包覆在一個纖維（關節）囊內，這是該關節唯一的真正韌帶。其關節盤稱為**半月板**，這是一種卵圓形的纖維軟骨板，位於襯覆軟骨的關節窩以及髁突關節軟骨之間。半月板把**滑液腔**分隔為上、下兩個關節腔隙。關節盤包含兩條沒有血管的前帶及後帶，其長軸位於冠狀面上。右頁左下兩張圖解的橫剖面，可以見到前帶及後帶。此外，你還可見到一處纖維組織的中間區連接此二條帶。關節盤的連結良好，前方連結翼外肌，後方連結含血管的彈性盤後墊，為雙板區（bilaminar region）和髁的內外側提供營養。嘴巴閉合時，髁突頭端會貼靠較大條的關節盤後帶；而張嘴時，髁突頭端會向前向下轉動，等嘴巴全開時則會貼靠關節盤前帶（此時上、下門牙相距隔約 35 ～ 50 公釐）。張嘴時，半月板會隨著髁突頭端向前方拉伸。

顳顎關節的**關節盤**有可能隨著年齡增長而磨損，也可能移位或剝離，或因為過度使用或誤用（咬牙或磨牙）而損傷。這種狀況有可能和雙顳頭痛有關（顳肌過度使用所致），其他相關症狀還包括活動雙頜時會出現喀拉喀拉聲，以及活動範圍縮小。此外，關節盤也可能一出生就結構不全（或甚至穿孔）。

解剖名詞中英對照（按英文字母排序）

Anterior band 前帶
Articular cartilage 關節軟骨
Articular disc 關節盤
Articular eminence 關節隆突
Articular fossa 關節窩
Articular tubercle 關節結節
Bilaminar region 雙板區
Condylar process 髁突
Condyle 髁
Coronoid process 冠狀突
Craniomandibular joint 顱顎關節
External auditory canal 外耳道
Inferior joint space 關節下腔隙
Infratemporal fossa 顳下窩
Intermediate zone 中間帶
Joint capsule 關節囊
Lateral ligament 外側韌帶
Lateral pterygoid muscle 翼外肌
Mandible 下頜骨
Mastoid process 乳突
Meniscus 半月板
Posterior band 後帶
Ramus 枝
Retrodiscal pad 關節盤後墊
Styloid process 莖突
Stylomandibular ligament 莖突下顎韌帶
Superior joint space 關節上腔隙
Synovial cavity 滑液腔
Temporal bone 顳骨
Temporomandibular joint (TMJ) 顳顎關節
Zygomatic arch 顴弓

見45頁

骨骼和關節系統
顳顎關節（顱顎關節）

著色說明：使用淺藍色為 C 著色，A 和 B 使用其他的淺顏色，E^1-E^2 不上色。(1) 首先為右上圖的顳顎關節及所對應的韌帶塗上灰色。(2) 中間圖示「顳顎關節的關節面」，圖中的髁突關節面和關節窩要使用相同顏色。(3) 右下圖的「下頷骨」要著色。(4) 顳顎關節側視圖要著色，完成後再為最下面兩圖（矢狀面）上色。

顳顎關節

TEMPORAL BONE A
MANDIBLE B
CONDYLAR PROCESS B'

關節的結構

ARTICULAR CARTILAGE C
JOINT CAPSULE D
SYNOVIAL CAVITY E
SUPERIOR JOINT SPACE E¹
INFERIOR JOINT SPACE E²
ARTICULAR DISC F
ANTERIOR BAND F'
POSTERIOR BAND F²
RETRODISCAL PAD G

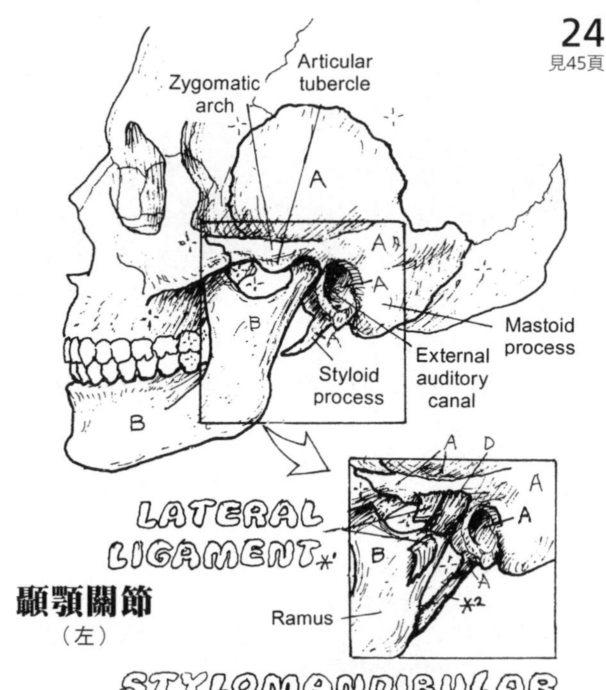

顳顎關節
（左）

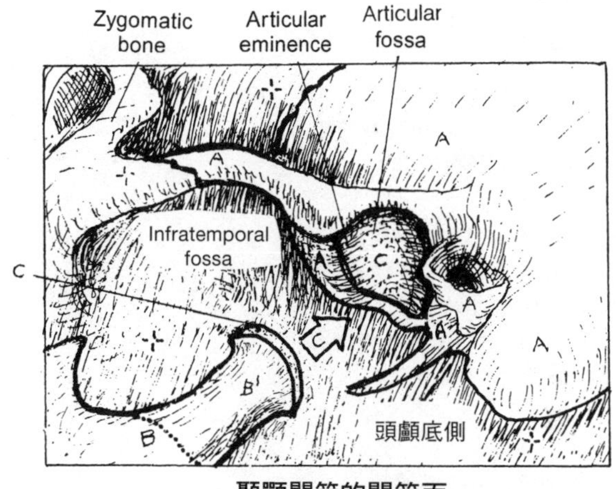

顳顎關節的關節面
（從顱骨下側及側面看）

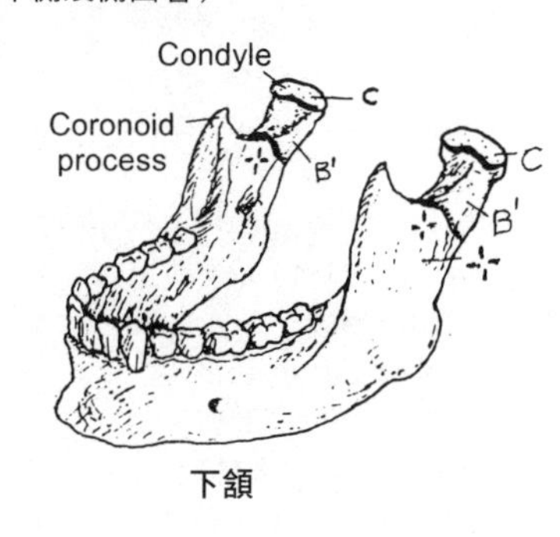

下頷

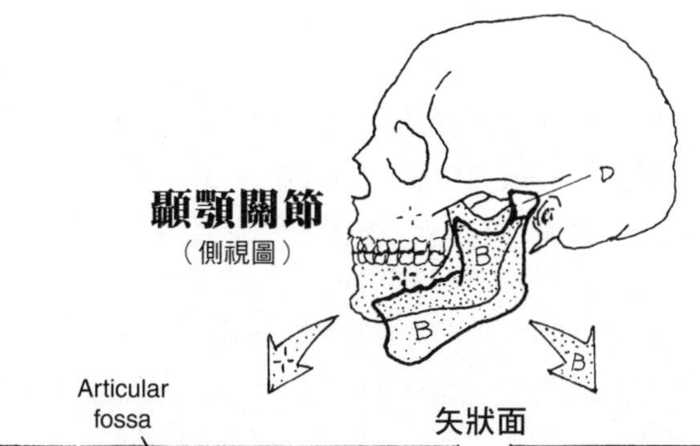

顳顎關節
（側視圖）

矢狀面

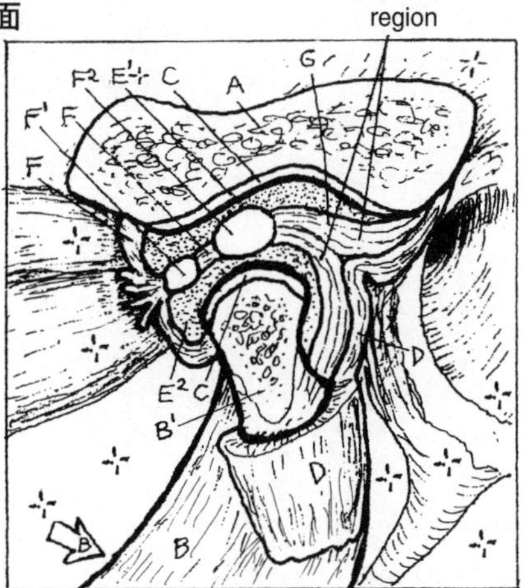

閉口

張口

脊柱有 24 節脊椎骨，分屬於 (1) **頸椎**（7 塊）、(2) **胸椎**（12 塊）及 (3) **腰椎**（5 塊）。要注意的是，五塊薦椎癒合成薦骨，另有四塊尾椎則形成尾骨。各部位的脊椎骨數量極為一致，罕見情形包括：C1 和 C2 有可能和頭顱的枕骨癒合；L5 有可能和薦骨癒合（腰椎薦椎化）；另外，S1 也可能為分離的單體，稱為移行椎骨（transitional vertebra）。脊柱頸段一般都是彎曲的，稱為頸椎前凸（cervical lordosis），且凸面朝前；脊柱胸段通常也是彎曲的，且凸面朝後，而脊柱腰段的凸面則朝前。這所有彎曲部分都是在姿勢反射發展完成之後方才形成，時間約在出生後三個月。右頁左下圖顯示的是脊椎過度彎曲的幾個例子。薦骨是承重拱弧（其中也包括髖骨）的基石。薦／尾彎弧是先天形成的，彎弧的曲率有一定的範圍。

各段的非癒合式個別脊椎骨，加上各骨之間的椎間盤、小面關節和韌帶，構成一個**活動節段**，也就是脊柱的基本活動單元。各活動節段的綜合動作是頸部與上、中、下背節段活動的基礎。除了 C1-C2 之外，活動節段所屬的各脊椎骨，全都由三組關節接合：前方是一個可以局部移動的椎間盤，後方則是一對滑動式滑液小面關節，又稱為椎骨關節突關節。相關骨頭都由韌帶固定，而小面關節則都由纖維關節囊包覆。縱向排列的連串**椎孔**形成椎管，椎管又稱為神經管，供脊髓和相關被膜、脈管和神經根通行。每一對椎弓根的左右兩側各有一道進出椎管的通路，稱為椎間孔，這就是脊神經與其被膜／脈管，還有進出脊髓之脈管的通道。

椎間盤是位於兩塊脊椎骨之間的局部活動式纖維軟骨關節，其組成包括：(1) 附著於椎體上下方，負責荷重的**纖維環**，由數層錯綜排列而成的膠原纖維與軟骨細胞所構成，以及 (2) 較偏中央的**髓核**，這是一團半流質的退化膠原蛋白和蛋白多醣（proteoglycan）。一如像其他各處的水，髓核的水也是不能壓縮的，但能變形而將力傳送到纖維環各部分。椎體之間的活動必須有椎間盤才可能進行。隨著年齡增長，椎間盤會緩慢脫水，厚度會隨之變薄，其中尤以頸椎間盤和腰椎間盤特別容易出現早期退化現象。纖維環變弱和／或破裂，有可能造成髓核和相鄰的纖維環局灶突出，並有可能壓迫到椎間孔內的脊神經，或是壓迫到椎管側隱窩裡面的脊神經。

解剖名詞中英對照（按英文字母排序）

Annulus fibrosus 纖維環
Anterior longitudinal ligament 前縱韌帶
Articular process 關節突
Body 椎體
Cervical lordosis 頸椎前凸
Cervical vertebrae 頸椎
Coccygeal vertebra 尾椎
Coccyx 尾骨
Dural sac 硬脊膜囊
End plate 終板
Facet for rib 肋骨關節小面
Facet joint capsule 小面關節關節囊
Facet joint 小面關節
Ganglion 神經節
Inferior articular process 下關節突
Interspinous ligament 棘突間韌帶
Intervertebral disc 椎間盤
Intervertebral foramen 椎間孔
Kyphosis 駝背（脊柱後凸）
Lamina 椎板
Ligament 韌帶
Ligamentum flavum 黃韌帶
Lordosis 脊柱前凸
Lumbar lordosis 腰椎前凸
Lumbar vertebra 腰椎
Nucleus pulposus 髓核
Pedicle 椎根
Posterior longitudinal ligament 後縱韌帶
Sacral vertebra 薦椎
Sacrum 薦骨
Sauda equine 馬尾
Scoliosis 脊柱側彎
Spinal nerve 脊神經
Spinous process 棘突
Superior articular process 上關節突
Supraspinous ligament 棘上韌帶
Thoracic kyphosis 胸椎後凸
Thoracic vertebrae 胸椎
Vertebrae 脊椎
Vertebral canal 椎管
Vertebral column 脊柱
Vrtebral foramen 椎孔
Zygapophyseal joint 椎骨關節突關節

骨骼和關節系統
脊柱

著色說明：D 塗上灰色，H 塗上黃色，並使用淺色來標示細小部位。(1) 首先為脊柱的各段部位，還有左下圖的三個脊柱異常的例子上色。(2) 為活動節段上色，還有那些顯示節段在屈曲、伸展所扮演角色的各幅圖也都要上色。(3) 為右側椎孔和椎管的三幅圖解上色。(4) 椎間盤和壓迫脊神經的突出部分要上色。

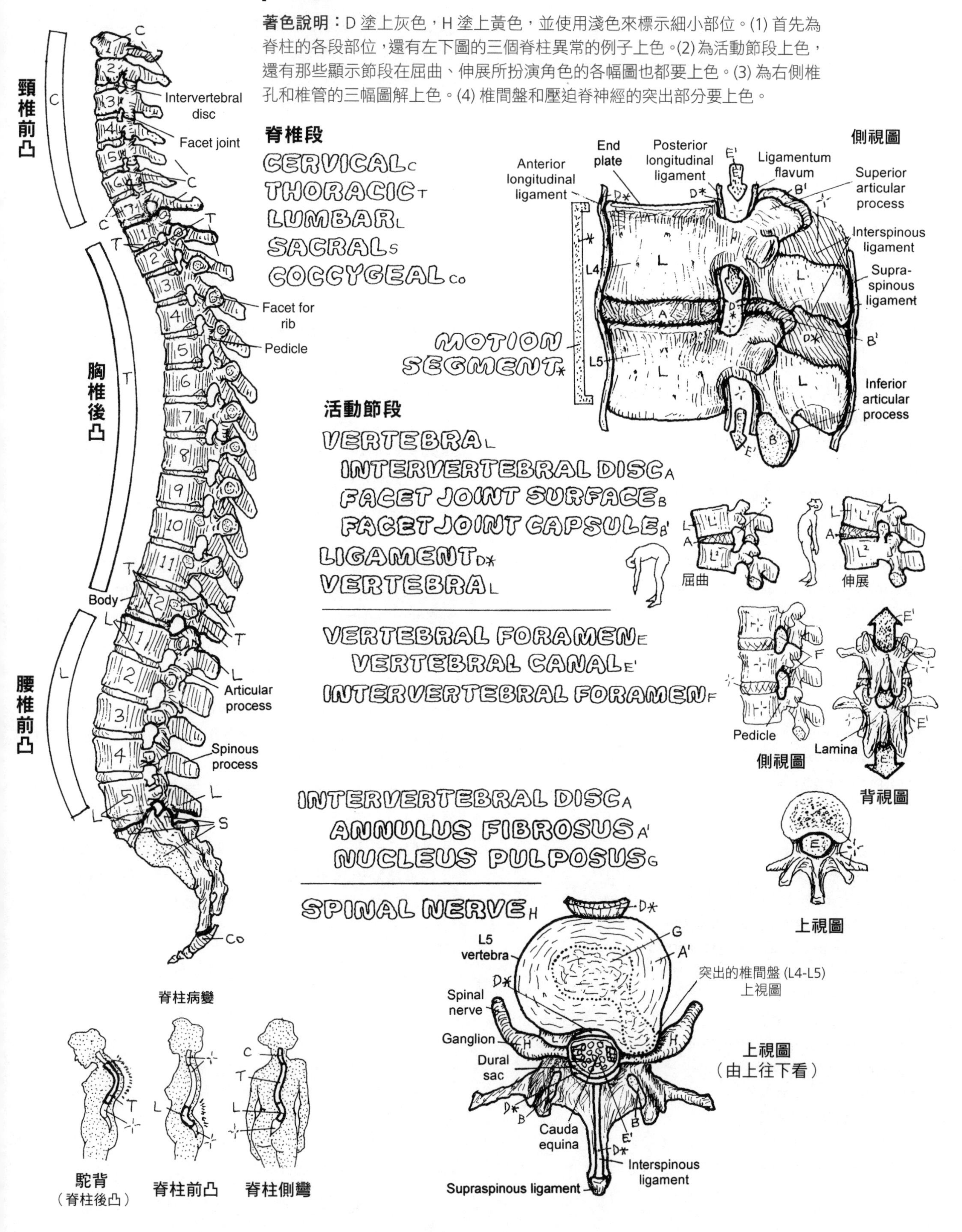

解剖名詞中英對照（按英文字母排序）

Anterior arch 前弓
Articular process 關節突
Atlantooccipital joint 寰枕關節
Atlas 寰椎
Axis 樞椎
Bifid spine 脊柱裂
Body 椎體
Costovertebral joint 肋骨椎體關節／肋椎關節
Cranium 頭蓋骨
Demifacet 半關節面
Dens 齒突
Facet for occipital condyle 枕髁關節面
Facet joint 小面關節
Foramen magnum 枕骨大孔
Interior articular process 下關節突
Interior costal demifacet 下肋半關節面
Intervertebral disc 椎間盤
Intervertebral foramen 椎間孔
Lamina 椎板
Mandible 下顎
Mastoid process 乳突
Occipital bone 枕骨
Paracervical muscle 頸旁肌
Paraspinal muscle 椎旁肌
Pedicle 椎根
Posterior arch 後弓
Posterior tubercle 後結節
Spinous process 棘突
Subclavian artery 鎖骨下動脈
Superior articular process 上關節突
Superior costal demifacet 上肋半關節面
Supraspinous ligament 棘上韌帶
Synovial joint 滑液關節
Thoracic vertebra 胸椎骨
Transverse costal facet 橫肋關節面
Transverse foramen 橫突孔
Vertebra prominens 隆椎
Vertebral artery 椎動脈
Vertebral Canal 椎管
Vertebral foramen 椎孔

七塊較小的**頸椎**負責頭、頸部的支持與活動，而其支持結構則包括從 C2 到 T1 節段的椎間盤、韌帶和帶狀的頸旁肌（即椎旁肌）。環狀寰椎（即第一頸椎，C1）沒有椎體；因此，頭顱枕骨和 C1 之間，以及 C1 與 C2（樞椎）之間，都沒有承重的椎間盤。頭部的重量由大型**關節突**，以及 C1、C2 的**小面**轉移給 C3。寰枕關節加上 C3-C7 小面關節，能容許極高程度的屈曲／伸展範圍（表示「是」的點頭動作）。C2 的齒突突入 C1 環前部，形成一處車軸關節，於是頭部和 C1 才能轉動高達 80 度（表示「否」的搖頭動作）。這種旋轉能力得自比較呈水平走向的頸椎小面。椎骨 C3-C6 都很類似；C7 的棘突特別凸顯，很容易觸摸得到（檢查你自己的身體來確認）。由於頸部彎曲是朝前凸出（凸面朝前），還有厚實的頸旁肌肉系統，因此其他頸椎棘一般都觸摸不到。

椎動脈起自鎖骨下動脈，接著取道第六頸椎**橫突**的橫突孔，S 型轉彎之後進入枕骨大孔並通往腦幹。倘若頸部轉動過甚，這些血管就會由於頸椎過度伸展而拉傷。

頸椎管傳導頸脊髓及其外被覆膜（右圖未畫出）。C4-C5 和 C5-C6 活動節段是頸椎活動性最大的部位，尤其是俯看狀態，而這裡的椎間盤和關節小面，也特別容易因年歲增長而退化。

胸椎骨共有 12 塊，支撐胸廓部位，分別與肋骨做雙側接合，胸椎的特點包括：修長的棘突、心形椎體、接近垂直方向的小面，還有 11 塊椎間盤。一般來說，每根肋骨分別會與毗連的脊椎骨構成一組滑液關節，讓肋骨可以些微移動，其組成除了肋骨外，還包括：相鄰椎骨椎體的兩個**半關節面**，以及肋骨下方椎骨橫突上的單一小面。這些肋骨椎體關節的變異形式見於 T1、T11 和 T12。由於胸部位有肋骨，讓這部分的脊柱活動幅度相對縮減。

見21頁

頸椎和胸椎骨

著色說明：延用前頁使用的顏色為 C 和 T 著色。M 塗紅色，N、O 和 R 都使用深色。(1) 先從某一塊頸椎骨開始上色，為了分便區辨，K 和 L 要選用與典型頸椎骨 C 不同的顏色。為 K 和 L 上色。(2) 胸椎骨和脊柱胸節的各部位都要上色。提醒：要以三種不同顏色，分別為 N、O 和 P 各不同小面的表面上色。

ATLAS K
AXIS L

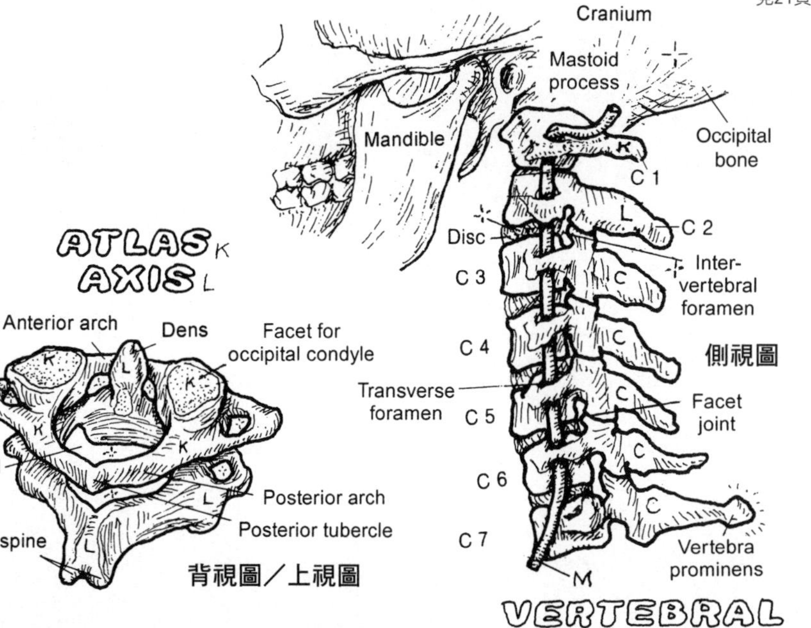

VERTEBRAL ARTERY M

典型頸椎（C4）

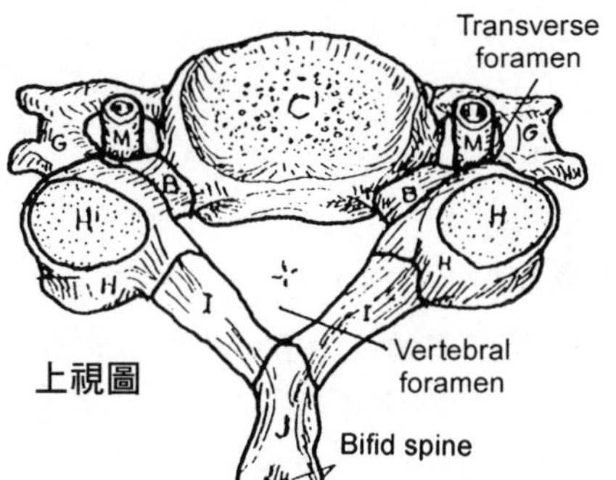

CERVICAL VERTEBRA C
BODY C'
PEDICLE B
TRANSVERSE PROCESS G
ARTICULAR PROCESS H
FACET H'
LAMINA I
SPINOUS PROCESS J

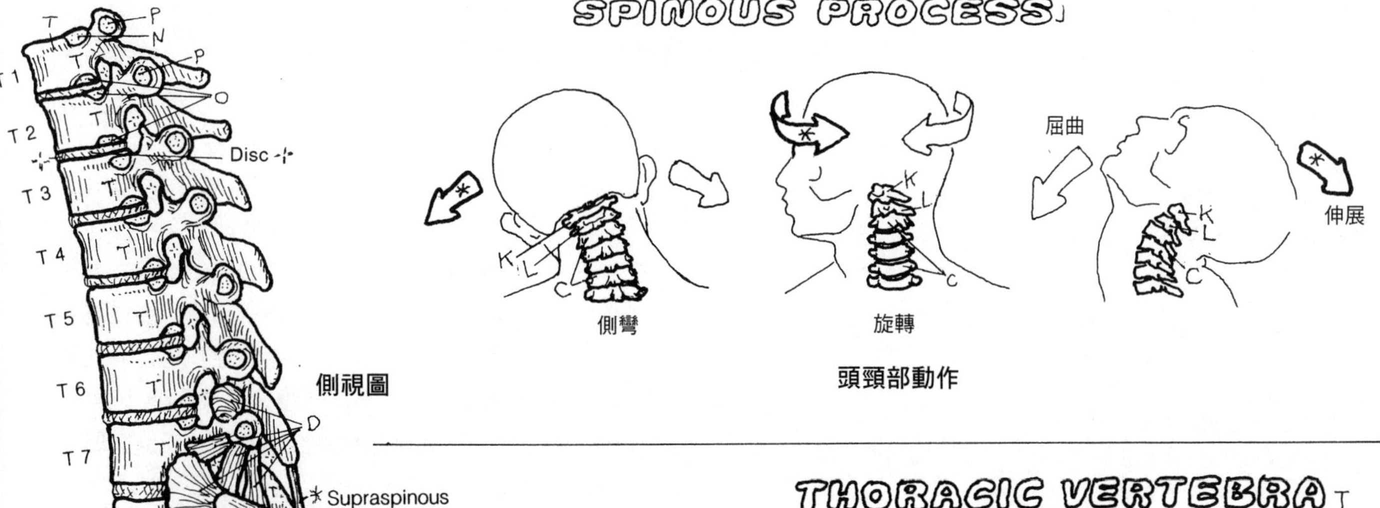

T 6
T 7
T 8
T 9
T 10
T 11
T 12
側視圖
Supraspinous ligament
Intervertebral foramen

THORACIC VERTEBRA T
BODY T'
RIB FACET N
DEMIFACET O
TRANSVERSE FACET P

RIB Q
LIGAMENT D*

典型胸椎（T5）

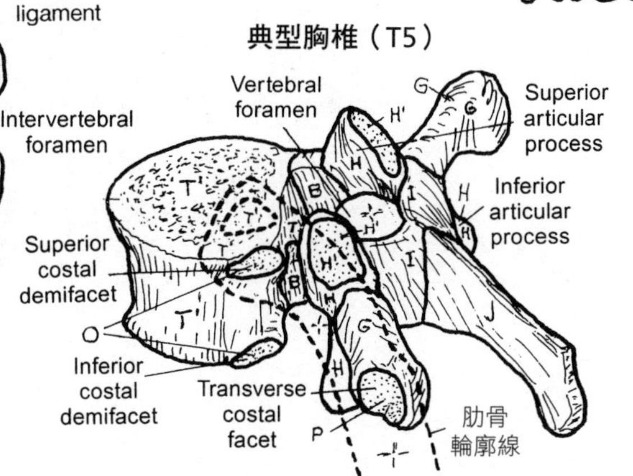

背視圖／上視圖

五塊腰椎骨是體積最大的脊椎骨，還有厚實的椎突，可供眾多韌帶和肌肉／肌腱穩固附著。腰椎和腰薦活動節段都具有高度屈曲和伸展性能，尤其是 L4-L5 和 L5-S1 段更是如此。L1 附近位置就是脊髓的止點，也是馬尾的起始點（馬尾是集結成束的骶、尾神經根，見68頁）。腰椎的**椎間孔**相當大，神經根／鞘通行只占用了約五成的孔徑。椎間盤和小面退化會導致開孔空間縮減，這種現象常見於 L4-L5 和 L5-S1 脊椎段，會提高神經根遭受刺激／壓迫的風險。偶爾也會見到 L5 脊椎骨和薦骨局部或完全癒合，稱為腰椎薦椎化（sacralized L5），這時就會只剩下四塊腰椎。脊椎骨 S1 有可能局部或完全與 L5 癒合，稱為薦椎腰椎化（lumbarized S1），這樣一來，基本上就形成六塊腰脊椎骨和一塊薦骨（由四塊薦椎癒合而成）。

關節小面所處平面會強烈影響（但不能全然決定）活動節段的活動方向和角度。**頸椎小面**所處平面約偏離水平面30 度，因此頸部有相當程度的活動自由，特別是旋轉。**胸椎小面**的冠狀面配置較偏垂直走向，基本上也都無法承重。這個部位的所有平面活動都大幅受限，特別是旋轉。腰椎小面所處平面大半都屬矢狀面， 會限制腰部脊柱的旋轉動作。L4-L5 的小面關節可容許最大程度的腰部屈伸動作。這些較低處的**腰椎小面**呈矢狀面方位，若有持續性的旋轉壓力時，會傾向重新轉朝冠狀面。由於這種方向的改變，荷重時若左右旋轉軀幹往往會超出尋常的容許程度，L4-L5 和 L5-S1 節段的椎間盤就很容易受傷。

薦骨由五塊癒合的脊椎骨組成，這裡的**椎間盤**大半都被硬骨取代。薦管襯覆一層硬膜，內含硬脊膜囊，這個囊的末端位於 S2。薦神經根（和尾神經根）由馬尾向下延續，各自通過相應的薦骨孔。從這個囊注入或抽取腦脊髓液會比較安全。薦骨和髂骨在耳狀面結合，構成薦髂關節。薦骨和髖骨的髂骨形成一處拱弧，可以把脊柱承受的力量傳遞及散布到股骨頭端。

尾骨由 2 ～ 4 塊細小殘留的尾椎癒合而成，偶爾也會見到更多塊尾椎骨的罕見情形。跌坐在尾骨上，通常會成為你一生難忘的痛苦經驗之一。

解剖名詞中英對照（按英文字母排序）

Anterior sacral foramen 前薦孔
Articular facet 關節小面
Auricular surface for iliac bone 髂骨的耳狀面
Auricular surface 耳狀面
Body 椎體
Cauda equine 馬尾
Cervical facet 頸椎小面
Coccyx 尾骨
Dura mater 硬腦脊膜
Dural sac 硬脊膜囊
Facet joint 小面關節
Femur 股骨
Ilium 髂骨
Interior articular process 下關節突
Intervertebral foramen 椎間孔
Lamina 椎板
Lumbar facet 腰椎小面
Median sacral crest 薦正中嵴
Ossified disc 骨化椎間盤
Pedicle 椎根
Posterior sacral foramen 後薦孔
Sacral canal 薦管
Sacral cornu 薦角
Sacroiliac joint 薦髂關節
Sacrum 薦骨
Spinous process 棘突
Superior articular process facet 上關節突小面
Superior articular process 上關節突
Superior articular surface 上關節面
Thoracic facet 胸椎小面
Transverse process 橫突

見84頁

骨骼和關節系統

腰椎、薦椎和尾椎骨

著色說明：沿用前兩頁的用色，來為C、T、L、E、F、A、S和Co著色。(1)首先從三幅大的腰椎骨圖開始上色。(2)接著完成三幅活動脊椎部位圖，為各關節小面的不同平面上色。(3)四幅薦骨和尾骨圖都要上色。請注意，薦骨(S)正中切面的椎管，要沿用椎管（E'）的顏色來上色。

LUMBAR VERTEBRA L
VERTEBRAL FORAMEN E
VERTEBRAL CANAL E'
INTERVERTEBRAL FORAMEN F
INTERVERTEBRAL DISC A

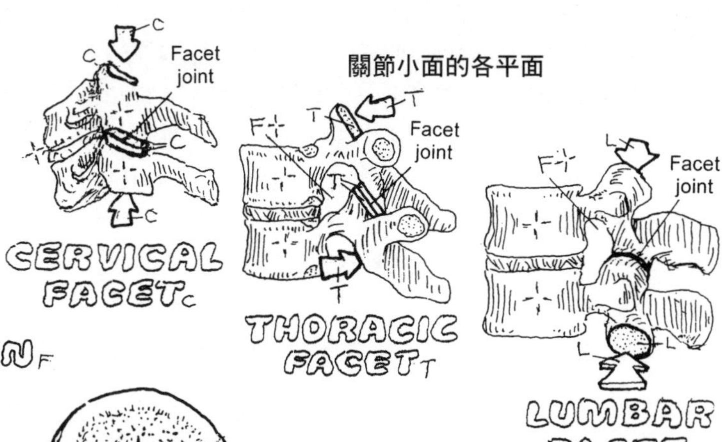

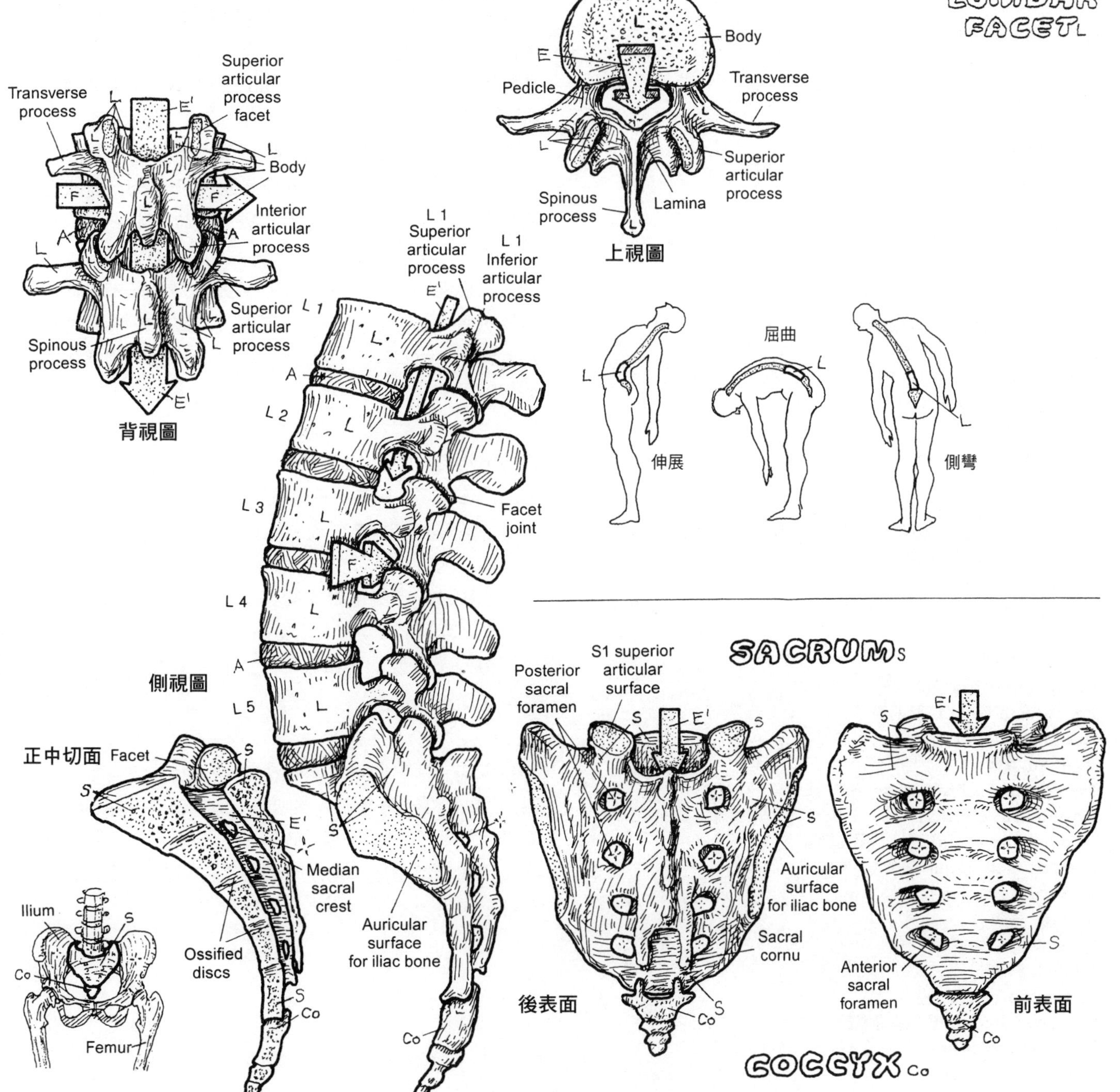

胸廓（肋骨架）是胸部的骨骼，裡面容納心、肺和其他器官，還有脈管和神經。**胸廓上口**（即胸腔的入口）是頸部和胸部之間的通道，供食道、氣管、神經和重要的導管與脈管通行。**胸廓下口**是胸腔的出口，基本上都是由肌肉、肌腱組成的橫膈膜閉合，主動脈、下腔靜脈和食道都從這裡通過（見 133 頁）。橫膈膜把胸腔和腹腔分隔開來，並承擔約 75% 的呼吸作用。

肋骨有 12 對，除了兩對之外，其他在前面全都直接或間接與胸骨的外側方位相連。**胸骨柄**和**胸骨體**之間的纖維軟骨關節（包括胸骨角和胸骨柄關節）能在呼吸時做出微妙的屈戍型動作，還有一點尤其重要：這種動作讓肺部得以在吸氣時擴張。**劍突**和胸骨體形成一處纖維軟骨關節，此即劍突胸骨關節（聯合關節）。胸骨大部分屬於內含紅骨髓的疏鬆骨。

所有肋骨的前端都是軟骨，稱為**肋軟骨**。每一肋骨的軟骨和硬骨都相連形成一組軟骨關節，稱為肋軟骨關節。最上方（第一）肋軟骨和胸骨柄形成一組軟骨關節，稱為**胸肋關節**。第二到第七肋軟骨，都在胸肋關節（屬於滑動型的滑液關節）處附著於胸骨；而第一到第七肋骨則直接和胸骨相連，稱為**真肋**（true rib）。第六和第七肋軟骨、第七和第八肋軟骨，以及第八和九肋軟骨之間的「軟骨間關節」都是滑液型平面關節；而第九和第十肋骨之間的關節則是纖維關節（韌帶聯合關節）。下方的五對肋骨沒有跟肋骨直接連成關節，因此稱為**假肋**（false rib）。第十一和十二肋骨沒有前端接合點，因此稱為**浮肋**（floating rib）。這些肋骨的末端都位於體側肌肉組織，前端末梢是肋軟骨（到老期就有可能骨化）。每一對肋骨之間的部位稱為「肋間隙」，內含肌肉、筋膜、脈管和神經（見 48 頁）。

從後方視之，所有 12 對肋骨分別與第一到第十二胸椎骨形成滑液關節，稱為**肋椎關節**。第二至第九肋椎關節的肋骨，分別與上方椎體的一處半關節面，以及下方椎體的一處半關節面，共同形成一處滑液關節，稱為**肋椎體關節**。另外，肋結節和脊椎骨橫突尖端的一處肋骨橫關節面連成關節，稱為**肋橫突關節**。第一、第十、第十一及第十二肋骨分別與一塊椎骨連接，且第十一和第十二肋骨沒有肋橫突關節。

肋骨架是一種動態結構；整個肋骨活動承擔約 25% 的呼吸作用（吸氣、呼氣）。遇到喘不過氣時，可以強化此呼吸作用：兩腳站立，俯身前彎，雙肘伸展且雙手置於雙膝上。這個姿勢能讓起自肋骨架的上肢肌肉運動胸廓並強化呼吸作用。

解剖名詞中英對照（按英文字母排序）

Angle 胸骨角
Body 椎體
Chondral end 軟骨端
Clavicle 鎖骨
Costal cartilage 肋軟骨
Costal groove 肋溝
Costochondral joint 軟骨間關節
Costocorporeal joint 肋椎體關節
Costotransverse joint 肋橫突關節
Costovertebral joint 肋椎關節
Cut end 切端
False rib 假肋
Floating rib 浮肋
Head 肋骨頭
Inferior thoracic aperture 胸廓下口
Interchondral joint 軟骨間關節
Intercostal space 肋間隙
Intervertebral disc 椎間盤
Left costal margin 左胸肋緣
Manubrium 胸骨柄
Neck 肋骨頸
Rib facets 肋骨小面
Scapula 肩胛骨
Sternal angle 胸骨角
Sternocostal joint 胸肋關節
Sternomanubrial joint 胸骨柄關節
Sternum 胸骨
Superior thoracic aperture 胸廓上口
Syndesmosis 韌帶聯合
Synovial plane joint 滑液型平面關節
Thoracic diaphragm 橫膈膜／胸膈
Transverse process 橫突
True rib 真肋
Tubercle of the rib 肋結節
Tubercle 結節
Vertebra promines 隆椎
Xiphisternal joint 劍突胸骨關節
Xiphoid process 劍突

見26、48、133頁

骨骼和關節系統

胸廓

著色說明：真肋（D）、胸椎骨（G）、肋骨小面（H）、半關節面（I）及橫關節面（J）全沿用第 26 頁的同一組顏色；使用亮色系為 A-C 上色。(1) 為胸廓的前視圖、背視圖及側視圖上色。每根肋骨都完成上色後，再續塗下一根肋骨。(2) 請注意，為本頁最下面的肋關節上色時，虛線所示的肋小面（H）也要上色，雖然它們都位於肋骨深處。

胸骨

MANUBRIUM A
BODY B
XIPHOID PROCESS C

12 肋骨

7 TRUE RIBS D
5 FALSE RIBS E
(2 FLOATING RIBS) E'

COSTAL CARTILAGE (12) F
THORACIC VERTEBRA (12) G

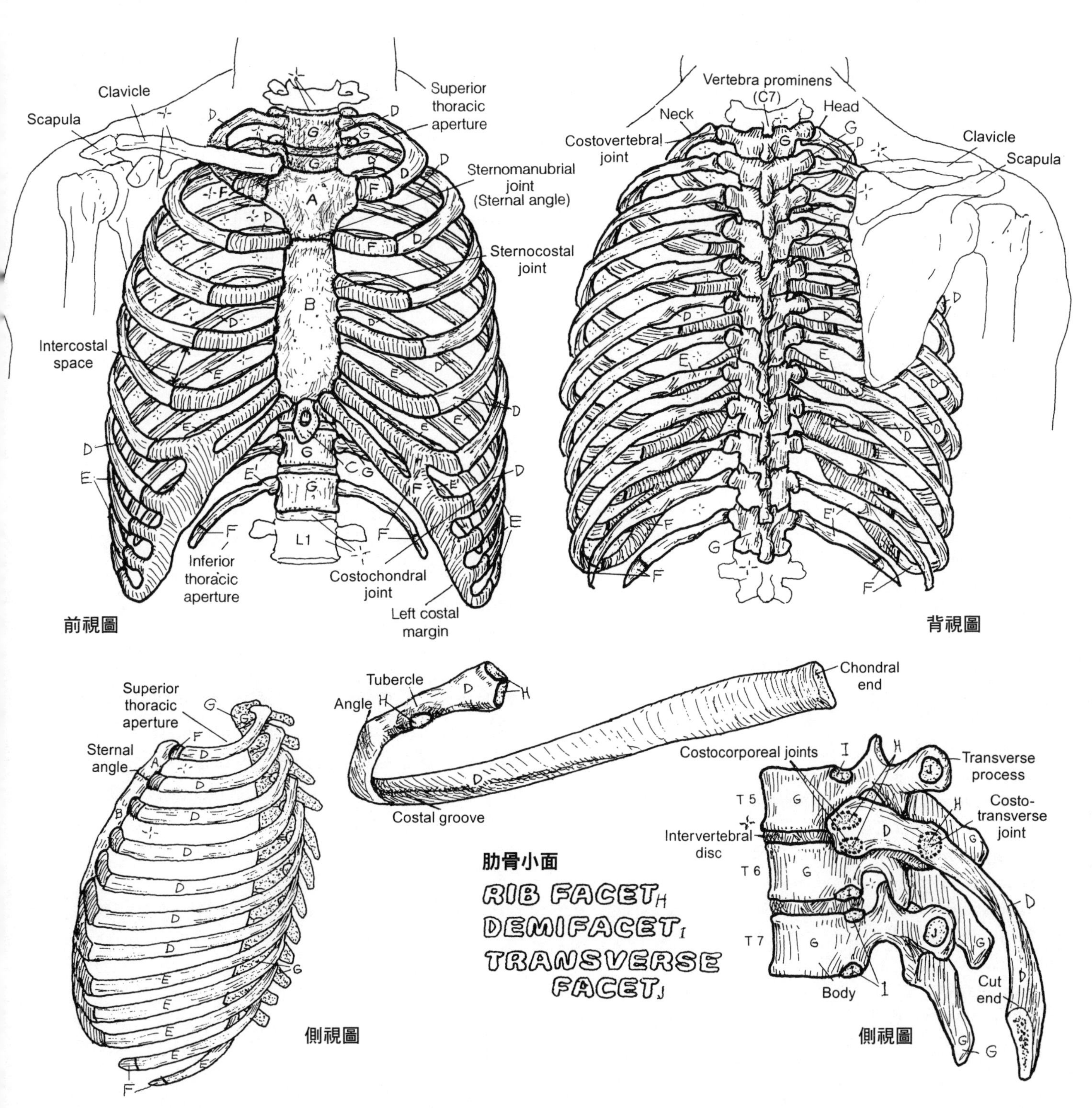

肋骨小面

RIB FACET H
DEMIFACET I
TRANSVERSE FACET J

解剖名詞中英對照（按英文字母排序）

1st rib 第一肋
Acromioclavicular joint (AC joint) 肩峰鎖骨關節／肩鎖關節
Acromioclavicular ligament 肩峰鎖骨韌帶
Acromion 肩峰
Articular capsule 關節囊
Articular disc 關節盤
Capitulum 肱骨小頭
Clavicle 鎖骨
Conoid ligament 錐狀韌帶
Coracoacromial ligament 喙突肩峰韌帶
Coracoclavicular ligament 喙鎖韌帶
Coracohumeral ligament 喙肱韌帶
Coracoid process 喙突
Coronoid fossa 冠狀窩
Costoclavicular ligament 肋鎖韌帶
Cubital tunnel 肘隧道
Deltoid tuberosity 三角肌粗隆
Glenohumeral joint 肩盂肱骨關節／盂肱關節
Glenoid fossa 盂窩
Greater tubercle 大結節
Humerus 肱骨
Inferior angle 下角
Infraspinous fossa 棘下窩
Interclavicular ligament 鎖骨間韌帶
intertubercular groove 結節間溝
Lateral epicondyle 外上髁
Lateral margin 外側緣
Lesser tubercle 小結節
Medial epicondyle 內上髁
Medial margin 內側緣
Olecranon fossa 鷹嘴窩
pectoral girdle 肩帶／上肢帶
Scapula 肩胛骨
Scapulothoracic motion 肩胛胸廓活動度
Shaft 骨幹
Spine 肩胛棘
Sternal end 胸骨端
Sternoclavicular joint 胸鎖關節
Sternoclavicular ligament 胸鎖韌帶
Subscapular fossa 肩胛下窩
Superior angle 上角
Superior notch 上切迹
Supraspinous fossa 棘上窩
Surgical neck 外科頸
Trapezoid ligament 斜方韌帶
Trochlea 滑車
Ulnar nerve 尺神經

上肢的活動性大半取決於**肩帶（上肢帶）**，這是兩塊**肩胛骨**和兩根**鎖骨**組成的結構。這個「環帶」幾乎完整圈繞胸廓一周，從右頁底的上視圖最能看出其樣貌。肩帶和中軸骨骼只有一處骨性連接，那就是成對的**胸鎖關節**，這是一種帶有關節盤的鞍狀滑液關節。跌倒時若撞到肩膀，這處關節盤就會承受大幅荷重。由於關節盤以韌帶束縛，很少會脫臼，因此跌撞到肩膀時比較可能會導致支柱狀鎖骨斷裂。肩胛骨外側是可自由活動的肩關節所在，這處關節需要空間來運作。鎖骨讓肩胛骨（和肩關節）與骨性體壁保持距離。兩側鎖骨的遠端分別與肩胛骨的肩峰接合，形成一處滑動式滑液關節，稱為**肩峰鎖骨關節**（AC joint）。肩峰鎖骨關節經常由於某類活動而分離（肩膀與鎖骨分離），這種情況和肩關節脫臼是不同的，不要混淆。

肩胛骨和中軸骨骼沒有直接連接。這兩塊骨由幾塊肌肉動態懸吊，並向外伸出連往中軸骨骼的不同部位。這些「繫留」肌肉讓肩胛骨在胸腔後壁兼具極高的穩定性和活動性。肩胛骨的平坦薄片部位外面包覆肌肉，因此很少發生骨折情形。

肱骨和肩胛骨在**盂肱關節**（屬於杵臼關節，見 30 頁）處接合。肱骨在這處關節享有寬廣的活動範圍，再加上肩胛骨的活動性而得到強化，稱為肩胛胸廓的活動度（scapulothoracic motion）。有機會去動物園時，你可以花點時間看看樹棲型長臂猿的特技動作，牠們肩胛骨的位置比人類的更偏外側，所以做臂躍行動時，能夠表現出神乎其技的前後活動力。牠們的上肢比下肢更長，能在樹枝間和樹木間擺盪移行！

肱骨骨折一般都發生在外科頸（surgical neck）、中段或遠端部位。在內上髁（手肘內側凸出的小骨頭）下方觸擊尺神經會產生強烈的痠痛感，因此肱骨內上髁才被西方人稱為瘋骨（crazy bone）或笑骨（funny bone）。

見32、54、55頁

骨骼和關節系統
肩帶和肱骨

著色說明：表面細部使用非常淺的顏色。(1) 先完成一幅圖的上色後，再繼續為下一幅圖上色。(2) 為本頁右上圖胸鎖關節的各式韌帶著上灰色，而頁面中央的小插圖，盂肱關節和肩峰鎖骨關節處的韌帶也都要塗上灰色。

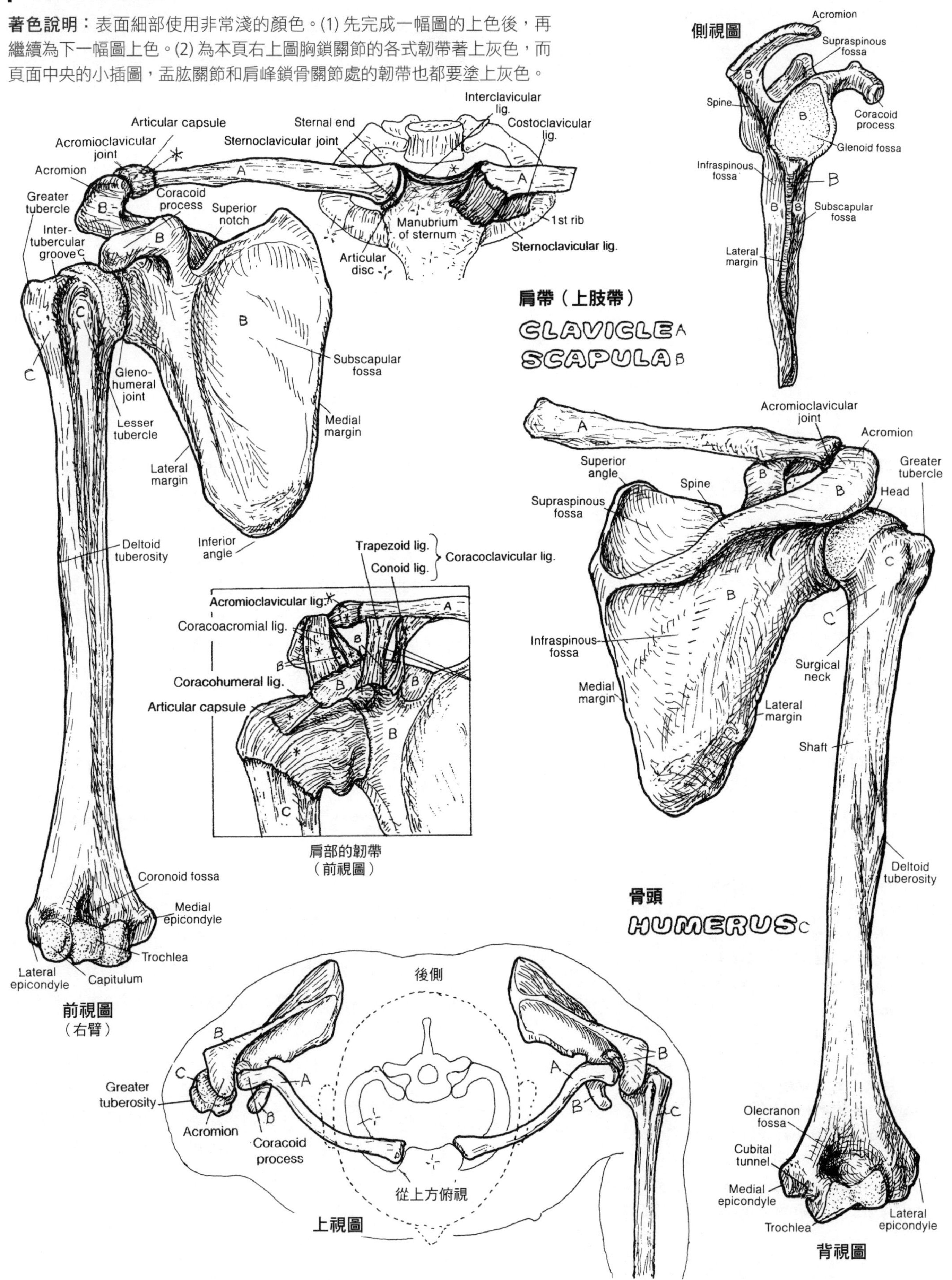

盂肱關節（肩關節）是肩胛骨盂窩和肱骨頭之間的一種滑液型、杵臼型的多軸關節。肩胛骨盂窩和肱骨頭各自外覆薄層的關節軟骨（透明軟骨）。這處淺窩由於四緣周邊有**盂唇**而變得更深。

肩胛骨的盂唇和肱骨的頭端一道包覆在一個**纖維關節囊**內，囊內襯覆一層滑液膜，還含有少量滑液。這個纖維關節囊包含三層膠原蛋白，其中兩層平行分布在肱骨和盂唇之間（位於冠狀面），另一層則位於棘上肌和肩胛下肌的肌腱之間。關節囊的後壁比起前壁相對較薄，這是由於囊內並沒有特定韌帶。關節囊的前壁有增厚的盂肱韌帶束：包括上、中、下三條韌帶。

許多內襯滑液膜的纖維性**滑液囊**，通常都會與關節囊和關節腔區隔開來（但不是必然如此）。滑液囊夾在橫跨骨頭的肌肉和肌腱之間，在其他肌腱和肌肉之間也見得到，目的在降低接觸摩擦帶來的刺激性。這當中有個「肩峰下滑液囊」經常會遭到過度使用和刺激（見 53 頁）。上、中盂肱韌帶之間還有個肩胛下滑液囊，位置就在肩胛骨頸段和肩胛下肌之間，且與關節腔相通；通常與關節囊滑膜炎（synovitis）有連帶關係。關節囊壁有可能會浮現好幾處外翻囊袋或隱窩，這要視關節囊所受張力而定。例如下盂肱韌帶和後關節囊（即腋下隱窩）之間就有個相當獨特的外翻囊袋。

肩關節囊／韌帶複合體由一個旋轉袖肌群（或稱肌腱袖肌群，見 53 頁）來強化，可以為肩關節運動帶來高度彈性和動態穩定性，而這不是韌帶（只能被動運作）所能做到的。

肱二頭肌長頭的肌腱起始處，是在肩胛骨的**盂上結節**和盂唇十二點鐘方向（即正上方，這是把關節盂當成鐘面來看待）的毗連骨頭。這條肌腱外覆滑膜鞘，從纖維囊中穿過肱骨頭，接著出現在囊下的**結節間溝**，隨後就和從肩胛骨喙突起始的肱二頭肌短頭部癒合。

肩關節經常會被過度使用，尤其是從事體育及雙手過肩的活動時，相匹配的肩鎖關節同樣有這個情形。關節囊會變得異常鬆弛，盂唇扯離附著位置，二頭肌的肌腱磨損破裂，若是肱骨頭一再脫臼，還可能造成關節軟骨的損傷。

解剖名詞中英對照（按英文字母排序）

Acromioclavicular joint 肩峰鎖骨關節／肩鎖關節
Acromion 肩峰
Articular cartilage 關節軟骨
Axillary recess 腋下隱窩
biceps brachii muscle 肱二頭肌
Bursa 滑液囊
Clavicle 鎖骨
Coracohumeral ligament 喙肱韌帶
Coracoid process 喙突
Deltoid muscle 三角肌
Glenohumeral joint 盂肱關節
Glenohumeral ligament 盂肱韌帶
Glenoid fossa 盂窩
Glenoid labrum 盂唇
Humerus 肱骨
Inferior glenohumeral ligament 盂肱韌帶
Intertubercular groove 結節間溝
Joint capsule 關節囊
Ligament 韌帶
Muscles of rotator cuff 旋轉袖肌群
Posterior joint capsule 後關節囊
Scapula 肩胛骨
Subacromial bursa 肩峰下滑液囊
Subdeltoid bursa 三角肌下滑液囊
Subscapular bursa 肩胛下滑液囊
Subscapularis 肩胛下肌
Supraglenoid tubercle 盂上結節
Supraspinatus muscle 棘上肌
Synovial cavity 滑液腔
Synovial membrane 滑液膜
Tendon of infraspinatus 棘下肌的肌腱
Tendon of subscapularis muscle 肩胛下肌的肌腱
Tendon of supraspinatus muscle 棘上肌的肌腱
Tendon of teres minor muscle 小圓肌的肌腱

見29、53、54頁

骨骼和關節系統／上肢
盂肱關節（肩關節）

著色說明：本頁的A和B要沿用第29頁B和C所使用的顏色。(1)所有韌帶著上灰色。由於盂肱韌帶是關節囊（E）的增厚部，因此要使用灰色及跟E一樣的顏色。(2)為了要更清楚看見關節囊（E）及肩胛臼的關節軟骨（C），左下側圖解的二頭肌腱已經被向內側拉開了。

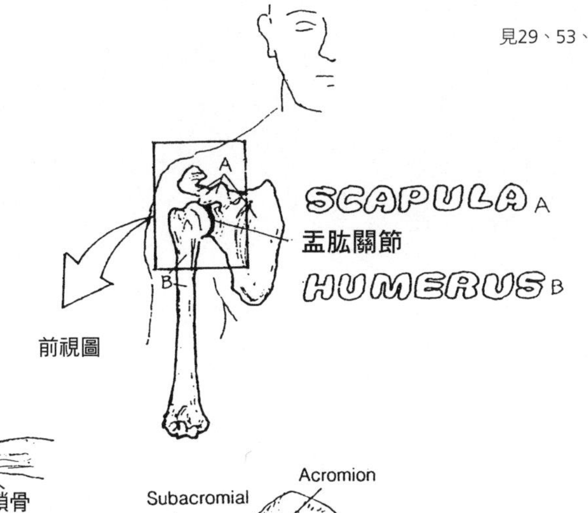

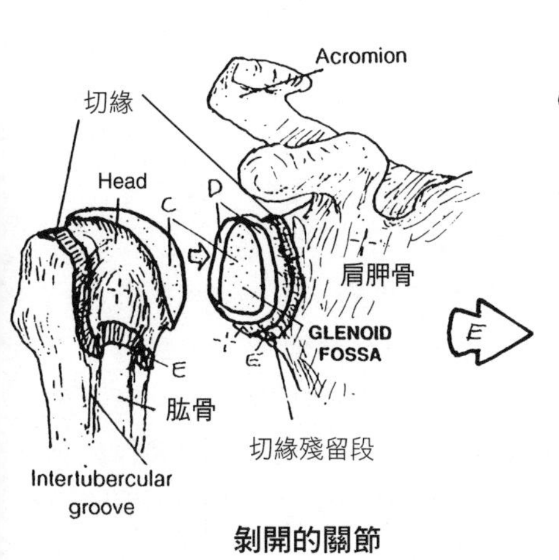

剝開的關節

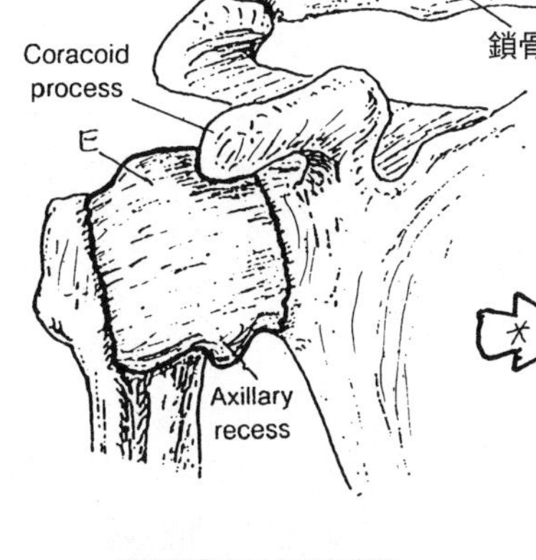

關節囊包被的關節

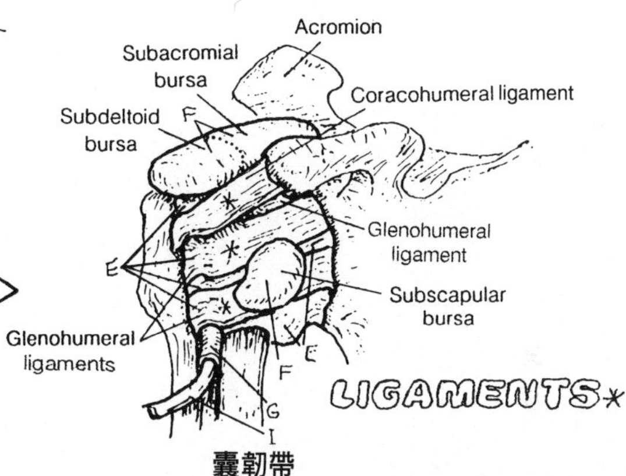

囊韌帶

關節的構造

ARTICULAR CARTILAGE C
GLENOID LABRUM D
JOINT CAPSULE E
BURSA F
SYNOVIAL MEMBRANE G
SYNOVIAL CAVITY H•
TENDON OF BICEPS BRACHII MUSCLE I

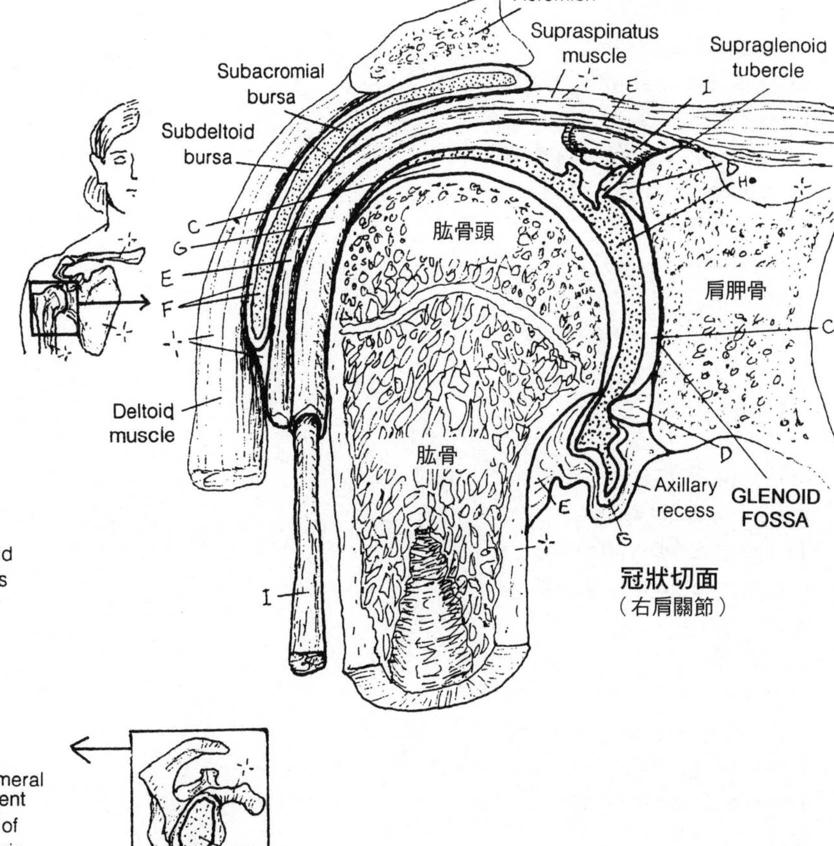

冠狀切面
（右肩關節）

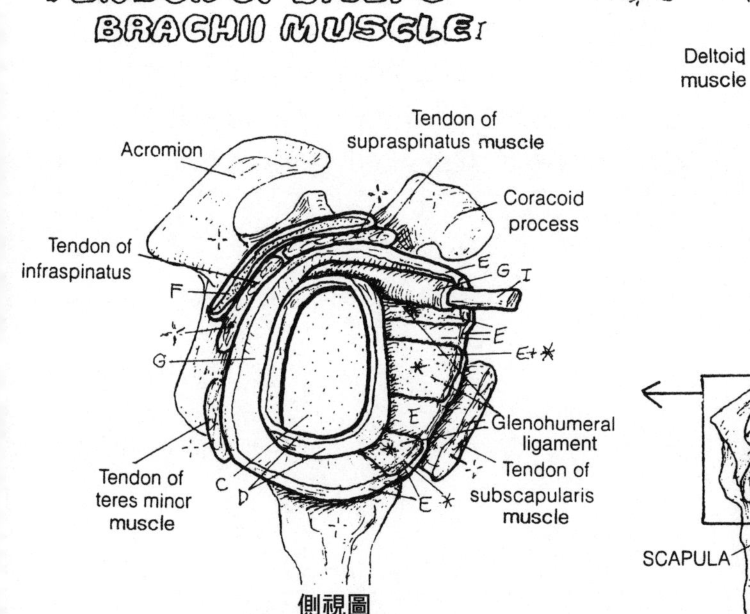

側視圖
（切開關節並移除肱骨）

前臂（小手臂）兩根骨頭和相關的關節，構成一組機械奇觀；這兩根手臂骨就像兄弟，其中一根的強項是穩定和強度，較小的另一根則比較擅長扭轉和旋轉動作。把手指擺在**鷹嘴**（肘突）去感覺手肘的伸展，接著沿著**尺骨**骨幹向下觸摸下去，一直觸摸到小指那側的腕骨。你會先發現尺骨朝遠端逐漸縮小，最末端在尺骨頭收尾，並與橈骨形成關節，還以一塊纖維軟骨盤（關節盤）分隔**月骨**和**三角骨**（但並未共同形成「正式的」關節）。現在請抓住你的尺骨中段骨幹，朝任意方向轉動你的手，請注意：尺骨並沒有轉動。再次觸摸鷹嘴，來回旋轉你的手。你的手在旋轉，但尺骨一定也沒有旋轉。

前臂的另一根骨——橈骨位於大拇指側。請觸摸橈骨頭側邊（位於肱骨外上髁正下方）。橈骨頭的外形就像丘陵或小山頂的台地（頂面平坦，周邊陡峭），請注意這個部位能樣車軸一般，在圓形的肱骨小頭下方轉動。橈骨從肘端到腕端明顯變大，形成一處結實足堪荷重的橈腕關節（即腕部關節）。現在請來回轉動你的手，同時緊盯著你的大拇指：沒錯，從橈骨頭／橈骨直到大拇指整個都會旋轉！你的手和橈骨一併旋轉。現在提出最後一點證明：握住你的肘突，來回轉動你的手。橈骨會旋轉（繞著尺骨轉動），但尺骨不旋轉。

現在請看看右頁底下「旋後／旋前」的三幅圖解，並照著練習。首先不要再使用「旋轉」一詞，而是改用「旋後」（Supination）和「旋前」（Pronation）。就解剖體位來說，要注意的是：前臂骨是平行列置的。**近端橈尺關節**讓前臂能進行旋前及旋後的動作。現在請旋前近端橈尺關節，並注意手掌也是旋前的。手掌朝上（仰轉）；手掌朝下（旋前）。這類動作有一條很重要的韌帶稱為**骨間膜**，負責連結尺骨和橈骨幹（這部分你稍後會著上灰色）。

解剖名詞中英對照（按英文字母排序）

Capitulum 肱骨小頭
coronoid fossa 冠狀窩
Distal radioulnar joint 遠端橈尺關節
Humerus 肱骨
Interosseous membrane 骨間膜
Lateral epicondyle 外上髁
Ligament 韌帶
Lunate bone 月狀骨
Neutral 自然位
Olecranon fossa 鷹嘴窩
Olecranon 鷹嘴
Pronation 旋前
Proximal radioulnar joint 近端橈尺關節
Radial head 橈骨頭
Radial notch 橈骨切迹
Radial tuberosity 橈骨粗隆
Radiocarpal joint 橈腕關節
Radius 橈骨
Shaft 骨幹
Styloid process of radius 橈骨莖突
Styloid process of ulna 尺骨莖突
Supination 旋後
Triquetral bone 三角骨
Trochlea 滑車
trochlear notch 滑車切迹
Ulna 尺骨
Ulnar tuberosity 尺骨粗隆

見29、32、33頁

骨骼和關節系統／上肢
前臂骨

著色說明：A 和 B 要使用非常淺的顏色。(1) 本頁的前視圖、內視圖及背視圖的骨頭都要上色。(2) 再為旋後／旋前兩個圖解上色。

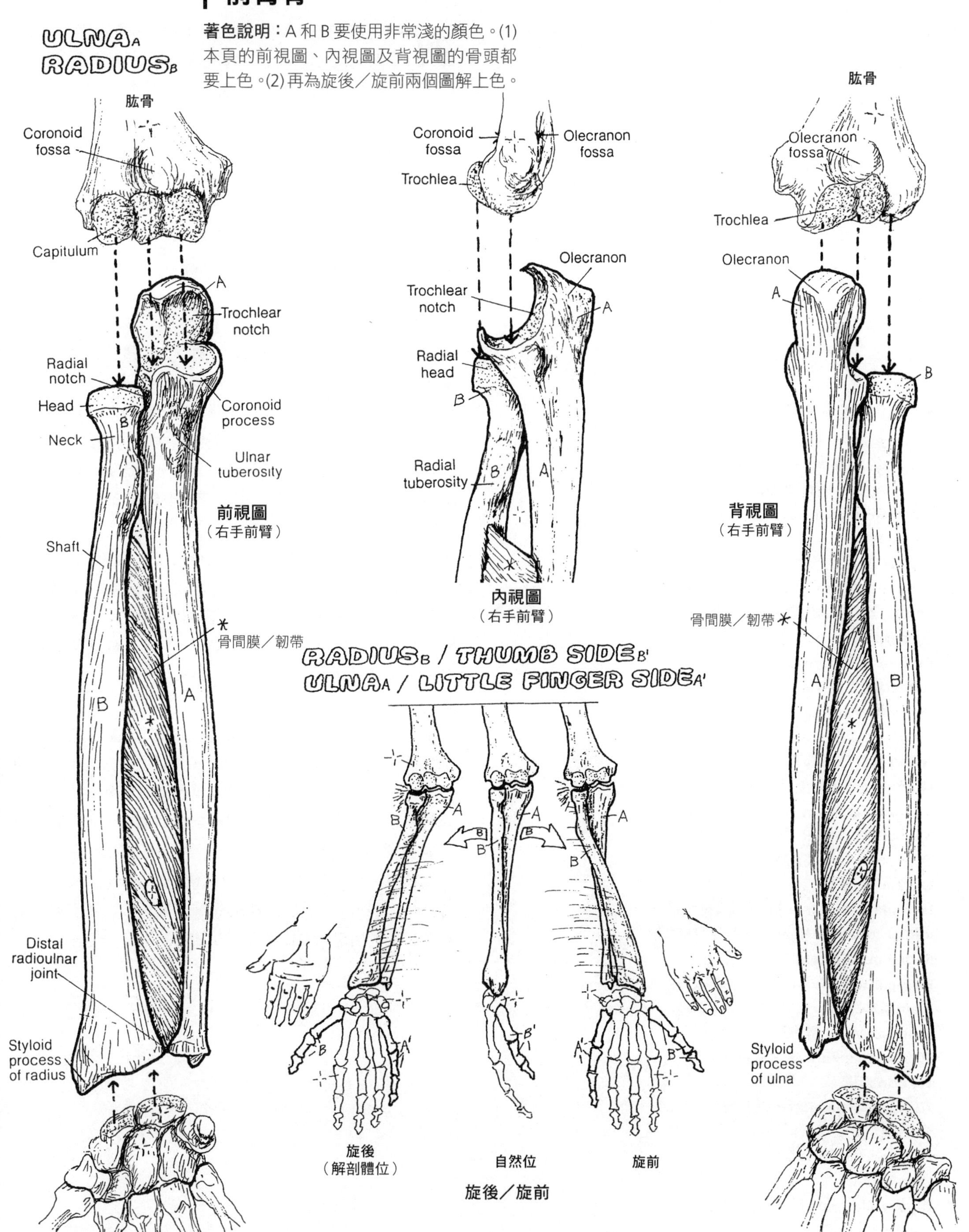

旋後／旋前

肘關節是屈戌關節，由**肱骨**的滑車和小頭的關節表面，以及**尺骨**的滑車切迹和**橈骨**頭的軟骨表面共同形成。這些接合面在右頁的「環狀韌帶」圖解都可以清楚看出。這兩處接合面共用同一個**纖維囊**，這個纖維囊的前側強健，後側較脆弱，並以內側（尺骨側）和外側（橈骨側）副韌帶強化。肘關節只限於做屈伸動作，要注意的是，做這些動作時，尺骨襯覆關節軟骨的 C 形滑車切迹，繞著肱骨呈滑車形狀的滑車來旋轉。肘部屈曲時，尺骨的冠狀突嵌入肱骨的冠狀窩內；你可以邊做這個動作，一邊觸摸尺骨近端的鷹嘴。

手肘可以耐用一輩子，感覺一下肘部骨頭的範圍。伸展時，滑車切迹上部嵌入肱骨後側的鷹嘴窩裡面。伸展你自己的手肘且旋後前臂，這時前臂可能會比肱骨向外偏斜一個角度。你可以比較一群男女這個角度，應該可以測定出女性這個肘關節的「攜帶角」，通常都比男性明顯（相差約 10 度）。這是一種功能性適應現象嗎？

橈骨和尺骨之間的關節稱為**近端橈尺關節**，橈骨頭可以在這處關節的「尺骨之橈骨切迹」內繞車軸旋轉，前臂也才能做出旋後和旋前動作。橈骨圓頭環繞肱骨小頭為樞軸做旋轉。尺骨受到**肱尺關節**的束縛，完全不繞任何車軸旋轉。在右頁下方的內視圖，要特別注意的是尺骨側副韌帶的三個部分。環狀韌帶同時附著於「尺骨之橈骨切迹」兩側的末端，而且下方比上方更為細窄（也就是形成一種斜面）。這條韌帶環繞及穩固橈骨頭（上方）和橈骨頸（下方），並在手部受拉扯遠離肩膀時抵制移位。然而，有時候幼童嬉戲時，如果雙手一再揮舞擺盪，未成熟的橈骨頭就會局部或整個（雙側性）滑脫，超出環狀韌帶的約束範圍，造成橈尺雙側性移位（translocation）／半脱位（subluxation）。環狀韌帶的深層表面，襯覆著滑膜。**關節囊**和**橈骨側副韌帶**能增強環狀韌帶的固定功能。

解剖名詞中英對照（按英文字母排序）

Annular ligament 環狀韌帶
Articular cartilage 關節軟骨
Brachialis muscle 肱肌
Bursa 滑液囊
Capitulum 肱骨小頭
Collateral ligament 副韌帶
Coronoid fossa 冠狀窩
Coronoid process 冠狀突
Fat pad 脂肪墊
Hinge Joint 屈戌關節
Humeroulnar joint 肱尺關節
Humerus 肱骨
Joint capsule 關節囊
Lateral epicondyle 外上髁
Ligament 韌帶
Medial epicondyle 內上髁
Olecranon fossa 鷹嘴窩
Olecranon 鷹嘴
Proximal radioulnar joint 近端橈尺關節
Radial collateral ligament 橈骨側副韌帶
Radial head 橈骨頭
Radial notch of ulna 尺骨之橈骨切迹
Radius 橈骨
Synovial cavity 滑液腔
Synovial membrane 滑液膜
Tendon 肌腱
Triceps brachii muscle 肱三頭肌
Trochlea 滑車
Trochlear notch 滑車切迹
Ulna 尺骨
Ulnar collateral ligament 尺側副韌帶

見29、31、33頁

骨骼和關節系統／上肢

肘部與相關關節

著色說明：本頁的三根骨頭沿用第 29 頁和第 31 頁所使用的顏色。框盒圖內的 H 要使用淺藍色，矢狀切面的 K 則使用黃色。(1) 從手肘的三處關節開始上色。請注意，各關節連接面（有黑點的部分）要沿用所屬骨頭的顏色。(2) 關節囊和韌帶的所有圖解都要上色。

骨骼

HUMERUS A
ULNA B
RADIUS C

三組關節

1. HUMERO A ULNAR B
2. RADIO C HUMERAL A
3. RADIO C ULNAR B

韌帶

ULNAR COLLATERAL D
RADIAL COLLATERAL E
ANNULAR F

關節的組件

JOINT CAPSULE G
ARTICULAR CARTILAGE H
SYNOVIAL MEMBRANE I
SYNOVIAL CAVITY J•
FAT PAD K
BURSA L

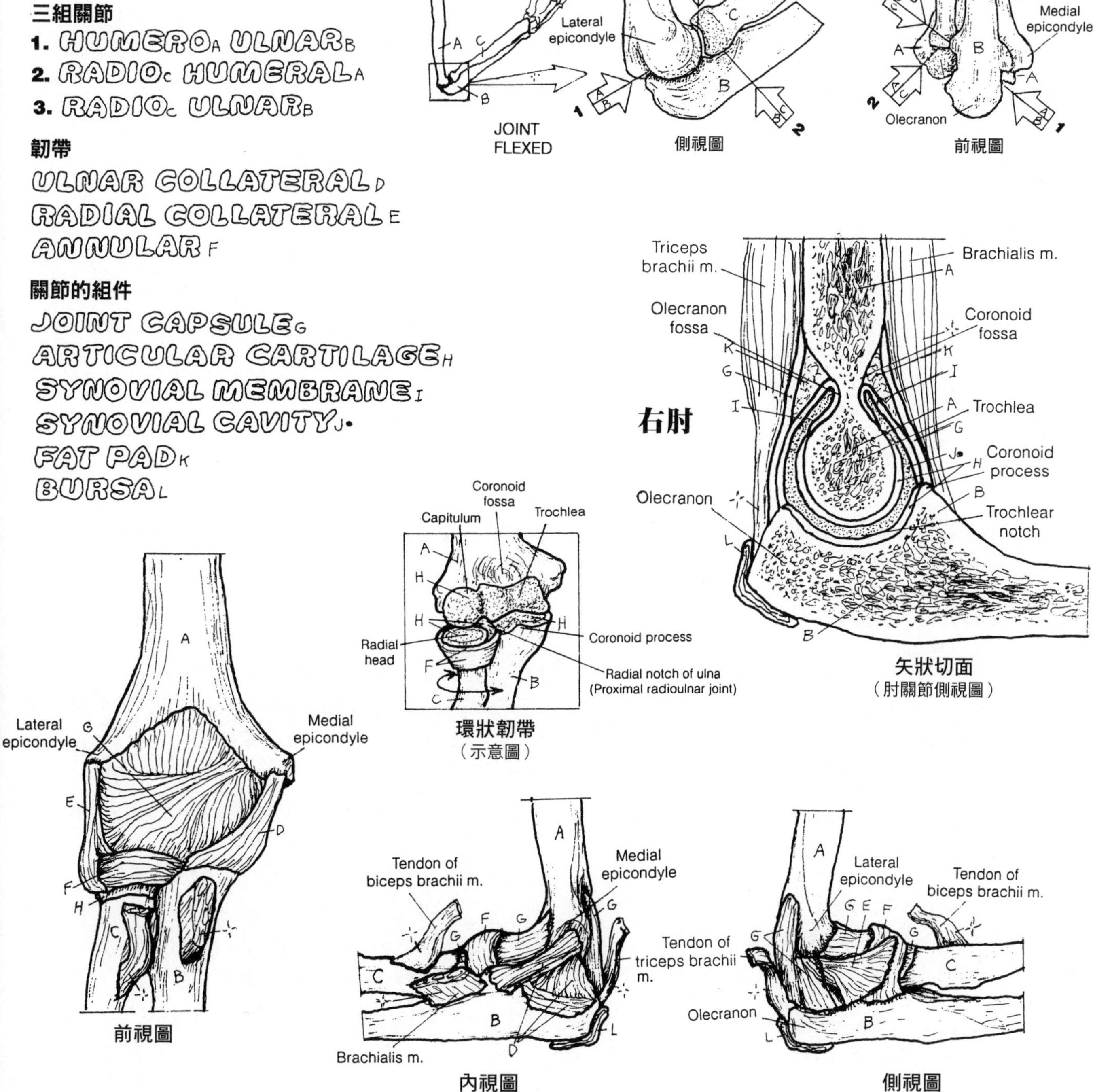

腕部由兩列**腕骨**組成。遠側列從外到內分別為：**大多角骨**、**小多角骨**、**頭狀骨**和**鉤骨**，這些骨與掌骨形成關節，稱為腕掌關節（CM joint）。第一腕掌關節是這群關節（包括滑液、鞍狀或雙軸關節）中最獨特的，你自己就能發現，第一腕掌關節賦予大拇指的高度活動性，例如拇指和小指的對掌碰觸，以及大拇指的迴旋動作等（參見 21 頁的內容）。

至於腕骨的近側列，從外到內分別為：**舟狀骨**、**月狀骨**、**三角骨**及**豆狀骨**。其中的舟狀骨、月狀骨與橈骨遠側形成關節，而三角骨則在腕部關節內收時與關節盤接合。豆狀骨基本上就是個種子骨，能賦予尺側屈腕肌（見 56 頁）機械優勢。請注意，尺骨和腕部並沒有形成關節，不過尺骨和橈骨確實形成一處車軸關節，稱為遠端橈尺關節（見 31 頁）。

這處關節盤（右頁下圖）是部分軟骨、部分韌帶的組合，也稱為三角纖維軟骨複合體（TFCC）。在跌倒雙手撐地（橈腕關節旋前狀態）時，它能輔助吸收衝擊。關節盤受到創傷性擠壓時，往往會破裂並造成遠端橈尺關節功能障礙。

橈腕關節即腕關節（屬於滑液型橢圓關節，見 31 頁）。請注意橈骨的寬闊遠端外側和內側，分別與舟狀骨、月狀骨連成關節。這組關節能做屈曲、伸展、內收（尺側偏斜）及外展（橈側偏斜）等動作。腕關節和腕骨肩關節有掌側和背側的橈腕韌帶和尺腕韌帶，以及橈側副韌帶和尺骨側副韌帶為它們增加穩定性。**腕骨間關節**是近側列腕骨及遠側列腕骨之間的關節，也有助於腕部活動。

想像一下，在大多角骨（E）和鉤骨 (H) 之間有條溝槽，從腕部前側的近側端向遠側端延伸（見右頁前視圖及第 57 頁的掌面圖）。這種溝槽確實存在，能提供一條路徑讓通往大拇指和手指的長條屈肌腱和正中神經通行。當這道溝槽上覆蓋**腕橫韌帶**（右頁圖未畫出）時，便構成一條腕隧道，就位於手腕上那些明顯肌腱的正下方。當腕隧道長期受到擠壓（比如一天敲鍵盤好幾個小時而不使用護腕軟墊的人，就有可能出現這種狀況），就可能會刺激下層的正中神經，引起一種從手腕發出並蔓延到大拇指和食指的痠麻感或燒灼感。這種感覺異常或麻木症狀，暗示正中神經功能衰退，稱為腕隧道症候群。

解剖名詞中英對照（按英文字母排序）

1st CM joint 第一腕掌關節
Articular cartilage 關節軟骨
Articular disc 關節盤
Base 基底
Capitate 頭狀骨
Carpal bone 腕骨
Carpal tunnel syndrome 腕隧道症候群
Carpometacarpal joint (CM joint) 腕掌關節
Distal phalanx 遠側指節骨
Distal radioulnar joint cavity 遠端橈尺關節腔
Distal radioulnar joint 遠端橈尺關節
Flexor carpi ulnaris muscle 尺側屈腕肌
Hamate 鉤骨
Intercarpal joint cavity 腕骨間關節腔
Intercarpal joint 腕骨間關節
Intermetacarpal joint 掌骨間關節
Joint capsule 關節囊
Knuckle 指節
Ligament 韌帶
Lunate 月狀骨
Median nerve 正中神經
Metacarpal bone 掌骨
Metacarpophalangeal joint 掌指關節
Middle phalanx 中節指骨
Phalange 指骨
Pisiform 豆狀骨
Proximal Interphalangeal joint 近側指間關節
Proximal phalanx 近側節指骨
Radial collateral ligament 橈側副韌帶
Radiocarpal joint cavity 橈腕關節腔
Radiocarpal joint 橈腕關節
Radius 橈骨
Scaphoid 舟狀骨
Sesamoid bone 種子骨
Styloid process of radius 橈骨莖突
Styloid process of ulna 尺骨莖突
Synovial cavity 滑液腔
Transverse carpal ligament 腕橫韌帶
Trapezium 大多角骨
Trapezoid 小多角骨
Triangular fibrocartilage complex 三角纖維軟骨複合體
Triquetrum 三角骨
Ulna 尺骨
Ulnar collateral ligament 尺側副韌帶
Ulnocarpal ligament 尺腕韌帶

骨骼和關節系統／上肢
手與腕的骨骼／關節

著色說明：使用淺色，其中K請用淺藍色。轉動你的手腕來跟本頁圖對照。(1)手部和手指骨頭的三幅圖都要上色。(2)腕骨各關節面（K）、近側指骨的基底，以及所有圖解中的橈骨和尺骨都要上色。請用削尖的黑色筆為各個滑液腔小心上色。關節盤請勿上色。

腕骨（8）

SCAPHOID A　LUNATE B　TRIQUETRUM C
PISIFORM D　TRAPEZIUM E　TRAPEZOID F
CAPITATE G　HAMATE H

手骨

METACARPALS (5) I　PHALANGES (14) J

ARTICULAR CARTILAGE K
SYNOVIAL CAVITY L•
LIGAMENT M*

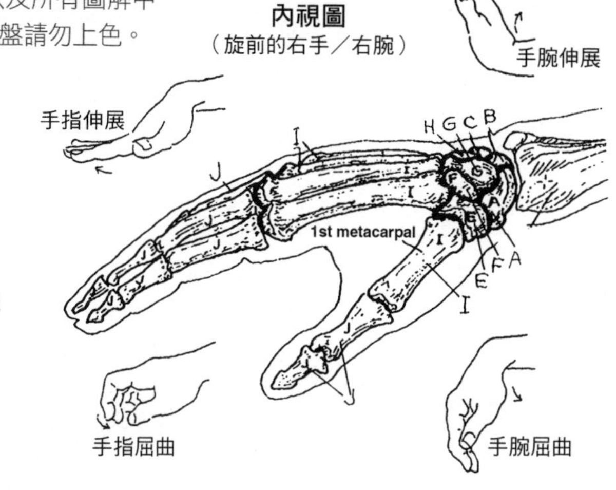

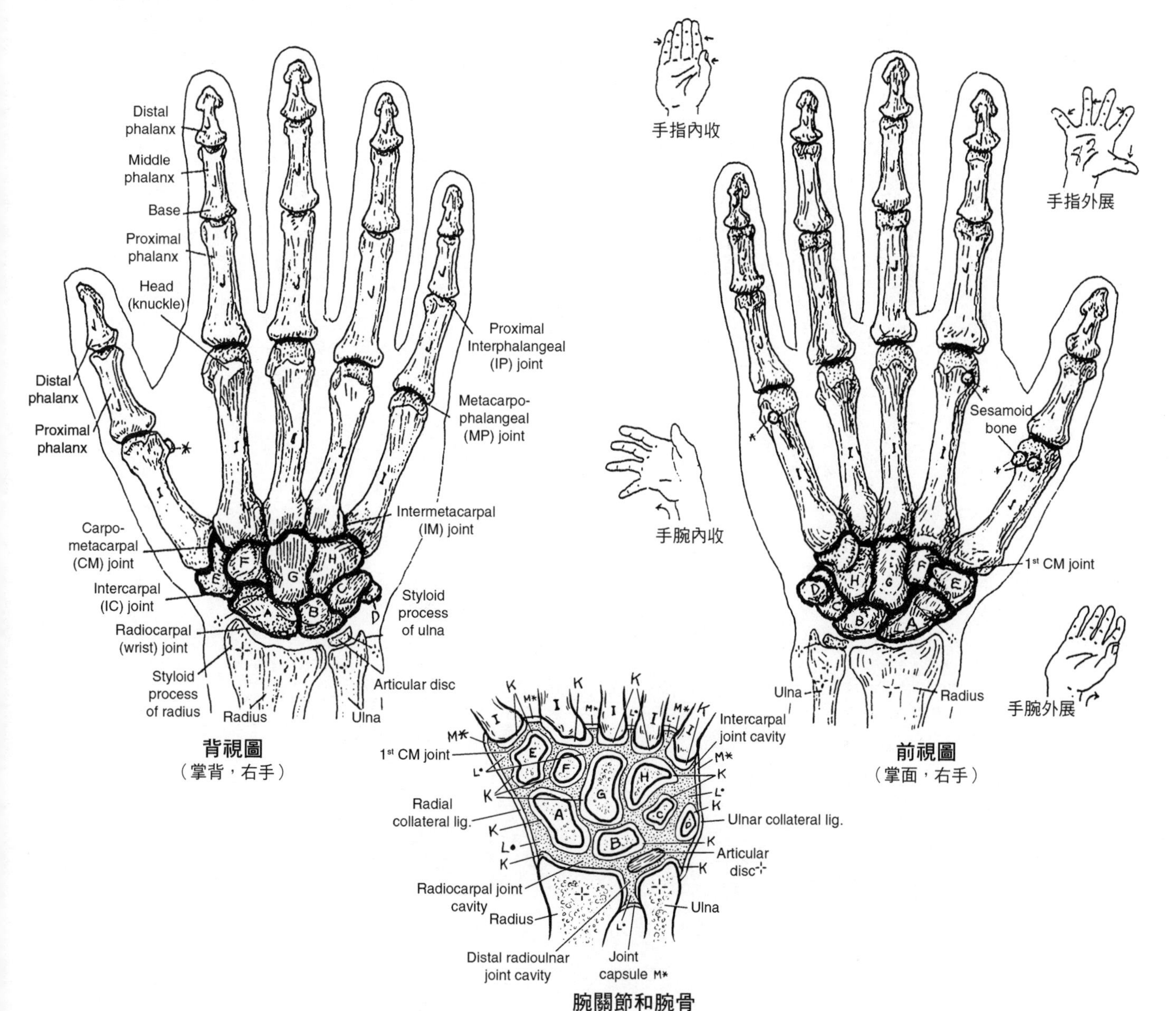

腕關節和腕骨
（額切面背視圖）

上肢擁有不凡的活動力，此一機制從肩胛骨開始，肩胛骨由肌肉動態拴繫於後胸壁。讀者可以伸手越過肩膀，觸摸自己的肩胛棘（scapular spine）和肩峰（acromion，見 31 頁）。照鏡子看看你的肩膀，上下聳動雙肩、雙手環抱自己，伸出雙臂上舉及放下，看看肩胛骨如何活動。

從肩部遠側到肘部，沿線都很容易觸摸得到肱骨。在這裡可以察覺內上髁、外上髁及鷹嘴。你能不能在內上髁（medial epicondyle）底部摸出尺神經？按壓得夠用力，它就有可能跟你「對話」，而且一直延伸到你的小拇指！

從手指關節處開始，向上一直到肩關節，凡是能動的都活動一下，這樣你可以學到一些東西。依序活動一個個上肢關節並做確認，測試其活動範圍。做個紀錄吧！畢竟，這是你的上肢。

見29、31、33頁

骨骼和關節系統／上肢
骨骼／關節複習

著色說明：填寫骨骼名稱，沿用本頁兩幅大插圖所使用的顏色，來為相對應的骨頭寫上名稱。(1) 箭頭要上色，這些箭頭都指向可以見到或觸摸到骨骼的位置。(2) 用黑色鉛筆寫出編號關節的名稱，把你能記得的都寫上（答案見附錄 1）。

骨骼表面的標記

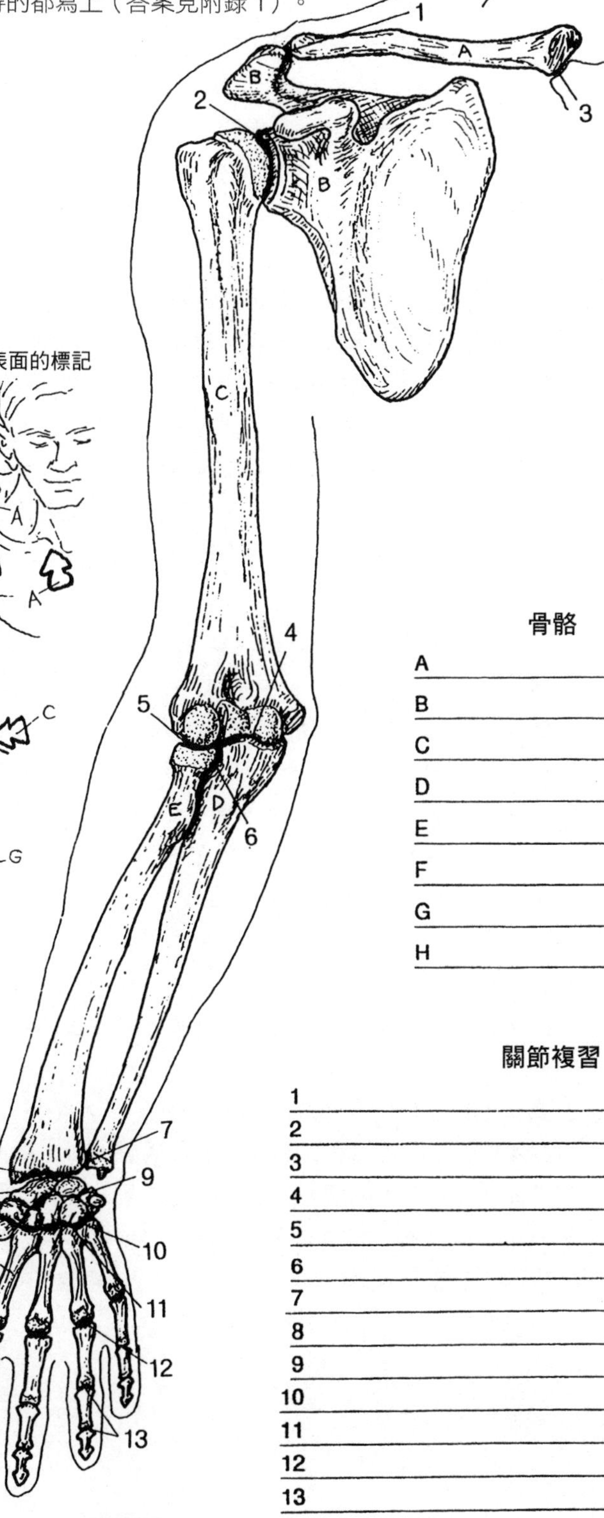

前視圖
（右上肢）

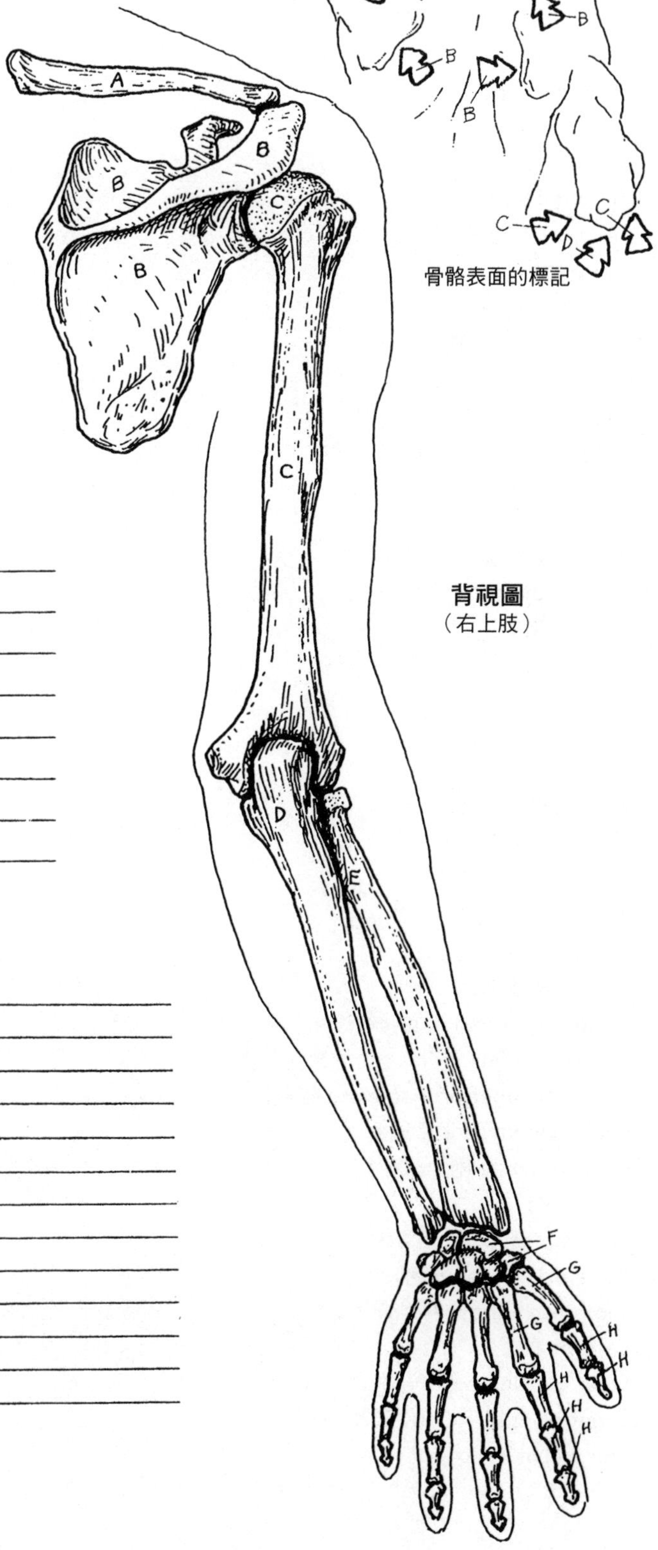

背視圖
（右上肢）

骨骼表面的標記

骨骼

A ____________

B ____________

C ____________

D ____________

E ____________

F ____________

G ____________

H ____________

關節複習

1 ____________

2 ____________

3 ____________

4 ____________

5 ____________

6 ____________

7 ____________

8 ____________

9 ____________

10 ____________

11 ____________

12 ____________

13 ____________

解剖名詞中英對照（按英文字母排序）

Acetabulum 髖臼
Ala 翼部
Anterior abdominal wall 前腹壁
Anterior inferior iliac spine 髂前下棘
Anterior superior iliac spine 髂前上棘
Arcuate line 弓狀線
Auricular surface 耳狀面
Coccyx 尾骨
False pelvis 假骨盆
Femur 股骨
Greater sciatic notch 大坐骨切迹
Hip bone 髖骨
Hip joint 髖關節
Iliac crest 髂嵴
Iliac fossa 髂窩
Iliac tuberosity 髂骨粗隆
Ilium 髂骨
Inferior pelvic aperture 骨盆下口
Inferior pubic ramus 恥骨下枝
Interpubic disc 恥骨間盤
Ischial spine 坐骨棘
Ischial tuberosity 坐骨粗隆
Ischiopubic bone 坐恥骨
Ischium 坐骨
Lesser sciatic notch 小坐骨切迹
Linea terminalis 髂恥線
Obturator foramen 閉孔
Os coxae 髖骨
Pelvic bone 骨盆骨
Pelvic brim 骨盆緣
Pelvic girdle 骨盆帶
Pelvic inlet 骨盆入口
Pelvic outlet 骨盆出口
Perineum 會陰
Posterior gluteal line 臀後線
Posterior inferior iliac spine 髂後下棘
Posterior superior iliac spine 髂後上棘
Pubic symphysis 恥骨聯合
Pubic tubercle 恥骨結節
Pubis 恥骨
Ramus of ischium 坐骨枝
Sacral promontory 薦骨岬
Sacroiliac joint 薦髂關節
Sacrum 薦骨
Subpubic angle 恥骨下角
Superior pubic ramus 恥骨上枝
True pelvis 真骨盆

髖骨即骨盆骨，實際上是由**髂骨**、**坐骨**及**恥骨**這三塊骨以軟骨相連而成，這些骨頭到十幾歲時就會癒合形成髖臼。**髖臼**是容納股骨頭的窩臼，其英文 acetabulum 取自古羅馬用來裝醋沾食物的杯盞。髖骨向來被比擬為螺旋槳：薦骨稍微扭轉的寬闊翼狀部（ala）就是螺旋槳的一葉，而略微旋轉的坐恥骨就是另一葉。頭、軀幹和上肢的重量，從薦髂關節經由髂骨體傳到髖臼。分據兩側的坐骨相當重要，因為我們坐下時，就是坐在坐骨的粗隆之上。左右配對的恥骨形成恥骨聯合（屬於軟骨關節；少動關節），可以讓兩塊恥骨更穩固。

兩塊髖骨共同構成**骨盆帶**，骨盆帶不包括薦骨。理論上來說，下肢的骨盆帶是環繞或緊繫著薦骨的構造；而構成肩帶（見 29 頁）的鎖骨和肩胛骨，則是「環繞」脊柱上段。薦骨不是骨盆帶的一部分，就像頸椎骨和胸椎骨也不是肩帶的一部分。骨盆帶與肩帶確實有相似之處：就外形、功能而言，坐恥骨和鎖骨雷同，而髂骨則和兩根鎖骨相似。由於骨盆帶主要是承重功能，因此活動性遠不如肩帶。

兩塊髖骨和**薦骨**構成**骨盆**，參見右頁最下圖。骨盆腔由假骨盆（又稱大骨盆）和真骨盆（又稱小骨盆）組成，在髂窩水平面呈寬廣碗狀的是大骨盆（假骨盆）。假骨盆底部周邊是一圈界線分明的骨環，稱為髂恥線（linea terminalis），將骨盆分為假骨盆和真骨盆兩部分：髂恥線上方是**假骨盆**，下方腔室是**真骨盆**（圓筒形可作為識別特徵）。

要注意的是，假骨盆沒有骨性前壁，而是一道肌肉壁。讀者可以觸摸自己的前腹壁來確認這一點，並參見 49 頁。

真骨盆腔有骨性壁及肌肉壁，並包含眾多結構（見 50、144 頁）。仔細看看右頁底下的內視圖，請注意骨盆下口（即骨盆出口）的所在平面，從恥骨下方一直延伸到**尾骨**末端；骨盆出口的走向遠比骨盆入口更偏水平方向。骨盆出口的底部由肌肉組成（見 50 頁）。骨盆腔的底部就是會陰（見 51 頁）的頂部。

見36、37、50、51頁

骨骼和關節系統／下肢
髖骨、骨盆帶及骨盆

著色說明：骨頭 A–D[1] 要使用非常淺的顏色來上色。(1) 髖骨各組成名稱及側視圖、內視圖兩幅插圖都要上色。特別注意耳狀面和坐骨粗隆。(2) 骨盆帶的兩幅插圖要上色，但薦骨都不上色。(3) 接著為骨盆圖上色，請注意骨盆腔上下兩個部分。

髖骨
ILIUM A
ISCHIUM B
PUBIS C

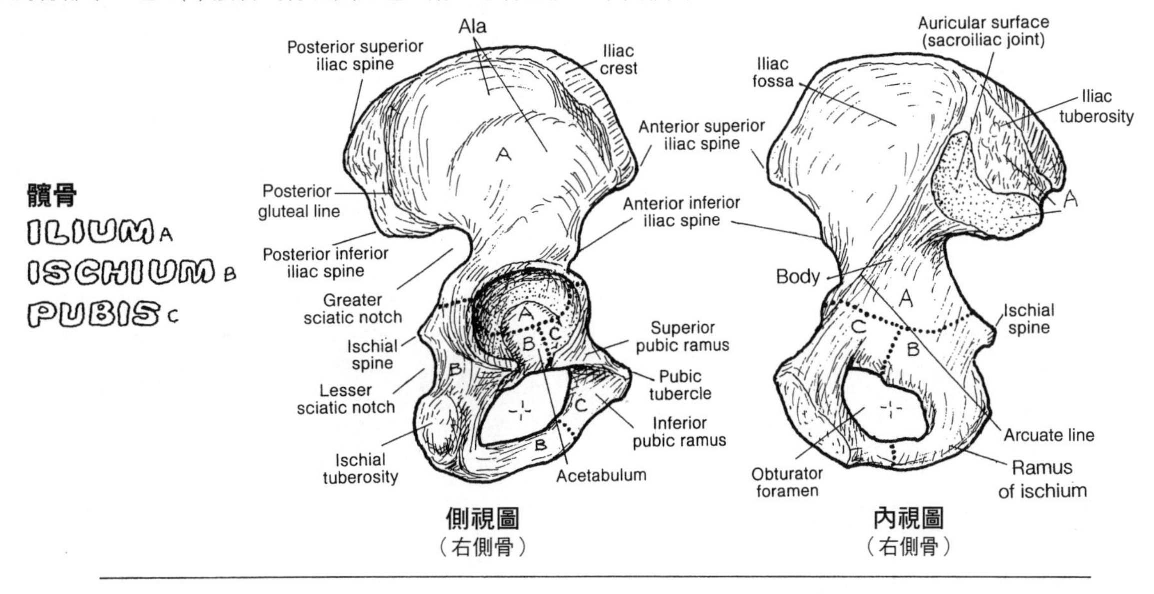

側視圖
（右側骨）

內視圖
（右側骨）

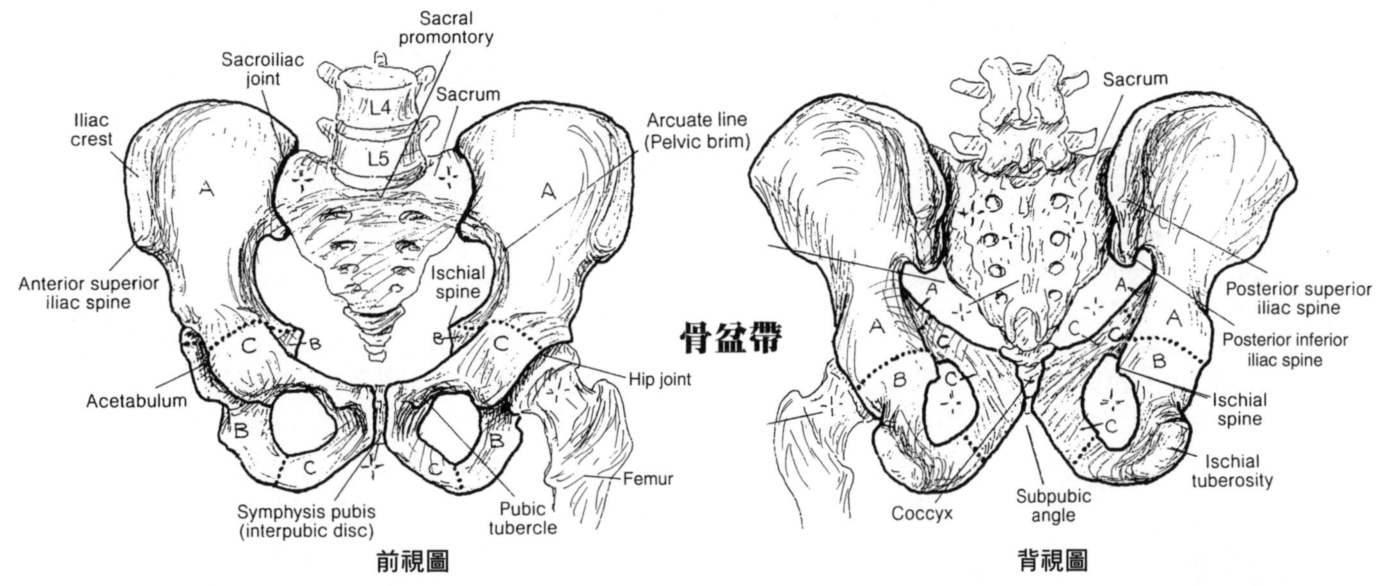

前視圖

背視圖

SACRUM D
COCCYX D'

FALSE PELVIS E
PELVIC INLET F

骨盆

TRUE PELVIS G
PELVIC OUTLET H

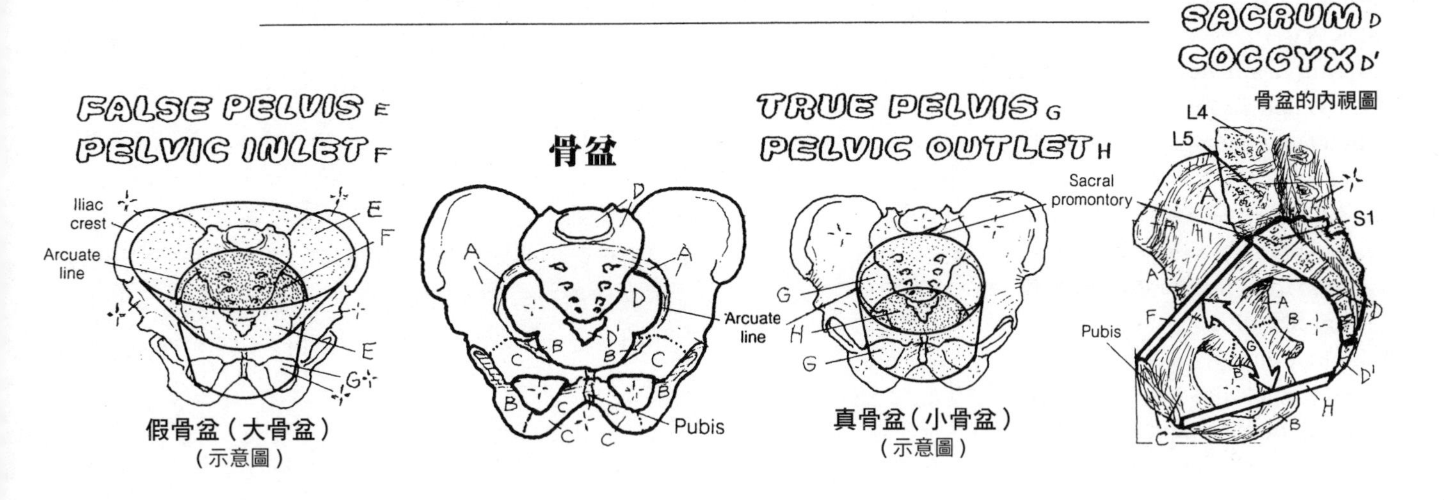

假骨盆（大骨盆）
（示意圖）

真骨盆（小骨盆）
（示意圖）

男女的**骨盆**通常有些差異。這些差異因為眾多原因進行鑽研、分析，包括法醫的屍體鑑識、婦科醫學評估，以及人類學與解剖學研究等等。研究骨盆尺寸和生理特性，主要著重於產前的臨床檢查。這類檢查包括測量骨盆尺寸和骨盆容積，以確保胎兒從產道產下時能不受阻礙。產科醫學相關測量稱為骨盆測量（pelvimetry），分別以徒手操作技術和各種不同造影儀器（包括超音波和磁共振造影）來執行。

一般來説，女性骨盆較男性寬廣。女性**恥骨下角**的角度比男性大，這個角度使用實驗室的人體骨骼就能輕易測量：把手擺在恥骨上，讓大拇指蓋住一塊恥骨下枝，食指則蓋住另一塊。倘若兩根指頭形成的角度，正好與受測量骨盆的恥骨下角精確疊合，那麼這或許就是個女性骨盆。反之，倘若恥骨下角夾在食指和中指之間，那麼這或許是個男性骨盆。

拿兩組不同骨盆並列比較時，女性骨盆的真骨盆和假骨盆往往都比男性骨盆寬闊；而**骨盆入口**和**骨盆出口**通常也是女性較大。坐骨粗隆之間的空間也以女性者較大，相同情況也見於坐骨棘之間以及坐骨棘與薦骨之間的空隙。女性的薦彎曲（sacral curvature）彎曲率往往較大，還有**坐骨切迹**也比較大。

包括姿勢、骨骼狀況（如骨軟化症）以及其他數種因素，都可能影響骨盆的形狀和骨盆容積。

骨盆帶由骨性關節固定並由**韌帶**穩定之。反之，肩帶必須放棄部分的穩定性來遷就活動性，於是肌肉的穩固作用就成為一個重要因素（參見 29 頁、52 及 53 頁）。骨盆韌帶的穩定性，對於移行、體能活動、生產及承重都特別重要。要注意的是，**髂腰韌帶**和**前縱韌帶**把薦骨束縛在脊柱上，其他具有相同功能的還有後縱韌帶纖維、黃韌帶、棘上韌帶以及棘突間韌帶（右頁圖未畫出）。強健的**薦髂韌帶**（包括前韌帶、後韌帶及骨間韌帶），負責穩固重要的薦髂關節（參見 37 頁）。請注意，構成髖骨的三塊骨都提供一條韌帶來協助穩固髖關節。**薦結節韌帶**和**薦棘韌帶**不僅把薦骨牢牢束縛於坐骨上，還能彼此交叉形成通路（即坐骨大孔及坐骨小孔）供來自骨盆的神經、脈管和肌腱／肌肉通行。

解剖名詞中英對照（按英文字母排序）

4th lumbar vertebra 第四腰椎
Anterior longitudinal ligament 前縱韌帶
Anterior sacroiliac ligament 前薦髂韌帶
Coccyx 尾骨
Greater sciatic foramen 坐骨大孔
Hip bone 髖骨
Iliofemoral ligament 髂股韌帶
Iliolumbar ligament 髂腰韌帶
Inferior pubic ligament 恥骨下韌帶
Inguinal ligament 腹股溝韌帶
Interspinous ligament 棘突間韌帶
Ischiofemoral ligament 坐股韌帶
Lesser sciatic foramen 坐骨小孔
Ligament 韌帶
Ligamentum Flavum 黃韌帶
Obturator membrane 閉孔膜
Pelvic outlet 骨盆出口
Pelvimetry 骨盆測量
Pelvis 骨盆
Posterior sacroiliac ligament 後薦髂韌帶
Pubic symphysis 恥骨聯合
Pubofemoral ligament 恥股韌帶
Sacral curvature 薦彎曲
Sacroiliac joint 薦髂關節
Sacrospinous ligament 薦棘韌帶
Sacrotuberous ligament 薦結節韌帶
Sacrum 薦骨
Sub-pubic angle 恥骨下角
Superior pubic ligament 恥骨上韌帶
Supraspinous ligament 棘上韌帶

骨骼和關節系統／下肢
男女兩性的骨盆

著色說明： A 和 B 要使用非常淺的顏色。(1) 本頁最上面的兩幅插圖只需把恥骨及恥骨下角塗上顏色。(2) 附加比較項目及對應的鏤空名稱要上色。(3) 接著為最下面插圖的骨盆韌帶上色（由韌帶的名稱就能得知它們的附著位置）。

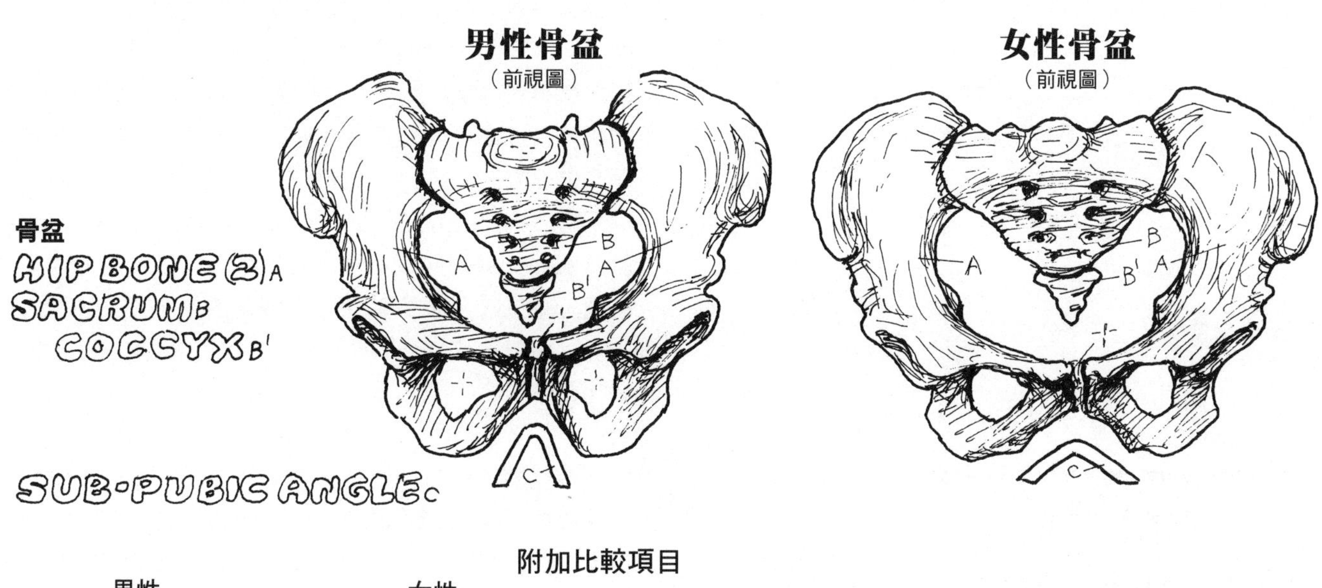

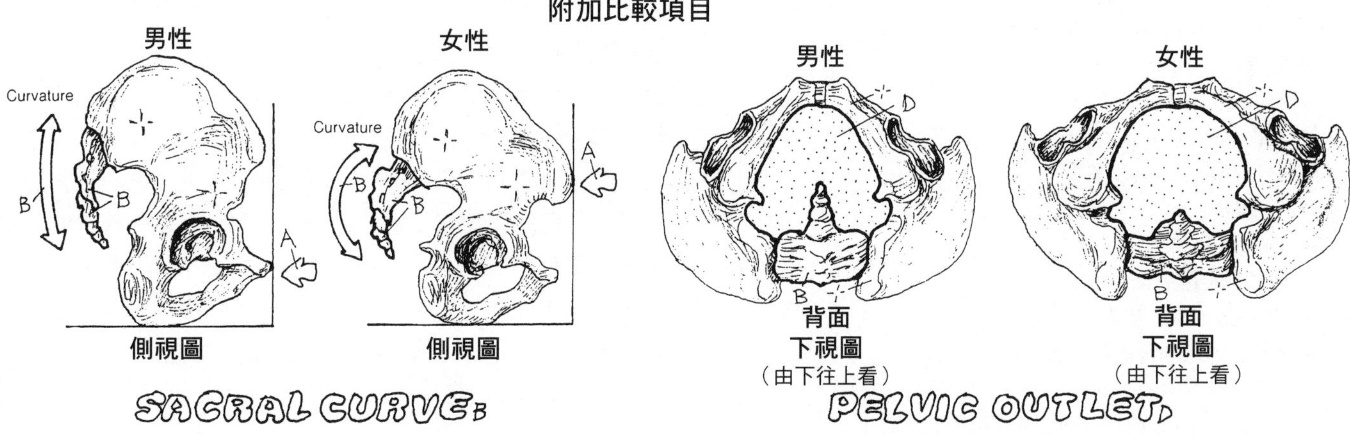

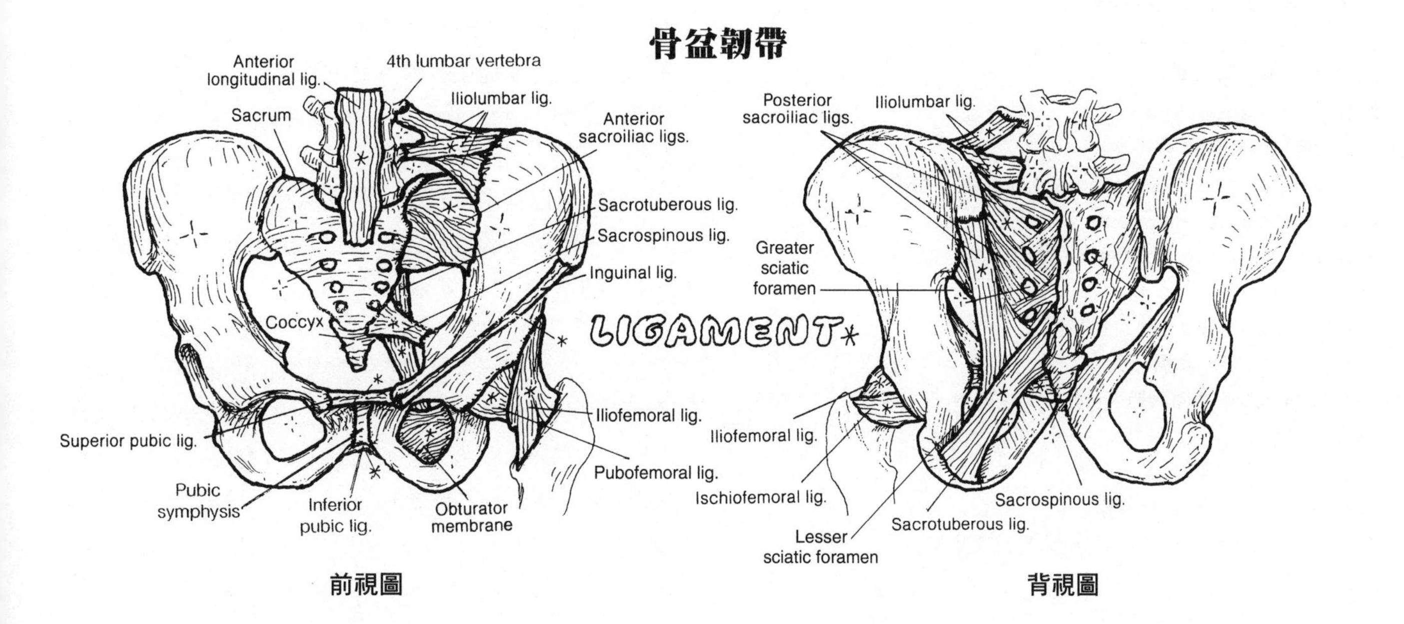

髖關節和**薦髂關節**的穩定性，加上恥骨聯合（恥骨間關節）的穩定性，是順暢移行的必要條件。這種穩定性對於牽涉到下軀幹和四肢的彎曲和抬升，尤其是在動抗重力時更顯重要。

解剖名詞中英對照（按英文字母排序）

Acetabular labrum 髖臼唇
Acetabulum 髖臼
Anterior sacroiliac ligament 前薦髂韌帶
Articular cartilage 關節軟骨
Auricular surface 耳狀面
Femoral circumflex artery 旋股動脈
Femur 股骨
Fibrocartilage 纖維軟骨
Greater sciatic foramen 坐骨大孔
Greater trochanter 大轉子
Hip bone 髖骨
Hip joint 髖關節
Hyaline cartilage 透明軟骨
Iliac tuberosity 髂骨粗隆
Iliofemoral ligament 髂股韌帶
Ilium 髂骨
Interosseous sacroiliac ligament 薦髂骨間韌帶
Interpubic joint 恥骨間關節
Ischiofemoral ligament 坐股韌帶
Ischium 坐骨
Joint capsule 關節囊
Lesser trochanter 小轉子
Ligamentum teres 圓韌帶
Line of joint capsule attachment 關節囊附著線
Posterior inferior iliac spine 髂後下棘
Posterior sacroiliac ligament 後薦髂韌帶
Pubis 恥骨
Pubofemoral ligament 恥股韌帶
Sacral tuberosity 薦骨粗隆
Sacroiliac joint 薦髂關節
Sacrum 薦骨
Synovial cavity 滑液腔
Synovial membrane 滑液膜
Transverse acetabular ligament 髖臼橫韌帶

軀幹、上肢和頭部的整個重量，就是透過這些關節轉移到下肢的股骨。就如你所見的，三角形的薦骨楔入髖骨的兩塊**髂骨翼**之間，形成左右兩處薦髂關節。請注意，薦髂關節兼具軟骨和骨性／纖維表面（參見額切面圖及內視圖）。事實上，薦骨的作用就像一塊至關重要的拱心石，而這處拱弧則是由薦骨、兩塊髖骨（骨盆骨）和兩條下肢共組而成。拿人體這處活生生的拱弧和早期羅馬石造建築的拱弧相比，其功能差異就在於人類的移行運動。如果取下這些古建築的拱心石，拱弧就會崩塌；而薦髂韌帶或薦髂關節一旦鬆脫或不適，就會讓薦髂關節的肌肉力量失衡，產生的淨效應就是令人痛苦的嚴重不穩後果，以及移行能力大減。因此如果有人抱怨下背腰痛，毛病通常就在薦髂關節。

每個薦髂關節的平面基本上都是矢狀面。每一塊骨的前方關節面都呈耳狀並為軟骨性；後方表面（髂骨／薦骨粗隆）都很粗糙，而且每一塊骨的表面都附著了**後薦髂韌帶**和**薦髂骨間韌帶**（參見右頁上圖額切面及側視／前視圖）。兩處薦髂關節分別包納在關節囊中，可允許相當程度的滑動和旋轉動作；且其活動能力在妊娠期間有可能會提升。就活動性來說，薦髂運動由於幾項因素而嚴重受限，包括關節表面不規則，以及有又密又厚實的後薦髂韌帶和骨間韌帶，加上比較細瘦的前薦髂韌帶。薦髂關節容易出現早期退化，男性尤其常見。此一關節到晚年就會退化並有骨化現象，一旦發生這種情況，做任何動作時就會跟原本動作不一樣。

髖關節是一種杵臼型滑液關節，由**髖臼**、**髖骨**與**股骨頭**共同接合形成。這處關節能做屈曲、伸展、內收、外展，還有內旋、側旋及迴旋動作。每處關節面都襯覆關節軟骨；在髖臼處呈 C 形。髖臼的窩臼並非完全骨性，其完整構造還包括髖臼橫韌帶，並有一道環繞 360 度、由纖維軟骨構成的髖臼唇予以補強。這處關節外覆包被，由三組強健的韌帶來增補纖維囊強度，包括髂股韌帶、坐骨股韌帶和恥股韌帶。

髖臼內部有一條韌帶從髖臼軟骨兩端之間伸出，這條股骨頭韌帶稱為**圓韌帶**，對強制牽張力量有些許的抵抗作用，重要的是它把血管導入了股骨頭。這處關節要能獲得充裕供血，除了需要圓韌帶的血管之外，兩條**旋股動脈**也不可或缺。

骨骼和關節系統／下肢
薦髂關節和髖關節

著色說明：為上方的兩幅插圖上色。請注意左上圖的髂骨另有一幅切面圖（A），圖中可以見到薦骨的耳狀面（C）。這個方框圖是通過右側薦髂關節的額切面。(2) 為中央的大圖和兩幅小插圖上色；並把這些圖解跟額切面的插圖連貫起來。(3) 最後完成本頁最底下的兩幅小插圖。

髖骨與薦骨
（右邊外側面）

A B C B I

額切面

Anterior sacroiliac ligament
Ilium
Sacrum
A E B C C' B D•
Anterior sacroiliac ligament
Greater sciatic foramen

薦髂關節

SACRUM B
AURICULAR HYALINE CARTILAGE C
HIP BONE A
AURICULAR FIBROCARTILAGE C'
SYNOVIAL CAVITY D•
INTEROSSEOUS SACROILIAC LIGAMENT E

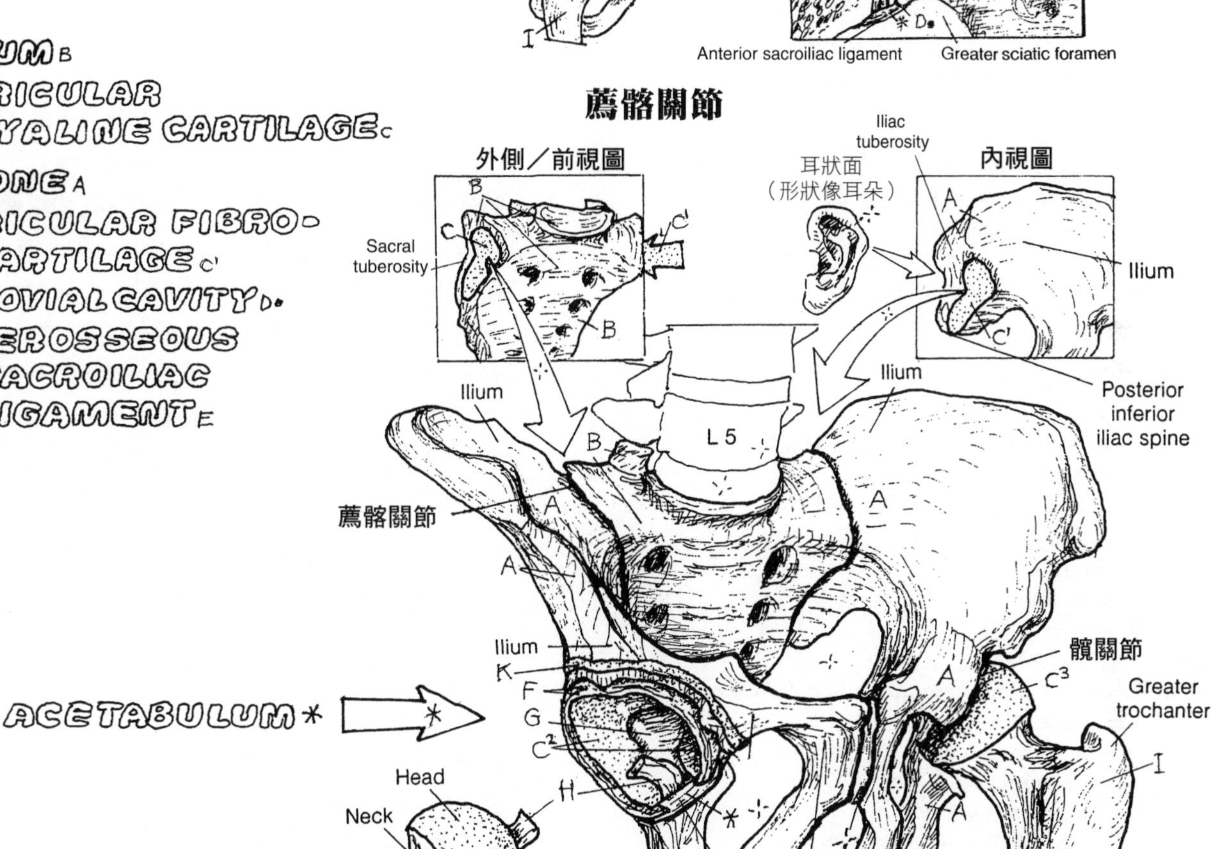

髖關節

HIP BONE A
ACETABULUM *
ACETABULAR LABRUM F
ARTICULAR CARTILAGE C^2
SYNOVIAL MEMBRANE G
LIGAMENTUM TERES H
SYNOVIAL CAVITY D'•
FEMUR I
ARTICULAR CARTILAGE C^3
JOINT CAPSULE K

髖關節
（外側／前視圖）

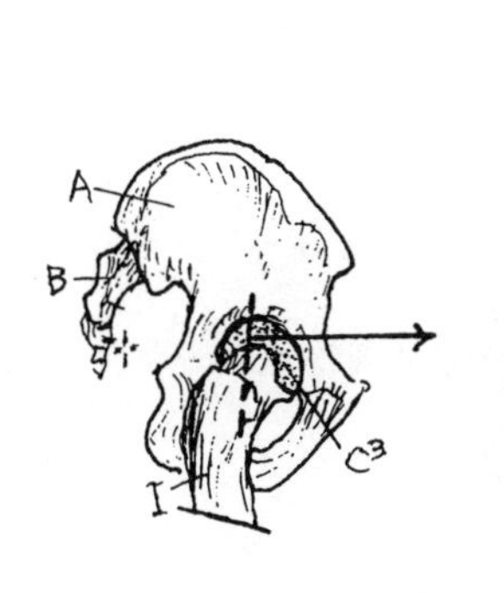

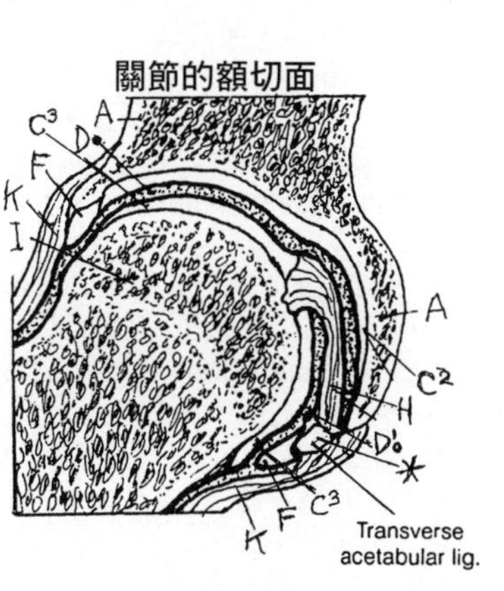

解剖名詞中英對照（按英文字母排序）

Acetabulum 髖臼
Ankle joint 踝關節
Anterior border 前緣
Arcuate popliteal ligament 膕弓狀韌帶
Articular capsule 關節囊
Coxal bone 髖骨
Distal tibiofibular joint 遠端脛腓關節
Enveloping fascia 包被筋膜
Femoral condyle 股骨髁
Femur 股骨
Fibula 腓骨
Fibular collateral ligament 腓骨側副韌帶
Greater trochanter 大轉子
Hip bone 髖骨
Hip joint 髖關節
Iliotibial tract 髂脛束
Intercondylar eminence 髁間隆凸
Intercondylar fossa 髁間窩
Intermediate tibiofibular joint 中間脛腓關節
Interosseous membrane 骨間膜
Intertrochanteric crest 轉子間嵴
Knee joint 膝關節
Lateral condyle 外髁
Lateral epicondyle 外上髁
Lateral head gastrocnemius muscle 腓腸肌外側頭
Lateral malleolus 外踝
Lateral patellar retinaculum 髕外側支持帶
Lateral tibial condyle 脛骨外髁
Lesser trochanter 小轉子
Linea aspera 粗線
Medial condyle 內髁
Medial epicondyle 內上髁
Medial head of gastrocnemius muscle 腓腸肌內側頭
Medial malleolus 內踝
Medial patellar retinaculum 髕內側支持帶
Medial tibial condyle 脛骨內髁
Nutrient foramen 營養孔
Oblique popliteal ligament 膕斜韌帶
Patella 髕骨
Patellar ligament 髕韌帶
Patellofemora joint 髕股關節
Plantaris muscle 蹠肌
Popliteus muscle 膕肌
Proximal tibiofibular joint 近端脛腓關節
Quadriceps femoris 股四頭肌
Quadriceps muscle 四頭肌
Shaft 骨幹
Syndesmosis 韌帶聯合
Talocrural joint 距骨小腿關節
Talus 距骨
Tendon of adductor magnus muscle 內收大肌的肌腱
Tendon of biceps femoris 股二頭肌的肌腱
Tendon of semimembranosus muscle 半膜肌的肌腱
Tibia 脛骨
Tibial collateral ligament 脛骨側副韌帶
Tibial condyle 脛骨髁
Tibial tubercle 脛骨結節
Tibial tuberosity 脛骨粗隆
Tibiotalar joint 脛距關節

股骨就是大腿骨；至於小腿骨則有**脛骨**和**腓骨**。以往有人會將整個下肢都以「leg」來涵蓋之，但這個字只是指小腿，容易造成誤導。大轉子和小轉子是臀部肌肉的附著位置，我們年輕時，肌肉對這些轉子的拉扯作用會影響它們的外型。骨幹沿著它本身的縱長略朝前彎，周圍呈圓形，但後側有一道稱為「粗線」的股骨嵴，沿著骨頭長軸分布，提供好幾塊肌肉的起端和止端附著；骨幹遠側加粗形成厚實的**股骨髁**，並與**脛骨髁**在膝關節處連結成關節；而髕骨和股骨軟骨則在兩髁之間連結成關節。**髕骨**（膝蓋骨）是一塊種子骨，在股四頭肌的肌腱裡面發育。

脛骨是小腿的主要承重骨。小腿只有這根骨參與連結成膝關節，強健的脛骨近側擁有略凹陷的大型骨髁，並與較呈圓形的股骨髁連結成關節。緊貼脛骨髁的遠側就是脛骨結節，從體表就能觸摸到，這裡就是髕骨韌帶附著之處。脛骨骨幹的橫剖面呈三角形；尖端是一個尖銳的前側緣，稱為脛（shin），很容易觸摸得到。前內側表面沒有肌肉；前外側表面覆蓋了肌肉。脛骨遠端擴展部位有略朝內凹的水平面，在此和較呈圓形的踝部之距骨連結成關節。在踝部有短的垂直部分（即內踝）很容易觸摸得到，內踝也和距骨連結成關節（參見 40 頁）。單腳站立時，可見到平衡身體的肌肉，而整個身體的重量就落在單一的脛距關節上面。

腓骨沒有直接承載體重，其骨幹上方三分之二是肌肉附著部位。腓骨頭和**脛骨外髁**的後側下方形成關節，稱為**近端脛腓關節**（屬於滑液型平面關節）；而腓骨骨幹和脛骨骨幹之間形成中間脛腓關節（屬於骨間韌帶；韌帶聯合）。至於遠端部分，腓骨和脛骨則一起形成遠端脛腓關節（韌帶聯合）。腓骨的外側方可觸摸到外踝，並與距骨連結成關節。腓骨的遠側末端和脛骨、距骨共同形成一組關節，稱為踝關節或距小腿關節。

膝關節很容易在旋轉或外展／內收等動作中受傷；屈曲／伸展動作就安全多了。這種局限的旋轉力，對在籃球場上炫耀灌籃耍步法的人會帶來許多麻煩。橫跨膝關節的肌腱和肌肉，可以補強膝部韌帶的穩定性；而四頭肌的內外側擴展部纖維，以及髕骨兩側的纖維囊，則合併形成內外側的支持帶（retinacula）。

骨骼和關節系統／下肢
大腿骨和小腿骨

著色說明： 為了能看出表面細節，本頁的四根骨都要使用淺顏色來上色。(1) 先完成兩幅主圖的著色後，再繼續處理中央的兩幅插圖。(2) 穩固膝關節的韌帶、肌腱和肌肉，在較淺處的附著部位要塗上灰色。

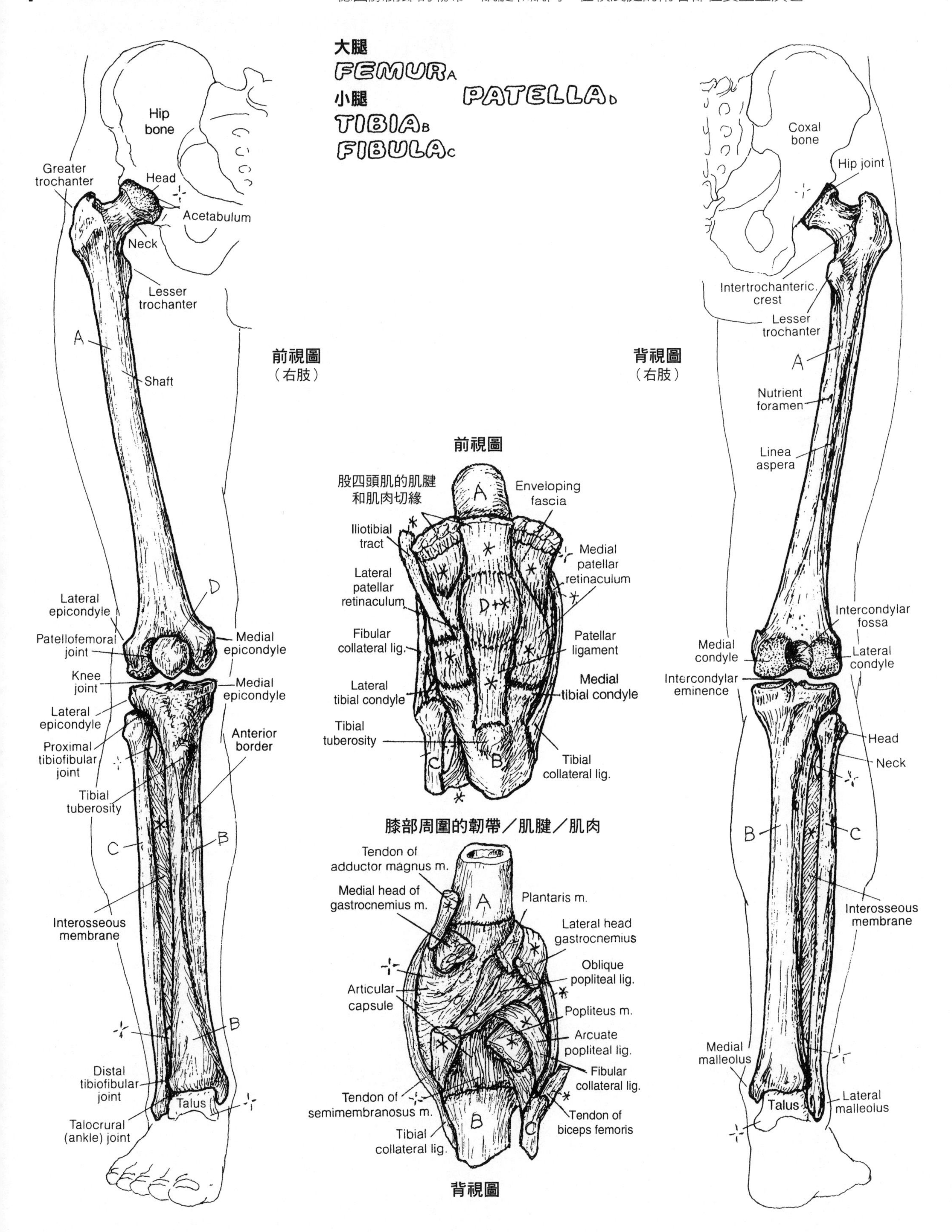

膝關節由兩組滑液髁關節（位於股骨髁和脛骨髁之間），以及髕骨與股骨之間一處滑動型滑液關節共同組合而成。請注意，近端脛腓關節並不參與形成膝關節。膝關節的運動，基本上包括屈曲和伸展，以及程度不等的旋轉和滑動，這些動作可以參見 62 頁。

請看右頁關節的矢狀面圖解，注意襯覆髕股關節的**關節軟骨**。髕骨是一塊種子骨，在股四頭肌的肌腱裡發育。髕骨能耐受膝部屈伸時施加於肌腱的磨損壓力，請注意前視圖中髕骨的兩個小面，以及股骨上對應的髕骨關節面，可以看見各個不同大小的滑液囊。**髕上滑液囊**是滑液關節腔的延伸部。

纖維（關節）囊並沒有完全包覆關節，在缺口或弱化的部分由韌帶來加強，前方並由髕骨來補強。纖維囊的內表面襯覆滑膜（右頁圖未畫出），但滑膜並沒有覆蓋半月板和關節面或後纖維囊。

半月板可以在關節的矢狀切面圖的側邊看到，在上視圖的上方也可見到。半月板的纖維軟骨盤，以韌帶附著於脛骨髁。半月板能加深關節腔，以容納股骨髁。半月板的兩端（前、後角）附著於脛骨髁間區（intercondylar region）裡面。前、後角密布神經，也因此內側半月板後角破裂會有劇痛感。內側半月板比外側半月板更牢固附著於脛骨，因此比較沒辦法屈曲，而且當膝關節負重時，若過度旋轉並強力外展時，內側半月板更容易破裂。

膝關節並沒有骨性鞏固結構，但有韌帶和肌肉的肌腱橫跨，能發揮穩固作用。讀者可以列出橫跨膝關節的肌肉名稱，並從本書往後幾頁圖解收集相關資訊。

膝部的韌帶能限制其活動範圍，並鞏固半月板。其中的**副韌帶**能限制膝關節的側移；**前十字韌帶**名稱得自脛骨前方的附著，而**後十字韌帶**則是得自它在脛骨後方的附著點。這兩條韌帶在近側彼此交叉。前十字韌帶呈後外側走向，並止於股骨外髁的後內側面；後十字韌帶呈前內側走向，並止於股骨內髁的內側面。兩條韌帶基本上都能牽制脛骨／股骨的前後位移；而確實上，在十字韌帶撕裂，一般都會導致脛骨對股骨的前後向過度位移。

解剖名詞中英對照（按英文字母排序）

Anterior cruciate 前十字韌帶
Anterior horn 前角
Articular cartilage 關節軟骨
Bursa 滑液囊
Bursal synovial cavity 囊性滑液腔
collateral ligament 副韌帶
Condylar synovial joint 滑液髁關節
Coronary ligament 冠狀韌帶
Cruciate ligament 十字韌帶
Deep infrapatellar bursa 髕下深囊
Fibula 腓骨
Infrapatellar fat pad 髕下脂肪墊
Joint capsule 關節囊
Lateral & medial facets 外小面和內小面
Lateral condyle of tibia 脛骨外髁
Lateral condyle 外髁
Lateral femoral condyle 股骨外髁
Lateral meniscus 外側半月板
Leg muscles 小腿肌群
Medial condyle of tibia 脛骨內髁
Medial femoral condyle 股骨內髁
Medial meniscus 內側半月板
Meniscus 半月板
Patella 髕骨
Patellar articular surface 髕骨關節面
Patellar ligament 髕韌帶
Patellofemoral articulation 髕股關節
Post. horn of lat. Meniscus 外側半月板後角
Posterior cruciate ligament 後十字韌帶
Posterior fibrous capsule 後纖維囊
Posterior horn 後角
Posterior surface of patella 髕骨後表面
Quadriceps femoris muscle 股四頭肌
Quadriceps tendon 四頭肌腱
Subcutaneous infrapatellar bursa 髕下皮下囊
Subcutaneous prepatellar bursa 髕前皮下囊
Suprapatellar bursa 髕上滑液囊
Synovial cavity 滑液腔
Tibia 脛骨
Tibial tuberosity 脛骨粗隆
Transverse ligament 橫韌帶

骨骼和關節系統／下肢
膝關節

著色說明：本頁的股骨、脛骨和腓骨都不著色，髕骨的骨性表面也不上色。(1) 矢狀切面的 A 使用藍色，B 用黑色。襯墊關節腔的滑膜沒畫出。(2) 請看本頁下方的前視圖，請注意圖中髕骨後面的關節小面（A）並請上色。(3) 為十字韌帶（E、E[1]）的附著方式及功能之間的關係上色。

關節結構

ARTICULAR CARTILAGE A
SYNOVIAL CAVITY B•
JOINT CAPSULE C
BURSA D
CRUCIATE LIGAMENT
  ANTERIOR E
  POSTERIOR E'
MENISCUS
  LATERAL F
  MEDIAL F'
PATELLAR LIGAMENT G
COLLATERAL LIGAMENT
  TIBIAL H
  FIBULAR H'

右膝關節

Lateral condyle of FEMUR
A
B•
F
A
C
Lateral condyle of TIBIA
Leg muscles
股骨
脛骨
D
B•
Quadriceps tendon
Suprapatellar bursa
Bursal synovial cavity
A
G
髕骨
D
Subcutaneous prepatellar bursa
Infrapatellar fat pad
F
D
G
Subcutaneous infrapatellar bursa
Deep infrapatellar bursa
Tibial tuberosity

矢狀切面

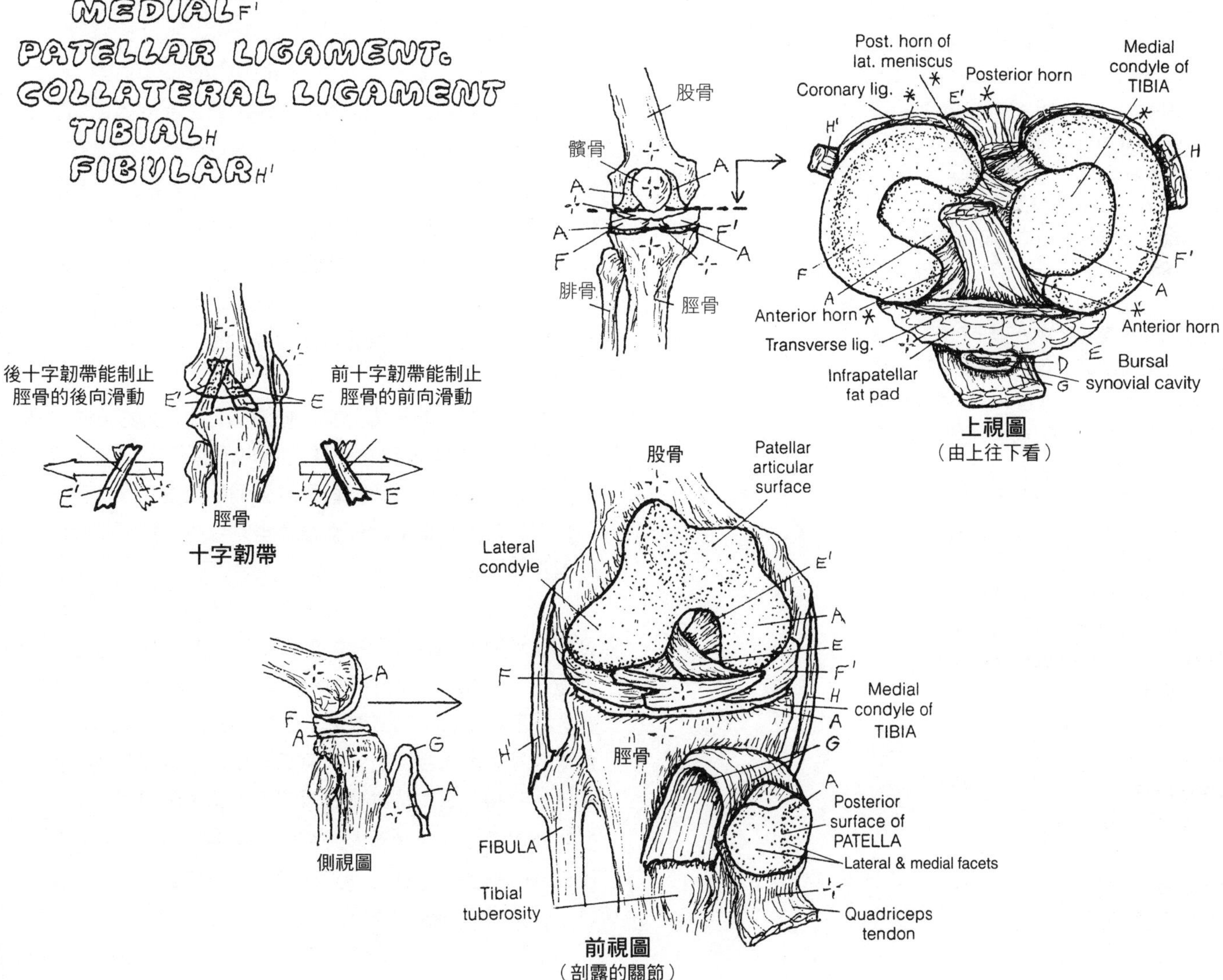

上視圖
（由上往下看）

十字韌帶

側視圖

前視圖
（剖露的關節）

足部是一種活動式承重結構，要能可靠地發揮作用，**脛骨**和**腓骨**（即小腿或小腿骨）的遠端就必須牢固，這要歸功於脛骨和腓骨骨幹之間的**骨間韌帶**（膜），還有**遠端脛腓關節**（韌帶聯合），這處關節能把腓骨遠端有效地固鎖進脛骨的腓骨切迹（右頁圖未畫出）。脛骨和腓骨的遠端形成一種倒置的 U 形關節面，能容納距骨頭，構成一種榫接式的結構，稱為**距骨小腿關節**（即**踝關節**，屬於屈戌型滑液關節），其結構只容許屈曲（蹠屈；腳趾下壓）和伸展（背屈；足趾朝上）。試圖做其他動作，有可能引發疼痛和腫脹（腳踝扭傷），甚至更糟糕的情況。

臨床上把足部區分為足後、足中段及足前段。足後包括**跟骨**和**距骨**；足中段包括**舟狀骨**、**骰骨**及**楔形骨**；足前段包括**蹠骨**和**趾骨**。跑步或行走時，足後、足中和足前段各關節的運動，並不是完全在垂直面或矢狀面上運動。

我們不只在平坦地面上行走，為了能妥善運作，足部必須能適應傾斜的不平坦地面。幸運的是，**距跟關節**（又稱距骨下關節）、**距跟舟關節**及**跟骰關節**（又稱橫跗關節）能一起應付這種不平坦的地面。這裡描述的足部運動，一般指的是距骨下關節及橫距關節的內翻和外翻動作。距骨下關節的內翻動作，是指足內翻肌把足部的內側面往上牽拉；而外翻動作，則是足外翻肌把足部的外側面往上牽拉（見 63 和 64 頁）。由於足部具有扭轉構造，實際動作還要更複雜一些。舉例來說，當後足（跗骨）蹠屈的同時，足前段（蹠骨和趾骨）則做出外翻、內轉和外展動作；而當後足外翻的同時，足前段則做出內翻、背屈和內收動作。讀者可以想像這類運動的實際動作。

請看右頁踝韌帶的三幅插圖，並注意看由於腳踝側向（內翻／外翻）動作而容易受傷的情形。腳踝有稱為**三角韌帶的**強健內側韌帶，以及較弱的外側韌帶支持。內翻扭傷（外側韌帶撕裂傷）比外翻扭傷更常發生，似乎能反映出這種相對較弱的情形。

足部的骨性構造包括好幾道弓弧，這些弓形構造由韌帶來強化及維繫，而且在轉移重量時，還會受到肌肉的影響。在足底兩側，蹠骨基底、骰骨和楔形骨三者會形成一道**橫弓**。**內側縱弓**是最大的弓弧，其前柱是三個蹠骨頭、楔形骨和舟狀骨；後柱則是跟骨；而距骨則是拱心石。小型的**外側縱弓**以外側楔形骨和骰骨做為前柱、以跟骨做為後柱。這兩道縱弓的功能，在於吸收負載的震盪、平衡身體，以及增添步態「彈性」。

解剖名詞中英對照（按英文字母排序）

1st metatarsal 第一蹠骨
5th metatarsal 第五蹠骨
Ankle joint 踝關節
Anterior talofibular ligament 距腓前韌帶
Anterior pillar 前柱
Calcaneal (Achilles) tendon 跟腱（阿基里斯腱）
Calcaneocuboid joint 跟骰關節
Calcaneofibular ligament 跟腓韌帶
Calcaneus 跟骨
Cuboid 骰骨
Cuneiform 楔形骨
Deltoid ligament 三角韌帶
Distal phalanx 遠側節趾骨
Facet for fibula 與腓骨接合的小面
Facet for tibia 與脛骨接合的小面
Fibula 腓骨
Interosseous membrane 骨間膜
Lateral longitudinal arch 外側縱弓
Lateral malleolus 外踝
Long plantar ligament 足底（蹠）長韌帶
Medial longitudinal arch 內側縱弓
Medial malleolus 內踝
metatarsal 蹠骨
Middle phalanx 中節趾骨
Navicular 舟狀骨
Phalanges 趾骨
Post. & Ant. inferior tibiofibular ligaments 脛腓後下韌帶和脛腓前下韌帶
Post. process of talus 距骨後突
Post. talocalcaneal ligament 距跟後韌帶
Post. tibiofibular ligament 脛腓後韌帶
Posterior pillar 後柱
Proximal phalanx 近側節趾骨
Sesamoid bone 種子骨
Subtalar joint 距骨下關節
Sustentaculum tali 載距突
Talocalcaneal joint 距跟關節
Talocrural joint 距骨小腿關節
Talus 距骨
Tarsal sinus 跗骨竇
Tarsals 跗骨
Tibia 脛骨
Transverse arch 橫弓
transverse talar joint 橫距關節
transverse tarsal joint 橫跗關節
Tuberosity 粗隆

骨骼和關節系統／下肢
課關節和足部的骨骼

著色說明：(1) 踝關節的鏤空名稱都要上色。接著再為中上圖踝關節的三根骨骼著色。本頁其他插圖的脛骨和腓骨都不上色。(2) 為足骨的所有鏤空名稱上色。(3) 本頁下方所有韌帶及足弓部位全都塗上灰色。

踝關節

TIBIA A FIBULA B TALUS C

足骨

7 TARSALS: TALUS C CALCANEUS D
CUBOID E NAVICULAR F 3 CUNEIFORMS G
5 METATARSALS H
14 PHALANGES I

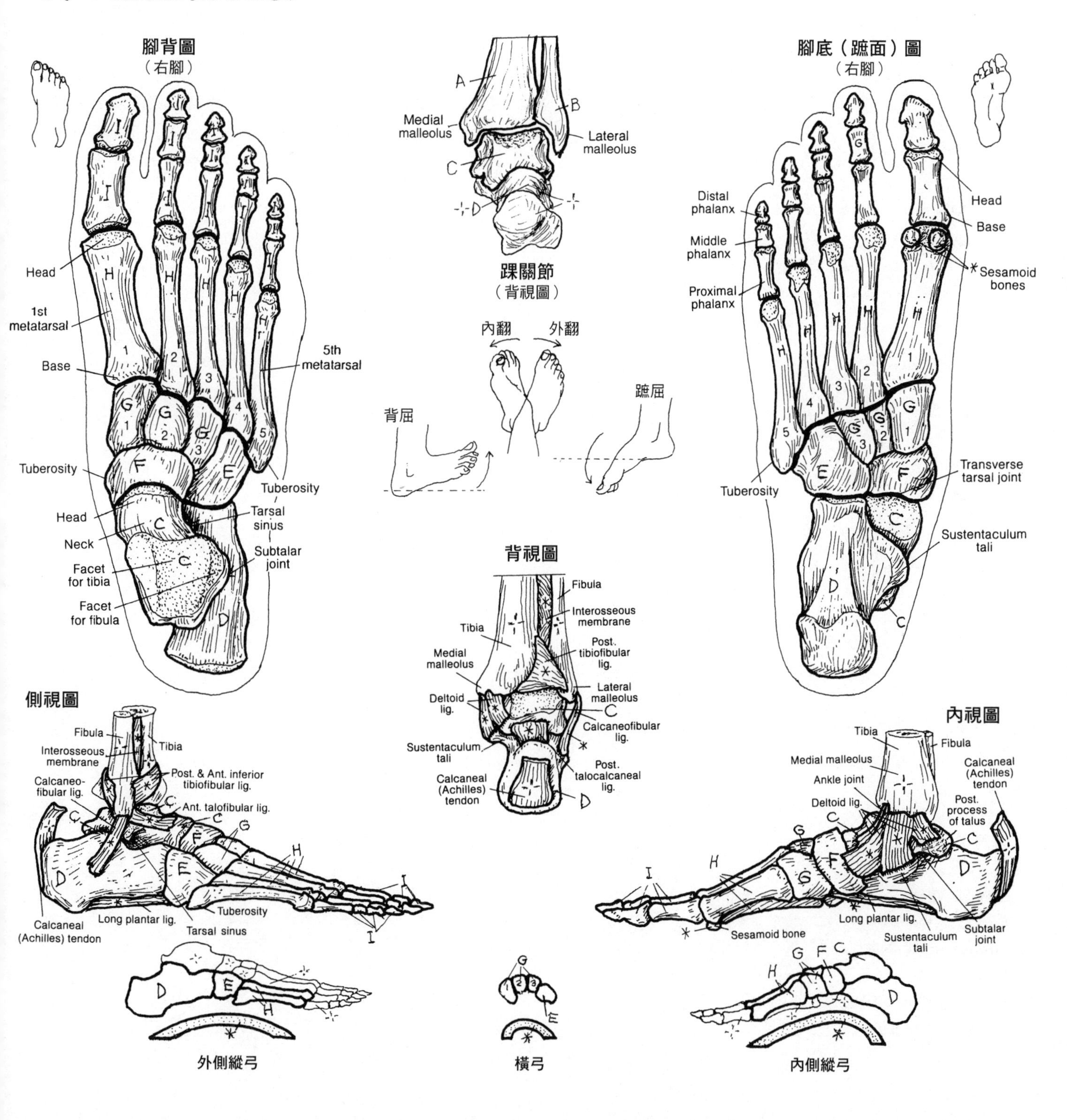

身體部位的結構，功能上能反映適應作用。以兩足式動物（人類）和四足式動物（此處以狗為例）的上、下肢骨來做比較，就能證實。**肩帶（上肢帶）**為活動性提供基礎；而較牢靠的**骨盆帶（下肢帶）**，則提供移行及承重上的穩定性。下肢骨又大又結實，符合承重功能所需；除膝關節外，相關的關節結構都很穩固，膝關節犧牲相當程度的穩定性來遷就靈活性。就上肢部分來說，其組成骨骼比較輕盈，關節也比較靈活，一般都能做出較大幅度的動作（你可以比較肩膀和髖部、肘和膝，還有腕和踝）。當然，那些身體做出非凡身體技能的人並不在此限。儘管前臂和小腿各有兩根骨骼，從功能來看，這些成對骨頭的相關性是微乎其微的。尺骨／橈骨容許腕部做出大幅度的動作，而脛骨／腓骨則更遷就穩定性和承重功能。足部顯然較適應移行及承重，而手部（特別是拇指）則以活動性和靈巧程度見長。

解剖名詞中英對照（按英文字母排序）

Clavicle 鎖骨
Coccyx 尾骨
Elbow joint 肘關節
Sacrum 薦骨
Shoulder joint 肩關節
Wrist joint 腕關節

見35、37-40頁

骨骼和關節系統／下肢
骨骼和關節複習

著色說明： 使用淺色。(1) 完成下肢骨的上色後，接著使用相同顏色寫下它們的名稱。上肢骨也比照處理。(2) 所有指向骨骼表面標記的箭頭都要上色。(3) 用黑色鉛筆寫下下肢各處關節的名稱。(4) 為四足動物的前、後肢骨上色。其骨骼名稱和人類相應骨頭的名稱相同。（答案見附錄 1）

A ______

B ______

C ______

D ______

E ______

F ______

G ______

H ______

骨頭表面的標記

上肢

下肢

下肢的關節

1 ______

2 ______

3 ______

4 ______

5 ______

6 ______

7 ______

8 ______

9 ______

10 ______

11 ______

12 ______

A¹ ______

B¹ ______

D¹ ______

E¹ ______

F¹ ______

G¹ ______

H¹ ______

四足式動物
（狗）

大多數的哺乳動物都是靠四肢「手腳並用」行走。

骨骼肌

典型的**骨骼肌**（例如肱二頭肌）有完整的特徵：結構含肉質部（**肌腹**），加上兩端均有纖維性**肌腱**。肌肉由肌細胞和三層次的保護性結締組織被覆層所組成。肌肉、被覆層，連同其他肌肉和神經血管束，一併包裹在深筋膜裡面。

每條骨骼肌都列置成束。每一束肌肉（**肌束**）連同神經、小動脈和小靜脈（神經血管束），一併包繞在一層稱為**肌束膜**的較細薄纖維組織裡面。每條肌肉由數量不等的肌束所組成，最外面的覆蓋層是纖維性**肌外膜**。

骨骼肌每條肌纖維的周圍都包覆著一層稱為**肌內膜**的纖維薄鞘組織，負責保衛重要的神經血管結構。這些纖維覆蓋層也一起協同確保肌肉收縮時能均勻施力，並負責維持肌肉的自然彈性，於是肌肉伸展之後，還能回縮到本身的靜止長度。肌纖維的這些纖維層都合併為一，形成肌腱並與肌肉融合，還能讓肌肉牢固在其附著位置（例如骨膜或另一條肌腱）。肌內膜的神經纖維和小血管，則會不斷岔分成更細小的分支延伸到各個肌細胞。

肌肉槓桿系統

骨骼肌的運作方式就像槓桿一類的簡單機械，以此來提升它們對關節的收縮作用。就機械性來說，肌肉必須對**關節**（**支點**）施出相當力量，才能克服阻力來產生運動，這個施力程度取決於：(1) 阻力強度（重量）；(2) 解剖結構支點和肌肉施力點的相對距離；以及 (3) 阻力（關節）的解剖結構位置。關節的位置和肌肉施加拉力的部位，還有外加負載的部位，共同決定使用的槓桿系統類型。

在**第一類槓桿**中，關節位於肌肉和負載之間。這是效能最高的槓桿類型。**第二類槓桿**，負載位於關節和施加拉力的肌肉之間。這種槓桿系統適用來吊起獨輪車（車輪就是支點），以及墊腳尖來抬升一個彪形大漢的身體站上蹠趾關節的蹠骨。**第三類槓桿**，肌肉位於關節和負載之間，這種槓桿沒有什麼機械上的優勢。

解剖名詞中英對照（按英文字母排序）

Aponeurosis 腱膜
Blood vessel 血管
Capillary 微血管
Deep fascia 深筋膜
Effort (muscle) 施力（肌肉）
Endomysium 肌內膜
Epimysium 肌外膜
Fascicle 肌束
Fulcrum (joint) 支點（關節）
Metatarsophalangeal joint 蹠趾關節
Muscle belly 肌腹
Muscle fiber (cell) 肌纖維（肌細胞）
Neurovascular bundle 神經血管束
Perimysium 肌束膜
Periosteum 骨膜
Rresistance (weight) 阻力（重量）
Skeletal muscle 骨骼肌
Tendon 肌腱

肌肉系統
骨骼肌概論

著色說明：本頁要上色的鏤空名稱，是依照尺寸從大到小排列；但著色順序則是從小到大。(1) 著色時先從肌纖維（C）和其名稱開始，選用中等深度的顏色。(2) 為肌纖維的內膜覆蓋層（C¹）著上比 C 淺得多的顏色。(3) 為纖維束橫剖面的肌纖維內膜上色，切勿塗到肌束膜的隔膜；接著再次使用肌纖維的較深顏色來為整個橫剖面著色。(4) 為肌束膜與其隔膜（B¹）著上淺色。(5) 肌腹的外肌膜（A¹）要使用淺色。(6) 為本頁最上圖的肌腹（A）和肌腱（D）上色。(7) 為本頁下方各肌肉槓桿系統的小圖上色。

骨骼肌

MUSCLE BELLY A

覆蓋層

EPIMYSIUM A¹

FASCICLE B

覆蓋層

PERIMYSIUM B¹

MUSCLE FIBER (CELL) C

覆蓋層

ENDOMYSIUM C¹

TENDON D

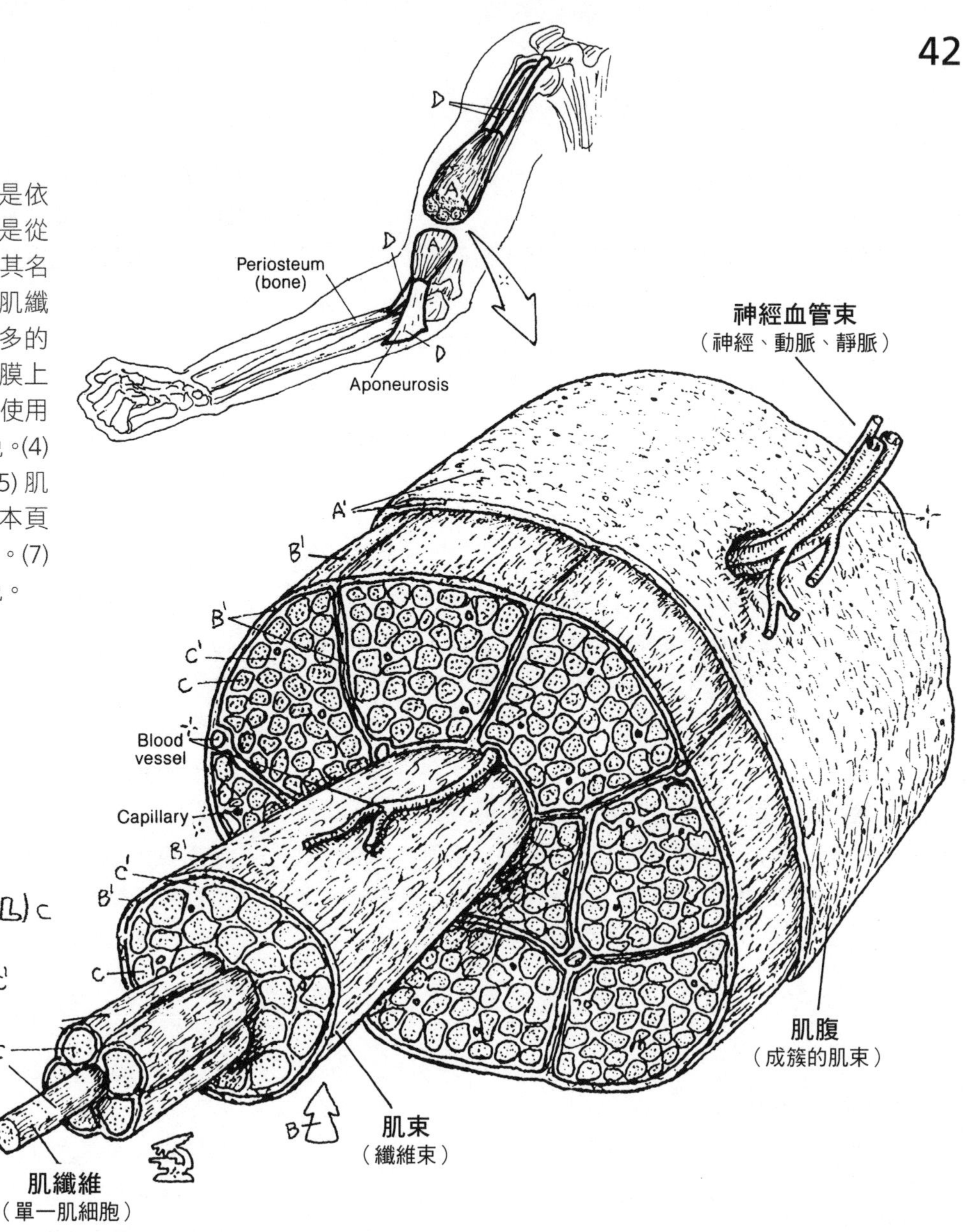

肌肉槓桿系統

FULCRUM E (JOINT) E¹

EFFORT A² (MUSCLE) A

RESISTANCE F (WEIGHT) F¹

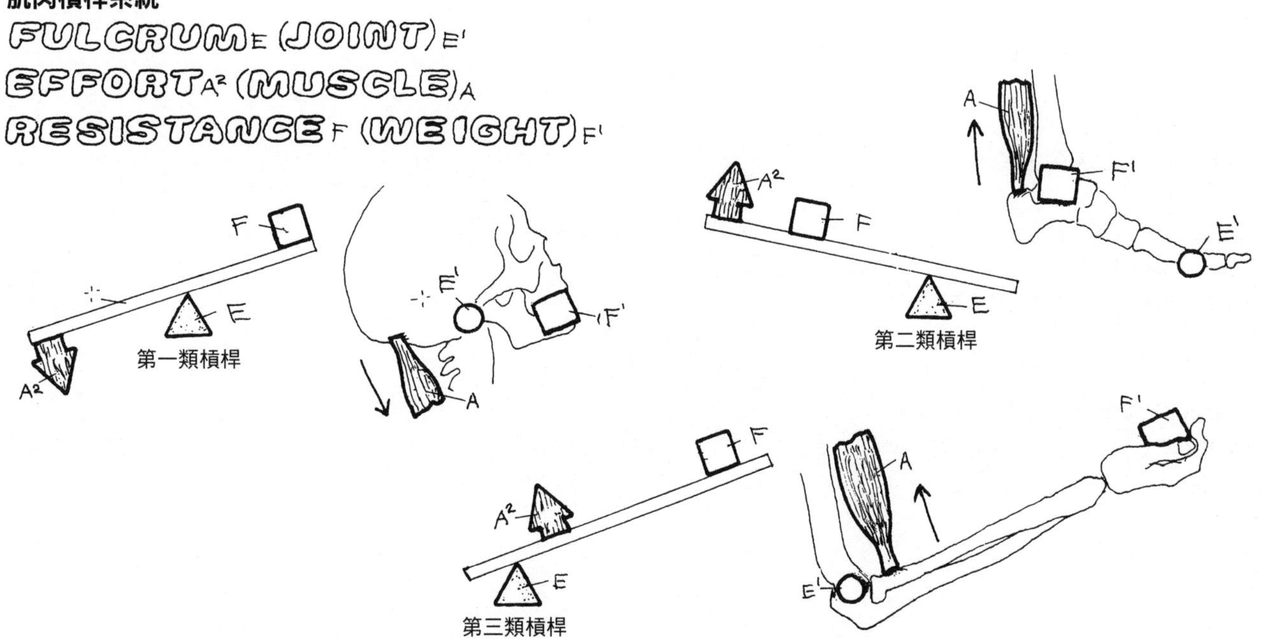

肌肉作用的整合

這裡我們要以一個簡單的肘關節屈曲來做例子。固定（不動）的骨骼是肱骨；活動的骨骼是橈骨；肌肉附著於固定骨骼上的位置就是肌肉（二頭肌、三頭肌）的起始點 (O)，而附著於活動骨骼的位置就是那些肌肉的終止端 (I)。在這裡，二頭肌是肘部屈曲動作的**作用肌**（也稱為主動肌）；而三頭肌則是**拮抗肌**。首先，肱二頭肌從中立位（中央）開始收縮，把手部向肩膀拉近。同時肱三頭肌伸展並因應產生若干阻力（收縮作用）來調節預期的動作。當兩組肌肉都靜止時，便稱肢體處於「中立位」（neutral）。在這種情況下，二頭肌和三頭肌都呈鬆弛狀態，只維持基本的背景肌張力。反之，當肘部伸展時，主動肌會縮短，而拮抗肌則會伸展。

總之，主動肌是啟動預期的關節運動的最主要肌肉，而促成這種關節動作的次要動作肌也可以稱為**協同肌**。協同肌通常扮演中和調節角色，輔助預期的動作或制止預期之外的動作。施力與主動肌動作相反的肌肉，稱為拮抗肌。

解剖名詞中英對照（按英文字母排序）

Agonist 作用肌
Antagonist 拮抗肌
Biceps brachii 肱二頭肌
Brachialis 肱肌
Clavicle 鎖骨
Distal radioulnar joint 遠端橈尺關節
Fixator 固定肌
Humerus 肱骨
Insertion of brachialis 肱肌的止端
Prime mover 主動肌
Pronator quadratus 旋前方肌
Pronator teres 旋前圓肌
Proximal radioulnar joint 近端橈尺關節
Radius 橈骨
Scapula 肩胛骨
Secondary mover 次要動作肌
Supinator 旋後肌
Synergist 協同肌
Trapezius 斜方肌
Triceps brachii 肱三頭肌
Ulna 尺骨

固定肌的功能是「固定」較偏近側的肌肉，來維持特定關節動作時的穩定狀態，就如右頁底下斜方肌在動作中所做的。主動肌、協同肌、拮抗肌及固定肌通常會互相協調，把肢體移動到適當的位置（肌肉動作整合）。

肘部前臂的屈曲、旋後與旋前動作

這裡我們要把焦點擺在前臂的四塊肌肉上。這是一位慣用右手的人，他伸出右手，手中握著一把螺絲起子正在將一支螺絲順時鐘方向鎖進門框。我們來看看作用於右肘關節、近端橈尺關節及遠端橈尺關節的這四塊肌肉。第一種情況（右頁左下圖），前臂反覆旋後（並反覆旋前，好讓前臂回到新的起始點來進行旋後動作），把螺絲鎖進木頭裡。在這裡，二頭肌是主動肌，而旋後肌則是旋後動作的協同肌。理由在於，當手臂旋後時，橈骨的旋轉動作對肱二頭肌的止端施加一股張力，於是儘管期望的動作是旋後，結果卻依然啟動二頭肌的收縮。二頭肌收縮的力量大於旋後肌。你可以自己做做這個動作來印證：旋後你的前臂，並感受二頭肌收縮。

第二種情況（右頁右下圖），前臂反覆旋前，讓螺絲退出木頭。前臂旋前是這兩種旋轉動作中較弱的一種。當前臂做旋後動作時，二頭肌收縮的力量受旋前圓肌和旋前方肌等拮抗肌抵銷的力量是有限的。倘若旋前是較弱小的動作，是不是我們就沒辦法把螺絲退出來了？才不呢！拿把充電式衝擊起子機，把轉向開關撥到逆轉就行了。

肌肉系統
肌肉動作的整合

著色說明：(1) 右上方的鏤空名稱要上色，請與小箭頭 A 與 C、大型空心字母 O 和 I，以及肘關節的屈肌和伸肌等相互參照。注意箭頭的指向。上色時從左到右。解剖位置的肘部肌肉儘管處於鬆弛狀況，仍有一定程度的張力。(2) 下方的鏤空肌肉名稱 A' 到 E 要上色，這些都是跟前臂旋後和旋前動作有關的肌肉，並使用相同顏色來為底下插圖上色。

肌肉動作

CONTRACTED A
RELAXED B
STRETCHED C

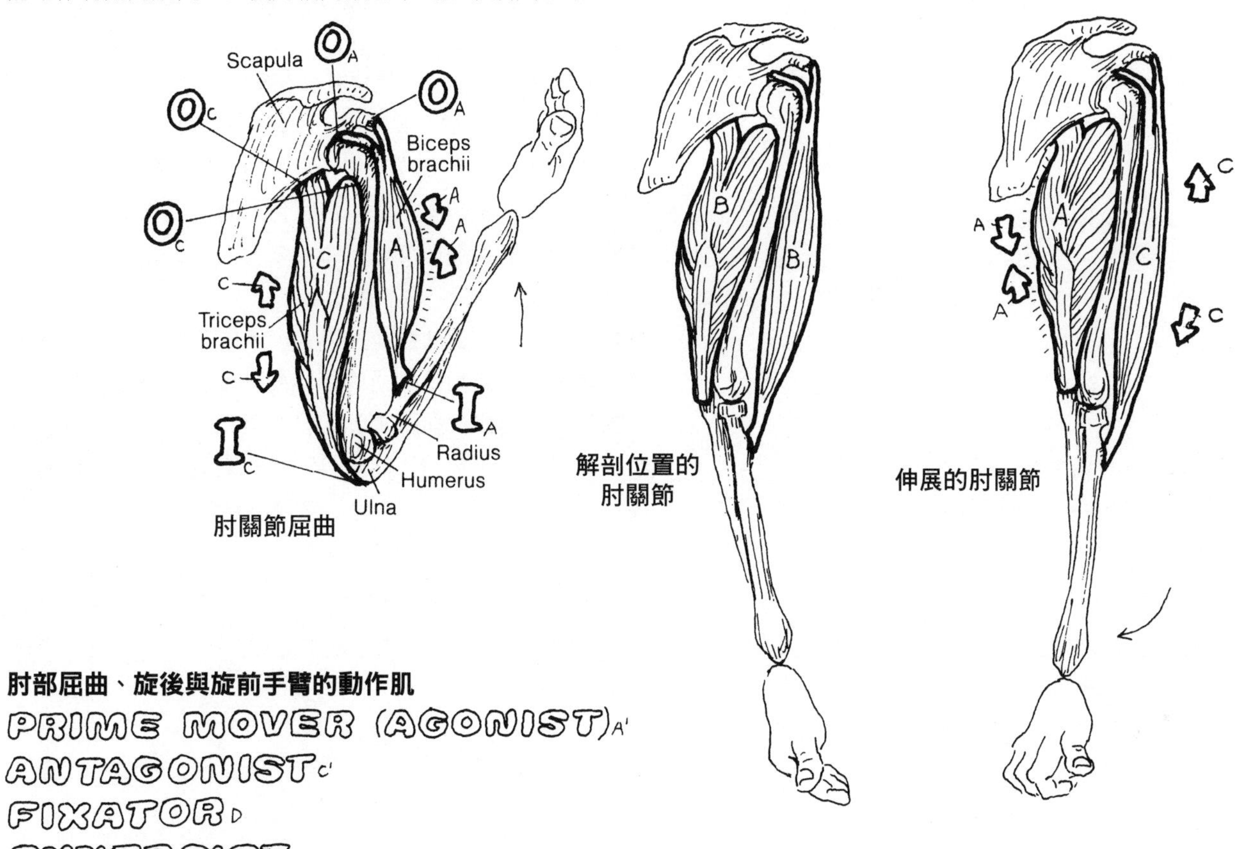

肘部屈曲、旋後與旋前手臂的動作肌

PRIME MOVER (AGONIST) A'
ANTAGONIST C'
FIXATOR D
SYNERGIST E

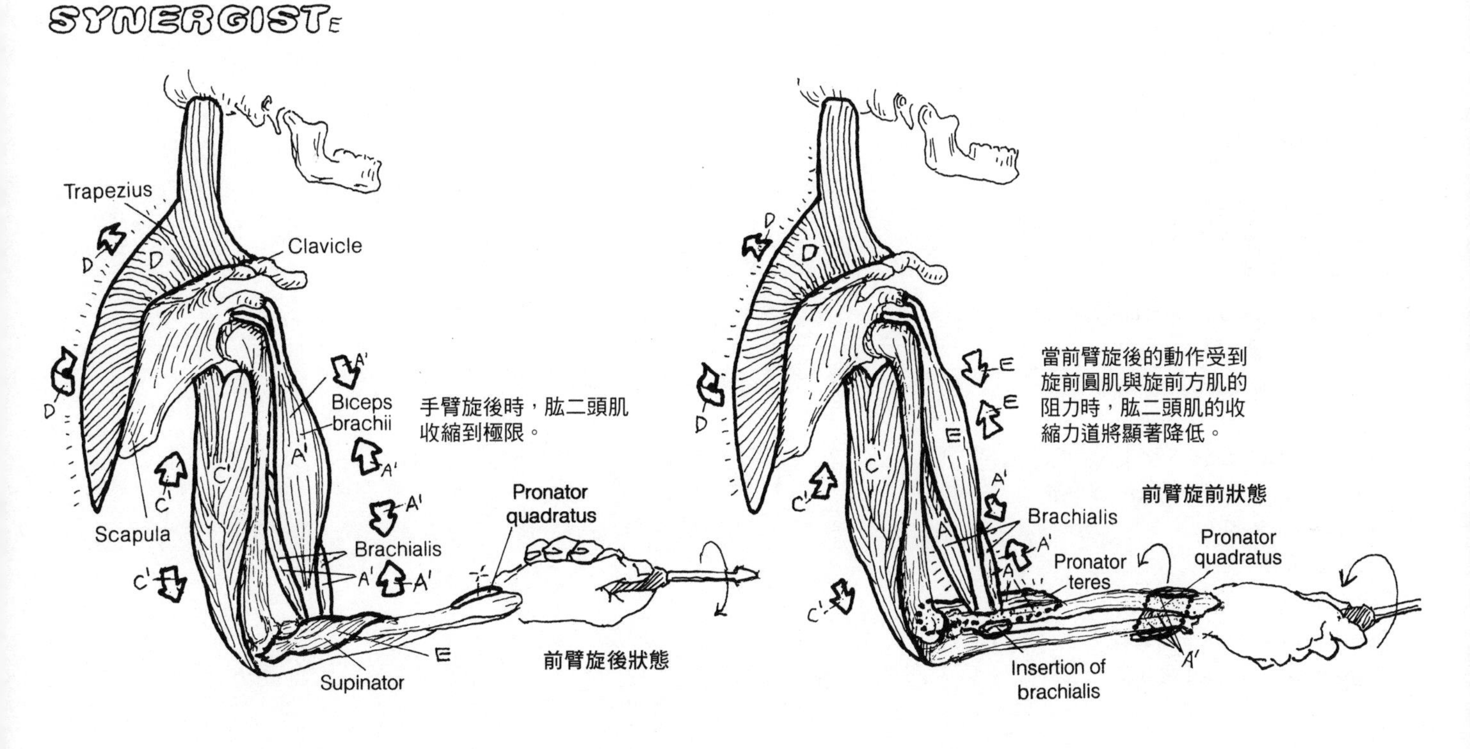

臉部表情肌大都很薄且呈扁平帶狀，起端位於臉部的骨骼或軟骨，止端則伸入皮膚真皮或包繞眼眶、口部括約肌的纖維組織。這些肌肉可分成以下各部位肌群：(1) 顱頂肌群（epicranial group），即作用於頭皮的**枕額肌**；(2) 眼眶肌群（orbital group），包括**眼輪匝肌**和**皺眉肌**；(3) 鼻肌群（nasal group），包括**鼻肌**和**降眉間肌**；(4) 口肌群（oral group），包括**口輪匝肌**、**顴大肌**和**顴小肌**、**提上唇肌**和**降下唇肌**、**提口角肌**和**降口角肌**、**笑肌**、**頰肌**，以及部分的**闊頸肌**；（5）作用於耳週的肌群，即耳肌。一般來說，這些肌肉的功能都是作用並拉動其止端的皮膚。在幫每塊肌肉著色時，也請你對著鏡子，試著收縮你臉部相對應的那塊肌肉。

眼輪匝肌和**口輪匝肌**都是括約肌，作用在於閉合眼瞼的皮膚及緊閉雙唇。臉頰的肌肉稱為**頰肌**，收縮時能很快改變口腔容積，例如吹奏小喇叭或含水噴出的情況。鼻肌兼具壓肌和擴張肌兩部分，能影響前鼻開孔的大小，例如鼻孔擴張。

臉部表情肌由第七對腦神經，即顏面神經（見83頁）支配。

解剖名詞中英對照（按英文字母排序）

Anterior auricular muscle 耳前肌
Auricular muscle 耳肌
Buccinator 頰肌
Clavicle 鎖骨
Compressor 壓肌
Corrugator supercilii 皺眉肌
Deltoid 三角肌
Depressor anguli oris 降口角肌
Depressor labii inferioris 降下唇肌
Dilator 擴張肌
Facial nerve 顏面神經
Frontalis 額肌
Galea aponeurotica 帽狀腱膜
Levator anguli oris 提口角肌
Levator labii superioris alaeque nasi 提上唇鼻翼肌
Levator labii superioris 提上唇肌
Masseter 咬肌
Mentalis 頦肌
Nasalis 鼻肌
Occipitalis 枕肌
Occipitofrontalis 枕額肌
Orbicularis oculi 眼輪匝肌
Orbicularis oris 口輪匝肌
Parotid gland 腮腺
Pectoralis major 胸大肌
Platysma 闊頸肌
Posterior auricular muscle 耳後肌
Procerus 降眉間肌
Risorius 笑肌
Sphincter muscle 括約肌
Sternocleidomastoid 胸鎖乳突肌
Superior auricular muscle 耳上肌
Temporalis 顳肌
Trapezius 斜方肌
Zygomatic arch 顴弓
Zygomaticus major 顴大肌
Zygomaticus minor 顴小肌

肌肉系統／頭部
臉部表情肌

著色說明：O 和 Q 使用最淺的顏色。微笑的那半張臉，要選用輕快的顏色來為肌肉和鏤空名稱上色；反之，不笑的另半張臉要使用暗淡的顏色。(1) 從微笑的那半張臉（肌肉 A-H）開始上色。(2) 接著完成不笑的那半張臉，肌肉及鏤空名稱都要上色。(3) 底下的剖面圖，肌肉及鏤空名稱同樣要上色。請注意，圖中額肌（I）已經局部切除，以露出皺眉肌（J）。

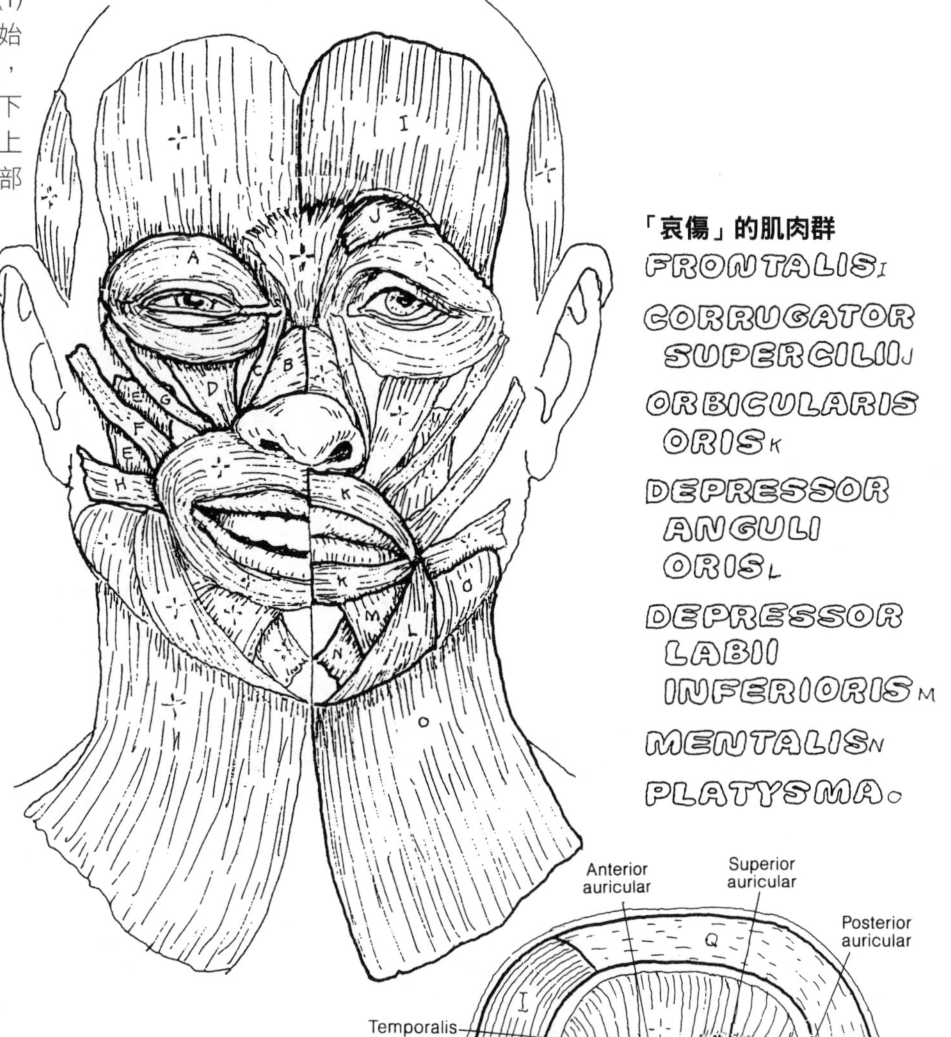

「歡愉」的肌肉群

ORBICULARIS OCULI A
NASALIS B
LEVATOR LABII SUPERIORIS ALAEQUE NASI C
LEVATOR LABII SUPERIORIS D
LEVATOR ANGULI ORIS E
ZYGOMATICUS MAJOR F
ZYGOMATICUS MINOR G
RISORIUS H

「哀傷」的肌肉群

FRONTALIS I
CORRUGATOR SUPERCILII J
ORBICULARIS ORIS K
DEPRESSOR ANGULI ORIS L
DEPRESSOR LABII INFERIORIS M
MENTALIS N
PLATYSMA O

其餘的肌肉

BUCCINATOR P
GALEA APONEUROTICA Q
OCCIPITALIS R
AURICULAR MUSCLES S
PROCERUS T

Anterior auricular
Superior auricular
Posterior auricular
Temporalis
Parotid gland
Zygomatic arch
Masseter
Sternocleido-mastoid
Trapezius
Clavicle
Deltoid
Pectoralis major

咀嚼是咬碎食物的動作。咀嚼肌運動顳顎關節，大半負責下頷骨的上舉、前引、後縮以及側向運動。這群肌肉採雙側功能運作，來促動單一骨骼（下頷骨）和兩處關節。咀嚼是兩種動作結合的作用，包括上提肌（含**顳肌**和**咬肌**）在單一側的動作，以及在另一側的**翼外側肌**收縮動作。

讀者在研究這些肌肉的起端和止端時，請使用右頁的小插圖並參照上方較大的圖解來領略全貌。

在「上提」和「後縮」兩圖中，請特別注意冠狀突前側緣的顳肌止端和下頷骨前枝。

咬肌的起端，在「咀嚼肌群」圖組的左上圖中看得最清楚；這塊肌肉從顴弓下緣前表面伸出（在顴弓的點狀部位，圖說標示為「咬肌的起端」）。咬肌還從顴弓的深表層（內面）伸出。基本上，這塊肌肉就附著在下頷骨冠狀突整個外側面，以及下頷枝的上半部。

面對壓力時，顳肌和咬肌經常會無意識收縮（磨牙），有可能導致嚴重的雙顳側頭痛和耳前頭痛。這些肌肉收縮時，很容易觸摸得到。從下頷枝的外表面就能觸摸得到咬肌：把你的手指擺在這裡，接著收縮肌肉（緊咬住牙齒）。相對來說，由於顳肌的止端附著於冠狀突的內表面，要觸摸頭部側邊才容易察覺。顳肌有緻密的筋膜，不會出現咬肌帶來的那種鼓脹感受。

翼內側肌和翼外側肌位於顳下窩內，從體表觸摸不到。

咀嚼肌群全都由第五對腦神經（即三叉神經）的下頷支各分支來負責支配。

解剖名詞中英對照（按英文字母排序）

Condylar process 髁突
Coronoid process 冠狀突
Digastric muscle 二腹肌
Elevator muscle 上提肌
External auditory 外耳道
Greater wing of sphenoid bone 蝶骨大翼
Insertion sites 止端位置
Lateral pterygoid muscle 翼外肌
Mandible 下頷骨
Mandibular fossa 下頷窩
Medial pterygoid muscle 翼內肌
Mylohyoid muscle 下頷舌骨肌
Origin of masseter muscle 咬肌的起端
Posterior fibers 後部肌纖維
Ramus 枝
Styloid process 莖突
Temporalis 顳肌
Temporomandibular joint 顳顎關節
Trigeminal nerve 三叉神經
zygomatic arch 顴弓

見24、44頁

肌肉系統／頭部
咀嚼肌

著色說明：使用，「骨色」（淡黃色）來為下頷骨（E）上色。(1) 從左上圖開始上色，接著繼續完成另兩幅露出較深層咀嚼肌的插圖。中間較小幅的顱骨圖，需要使用 A+E 兩種顏色來顯示顳肌位於下頷骨深層的止端位置。插圖中，由於咬肌的寬闊止端也覆蓋了部分更下層的顳肌止端，因此這裡的外表面部分需要使用 A+B+E 三種顏色來上色。(2) 所有箭頭及作用在下頷骨的肌肉都要上色。

肌肉
TEMPORALIS A
MASSETER B
MEDIAL PTERYGOID C
LATERAL PTERYGOID D

骨
MANDIBLE E

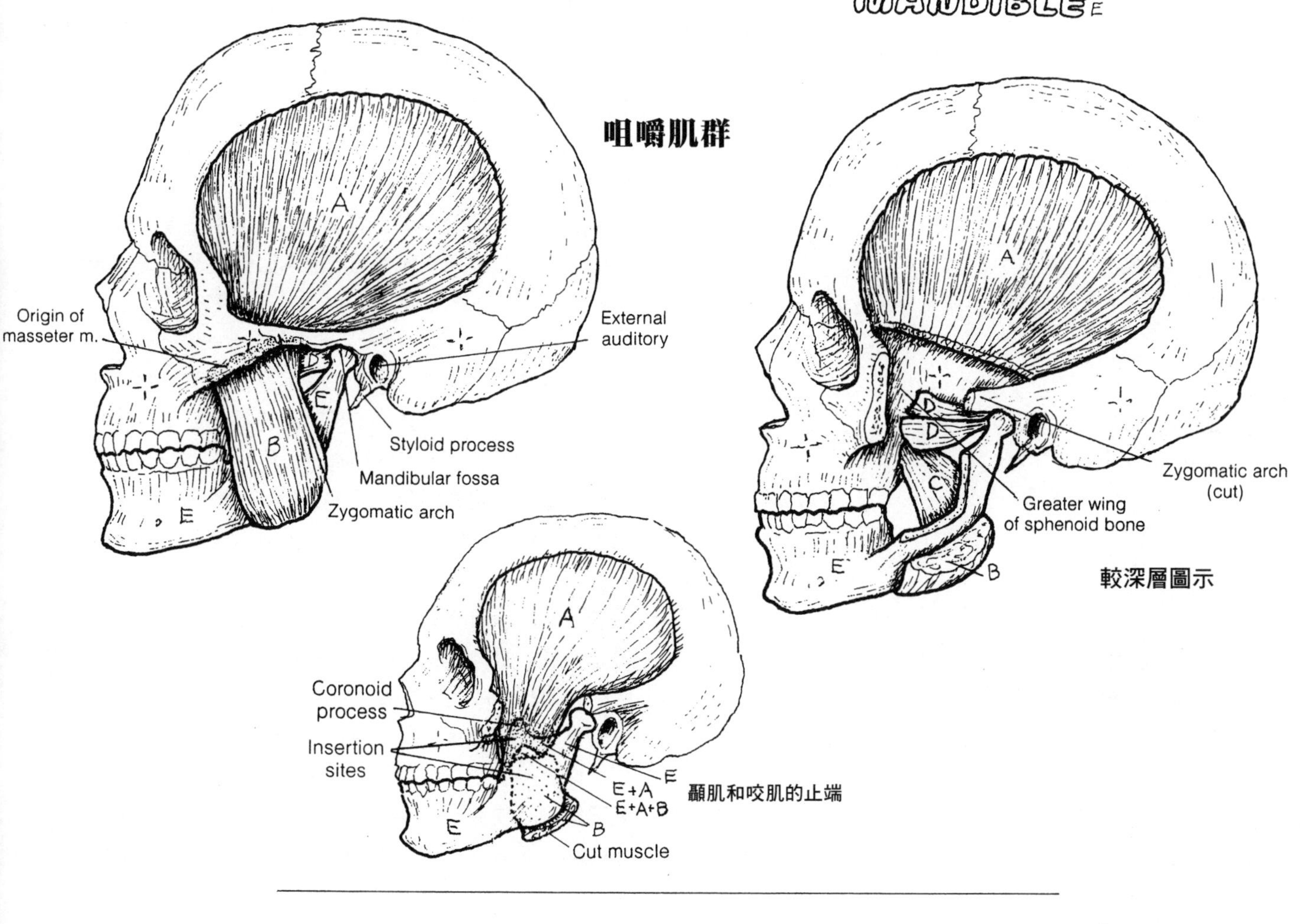

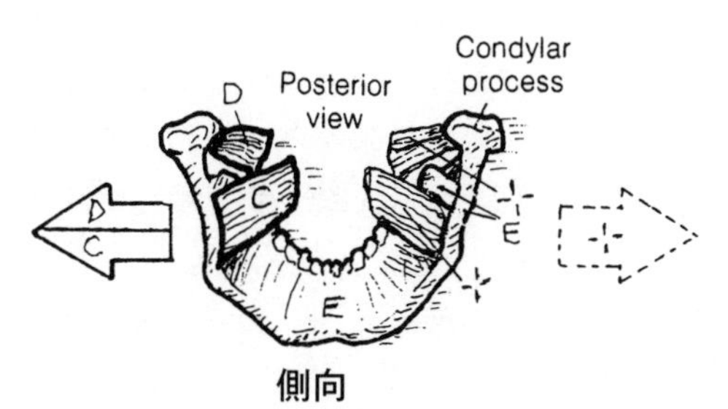

側向

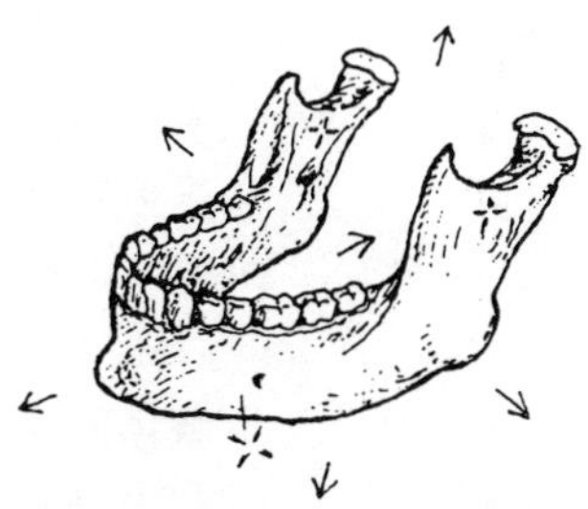

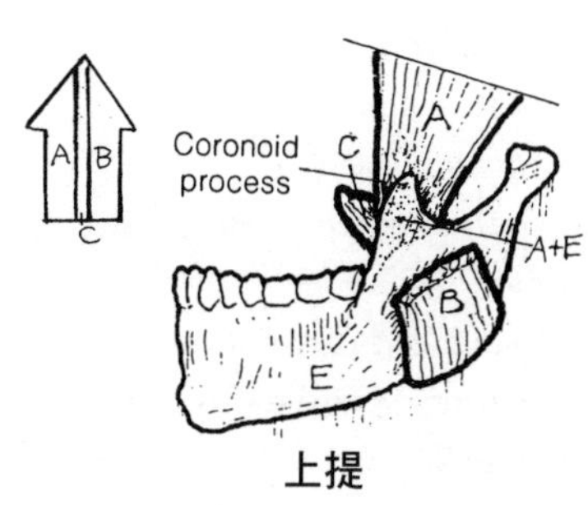

上提

作用在下頷骨的肌肉

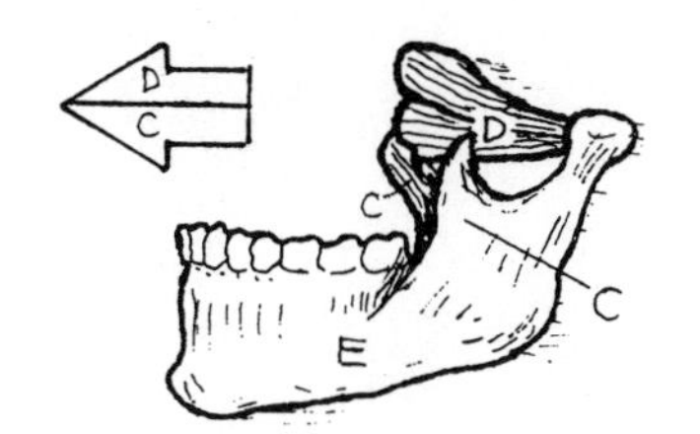

前引

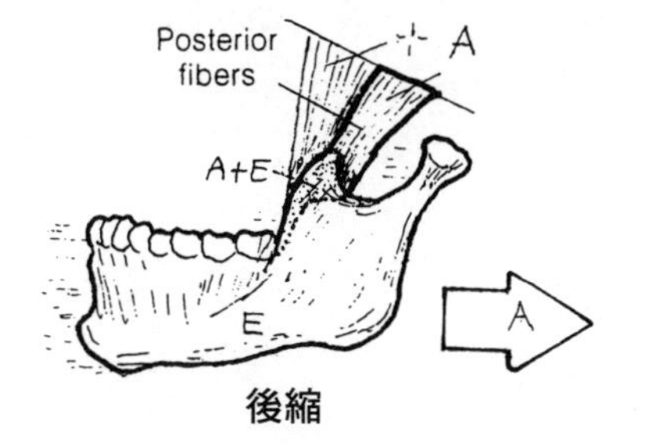

後縮

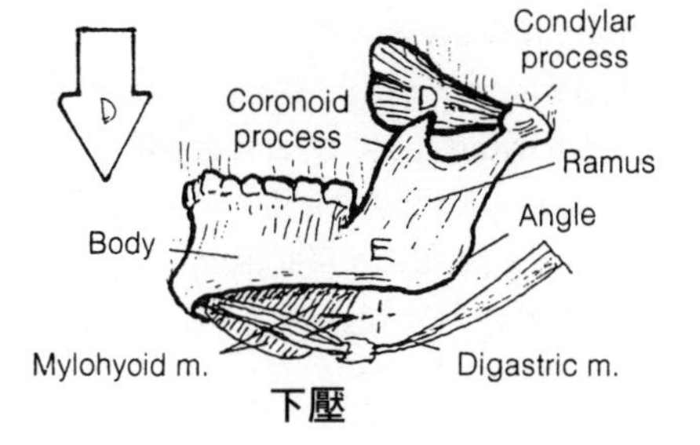

下壓

解剖名詞中英對照（按英文字母排序）

1st rib 第一肋骨
2nd rib 第二肋骨
Acromion 肩峰
Anterior border 前緣
Anterior triangle 前三角
Clavicle 鎖骨
Digastric 二腹肌
External auditory meatus 外耳道
Geniohyoid 頦舌骨肌
Hyoglossus 舌骨舌肌
Hyoid bone 舌骨
Inferior border 下緣
Infrahyoid muscles 舌骨下肌群
Levator scapulae 提肩胛肌
Mandible 下頷骨
Mastoid process 乳突
Midline 中線
Mylohyoid 下頷舌骨肌
Omohyoid 肩胛舌骨肌
Origin of trapezius 斜方肌的起端
Posterior border 後緣
Posterior triangle 後三角
Scalene 斜角肌
Scalenus anterior 前斜角肌
Scalenus medius 中斜角肌
Scalenus posterior 後斜角肌
Scapula 肩胛骨
Semispinalis capitis 頭半棘肌
Splenius capitis 頭夾肌
Sternocleidomastoid 胸鎖乳突肌
Sternohyoid 胸舌骨肌
Sternohyoid 胸骨舌骨肌
Sternothyroid 胸骨甲狀肌
Sternum 胸骨
stylohyoid ligament 莖突舌骨韌帶
Stylohyoid 莖突舌骨肌
Styloid process 莖突
Superior border 上緣
Suprahyoid muscles 舌骨上肌群
Thyrohyoid 甲狀舌骨肌
Thyroid cartilage 甲狀軟骨
Trapezius 斜方肌

頸部是個複雜的管狀部位，有肌肉、內臟、脈管和神經環繞頸椎。頸部肌肉分成淺層和深層肌群，在這個跨頁中我們要專注探討的是淺層肌群。右頁插圖的斜方肌不用上色，頸部前面和側面部位也都不要上色，不過這是頸部最淺層的後側和後外側肌肉（見 52 頁）。後側深層肌肉會在第 47 頁介紹。闊頸肌是頸部最淺層的前側肌肉（見 44）；胸鎖乳突肌把前面和側面肌群區分成數個三角區。

頸前部從中線分成兩半；各半分別形成一個**前三角區**。淺層頸肌的前三角邊線如右頁圖所示。**舌骨**由**莖突舌骨韌帶**懸掛在顱骨的莖突下方，把前三角區分為較上方的**舌骨上區**，以及較下方的**舌骨下區**。

舌骨上肌群分別起自下頷骨（有下頷舌骨肌、頦舌骨肌及二腹肌前腹）以及頭顱（有莖突舌骨肌、二腹肌後腹），止端則位於舌骨上。這群肌肉負責上提舌骨，尤其是在吞嚥時影響口腔底部和舌頭的運動。舌骨固定時，下壓下頷骨的動作則是由舌骨上肌群，尤其是是二腹肌來負責。

舌骨下肌群起自胸骨、喉的甲狀軟骨或肩胛骨，止端位於舌骨。這些肌肉能在吞嚥時部分防止舌骨上提。**甲狀舌骨肌**在發出高頻嗓音時負責上提喉；而**胸舌骨肌**則下壓喉來協助發出低頻嗓音。

後三角的組成包含一群肌肉，外覆頸深筋膜（包被）層，這層筋膜位於皮膚正下方，夾在胸鎖乳突肌和斜方肌之間。後三角的邊線參見右頁圖解。這處部位的肌肉起自頭顱和頸椎；肌群分別向下延伸到不同止端，包括附著於上方兩根肋骨的**斜角肌**、附著於上肩胛骨的**肩胛舌骨肌**及**提肩胛肌**，以及附著於頸椎／胸椎棘突的**頭夾肌**和**頭半棘肌**。試著想像這些肌肉的附著點，就能清楚了解其功能。

胸鎖乳突肌單側作用時，頭向同側偏斜，同時旋轉頸部並將後顱部向下拉，相對地抬高下巴，使臉轉向對側。兩側肌肉同時作用時，頭向前移動且同時伸展上段頸椎，向前抬高下巴。

肌肉系統／頸部

頸前肌和頸側肌

著色說明：本頁插圖除了舌骨（E）之外，全都使用最淺的顏色來上色。(1) 從頸部三角部位（A、C）及胸鎖乳突肌（B）的插圖開始著色。三角部位內的所有肌肉全都要上色。(2) 接著同時進行本頁最上面及最底下的插圖，在所有插圖中盡量找出每一塊肌肉並著上顏色。請注意肌肉名稱和附著點的關係。

頸部前三角

舌骨上肌群

STYLOHYOID D1
DIGASTRIC D2
MYLOHYOID D3
HYOGLOSSUS D4
GENIOHYOID D5

HYOID BONE E

舌骨下肌群

STERNOHYOID F1
OMOHYOID F2
THYROHYOID F3
STERNOTHYROID F4

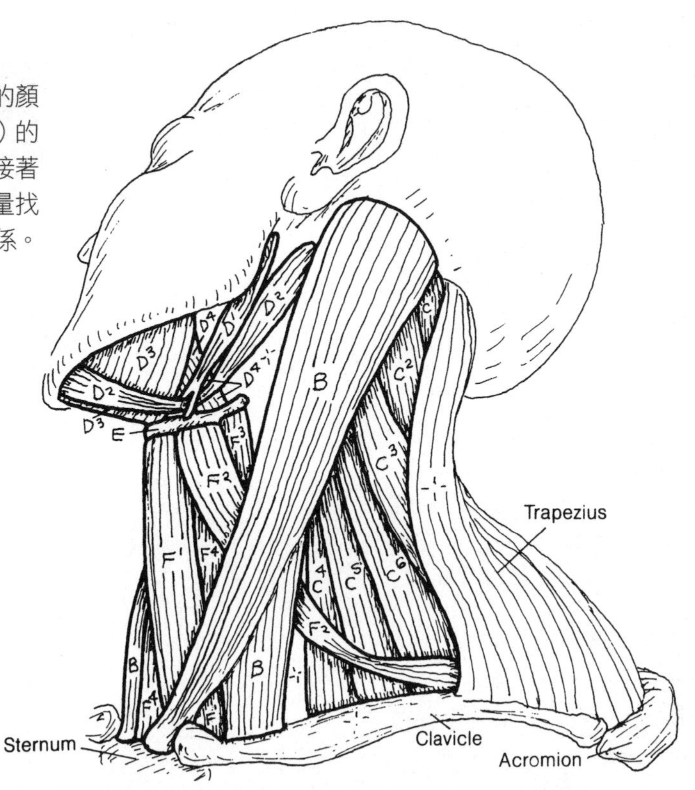

STERNOCLEIDOMASTOID B

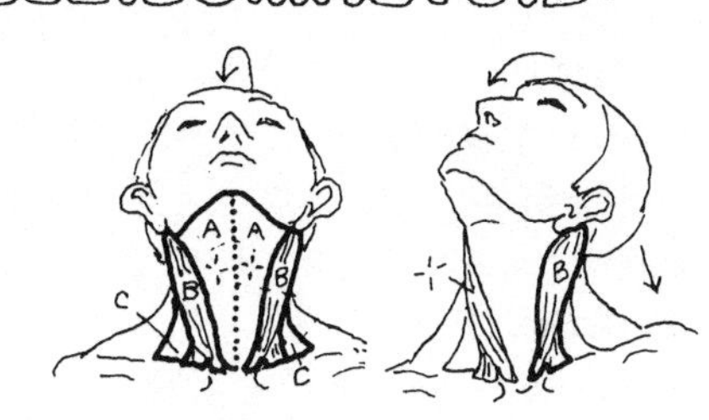

ANTERIOR TRIANGLE A

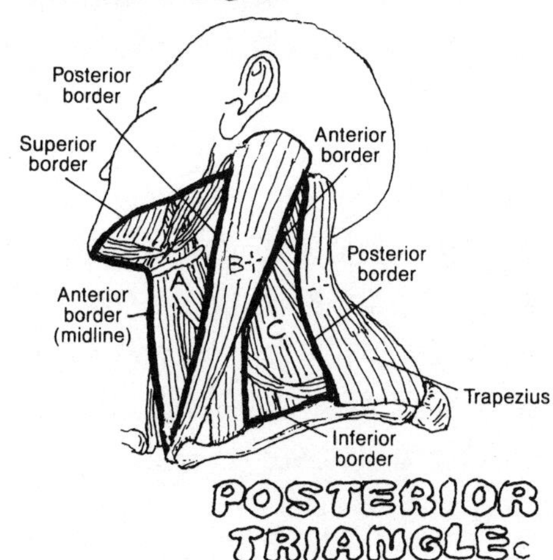

POSTERIOR TRIANGLE C

頸部後三角

SEMISPINALIS CAPITIS C1
SPLENIUS CAPITIS C2
LEVATOR SCAPULAE C3
SCALENUS ANTERIOR C4
SCALENUS MEDIUS C5
SCALENUS POSTERIOR C6

頸肌附著點

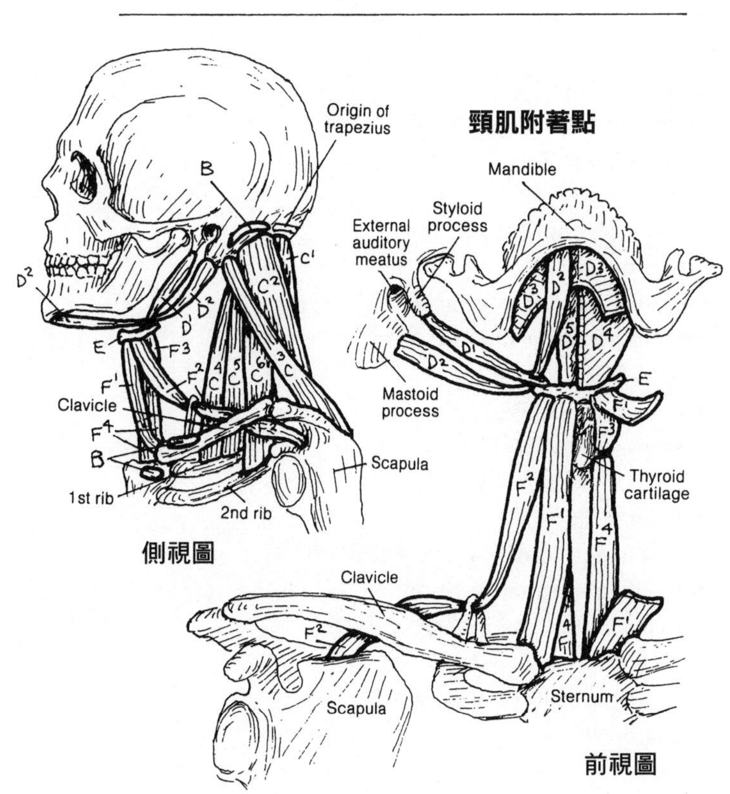

側視圖

前視圖

脊柱有 24 組成對的小面關節和 22 個椎間盤關節，**背部和後頸部的深層肌肉**分別負責伸展、旋轉或側屈這當中的一組或多組關節。長肌收縮跨越好幾個活動節段（見 25 頁），短肌則可跨越一個或兩個運動節段（參見右頁「內在肌群」）。

夾肌和胸鎖乳突肌相對地協同伸展、旋轉頸部和頭部（參見 46 頁）。頭夾肌是覆蓋脊柱的較深層肌肉。

豎脊肌群主要由伸展脊柱運動節段的伸肌所組成。這群肌肉沿著背部縱軸垂直列置，腰椎部的肌肉很厚實並呈四邊形，還分出較小且薄的獨立肌束，分別附著於不同部位，包括附著於肋骨的**髂肋肌**、附著於較上方脊椎和頭部的**最長肌**和**棘肌**。豎脊肌起自胸椎下段，以及腰椎、薦骨、髂骨及其中的韌帶。

橫棘肌群伸展背部的運動節段，以及旋轉胸椎和頸椎的關節。這群肌肉通常是從一塊脊椎的橫突延伸到上方脊椎的棘，跨越三塊或更多塊脊椎骨。**半棘肌**是這群肌肉中最大的一類，從胸節中段延伸到顱後；**多裂肌**由深層肌束組成，從薦骨延伸到 C2，跨越一到三個運動節段；**迴旋肌**只在胸椎部才有明確的存在（腰椎段大致上並不存在此肌）。

這批埋藏深處（最深層）的小型肌群，只跨越一個運動節段所屬關節。就整體重要功能而言，這群肌肉負責頸椎和腰椎的細微調節。肌電圖證據顯示，這批短肌在較長時間的運動和站／坐姿勢期間，會保持支持性的收縮。它們在頸椎和腰椎段最為明顯。後側深層的小肌群位於枕下部位（在半棘肌和豎脊肌的深層），負責旋轉、伸展頭顱與 C1、C2 脊椎之間的關節。

內在肌群的小肌肉僅跨越一個運動節段，包括上述所提最深層的肌群，它們的功能是穩定平衡，並將本體感覺訊息傳到脊髓和腦。

解剖名詞中英對照（按英文字母排序）

C7 spinous process 第七頸椎棘突
Coccyx 尾骨
Erector spinae group 豎脊肌群
Erector spinae 豎脊肌
Extensor 伸肌
External intercostal muscle 外肋間肌
Iliocostalis 髂肋肌
Iliolumbar ligament 髂腰韌帶
Ilium 髂骨
Interspinalis 棘突間肌
Intertransversarii 橫突間肌
L3 transverse process 第三腰椎橫突
L4 spinous process 第四腰椎棘突
Lateral flexor 側屈肌
Longissimus 最長肌
Multifidus 多裂肌
Nuchal ligament 項韌帶
Obliquue capitis inferior 頭下斜肌
obliquue capitis superior 頭上斜肌
Origin of Trapezius 斜方肌的起點
Rectus capitis posterior major 頭後大直肌
Rectus capitis posterior minor 頭後小直肌
Rib 肋骨
Rotators 迴旋肌
S1 spinous process 第一薦椎棘突
Semispinalis capitis 頭半棘肌
Semispinalis cervicis 頸半棘肌
Semispinalis thoracis 胸半棘肌
Semispinalis 半棘肌
Serratus posterior inferior 後下鋸肌
Serratus posterior superior 後上鋸肌
Spinalis 棘肌
Spinous process 棘突
Splenius capitis 頭夾肌
Splenius cervicis 頸夾肌
Splenius 夾肌
Sternocleidomastoid muscle 胸鎖乳突肌
Suboccipital muscles 枕下肌群
Superior nuchal line 上項線
Transverse process 橫突
transversospinalis group 橫棘肌群
Vertebra 脊椎

見25頁

肌肉系統／軀幹
背部和後頸部的深層肌群

著色說明：垂直肌群（B-B³）和斜肌群（C-C³）要使用非常淺的顏色。請注意夾肌（A）和半棘肌（C）都擁有不只一處部位（例如「頸」段和「頭」段）；這些都會在插圖中分別顯示。(1) 為主圖肌肉上色，一次完成一群。這些肌肉的功能和本身的定向（垂直或斜向）有關。(2) 方框小插圖的枕下肌群（F）要上色，重疊肌肉的起端位置也一併著色。(3) 最底下的內在肌群和所屬鏤空名稱要上色。

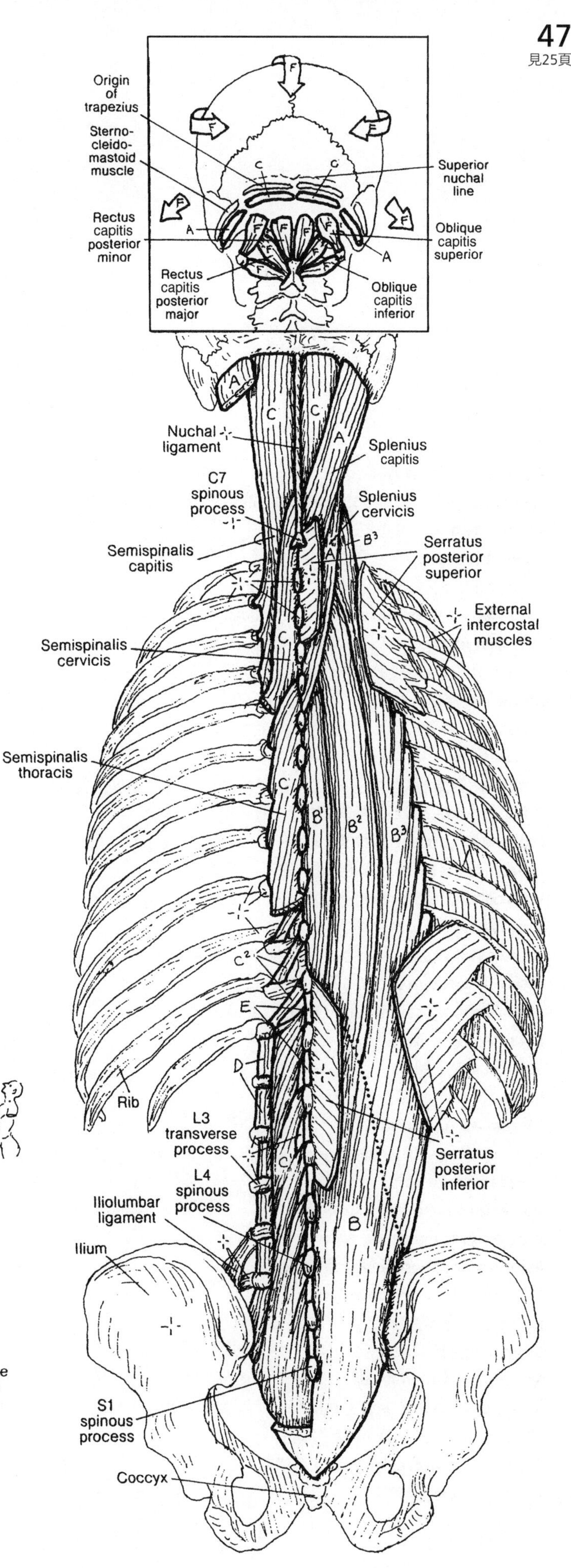

覆蓋肌

SPLENIUS A

垂直肌群

ERECTOR SPINAE B
SPINALIS B¹
LONGISSIMUS B²
ILIOCOSTALIS B³

斜肌群
橫棘肌群

SEMISPINALIS C
MULTIFIDUS C¹
ROTATORES C²

最深肌群

INTERTRANSVERSARII D
INTERSPINALIS E
SUBOCCIPITAL MUSCLES F

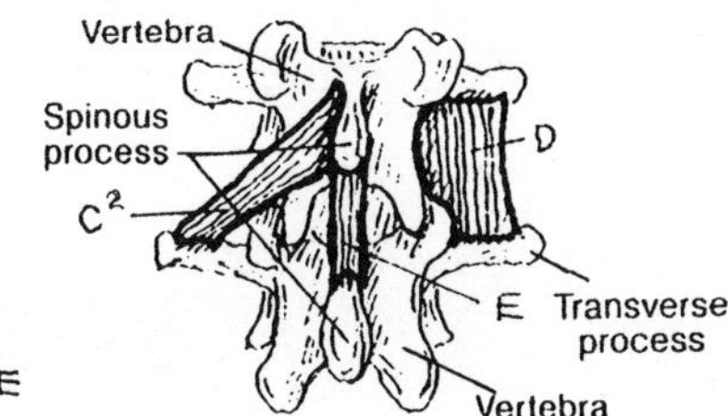

內在肌群

EXTENSOR E
ROTATOR C³
LATERAL FLEXOR D

橫膈（又稱胸膈）是一片又寬又細薄的肌肉，橫跨胸腔、腹腔之間，各部位分別起自不同位置，後部腰段起自腰椎，其最前方是肌性腳和腱弓；肋部起自下方六對肋骨和肋軟骨的內表面，而胸骨部則起自劍突的內表面。這些肌肉纖維向中央匯聚，形成一處肌肉與腱性的卵形圓頂，其頂部是腱性止端，稱為**中心腱**。在 T12 水平面，**主動脈**從後側穿過主動脈裂孔通過橫膈，接著就轉稱為腹主動脈。已知奇靜脈和胸管也穿過此一裂孔。**食道裂孔**見於 T10 水平面，位於右膈腳和中心腱交接處的纖維之間。食道隙供左、右迷走神經和食道通行。**下腔靜脈**通過中心腱的一處腱性裂隙（裂孔）。胸膈的功能在本書第 133 頁會說明。

橫膈由膈神經（C3-C5）支配。你一定奇怪胸膈怎會由（頸部）頸神經叢的分支來支配呢？暗示：參考胚胎學。

肋間肌主要區分內、外肋間肌，作用在肋骨上，能改變胸腔的體積，貢獻出 25% 的總呼吸運作量。**最內肋間肌**是個不連續的肌層，這處部位包含胸橫肌和肋骨下肌。

在第 12 肋骨的水平面底下，腹部後側的腰方肌、腰大肌及腰小肌從橫膈的腰後裂隙分兩邊橫跨到髂嵴。腰大肌和腰小肌都屬於下肢的肌群，**腰大肌**起自 T12 和腰椎的橫突及腰椎骨椎體；這塊肌肉從腹股溝韌帶底下穿過，以便連結**髂肌**纖維，與髂肌癒合後（稱為髂腰肌）就以股骨小轉子為止端。髂肌主要起自髂窩；而髂腰肌是髖關節的強健屈肌，也是力量強大的腰椎屈肌；腰肌無力有可能助長下背疼痛。**腰方肌**起自髂後嵴，止端位於第 12 肋骨下方部位及上位四塊腰椎骨的橫突。當此肌肉單側收縮時，可側屈腰椎；當此肌肉雙側收縮時，可伸直腰椎。

解剖名詞中英對照（按英文字母排序）

12th rib 第 12 肋
5th thoracic vertebra 第五胸椎骨
Abdominal aorta 腹主動脈
Aorta 主動脈
Aortic hiatus 主動脈裂孔
Aponeurotic arch 腱弓
Azygos vein 奇靜脈
Central tendon of diaphragm 橫膈的中央腱
Central tendon 中心腱
Esophageal hiatus 食道裂孔
Esophagus 食道
External intercostal membrane 外肋間膜
External intercostal 外肋間肌
Flexor of Femur 股骨的屈肌
Iliac crest 髂嵴
Iliac fossa 髂窩
Iliacus 髂肌
Iliopsoas 髂腰肌
Inferior vena cava 下腔靜脈
Inguinal ligament 腹股溝韌帶
Innermost intercostal 最內肋間肌
Intercostal membrane 肋間膜
Intercostal muscle 肋間肌
Intercostal vessels and nerve 肋間血管和神經
Internal intercostal 內肋間肌
Lateral arcuate ligament 外側弓狀韌帶
Lateral flexor 側屈肌
Left crus 左膈腳
Lesser trochanter 小轉子
Medial arcuate ligament 內側弓狀韌帶
Muscular crura 肌性腳
Phrenic nerve 膈神經
Posterior iliac crest 髂後嵴
Psoas major muscle 腰大肌
Psoas minor muscle 腰小肌
Quadratus lumborum muscle 腰方肌
Right crus 右膈腳
Sternum 胸骨
Subcostal muscle 肋下肌
Sup. pubic ramus 恥骨上枝
Thoracic diaphragm 胸膈／橫膈
Transversus thoracis muscle 胸橫肌
Xiphoid process 劍突

見28、62、133頁

肌肉系統／軀幹

骨性胸廓與後腹壁的肌群

著色說明：E 著上藍色，G 著上紅色。在為結構上色時，也請同時為所有相關的鏤空名稱上色。(1) 左邊的大圖，為後腹壁的橫膈上色並一直上色到第 12 肋。(2) 橫膈的背側及它較薄的止端中心腱，以及成對的第 12 肋都要上色（背視圖）。接著完成左邊的側視圖，為介於劍突和第 12 肋之間的彎曲部橫膈著色；再為穿過橫膈膜的 E、F 和 G 上色。(3) 為右上圖的肋間肌群上色。

胸壁的肌肉

THORACIC DIAPHRAGM A
EXTERNAL INTERCOSTAL B
INTERNAL INTERCOSTAL C
INNERMOST INTERCOSTAL D

INFERIOR VENA CAVA E
ESOPHAGUS F
AORTA G

12TH RIB M

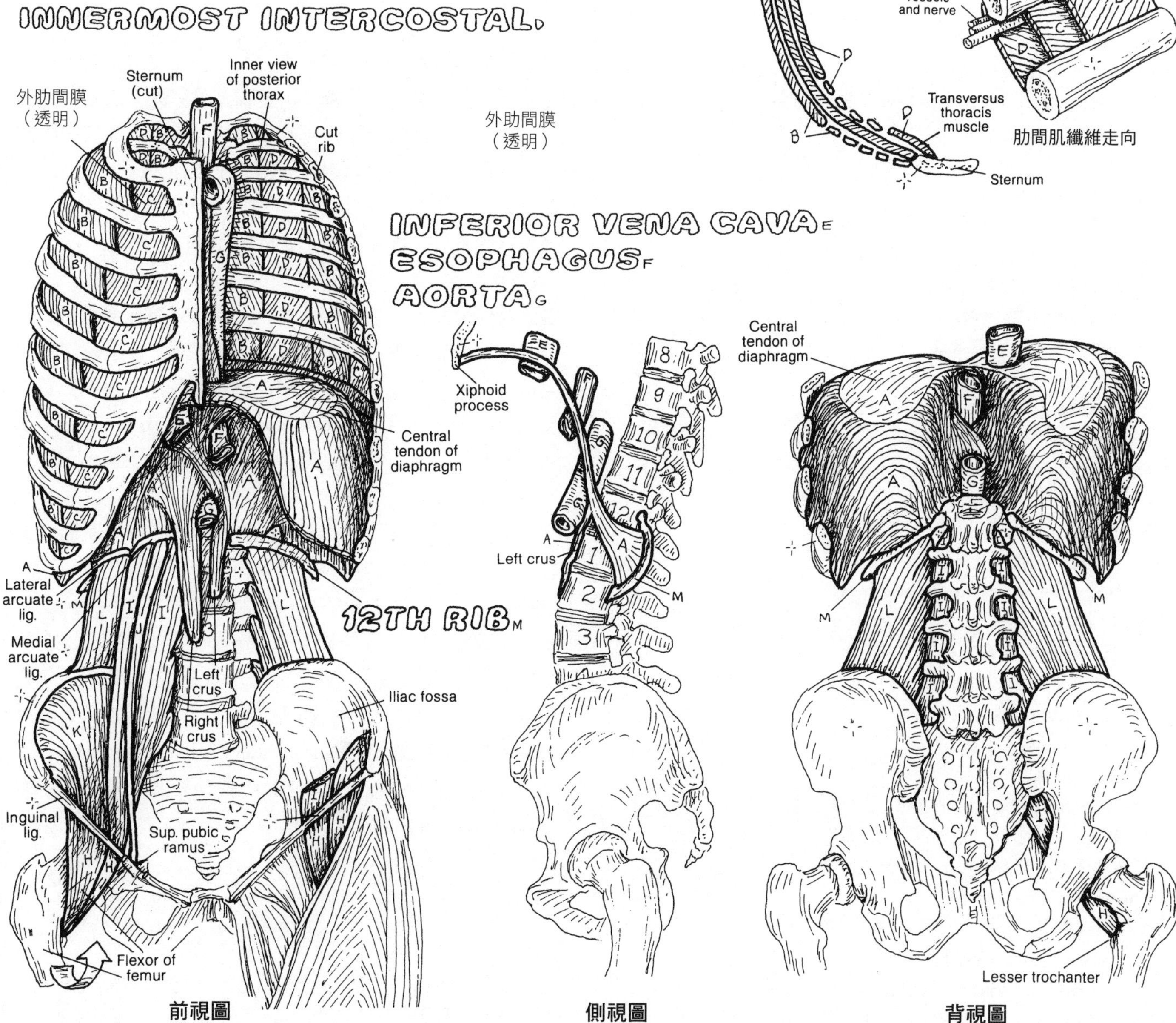

前視圖　側視圖　背視圖

後腹壁肌群

ILIOPSOAS H
PSOAS MAJOR I　MINOR J
ILIACUS K
QUADRATUS LUMBORUM L

前腹壁由三層扁平肌肉組成，包括**腹橫肌**、**腹內斜肌**和**腹外斜肌**。這三種肌肉的肌腱（腱膜）在中線交織，形成一種不完全的外鞘，包繞一對稱為腹直肌、垂直走向的分節肌肉。左、右腱膜在中線交織，形成白線。這些扁平肌肉分別起自軀幹兩側（腹股溝韌帶、髂嵴、胸腰筋膜、下部位的肋軟骨和肋骨）。**腹外斜肌**的最下方纖維向內捲交織，形成腹股溝韌帶。這三層肌肉能支持腹部內容物；在吐氣、反胃、撒尿和排便時壓迫腹部內容物；還可能間接促進脊柱屈曲。

分節段的腹直肌分別起自恥骨嵴和恥骨結節，止端位於下部位的肋軟骨和劍突（胸骨）。腹直肌鞘從下往上明顯變得越偏表淺。弓狀線下方已經沒有後層（E^{2*}）；在中段部位，所有三片扁平腱膜均分到鞘的前後板（E^{1*}）；上段的鞘前板由外斜肌的腱膜延伸形成；而後部的腹直肌直接附著在肋軟骨上面。它們是脊柱的屈肌。

腹股溝部是腹壁的下內側部位，其特徵是有一條管道，管道有深層內口（內環）和淺層外口（外環）。這條管道供男性的**精索**（含輸精管和所屬血管、睪丸血管、淋巴管）及女性的**子宮圓韌帶**通過。睪丸和精索（經由不等生長速率）「下降」進入前腹壁囊袋，整體合稱為**陰囊**。睪丸下降時會向前推進前方腹壁的三層扁平肌肉肌纖維以及它們的腱膜，這很像手指抵住四層乳膠向前推進而形成指套。這些就是精索的被膜：精索內筋膜、精索提睪肌筋膜及精索外筋膜。內斜肌下部位的肌纖維相當獨特，因為它們往下環繞精索而形成**提睪肌**；這兩塊肌肉由提睪肌筋膜連結。腹股溝管區是前腹壁結構的一處薄弱點，很容易出現腹腔內脂肪、腸子脱出（疝氣），一種是直接穿過腹壁，稱為直接型腹股溝疝氣（direct inguinal hernia），另一種是間接穿過溝管，稱為間接型腹股溝疝氣（indirect inguinal hernia）。

解剖名詞中英對照（按英文字母排序）

5th rib 第五肋
Anterior superior iliac spine 髂前上棘
Aponeurosis 腱膜
Arcuate line 弓狀線
Conjoint tendon 聯合腱
Cremaster muscle 提睪肌
Cremasteric fascia 提睪肌筋膜
Cremasteric spermatic fascia 精索提睪肌筋膜
Dartos muscle 陰囊肉膜
Deep inguinal ring 腹股溝深環
Epididymis 副睪
External oblique 外斜肌
External spermatic fascia 精索外筋膜
Falx inguinalis 腹股溝鐮
Inguinal canal 腹股溝管
Inguinal ligament 腹股溝韌帶
Internal oblique 內斜肌
Internal spermatic fascia 精索內筋膜
Latissimus dorsi muscle 背闊肌
Linea alba 白線
Pectoralis major muscle 胸大肌
Penis 陰莖
Peritoneum 腹膜
Posterior sheath of rectus abdominis 腹直肌後鞘
Pubic crest 恥骨嵴
Pubic tubercle 恥骨結節
Pyramidalis muscle 錐狀肌
Rectus abdominis 腹直肌
Round ligament 圓韌帶
Scrotum 陰囊
Serratus anterior muscle 前鋸肌
sheath of rectus abdominis 腹直肌鞘
Skin and fat of scrotum 陰囊的外皮和脂肪
Spermatic cord 精索
Sternum 胸骨
Superficial fascia 淺筋膜
Superficial inguinal ring 腹股溝淺環
Tendinous segment 腱節段
Testis 睪丸
Thoracolumbar fascia 胸腰筋膜
Transversalis fascia 腹橫筋膜
Transversus abdominis 腹橫肌
Umbilicus 臍

肌肉系統／軀幹

前腹壁與腹股溝部的肌群

著色說明：J 使用深色，B 使用亮色，I 則著上淺色。(1) 為本頁上方的三層前腹壁肌肉上色。(2) 左下插圖的腹直肌鞘（E）及各層腹壁肌肉都要著上灰色。(3) 從 J 和 K 開始上色，接著是 H，然後再為精索被膜著色。使用明暗不同的相同顏色來為副睪和睪丸 K 上色。

前腹壁

TRANSVERSUS ABDOMINIS A
RECTUS ABDOMINIS B
INTERNAL OBLIQUE C
EXTERNAL OBLIQUE D

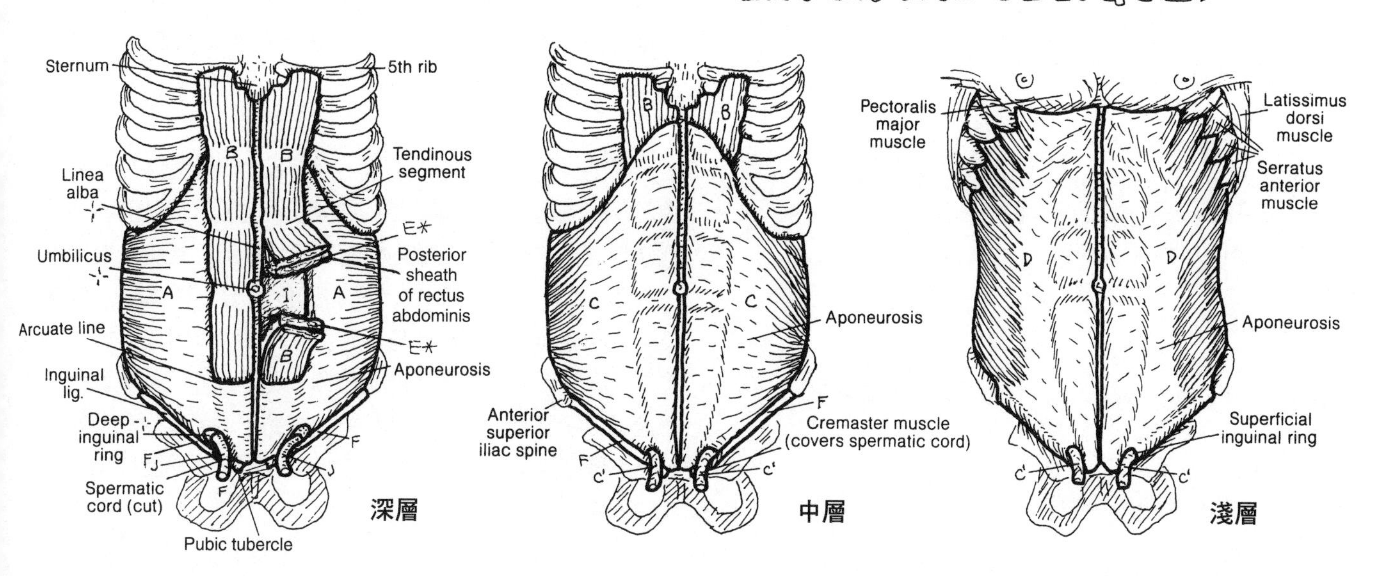

腹股溝部

INGUINAL LIGAMENT F
CREMASTER MUSCLE C'
PYRAMIDALIS MUSCLE G
PERITONEUM H
TRANSVERSALIS FASCIA I
SPERMATIC CORD J
TESTIS/EPIDIDYMIS K

SHEATH OF RECTUS ABDOMINIS E*

弓狀線以下的腹直肌後方並無腱鞘

Inguinal canal
Superficial inguinal ring
Scrotum
Penis
Falx inguinalis (conjoint tendon)
Deep inguinal ring

精索的被膜

精索的血管、神經和輸精管

Internal spermatic fascia
Cremasteric fascia
External spermatic fascia
Superficial fascia
Epididymis
Skin and fat of scrotum
Dartos muscle

骨盆的肌肉在骨盆出口部位形成**骨盆底**，包括**尾骨肌**和**提肛肌**，並與**閉孔內肌**和**梨狀肌**共同形成骨盆「壁」。骨盆壁包括骨性骨盆的部分，以及**薦結節韌帶**與**薦棘韌帶**。覆蓋骨盆底的筋膜和骨盆底的肌肉共同形成**骨盆膈**，從而把骨盆內臟和會陰結構區隔開來。就像所有肌性橫膈（橫膈膜、泌尿生殖膈等）一樣，骨盆膈也是一種動態結構，而且也是不完全封閉的；在後側兩條尾骨肌癒合部之間有尾骨介入，在前側提肛肌則有供肛管、陰道及尿道通過的裂孔。

提肛肌前方兩側分別起自恥骨、坐骨棘和骨盆壁，在此有一處增厚的閉孔筋膜稱為腱弓，供提肛肌附著。提肛肌朝中線延伸時也往下垂，而止端則附著於肛尾韌帶、尾骨及對側的提肛肌上面。提肛肌基本上具有四個部分：**攝護腺／陰道提肌**、**恥骨直腸肌**、**恥骨尾骨肌**及**髂尾肌**。尾骨肌是最後側的骨盆底肌，位置緊貼髂尾肌後側，而且位於同一平面上。骨盆膈對抗腹壓，同時與胸膈共同輔助排尿、排便和分娩。此外，骨盆膈也是子宮的重要支持機制，可以防止陰道、膀胱和直腸脫垂。

閉孔內肌是髖關節的外旋肌。這塊肌肉部分起自骨盆內側閉孔的邊緣，肌肉呈後下側走向，並通過坐骨小孔，最後附著於股骨大轉子內側面。

梨狀肌也是髖關節的外旋肌，起自骨盆壁的薦骨部，位於閉孔內肌上後方，接著從坐骨大孔穿出骨盆。

解剖名詞中英對照（按英文字母排序）

Anococcygeal ligament 肛尾韌帶
Anterior sacrococcygeal ligament 前薦尾韌帶
Anterior superior iliac spine 髂前上棘
Arcuate line of ilium 髂骨弓狀線
Arcuate line 弓狀線
Coccygeus 尾骨肌
Coccyx 尾骨
Fascia-covered obturator foramen 被筋膜覆蓋的閉孔
Femur 股骨
Greater trochanter 大轉子
Hiatus for urethra 尿道的通行裂孔
Hip joint 髖關節
Iliococcygeus 髂尾肌
Ischial spine 坐骨棘
Ischial tuberosity 坐骨粗隆
L5 vertebra 第五腰椎
Lesser sciatic foramen 坐骨小孔
Levator ani 提肛肌
levator prostatae/vaginalis 攝護腺／陰道提肌
Obturator canal 閉孔管
Obturator internus 閉孔內肌
Pelvic diaphragm 骨盆膈
Pelvic wall 骨盆壁
Piriformis 梨狀肌
Pubic symphysis 恥骨聯合
Pubococcygeus 恥骨尾骨肌
Puborectalis 恥骨直腸肌
Rectum 直腸
Sacral promontory 薦骨岬
Sacroiliac joint 薦髂關節
Sacrospinous ligament 薦棘韌帶
Sacrotuberous ligament 薦結節韌帶
Sacrum 薦骨
Sciatic nerve 坐骨神經
Tendinous arch 腱弓
Urethra 尿道
Urogenital diaphragm 泌尿生殖膈
Vagina 陰道

見51、88頁

肌肉系統／軀幹
骨盆的肌群

著色說明：為了避免遮住細節與圖説請使用淺色。(1) 為左上圖的骨盆膈（骨盆底），以及構成該膈膜的肌群和鏤空肌肉名稱上色。(2) 為右上圖構成骨盆底和腔壁的肌群及左下方的鏤空肌肉名稱上色。(3) 為中間層的肌群上色。(4) 為最底下三圖的肌群上色。

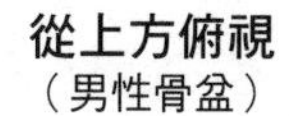
從上方俯視
（男性骨盆）

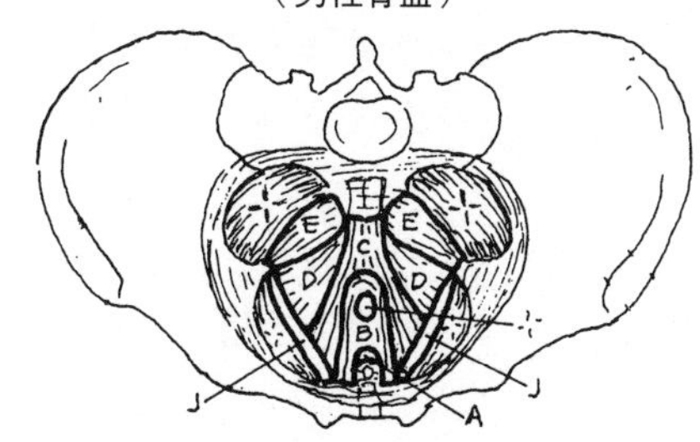

骨盆底和骨盆壁
（冠狀切面，前視圖）

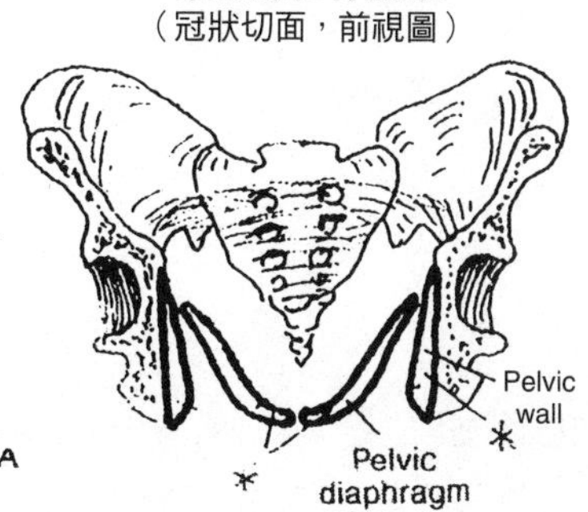

骨盆膈／骨盆底

LEVATOR ANI ⁘
LEVATOR PROSTATAE / VAGINAE A
PUBORECTALIS B
PUBOCOCCYGEUS C
ILIOCOCCYGEUS D
COCCYGEUS E

Sacroiliac joint
Sacrum
Sacral promontory
Anterior sacrococcygeal ligament
Arcuate line of ilium
Greater sciatic foramen
Anococcygeal ligament
Ischial spine
Anterior superior iliac spine
Hip joint
Rectum
Greater trochanter
Femur
Hiatus for urethra
Urogenital diaphragm
Pubic symphysis

從上方俯視
（男性骨盆）

從上方俯視
（男性骨盆）

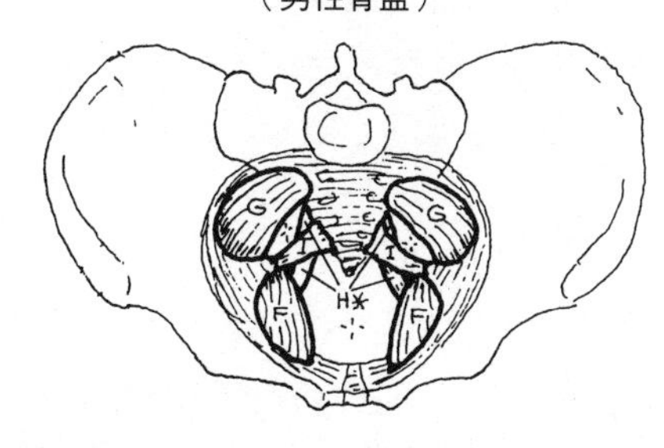

骨盆壁

OBTURATOR INTERNUS F
PIRIFORMIS G
SACROTUBEROUS LIGAMENT H*
SACROSPINOUS LIGAMENT I*
TENDINOUS ARCH J

右骨盆壁的肌肉／韌帶
（內視圖／女性）

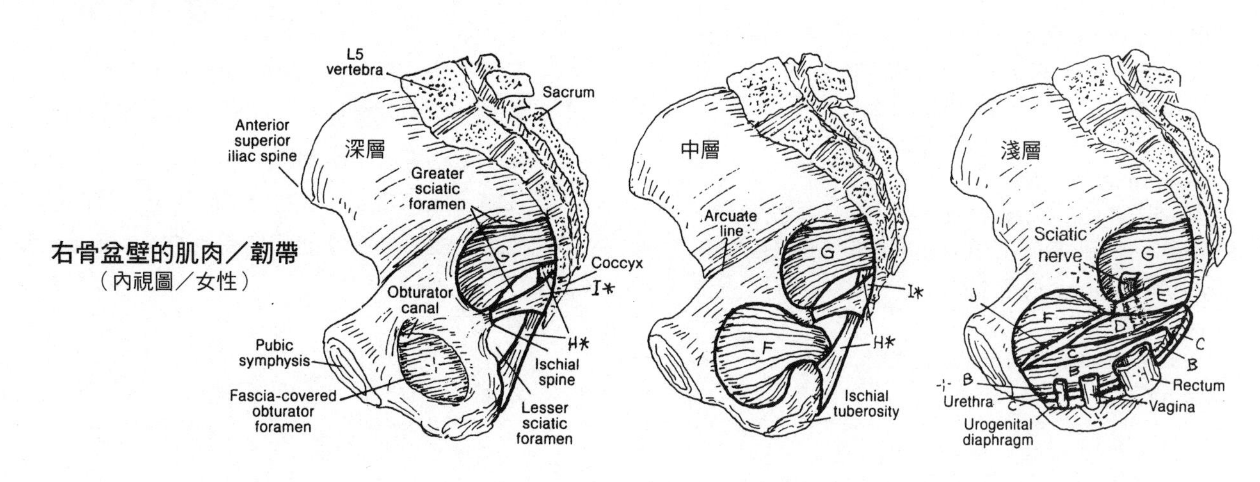

解剖名詞中英對照（按英文字母排序）

Acetabulum 髖臼
Adductor muscles 內收肌群
Anal triangle 肛門三角
Anococcygeal ligament 肛尾韌帶
Anterior recess of ischiorectal fossa 坐骨直腸窩的前隱窩
Anterior recess 前隱窩
Anterior superior iliac spine 髂前上棘
Anus 肛門
Bulbospongiosus muscle 球海綿體肌
Clitoris 陰蒂
Coccyx 尾骨
Corpus clitoridis 陰蒂體
Corpus spongiosum 尿道海綿體
Crus of penis 陰莖腳
Deep transverse perineal muscle 會陰深橫肌
external sphincter ani muscle 肛門外括約肌
external urethral sphincter muscle 尿道外括約肌
Frenulum 繫帶
Gluteus maximus 臀大肌
Iliococcygeus muscle 髂骨尾骨肌／髂尾肌
Ischial tuberosity 坐骨粗隆
Ischiocavernosus muscle 坐骨海綿體肌
Ischiopubic ramus 坐骨恥骨枝
Ischiorectal fossa 坐骨直腸窩
Levator ani muscle 提肛肌
Membranous urethra 尿道膜部
Obturator foramen 閉孔
Obturator internus muscle 閉孔內肌
Pelvic diaphragm 骨盆膈
Penile bulb 陰莖球
Penis 陰莖
Perineal body 會陰體
Perineal membrane 會陰膜
Perineum 會陰
Prepuce 包皮
Prostatic urethra 尿道攝護腺部
Prostrate 攝護腺
Pubic tubercle 恥骨結節
Pubococcygeus muscle 恥骨尾骨肌
Raphe 縫
Sacrotuberous ligament 薦結節韌帶
Spermatic cord 精索
Superficial transverse perineal muscle 會陰淺橫肌
Superior transverse perineal muscle 會陰上橫肌
Symphysis pubis 恥骨聯合
Urethra 尿道
Urogenital diaphragm 泌尿生殖膈
Vagina 陰道

會**陰**是位於骨盆膈下方、骨盆下口的結構。會陰「底」是皮膚和筋膜的構造。會陰的上側緣是骨盆膈和兩側的坐骨恥骨枝（參見右頁泌尿生殖三角的冠狀切面圖）；邊緣則分別是**恥骨聯合**、**坐骨恥骨枝**、**坐骨粗隆**、**薦結節韌帶**及**尾骨**。會陰部位區分為泌尿生殖三角及肛門三角。

泌尿生殖三角的特徵是具有三角形的肌膈膜。這膈膜的兩側分別附著於坐骨恥骨枝，由會陰深橫肌、尿道外括約肌（右頁圖未詳細畫出）及其筋膜共同組成。這群肌肉負責穩定會陰體、支持男性的尿道膜部及攝護腺，以及女性的尿道、陰道。

肌膈膜的下層筋膜稱為**會陰膜** (I)，其厚度明顯超過上層筋膜；它是陰道和陰莖勃起結構的附著點。現在，請你參照右頁泌尿生殖三角冠狀切面圖及最底下男女兩性會陰插圖所示的肌群相互印證。

會陰淺橫肌附著於泌尿生殖膈的後側邊緣，負責支持／穩定兩性的會陰體。就男性來說，**球海綿體肌**起自陰莖正中縫和會陰體，止端附著於會陰膜和**尿道海綿體**；能輔助陰莖的勃起作用。**坐骨海綿體肌**起自坐骨恥骨枝，止端則附著於陰莖海綿體的腳、體兩處（見 157）。

會陰體是由纖維肌性組織構成，位於肛門和陰道／陰莖球之間。這裡是好幾塊肌肉的止端附著部位，包括提肛肌、肛門外括約肌和會陰部大多數的肌肉。會陰體能穩定支撐骨盆內臟，在分娩時更是如此；如果會陰體受損或撕裂有可能導致膀胱或子宮由陰道或尿道脫垂。女性會陰淺肌群的附著位置雷同（相對於陰蒂），不過尺寸較小。球海綿體肌起自會陰體，由兩側包繞前庭球和陰道；並發出肌纖維包覆陰蒂體。坐骨海綿體肌起自坐骨恥骨枝，並包覆陰蒂腳（見 158）。

肛門三角含肛管和肛門，以及**肛門外括約肌**、後段的**肛尾韌帶**和前方的會陰體。肛門三角深部的內腔稱為**坐骨直腸窩**，由肛管與其肌肉區隔成兩窩。兩窩內充滿了脂肪組織（右頁圖未畫出），在排遺時能提供膨大的肛管一個緩衝空間。坐骨直腸窩的前隱窩可通往**泌尿生殖膈**的深部。

見50頁

會陰部的肌群

著色說明：(1) 為右上圖會陰的相關鏤空名稱及周界上色。(2) 接著為兩個上三角形簡圖上色，以及完成男性泌尿生殖部位各鏤空名稱和冠狀切面的上色。(3) 為男／女泌尿生殖部位各組成的鏤空名稱上色。(4) 為兩個下三角形簡圖及相關名稱上色。接著完成最底下肛門三角區與其組成結構的上色。

PERINEUM *（周界）
- SYMPHYSIS PUBIS A
- COCCYX B
- ISCHIAL TUBEROSITY C
- SACROTUBEROUS LIGAMENT D
- ISCHIOPUBIC RAMUS E

UROGENITAL TRIANGLE *¹
- ISCHIOCAVERNOSUS M. F
- BULBOSPONGIOSUS M. G
- SUPERIOR TRANSVERSE PERINEAL M. H
- UROGENITAL DIAPHRAGM I

ANAL TRIANGLE *²
- LEVATOR ANI M. J
- EXTERNAL SPHINCTER ANI M. K
- ANOCOCCYGEAL LIGAMENT L

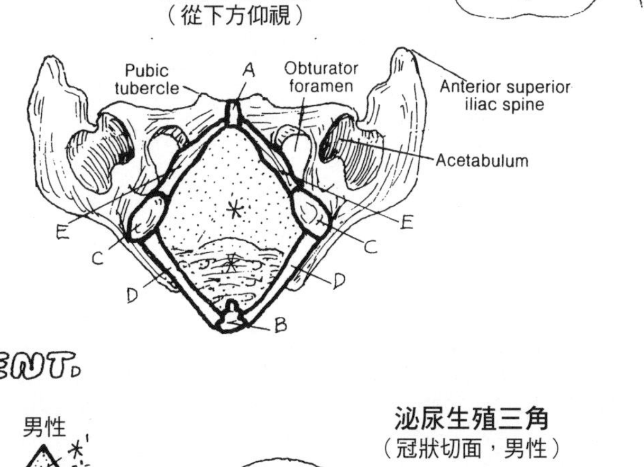

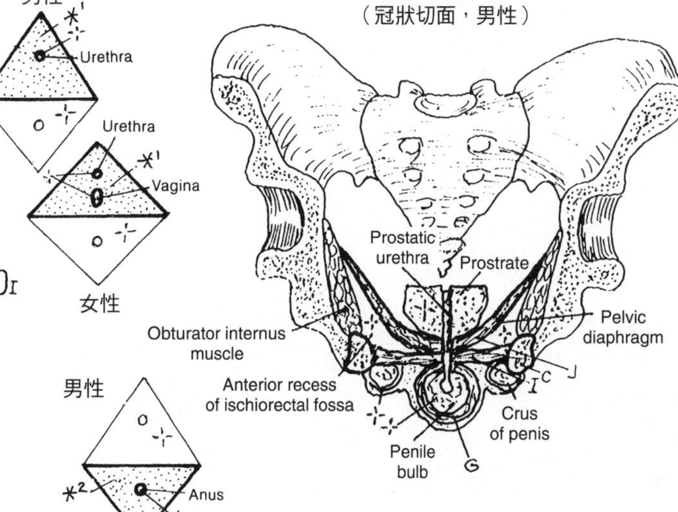

男性
Anus
女性
Anus

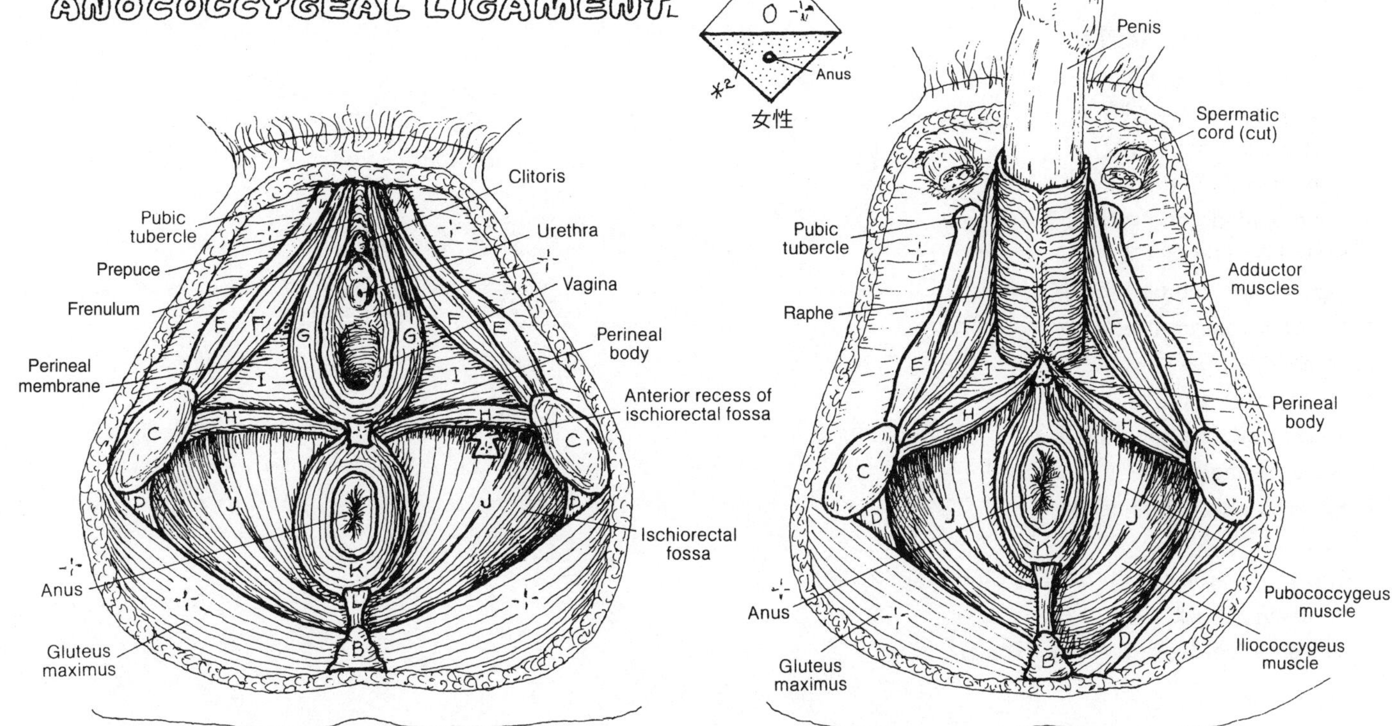

女性的會陰

男性的會陰

肩胛骨在後胸廓滑動，其範圍約從 T2 到 T8，而且和中軸骨骼並沒有直接形成關節。肩胛骨由肌肉包覆，從事上肢運動（肩胛胸運動）時在覆蓋筋膜的胸壁上滑動。有報告指出，在胸壁和肩胛骨之間出現滑液囊；有時還可能出現滑液囊炎。肩胛骨由六條負責穩定肩胛骨的肌肉動態貼附於中軸骨骼，這些肌肉讓肩胛骨得以表現出相當程度的活動力，也才能有上肢的靈活度。請注意這六條負責肩胛骨活動的肌肉各自所扮演的角色，也注意肩關節和上臂如何受它們影響。

胸小肌協助**前鋸肌**拉動肩胛骨前引，就像頂住牆壁往前推；它還協助肩膀下降並使肩胛骨向下旋轉。設想前推或揮棒時，前鋸肌和斜方肌所蘊含的力量。請注意右頁圖中斜方肌特別寬廣的附著點。辛苦工作時（不管是體力上或精神上的負荷），此塊肌肉都會呈現相當明顯的緊繃感。短暫按摩上、中背（斜方肌）通常就能很快獲得舒緩。

解剖名詞中英對照（按英文字母排序）

Acromion 肩峰
C4 第 4 頸椎
C7 spinous process 第 7 頸椎棘突
Clavicle 鎖骨
Coracoid process 喙突
Costal surface 肋面
Levator scapulae 提肩胛肌
Medial border 內側緣
Nuchal ligament 項韌帶
Pectoralis minor 胸小肌
Rhomboid major muscle 大菱形肌
Rhomboid minor muscle 小菱形肌
Scapular spine 肩胛棘
Semispinalis capitis 頭半棘肌
Serratus anterior 前鋸肌
Spine 棘
Splenius capitis 頭夾肌
Sternocleidomastoid 胸鎖乳突肌
Superior angle 上角
Superior nuchal line 上項線
T12 第 12 節胸椎
Transverse process of atlas 寰椎（第一頸椎）的橫突
Trapezius 斜方肌
Vertebral border of scapula 肩胛骨脊柱緣

肌肉系統／上肢
穩定肩胛骨的肌群

著色說明：(1) 為三幅主圖肌群、項韌帶及鏤空名稱上色。(2) 為上右圖的肌肉止端附著位置上色。(3) 請看頁底的五幅插圖，注意斜方肌（A）具有三個不同部分，肩胛部位因此也能做出種種不同的動作。為肩胛骨及運動方向的箭頭著上灰色。

肌肉

TRAPEZIUS A
RHOMBOID MAJOR B, MINOR B'
LEVATOR SCAPULAE C
SERRATUS ANTERIOR D
PECTORALIS MINOR E

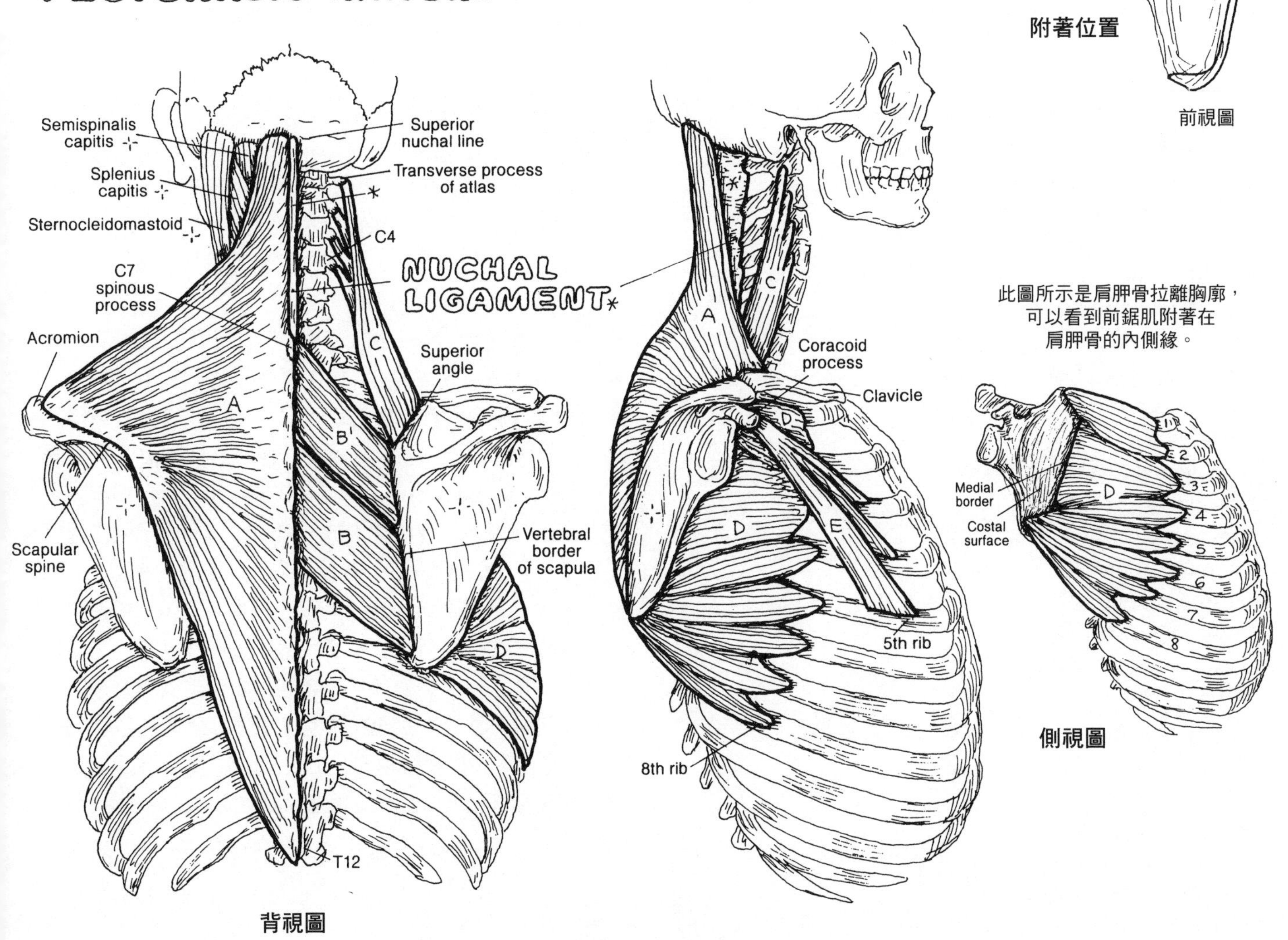

背視圖

肩胛骨的運動

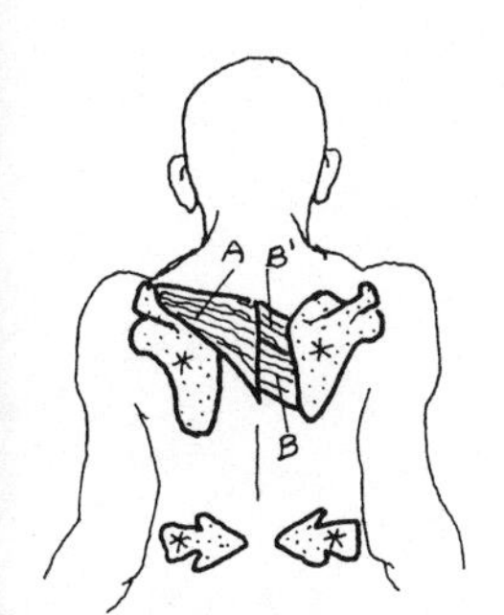

後縮
軍人的挺胸姿勢
（胸口往前推）

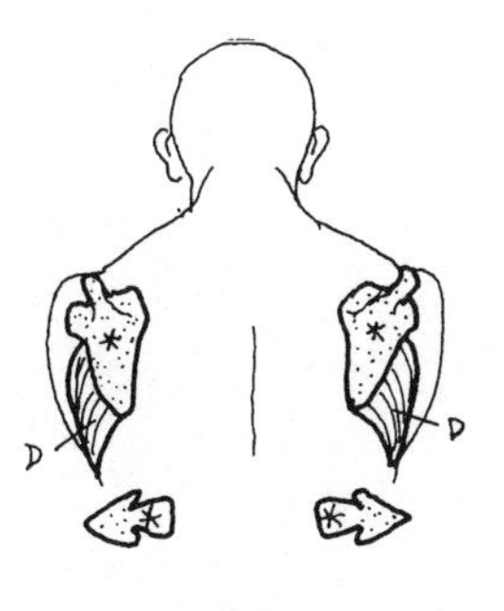

前引
肩膀往前彎且
雙臂及雙手外展

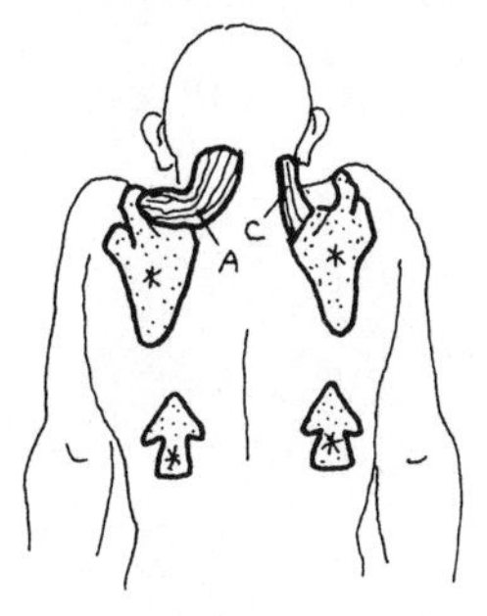

上舉
聳肩動作

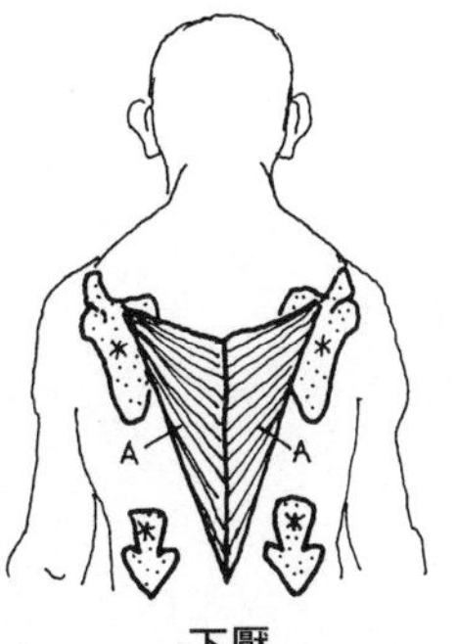

下壓
雙手握雙槓直臂支撐體重

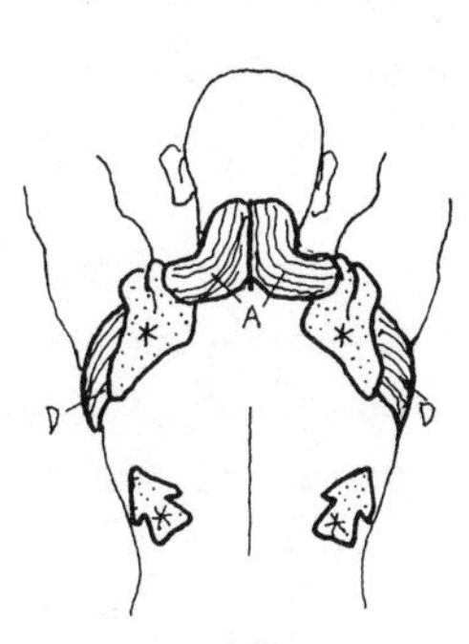

上旋
雙手高舉過頭

解剖名詞中英對照（按英文字母排序）

Abduction 外展
Acromioclavicular joint 肩峰鎖骨關節／肩鎖關節
Acromion 肩峰
Articular capsule 關節囊
Biceps brachii (short head) 肱二頭肌（短頭）
Bursa 滑液囊
Clavicle 鎖骨
Coracoacromial ligament 喙肩韌帶
Coracobrachialis 喙肱肌
Coracoid process 喙突
Deltoid tuberosity 三角肌粗隆
Deltoid 三角肌
Greater tubercle 大結節
Head of humerus 肱骨頭
Humerus 肱骨
Infraglenoid tubercle 盂下結節
Infraspinatus 棘下肌
Intertubercular groove 結節間溝
Lateral rotation 外旋
Latissimus dorsi 背闊肌
Lesser tubercle 小結節
Levator scapulae 提肩胛肌
Ligament 韌帶
Long tendon of biceps brachii 肱二頭肌長頭肌腱
Medial margin 內側緣
Medial rotation 內旋
Pectoralis major 胸大肌
Pectoralis minor 胸小肌
Rhomboid major 大菱形肌
Rhomboid minor 小菱形肌
Rotator cuff muscles 旋轉袖肌群
Scapula 肩胛骨
Serratus anterior 前鋸肌
Shaft 骨幹
Shoulder joint 肩關節
Subacromial bursa 肩峰下滑液囊
Subscapularis 肩胛下肌
Supraspinatus 棘上肌
Teres major 大圓肌
Teres minor 小圓肌
Trapezius 斜方肌

盂肱關節的盂窩太淺，不能為肱骨提供關節的穩定性。由於韌帶會嚴重局限關節動作，因此肩膀運動時必須施加肌肉張力，以便把肱骨頭向內拉近很淺的肩胛盂窩。這項功能由四塊肌肉來完成：**棘上肌**（supraspinatus muscle）、**棘下肌**（infraspinatus muscle）、**小圓肌**（teres minor muscle）和**肩胛下肌**（subscapularis muscle），這四塊肌肉取其首字母，統稱為 SITS 肌群。這些肌肉形成包繞肱骨頭的旋轉袖肌群，能強化關節的穩定性。其功能在肩關節激烈運動時特別顯著，在合理使用範圍下，大都能容許關節的主動肌順暢運作，不會出現關節脫臼的風險。然而，長期偏差動作和過度使用又是另一回事了。

SITS 肌群也稱為旋轉袖肌群，即便其中之一的棘上肌是肩關節的外展肌，而不是旋轉肌。確實，提到「旋轉肌袖撕裂」情況時，也把棘上肌歸入旋轉袖肌群裡。

肩關節、棘上肌及其肌腱，都很容易因過度使用而出現早期退化。其原因通常是 (1) 在肩峰部位、(2) 喙肩韌帶、(3) 鎖骨遠端和相關的肩鎖關節（AC joint）、(4) 從肩峰下方通過的棘上肌肌腱及 (5) 承受摩擦熱量的肩峰下滑液囊（subacromial bursa）形成退化的現象。那些因為肩峰下垂或先前脫臼過的人中，突出的肩鎖關節特別容易因碰撞而受傷，包括棘上肌肌炎和繼發撕裂、肩峰下滑液囊炎、肩鎖關節退化、肩關節的活動受限且產生疼痛等。所有雙手高舉過頭的動作（好比掛窗簾工人、天花板油漆工人、棒球投手等），以及肩峰荷重作業者（如消防員搬運消防水管、用跨肩方式背負沉重的皮包／袋子，以及運送郵袋的郵差等）倘若長期持續相同的工作，就有可能誘發病變（骨刺、滑液囊破損），並導致相當程度的疼痛症候和症狀。

肌肉系統／上肢
旋轉袖肌群

著色說明：(1) 為這四種肌肉及其鏤空名稱、箭頭與用來描述動作的用語上色。(2) 肌肉附著部位圖要上色，這些肌肉的功能圖解／箭頭也要上色。(3) 最後為本頁最底下的肩部毛病位置圖上色。

肌肉

SUPRASPINATUS A
INFRASPINATUS B
TERES MINOR C
SUBSCAPULARIS D

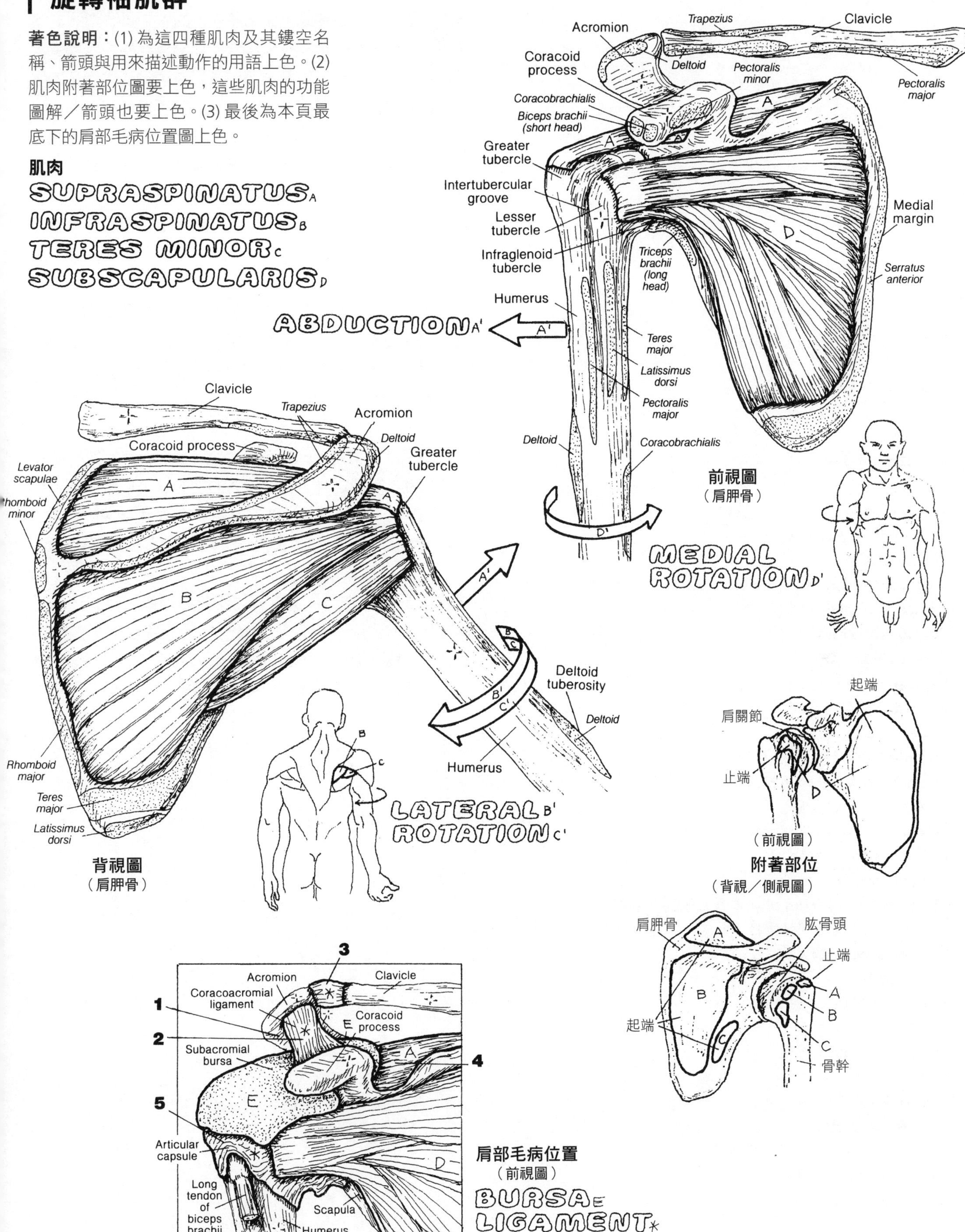

作用於靈活**肩關節（盂肱關節）**的主要動作肌，右頁會從三個不同視角來呈現。它們與旋轉袖肌群協同運作，在舉重、推、拉及扭轉重負荷時能夠有力地移動肱骨。**三角肌**的特徵是屬於多羽狀肌，有寬廣的起端和極短的槓桿臂，這是一塊強而有力的肌肉，可對肱骨做屈曲、伸展、外展等動作。三角肌前纖維負責內收肩關節。**胸大肌**從鎖骨起始的上部肌纖維能有效的屈曲肩關節，而在胸／腹起始的下部肌纖維則負責伸展屈曲關節。兩者都是有效的內旋肌。

大圓肌是後肩部的肌肉，其肌腱的止端位於肱骨前側，由於下附著位置的關係，它是肩關節的主要內旋肌。基於相同的理由，背闊肌除了是肩關節的主要伸肌之外，也是該關節的內旋肌。

肱二頭肌的兩個起始頭在前臂固定不動時，能有效抑制肩關節屈曲。除此之外，它最主要的功能就是旋後前臂（見 43 和 55 頁）。請注意，肱二頭肌具有兩個止端：一處附著於橈骨粗隆，另一處則經由一片腱膜附著於前臂深筋膜。

喙肱肌是肩關節比較不重要的屈曲動作肌。由於止端附著於肱骨內側緣，因此它確實具有些許程度的肩關節內收功能。**肱三頭肌**的長頭起自肩胛骨的盂下結節，這點讓它成為肩關節較弱的內收肌和伸肌。

解剖名詞中英對照（按英文字母排序）

Acromion 肩峰
Biceps brachii 肱二頭肌
Clavicle 鎖骨
Common tendon of triceps brachii 肱三頭肌的總腱
Coracobrachialis 喙肱肌
Coracoid process 喙突
Crest of ilium 髂嵴
Deltoid tuberosity 三角肌粗隆
Deltoid 三角肌
Humerus 肱骨
Infraglenoid tubercle 盂下結節
Intertubercular groove 結節間溝
Lacertus fibrosus 腱膜
Lateral head of triceps brachii 肱三頭肌的外側頭
Latissimus dorsi 背闊肌
Long head 長頭
Medial head of triceps brachii 肱三頭肌的內側頭
Olecranon of ulna 尺骨鷹嘴
Pectoralis major 胸大肌
Radius 橈骨
Short head 短頭
Shoulder joint 肩關節
Spine of scapula 肩胛棘
Sternum 胸骨
Tendon 肌腱
Teres major 大圓肌
Thoracolumbar fascia 胸腰筋膜
Triceps brachii 肱三頭肌
Ulna 尺骨

肌肉系統／上肢
肩關節的動作肌群

肌肉

DELTOID A PECTORALIS MAJOR B
LATISSIMUS DORSI C TERES MAJOR D
CORACOBRACHIALIS E BICEPS BRACHII F
TRICEPS BRACHII (LONG HEAD) G

著色說明：(1) 從兩幅背視圖開始上色；請注意側視圖沒有畫出二頭肌及三頭肌。(2) 為頁底插圖的肌肉上色時，請注意三角肌（A）和胸大肌（B）不同部位的作用。

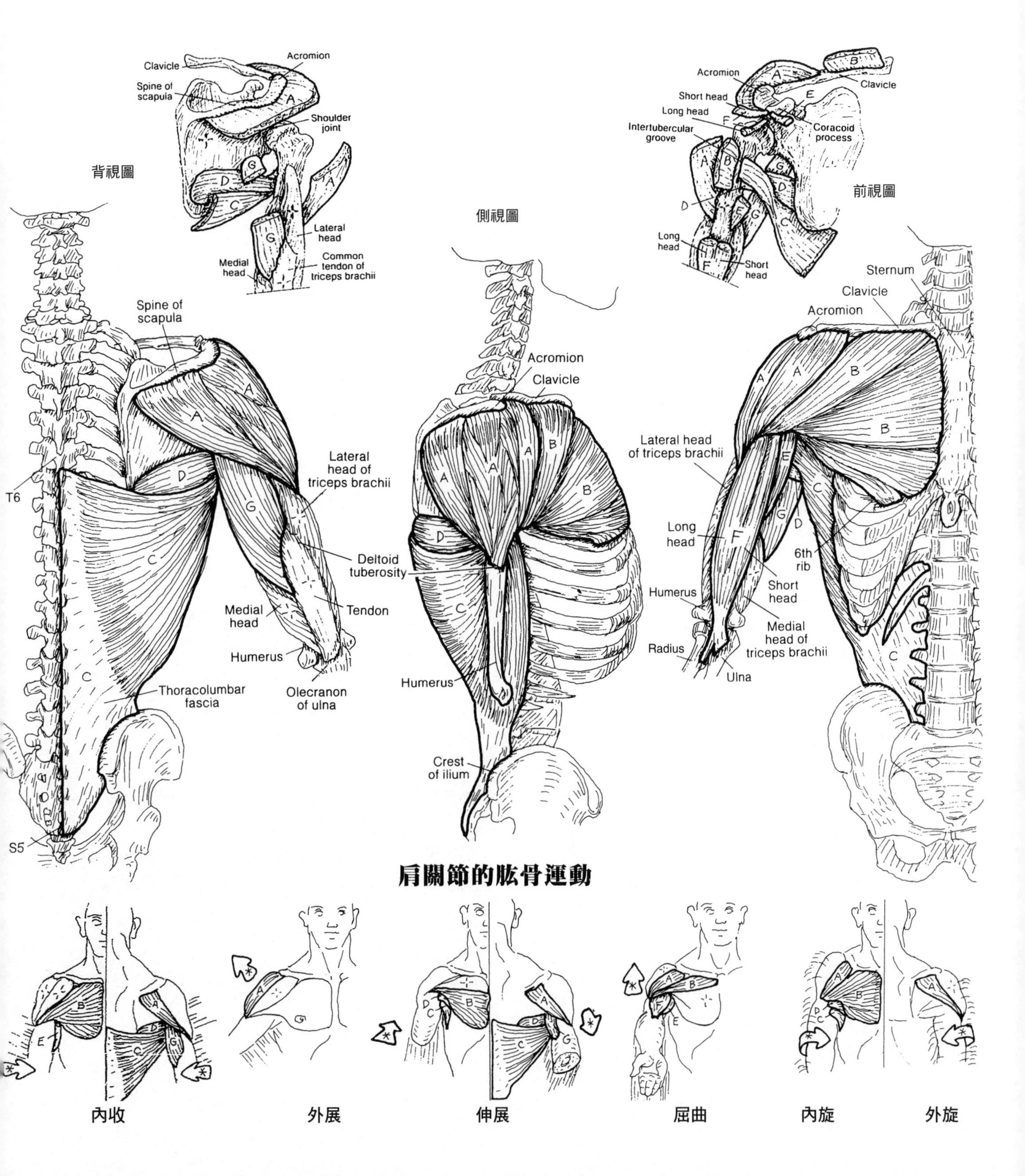

肱肌是肘關節最主要的屈肌，這是由於它的附著點提供最佳的機械優勢，能對關節的負荷做出最有效反應——你從右頁圖就能看得出來，的確是比**肱二頭肌**好。然而，所有視覺焦點卻全落在收縮鼓起的二頭肌上！要認識到這點，關鍵就在於肱二頭肌腱止端附著在橈骨粗隆。請讀者屈曲肘關節，將屈曲的手指和手掌轉朝下方（即旋前前臂）。就這個姿勢用那隻手舉起一件重物。二頭肌的機械優勢相當小，而肱肌就比較優，因此會由肱肌來完成這個任務。現在請提著此重物慢慢旋後前臂，感受二頭肌旋後前臂時所產生的力量。顯然的，肱二頭肌是前臂旋後的主動肌，能增添肱肌所發出的力量。加上肱肌的負重，會讓肱二頭肌鼓起。請注意，二頭肌腱膜附著於前臂屈肌群共同的起始部——深筋膜（右頁圖未畫出）。

肱橈肌在屈曲手肘時，能快速抑制肱三頭肌強大的伸展力量。這塊三個起始頭的肌肉是肘關節的主要伸肌，擁有厚實的止端肌腱。這三個起始頭的內側頭部分，是肱肌的主要拮抗肌。事實上，與其說它是這塊肌肉的內側頭，反而更像是個深側頭。許多可能造成尺骨鷹嘴骨折的傷害，由於渾厚的三頭肌腱的保護而得以倖免。較小的**肘肌**可以算是三頭肌內側頭的延伸，能協助肘伸展的動作。肘肌是一條非常細薄的肌肉，幾乎完全埋入鷹嘴後面和尺骨上後部的筋膜裡。

旋前圓肌由前臂近側端橫跨前臂，能協助肘屈曲及前臂旋前。**旋後肌**從前臂後面的近側端橫跨前臂；這是前臂旋後的重要肌肉，不過關節作用力低於肱二頭肌。二頭肌附著於橈骨粗隆的肌腱上（見右頁底的前視圖），使橈尺關節旋後力量大於旋前作用。讀者可以複習第 43 頁的相關內容。

旋前方肌是肘關節的主要旋前肌，其機械條件優於旋前圓肌。前臂旋前（手掌面朝下）牽涉到橈骨內旋動作。由於前臂只有橈骨能夠旋轉，就可以了解旋前肌為什麼在前臂的前面橫跨橈骨，以及還有位於尺骨的起端。

解剖名詞中英對照（按英文字母排序）

Anconeus 肘肌
Biceps brachii 肱二頭肌
Bicipital Aponeurosis 肱二頭肌腱膜
Brachialis 肱肌
Brachioradialis 肱橈肌
Common tendon 總腱
Coracobrachialis 喙肱肌
Coracoid process 喙突
Greater tubercle 大結節
Humerus 肱骨
Infraglenoid tubercle 盂下結節
Interosseous ligament 骨間韌帶
Lateral epicondyle 外上髁
Lateral head 外側頭
Lesser tubercle 小結節
Medial epicondyle 內上髁
Medial head 內側頭
Olecranon 鷹嘴
Pectoralis minor 胸小肌
Pronator quadratus 旋前方肌
Pronator teres 旋前圓肌
Radial tuberosity 橈骨粗隆
Radius 橈骨
Styloid process 莖突
Supinator 旋後肌
Supraglenoid tubercle 盂上結節
Triceps brachii 肱三頭肌
Ulna 尺骨

見29、31、43頁

肌肉系統／上肢
肘和橈尺關節的動作肌群

著色說明：沿用第54頁的相同顏色來為肱二頭肌（A）和肱三頭肌（E）上色。(1) 為最左圖的四條屈肌及其鏤空名稱、附著部位上色。右方的伸肌圖也比照處理。(2) 為頁底的前臂旋後肌和旋前肌、顯示動作的箭頭，以及其附著部位上色。

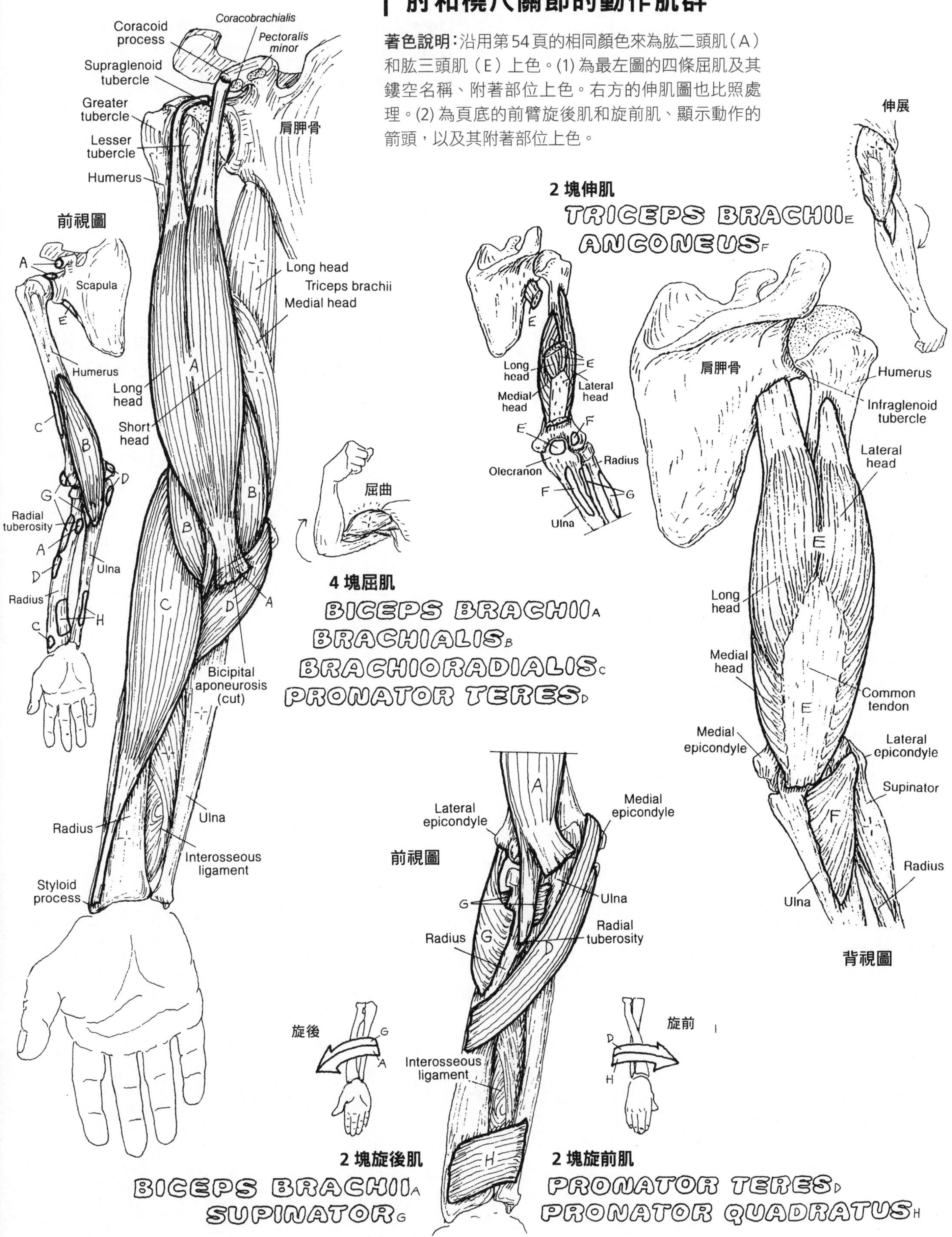

腕部和手指的屈肌占了前臂前隔間的大半部，這些肌肉成群起自內上髁、橈骨、尺骨上部，以及其間的骨間膜。前臂前側的深層肌群都緊貼橈骨和尺骨，包括橈側半的**屈拇長肌**和尺側半的**屈指深肌**。淺層肌群包括兩條**腕屈肌**及**掌長肌**，緊貼於皮膚和細薄的淺筋膜的正下方。中間層肌稱為屈指淺肌，位置介於淺層肌群和深層肌群之間。在手指的前側（掌側），請注意屈指淺肌的止端附著於中指節骨的兩側，它在近側指節骨處分裂成兩片，好讓屈指深肌腱由此裂孔底下通過，而附著在遠側指節骨的基部。

手腕和手指的伸肌起自外上髁和前臂兩塊骨的上部及骨間膜，形成前臂後側的伸肌隔間。**腕伸肌**的止端附著於腕骨或掌骨的遠側端。手指伸肌形成肌腱擴展部，越過中節指骨及遠側指節骨，手部細小的內在肌群止端就附著於這條肌腱上。腕伸肌對手部功能很重要：伸展你的左腕，再用左手的手指盡量用力緊握住右手食指。現在，盡最大力量屈曲左腕，保持屈曲狀態，接著用左手手指再次緊握右手食指。如此一來，你就可以體會到伸腕或屈腕狀態的握力，是否一定得靠伸展的腕關節才行？

解剖名詞中英對照（按英文字母排序）

Abductor pollicis longus 外展拇長肌
Anconeus 肘肌
Biceps brachii 肱二頭肌
Brachioradialis 肱橈肌
Carpals 腕骨
Distal phalanx 遠側指節骨
Extensor carpi radialis brevis 橈側伸腕短肌
Extensor carpi radialis longus 橈側伸腕長肌
Extensor carpi ulnaris 尺側伸腕肌
Extensor digiti minimi 伸小指肌
Extensor digitorum 伸指肌
Extensor indicis 伸食指肌
Extensor pollicis brevis 伸拇短肌
Extensor pollicis longus 伸拇長肌
Flexor carpi radialis 橈側屈腕肌
Flexor carpi ulnaris 尺側屈腕肌
Flexor digitorum profundus (FDP) 屈指深肌
Flexor digitorum superficialis (FDS) 屈指淺肌
Flexor pollicis longus (FPL) 屈拇長肌
Humerus 肱骨
Index finger 食指
Interosseous membrane 骨間膜
Lateral epicondyle 外上髁
Medial epicondyle 內上髁
Metacarpal 掌骨
Palmar Aponeurosis 掌腱膜
Palmaris longus 掌長肌
Pronator quadratus 旋前方肌
Pronator teres 旋前圓肌
Proximal phalanx 近側指節骨
Radius 橈骨
Supinator 旋後肌
Triceps brachii 肱三頭肌
Ulna 尺骨

肌肉系統／上肢
腕關節和手關節的動作肌群（外在肌群）

著色說明：本頁所示肌肉的肌腱另有一幅較詳細的圖解（名稱標示完全相同），請參見下頁插圖的手部內在肌圖解。(1) 從屈肌開始上色；請注意這些淺層插圖已把較深層的肌肉刪除。小幅插圖的整個屈肌塊要塗上灰色。(2) 接著為伸肌上色，小插圖的整個伸肌要塗上灰色。

Biceps brachii

Brachioradialis

前視圖

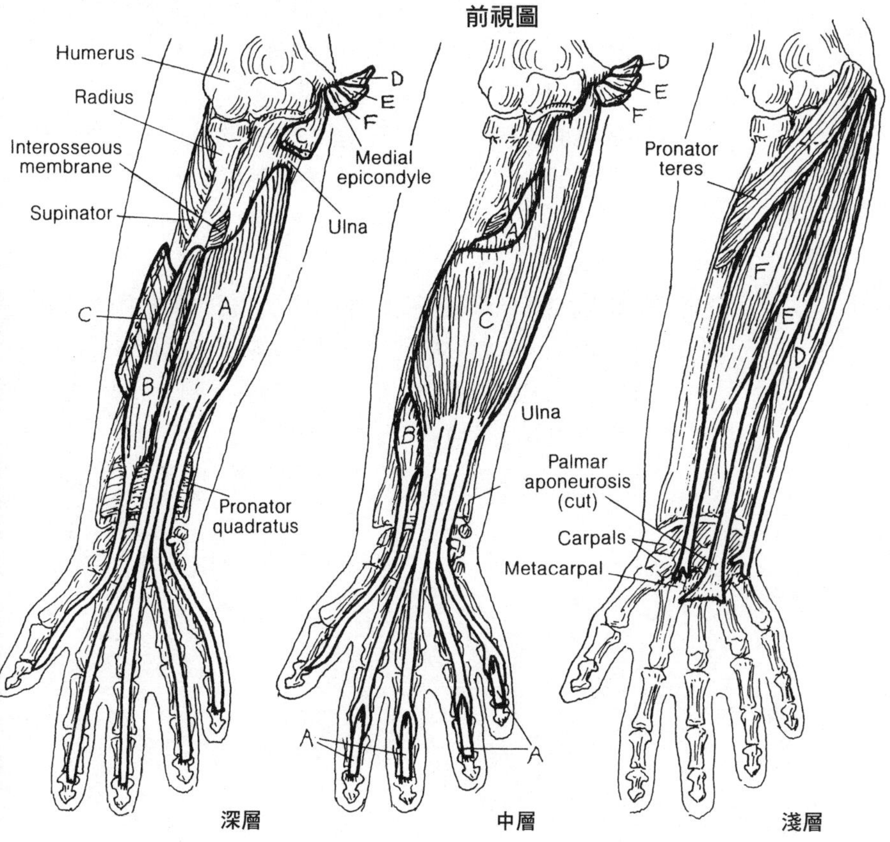

屈肌

深層

F. DIGITORUM PROFUNDUS A

F. POLLICIS LONGUS B

中層

F. DIGITORUM SUPERFICIALIS C

淺層

F. CARPI ULNARIS D

PALMARIS LONGUS E

F. CARPI RADIALIS F

背視圖

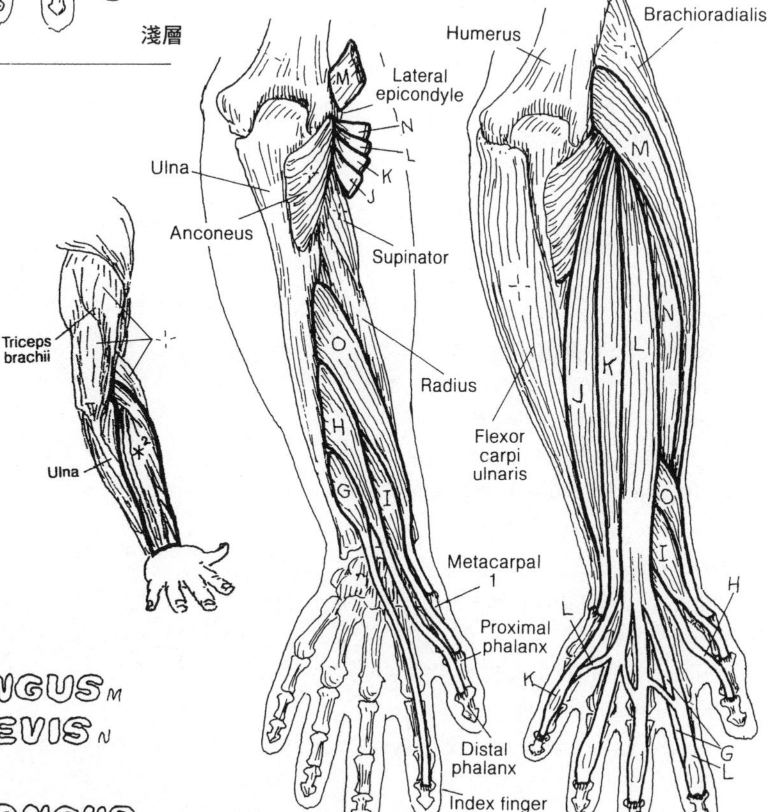

伸肌

深層

E. INDICIS G

E. POLLICIS LONGUS H

E. POLLICIS BREVIS I

淺層

E. CARPI ULNARIS J

E. DIGITI MINIMI K

E. DIGITORUM L

E. CARPI RADIALIS LONGUS M

E. CARPI RADIALIS BREVIS N

ABDUCTOR POLLICIS LONGUS O

注意手掌上緊鄰拇指近側、可觸摸到的鼓起肌群，這稱為**魚際**。此三塊肌肉分別為**拇指對掌肌**、**外展拇短肌**及**屈拇短肌**，它們和拇指的其他動作肌整合，使拇指得以做出各種複雜動作。魚際肌群的起端／止端都在同一區範圍；不過肌束各有不同的走向，因此能表現出不同的功能。

小魚際肌群負責作用在第五指，它們的起端／止端附著點和功能都跟魚際肌互補。請注意拇指和第五指的兩組對向肌肉。對掌功能是手部某些複雜抓握功能的基礎。

內收拇肌和第一背側骨間肌協同運作，提供拇指和食指強大的抓握力，你可以自己試試看。**骨間肌**和**蚓狀肌**的止端附著於伸指肌腱擴展部（參見背視圖），形成一種屈曲**掌指關節**及伸展**指骨間關節**的複雜機制。骨間肌能藉由不同的指部附著點來外展／內收特定手指。

解剖名詞中英對照（按英文字母排序）

Abductor digiti minimi 外展小指肌
Abductor pollicis brevis 外展拇短肌
Adductor pollicis 內收拇肌
Anatomical “snuff-box” 解剖「鼻煙壺」
Base of Middle phalanx 中指節骨基底
Carpal tunnel 腕隧道
Collateral slips 側副腱膜片
Dorsal interosseous muscle 背側骨間肌
Extensor expansion 伸指肌腱擴展部
Extensor retinaculum 伸肌支持帶
Fibrous sheath 纖維鞘
Flexor digiti minimi brevis 屈小指短肌
Flexor pollicis brevis 屈拇短肌
Flexor retinaculum 屈肌支持帶
Hypothenar eminence 小魚際
Interossei muscle 骨間肌
Interphalangeal joint 指骨間關節
Lumbrical 蚓狀肌
Median nerve 正中神經
Metacarpal bone 掌骨
Middle slip 中腱膜片
Opponens digiti minimi 小指對掌肌
Opponens pollicis 拇指對掌肌
Palmar Aponeurosis 掌腱膜
palmar interosseus 掌側骨間肌
Palmar ligament. 掌韌帶
Pisiform bone 豆狀骨
Proximal phalanx 近側指節骨
Radius 橈骨
Tendon of brachioradialis 肱橈肌的肌腱
Thenar eminence 魚際
Transverse carpal ligament 腕橫韌帶
Ulna 尺骨

肌肉系統／上肢

手關節的動作肌群（內在肌群）

著色說明：手腕及指關節的外在動作肌，我們在第 56 頁已經介紹過；它們的肌腱在本頁均以深色線條描繪並標記，不過毋須上色。(1) 首先為兩幅前視圖所示肌肉及屈肌支持帶上色（灰色）。(2) 接著完成背視圖的上色。(3) 請注意，頁底插圖的手指外展圖，圖中的背側骨間肌（U）不對小指產生動作。

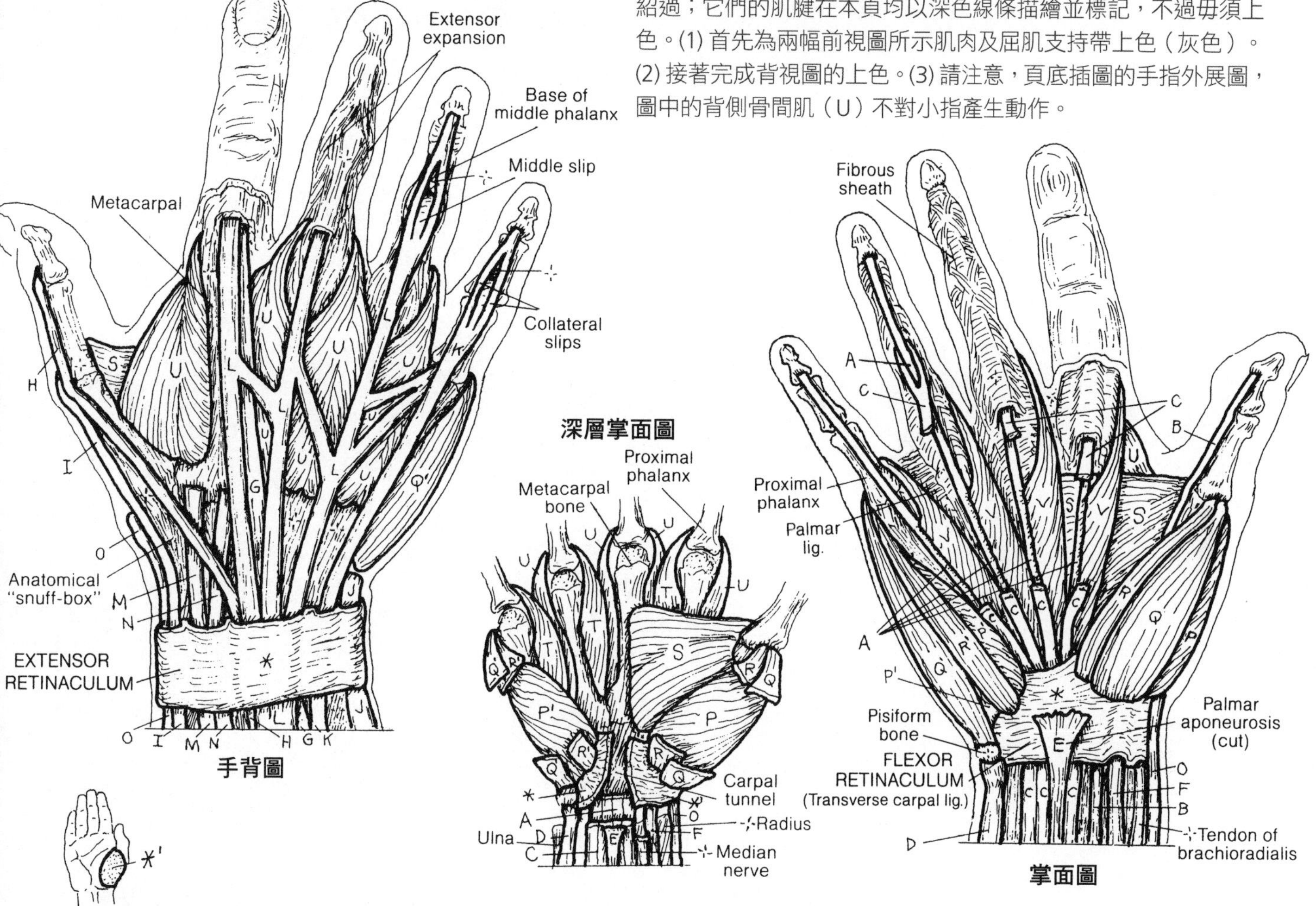

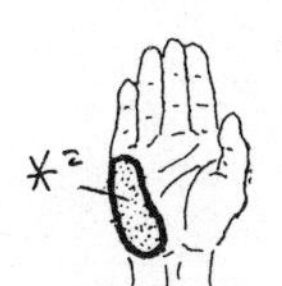

THENAR EMINENCE *¹
OPPONENS POLLICIS P
ABDUCTOR POLLICIS BREVIS Q
FLEXOR POLLICIS BREVIS R

HYPOTHENAR EMINENCE *²
OPPONENS DIGITI MINIMI P'
ABDUCTOR DIGITI MINIMI Q'
FLEXOR DIGITI MINIMI BREVIS R'

深層肌肉
ADDUCTOR POLLICIS S
PALMAR INTEROSSEUS T
DORSAL INTEROSSEUS U
LUMBRICAL V

內在肌的作用

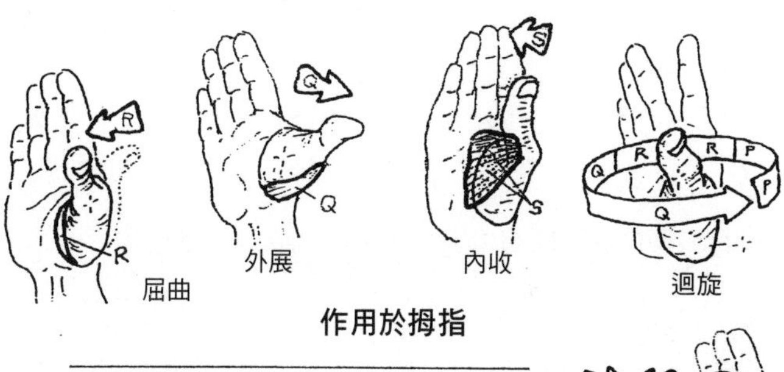

作用於拇指

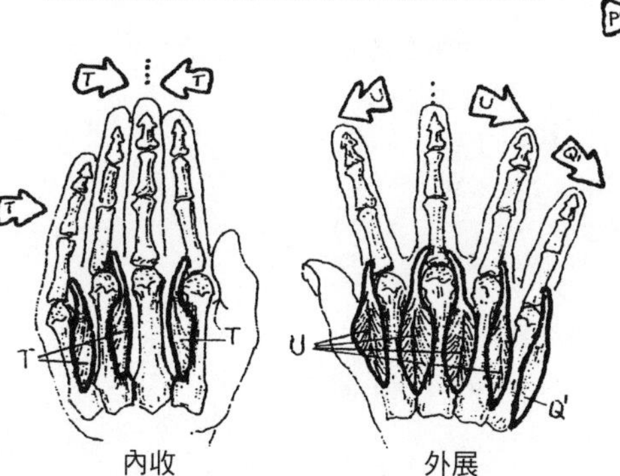

作用於手指

解剖名詞中英對照（按英文字母排序）

Clavicle 鎖骨
Deep flexors 深層屈肌
Extensor retinaculum 伸肌支持帶
Flexor retinaculum 屈肌支持帶
Lateral epicondyle 外上髁
Medial epicondyle 內上髁
Olecranon 鷹嘴
Radius 橈骨
Scapular spine 肩胛棘
Tendons of deep flexors 深層屈肌腱
Ulna 尺骨

肌肉系統／上肢
肌肉複習

著色說明：從標示為「A」的三塊肌肉開始上色。在答案欄上寫出圖示的淺層肌肉名稱，請沿用肌肉所使用的色筆寫下答案。其中有些肌肉具有多種功能，不限於本頁所述類別。（答案見附錄 1）

寫出主要作用於肩胛部位的肌群

A ______
A^1 ______
A^2 ______

寫出運動肩關節的肌群

B ______
B^1 ______
B^2 ______
B^3 ______
B^4 ______
B^5 ______
B^6 ______

寫出運動肘關節和橈尺關節的肌群

C ______
C^1 ______
C^2 ______
C^3 ______
C^4 ______
C^5 ______

寫出運動腕關節和手關節的肌群

D ______
D^1 ______
D^2 ______
D^3 ______
D^4 ______
D^5 ______
D^6 ______
D^7 ______

寫出運動拇指的前臂肌群

E ______
E^1 ______
E^2 ______

寫出運動拇指的魚際肌群

F ______
F^1 ______
F^2 ______

寫出運動第五指的小魚際肌群

G ______
G^1 ______
G^2 ______

寫出作用於拇指及手指的其他肌肉

H ______
H^1 ______
H^2 ______

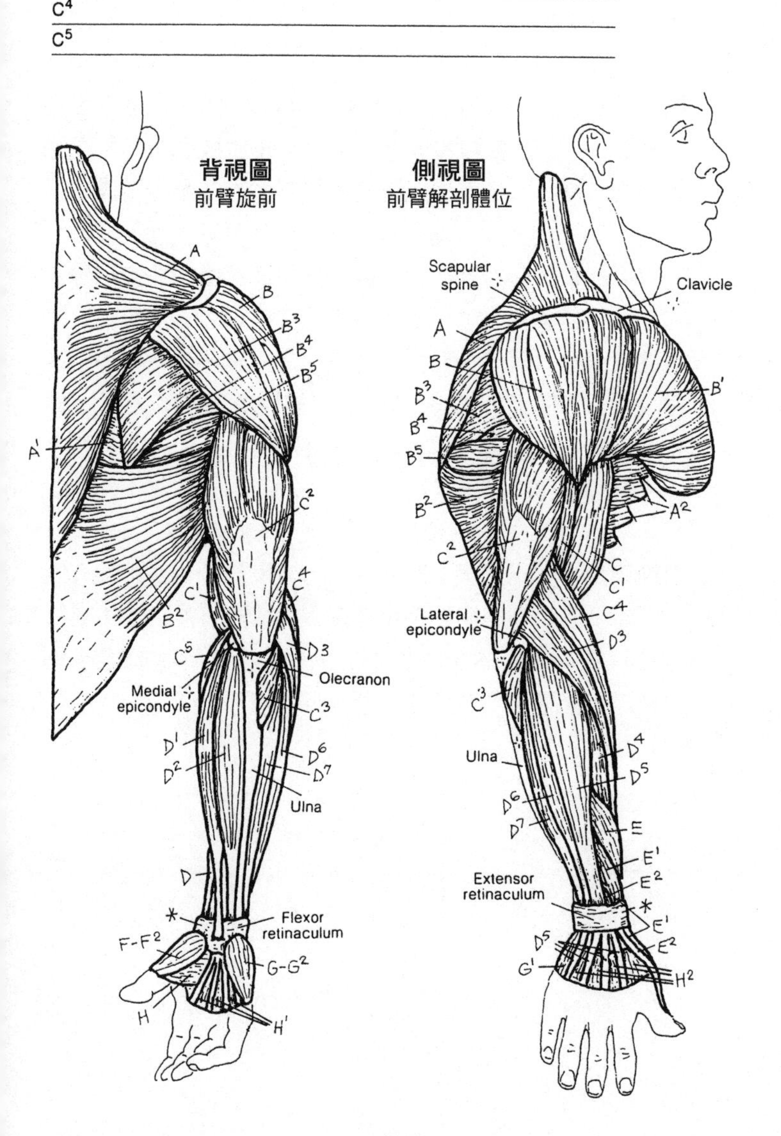

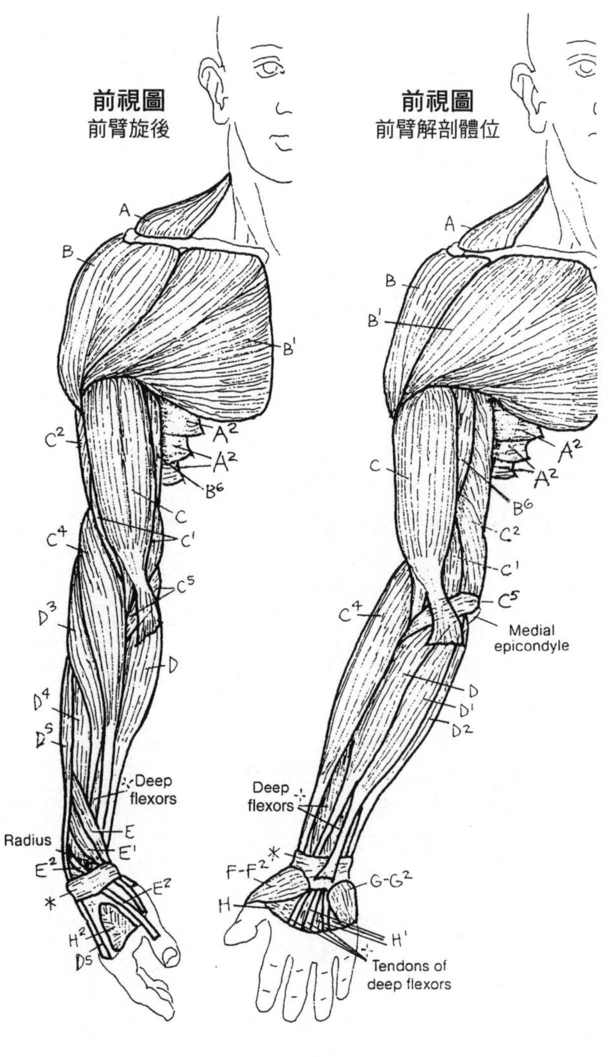

臀肌（A、B和C）分列為三層，其中以**臀大肌**位於最淺層，**臀小肌**則埋藏在比臀中肌更深的位置。**臀大肌**起自豎脊肌的腱性纖維（見此部位皮下的凹痕），從薦結節韌帶、薦骨外側緣與尾骨處起始，沿著髂骨後上方的臀後線分布（見35頁的側視圖）。這條廣大的肌肉把其他兩條臀肌掩蓋了大半，接著朝外及朝下延伸並覆蓋了臀關節的所有六條外旋肌，而止端則附著於髂脛束上部緣和股骨臀肌粗隆。臀大肌的正上方就是皮膚和淺筋膜，此處部位有些人有大量的脂肪組織。它是髖關節最有力的伸肌，並可內收、外旋髖關節，也是闊筋膜（fasciae latae）的張肌。

粗大的坐骨神經（約略等於你的拇指大小，參見88頁）起自梨狀肌深層面的薦神經叢，**梨狀肌**是髖關節的外旋肌之一。這條神經從梨狀肌下方的坐骨大孔穿出，接著延伸進入臀部中下象限之臀大肌的深層。臀大肌的厚度不等。肌肉注射最常用的注射部分為臀大肌，也就是在臀部的外上象限施打。

臀中肌是臀關節的外展主動肌，也是骨盆的重要穩定肌（平衡肌），在髖關節外展，對側下肢抬離地面時負責保持平衡。臀小肌也是促成臀關節外展動作的重要肌肉。

最深層的臀肌包括臀小肌，以及臀關節深層的外旋肌群。它們覆蓋並填補大、小**坐骨切迹**，這群肌肉的止端大致都附著於股骨大轉子後側面。臀肌（臀大肌部分除外）相當程度都與肩關節的旋轉袖對應：後側對應於外旋肌、上側對應於外展肌（臀中肌），而前側則對應於內旋肌（臀中肌、臀小肌和闊筋膜張肌）。

髂脛束是大腿深筋膜（闊筋膜）的增厚部分，從髂骨延伸到脛骨，能從外側協助穩定膝關節。闊筋膜張肌是臀關節可見且觸摸得到的屈曲和內旋肌，其止端附著於髂脛束這條纖維條帶上，並把它繃緊。

解剖名詞中英對照（按英文字母排序）

Anterior superior iliac spine 髂前上棘
Coccyx 尾骨
Crest of greater trochanter 大轉子嵴
Fasciae latae 闊筋膜
Gemellus inferior 孖下肌
Gemellus superior 孖上肌
Gluteus maximus 臀大肌
Gluteus medius 臀中肌
Gluteus minimus 臀小肌
Iliac crest 髂嵴
Iliotibial tract 髂脛束
Inferior gluteal artery 臀下動脈
Ischial tuberosity 坐骨粗隆
Obturator externus 閉孔外肌
Obturator internus 閉孔內肌
Piriformis 梨狀肌
Posterior superior iliac spine 髂後上棘
Quadratus femoris 股方肌
Sacral plexus 薦神經叢
Sacrotuberous ligament 薦結節韌帶
Sacrum 薦骨
Sciatic notch 坐骨切迹
Shaft 骨幹
Superior gluteal artery 臀上動脈
Tensor fasciae latae 闊筋膜張肌

肌肉系統／下肢
臀部肌群

著色說明：從淺層剖面的背視圖及側視圖可見髂脛束的上部纖維已經切開，部分切除，其剩下部分也掀開，露出臀中肌。(1) 為所有插圖的三塊臀肌鏤空名稱和結構上色。(2) 為六條深層外旋肌及其鏤空名稱上色，指向箭頭也要上色。梨狀肌（E）的起端可參見 50 頁。

3 塊臀肌

GLUTEUS MAXIMUS A
GLUTEUS MEDIUS B
GLUTEUS MINIMUS C

TENSOR FASCIAE LATAE D

6 條深層外旋肌

PIRIFORMIS E
OBTURATOR INTERNUS F
OBTURATOR EXTERNUS G
QUADRATUS FEMORIS H
GEMELLUS SUPERIOR I
GEMELLUS INFERIOR J

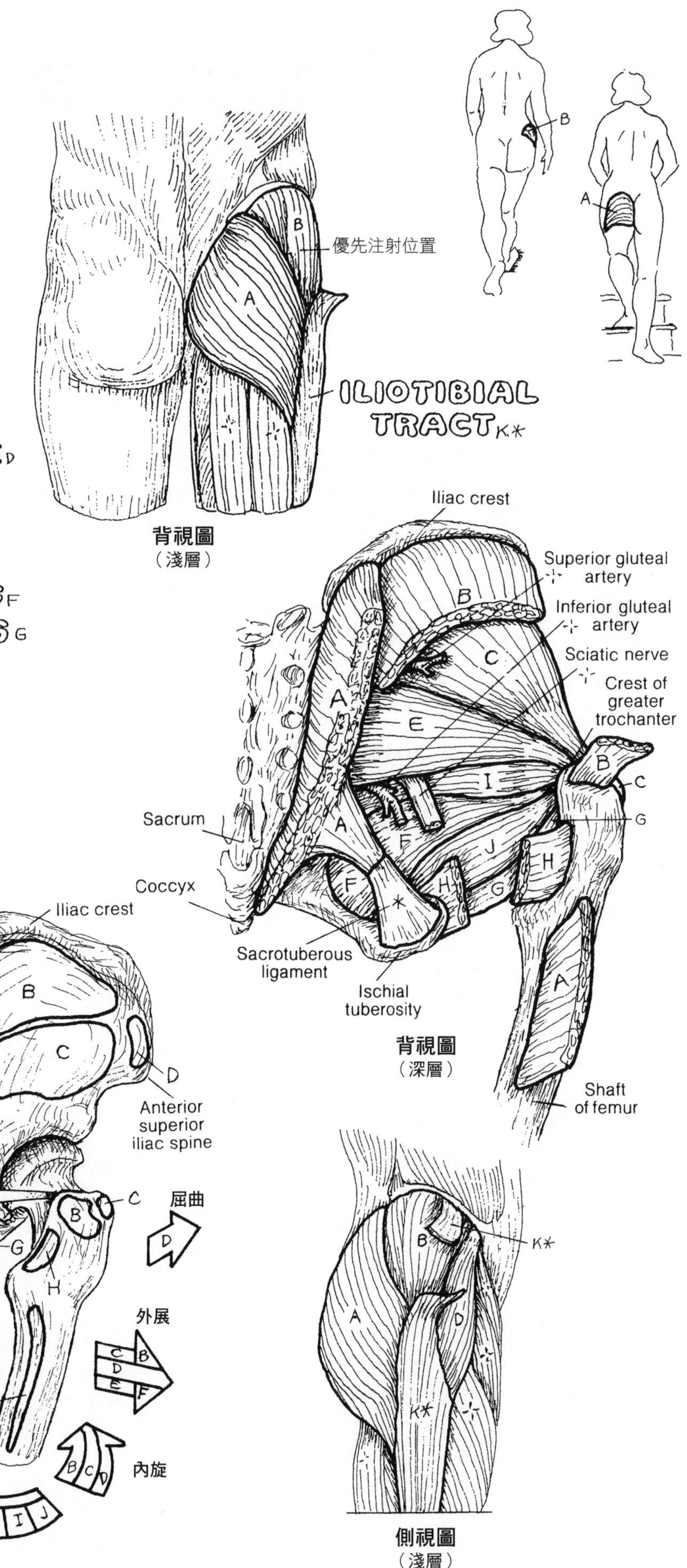

大腿後側的肌群由**半膜肌**、**半腱肌**及**股二頭肌**這三塊肌肉組成，一般統稱為大腿後肌群或膕旁肌群（hamstrings），其中「ham」意指豬後肢背側的肌肉／脂肪，而「strings」則代表特別長（又脆弱）的肌腱。

請注意這些肌肉的起端：這三塊肌肉至少都有一個起端起自髖骨的坐骨粗隆。其中的股二頭肌有一個頭起自大腿後側（見右頁圖）。既然這些肌肉都從後面橫跨髖關節，因此都對這個關節產生伸展作用。你可以自我檢查。

要提醒你的是，這三塊肌肉的肌腱也橫跨膝關節：從後外側橫跨的股二頭肌，以及從後內側橫跨的半膜肌和半腱肌。二頭肌的止端附著於腓骨頭的外側方；另兩塊肌肉的止端則附著於脛骨內髁的後側方和脛骨的內上側，因此這個肌群都能屈曲膝關節。大腿後側肌群的長肌腱可以觸摸得到，只要把膝關節稍作屈曲，肌腱就位於膝關節後面的兩側。膝關節能做小幅度旋轉。半腱肌和半膜肌能夠內旋膝關節，股二頭肌則有外旋作用。半腱肌的止端，跟縫匠肌及股薄肌的止端間有密切相連，三者合稱 SGT。這些肌腱的外觀就像鵝掌，因此取名叫鵝足肌腱（pes anserinus tendon），參見右頁及第 61、62 頁圖。

牽張緊繃大腿後側肌群時的不適感覺，肇因從使用過度到使用不足（慢性長期臥床症候群）都有可能。讀者可以自行測試你的大腿後側肌群：採站姿，身體前彎，膝蓋不要鎖定；感到張力時就停止。據載年輕人做這項動作，多半能碰到自己的腳趾。大腿後側肌群由坐骨起始，此肌群緊繃時會把骨盆後側往下拉，也拉長（伸展）豎脊肌，並把前凸的腰脊柱拉平，這種情況有可能導致腰部運動受限和下背疼痛。伸展大腿後側肌群時感到後背不適，是一種常見的情況，只需彎曲膝蓋並鬆開肌腱的張力，一般都能緩解。不過伸展大腿後側肌時，若感到下背部刺痛且幅射到小腿和／或腳，有時是另一種情況所造成的。這種疼痛顯示坐骨神經有可能隨著肌腱一併伸展；遇到這種情況時身體要站直起來，將受影響的同側肢體的踝關節做蹠屈動作，通常就能緩解疼痛感。

解剖名詞中英對照（按英文字母排序）

Adductor magnus 內收大肌
Biceps femoris 股二頭肌
Femur 股骨
Gastrocnemius 腓腸肌
Gluteus maximus 臀大肌
Gluteus medius 臀中肌
Gracilis 股薄肌
Hamstrings 大腿後肌群／膕旁肌群
Head of fibula 腓骨頭
Iliotibial tract 髂脛束
Ischial tuberosity 坐骨粗隆
Lordotic curve 脊柱前凸曲線
Pelvis 骨盆
Plantaris 蹠肌
Popliteal fossa 膕窩
Sartorius 縫匠肌
Semimembranosus 半膜肌
Semitendinosus 半腱肌
Tibia 脛骨

肌肉系統／下肢
大腿後側肌群

著色說明：使用淺色。(1) 首先，深層插圖的每條大腿後側肌都要上色，接著再完成淺層肌肉的上色。左右兩幅小圖解，分別與髖關節和膝關節的屈曲、伸展有關，這兩幅插圖也要上色。(2) 右上方兩幅大腿圖的肌肉要塗上灰色。

大腿後側肌群（膕旁肌群）

SEMIMEMBRANOSUS A
SEMITENDINOSUS B
BICEPS FEMORIS C

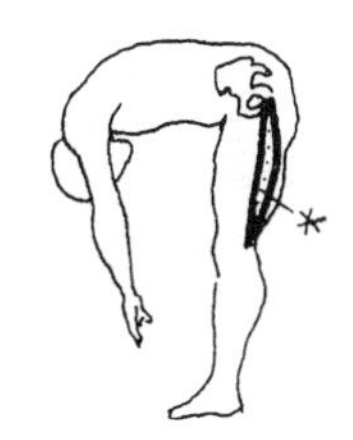

膝關節伸長時，緊繃的膕旁肌會限制髖關節屈曲。

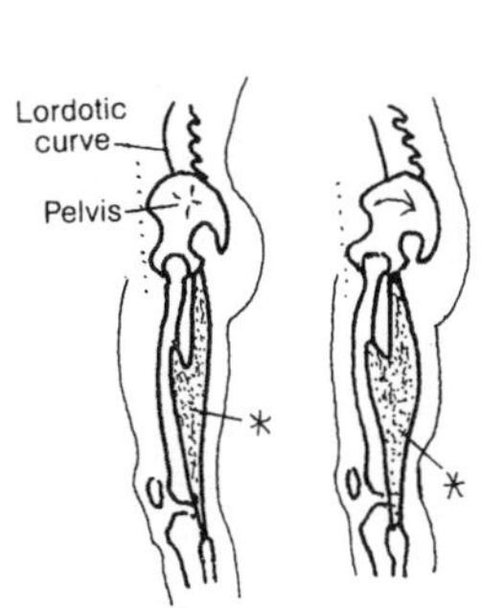

緊繃的膕旁肌（右圖）把骨盆往後傾，把下背部的腰脊柱拉平。

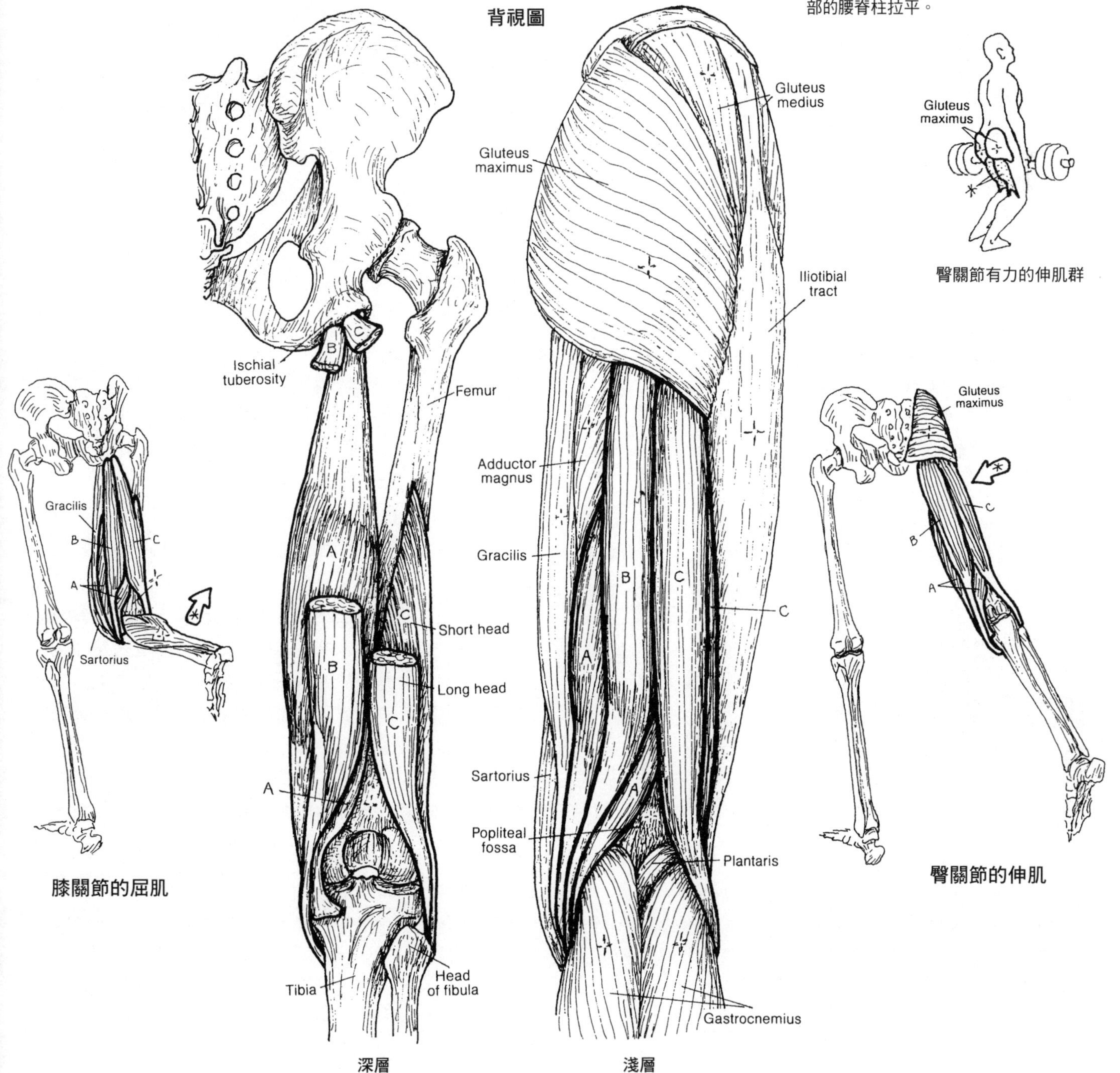

背視圖

深層

淺層

膝關節的屈肌

臀關節有力的伸肌群

臀關節的伸肌

大腿內側肌群由髖關節的內收肌群和閉孔外肌（髖關節的外旋肌）共同組成，其中內收肌群包括：**恥骨肌**、**內收短肌**、**內收長肌**、**內收大肌**及**股薄肌**。這些肌肉都可在右頁插圖見到，而且建議你應該花點時間來了解它們起端的相互關係，這是一組力量強大的肌肉。

閉孔外肌歸入大腿內側肌群的組成部分，一方面是由於它位於內收肌群裡面，一方面也因為它受閉孔神經的支配，而閉孔神經是內收肌群的支配神經。閉孔外肌的止端附著位置沒有機械優勢，不利於發揮髖關節內收的功能；它比較像是髖關節的外旋肌（參見 59 頁）。遺憾的是，目前還沒有辦法針對這塊肌肉進行活體肌電圖研究。不過，閉孔外肌在大腿內側由筋膜區隔為兩腔室，覆蓋大腿上內側深層的閉孔外表面，而且支配的神經也同為內收肌的神經。因此，許多學者都把閉孔外肌視為髖關節的內收肌。

股薄肌是內收肌群中最長的一條，橫越膝關節內側（並屈曲關節），止端附著於脛骨內側（並不是粗線）；其肌腱跟縫匠肌、半腱肌的肌腱結合，形成稱為「鵝足」的片狀止端（參見 60 頁）。

內收大肌是這群肌肉中最寬廣的一條（見右頁背視圖），其下半部的肌纖維分開形成一道通道，稱為**內收肌裂孔**，供股骨動脈和靜脈通行。這些血管穿過這個肌內通道後，便進入膝蓋後上方的膕窩（參見 110 頁）。

請仔細檢視右頁的背視圖，注意毗鄰股薄肌（E）內側的肌肉，請注意其呈縱長條柱狀下降的肌纖維，到達股骨遠側端的內面，並在這裡貼附到內收肌結節（參見右頁最左圖，就在內髁上方）。這群纖維不是內收肌，而是膝關節的屈肌，基本上是屬於膕旁肌！至於內收大肌較偏外側的纖維，因為附著於粗線及股骨的髁上線，所以屬於髖關節的內收肌。

這個事實值得反覆陳述，即「所有內收肌（股薄肌除外）的止端，都附著於股骨後面的垂直粗線」。內收肌大半都由閉孔神經支配（參見 88 頁）；而坐骨神經則負責支配內收大肌的「膕旁肌（大腿後肌）纖維」。

解剖名詞中英對照（按英文字母排序）

Adductor brevis 內收短肌
Adductor hiatus 內收肌裂孔
Adductor longus 內收長肌
Adductor magnus 內收大肌
Adductor tubercle 內收肌結節
Anterior superior iliac spine 髂前上棘
Fibula 腓骨
Gracilis 股薄肌
Greater trochanter 大轉子
Iliac crest 髂嵴
Iliacus 髂肌
Iliopsoas 髂腰肌
Iliotibial tract 髂脛束
Inferior pubic ramus 恥骨下枝
Inguinal ligament 腹股溝韌帶
Insertion of Sartorius 縫匠肌的止端
Intertrochanteric fossa 轉子間窩
Knee joint 膝關節
Lesser trochanter 小轉子
Linea aspera 粗線
Obturator externus 閉孔外肌
Obturator foramen 閉孔（骨盤孔）
Obturator nerve 閉孔神經
Patella 髕骨
Pectineus 恥骨肌
Pes anserinus 鵝足
Popliteal fossa 膕窩
Psoas major 腰大肌
Psoas minor 腰小肌
Rectus femoris 股直肌
Femur 股骨
Sacrum 薦骨
Sartorius 縫匠肌
Semitendinosus 半腱肌
Superior pubic ramus 恥骨上枝
Supracondylar line 髁上線
Tensor fasciae latae 闊筋膜張肌
Tibia 脛骨
Vastus lateralis 股外側肌
Vastus medialis 股內側肌

肌肉系統／下肢
大腿內側肌群

著色說明：(1) 五幅主圖所示的同一塊肌肉要一起完成著色後，再為下一塊肌肉上色。(2) 最左圖的虛線代表A、B、C和D四塊肌肉在股骨後側的止端位置（即稱為「股骨嵴」的隆起粗線）。

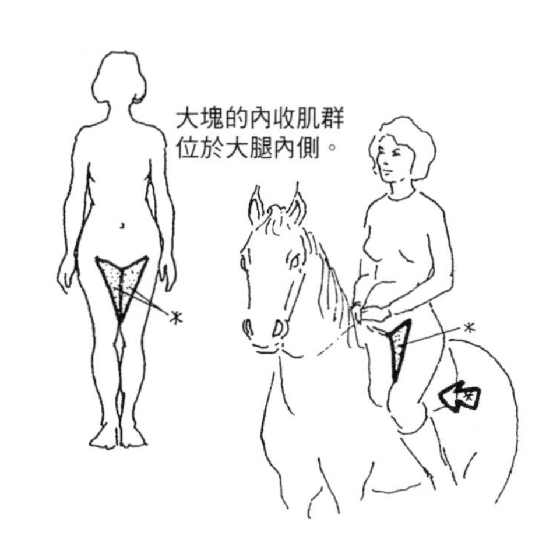

肌肉

PECTINEUS A
ADDUCTOR BREVIS B
ADDUCTOR LONGUS C
ADDUCTOR MAGNUS D
GRACILIS E
OBTURATOR EXTERNUS F

前視圖

附著位置

Coxal bone
Inter-trochanteric fossa (on posterior surface)
Superior pubic ramus
Inferior pubic ramus
Obturator foramen
Femur
Adductor tubercle (on posterior surface)
Knee joint
Patella
Insertion of sartorius semitendinosus
Fibula
Tibia

深層

供股動脈和股靜脈通行的內收肌裂孔

中間層

Iliac crest
Sacrum
Anterior superior iliac spine
Greater trochanter
Lesser trochanter

淺層

Psoas major
Psoas minor
Iliacus
Iliopsoas
Inguinal ligament
Tensor fasciae latae
Sartorius
Vastus lateralis
Rectus femoris
Vastus medialis
Iliotibial tract
Pes anserinus

後視圖

Linea aspera
Adductor hiatus

此一跨頁要討論的**大腿前側肌群**，是非常強健又值得玩味的一群肌肉。它們全都由腰神經叢（L1 － 4）的分支所支配，其中最常見的是股神經（L2、 L3、L 4）及其分支。

縫匠肌的名稱得自裁縫匠交叉跨腿的坐姿，這塊肌肉讓我們可以擺出這種姿勢。這種坐法只會占用少許空間，又能方便進行縫紉、繪圖等手工作業，已經使用了數百年。縫匠肌起自**髂前上棘**，接著往下內側斜跨大腿並附著於脛骨的內上面。它是髖關節的屈肌和外旋肌，也是膝關節的屈肌，從右頁插圖的附著位置，你不難推斷出這點。縫匠肌由股骨神經支配。

股四頭肌的起端有四個頭：**股直肌**起自髂前下棘；**股內側肌**和**股外側肌**分別起自股骨後側方的粗線；**股中間肌**起自股骨幹的前面和外側。四條肌腱在髕骨匯聚，形成股四頭肌的肌腱。

髕骨是人體最大的種子骨，由股四頭肌腱裡面的一塊軟骨體發育成硬骨，位置就在這條肌腱跨越股骨前下表面與脛骨前上表面的段落。缺了髕骨，股四頭肌跨越股骨的肌腱，就會在膝關節屈伸時造成嚴重磨損。因此髕骨和四頭肌的肌腱併合，形成其骨性結構。在髕骨的下側（尖端），四頭肌的腱纖維延續到脛骨粗隆，形成**髕韌帶**。

股直肌是一條強健的髖關節屈肌，也是股四頭肌中唯一跨越髖關節的肌肉。股四頭肌是膝關節僅有的伸肌。對膝蓋曾經受傷的人來說，更能清楚了解四頭肌的重要性；由於不再受牽張作用，這群肌肉往往會迅速萎縮、弱化，而「蹲馬步」可以增加股四頭肌對髕骨的牽張力，藉以提升膝關節的穩定性。

髂腰肌是髖關節最有力的屈肌，起端很寬闊並源自髂窩、髂嵴、薦骨及薦髂韌帶（構成髂肌），以及窄三角形的腰大肌和更細長的腰小肌（見 48 頁）。這群肌肉全都附著於股骨幹近側的小轉子上。

解剖名詞中英對照（按英文字母排序）

Adductor longus 內收長肌
Anterior inferior iliac spine 髂前下棘
Anterior superior iliac spine 髂前上棘
Femur 股骨
Gracilis 股薄肌
Head of fibula 腓骨頭
Hip joint 髖關節
Iliacus 髂肌
Iliopsoas 髂腰肌
Iliotibial tract 髂脛束
Inguinal ligament 腹股溝韌帶
Knee joint 膝關節
Patella 髕骨
Patellar ligament 髕韌帶
Pectineus 恥骨肌
Psoas major 腰大肌
Psoas minor 腰小肌
Rectus femoris 股直肌
Sartorius 縫匠肌
Symphysis pubis 恥骨聯合
Tendon of quadriceps 四頭肌的肌腱
Tendons of gracilis, semitendinosus 股薄肌和半腱肌的肌腱
Tensor fasciae latae 闊筋膜張肌
Tibial tuberosity 脛骨粗隆
Vastus intermedius 股中間肌
Vastus lateralis 股外側肌
Vastus Medialis 股內側肌

見60、61頁

肌肉系統／下肢
大腿前側肌群

著色說明：髕韌帶（G*）請著灰色，但髕骨不上色。(1) 從深層圖開始上色，接著完成淺層圖。(2) 最左圖可以見到和膕旁肌群拮抗的局部四頭肌，請為這部分上色。(3) 沿右邊書緣列置的動作圖解都要上色。

肌肉

SARTORIUS A
QUADRICEPS FEMORIS ✢
RECTUS FEMORIS B
VASTUS LATERALIS C
VASTUS INTERMEDIUS D
VASTUS MEDIALIS E
ILIOPSOAS F

PATELLAR LIGAMENT G*

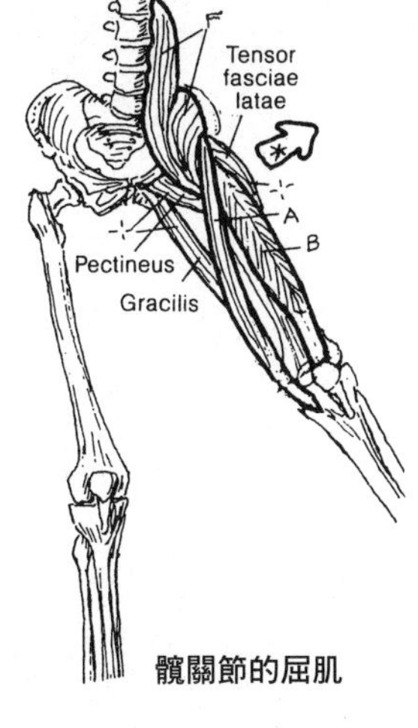

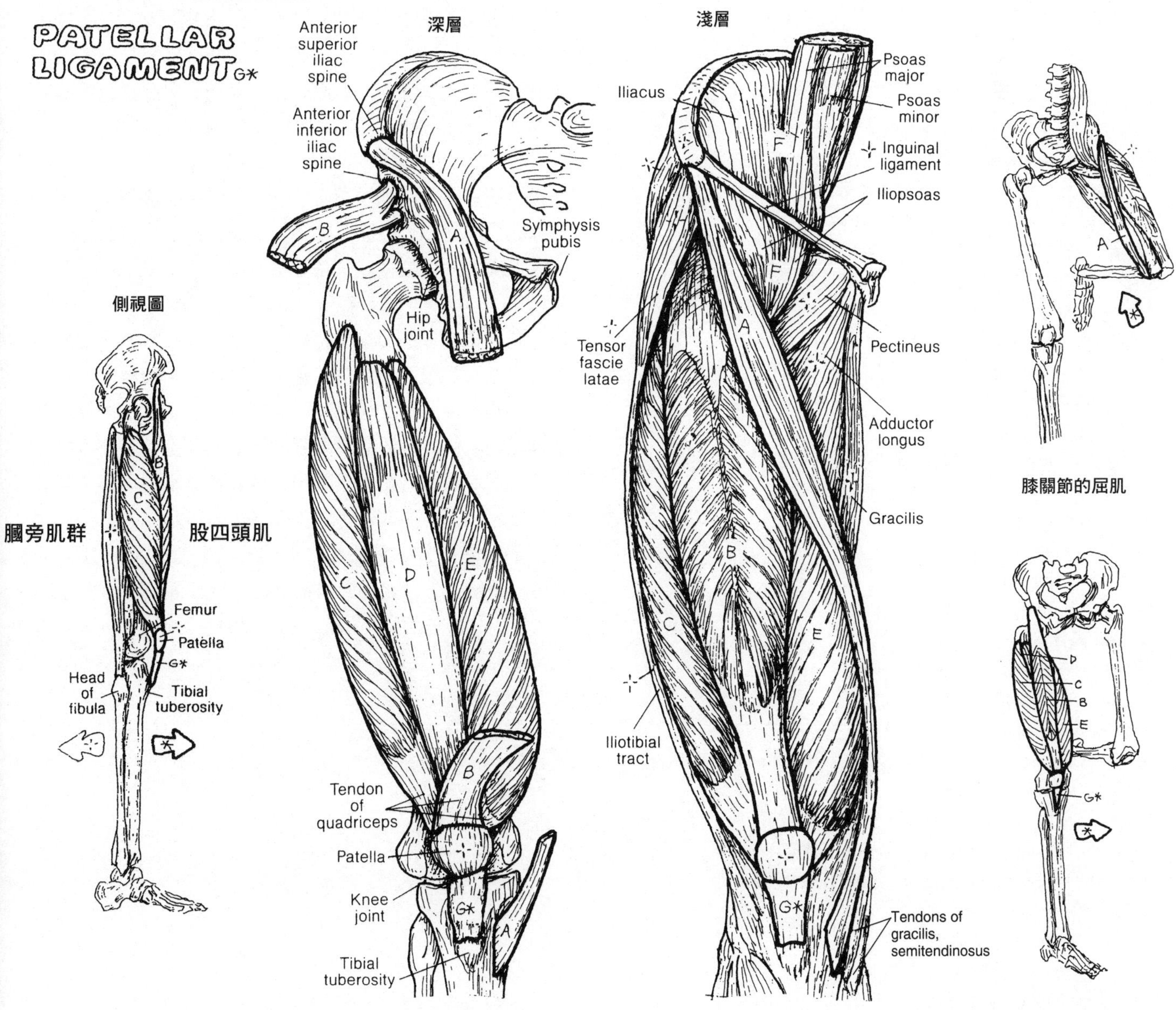

小腿的肌肉分列為前外側、外側及後側隔間。這些肌肉分別附著於脛骨前外側面、腓骨前面和介於中間的骨間膜與骨間韌帶；而脛骨前內側面並沒有肌肉附著點（你可以自己感覺一下）。後側隔間的肌肉（見64頁）分別起自腓骨、脛骨和骨間膜，這群肌肉的止端附著點會在下文提到。

起自前外側隔間的三塊肌肉分別為：大致源自脛骨前外側表的**脛前肌**，其同群肌肉**伸拇趾長肌**及**伸趾長肌**則起自骨間膜和腓骨。小腿前側肌群都是踝部的背屈肌（dorsiflexor，屬於伸肌）；伸拇趾長肌和伸趾長肌屬於伸趾肌；脛前肌也是距骨下關節的足內翻肌，而**第三腓骨肌**（伸趾肌的第五肌腱）則是距骨下關節的足外翻肌。由於下肢會在胎兒發育期間旋轉，因此這群伸肌從解剖位置看來，全都附著於骨的前側（而上肢腕伸肌群則是位於骨的後側）。步行時，小腿的三條前外側肌在移腳階段特別有利於提腳動作（蹠曲），避免踢到腳趾頭。

腓骨肌群包含長肌和短肌，位於小腿的外側隔間。它們大致都起自腓骨和骨間膜，主要屬於足外翻肌，特別在蹠曲（踮腳或用大拇趾行走）時更是活躍。

現在請檢視右頁的「足部運動」圖解，以及右上方足部與肌肉附著點的蹠面（腳底）圖。前側、外側和後側特定的肌腱，繞過足部側邊並附著於特定跗骨和蹠骨的蹠面。當這群肌肉收縮時，便把所附著的足部兩側上拉。簡單做個定義，若足部大拇趾側抬高，這種運動就稱為內翻，若足部小趾側抬高，便稱為外翻。顯然，內翻足部的肌肉會繞到足部的內側方；而外翻足部的肌肉則會繞到足部的外側方。請記住：起自小腿外側間隔的足部肌肉（腓骨長肌和短肌），都是距骨下關節的足外翻肌。

解剖名詞中英對照（按英文字母排序）

1st cuneiform 第一楔形骨
1st metatarsal 第一蹠骨
5th metatarsal 第五蹠骨
Base of 5th metatarsal 第五蹠骨的基底
Biceps femoris 股二頭肌
Calcaneal (Achilles) tendon 跟腱（阿基里斯腱）
Distal phalanx 遠側趾節骨
Extensor digitorum longus 伸趾長肌
Extensor hallucis longus 伸拇趾長肌
Femur 股骨
Fibular muscle / peroneal muscle 腓骨肌
Fibularis brevis 腓骨短肌
Fibularis longus 腓骨長肌
Fibularis tertius 第三腓骨肌
Gastrocnemius 腓腸肌
Iliotibial tract 髂脛束
Inferior extensor retinaculum 伸肌下支持帶
Inferior fibular retinaculum 腓骨下支持帶
Interosseous ligament 骨間韌帶
Lateral malleolus 外踝
Medial malleolus 內踝
Middle phalanx 中趾節骨
Patella 髕骨
Patellar ligament 髕韌帶
Pes anserinus 鵝足
Semimembranosus 半膜肌
Soleus 比目魚肌
subtalar joint 距骨下關節
Superior extensor retinaculum 伸肌上支持帶
Superior fibular retinaculum 腓骨上支持帶
Tendon of quadriceps femoris 股四頭肌的肌腱
Tibia 脛骨
Tibial tuberosity 脛骨粗隆
Tibialis anterior 脛前肌
Vastus lateralis 股外側肌

肌肉系統／下肢
小腿前側與外側的肌群

著色說明：為了更簡單呈現，骨間韌帶（起端位置）在插圖中並沒有納入附著位置。蹠面的止端位置參見右上圖示。(1) 為小腿前側肌群和相關鏤空名稱上色，從附著位置開始上色（請使用削尖的色鉛筆）。注意上方蹠面圖中，脛骨前肌的止端。(2) 為側視圖及蹠面圖的肌群著色。(3) 為「足部運動」圖解、相關肌群及箭頭上色。

小腿外側

FIBULARIS LONGUS E
FIBULARIS BREVIS F

小腿前側

TIBIALIS ANTERIOR A
EXTENSOR DIGITORUM LONGUS B
EXTENSOR HALLUCIS LONGUS C
FIBULARIS TERTIUS D

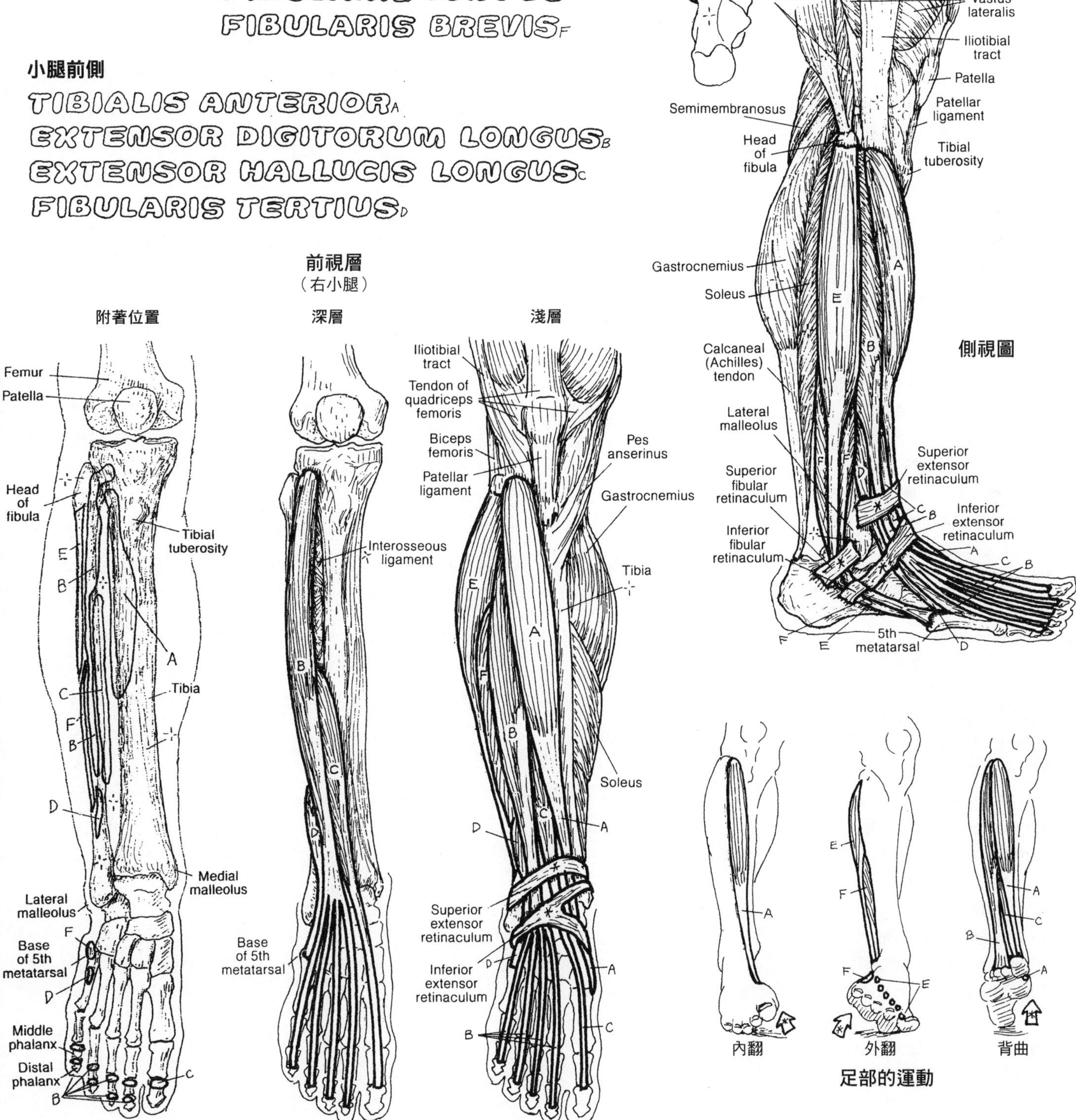

小腿後側肌群分列為深層和淺層隔間，這當中隔著一層筋膜中隔（即障壁層）：深橫筋膜（右頁圖未畫出）。深層隔間的四塊肌肉，起自脛骨、腓骨和／或介於其間的骨間膜（參見右頁「深層」圖和「附著位置」圖）。**膕肌**獨自位於深層隔間的上部，負責屈曲膝關節、旋轉脛骨。**脛後肌**位於深層隔間的中央部位，它的肌腱繞過足部內側到大腳趾側，止端附著於足部幾塊骨的蹠面，包括骰骨、楔形骨、舟狀骨和蹠骨的基底。脛後肌屈曲、內翻足部。**屈拇趾長肌**和**屈趾長肌**的肌腱繞過足內側弓，到達大拇趾的蹠面和遠側趾節骨基底的蹠面。小腿後側深筋膜隔間的肌肉都沒有什麼彈性。倘若肌肉腫脹嚴重壓迫到血管而導致供血不足，若不施行筋膜（手術）減壓，就有可能喪失肌肉，稱為筋膜隔間症候群或腔室症候群（compartment syndrome）。

讀者可以花點時間仔細看看第 63 ～ 65 頁的插圖，全盤了解所有起自小腿前側、外側及後側的肌肉，以及附著於足部蹠面的肌腱配置方式，否則很可能會造成混淆。

淺層肌群（**腓腸肌**、**比目魚肌**）的止端經由總腱附著於跟骨，這裡的總腱指的是跟腱（又稱阿基里斯腱）。這群肌肉在蹠屈時共同抬高跟骨後側（即腳跟），只由腳趾承載體重。腓腸肌橫跨膝關節，因此它是該關節的屈肌。

蹠肌是起自股骨外髁正上方的小肌肉，它還朝遠端延續成寬窄、厚薄不一約鉛筆大小的肌腱，止端靠近跟腱，位置就在跟骨的跟腱附著點正上方。打網球、回力球及壁球等球類運動的人，對這塊肌肉的肌腱可能會更熟悉，一旦踝關節背屈（伸展）時施加過大的張力，就會把它「拉斷」（更像是「繃斷」）。這條肌腱斷裂會帶來嚴重的後果。

解剖名詞中英對照（按英文字母排序）

1st cuneiform 第一楔形骨
Anterior margin of Tibia 脛骨前緣
Biceps femoris 股二頭肌
Calcaneus 跟骨
Deep transverse fascia 深橫筋膜
Distal phalanx 遠側趾節骨
Femur 股骨
Fibula 腓骨
Fibularis brevis 腓骨短肌
Fibularis longus 腓骨長肌
Flexor digitorum longus 屈趾長肌
Flexor hallucis longus 屈拇趾長肌
Flexor retinaculum 屈肌支持帶
Gastrocnemius 腓腸肌
Gracilis 股薄肌
Great toe 大腳趾
Head of fibula 腓骨頭
Inferior extensor retinaculum 伸肌下支持帶
Interosseous ligament 骨間韌帶
Lateral malleolus 外踝
Medial malleolus 內踝
Metatarsal 蹠骨
Middle phalanx 中趾節骨
Patellar ligament 髕韌帶
Pes anserinus 鵝足
Plantaris 蹠肌
Popliteal fossa 膕窩
Popliteus 膕肌
Rectus femoris 股直肌
Sartorius 縫匠肌
Semimembranosus 半膜肌
Semitendinosus 半腱肌
Soleal line 比目魚肌線
Soleus 比目魚肌
Subtalar joint 距骨下關節
Superior extensor retinaculum 伸肌上支持帶
Tendocalcaneus 跟腱
Tibia 脛骨
Tibialis anterior 脛前肌
Tibialis posterior 脛後肌
Tuberosity of the navicular 舟狀骨粗隆
Tuberosity of Tibia 脛骨粗隆
Vastus lateralis 股外側肌
Vastus medialis 股內側肌

肌肉系統／下肢
小腿後側肌群

著色說明：使用和第 63 頁不同的淺顏色。(1) 為背視圖每幅插圖的肌肉上色，順序是從深層到淺層，要把同一塊肌肉上完色後再換另一塊肌肉。請注意，比目魚肌（L）和腓腸肌（M）共用一條肌腱，也就是跟腱（M）。(2) 為上、下內視圖上色，注意蹠面肌腱的排列方式。(3) 為最左圖後側小腿肌群的附著位置上色。

肌肉

TIBIALIS POSTERIOR G
FLEXOR DIGITORUM LONGUS H
FLEXOR HALLUCIS LONGUS I
POPLITEUS J
PLANTARIS K
SOLEUS L
GASTROCNEMIUS M

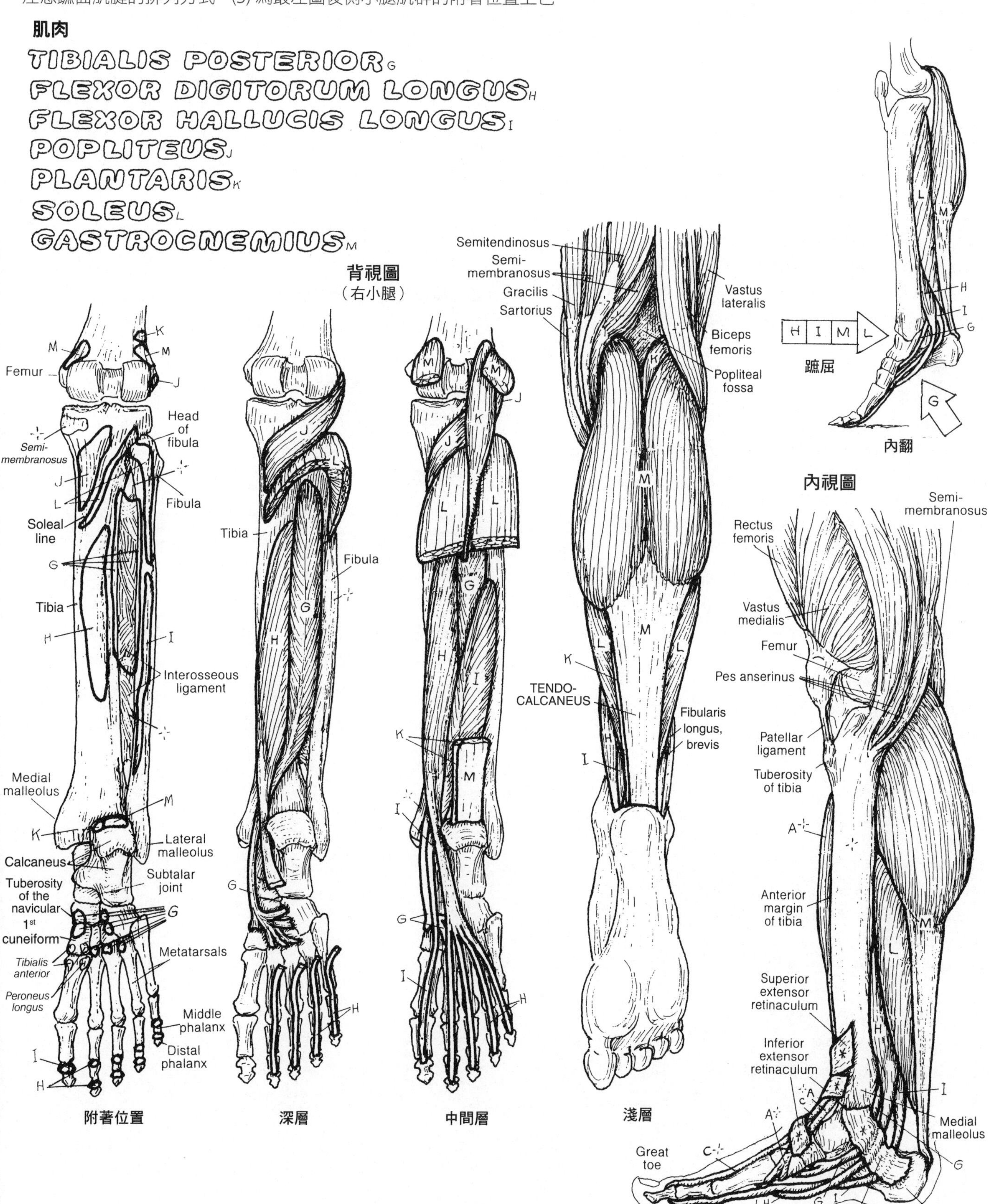

腳背側內在肌（即指起端和止端都位於腳背之內的肌肉）只有兩塊腳趾的小伸肌（**伸趾短肌**和**伸拇趾短肌**），如右頁圖所示。伸肌的功能大半來自**掌外伸肌群**。

蹠部（腳底）的內在肌可區分為四層，如右頁插圖所示。蹠側骨間肌楔入蹠骨之間，構成最深處的第四層，負責內收第 3 ～ 5 趾，屈曲這些腳趾的蹠趾關節，並透過伸肌擴展部來協助伸展這些腳趾的趾骨間關節。背側骨間肌外展第 3 ～ 5 腳趾，並輔助進行蹠側骨間肌的其他動作。

第三層肌肉作用於大腳趾及第五腳趾（小趾）。

第二層肌肉包括**蹠方肌**，這塊肌肉附著於屈趾長肌的總腱外側緣。總腱能協助該肌肉屈曲腳趾。**蚓狀肌**起自屈趾長肌的各肌腱，止端位於伸肌擴展部（背側面）的內側方。它們經由伸肌腱擴展部來屈曲第 2 ～ 5 腳趾的蹠趾關節，以及伸展其趾骨間關節。

淺層（第一層）肌肉由第一趾和第五趾的外展肌（**外展拇趾肌**和**外展小趾肌**）以及**屈趾短肌**共同組成。蹠側肌群外覆增厚的足底深筋膜及蹠側腱膜，並從跟骨延伸到屈肌腱的纖維鞘。

這些重要的複雜肌肉層，都是我們在種種困難條件下行走時不可或缺的要素，不過只是了解這一點，對它們來說並不公平。當它們能順利運作時，你也能運作；而當它們喪失功能時，你也喪失了功能……所以，不妨跟你的足病診療師或相關醫護人員交個朋友吧！

解剖名詞中英對照（按英文字母排序）

1st cuneiform 第一楔形骨
Abductor digiti minimi 外展小趾肌
Abductor hallucis 外展拇趾肌
Adductor hallucis 內收拇趾肌
Base of 5th metatarsal 第五蹠骨的基底
Calcaneus 跟骨
Central part 中央部
Cuboid 骰骨
Distal phalanx 遠側趾節骨
Dorsal interossei 背側骨間肌
Extensor digitorum brevis 伸趾短肌
Extensor expansion 伸肌擴展部
Extensor hallucis brevis 伸拇趾短肌
Extrinsic extensor 掌外伸肌群
Fibrous sheath of flexor tendons 屈肌腱的纖維鞘
Flexor digiti minimi brevis 屈小趾短肌
Flexor digitorum brevis 屈趾短肌
Flexor hallucis brevis 屈拇趾短肌
Flexor retinaculum 屈肌支持帶
Inferior extensor retinaculum 伸肌下支持帶
Interphalangeal joint (IP joint) 趾骨間關節
Lateral malleolus 外踝
Lateral part 外側部
Long plantar ligament 長蹠韌帶
Lumbricals 蚓狀肌
Medial malleolus 內踝
Metatarsophalangeal joint (MP joint) 蹠趾關節
Middle phalanx 中趾節骨
Navicular 舟狀骨
Plantar aponeurosis 蹠側腱膜
Plantar interossei 蹠側骨間肌
Quadratus plantae 蹠方肌
Sesamoid bones 種子骨
Short plantar ligament 短蹠韌帶
Skin and fat 皮膚和脂肪
Superior extensor retinaculum 伸肌上支持帶
Sustentaculum tali 載距突
Talus 距骨

見63、64頁

肌肉系統／下肢
足部肌群（內在肌群）

著色說明：只有鏤空名稱提到的肌肉才要上色，沿用自前頁的字母標記只是做辨識用。你有可能必須重複使用相同的顏色。(1) 足部外在肌的附著位置可參見前面兩頁。(2) 從第四層（最深層）開始上色，完成一幅圖解後再接著為下一幅上色。

肌肉

第四層
3 PLANTAR INTEROSSEI P
4 DORSAL INTEROSSEI Q

第三層
FLEXOR HALLUCIS BREVIS R
ADDUCTOR HALLUCIS S
FLEXOR DIGITI MINIMI BREVIS T

第二層
QUADRATUS PLANTAE U
4 LUMBRICALS V

第一層
ABDUCTOR HALLUCIS W
ABDUCTOR DIGITI MINIMI X
FLEXOR DIGITORUM BREVIS Y

腳背面
EXTENSOR DIGITORUM BREVIS N
EXTENSOR HALLUCIS BREVIS O

腳背面
（右腳）

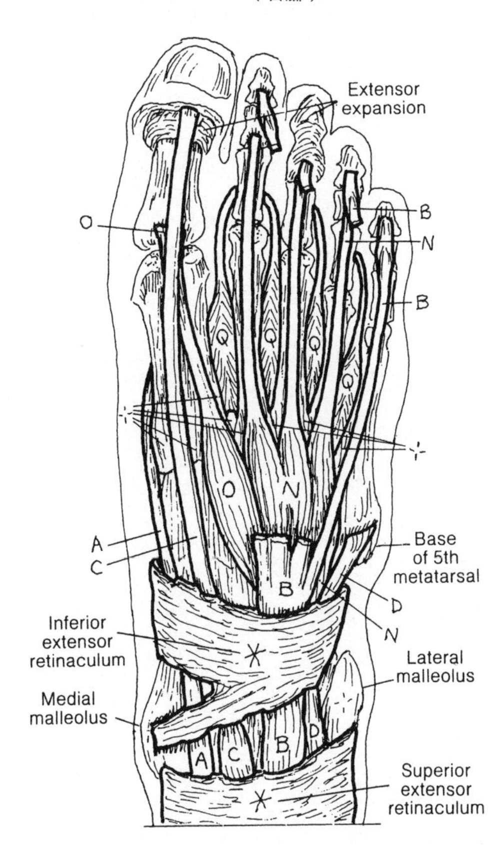

蹠面（腳底）
（右腳）

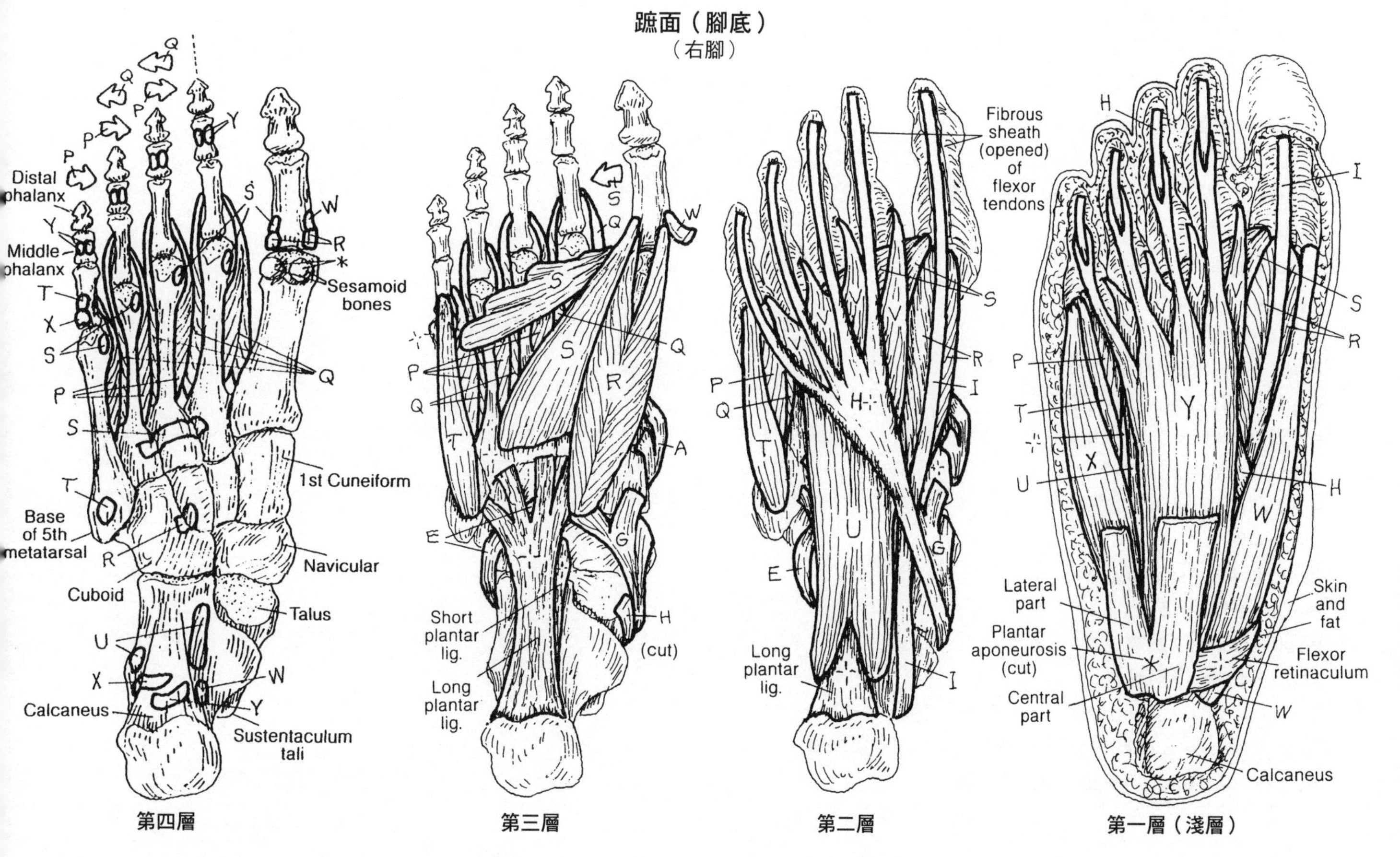

解剖名詞中英對照（按英文字母排序）

Anterior superior iliac spine 髂前上棘
Calcaneus 跟骨
Coccyx 尾骨
Head of fibula 腓骨頭
Iliac crest 髂嵴
Iliotibial tract 髂脛束
Inguinal ligament 腹股溝韌帶
Ischial tuberosity 坐骨粗隆
Lateral malleolus 外踝
Medial malleolus 內踝
Patella 髕骨
Patellar ligament 髕韌帶
Pes anserinus 鵝足
Popliteal fossa 膕窩
Shaft of Tibia 脛骨幹
Superior surface of pubic bone 恥骨上表面
Tendocalcaneus (Achilles tendon) 跟腱（阿基里斯腱）
Tendon of tibialis posterior 脛後肌腱

肌肉系統／下肢
肌肉複習

著色說明：沿用第 58 頁的做法。務必在下面四幅插圖中找到各個肌肉，然後才動手寫下其名稱。列表的關鍵字是「主要」一詞。（答案見附錄 1）

主要作用於髖關節的肌群

A ______
A^1 ______
A^2 ______
A^3 ______
A^4 ______
A^5 ______
A^6 ______
A^7 ______

主要作用於膝關節的肌群

B ______
B^1 ______
B^2 ______
B^3 ______
B^4 ______
B^5 ______
B^6 ______
B^7 ______

主要作用於踝關節的肌群

C ______
C^1 ______
C^2 ______
C^3 ______
C^4 ______
C^5 ______
C^6 ______
C^7 ______
C^8 ______

主要作用於距骨下關節的肌群

D ______
D^1 ______

主要作用於腳趾的肌群

E ______
E^1 ______
E^2 ______

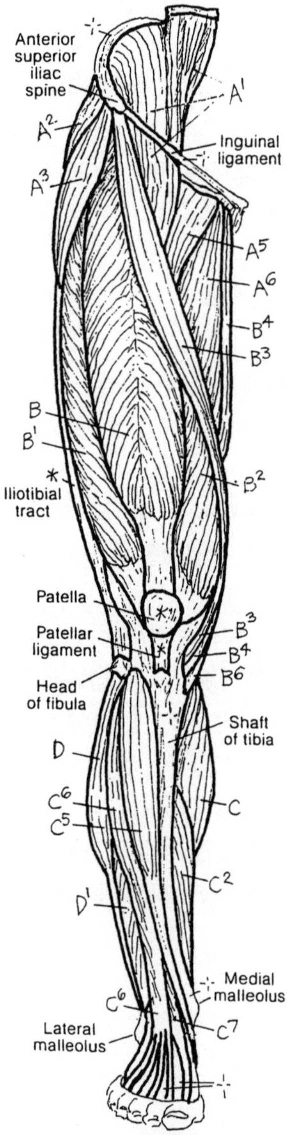

前視圖 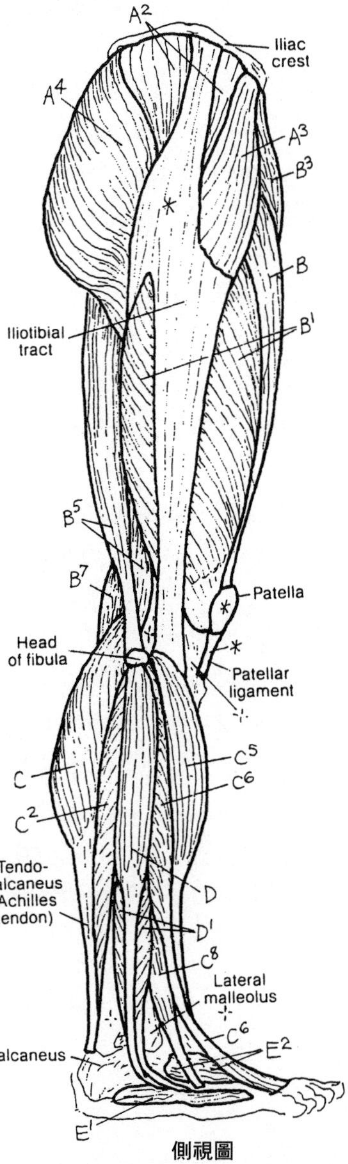　側視圖 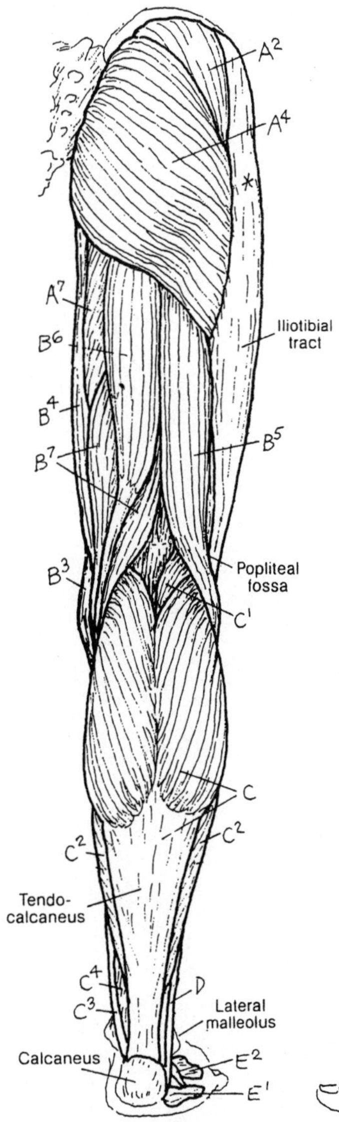　背視圖 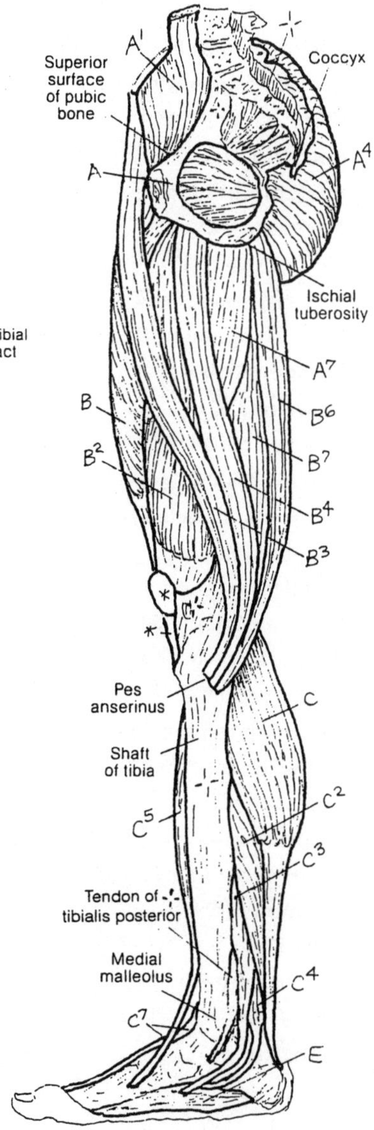　內視圖

首先把右頁三幅插圖的A及B肌群上好色，接著就使用這些圖來複習，並思考以下內容。

上半身的關節**屈肌**有些很擅長承重並表現各種功能(彎身、上舉、前推、後拉等)，它們的配置有利於撿拾和攜帶東西。你用上肢所做的所有事情，幾乎全都牽涉到眾多關節屈曲作用。當你完成動作，還需要對抗重力的**伸肌**來讓你回復直立狀態。在右頁圖中，這些肌肉多半沒有畫出，因為它們都屬於支持脊柱的深層肌肉。那麼它們到底是位於脊柱的哪一側呢？在右頁下方插圖標出了這群肌肉：「豎脊肌和深層肌群」(erector spinae and deeper muscles)。你可以看出，這群伸肌能幫你保持挺直，維持伸肌的作用功能(直立的身體)，即完成上肢動作之後所回復的姿勢，也是新動作的起始位置。倘若深層伸肌不能發揮預期功能，那麼你就會受重力影響而跌倒。腹部肌群(A)能視需要壓縮腹腔，這群肌肉也是軀體的強力屈肌。它們強力收縮時能對抗外來施力，因此可以保護腹部內臟。

現在請幫右頁的**肩胛穩定肌群**(F)上色。這六塊肌肉負責讓肩胛骨穩定於身體後壁，同時還讓肩胛胸廓骨架(scapulo-thoracic frame)擁有高度的活動性，從而賦予肩關節的運作能力。

現在請按上面做法，幫**旋轉肌群**、**外展肌群**和**內收肌群**(C、D、E)上色。這群肌肉提供上下肢在工作、運動時額外的活動力及表現。當它們的活動力達到極致時，旋轉肌和外展肌往往很容易受傷。

右頁圖示並沒有清楚呈現出足部**外翻肌**和**內翻肌**的樣子；第40、63及第64頁有這群肌肉的若干細部外觀。

最後請回想：承重關節的伸展作用通常是一種抗重力的功能。軀體的屈肌和伸肌，兩者之間是一種不停取捨達到平衡的關係。請注意右頁底下人體圖的重力線，以及它和脊柱、臀部、膝部與踝部等處關節之間的關係。理論上，一般人最理想的站姿，其重心應該落在緊貼運動節段S1-S2前方的位置。頸部和軀幹屈曲會讓重心往前移，這會讓頸部、胸部和腰部的脊椎旁肌(屬於伸肌)增加拮抗負荷。

解剖名詞中英對照(按英文字母排序)

Abductor 外展肌
Adductor 內收肌
Clavicle 鎖骨
Deltoid 三角肌
Erector spinae and deeper muscles 豎脊肌和深層肌群
Evertor 外翻肌
Extensor 伸肌
Flexor 屈肌
Gastrocnemius and soleus 腓腸肌和比目魚肌
Gluteus maximus 臀大肌
Gluteus medius 臀中肌
Hamstring muscles 膕旁肌群
Head of fibula 腓骨頭
Iliac crest 髂嵴
Iliopsoas 髂腰肌
Iliotibial tract 髂脛束
Inguinal ligament 腹股溝韌帶
Invertor 內翻肌
Linea alba 白線
Longus colli 頸長肌
Nuchal lIgament 項韌帶
Paraspinal muscle 脊椎旁肌
Patella 髕骨
Patellar ligament 髕韌帶
Pectoralis major 胸大肌
Popliteal fossa 膕窩
Quadriceps 四頭肌
Rectus abdominis 腹直肌
Rectus femoris 股直肌
Rotator 旋轉肌
Scapular stabilizer 肩胛骨穩定肌
Spine of scapula 肩胛棘
Sternum 胸骨
Tibia 脛骨
Tibialis anterior 脛前肌
Ulna 尺骨
Umbilicus 臍

肌肉系統／機能
功能概述

著色說明：(1) 首先檢視鏤空名稱，並配合其組織來著色。為人體正面圖左側標示為 A 的肌肉上色，接著再為同一圖的對側肌肉著色。相同做法依序處理肌肉B至H。(2) 接著請看右邊的背面圖，照著左圖做法為肌肉上色。(3) 底下圖解的肌肉 A 和 B 都要上色。

功能動作肌

FLEXOR A　ROTATOR E
EXTENSOR B　SCAPULAR STABILIZER F
ABDUCTOR C　EVERTOR G
ADDUCTOR D　INVERTOR H

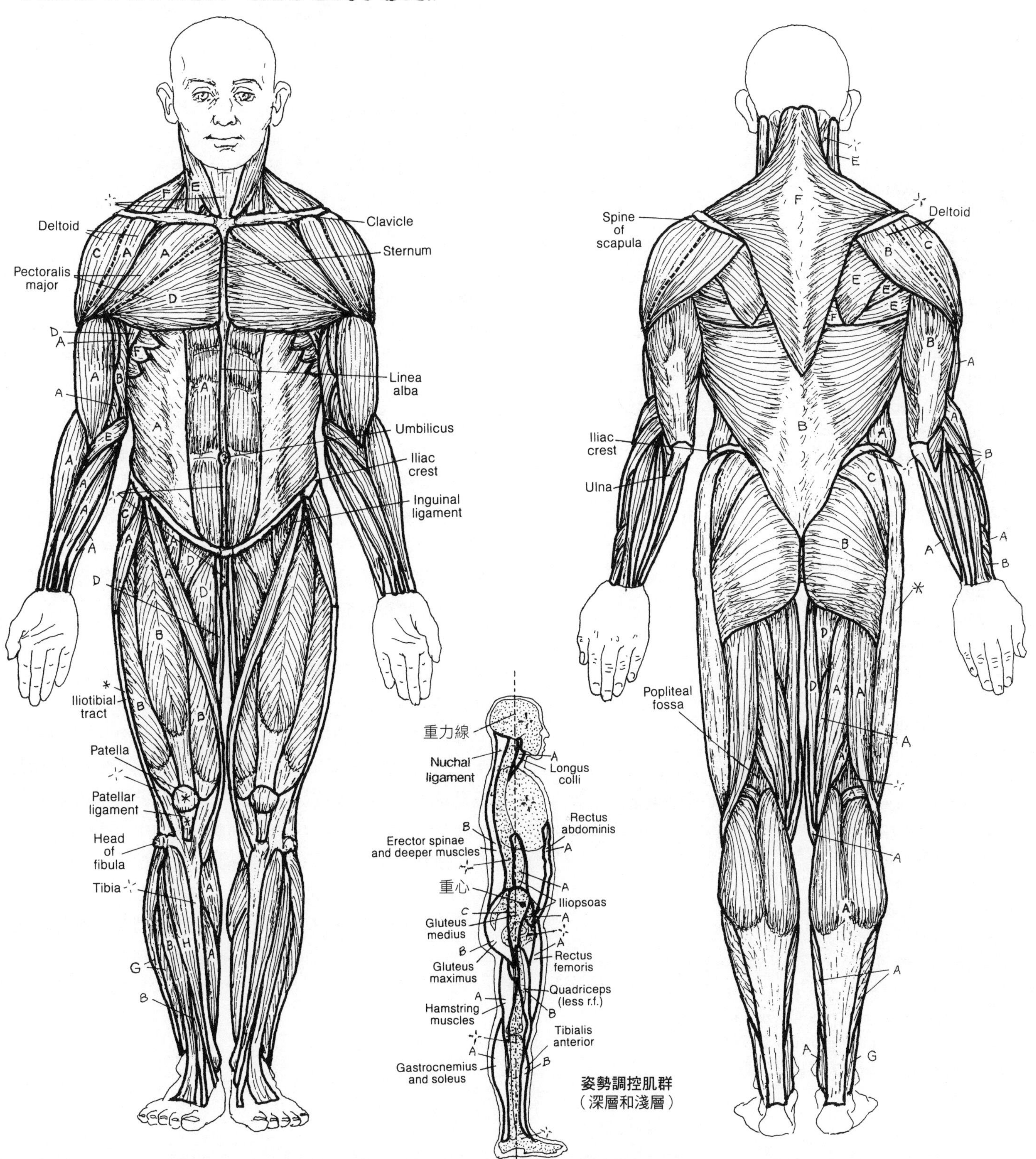

姿勢調控肌群
（深層和淺層）

能引起興奮反應的神經系統，是由神經元的細胞體和突起共組而成，全套系統配置包括：高度整合的中樞部（即**中樞神經系統**，簡稱 CNS），以及組織比較擴散的**周邊神經系統**（簡稱 PNS）。CNS 的組成，包括頭顱內的腦和軀幹脊柱內的脊髓。PNS 的組成則含大批集結成束的神經突起（即神經），這些神經綿密遍布全身各處，此外還有神經元細胞體集合而成的**神經節**。神經元由無傳導性的神經膠細胞提供支持並充裕供血。CNS 的神經元彼此相連，有些形成中樞，稱為神經核（灰質），另有些形成長短不等的軸突束，稱為神經束（白質）。腦和脊髓都包裹在稱為腦脊髓膜（右頁圖未畫出）的纖維膜裡面。

腦是多種功能中樞，兼司感官知覺及運動（但脊髓反射除外）、情緒、理性思考和行為、遠見和規畫、記憶、說話、語言以及語言詮釋。

脊髓是腦的延伸，起端位於頭顱的**枕骨大孔**（供上行和下行脈衝通過的開孔），脊髓也是脊髓反射的中樞。脊髓向肌肉發出運動指令，接收頭部以下部位的感覺傳入。

周邊神經系統的組成大半是集結成束的感覺軸突和運動軸突（神經），有些從腦部向外發出（稱為**腦神經**），另有些從脊髓各節兩側向外發出（稱為**脊神經**）。脊神經以高度組織模式，遍布身體所有部位，包括軀體部和內臟部。脊神經分支通常稱為周邊神經。神經把身體的所有感覺／感官傳向腦部和脊髓，並把運動指令傳給身體的所有平滑肌和骨骼肌。

自律（自主）神經系統（簡稱 ANS）又稱內臟神經系統，隸屬周邊神經系統，由神經節和神經組成，專司中空器官（內臟）的肌肉活動和腺體的分泌作用。也就是說，自主神經系統只有運動的部分；內臟感覺由周邊神經傳到脊髓和腦，一如軀體感覺的傳送方式。自主神經系統又細分兩部：一是交感神經分系（又稱胸腰分系），負責驅動打鬥或逃跑反應，作用時能把官能發揮到極致以求平安生存下來；二是副交感神經分系（又稱顱薦分系），負責維持呼吸道、食物的攝取和消化以及廢物處理等營養機能。

解剖名詞中英對照（按英文字母排序）

Autonomic nervous system 自律（自主）神經系統
Brainstem 腦幹
Cauda equine 馬尾
Central nervous system (CNS) 中樞神經系統
Cerebellum 小腦
Cerebrum 大腦
Cervical enlargement 頸膨大部
Conus medullaris 脊髓圓錐
Cord ends here 脊髓末端位置
Cranial nerve 腦神經
Craniosacral division 顱薦部分
Filum terminale 終絲
Foramen magnum 枕骨大孔
Ganglion 神經節
Lumbar enlargement 腰膨大部
Meninges 腦脊髓膜
Neuroglia 神經膠細胞
Nuclei 神經核
Parasympathetic division 副交感神經分系
Parasympathetic ganglion 副交感神經節
Peripheral nervous system (PNS) 周邊神經系統
Prevertebral sympathetic ganglia 椎前交感神經節
Spinal cord 脊髓
　Cervical 頸脊髓
　Thoracic 胸脊髓
　Lumbar 腰脊髓
　Sacral 薦脊髓
coccygeal 尾脊髓
Spinal nerve 脊神經
Spinal nerves & branches 脊神經和神經分支
Sympathetic chain of ganglia 交感神經節鏈
Sympathetic division 交感神經分系

見72頁

神經系統
組織架構

著色說明：盡量使用淺色，以免顏色太深遮掩細節。(1) 首先為中樞神經系統的各個鏤空名稱上色。脊柱部分請勿上色。插圖所示的脊髓和脊神經各區要著色。(2) 為右上方「腦底圖」的腦神經上色。(3) 為周邊神經系統各鏤空名稱、圖示脊神經及自主神經系統的結構上色。

中樞神經系統

BRAIN ∗
- CEREBRUM A
- BRAINSTEM B
- CEREBELLUM C

SPINAL CORD D
- CERVICAL G
- THORACIC H
- LUMBAR I
- SACRAL J
- COCCYGEAL K

周邊神經系統

CRANIAL NERVES (12 PAIR) E

SPINAL NERVES & BRANCHES F
- CERVICAL (8) G'
- THORACIC (12) H'
- LUMBAR (5) I'
- SACRAL (5) J'
- COCCYGEAL (1) K'

AUTONOMIC NERVOUS SYSTEM ∗
- SYMPATHETIC DIVISION L
- PARASYMPATHETIC DIVISION M

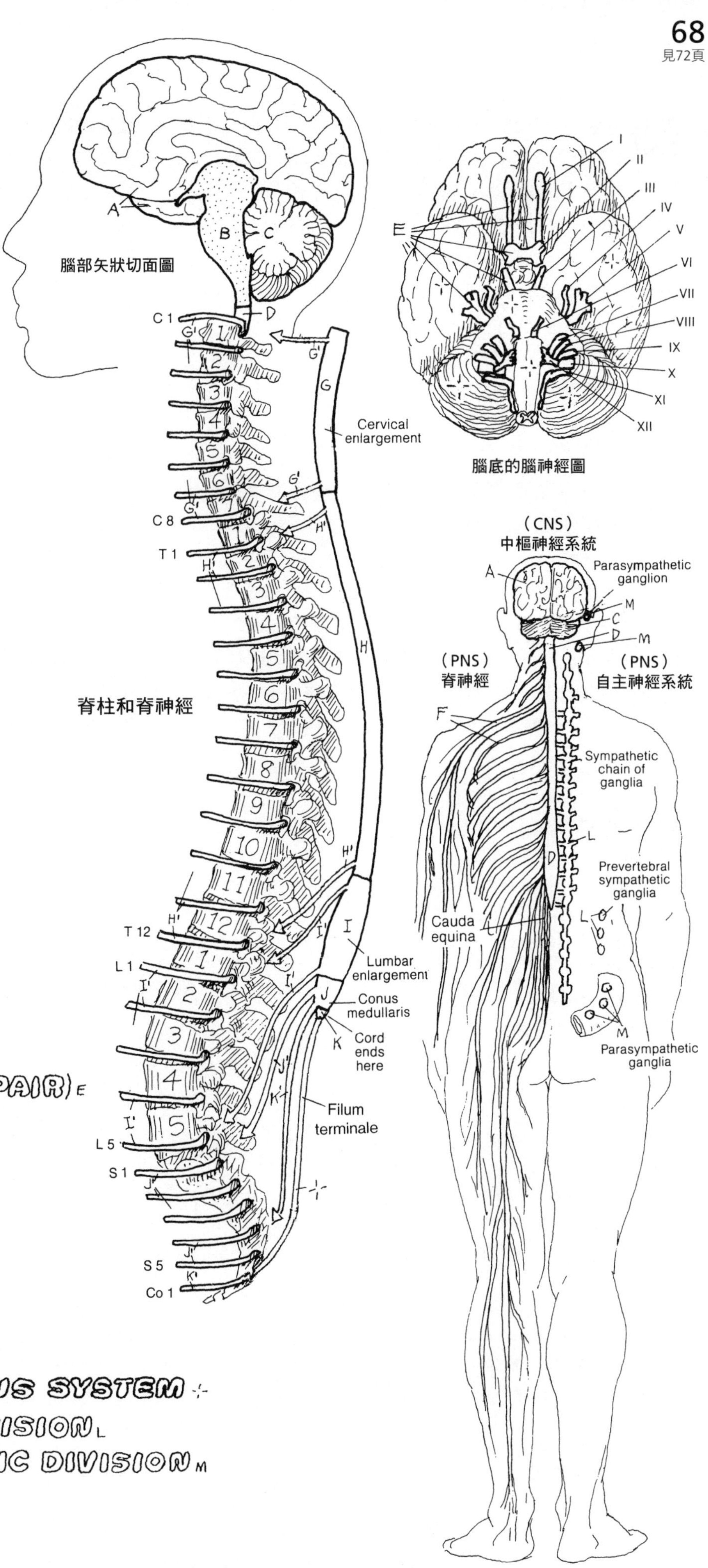

神經元一般都依循三種模式之一來運作：(1) **感覺神經元**負責「傳入」（afferent，把神經衝動傳往中樞），這類神經元能接收體內受器傳來的電化學衝動，並把那些衝動傳往中樞神經系統；(2) **運動神經元**負責「傳出」（efferent，把神經衝動傳離中樞），這類神經元能把中樞神經系統傳來的指令衝動傳往身體肌肉；還有 (3) **聯絡神經元**。這種神經元的後面形成一套網絡，由數十億互相連通的細胞組成，具有廣泛互連的處理過程，這套網絡位於中樞神經系統，「聯絡」神經元就在這裡處理單純的感覺輸入及複雜的運動反應之間的所有細節。

倘若感覺神經元或運動神經元，跟肌肉骨骼結構、或是皮膚和筋膜有關的（這些部分是胚胎期由體節形成的），則其「神經元」名稱可以加個「體」（somatic）字前綴，以此來和「內臟」（visceral）區分，這裡的內臟是指源自身體完全不同出處的空腔器官。儘管體壁和內臟的感覺神經元基本上是相同的，但這兩處的內臟傳出神經元卻是相當不同的（此指「體傳出」及「內臟傳出」，後者又稱為「自主」神經系統）。

解剖名詞中英對照（按英文字母排序）

Association neuron 聯絡神經元
Autonomic ganglion 自主神經節
Axon branches 軸突分支
Axon 軸突
Cell body 細胞本體
Central process 中樞突
Dendrite 樹突
Ganglion 神經節
Gray matter 灰質
Interneuron 中間神經元
Motor end plate 運動終板
Peripheral process 周圍突
Postganglionic neuron 節後神經元
Preganglionic neuron 節前神經元
Receptor 受器
Sensory (afferent) neuron 感覺（傳入）神經元
Skeletal muscle (effector) 骨骼肌（作用器）
Smooth muscle (Effector) 平滑肌（作用器）
Somatic motor (efferent) neuron 體運動（傳出）神經元
Somite 體節
Visceral motor (efferent) neuron 內臟運動（傳出）神經元
White matter 白質

感覺神經元是神經相關的傳入部分。它們和遍布全身且數量不明的感覺受器形成一種連結，這類受器種類繁多，分別對觸覺、壓覺、痛覺、關節體位、肌肉張力、化學濃度、光波及聲波等具有敏銳感應。不管任何時候，這些受器都會不斷協同提供身體與周遭環境的內外在變化等資訊。在外觀上，感覺神經元多半屬於單極（或偽單極）或雙極類型，這是根據細胞突起數目的分類法。**周圍突**把神經衝動傳往細胞體，而**中樞突**則把神經衝動傳進脊髓或腦中，進入中樞處理程序。

運動神經元負責由中樞神經系統的細胞本體傳出神經衝動，衝動沿著軸突離開中樞神經系統，接著發出分支，各分支分別併入一個肌細胞的細胞膜（**運動終板**）。神經元在終板釋出神經傳導物質，藉此促使肌細胞收縮。所有骨骼肌都有傳出神經分布；而心肌和平滑肌則否。

自主運動神經元的動作以節前及節後兩神經元為單位，在神經節處以突觸銜接。第一神經元（**節前神經元**）源自中樞神經系統，其軸突會抵達距離中樞神經系統一段距離外的神經節。該軸突在此與**節後神經元**的細胞本體或樹突銜接，而節後神經元的軸突再到達作用器：平滑肌、心肌或腺體。

腦和脊髓的神經元大半屬於**聯絡神經元**（又稱中間神經元）。勞倫斯科學館（Lawrence Hall of Science）的神經解剖學家暨前館長瑪麗安·戴蒙德（Marian Cleeves Diamond）博士說得好：「中間神經元負責執行必然發生於感覺輸入和運動輸出之間的修飾、協調、整合、促進和抑制作用。」註 [1]

註 [1] 經許可刊載，原出處：Diamond, Marian C., Scheibel, Arnold B., and Elson, Lawrence M. *The Human Brain Coloring Book*. Harper Perennial, New York, 1985.

見13頁

神經系統
神經元的功能分類

著色說明：首先為本頁中間的「周邊神經系統」上色。(1) 為周邊神經系統各處的鏤空名稱、神經元及部位上色。內臟運動神經元（傳出神經元）的細胞部位都不用上色，只為兩個神經元著色。(2) 底下「中樞神經系統」的鏤空名稱及插圖的中間神經元要上色。(3) 為本頁最上面的梗概圖上色。

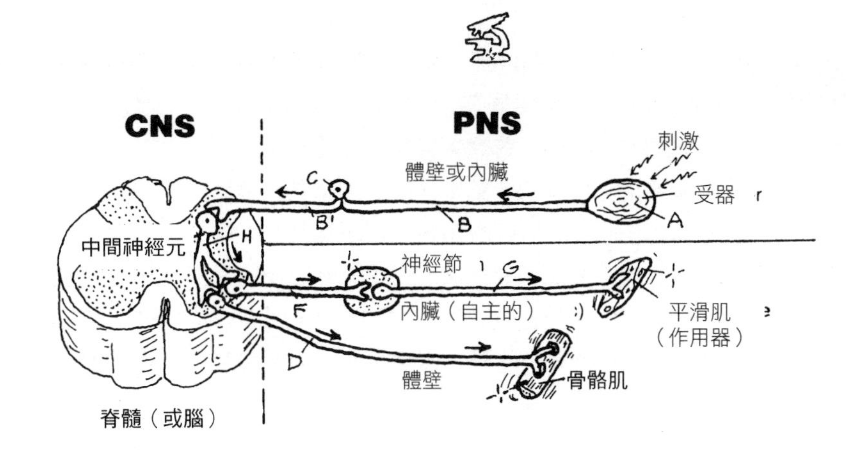

周邊神經系統（PNS）

RECEPTOR A
AXON (PERIPHERAL PROCESS) B
CELL BODY C
AXON (CENTRAL PROCESS) B'

SENSORY (AFFERENT)* 神經元

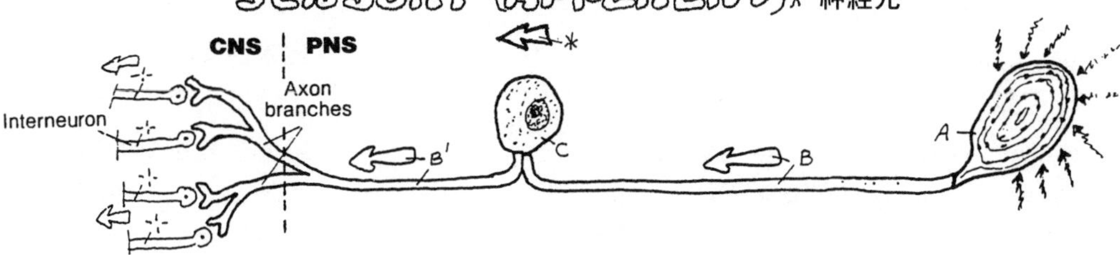

SOMATIC MOTOR (EFFERENT)* 神經元

DENDRITE D
CELL BODY C'
AXON B²
MOTOR END PLATE E

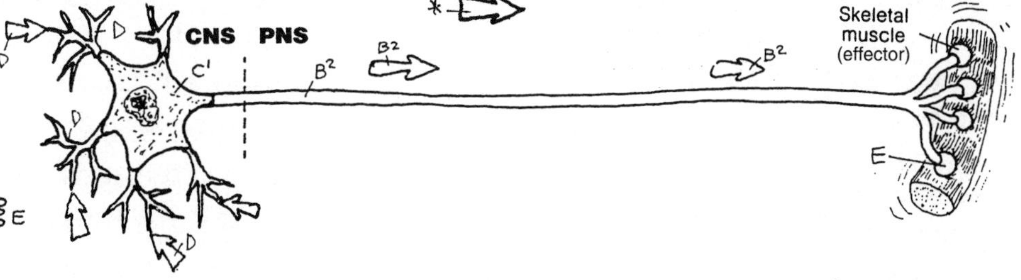

VISCERAL MOTOR (EFFERENT)* 神經元

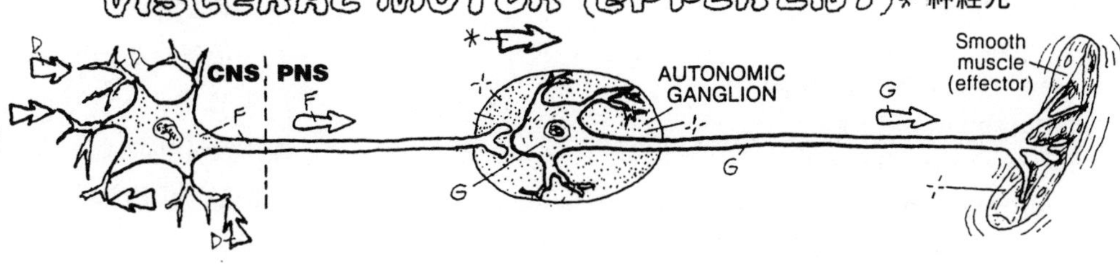

中樞神經系統（CNS）

INTERNEURON (ASSOCIATION NEURON) H

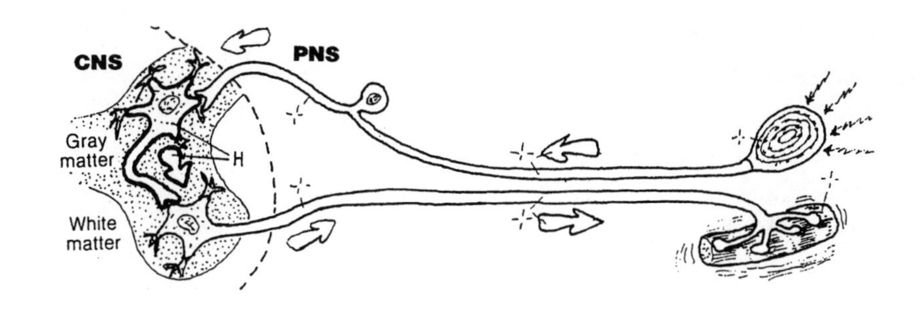

神經元彼此之間的連接部位稱為**突觸**，其中絕大多數是非黏貼式的接觸。突觸使用化學性神經傳導物質，在神經元之間傳導衝動。**電性突觸**是以荷電原子（即離子）循蛋白質通道（右頁圖未畫出）在神經元之間傳導的突觸，這種突觸在腦和胚胎神經組織中都可見到，不過數量稀少。多數突觸都屬於**軸樹突觸**，也就是一個神經元的軸突和另一個神經元的樹突或樹突棘連接。突觸前方的神經元稱為**突觸前神經元**，而第二個神經元則稱為**突觸後神經元**。

右頁圖顯示了幾種不同的神經元突觸關係。請注意這裡有個比較罕見的突觸複合體，稱為**突觸小球**，由三個軸突和一個樹突棘相連而成，而且全都被神經膠質鞘包覆（參見 13 頁）。

突觸讓電化學衝動得以在無數神經元之間進行幾乎即時的傳導。突觸越多，可能性也越大。突觸類別繁多，從簡單的反射弧（見 85 頁）到腦和脊髓內牽涉到好幾百萬突觸的多突觸路徑（polysynaptic pathway），不一而足。脊髓的單一運動神經元有可能具有上萬個突觸，滿布在它的細胞本體和樹突上。我們腦子整合、協調、連結及修改電化學衝動的能力高低，跟路徑含有多少突觸有直接關係。從神經元的角度來看，弄懂那些知識（神經元的內容），還不如你認識哪些人（接觸點／突觸的數量）更為重要。開始學學社交橋牌吧！

化學性突觸的典型作用請見右頁下圖 (1) 到 (6)，這可幫你了解電化學軸樹突觸的作用方式。**突觸前軸突**負責向突觸傳導神經衝動 (1)。當衝動傳抵軸突終末，細胞膜上的鈣離子（Ca^{++}）通道開啟，於是鈣離子便從細胞外間隙湧入軸突終末。(2) **突觸小泡**裡面貯存了乙醯膽鹼、正腎上腺素或麩氨酸一類的神經傳導物質，由於受了湧入的鈣離子影響，便開始向**突觸前膜**遷移並與之融合 (3)。融合之後，神經傳導物質便從小泡溢入纖小的**突觸裂隙**，此稱為**胞吐作用**。神經傳導物質與樹突的**突觸後膜** (J) 上的受器蛋白質 (J^1) 結合；離子通道開啟，而經過改變的膜電位（神經衝動）便沿著樹突向外傳播 (4)。失去活性的神經傳導物質片段由突觸前膜吸收 (5)，此稱為**胞飲作用**，並重新合成及封存於突觸小泡內 (6)。

突觸後膜的電位活化有可能受神經傳導物質的促進或抑制。若是經由多重促進性突觸充分激發，則突觸後神經元就會去極化，並把一股神經衝動傳導到下一個神經元或作用器（肌細胞、腺細胞）。若是經由多重抑制性突觸充分抑制，那麼神經元就不會去極化，也不會把神經衝動傳導出去。

解剖名詞中英對照（按英文字母排序）

Axo spino dendritic synapse 軸突棘樹型突觸
Axoaxonic synapse 軸突軸突突觸
Axodendritic synapse 軸突樹突突觸／軸樹突觸
Axon hillock 軸丘
Axon membrane 軸突膜
Axon terminal 軸突終末
Axon 軸突
Axosomatic synapse 軸突細胞體突觸
Cell body (soma) 細胞本體（體）
Dendrite spine 樹突棘
Dendrite 樹突
Dendro dendritic synapse 樹突樹型突觸
Electrical synapse 電性突觸
Endocytosis 胞飲作用
Exocytosis 胞吐作用
Glomerulus 小球
Membrane potential 膜電位
Mitochondrion 粒線體
Nerve impulse 神經衝動
Neuroglial sheath 神經膠質鞘
Neurotransmitter 神經傳導物質
Postsynaptic membrane 突觸後膜
Postsynaptic neuron 突觸後神經元
Presynaptic axon 突觸前軸突
Presynaptic membrane 突觸前膜
Presynaptic neuron 突觸前神經元
Receptor 受器
Somato somatic synapse 體型突觸
Synaptic cleft 突觸裂隙
Synaptic vesicle 突觸小泡

見13、69頁

神經系統

突觸和神經傳導物質

著色說明：A、B 和 C 建議使用淺色。(1) 在上圖中，只有標記部分要上色。每處突觸都有兩個部分（突觸前和突觸後）需要上色。代表神經衝動的箭頭請著上熱情的顏色。(2) 按數字標示的步驟，循序為下圖的化學性突觸上色。

AXON A
CELL BODY (SOMA) B
DENDRITE C

化學性突觸

AXO A AXONIC A
AXO A SOMATIC B
AXO A DENDRITIC C
AXO A SPINO C' DENDRITIC C
DENDRO C DENDRITIC C
SOMATO B SOMATIC B
GLOMERULUS -¦-

NERVE IMPULSE D

電性突觸（未畫出）

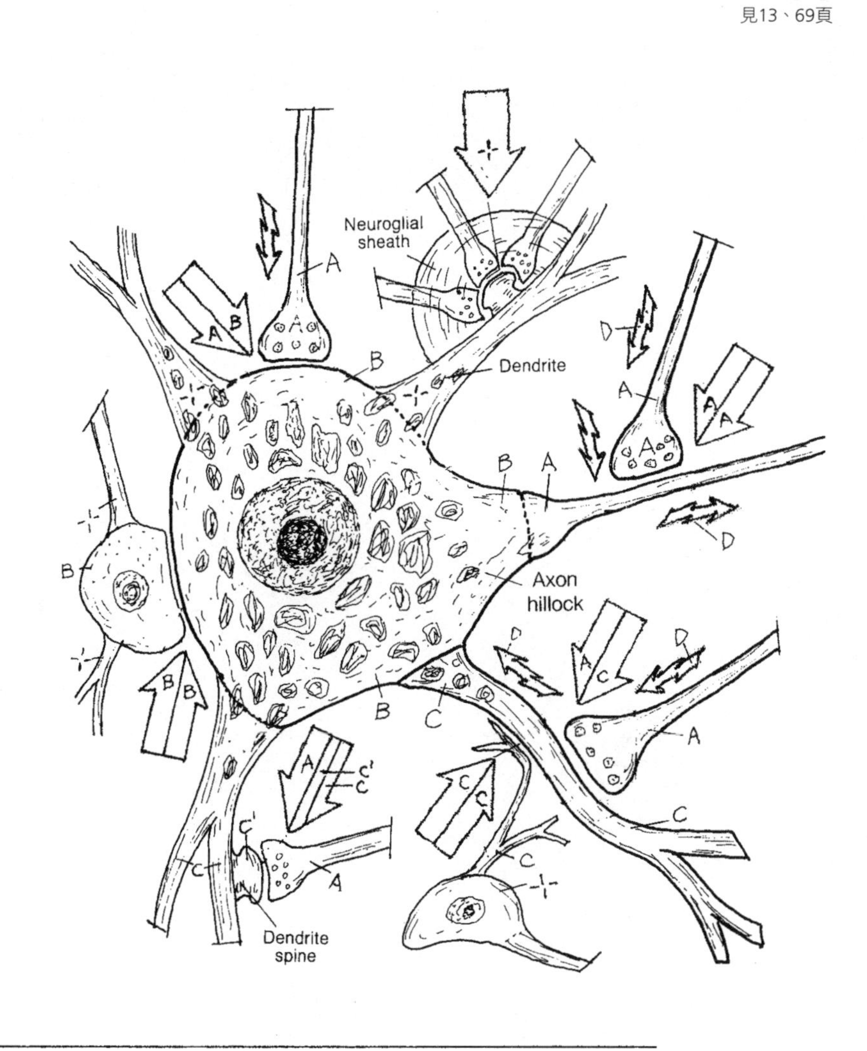

典型的化學性突觸

PRESYNAPTIC AXON A
SYNAPTIC VESICLE F
NEUROTRANSMITTER G
PRESYNAPTIC MEMBRANE E
EXOCYTOSIS H
SYNAPTIC CLEFT I
POSTSYNAPTIC MEMBRANE J
RECEPTOR J'
NEUROTRANSMITTER FRAGMENT G'
ENDOCYTOSIS K

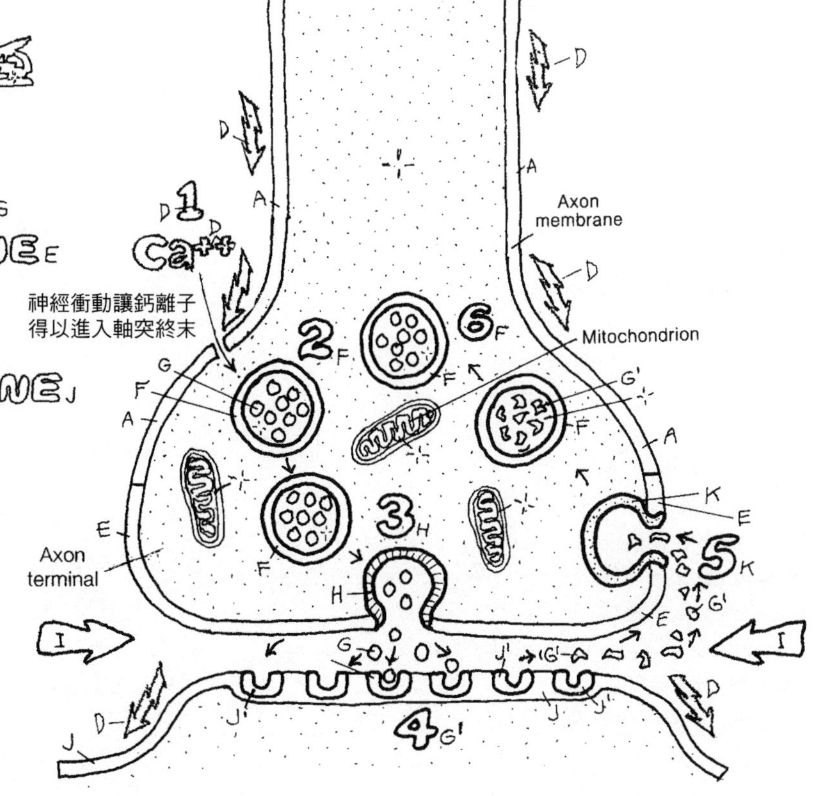

一個運動神經元的單一軸突及其分支，還有所支配的骨骼肌纖維，共同組成一個**運動單位**。軸突和肌纖維的特定連接點稱為**神經肌肉接合點**。一個運動神經元支配骨骼肌肉的肌纖維數量，大致上都取決於該肌肉的收縮特異性。各運動單位的肌纖維數量越少，該骨骼肌收縮度的選擇性和精密度就越高。

骨骼肌由無數肌纖維（肌細胞）所組成，必須有完好的神經（神經支配）才能縮短（收縮）。這種神經稱為**運動神經**，由眾多運動神經元的軸突共同組成。一個運動神經元僅控制它所接觸的肌纖維的收縮。骨骼肌的每條肌纖維都由一條軸突的一個分支來支配。一條軸突分支會貼附於骨骼肌肌纖維上的微細部位，此部位就稱為神經肌肉接合點。每個神經肌肉接合點都由一個**軸突終末**及所支配的肌纖維之肌漿膜部位所組成，此部位稱為**運動終板**，兩者之間存在著間隙。當骨骼肌的肌纖維即將接受刺激時，軸突終末會釋出一種化學性神經傳導物質（稱為乙醯膽鹼）進入間隙。神經傳導物質會誘發肌纖維膜改變對鈉（Na^+）的滲透性，接著就啟動肌纖維收縮。肌纖維只能做最大肌力收縮（「全有全無」律）。接受同一運動神經軸突所支配的所有肌肉細胞，均採行最大收縮。

由於每個骨骼肌纖維都採行「全有全無」方式收縮，因此一條骨骼肌的收縮強度，取決於參與運動單位的多寡而定（參見右頁「收縮強度的等級」）。

右頁所呈現的是一條靜止肌肉，沒有運動單元被激活。這種狀況有兩個例外情形：(1) 受器不自主地做出伸展（肌梭），以及 (2) 不自主地由皮質下的運動中樞設定肌張力。所以事實上，連靜止的肌肉在任一時間都仍有不等數量的單位處於收縮狀況，這是非意識性的控制，以維持適度的肌張力。

輕微的收縮，指的是只有部分運動單位啟動；而當骨骼肌以**最大肌力**收縮時，所有運動單位全都啟動。臀大肌是一種骨骼肌，其神經與肌纖維比達到 1:1000 或更高，因此這塊肌肉不可能做出精細的收縮動作。反之，臉部肌肉的神經與肌纖維比就遠低於此（接近 1:10），因此，臉部可以動用一個或少數運動單位來收縮少數肌纖維，按照意願來產生非常精細的肌肉作用控制（臉部表情），比如「蒙娜麗莎的微笑」。

解剖名詞中英對照（按英文字母排序）

Acetylcholine 乙醯膽鹼
Axon branch 軸突分支
Axon terminal 軸突終末
Axon 軸突
Gap 間隙
Motor end plate 運動終板
Motor nerve 運動神經
Muscle fiber 肌纖維
Muscle spindle 肌梭
Muscle tone 肌張力
Neuromuscular junction 神經肌肉接合點
Sarcolemma 肌漿膜
Skeletal muscle 骨骼肌

見79、85、90頁

神經系統

神經與肌肉之間的整合

著色說明：A 和 E 要使用非常淺的顏色，F 則選用鮮亮的顏色。(1) 從右圖踮腳提踵的骨骼肌（A）開始上色；接著完成運動單位圖及神經肌肉接合點的放大圖。(2) 為頁底各收縮等級及相關標題上色：只有動作電位的運動單位才需要上色。請注意，「Rest」和「Partial」二字不用上色。

SKELETAL MUSCLE A
MUSCLE FIBER A'
MOTOR END PLATE B
MOTOR NERVE C
AXON C'
AXON BRANCH D
AXON TERMINAL E

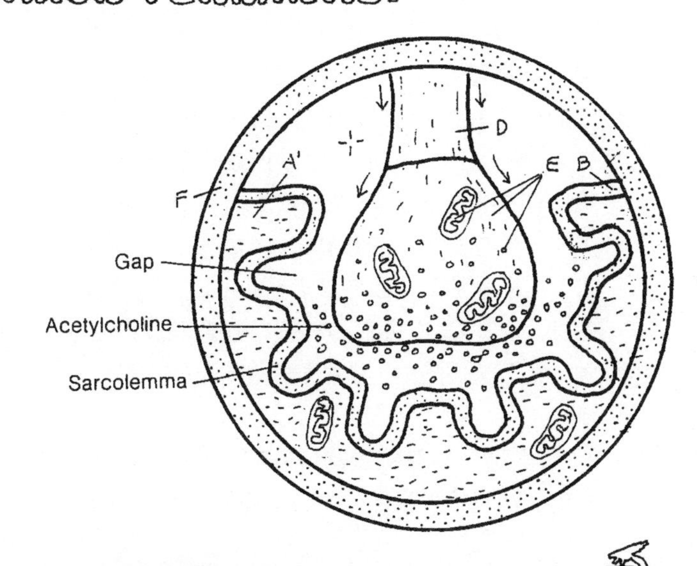

運動單位
AXON C'
AXON BRANCH D
NEUROMUSCULAR JUNCTION F
MUSCLE FIBER A'

神經肌肉接合點
NEUROMUSCULAR JUNCTION F
AXON TERMINAL E
MOTOR END PLATE B

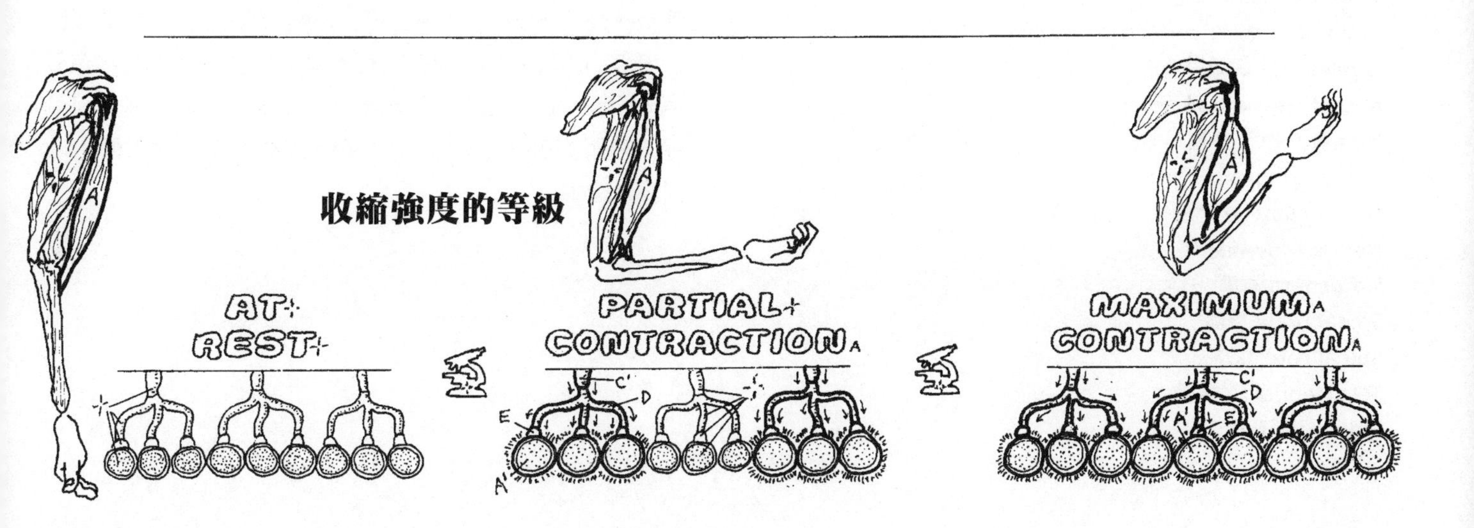

受精後第 20 天的胚胎位於羊膜腔內，腹側附著於卵黃囊。右頁的解剖圖組，是胚胎在羊膜腔中發育到第 20 至 24 天時的胚胎背側面。其頭端位於上方，尾端位於下方。這組 3D 橫切面分別採自不同時期的胚胎，包括標記 1、2 的 20 日齡切面、標記 3 的 22 日齡切面，以及標記 4 的 24 日齡切面。這段發育期間，胚胎由兩個胚層發育成三個基本胚層。**外胚層**（位於早期胚胎的背側）發育成表皮／指甲、中樞及周邊神經系統以及其他部位；**內胚層**（位於早期胚胎的腹側）生成胃腸道、肝和其他部位；而**中胚層**形成於外胚層和內胚層之間，形成多數肌肉、心臟、血液、真皮、結締組織以及其他部位。**神經嵴細胞**（屬於神經外胚層）生成周邊神經系統和自主神經系統的神經節、腦脊膜以及其他部位。

關於**神經管**在第 21 ～ 22 天左右時的發育情況：神經系統於這段時期在胚胎的背側面（外胚層）發育成形。胚胎在第 20 ～ 21 天時，外胚層形成增厚的**神經板**，而神經板的中央部位開始形成一條縱走的**神經溝**。神經溝逐漸加深，並在兩側形成**神經褶**。神經嵴細胞從外胚層分裂出來。神經溝加深作用持續朝胚胎的頭尾兩端進展。到了第 22 天，神經溝中央部的神經褶在背側部癒合並形成神經管。到了這個階段，神經管便和外胚層分開。

到了第 24 天，神經管的形成作用已經進展到胚胎的頭尾兩端。神經管大半部分會形成脊髓，而其頭端會形成腦。

到了胚胎發育的這三週末期，發展中的腦部有三處部位可以看得見了，即前腦、中腦及後腦。進一步生長（八週）之後，前腦就會擴充形成龐大的端腦（或稱終腦，也就是未來的大腦半球），以及比較偏中央的間腦（意指「中間的」腦，也就是未來的腦幹頂部）。中腦大致上保持管狀外形，此即未來的腦幹上部。後腦分化為上段的中後腦（未來的腦幹中部，它還有個大型的背側外翻部位，也就是未來的小腦）和下段的末腦（又稱脊腦，也就是未來腦幹的最下方部位）。腦幹在頭顱枕骨大孔的水平面上收窄變成脊髓。

解剖名詞中英對照（按英文字母排序）

Amnion 羊膜
Amniotic cavity 羊膜腔
Chorion 絨毛膜
Connecting stalk 連接柄
Diencephalon 間腦
Ectoderm 外胚層
Embryo 胚胎
Endbrain 終腦
Endoderm 內胚層
Forebrain 前腦
Germ layer 胚層
Hindbrain 後腦
Mesencephalon 中腦
Mesoderm 中胚層
Metencephalon 後腦
Midbrain 中腦
Myelencephalon 末腦
Neural crest cell 神經嵴細胞
Neural fold 神經褶
Neural groove 神經溝
Neural plate 神經板
Neural tube 神經管
Notochord 脊索
Spinal brain 脊腦
Spinal cord 脊髓
Telencephalon 端腦
Yolk sac 卵黃囊

見13、68、80頁

中樞神經系統
中樞神經系統的發育

著色說明：整頁都使用淺色。最上方插圖僅供參考，不用著色。(1) 仔細看看 20 及 22 日齡的胚胎背視圖，但毋須著色。首先，為右邊的三幅相關橫切面上色。(2) 現在依序為 20、22 和 24 日齡胚胎上面的箭頭著色，請注意神經溝出現了什麼變化。(3) 為 24 日齡橫切面上色，並與胚胎背視圖相互參照。(4) 為神經管頭端的腦部各發育階段上色。

神經管

NEURAL PLATE A
FOLD A'
TUBE A²
NEURAL GROOVE B
NEURAL CREST C

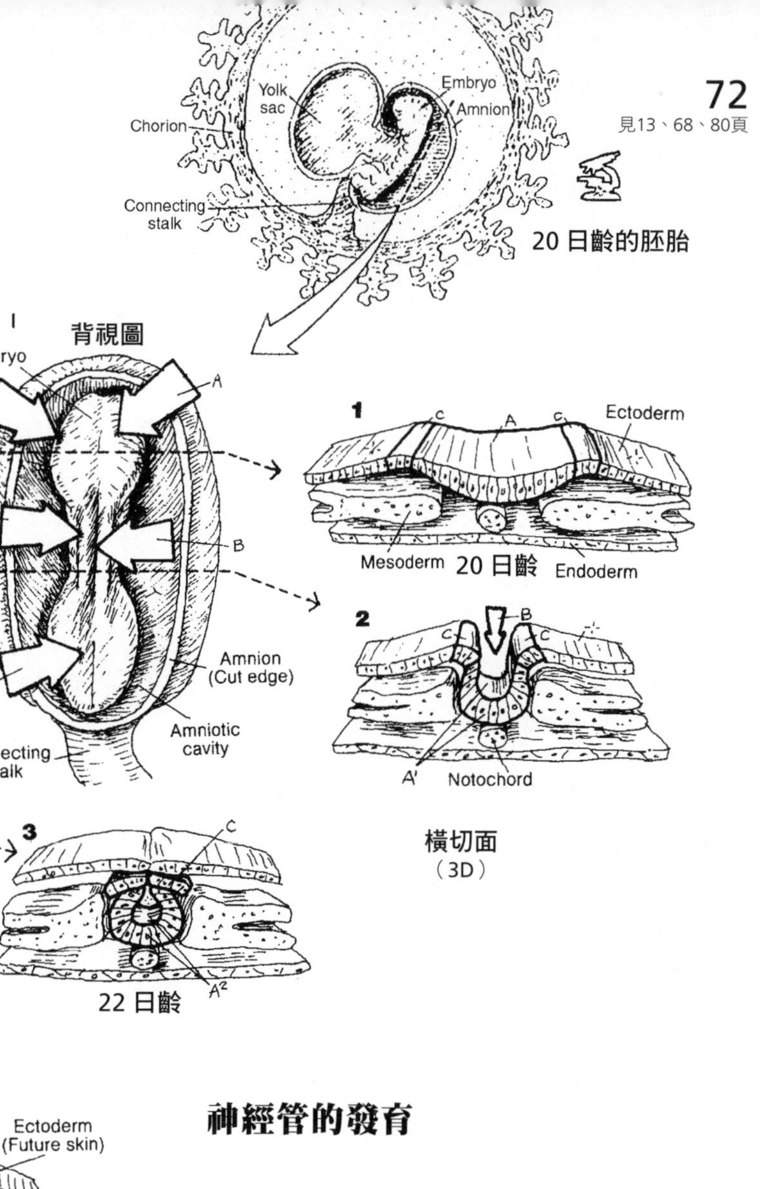

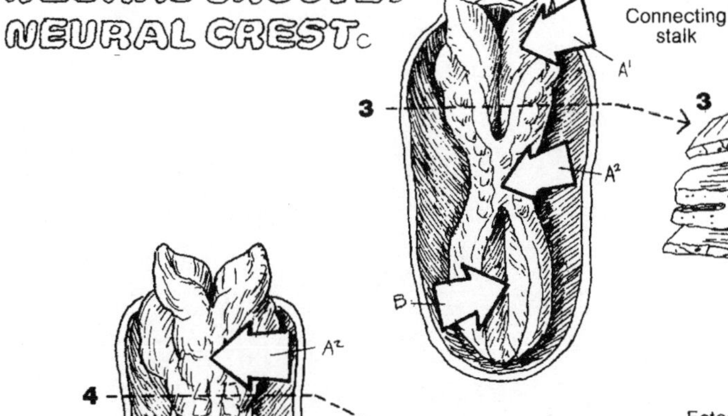

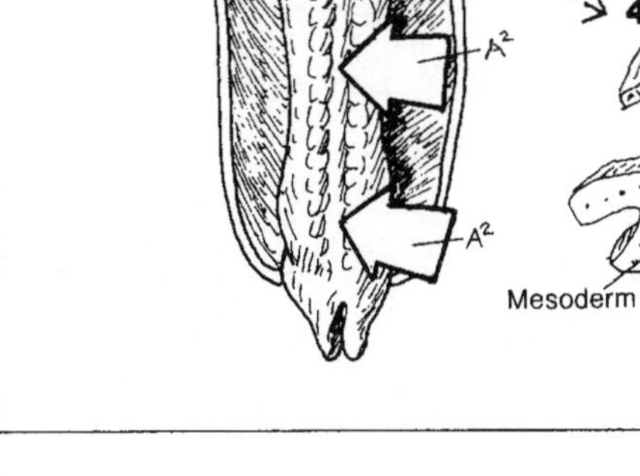

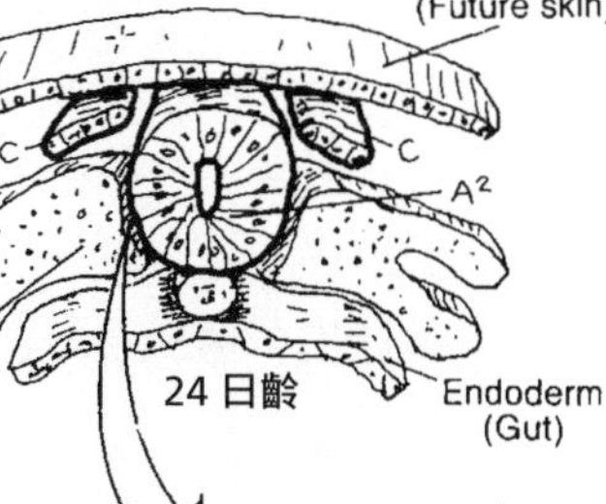

神經管的發育

腦

FOREBRAIN D
TELENCEPHALON E
DIENCEPHALON F
MIDBRAIN G
(MESENCEPHALON) G
HINDBRAIN H
METENCEPHALON I
MYELENCEPHALON J

SPINAL CORD K

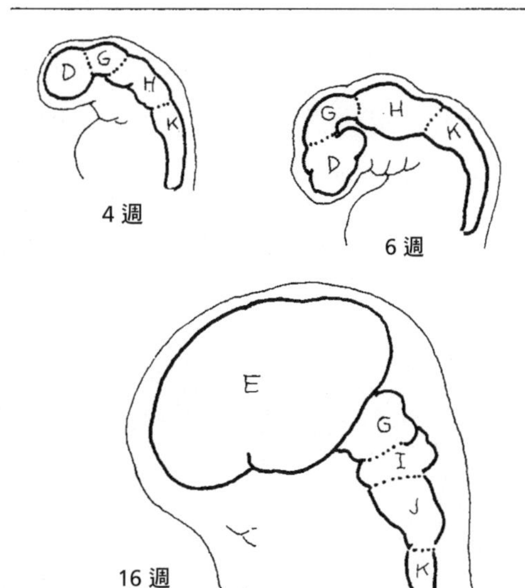

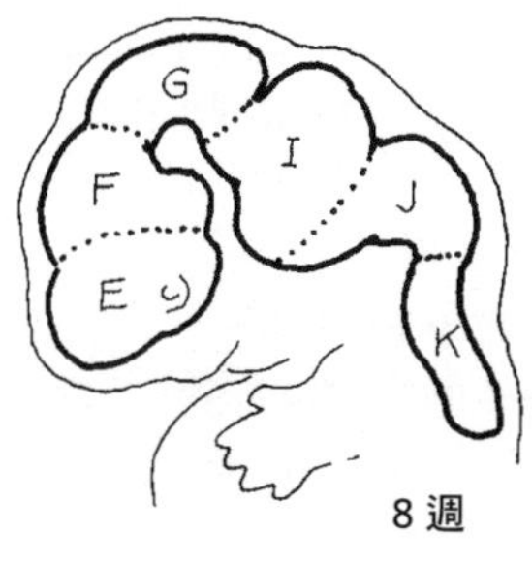

腦的發育

成對的大腦半球一起組成大腦，兩側各由四個主要成員所組成（參見右頁右上角插圖）：(1) 灰質構成外側的**大腦皮質**，在拓樸圖中可以看到裂（深溝）、腦回（丘陵）和腦溝（淺溝）；(2) 下面的**皮質下白質**由下列構造組成：（A）**聯合徑**，將電化學性衝動從一處皮質區向另一區／其他多區傳送出去，以及（B）**投射徑**，包括從脊髓和腦幹上行通往皮質的傳入（感覺）神經路徑，以及從皮質通往腦幹和脊髓下行的傳出（運動）神經路徑；(3) 位於大腦基底的一群分散的灰質核團，即**基底核**（或稱為**基底神經節**），負責處理皮質運動區；以及 (4) 大腦半球的成對側腦室。

大腦皮質是腦的最高功能區，厚約 2 ～ 4 公釐，為方便描述區分為四葉，各葉邊緣都以腦溝或裂明確劃分。從演化來看，這四葉當中有三葉的局部範圍比較古老，並且構成**邊緣系統**的一環。所有皮質區或多或少都牽涉到經驗（記憶）的貯存。額葉的神經元參與理智功能（推理和抽象思考）、情緒行為／狀態／感受、嗅覺和記憶、發出有意義的聲音，以及自主運動（**中央前回**）。頂葉的**中央後回**與身體的感官覺知有關，包括味覺、語言處理、抽象推理及身體的成像。顳葉牽涉到語言詮釋和聆聽，並構成主要的記憶處理區（例如海馬回，與短期記憶的形成有關）；其邊緣部分對情緒表達和相關感受貢獻良多。**枕葉**接收、詮釋並鑑別來自視神經束的視覺刺激，並將這些視覺衝動與其他皮質區連結在一起（例如記憶）。

邊緣區／邊緣系統提供情緒狀態（害怕、生氣、愛等）的表達。右側大腦皮質的主要邊緣區（E）見於大插圖的黑點部分，需著色部分包括額葉及顳葉的內側、前側和前下側面，以及頂葉的一小部分。這些區域圈繞各半球的內側面，外圍形成一個不是完整封閉的邊緣，因此稱為邊緣系統。這些區域包括（見插圖）：(1) 眼眶前額葉皮質和內側前額葉皮質；(2) 內側額葉皮質的扣帶回；(3) 內側顳葉皮質的海馬旁回；以及 (4) 位於前內側顳葉的杏仁核（事實上，這是由好幾個核共組而成）。右方的杏仁核特別用黑點呈現，表示它是「透過腦葉見到」，因為其位置在內側面。

左右兩個大腦半球看起來就像彼此的鏡像，但功能並無一樣。比如說，**布洛卡氏語言區**（Broca's speech area）往往只在左側發育。左半腦對語言功能的影響較大，而右半腦則著重於視覺、空間及音樂表現。

解剖名詞中英對照（按英文字母排序）

Amygdala 杏仁核
Association tract 聯合徑
Auditory area 聽覺區
Basal ganglia 基底神經節
Basal nuclei 基底核
Broca's area of speech 布洛卡氏語言區
Central sulcus 中央溝
Cerebral cortex 大腦皮質
Cingulate gyrus 扣帶回
Corpus callosum 胼胝體
Fissure 裂
Frontal lobe 額葉
Gray matter 灰質
Gyrus 腦回
Language area 語言區
Lateral fissure 側裂
Lateral ventricles 側腦室
Limbic area 邊緣區
Limbic system 邊緣系統
Longitudinal fissure 縱裂
Medial frontal cortex 內側額葉皮質
Medial prefrontal cortex 內側前額葉皮質
Medial temporal cortex 內側顳葉皮質
Occipital lobe 枕葉
Orbital prefrontal cortex 眼眶前額葉皮質
Parahippocampal gyrus 海馬旁回
Parietal lobe 頂葉
Parieto-occipital sulcus 頂枕溝
Postcentral gyrus 中央後回
Precentral gyrus 中央前回
Projection tract 投射徑
Subcortical white matter 皮質下白質
Sulcus 溝
Taste area 味覺區
Temporal lobe 顳葉
Thalamus 丘腦／視丘
Ventral basal ganglia 腹側基底神經節
Visual area 視覺區
Wernicke's area 韋尼克氏區

見68、74、80頁

中樞神經系統
大腦半球

著色說明：整頁都使用淺色。(1)為右上圖的冠狀切面上色。(2)腦葉A至D要上色；接著再回頭為腦葉A、B和C呈現出來的邊緣系統（E，黑點的深色範圍）的各部位著上鮮明色彩。緊貼胼胝體前部下方的腹側基底神經核請著上灰色，以及A與E的顏色。右顳葉內側的箭頭F指向圓形的杏仁核，這裡請為C與E上色。為最底下的插圖著上灰色。左杏仁核以「透視」法呈現，位置在左顳葉先端朝內側的虛線圓圈處。

CEREBRAL CORTEX *
SUBCORTICAL WHITE MATTER -¦-
BASAL NUCLEI / GANGLIA *'

右大腦半球
Central sulcus
Corpus callosum
Lateral -¦- ventricles
左大腦半球
冠狀切面
Gray matter

大腦皮質

FRONTAL LOBE A
PRECENTRAL GYRUS (MOTOR) A'
BROCA'S SPEECH AREA A²
PARIETAL LOBE B
POSTCENTRAL GYRUS (SENSORY) B'
TEMPORAL LOBE C
AUDITORY AREA C'
WERNICKE'S AREA C²
OCCIPITAL LOBE D
VISUAL AREA D'
LIMBIC AREA E

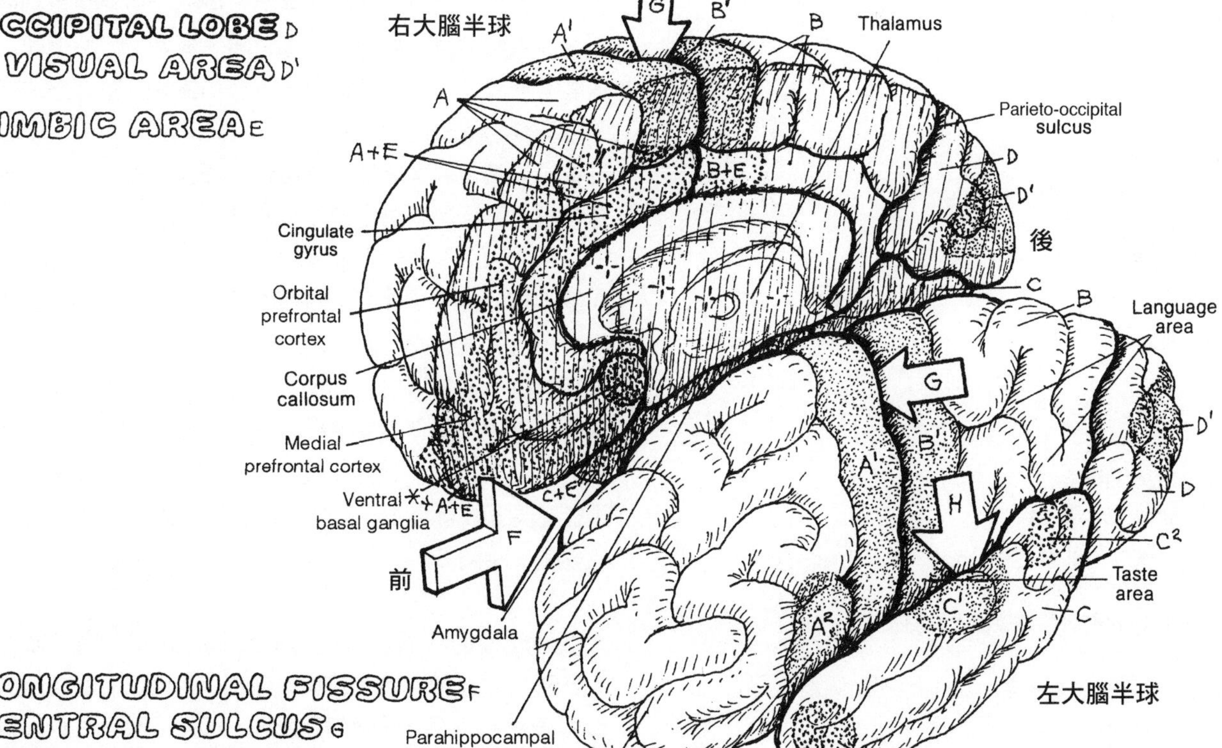

LONGITUDINAL FISSURE F
CENTRAL SULCUS G
LATERAL FISSURE H

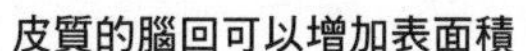
皮質的腦回可以增加表面積

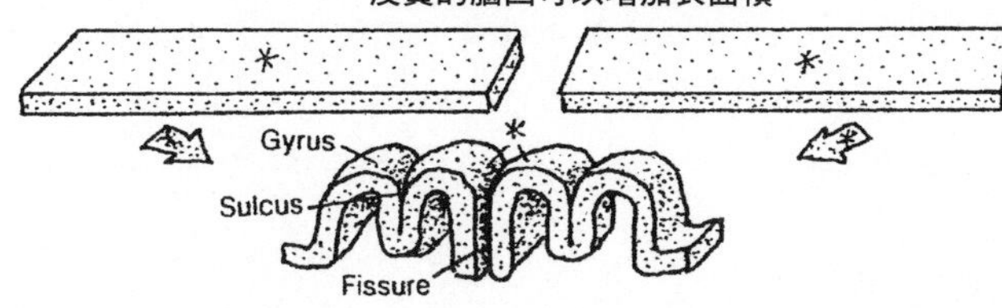

大腦左右兩半球各含有一個側腦室，大腦半球底部內還有大小不等的灰質核團，廣泛的散布在皮質下白質。

位於大腦底部主要的釋放核群，即是**基底神經節**，由位於丘腦（視丘）周邊的五對細胞團共組而成（圖 1～4），包括**尾狀核**、**殼核**、**蒼白球**、**黑質**和**視丘下核**。後面兩種位於中腦，不過和基底神經節卻有綿密的連結。殼核和蒼白球構成一種透鏡狀形態，通常稱為**豆狀核**。尾狀核和殼核有個條紋狀外形，這是由於相當貼近內囊稠密的纖維所致；這兩者一般統稱為紋狀體。尾狀核分為頭、體及尾部。參照丘腦、內囊及豆狀核，從頭到尾來研究尾狀核，可以得知一些重要的關係。尾狀核的頭端和殼核前側與腹側併合，形成**腹側紋狀體**或**腹側基底神經節**，這是邊緣系統的一部分（見 73 頁）。黑質和視丘下核（圖 1 和圖 2）都是基底神經節的重要組成部分。背側黑質的神經元是多巴胺型，意思是它們能生成的神經傳導素是多巴胺。多巴胺是正常運動功能不可或缺的要素，一旦缺乏這種物質就會逐漸造成肌肉僵直、靜止時震顫及步態異常（即帕金森氏症的明顯症狀）。基底神經節本身連結緊密，跟大腦皮質、間腦核群之間也廣泛相連。基底神經節的功能與肌張力的維繫、下意識的程序及連續動作的調整有關，並對大腦皮質發出的下行運動指令做監視及調節。

大腦半球的**皮質下白質**由包覆著髓鞘的軸突所組成，成束或帶（徑）排列成三個軸向。它們在多處皮質區之間傳導神經衝動，一共形成三個**連合**（又稱連合神經束，右頁圖只畫出其中一個），當中最大的就是**胼胝體**。胼胝體連接大腦左右兩半球，負責在其間傳導衝動，它是皮質下核的頂蓋（見圖 1 和圖 5）。**聯合徑**連結各大腦半球內的皮質（見圖 5 和圖 6），可用長、短徑的方式傳出。

大腦最壯觀的神經徑是寬闊的扇狀纖維群，稱為放射冠（見圖1和圖7）。這套投射系統由上行和下行纖維組成，這些纖維與皮質的所有區域都有連結；收窄後納入**內囊**（見圖 1），在這裡纖維進／出基底核（基底神經節）和間腦，繼續朝中腦或較高／較低部位前進。來自脊髓和腦幹的上行纖維一般都在丘腦形成突觸。長纖維的起點有可能起自運動皮質，接著一路往下到腰椎脊髓才形成突觸！

解剖名詞中英對照（按英文字母排序）

Amygdala 杏仁核
Antenior 前側
Anterior commissure 前連合
Association tracts 聯合徑
Caudate nucleus 尾狀核
Cerebral cortex 大腦皮質
Claustrum 帶狀核
Commissure 連合／連合神經束
Corona radiate（radiating crown）放射冠
Corpus callosum 胼胝體
External capsule 外囊
Genu（胼胝體的）膝部
Globus pallidus 蒼白球
Insula 腦島
Insular gyrus 島回
Internal capsule 內囊
Lateral ventricle 側腦室
Left hemisphere 左大腦半球
Lenticular nucleus（lentiform nucleus） 豆狀核
Longitudinal fissure 縱裂
Projection tracts 投射神經纖維束／投射徑
Putamen 殼核
Right hemisphere 右大腦半球
Splenium（胼胝體的）壓部
Striatum 紋狀體
Subcortical areas 皮質下區
Substantia nigra 黑質
Subthalamic nucleus 視丘下核
Thalamus 視丘／丘腦
Third ventricle 第三腦室
Ventral striatum 腹側紋狀體
Vntral basal ganglia 腹側基底神經節
White matter tracts 白質神經纖維束／白質徑

中樞神經系統
大腦半球的神經路徑與核區

著色說明：F和G要使用非常淺的顏色。(1) 大腦皮質各圖都著上灰色，不過皮質表面不用著色。首先從冠狀切面圖1開始上色，接著為圖2至圖7的各標示結構上色。

CEREBRAL CORTEX A*

皮質下區

基底核／基底神經節

CAUDATE NUCLEUS B
PUTAMEN C
GLOBUS PALLIDUS D
SUBSTANTIA NIGRA E
SUBTHALAMIC NUCLEUS F

白質徑／白質神經纖維束

COMMISSURES G
CORPUS CALLOSUM G'
PROJECTION TRACTS H-
CORONA RADIATA H'
INTERNAL CAPSULE H²
ASSOCIATION TRACTS I

LATERAL VENTRICLE J

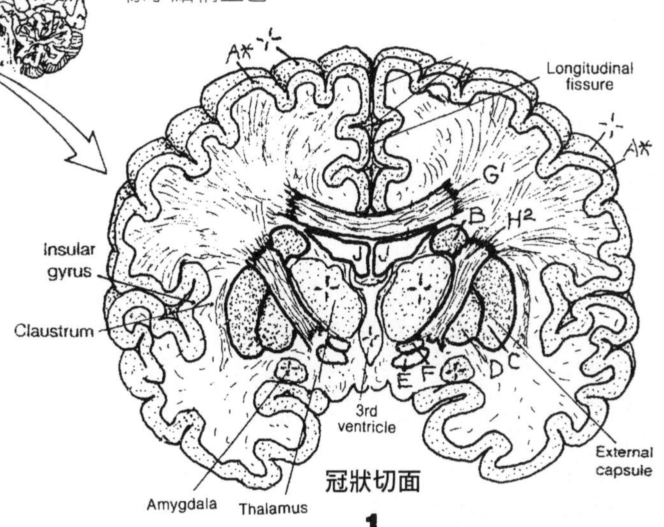

冠狀切面
1

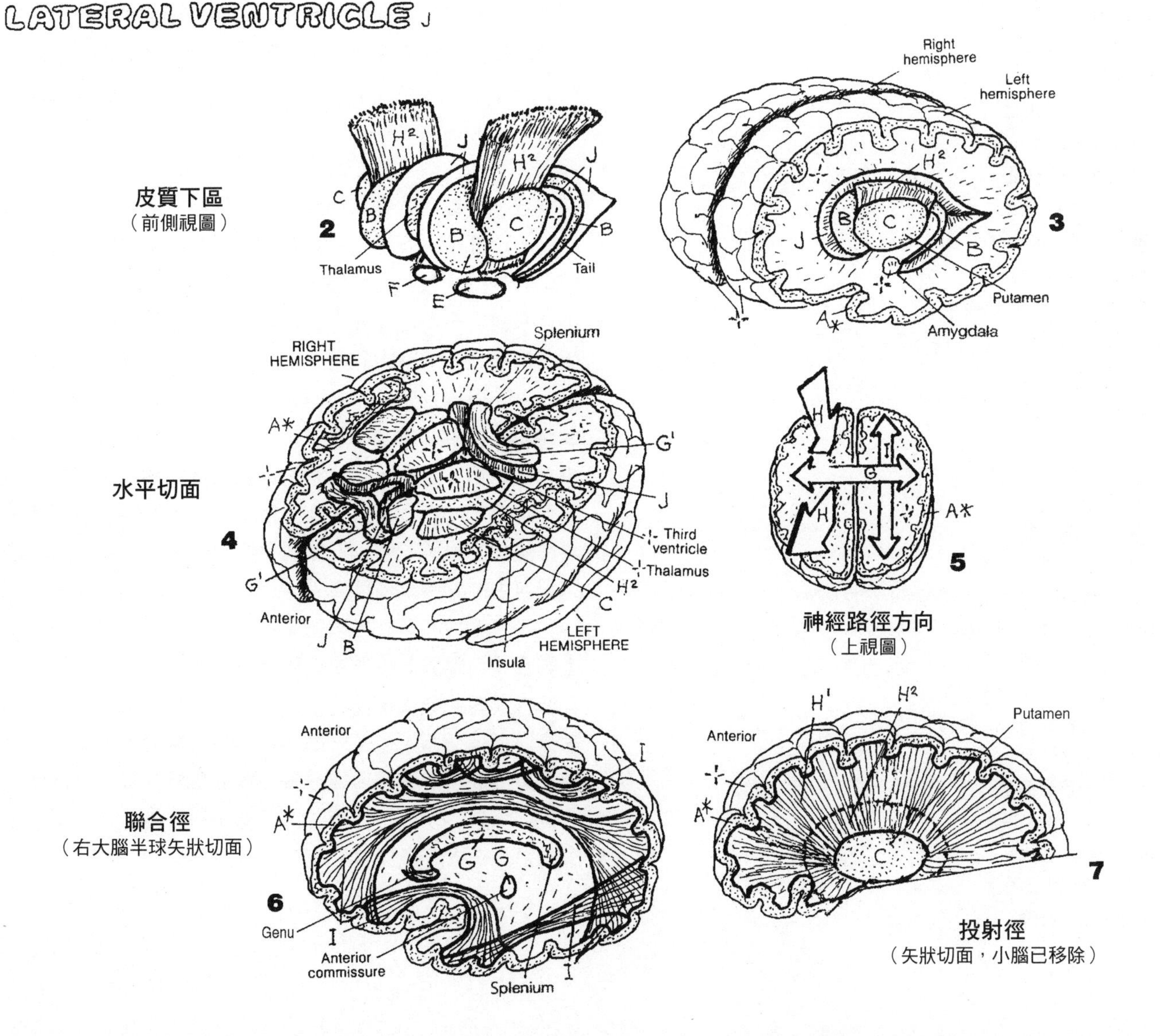

間腦是早期前腦兩個衍生部分中較小的一個，夾在周圍兩大腦半球之間，不過並不屬於兩大腦半球的部分。它大半由成對的核團及相關白質神經束所組成，這些神經束都排列在細薄、呈錢包狀的第三腦室周圍。

請注意位於第三腦室各側邊的**丘腦（視丘）**、**丘腦底部**和**下視丘**。上視丘（或稱松果腺）是一處中線結構，看起來就像懸掛在丘腦後側。為這些腦核上色時，最好能仔細研讀它們和基底核、內囊的關係，並確實了解其定位。

丘腦（1～4）由好幾群細胞體和突起組合而成，某種程度來說，這些結構負責處理從感覺路徑（嗅覺除外）傳入的所有衝動。丘腦和多處皮質廣泛相連，包括運動、一般感覺、視覺、聽覺及聯絡皮質；難怪皮質丘腦纖維占了放射冠相當大的部分。其他仍有些丘腦核連接下視丘及其他腦幹核群。丘腦（視丘）的作用包括：(1) 整合感覺經驗並促成適當的運動反應；(2) 把特定感覺輸入與情緒（運動）反應整合起來（例如嬰兒覺得餓了而做出哭泣反應），以及 (3) 調節並維持意識狀態（覺醒），接受皮質的促進／抑制影響。三個視丘下核與運動能力有關，並與基底神經節相連。

下視丘把好幾個核團和相關神經束集結在**第三腦室**下部兩側的一小部位。下視丘跟額葉皮質、顳葉皮質、丘腦及腦幹保持神經連接，其前部負責調節血壓、體溫及整個自主神經系統。下視丘負責合成激素，並將之釋入**腦下垂體前葉**正中隆凸部的微血管內，從而影響腦下垂體前葉激素的分泌；後下視丘的分泌神經元釋出抗利尿激素（ADH，主要作用是控制尿排出的水量）及催產素，並納入腦下垂體後葉的循環。下視丘對情緒刺激會引發強烈的內臟反應，而對進食的回應則是產生飽足感。總之，下視丘對內外在環境變化的反應，就是努力維持體內的衡定，而且主要是透過自主神經系統來落實。

上視丘（松果腺）主要由松果體，以及跟丘腦、下視丘、基底核及內側顳葉皮質等相關的核群和神經束所組成。它會分泌褪黑激素，這是一種能強化色素的激素，其合成作用與晝夜周期或晝間節律有關。褪黑激素有可能透過抑制睪丸／卵巢的功能，從而影響青春期的開始時間。值得注意的是，松果腺是腦中唯一不成對的結構。

解剖名詞中英對照（按英文字母排序）

4th ventricle 第四腦室
Anterior commissure 前連合
Anterior pituitary gland 腦下垂體前葉
Arcuate nucleus 弓狀核
Caudate nucleus 尾狀核
Cerebellum 小腦
Corona radiate 放射冠
Corpus callosum 胼胝體
Corticothalamic fiber 皮質丘腦纖維
Diencephalon 間腦
Epithalamus 上視丘
Hypophysis 腦下垂體
Hypothalamus 下視丘
Infundibulum 漏斗
Internal capsule 內囊
Lateral ventricle 側腦室
Lenticular nucleus 豆狀核
Mamillary body 乳頭體
Median eminence 正中隆凸
Medulla 延腦／延髓
Midbrain 中腦
Neurohypophysis 神經垂體
Optic nerve 視神經
Paraventricular nucleus 室旁核
Pineal body 松果體
Pineal gland 松果腺
Pons 腦橋
Posterior hypothalamic nucleus 下視丘後核
Posterior pituitary gland 腦下垂體後葉
Preoptic nucleus 視前核
Right hemisphere 右大腦半球
Secretory neurons 分泌神經元
Striatum 紋狀體
Subthalamus 丘腦底部
Supraoptic nucleus 視上核
Thalamus 視丘／丘腦
third ventricle 第三腦室
Tuberal nuclei 結節核

見76、80、150頁

中樞神經系統
間腦

著色說明：A和B要使用淺色，而C的顏色要更淺。(1)為丘腦（A）的鏤空名稱上色，本頁插圖出現的所有丘腦構造都要上色，全部上完色後再繼續處理下一個構造，同樣從名稱開始上色。水平切面要上色，並參照內視圖及冠狀切面圖。(2)為底下兩幅插圖的下視丘核群上色。(3)右上圖的松果腺（C）要上色。

間腦

THALAMUS A
HYPOTHALAMUS B
EPITHALAMUS (PINEAL GLAND) C
THIRD VENTRICLE D

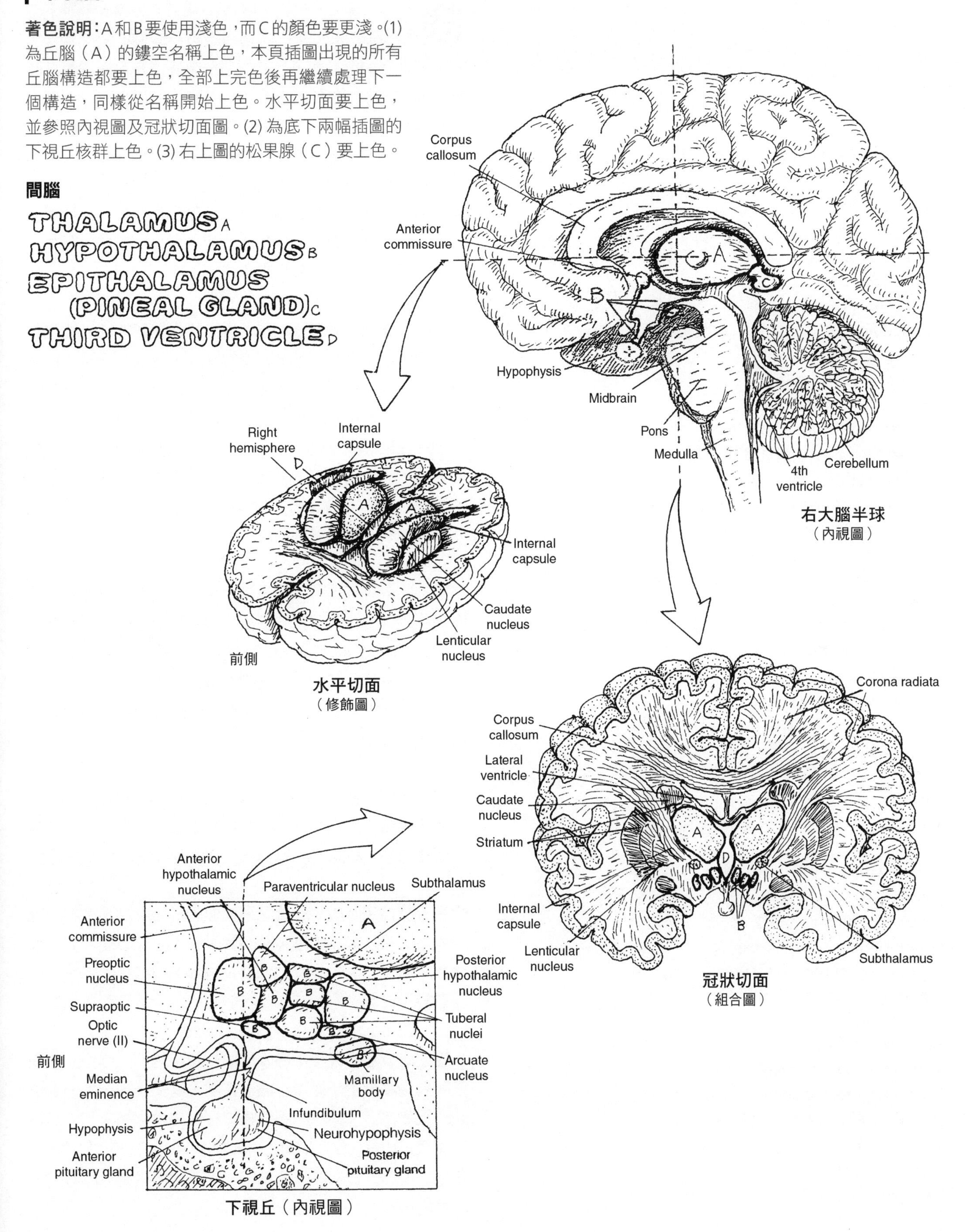

下視丘（內視圖）

解剖名詞中英對照（按英文字母排序）

3rd ventricle 第三腦室
4th ventricle 第四腦室
Arbor vitae 小腦活樹
Brain stem 腦幹
Cerebellar cortex 小腦皮質
Cerebellum 小腦
Cerebral aqueduct 大腦導水管
Cerebral peduncle 大腦腳
Corpus callosum 胼胝體
Corticopontine tract 皮質腦橋徑
Corticospinal tract 皮質脊髓徑
Cut edge 切緣
Decussation of pyramids 錐體交叉
Deep cerebellar nucleus 深層小腦核
Diencephalon 間腦
Epithalamus (Pineal gland) 上視丘（松果腺）
Hindbrain 後腦
Hypophysis 腦下垂體
Hypothalamus 下視丘
Inferior cerebellar peduncle 下小腦腳
Inferior colliculus 下丘
Mamillary body 乳頭體
Medulla oblongata 髓腦／延腦
Medullary pyramids 髓腦錐體
Midbrain 中腦
Middle cerebellar peduncle 中小腦腳
Olfactory tract 嗅徑
Optic chiasma 視交叉
Pons 腦橋
Pontocerebellar tract 橋腦小腦徑
Proprioceptive input 本體覺輸入
Reticular formation 網狀結構
Septum pellucidum 透明中隔
Sphenoid bone 蝶骨
Spinal cord 脊髓
Spinocerebellar tract 脊髓小腦徑
Superior cerebellar peduncle 上小腦腳
Superior colliculus 上丘
Tectum 頂蓋
Tegmentum 被蓋
Thalamus 視丘／丘腦

腦幹包括**間腦**、**中腦**、**腦橋**及**髓腦**（**延腦**），但不包含小腦。腦幹執行與腦神經核群有關的特定功能，它沿著很長的上行和下行神經路徑分別連往高層中樞及脊髓（見 78、90 和第 98 頁）。從位於大腦導水管兩側的**中腦**被蓋開始到髓腦，有短軸突神經元形成的核群，排列成束狀，它們之間有超整合的突觸鏈，稱為**網狀結構**。這個分散網絡形同腦內科層組織的「局」或「署」，特別和意識醒覺、警覺和入睡具有明確的連帶關係。網狀結構牽涉到眾多內臟和身體反射，好比呼吸和心跳，它在「幕後」工作，毋須用意識或意志來達成。

腦幹神經核（包括網狀結構）會修飾從基底神經節和運動皮質傳來的「信息」，修改上行輸入，也包括把關鍵輸入發送到丘腦（視丘）。腦幹神經核可以整合、調節肌肉張力以及跟姿勢有關的神經衝動，輔助**皮質脊髓徑**對下位運動神經元的調控功能。這是通往身體骨骼肌的最後共同神經路徑。它能協助在預期的時刻，循序執行精確的動作。觀賞奧林匹克運動員或受過類似訓練的選手上場比賽時，我們最能看到這種運動表現。

中腦的**大腦腳**兼具長、短兩種路徑，長的是下行徑（皮質脊髓徑），短的是皮質腦橋徑。中腦被蓋包括網狀結構、腦神經 III 和 IV 的核群，以及多條神經纖維束。**上小腦腳**由**脊髓小腦徑**及其他上行性神經徑共同組成。**上丘**促成視覺反射，而**下丘**則促成聽覺反射（對視覺和聽覺刺激的不隨意快速反應）。

腦橋的厚實前側凸起是由一條條白質組成，這些條狀白質橋接**第四腦室**並通抵小腦，構成**中小腦腳**，負責傳導**橋腦小腦徑**的傳入纖維。V、VI、VII 和 VIII 腦神經核都位於腦橋。

髓腦負責控制呼吸、心跳速率及血管舒縮等功能中樞。腦神經 VIII、IX、X、XI 和 XII 的神經核都位於這裡。**下小腦腳**傳導感覺和運動衝動到脊髓及腦幹。腦橋和髓腦是第四腦室的所在地。

小腦的組成包括外覆**小腦皮質**的兩個半球、一群位於中央且與運動相關的（深層小腦）核團，以及一團三維、以樹狀列置的白質，稱為小腦活樹（意指生命之樹）。小腦的功能與平衡感、位置感覺、精細動作、肌張力的控制有關，並回應本體覺輸入及從高位中樞的下行傳導做肌肉活動度的整體協調。

見72、78、79、90、98頁

中樞神經系統
腦幹／小腦

著色說明：C、E 和 M 要使用較深的顏色，K 要著上淺色。(1) 先上好一個鏤空名稱的顏色，接著把所有插圖中出現該名稱的結構都上好色後，再處理下一個名稱。(2) 為每個結構著色時，請參照其他插圖的相對關係。

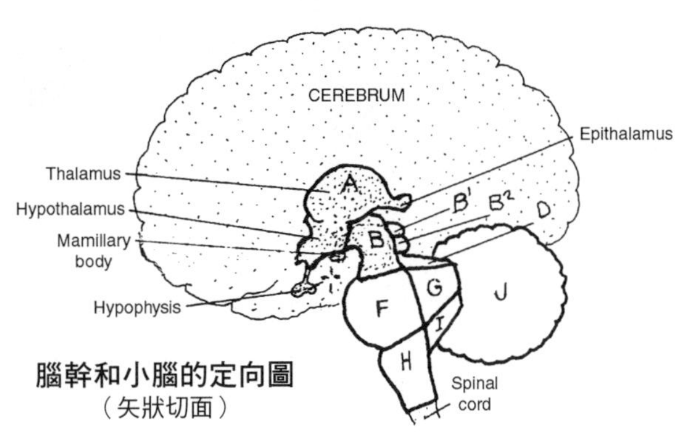

腦幹和小腦的定向圖
（矢狀切面）

腦幹

DIENCEPHALON A

MIDBRAIN B

- CEREBRAL AQUEDUCT C
- SUPERIOR COLLICULUS B'
- INFERIOR COLLICULUS B²
- CEREBRAL PEDUNCLE B³
- SUPERIOR CEREBELLAR PEDUNCLE D

HINDBRAIN ✢

- 4TH VENTRICLE E
- PONS F
  - MIDDLE CEREBELLAR PEDUNCLE G
- MEDULLA OBLONGATA H
  - INFERIOR CEREBELLAR PEDUNCLE I

CEREBELLUM J

- ARBOR VITAE K
- CEREBELLAR CORTEX L*
- DEEP CEREBELLAR NUCLEUS M

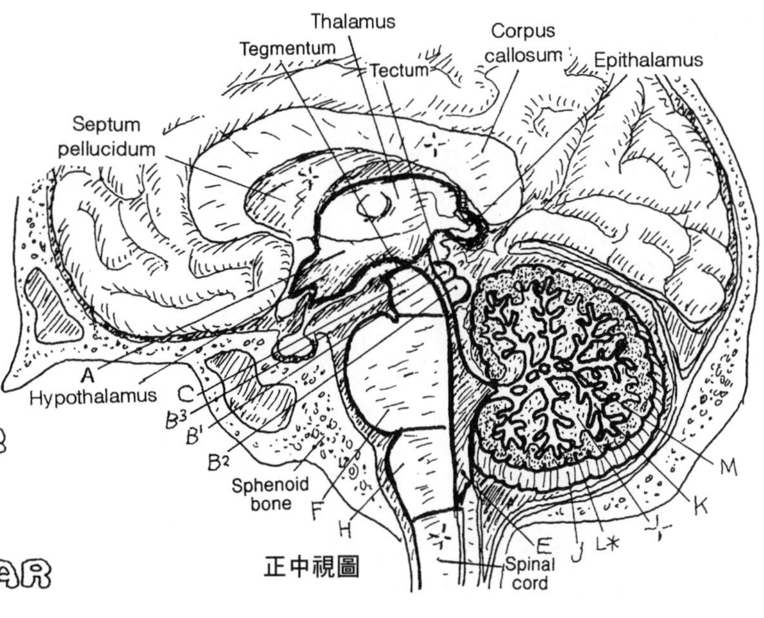

正中視圖

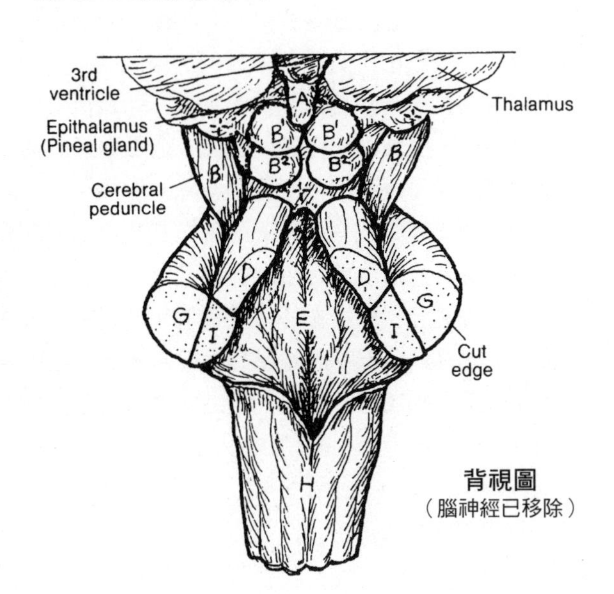

背視圖
（腦神經已移除）

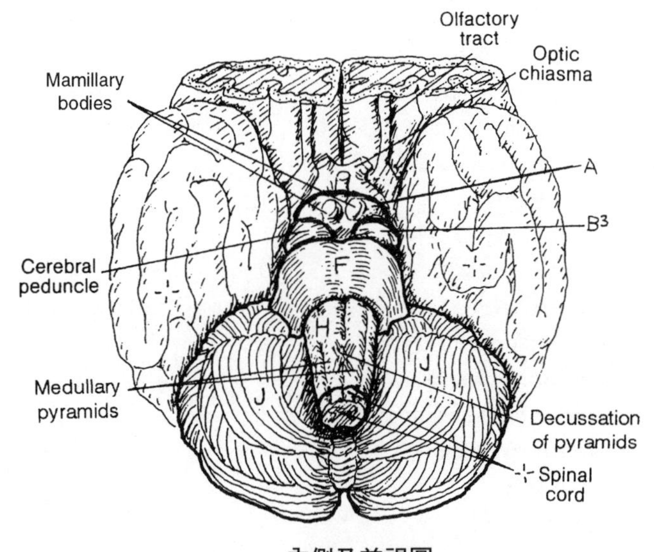

內側及前視圖
（腦神經已移除）

解剖名詞中英對照（按英文字母排序）

Adipose tissue 脂肪組織
Anterior funiculus 前索
Anterior horn 前角
Anterior median fissure 前正中裂
Anterior root 前根
Arachnoid mater 蛛網膜
Cauda equina (Nerve roots) 馬尾（神經根）
Central canal 中央管
Cerebrospinal fluid (CSF) 腦脊髓液
Cervical enlargement 頸膨大部
Coccyx 尾骨
Collateral circulation 側支循環
Conus medullaris 脊髓圓錐
Denticulate ligament 齒狀韌帶
Dural filum terminale 硬脊膜終絲
Dural sac 硬脊膜囊
End of Dural sac 硬脊膜囊末端
Epidural space 硬脊膜外腔
Gary commissure 灰質連合
Gray matter 灰質
Intermediate zone 中間帶
Internal vertebral venous plexus 椎管內靜脈叢
Lateral funiculus 外側索
Lateral horn 側角
Lumbar cistern 腰脊髓池
Lumbar enlargement 腰膨大部
Meninges / spaces 腦脊髓膜／腔
Myelin 髓鞘質
Neuroglia 神經膠細胞
Pia mater 軟脊膜
Pial filum terminale 軟脊膜終絲
Posterior funiculus 後索
Posterior horn 後角
Posterior median sulcus 後正中溝
Posterior root 後根
Sacrum 薦骨
Spinal cord 脊髓
Spinal dura mater 硬脊膜
Subarachnoid space 蛛網膜下腔
Subarachnoid trabecula 蛛網膜小樑
Subdural space 硬脊膜下腔
Trabeculae 小樑
White matter 白質

脊髓是中樞神經系統的下部成員，從髓腦出發穿過頭顱的枕骨大孔，接著在下方的頸、腰節段稍微鼓起（分別稱為**頸膨大部**和**腰膨大部**），這是為了遷就分別通往上下肢脊神經的額外神經根所致。脊髓末端以脊**髓圓錐**終止於 L2 脊椎骨高度之上。脊髓就像腦部，同樣外覆三層被膜（腦脊髓膜），包括：緊密貼合於脊髓的細薄且含血管的軟脊膜（pia mater）、狀似蜘蛛網的半透明**蛛網膜**，以及**硬脊膜**。蛛網膜貼附於硬膜且與軟脊膜之間隔著**蛛網膜下腔**，腔內有疏鬆結締組織的細束（稱為小樑）起自蛛網膜，並附著於軟脊膜。最外側的纖維性硬脊膜（spinal dura mater）是顱硬腦膜的延伸部分。

軟脊膜中有呈三角形薄片的**齒狀韌帶**，從脊髓向外放射到成對神經根之間的硬脊膜，這些薄片推測具有穩定脊髓的功能（參見右頁左下圖）。脊髓的末端是 L2 位置的脊髓圓錐；軟脊膜向下延續形成細瘦的索狀**軟脊膜終絲**。它的末端是脊椎骨 S2 水平面上的硬脊膜囊。這個囊腔稱為**腰脊髓池**，內含腦脊髓液（CSF）。硬脊膜囊向下延續形成**硬脊膜終絲**，並附著於尾骨上。

硬脊膜外側是**硬脊膜外腔**，在右頁的橫剖面插圖看得最清楚，腔內含有疏鬆結締組織、脂肪組織及一組靜脈系統。把鎮痛藥和類固醇藥物注入硬脊膜外腔是一種常見的疼痛管理做法。這裡的靜脈是脊椎內、外靜脈叢的一部分，縱貫椎管全長的內外周邊都有這種靜脈叢形成的網絡。這是側支循環系統不可或缺的部分。

縱貫脊髓全長的是一條中央灰質柱，橫切面呈 H 形，前後共有「四個角」，周圍則環繞稱為索（funiculus）的白質柱。**灰質**大半由神經元細胞體、神經膠細胞及無髓鞘纖維組成；而**白質**大致上都由上行／下行軸突束組成，其外觀呈白色是因為包覆著一層含脂肪的髓鞘質。可想而知，脊髓越朝下方部位，白質數量會隨之遞減，這點從薦段切面看得特別明顯。灰質**後角**接納感覺神經元的中樞突起，並把傳入的衝動導向毗鄰的白質，接著就向其他脊髓節或高位中樞傳導。**前角**的組成包括中間神經元和下位運動神經元，這些運動神經元代表運動指令向骨骼肌傳送的「最終共同路徑」。**側角**只出現在胸脊髓和上腰脊髓部分，內含支配血管、內臟及腺體等平滑肌的自主運動神經元。脊髓反射連同高位中樞的促進、抑制作用，都發生在灰質。

見81頁

中樞神經系統
脊髓

著色說明：(1) 處理右側大圖時，要上色的只有脊髓（A）。(2) 下方的橫切面圖，請為標示的結構及其鏤空名稱上色。(3) 四幅脊髓的橫切面小圖，脊髓側緣（A）及灰質（D*）要上色；白質留白不上色。(4) 右方大圖已經把脊椎後弓部位移除並露出脊髓（A）、蛛網膜下腔 B）及硬脊膜切緣（C）。軟脊膜（A¹）和蛛網膜（B¹）分別與硬膜和脊髓十分貼近，這裡無法上色。此插圖中，只有 A、C、A² 和 C¹ 可以上色。

SPINAL CORD A
MENINGES / SPACES -¦-
PIA MATER A¹
PIAL FILUM TERMINALE A²
SUBARACHNOID SPACE B-¦-
ARACHNOID MATER B¹
SPINAL DURA MATER C
DURAL FILUM TERMINALE C¹
EPIDURAL SPACE C²-¦-
GRAY MATTER D*
POSTERIOR HORN E
ANTERIOR HORN F
LATERAL HORN (T1-L2) G
INTERMEDIATE ZONE H
GRAY COMMISSURE I
WHITE MATTER J-¦-
POSTERIOR FUNICULUS K
LATERAL FUNICULUS L
ANTERIOR FUNICULUS M

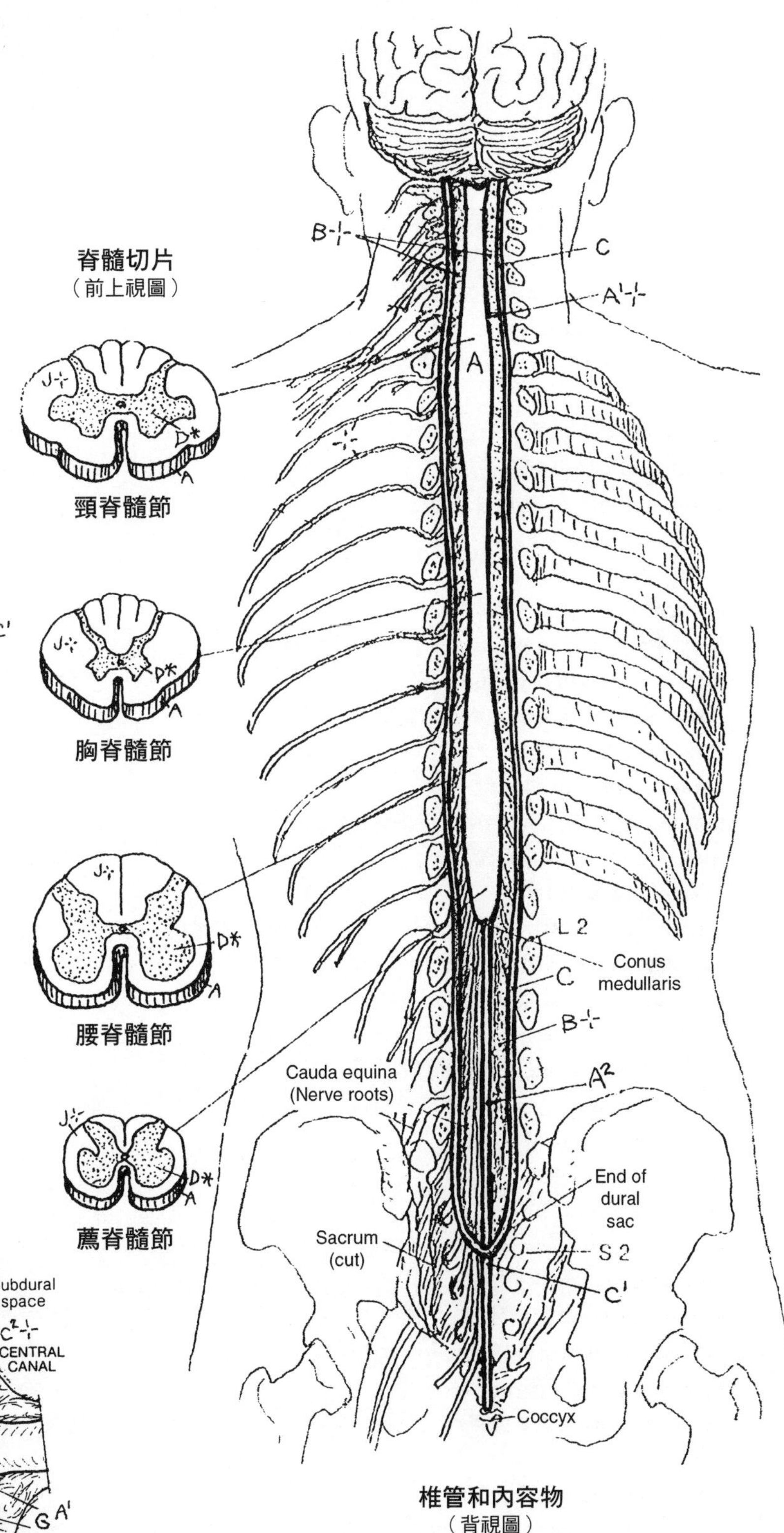

椎管和內容物
（背視圖）

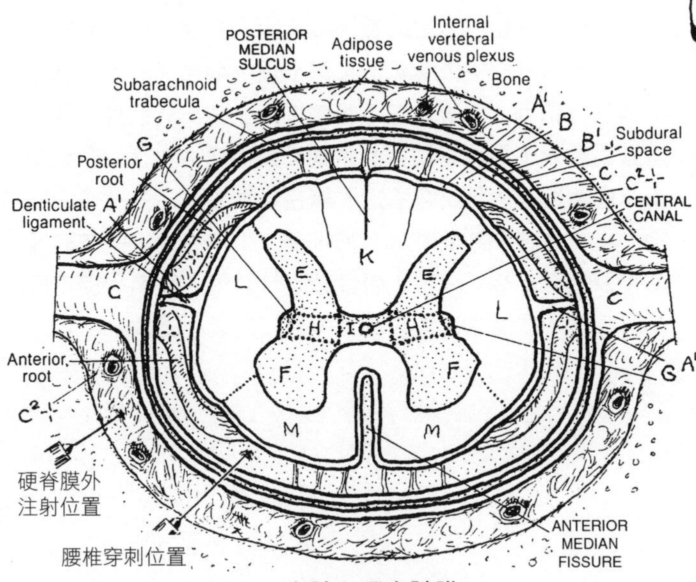

脊髓和腦脊髓膜
（橫切面）

上行性神經路徑由線性配置的神經元組成，其軸突併入一條共同神經束（共同路徑）向外延伸，主要是向丘腦（視丘）、大腦皮質或小腦傳輸神經衝動。在這裡所舉的例子中，每條路徑都從一個**感覺神經元**開始。這些感覺路徑讓（頭部以下的）體表感受和肌肉／肌腱的伸展訊息，得以傳抵皮質、丘腦（視丘）、小腦和腦幹各中樞並觸發反應，以及傳抵皮質各中樞以供認知。

頭部以下的體表及其他部位的**痛覺溫度受器**能產生神經衝動，並由感覺神經元（第一級神經元）的軸突傳送到脊髓。各感覺神經元的中樞突起（軸突）進入後角並與第二級神經元形成突觸，接著第二級神經元的軸突交叉（decussate）跨接到對側，併入側索並構成**外側脊髓丘腦徑**的一部分一併上行。這條神經元上行到丘腦，並與轉接（第三級）神經元形成突觸，隨後轉接神經元的突觸橫越內囊和放射冠（此即**丘腦皮質徑**），最後抵達大腦皮質（**感覺皮質**）的中央後回。

頭部以下的**觸覺及壓覺受器**形成電化學衝動，並經由感覺神經元傳向脊髓，神經元進入後角並與後索（後柱）加入／上行至髓腦。在這裡，它們與楔狀核及薄核內的第二級神經元形成突觸。這批神經元的軸突形成**內弓狀纖維**並交叉橫越到對側，接著就形成腦幹內的一條上行束（即**內側蹄系**），隨後終止於丘腦。這些軸突在這裡和第三級轉接神經元形成突觸，接著這批神經元的軸突便經由丘腦皮質徑，連往大腦皮質的中央後回。

從肌梭和其他本體感受器（對肌肉伸張／負荷做反應的受器）傳來的衝動，由感覺神經元傳入脊髓。單一受器的輸入，由循著同側外側索（**後側脊髓小腦徑**）上行的第二級神經元傳導，並經由**下小腦腳**進入小腦。更全身性的本體感受輸入，則循著對側的**前側脊髓小腦**徑上行，並經由**上小腦腳**進入小腦。經由這一類在無意識下自主運作的路徑，小腦持續不斷地評估身體姿勢、肌肉張力、肌肉過度使用及運動。接下來，它便發揮整合功能，調節從皮質和皮質下各中樞發出、傳往運動神經元的下行衝動。

解剖名詞中英對照（按英文字母排序）

Anterior lateral funiculus 前外側索
Anterior spinocerebellar tract 前側脊髓小腦徑
Ascending tracts 上行性神經路徑
Basal nuclei 基底核
Cell body 細胞本體
Central sulcus 中央溝
Cerebellar cortex 小腦皮質
Corona radiata 放射冠
Decussation 交叉
Fasciculus gracilis 薄束
Global position sense impulse 全身性位置感覺衝動
Inferior cerebellar peduncle 下小腦腳
Internal arcuate fibers 內弓狀纖維
Internal capsule 內囊
Lateral funiculus 外側索
Lateral spinothalamic tract 外側脊髓丘腦徑
Medial lemniscus 內側蹄系
Medulla 髓腦／延腦
Muscle / tendon stretch impulse 肌肉／肌腱伸張衝動
Muscle spindle 肌梭
Nucleus cuneatus 楔狀核
Nucleus gracilis 薄核
Pain / temperature impulse 痛覺／溫度衝動
position sense impulse 位置感覺衝動
Postcentral gyrus 中央後回
Posterior horn 後角
Posterior lateral funiculus 後側索
Posterior spinocerebellar tract 後側脊髓小腦徑
Precentral gyrus 中央前回
Proprioceptor 本體感受器
Relay neuron 轉接神經元
Sensory cortex 感覺皮質
Sensory neuron 感覺神經元
Spinal cord 脊髓
Stretch impulse 伸張衝動
Superior cerebellar peduncle 上小腦腳
Synapse 突觸
Thalamocortical tract 丘腦皮質徑
Thalamus 丘腦／視丘
Touch / pressure impulse 觸覺／壓覺衝動
Ventricles 腦室

中樞神經系統
上行性神經路徑

著色說明：A 至 C 要選用鮮亮的顏色，F 使用淺色。(1) 從上圖的三條神經路徑概觀圖開始上色。(2) 為各鏤空名稱及相關的痛覺溫度傳導路徑（A）上色，首先處理鏤空名稱底下的小圖，接著為大型的脊髓示意圖左下方的感覺神經元（A¹）上色，並由此展開這趟通往感覺皮質之旅。(3) 比照上面做法處理路徑 B。(4) 比照處理路徑 C。

Central sulcus
Postcentral gyrus
Precentral gyrus (Motor)
A
B
F
Medulla
C

上行性神經路徑

PAIN/TEMPERATURE A
- SENSORY NEURON A¹
- LATERAL SPINOTHALAMIC TRACT A²
- THALAMUS *¹
- THALAMOCORTICAL TRACT A³
- SENSORY CORTEX *²

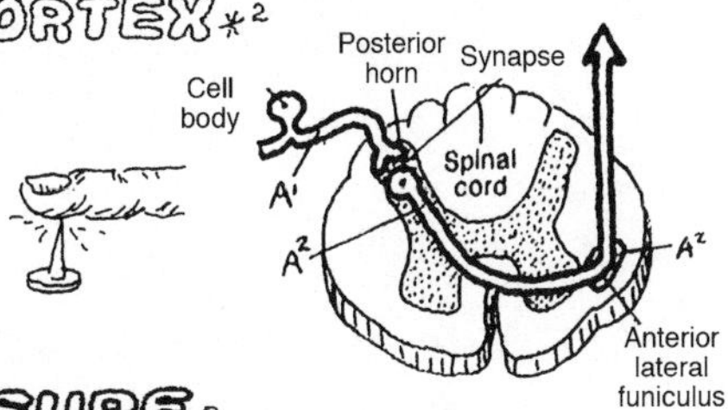

TOUCH/PRESSURE B
- SENSORY NEURON B¹
- NUCLEI CUNEATUS & GRACILIS B²
- INTERNAL ARCUATE FIBERS B³
- MEDIAL LEMNISCUS B⁴
- THALAMUS *¹
- THALAMOCORTICAL TRACT B⁵
- SENSORY CORTEX *²

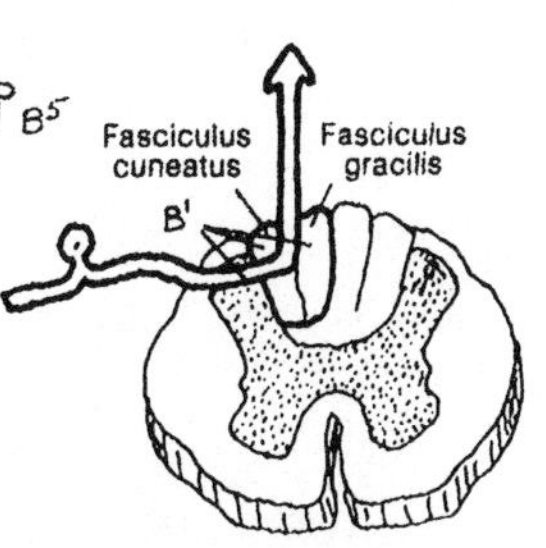

MUSCLE STRETCH/POSITION SENSE C
- SENSORY NEURON C¹
- POSTERIOR SPINOCEREBELLAR TRACT C²
- INFERIOR CEREBELLAR PEDUNCLE D
- ANTERIOR SPINOCEREBELLAR TRACT C³
- SUPERIOR CEREBELLAR PEDUNCLE E
- CEREBELLAR CORTEX F

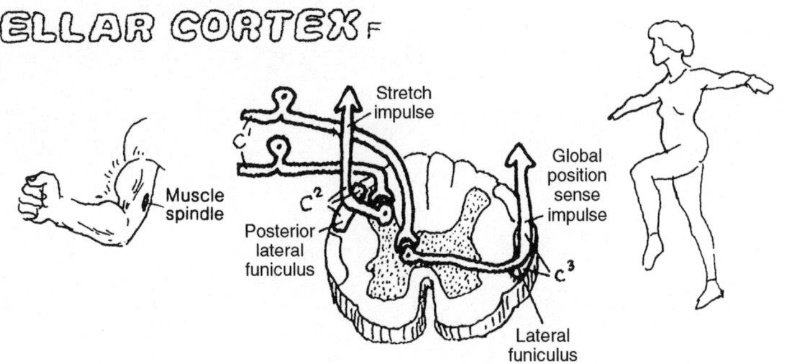

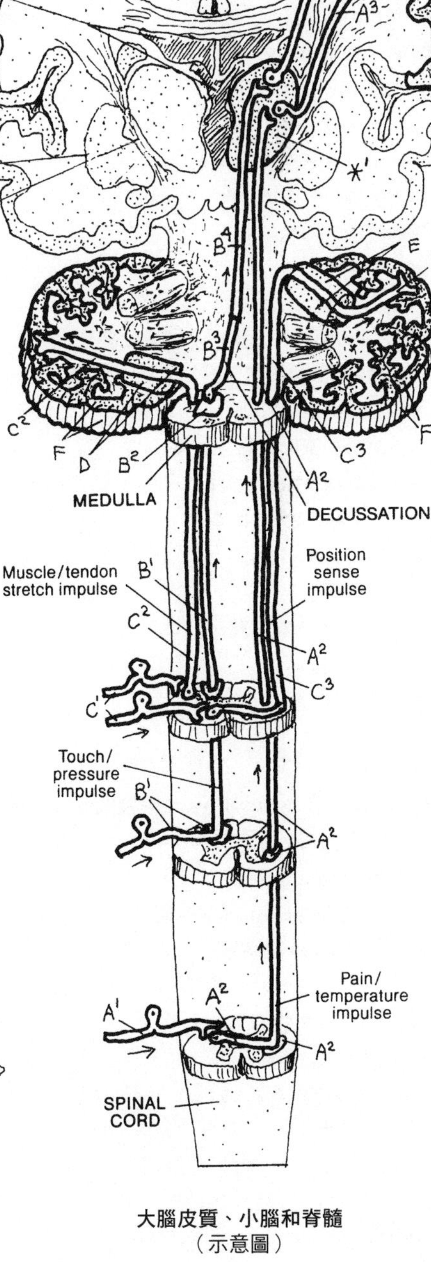

大腦皮質、小腦和脊髓
（示意圖）

皮質脊髓徑是隨意運動的主要神經路徑。其神經元細胞體位於各額葉的中央前回，屬於**運動皮質**。這些神經元的軸突（無突觸）下行通過放射冠、內囊、大腦腳、腦橋及髓腦，最後進入脊髓。通行路徑一般都根據起端和終端部位來命名，比如皮質脊髓徑就是從皮質導往脊髓。皮質脊髓徑在髓腦前表面形成稱為錐體的鼓起部位，因此也稱為**錐體徑**。這群神經束有八成跨越（交叉）到延髓對側，稱為**錐體交叉**，另兩成則否。在脊髓內部，有許多皮質脊髓纖維終止於後角基底（右頁圖未畫出）的中間神經元（參見 71 頁）；大多數的末端和前角運動神經元形成突觸。中間神經元的重要性，在於它們為整個組合增添多樣性。 皮質脊髓徑對脊髓下位運動神經元（位於脊髓前角）的調控，只是促成骨骼肌收縮的眾多調控訊息之一（換言之，尚有許多來自大腦高位中樞的訊息，可向下傳入脊髓的下位運動神經元，並共同調控骨骼肌的收縮功能）。

每個**下位運動神經元**都接收分別來自多條下行路徑的軸突，其中許多都負責傳導與身體位置、記憶和設定運動所需的其他眾多指令相關的衝動。從大腦皮質、基底核、小腦及其他地方發出的所有訊息輸入，分別經由好幾條下行路徑抵達適當的下位運動神經元，這些路徑完全沒有通過**髓腦錐體**，因此屬於**錐體外系統**或錐體外路徑。以下是其中兩大錐體外路徑：發自腦幹網狀核群的**網狀脊髓徑**，以及發自腦幹前庭神經核群的**前庭脊髓徑**。其他路徑，還有紅核脊髓徑及四疊板脊髓徑（右頁圖未畫出）。從右頁插圖可以看出，這些突觸神經核都位於中腦和腦橋，也可以看出它們和基底神經節的未上色軸突形成突觸。這些未上色的神經元並未延伸到髓腦，因此不屬於錐體外路徑的一部分。這些軸突和每個下位運動神經元（通常取道**中間神經元**）的突觸連結可達數千個。這群突觸有可能促進或抑制下位運動神經元產生興奮衝動，這取決於突觸前神經元生成的神經傳導物質。下位運動神經元是否放射衝動，則由在任何時刻擊中它的促進性和抑制性衝動的總數而定。電化學衝動一旦產生，就會沿著下位運動神經元的軸突向下移動，不用再經過中介轉接就能抵達作用器。因此，位於脊髓前角的下位運動神經元，才是統合所有高位中樞之神經衝動指令的最終執行者：負責讓骨骼肌產生收縮。

解剖名詞中英對照（按英文字母排序）

Alpha motor neuron α 型運動神經元
Anterior corticospinal tract 前側皮質脊髓徑
Anterior funiculus 前索
Caudate nucleus 尾狀核
Central sulcus 中央溝
Cerebellum 小腦
Cerebral peduncle 大腦腳
Corona radiate 放射冠
Corticospinal fiber 皮質脊髓纖維
Corticospinal tract 皮質脊髓徑
Decussation of the pyramid 錐體交叉
Decussation 交叉
Effector 作用器
Extrapyramidal system 錐體外系統
Gamma motor neuron γ 型運動神經元
Globus pallidus 蒼白球
Internal capsule 內囊
Interneuron 中間神經元
Lateral corticospinal tract 外側皮質脊髓徑
Lateral funiculus 外側索
Lower motor neuron 下位運動神經元
Medulla 髓腦
Medullary pyramid 髓腦錐體
Midbrain 中腦
Motor cortex 運動皮質
Muscle spindle 肌梭
Pons 腦橋
Pontine reticulospinal tract 腦橋網狀脊髓徑
Precentral gyrus 中央前回
Pyramidal tract 錐體徑
Reticular formation 網狀結構
Reticular nuclei 網狀核
Reticulospinal tract 網狀脊髓徑
Rubrospinal tract 紅核脊髓徑
Sensory cortex 感覺皮質
Skeletal muscle 骨骼肌
Spinal cord 脊髓
Tectospinal tract 四疊板脊髓徑
Vestibular nuclei 前庭神經核
Vestibulospinal tract 前庭脊髓徑

見69頁

中樞神經系統
下行性神經路徑

著色說明：全頁都使用淺色。(1) 為鏤空名稱 A 及矢狀面圖的錐體徑（A）上色。(2) 為右上方冠狀切面的錐體徑（A、A[1]）上色，從運動皮質開始上色。百分比圖的 B 和 C 要著色。(3) 底下兩條錐體外路徑及最後共同路徑（D、E）要上色。

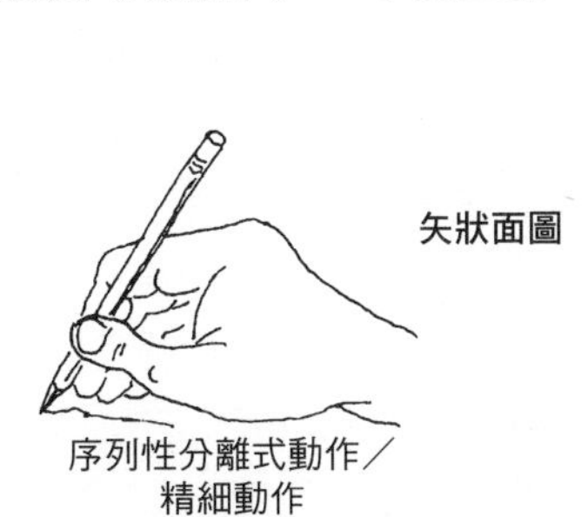

矢狀面圖

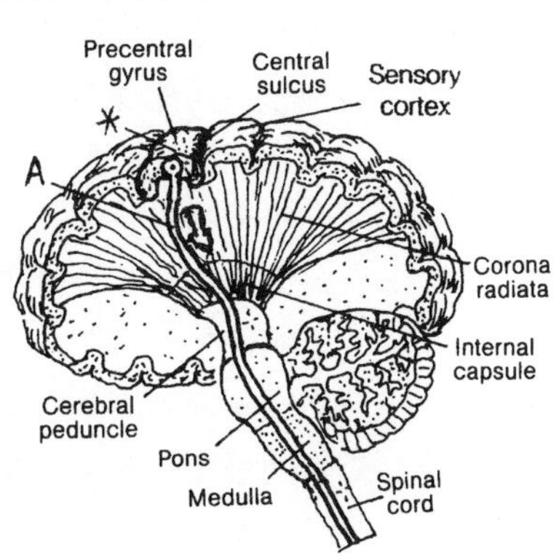

錐體徑
（示意圖）

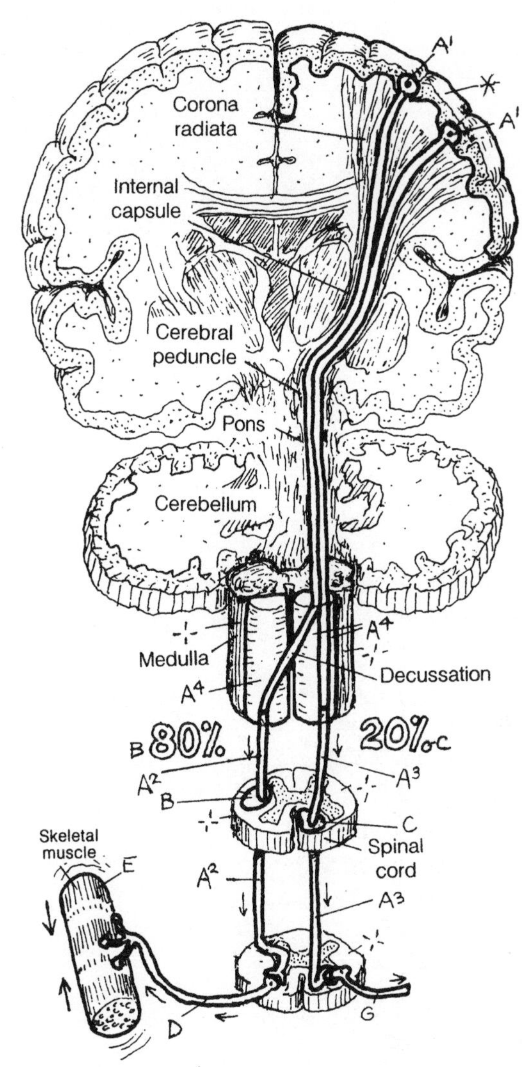

錐體徑／相關部位

MOTOR CORTEX *
PYRAMIDAL TRACT A
CORTICOSPINAL TRACT A'
LATERAL A²
ANTERIOR A³
MEDULLARY PYRAMID A⁴
LATERAL FUNICULUS B
ANTERIOR FUNICULUS C

最後共同路徑

LOWER MOTOR NEURON D
EFFECTOR E

錐體外系統

PONTINE RETICULOSPINAL TRACT F
VESTIBULOSPINAL TRACT G
INTERNEURON H

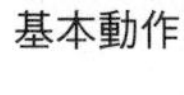

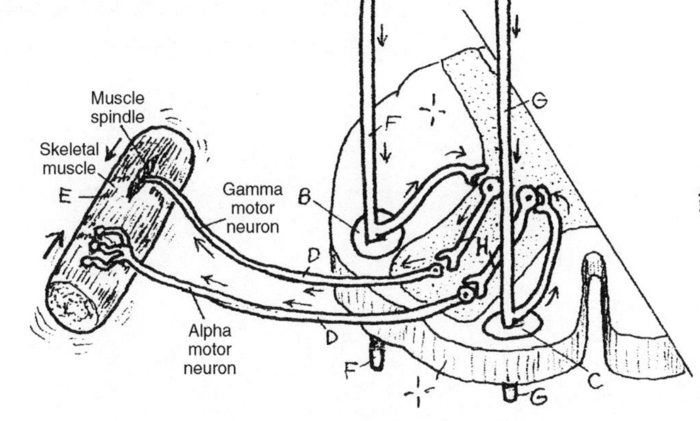

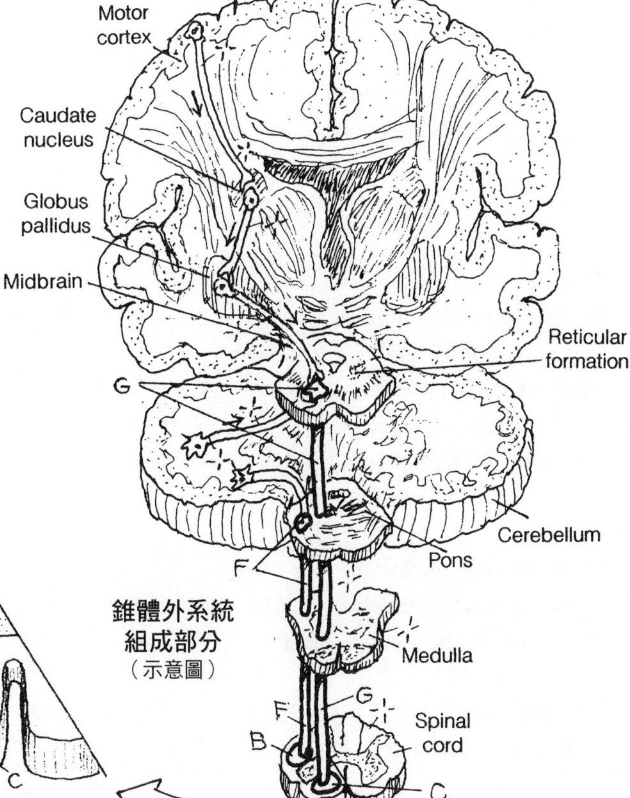

錐體外系統
組成部分
（示意圖）

本頁要討論的重點是，單一神經管的管腔是如何發展出中樞神經系統一群相互連結、外形及大小互異的成熟**腦室**。腦室系統的前腦吻端（前端）擴張部稱為**端腦**，這是個非比尋常的部位。請注意右頁插圖所示的這些**側腦室**。隨著左右大腦半球朝前方生長，會帶著所屬的腦室一併前移而產生側腦室（1 或 2）的**前角**（參見右頁側視圖及上視圖）。隨著大腦半球朝後生長，也會帶著所屬的腦室同時後移，生成側腦室的**後角**。左右大腦半球的顳葉生長，會分別生成最有趣的形式：當腦組織和所屬腦室的各成員略朝外側和下側方向移動的同時，也會朝前彎曲，並分從兩側來到額葉和頂葉身旁。這樣做時，它也會一併拉動其側腦室所屬部分來形成側腦室的下角。

為了便於區分，各腦室的名稱除了名字，也帶有羅馬數字（I、II、III、IV 等）或阿拉伯數字（1、 2、3、4）。

隨後由於大腦半球和丘腦的成對核群增長，壓迫到**間腦**的神經管兩側，就這樣把**第三腦室**壓成細薄的錢包狀。第三腦室前部被拉著朝前側及尾側移動，並在下視丘部位形成一個**漏斗隱窩**（見 75 頁）。至於後側部分，第三腦室被拉進松果腺旁邊的松果體隱窩。

中腦的神經腔在發展期間比較沒有變形，始終保持其管狀造型並成為**大腦導水管**。

後腦（hindbrain）的神經腔稱為第四腦室。後腦較偏吻端的部位屬於**後腦**（**metencephalon**）的一部分，而較偏向尾端的部位則屬於**末腦**的一部分。後腦腔因為受到小腦發展的突發影響，朝向側面和後側擴張。第四腦室並沒有突伸進入小腦。末腦內第四腦室的頂部由一層薄板組成，這層薄板稱為**髓帆**。

軟腦膜延伸進入側腦室的內側壁和第三、第四腦室頂部，並直接觸及從各單層神經膠質衍生並襯覆腦室表面的細胞（即室管膜細胞或室管膜層）。這種含血管組織形成的**脈絡叢**，會分泌腦脊髓液流進腦室。

解剖名詞中英對照（按英文字母排序）

3rd ventricle 第三腦室
4th ventricle 第四腦室
Anterior horn 前角
Caudate nucleus 尾狀核
Central canal 中央管
Cerebellum 小腦
Cerebral aqueduct 大腦導水管
Choroid plexus 脈絡叢
Corpus callosum 胼胝體
Diencephalon 間腦
Ependymal cell 室管膜細胞
Ependymal layer 室管膜層
Forebrain 前腦
Fornix 穹窿
Hindbrain 後腦
Hypothalamus 下視丘
Inferior horn 下角
Infundibular recess 漏斗隱窩
Interventricular foramen 腦室間孔
Lateral aperture 外側孔
Lateral recesse 外側隱窩
Lateral ventricle 側腦室
Left lateral ventricle 左側腦室
Median aperture 正中孔
Medulla 髓腦／延腦
Medullary velum 髓帆
Mesencephalon / midbrain 中腦
Metencephalon 後腦
Myelencephalon 末腦
Neural cavity 神經腔
Pia mater 軟腦膜
Pineal recess 松果體隱窩
Pons 腦橋
Posterior horn 後角
Right cerebral hemisphere 右大腦半球
Right lateral ventricle 右側腦室
Spinal cord 脊髓
Telencephalon 端腦
Thalamus 丘腦／視丘

見72、75、76頁

腦室的發育

NEURAL CAVITY OF *
FORE BRAIN A
TELENCEPHALON B
DIENCEPHALON C
MESENCEPHALON D
HINDBRAIN E
METENCEPHALON F
MYELENCEPHALON G
SPINAL CORD H

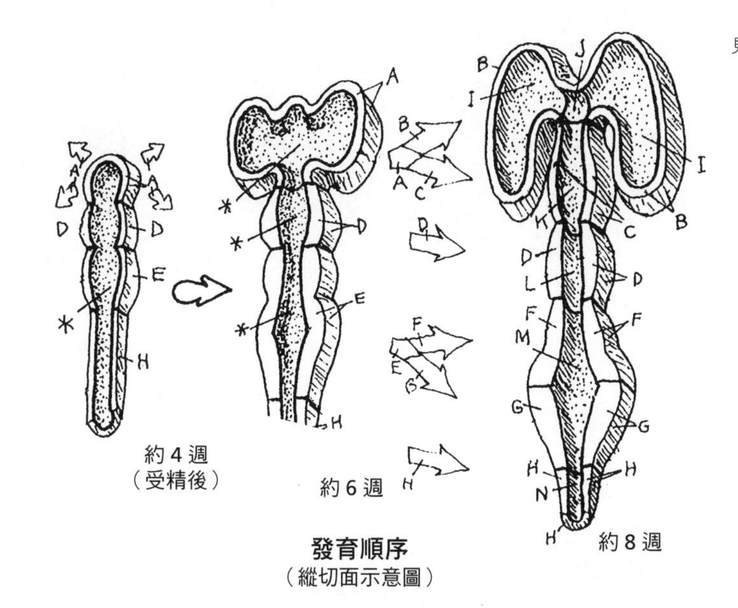

發育順序
（縱切面示意圖）

衍生的構造

LATERAL VENTRICLE (1&2) I
INTERVENTRICULAR FORAMEN J
3RD VENTRICLE K
CEREBRAL AQUEDUCT L
4TH VENTRICLE M
CENTRAL CANAL N

CHOROID PLEXUS O

中樞神經系統
腔室和覆蓋層：腦室

著色說明：A 請著上淺色。(1) 為「腦室發育」的三幅插圖上色。頭兩個插圖的神經腔都要著上灰色；至於第三圖的神經腔鏤空名稱及部位，顏色要與早期神經管的衍生構造相對應。(2) 底下四幅插圖的衍生構造（I-N）都要上色。矢狀切面圖的腦部 D、F、G 和 H 四區同樣也要上色。最後再為底下兩幅切面圖的脈絡叢（O）上色。

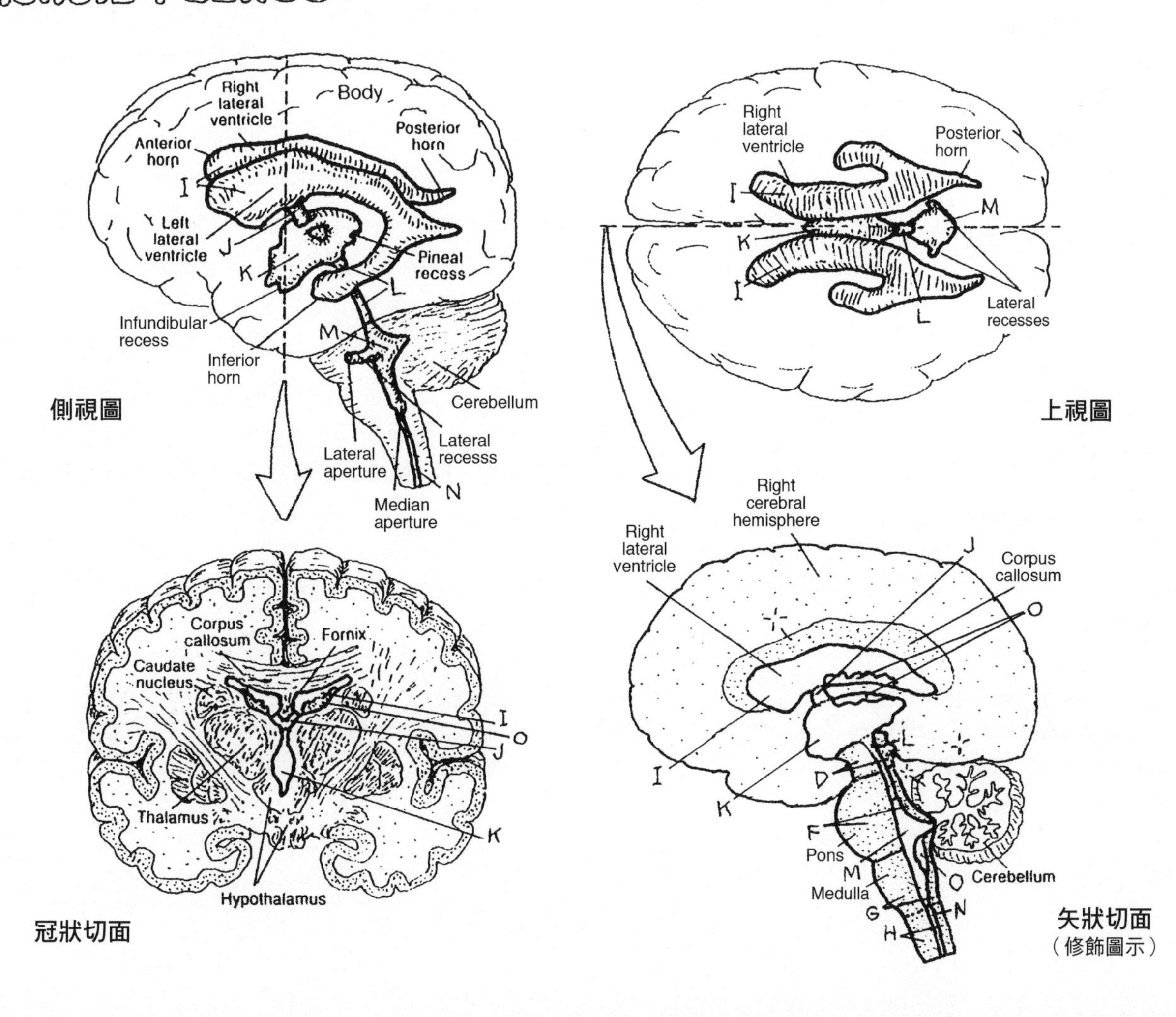

側視圖

上視圖

冠狀切面

矢狀切面
（修飾圖示）

腦脊膜是包覆腦和脊髓的纖維覆蓋層。脊髓的腦脊膜（見 77 頁）是右頁顱部腦脊膜的下側延伸部。

硬腦脊膜是腦部被膜及脊髓被膜（硬脊膜）的最外層，包括以下兩層：外層襯覆頭顱和椎管的內表面（**骨膜**），內層（腦膜層）圍繞整個腦部並形成各腦葉之間的分隔層（稱為**硬膜隔**）。

大腦鐮是兩層硬腦膜在中線貼合形成的中隔，兩層都起自上方顱頂並圍繞**上矢狀竇**。大腦鐮像刀片般下行切入兩大腦半球之間的大腦縱裂（參見右頁上圖），其下緣游離、彎曲，支持下矢狀竇，並跨過胼胝體的上表面。大腦鐮前側底部在**前顱窩**底部的硬膜骨膜層形成連結；大腦鐮後側則與帳棚狀小腦天幕的兩邊延續。**小腦天幕**支持枕葉，並把下方深藏在後顱窩內的小腦區隔開來。小腦天幕兩側的游離緣都向外彎曲，形成一道切跡，裡面容納了腦幹（特別是中腦），並向前延伸到**鞍背**（也就是蝶骨上的鞍型構造——蝶鞍的後壁）；腦下垂體就棲身在蝶鞍裡面。請注意，蝶鞍的硬膜頂（稱為鞍隔）上有穿孔，供下視丘的漏斗穿行（見 152 頁）。小腦鐮（右頁圖未畫出，讀者或許可以想像其樣貌）是中線上位於小腦天幕底下的垂直三角形薄片，部分區隔左右兩個小腦半球並支持枕竇。

蛛網膜呈薄膜狀，位於硬腦膜內面深處，兩者之間有潛在的硬腦膜下腔區隔。蛛網膜與較深處的軟腦膜之間則隔著蛛網膜下腔，腔內含有腦脊髓液。這處間隙在幾個不同位置變得比較寬廣（稱為腦池，參見 82 頁）。軟腦膜是疏鬆纖維性結締組織構成的含血管層，藉由小樑（介於軟腦膜和蛛網膜下腔內的蛛網膜之間）來支持延伸到腦和脊髓的血管。這種軟膜似乎跟腦和脊髓表面密不可分，但其實不完全如此。腦室壁內含有脈絡叢，是由軟腦膜的血管及腦室的室管膜細胞共同形成，這種複雜的分泌叢能分泌腦脊髓液。

解剖名詞中英對照（按英文字母排序）

Anterior cranial fossa 顱前窩
Arachnoid mater 蛛網膜
Cerebral cortex 大腦皮質
Cistern 腦池
Corpus callosum 胼胝體
Cranium 顱骨
Cut edge of inner layer 內層的切緣
Deep scalp 深層頭皮
Diaphragma sellae 鞍隔
Dorsum sellae 鞍背
Dura mater 硬腦脊膜
Dura-covered cranial floor 覆蓋顱底的硬膜
Dural septa 硬膜隔
Endosteum 內骨膜
Ependymal cell 室管膜細胞
Falx cerebelli 小腦鐮
Falx cerebri 大腦鐮
Free edges of tentorium cerebelli 小腦天幕的游離緣
Hair shaft 髮幹
Incisura 切迹
Inferior sagittal sinus 下矢狀竇
Infundibulum 漏斗
Meninge 腦脊膜
Meningeal layer 腦膜層
Middle cranial fossa 顱中窩
Occipital sinus 枕竇
Periosteal layer 骨膜層
Pia mater 軟腦膜
Posterior cranial fossa 顱後窩
Right cerebral hemisphere 右大腦半球
Scalp 頭皮
Sella turcica 蝶鞍
Straight sinus 直竇
Subarachnoid space 蛛網膜下腔
Subdural space 硬腦膜下腔
Superior sagittal sinus 上矢狀竇
Tentorium cerebelli 小腦天幕
Vein 靜脈
Villus 絨毛

見77、82、115頁

腦膜

DURA MATER A
OUTER (PERIOSTEAL) LAYER A'
INNER (MENINGEAL) LAYER B
FALX CEREBRI C
TENTORIUM CEREBELLI D
FALX CEREBELLI E (N.S.)
SUPERIOR SAGITTAL SINUS S
ARACHNOID F
VILLUS F'
SUBARACHNOID SPACE F²
PIA MATER G

中樞神經系統
腔室和覆蓋層：腦脊膜

著色說明：A至D要選用非常淺的對比色。(1) 上方圖只供參考，不用上色。(2) 冠狀切面放大圖的腦脊膜及鏤空名稱要上色；上矢狀竇請塗上淺灰色。(3) 為下圖的硬腦膜內褶（B-D）上色。硬腦膜內層（B）左半部已經切除，露出較內側的硬膜結構。

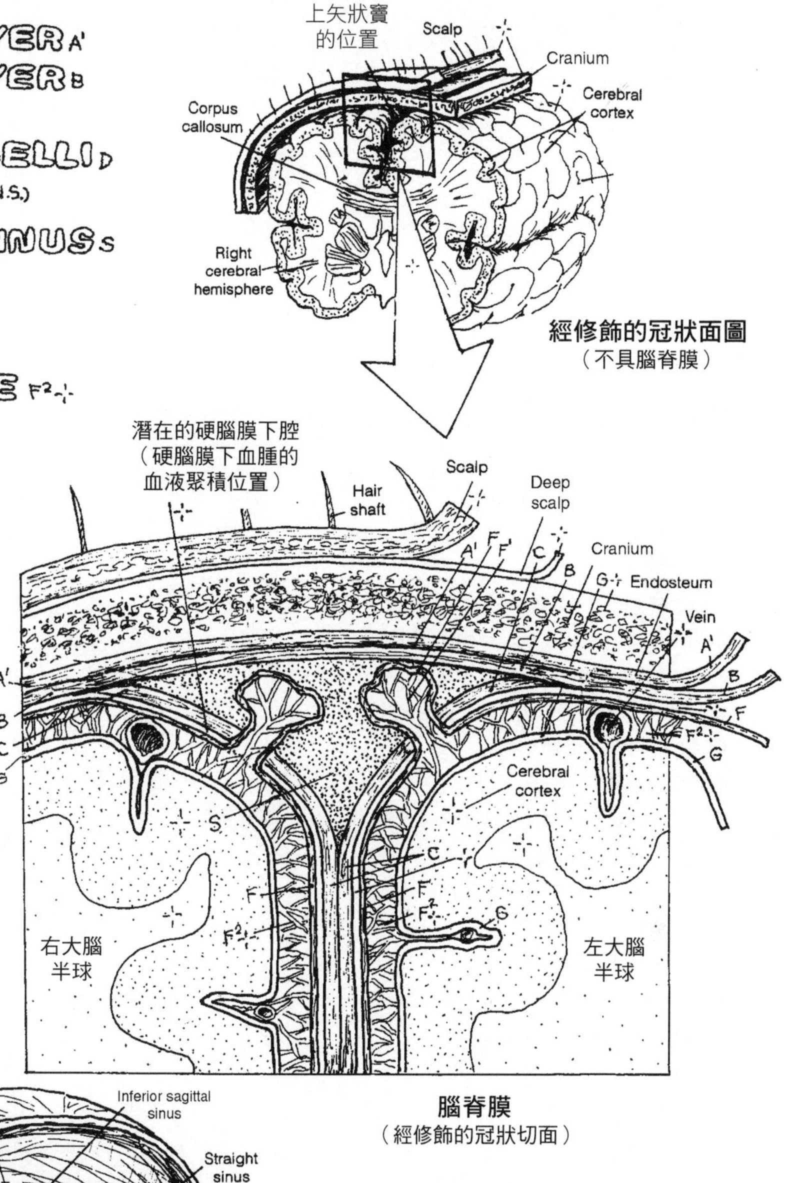

腦脊膜
（經修飾的冠狀切面）

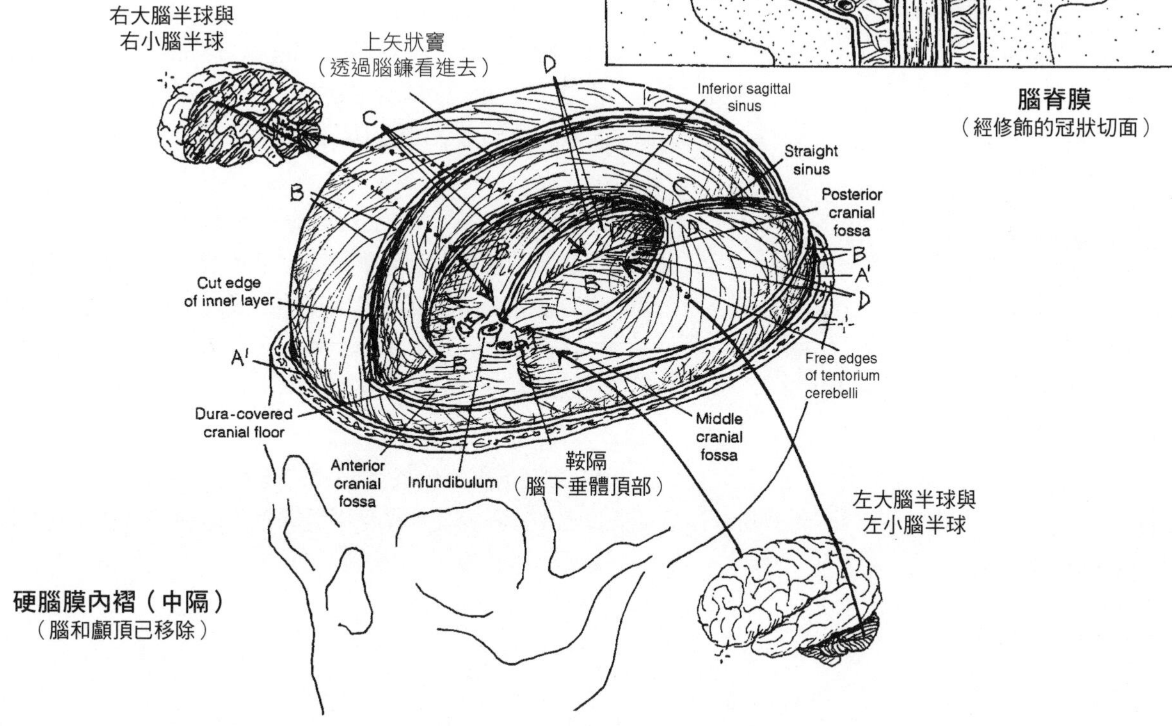

硬腦膜內褶（中隔）
（腦和顱頂已移除）

腦脊髓液（CSF）是環繞腦部的一種質地澄澈且大半不含細胞成分的血漿狀液體。事實上，腦和脊髓在硬腦脊膜內就懸浮於腦脊髓液之中，處於一種完全沒有負荷也無重力的環境，這樣就能保障其結構的完整性。液體不易壓縮且能夠流動，因此腦脊髓液能在硬腦脊膜內發揮緩衝功能，一旦頭部受到撞擊，就能阻滯腦部的移動。腦脊髓液由脈絡叢分泌，接著經由腦室壁附近的小血管導入側腦室、第三和第四腦室。每 24 小時都約有 150 毫升的腦脊髓液流經腦室並繞行蛛網膜下腔（包括腦池）。

當你在為右頁插圖上色時，可以透過為腦脊髓液繞行腦室及蛛網膜下腔的循環模式上色，來了解腦脊髓液的供源組織以及「路線尾端」（即上矢狀竇）的關係。腦室系統內含有腦脊髓液的結構都羅列於右頁，僅供參考用，這些結構不用著色，因為我們這裡要強調的重點是「腦脊髓液的流向」，其中重要的層面包括：

(1) 脈絡叢在四個腦室中的個別位置，請依照各腦脊髓液的血管來源，著上不同層次的顏色（紅色）。

(2) 腦室系統的腦脊髓液（A）取道**正中孔**和**外側孔** (I 和 I^{1}) 離開第四腦室，注入蛛網膜下腔。這裡我們把腦室的腦脊髓液和蛛網膜下腔的腦脊髓液（B）區分開來；但這兩處的腦脊髓液當然都是相同的液體。

(3) **蛛網膜下腔**環繞腦部和脊髓的配置方式，包括這些腔隙的膨大部分（稱為**腦池**，B^{2}）；請注意，腦部的確是靠著包繞全腦的腦脊髓液發揮一種流質緩衝功能，此一特色若碰上頭部因跌倒觸地或遭受重擊時就能發揮救命作用。

(4) 腦脊髓液轉移到上矢狀竇。肉眼就可觀察到，就在硬膜之下沿著中線靜脈竇排列的**蛛網膜絨毛**，外觀上呈顆粒狀；它們由多條襯覆蛛網膜的通道組成，這些通道伸進上矢狀竇（硬腦膜並不隨之伸入），將腦脊髓液釋出進入靜脈循環。

(5) 上矢狀竇腔位於硬腦膜的骨膜層（外層）和腦膜層之間。大腦靜脈在蛛網膜下腔通行，直接穿過硬腦膜並進入硬腦膜靜脈竇。

解剖名詞中英對照（按英文字母排序）

Arachnoid mater 蛛網膜
Arachnoid villus 蛛網膜絨毛
Bone 骨骼
Central canal of spinal cord 脊髓中央管
Cerebello-medullary cistern 小腦髓腦池
Cerebral aqueduct 大腦導水管
Cerebrospinal fluid (CSF) 腦脊髓液
Choroid plexus 脈絡叢
Cistern 腦池
CSF subarachnoid circulation 蛛網膜下腦脊髓液循環
Dura mater 硬腦脊膜
Dural filum terminale 硬脊膜終絲
Falx cerebri 大腦鐮
Interpeduncular cistern 大腦腳間池
Interventricular foramen 腦室間孔
Lateral aperture 外側孔
Left cerebral cortex 左大腦皮質
Lumbar cistern 腰池
Median aperture 正中孔
Meningeal dura 腦脊膜硬膜
Meninges 腦脊膜
Periosteal dura 骨膜層硬膜
Pia mater 軟腦膜／軟脊膜
Pial filum terminale 軟脊膜終絲
Pontine cistern 腦橋池
Right cerebral cortex 右大腦皮質
Right lateral ventricle 右側腦室
Sacrum 薦骨
Scalp 頭皮
Spinal cord 脊髓
Subarachnoid space 蛛網膜下腔
Superior cistern 上池
Superior sagittal sinus 上矢狀竇
Ventricle 腦室

見80、81、115頁

中樞神經系統

腔室和覆蓋層：腦脊髓液的循環

著色說明：脈絡叢（C-C²）請著上鮮明的紅色；腦室內部的腦脊髓液 A，以及腦部、脊髓外圍的蛛網膜下腔裡面的腦脊髓液 B，都使用淺的對比色；J 著上藍色。(1) 首先，為側腦室與第三、第四腦室的脈絡叢上色。(2) 為腦脊髓液 A 上色；先從側腦室開始，接著循著腦脊髓液流向 進入第四腦室；為那裡的正中孔／外側孔（I、I¹）上色。(3) 使用先前為腦脊髓液 B 選定的顏色為後續的液流 上色，液流進入蛛網膜下腔（B¹、B²）並一路穿行流入蛛網膜絨毛（AM¹）。(4) 為腦部和上段脊髓外圍的腦脊膜（DM、AM 和 PM）小心上色。(5) 本頁右上的冠狀切面圖，從上矢狀竇（J）到絨毛各處部位要分別上色。(6) 為底下腰池圖的組成部分上色。

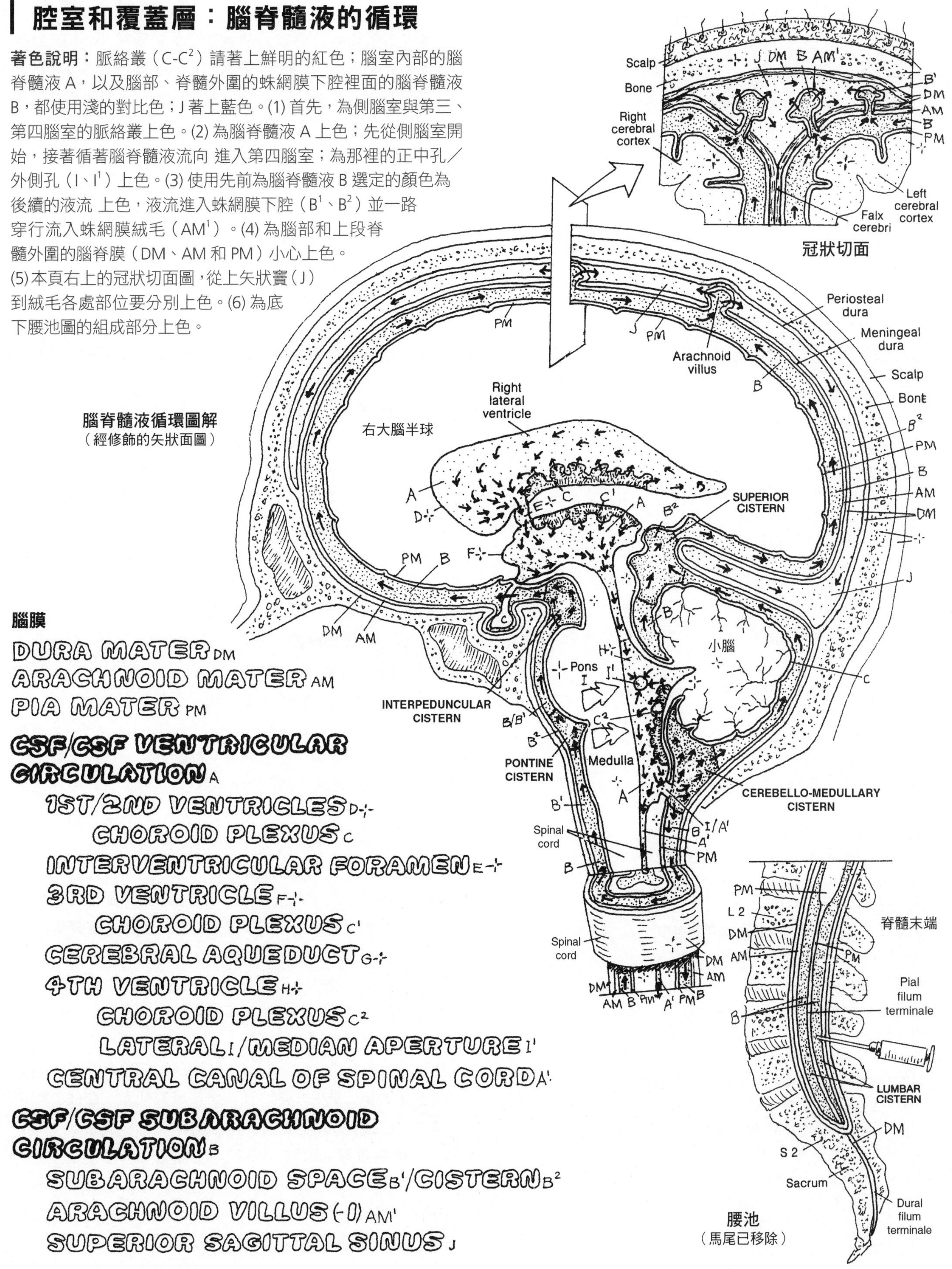

Ciliary ganglion 睫狀神經節
Ciliary muscle 睫狀肌
Cochlear branch 耳蝸支
Common carotid artery 總頸動脈
Cranial nerves 腦神經
Olfactory 嗅神經
 Optic 視神經
 Oculomotor 動眼神經
 Trochlear 滑車神經
 Trigeminal 三叉神經
 Abducens 外展神經
 Facial 顏面神經
 Vestibulocochlear 前庭耳蝸神經
 Glossopharyngeal 舌咽神經
 Vagus 迷走神經
 Accessory 副神經
 Hypoglossal 舌下神經
Digastric muscle 二腹肌
Infratemporal fossa 顳下窩
Intramural ganglia 壁內神經節
Jugular foramen 頸靜脈孔
Mamillary body 乳頭體
Mandibular 下頜支
Maxillary 上頜支
Medulla 髓腦／延腦
Mylohyoid 下頜舌骨肌
Olfactory bulb 嗅球
Olfactory receptors 嗅覺受器
Olfactory tract 嗅徑
Ophthalmic branch 眼支
Optic chiasma 視交叉
Otic ganglion 耳神經節
Parotid gland 腮腺
Pons 腦橋
Posterior digastric muscle 後二腹肌
Proprioceptive fibers 本體感受纖維
Pterygopalatine fossa 翼腭窩
Pterygopalatine ganglion 翼腭神經節
Pupillary sphincter 瞳孔括約肌
Retina 視網膜
Salivary glands 唾液腺
Spinal Cord 脊髓
Stapedius muscle 鐙骨肌
sternocleidomastoid muscle 胸鎖乳突肌
Stylohyoid 莖突舌骨肌
Superior oblique muscle 上斜肌
Taste receptors 味覺受器
Tensor tympani 鼓膜張肌
Tensor veli palatini 腭帆張肌
Trapezius muscle 斜方肌
Vestibular branch 前庭支

十二對腦神經分別以羅馬數字 I 到 XII 來代表，I 是最喙端的那對，XII 則是最偏尾端的那對。腦神經 I 和 II 源自前腦。腦神經 XI 一度被當成腦神經，然而目前已經有決定性的研究發現，它其實是脊神經。腦神經 II 是間腦的衍生構造；至於視神經則是腦的延伸投射徑。

這裡所引述的運動神經，全都包括本體感受纖維（肌肉、肌腱及關節動作的感覺）。

I 特殊內臟感覺纖維（SVA）；位於鼻腔頂／壁，具有嗅覺受器。

II 特殊軀體感覺纖維（SSA）：位於眼中視網膜，具有感光性的視覺受器。

III 一般軀體運動纖維（GSE）；通往眼外肌，但不包括外直肌和上斜肌；**一般內臟運動纖維（GVE）**；經由眼眶的**睫狀神經節**通往睫狀肌和瞳孔括約肌的副交感神經。

IV 一般軀體運動纖維（GSE）；通往眼睛的上斜肌。

V 一般軀體感覺纖維（GSA）；從臉經由右頁插圖所示的三個分區 (V1、V2、V3)；**特殊內臟運動纖維（SVE）**；經由 V3 通往咀嚼肌、鼓膜張肌、腭帆張肌、下頜舌骨肌，以及從胚胎咽弓發展而來的二腹肌。

VI 一般軀體運動纖維（GSE）：通往眼睛的外直肌。

VII 特殊內臟感覺纖維（SVA）：源自舌頭前側的味覺受器。**GSA**：源自外耳。**SVE**：通往臉部表情肌群、鐙骨肌、莖突舌骨肌、後二腹肌。**GVE**：通往鼻腔／口腔的副交感神經腺、淚腺（經由翼腭窩的翼腭神經節），以及下頜下／舌下唾液線（經由下頜下神經節）。

VIII 特殊軀體感覺纖維（SSA）：耳蝸部對聲音敏銳：前庭部位對頭部平衡及運動（平衡感）感覺敏銳。

IX 一般軀體感覺纖維（GSA）：源自外耳和耳咽管。**SVA**：源自舌頭後側三分之一部位的味覺受器；出自口部後側、咽、耳咽管及中耳的黏膜。**一般內臟感覺纖維（GVA）**：源自頸動脈體和總頸動脈的壓力和化學受器。**SVE**：傳往上咽縮肌和莖突咽肌。**GVE**：經由顳下窩的耳神經節傳往腮腺的副交感神經纖維。

X 特殊內臟感覺纖維（SVA）：來自舌基底和會厭的味覺受器。**GSA**：源自外耳和耳道。**GVA**：源自咽、喉、胸部及腹部內臟。**SVE**：通往腭、咽和喉部肌群。**GVE**：經由壁內神經節通往胸部和腹部內臟的副交感神經纖維。

XI 一般軀體運動纖維（GSE）：脊髓根 (C1-C5) 上行通過枕骨大孔，再穿過頸靜脈孔；通往斜方肌和胸鎖乳突肌；類別仍未確認。

XII 一般軀體運動纖維：通往舌頭的外在肌和內在肌。

見70頁

周邊神經系統
腦神經

著色說明：使用淺色。(1) 從第一對腦神經開始上色，包括：左上方的鏤空名稱；大的羅馬數字、見於腹側腦幹的腦神經、左下方的相關功能箭頭，以及右上方羅馬數字與附帶的插圖。每條神經都比照處理。(2) 注意左下方箭頭的方向；感覺為向內，運動則是向外。

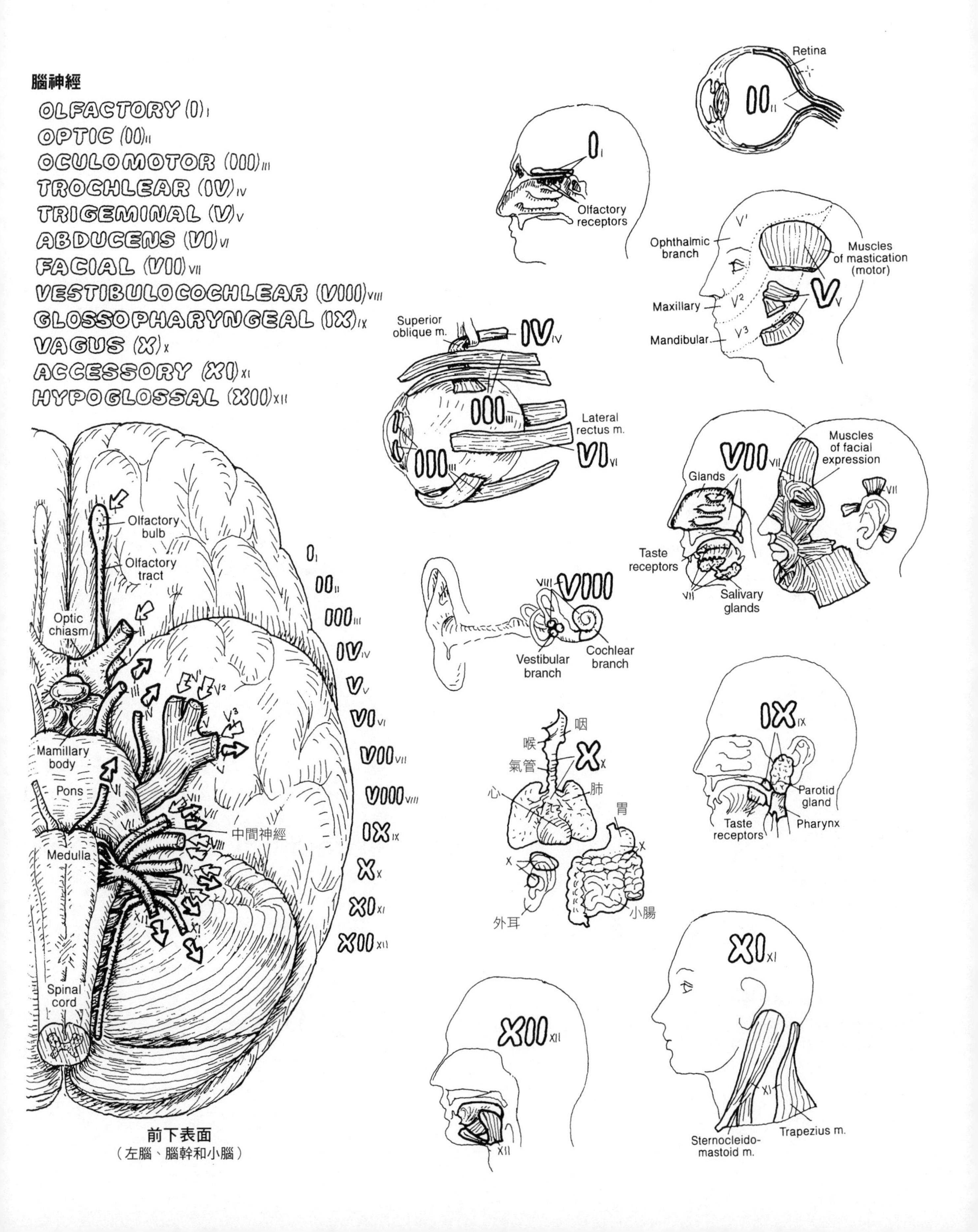

前下表面
（左腦、腦幹和小腦）

脊神經是一群感覺神經元和運動神經元的軸突組合（參見右頁左下圖）。感覺神經元的軸突將衝動傳入脊髓後角，接著它們再跟脊髓嘴側和尾側的長、短徑形成突觸。這些感覺神經元的偽單極細胞體，被封裝進脊神經後側根的一些腫脹狀的部位（稱為**後根神經節**）。神經節脊髓側的軸突稱為**中樞突**，而細胞體周邊的軸突稱為脊神經的**周圍突**。運動神經元的多極細胞體位於脊髓的灰質前角。這些軸突群集從脊髓突出，形成脊神經的**前根**或**運動根**。後根和前根結合成單一結構的脊神經，位於椎間孔外側近處（參見右頁「T9 橫剖面」圖）。

脊神經和神經根分節段列置（從頸椎骨到尾椎骨段）、並從雙側沿著脊柱縱向分布（參見 86 頁）。請回頭翻閱第 78 和 79 頁跟這些脊神經／神經根有關的內容。脊神經形成之後不久，就分支形成**前枝**與**後枝**。

脊神經與其神經根在**椎管**、**外側隱窩**和椎間孔中的容身空間非常狹窄。在右頁圖解中，最能釐清這些神經和神經根之間的關係。神經根很容易受到種種病變的侵害而導致脊神經根炎，其中包括側隱窩和椎間孔內的肥大骨頭所引發的刺激（退化性關節病症），以及椎間盤突出（椎間盤病症），或囊腫、腦膜腫瘤和粉碎性脊椎骨折等。軸突或供應軸突的血管如果受到壓迫，有可能導致功能缺損，比如神經根病變、感覺喪失、運動障礙，和／或肌腱反射改變等。

脊神經並沒有精確的神經元功能類別，這點跟腦神經不同（參見83頁）。不過，感覺神經元的軸突經常被稱為「傳入」軸突（意思是傳往中樞部位，比如脊髓或高位中樞），而運動神經元的軸突則被稱為「傳出」軸突（意指起自中樞，好比運動皮質）。不論是軀體或內臟的感覺軸突都是相同的，但是軀體運動軸突和內臟運動軸突在結構和功能上都不一樣；這部分會在後面自主神經系統一節裡闡明（見 91 ～ 93 頁）。

解剖名詞中英對照（按英文字母排序）

Anterior horn 前角
Anterior ramus 前枝
Anterior root 前根
Articular process 關節突
Cell body 細胞本體
Central process 中樞突
Dura mater 硬脊膜
Epidural fat 硬膜外脂肪
Epidural space 硬膜外腔
External vertebral venous plexus 椎外靜脈叢
Gray matter 灰質
Intervertebral foramen 椎間孔
Lamina 椎板
Lateral recess 外側隱窩
Motor axon 運動軸突
Motor root 運動根
Muscle 肌肉
Pedicle 椎弓根
Peripheral process 周圍突
Peudounipolar cell body 偽單極細胞體
Posterior horn 後角
Posterior ramus 後枝
Posterior root ganglion 後根神經節
Posterior root 後根
Sensory axon 感覺軸突
Spinal cord 脊髓
Spinal nerve 脊神經
Spinous process 棘突
Subarachnoid space 蛛網膜下腔
Transverse process 橫突
Vertebra 脊椎骨
Vertebral body 椎體
Vertebral canal 椎管
White matter 白質

見68、71、77、86頁

周邊神經系統
脊神經與神經根

著色說明： 右下方插圖的脊椎骨各部位（I、J 和 K）分別著上淺色。(1) 從左下方各鏤空名稱及插圖開始上色，最後完成箭頭的上色。(2) 為右下方第九胸椎骨的橫剖面圖上色。(3) 最後是右上圖，三對脊神經及它們從椎間孔（M）伸出的神經根都要上色。

脊神經根

POSTERIOR ROOT A
- SENSORY AXON B
  - CELL BODY C
- POSTERIOR ROOT GANGLION D

ANTERIOR ROOT E
- MOTOR AXON F
  - CELL BODY G

SPINAL NERVE H
- ANTERIOR RAMUS H'
- POSTERIOR RAMUS H²

神經根的關係

VERTEBRA -∻-
- BODY I
- LAMINA J
- TRANSVERSE PROCESS K

SPINAL CANAL L
- LATERAL RECESS L'

INTERVERTEBRAL FORAMEN M

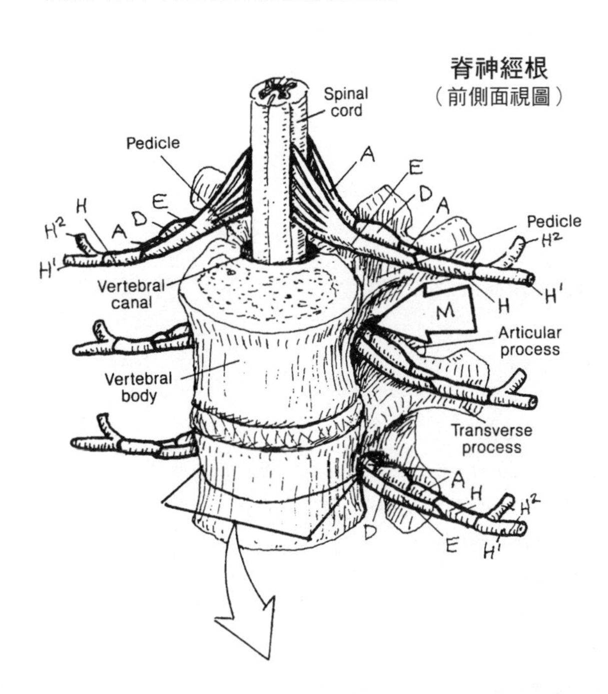

脊神經根
（前側面視圖）

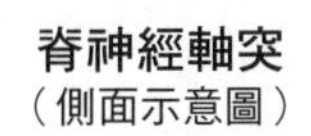

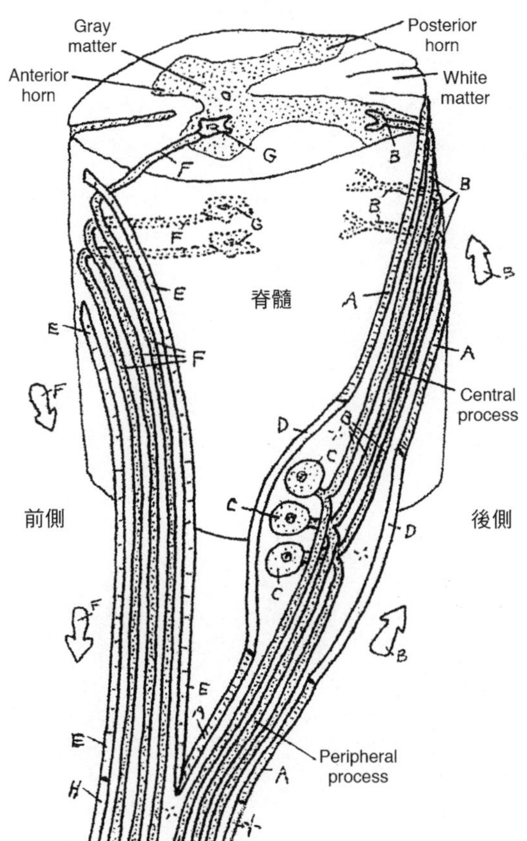

脊神經軸突
（側面示意圖）

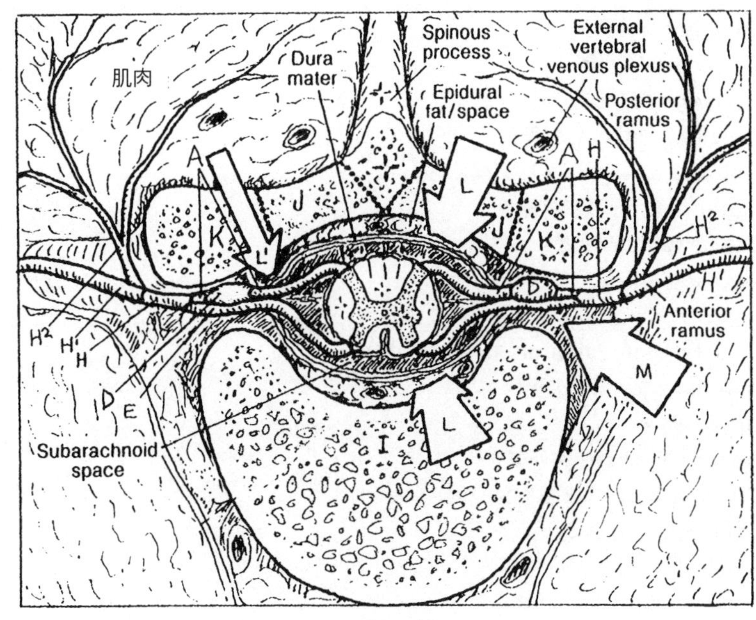

T9 橫剖面
（從上方俯視）

反射是肌肉非意識性的對刺激做出反應。刺激誘發感覺神經元產生反應。使用一把橡膠反射槌的尖端輕輕敲打髕韌帶，就會引發這類反應。此時不需要用到腦，負責伸展膝關節的肌肉就會表現輕微的反射性收縮，於是你的膝關節就會「踢一下（伸展）」。這是神經系統的一種基本活動。包括內臟方面的多數身體運動，都屬於反射式運動（例如心跳速率、呼吸速率，以及胃腸肌肉的蠕動收縮等）。這種有用的特徵讓你的身體能夠「自動」運轉，同時專注於更複雜的思維上。**脊髓反射**牽涉到感覺受器及感覺神經元，通常為脊髓的中間神經元、運動神經元和作用器（肌肉）。

解剖名詞中英對照（按英文字母排序）

Anterior horn 前角
Anterior root 前根
Cell body 細胞本體
Contracting effector muscle 收縮的作用肌
Contracting skeletal muscle 收縮的骨骼肌
Effector muscle 動作肌
Effector 作用器
End plate 終板
Extensor muscle 伸肌
Flexor muscle 屈肌
Ganglion 神經節
Gray matter 灰質
Interneuron 中間神經元
Knee jerk reflex 膝跳反射
Monosynaptic reflex 單突觸反射
Motor neuron 運動神經元
Muscle spindle 肌梭
Myotatic reflex 肌伸張反射
Neurotendinous organ 神經肌腱器
Non-stimulated neuron 未受刺激的神經元
Pain receptor 痛覺感受器
Patella 髕骨
Patellar ligament 髕韌帶
Polysynaptic reflex 多突觸反射
Posterior horn 後角
Posterior root 後根
Sensory neuron 感覺神經元
Spinal cord 脊髓
Spinal nerve 脊神經
Stretch receptor 伸張感受器
Stretched flexor muscle 伸展的屈肌
Synapse 突觸
Tendon 肌腱
Withdrawal reflex 回抽反射

伸展（**單突觸反射**或**肌伸張反射**）是最簡單的脊髓反射，牽涉到兩個神經元和一個突觸。膝跳反射就是這種反射。這是因為特定肌肉的肌腱（比如股四頭肌的肌腱對膝關節）的伸展動作，拿一把反射槌輕槌那條肌腱就會引發伸展。對這種伸展有反應的受器包括：(1) 髕韌帶的神經肌腱器，以及 (2) 股四頭肌肌腹所含的肌梭。**神經肌腱器**是肌腱的特定受器，對肌腱扭曲或伸展很敏銳。**肌梭**位於肌腹內部，是一種外覆被膜的特化肌纖維，具有對肌肉伸展感應敏銳的神經末梢。現在請參照右頁的右上圖，這類受器受了刺激會產生電化學神經衝動，接著 (1) 由**感覺神經元**傳導 (2) 到脊髓 (3)；接下來這群神經元在脊髓灰質內與前角**運動神經元** (4) 形成突觸。運動神經元把電化學衝動傳往「**作用器肌肉**」的**終板**；作用器肌肉是指能對刺激做出反應並產生具體縮短作用的肌肉 (5)。以膝跳反射來說，當肌肉充分收縮，肌肉就會瞬間伸展（「猛跳」）膝關節 (6)。

多突觸反射是指反射弧不只包括兩個神經元的反射。它們的類型從簡單的回抽反射，乃至於牽涉到好幾個脊髓節段和腦部的複雜反射都有。多突觸反射的複雜度與兩個因素有關：一是反射的中間神經元數量，二是刺激與反應突觸接觸的數量。以右頁圖來說明，溫度感受器（右頁圖未畫出）和痛覺感受器對溫度急遽升高的火源做出反應；**感覺神經元**將衝動傳往脊髓。一條**中間神經元**接收到衝動，其分支讓兩條中間神經元興奮起來，其中一條為促進性，另一條為抑制性。興奮的中間神經元促進（＋）運動神經元的放電作用，從而誘發伸肌收縮，抬高手指遠離火燄。在此同時，抑制性神經元則抑制（－）第二條運動神經元的放電作用 (C3)，而拮抗屈肌便伸展而不收縮，於是手指也才得以抽回並離開火燄。註 [1]

註 [1] 一般而言，手部肌肉的作用，伸肌群比屈肌群慢，因此測試回抽反射，是以指背去探測茶壺的溫度。碰到高溫時，手指屈肌群會快速收縮（即空握拳狀態）以避免燙傷。——編校註

見69、70頁

周邊神經系統
脊髓反射

著色說明：D 使用淺色，並沿用你在前一頁所用的顏色來為脊神經根著色。(1) 同時為上方兩幅插圖上色，請按 1-5 數字順序上色，箭頭也包括在內。肌肉段末端的小箭頭顯示收縮（彼此拉近）或伸展（相互遠離）。(2) 同時為底下兩幅插圖上色。請注意，運動神經元和抑制性中間神經元形成突觸，受抑制的作用器都不上色。

單突觸反射

STRETCH RECEPTOR (N-T ORGAN) A
STRETCH RECEPTOR (MUSCLE SPINDLE) A'
SENSORY NEURON A²
SPINAL CORD B
MOTOR NEURON C
END PLATE C'
EFFECTOR MUSCLE D

Contracting effector muscle
Patella
Patellar ligament
(With neurotendinous organs)

膝跳反射

脊髓神經／神經根

SPINAL NERVE E
BRANCH E'
POSTERIOR ROOT F
GANGLION F'
ANTERIOR ROOT G

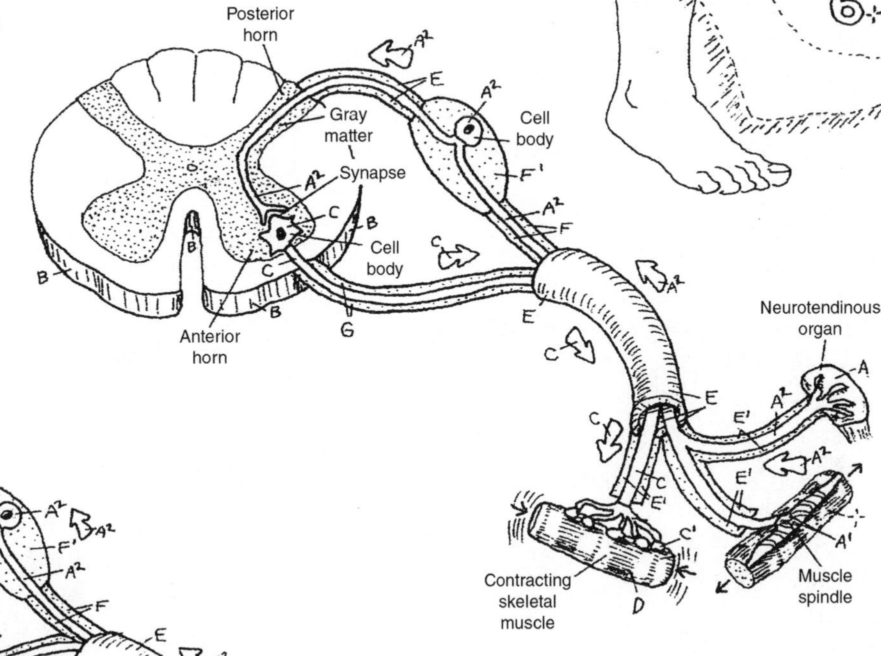

Synapses
Non-stimulated neuron C
Extensor muscle
Flexor muscle

多突觸反射

PAIN RECEPTOR A³
SENSORY NEURON A²
INTERNEURON H-
FACILITATORY (+) H'
INHIBITORY (−) H²
(+) MOTOR NEURON C / EFFECTOR D
(−) MOTOR NEURON C / EFFECTOR D

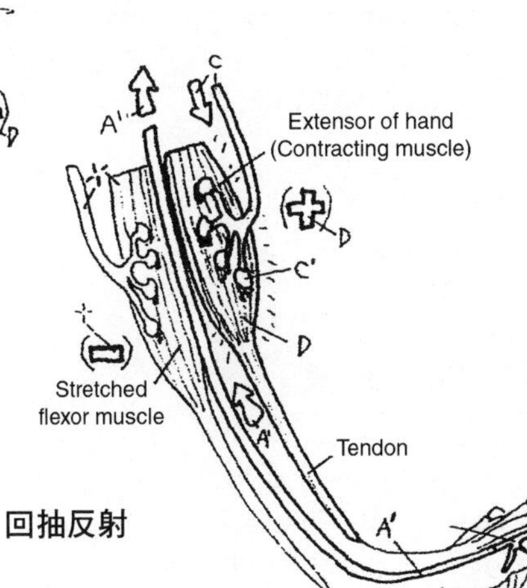

回抽反射

Anterior cutaneous branch 前皮枝
Anterior ramus 前枝
Anterior root 前根
Axon 軸突
Body of thoracic vertebra 胸椎體
Brachial plexus 臂神經叢
C4 spinal nerve C4 脊神經
C7 vertebra C7 脊椎
Cervical nerves 頸神經
Cervical plexus 頸神經叢
Coccyx 尾骨
Cutaneous branch 皮枝
Cutaneous nerve 皮神經
Endoneurium 神經內膜
Epineurium 神經外膜
Erector spinae muscles 豎脊肌
External intercostal muscle 外肋間肌
Hip bone 髖骨
Inferior gluteal nerve 下臀神經
Innermost intercostal muscle 最內肋間肌
Intercostal nerve 肋間神經
Internal intercostal muscle 肋內間肌
Intervertebral foramen 椎間孔
Lateral cutaneous branch 外側皮枝
Lateral femoral cutaneous nerve 股外側皮神經
Lumbar nerves 腰神經
Lumbar plexus 腰神經叢
Lumbosacral trunk 腰薦神經幹
Medial cutaneous branch 內側皮枝
Muscular branch 肌支
Perineurium 神經束膜
Phrenic nerve 膈神經
Plexus 神經叢
Posterior ramus 後枝
Posterior root 後根
Preganglionic visceral efferent fiber 節前內臟傳出（運動）纖維
Rami communicantes 交通枝
Sacral plexus 薦神經叢
Sacral spinal nerve 薦脊神經
Sacrum 薦骨
Sciatic nerve 坐骨神經
Spinal column 脊柱
Spinal cord 脊髓
Sternum 胸骨
Superficial fascia 淺筋膜
Superior gluteal nerve 上臀神經
Sympathetic ganglion 交感神經節
Thoracic spinal nerve 胸脊神經
Transversus thoracic muscle 胸橫肌

三十一對脊神經起自脊髓的前根（運動神經根）和後根（感覺神經根），這些脊神經接收感覺衝動，並將運動指令傳向從頸到腳的體壁各處骨骼肌。

頸脊神經共有八對（C1-C8），出自前根（運動神經根及些許的感覺神經根）及後根（感覺神經根）。這些神經根穿過椎間孔，不過 C1 例外，它是從枕骨和第一頸椎之間（C0-C1）離開脊柱。上四對頸脊神經的前枝形成**頸神經叢**，這處神經叢的神經大半都是感覺型，末端則延伸到後側頭部、外側頸部和肩膀並形成皮神經。這裡有個明顯的例外，那就是膈神經（C3-C5），這是負責支配橫膈的運動神經。下段頸神經（C5-C8）的絕大部分（幾近全部）形成**臂神經叢**（參見 87 頁）。

頸部有八對頸脊神經及七塊頸椎骨。其中 C1-C7 脊神經從對應的脊椎骨（名稱相同）的上方椎間孔穿出；而 C8 和以下所有的下脊神經全都穿過對應脊椎骨（名稱相同）下方的椎間孔。當我們評估下腰椎脊神經根由於椎間盤脱出受壓迫而產生的徵候與症狀時，都必須立刻聯想起這些基本事實。

十二對**胸脊神經**並沒有形成神經叢；當這些神經岔分成前枝和後枝時，前枝便形成**肋間神經**（不包括第十二對），它們伴行一條肋間動脈和靜脈，從肋骨間通過並支配肋間肌群。從側面觀之，肋間神經分出一條**外側皮枝**，再由此分出前皮枝和後皮枝。後枝離開脊神經後，立刻穿入背部肌肉，並於末端發出內側和外側皮枝。第一對胸神經（T1）是最大的一對胸神經，還分出一條粗大的分支，參與形成臂神經叢。第十二對胸神經（肋下神經）沿著第十二肋下方通行（因此它不是肋間神經），向下穿入腹壁，終端化為皮神經。

五對腰脊神經中有四對形成**腰神經叢**，這是分布及支配大腿前側、內側肌群的神經叢。

胸脊神經和腰脊神經（T1 到 L2）攜帶著節前內臟傳出（運動）纖維，通往脊柱兩側的交感神經鏈之神經節（參見 91 頁）。第四及第五腰脊神經形成**腰薦神經幹**；接著和五對薦脊神經結合成薦神經叢，並群集成坐骨神經（L4、5、S1-S3）。薦神經叢分出上臀神經、下臀神經、股外側皮神經，並分支到大腿部某些外旋肌。

任何神經的橫切面都能見到外覆被膜，類似於前面著色的那些肌肉（參見 42 頁）的被膜。

見48、84頁

周邊神經系統
脊神經的分布

著色說明：從上圖左側開始上色。使用削尖的色鉛筆為本頁各圖的脊神經／神經枝上色。(1) 依循右列鏤空名稱的順序，為不同的脊神經和神經叢上色。頸神經根、頸神經叢、臂神經叢和頸脊神經各選用一種顏色。(2) 為胸脊神經（肋間神經）和第十二胸神經（肋下神經）著色。(3) 為腰神經、腰神經叢及腰薦神經幹上色。(4) 為薦神經叢著色。(5) 右下的橫切面圖中，分布軀幹各處的胸脊神經要上色。(6) 在底下插圖中，皮神經（G）的神經被膜要上色。

CERVICAL NERVES (C1-C8) A
PLEXUS (C1-C4) A'
BRACHIAL PLEXUS (C5-T1) A²

THORACIC SPINAL NERVES (T1-T12) B
INTERCOSTAL NERVES (T1-T11) B'

脊神經和神經叢
（背視圖）

LUMBAR NERVES C
PLEXUS (L1-L4) C'
LUMBOSACRAL TRUNK (L4,L5) C²

SACRAL PLEXUS D

脊髓

ANTERIOR ROOT E
POSTERIOR ROOT F

THORACIC SPINAL NERVE B
ANTERIOR RAMUS / INTERCOSTAL NERVE B'
LATERAL CUTANEOUS BRANCH G
ANTERIOR CUTANEOUS BRANCH H
POSTERIOR RAMUS I
MEDIAL CUTANEOUS BRANCH J
LATERAL CUTANEOUS BRANCH K

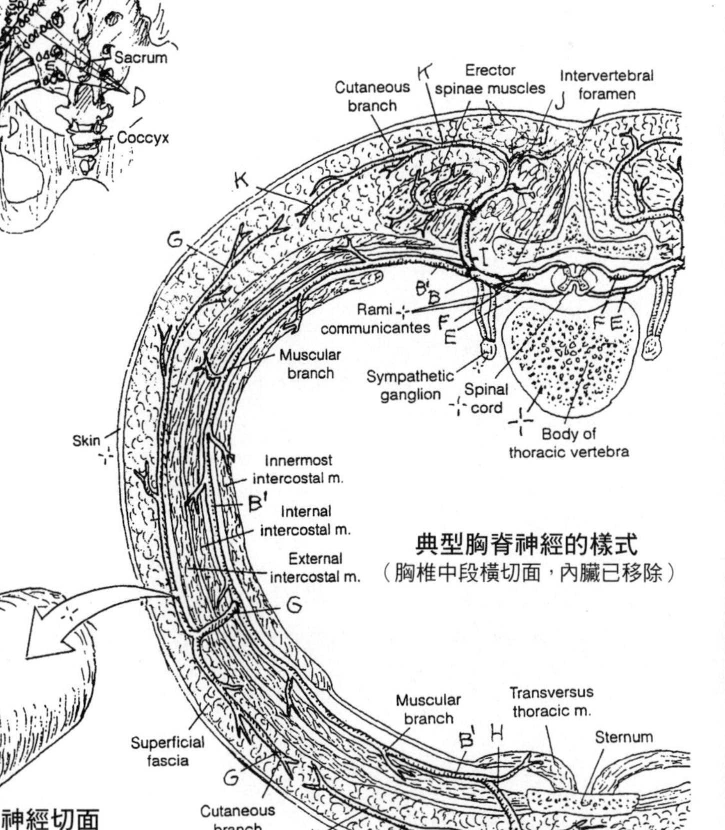

典型胸脊神經的樣式
（胸椎中段橫切面，內臟已移除）

神經被膜

EPINEURIUM G'
PERINEURIUM L
ENDONEURIUM M

神經切面

上肢的周邊神經起自臂神經叢，其神經根為脊神經 C5-T1 的前枝，偶爾還有 C4 和 T2 的前枝。上兩組前枝及下兩組前枝，跟中枝（C7）會合形成神經叢的上、中及下三條**神經幹**。三條神經幹接收軸突（神經幹分部），進而形成三條**神經索**；五條主要通往肢體的周邊神經就出自這三索。請注意，後側神經索的神經根纖維（C5-T1），種類數量都多於其他兩索。同時也要注意的是，從外側神經索和正中神經索發出的纖維，在後側神經索的腋神經和橈神經的前方遠處共同形成一個 M 字形。

解剖名詞中英對照（按英文字母排序）

1st intercostal nerve 第一肋間神經
Anterior division 前側部
Axillary nerve 腋神經
Brachial plexus 臂神經叢
Brachioradialis 肱橈肌
Carpal tunnel 腕隧道
Cervical vertebra 頸椎
Clavicle 鎖骨
Coracobrachialis 喙肱肌
Cord 神經索
Cubital tunnel 肘隧道
Dorsal scapula nerve 肩胛背神經
Flexor carpi ulnaris 尺側屈腕肌
Flexor Digitorum Profundus 屈指深肌
Humerus 肱骨
Lateral cord 外側神經索
Lateral cutaneous nerve 外側皮神經
Long thoracic nerve 胸長神經
Lower trunk 下神經幹
Medial antebrachial cutaneous nerve 前臂內側皮神經
Medial brachial cutaneous nerve 臂內側皮神經
Medial cord 內側神經索
Medial epicondyle 內上髁
Median nerve 正中神經
Middle trunk 中神經幹
Musculocutaneous nerve 肌皮神經
Plexopathy 神經叢病症
Posterior cord 後側神經索
Posterior cutaneous nerve 後側皮神經
Posterior division 後側部
Radial nerve 橈神經
Radius 橈骨
Root 神經根
Scapula 肩胛骨
Sternocleidomastoid muscle 胸鎖乳突肌
Suprascapular nerve 肩胛上神經
Trunk 神經幹
Ulna 尺骨
Ulnar nerve 尺神經
Upper trunk 上神經幹

臂神經叢很容易由於過度伸張、牽拉（上肢快速、強力拉扯）或壓迫（比如長期在腋窩部位以拐杖支撐體重）而受傷，稱為「神經叢病症」，這些都會造成各種不同程度的傷害、徵候和症狀。

外側神經索的**肌皮神經**（C5-C7）是一條小神經，位於前臂上部位，支配肱肌、肱二頭肌和喙肱肌，而且是前臂的皮神經。這條神經包夾在肌肉裡面，很少會受到傷害。不過，C5 和／或 C6 神經根若受到壓迫就可能造成前臂肌群力量減弱。

正中神經（C5-C8、T1）是內／外側神經索的「木匠神經」（carpenter's nerve），在手臂內並無分支；它支配並分布於手腕和前臂的屈肌及手部的魚際（拇指）肌群。它有可能在腕隧道部位受到壓迫（參見 33 頁），導致若干程度的手指 1-3 感覺缺損以及拇指動作虛弱無力（腕隧道症候群）。C6 神經根受到壓迫，也可能連帶產生相仿症狀。

尺神經（C8-T1），或被稱為內側神經索的「音樂家神經」（musician's nerve），負責支配前臂的屈指深肌、尺側屈腕肌，以及手部除拇指之外的大半內在肌。這條神經在肘隧道內繞過肘關節，很容易受到傷害，有可能導致尺側手指疼痛、手部虛弱無力，或手指 4 和 5 的姿勢異常。

腋神經（C5-C6）起自後側神經索，環繞肱骨頸，分布及支配三角肌和小圓肌。這條神經在肱骨頸骨折時很容易受損，萬一受損時有可能導致三角肌虛弱或癱瘓。

橈神經（C5-C8、T1）沿著後側手臂分布，支配三頭肌；貼著肱骨中段繞行，支配及分布於前臂的肱橈肌；接著深入分布於前臂後側的腕伸肌和手指伸肌。其淺層處另有一條後側手指的皮神經。肱骨中段骨折會造成橈神經受傷造成「垂腕」（wrist drop），並有可能帶來很嚴重的後果。你可以模擬垂腕狀態：最大程度地屈曲你的手腕，同時試著運用你的手指。

見29、84、86、89頁

周邊神經系統
臂神經叢與支配上肢的神經

著色說明：A 至 D 要選用淺色。(1) 為上方圖的各鏤空名稱，以及標示五群臂神經叢神經根的字母和數字上色。當你為神經叢上色時，也請注意其分支（但不用上色）。下方圖的整群神經叢都要著上灰色。(2) 當你為神經叢發出的各條主要神經上色時，請一併為下方插圖的該神經著色，並試著想像該神經在你自己手臂內的位置。

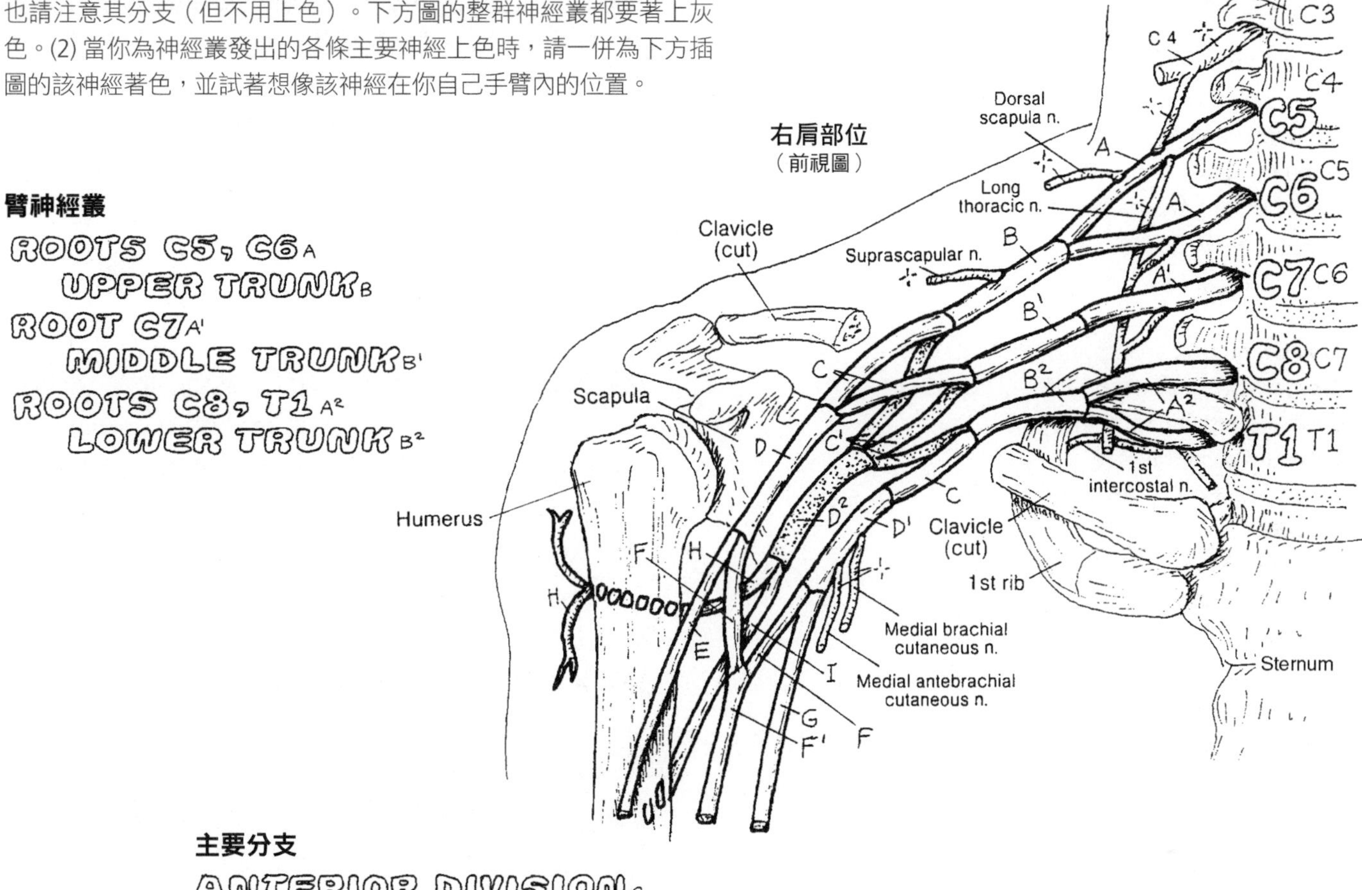

臂神經叢

ROOTS C5, C6 A
UPPER TRUNK B
ROOT C7 A'
MIDDLE TRUNK B'
ROOTS C8, T1 A²
LOWER TRUNK B²

主要分支

ANTERIOR DIVISION C
LATERAL CORD (C5-C7) D
MUSCULOCUTANEOUS NERVE E
BRANCH TO MEDIAN N. F
MEDIAL CORD (C8-T1) D'
BRANCH TO MEDIAN N. F
MEDIAN N. F'
ULNAR N. G
POSTERIOR DIVISION (C5-T1) C'
POSTERIOR CORD D²
AXILLARY N. (C5-C6) H
RADIAL N. (C5-T1) I

上肢的主要神經
（右肢，前視圖）

Sternocleidomastoid m.
Clavicle
Humerus
Radius
Lateral cutaneous nerve
Posterior cutaneous nerve
Ulna
Carpal tunnel
掌面觀
Cubital tunnel
Medial epicondyle
E
F
H
H
I
E
F'
G
E
I
I
I
F
G
F'
F'
G
*

腰神經叢見於上後腹壁的腰大肌，由 L1-L4 脊神經的前枝形成，偶爾也包括 T12 的神經分支神經。**股神經** (L2-L4) 在腰肌深層下行，接著從該肌外側鑽出進入骨盆。它在這裡很容易因為髂腰肌上覆血腫而受損，相同情況也見於閉孔神經。當神經從腹股溝韌帶底下穿過時，是位於肌肉的前側表面。股神經在大腿近端分散成神經束，支配及分布於股四頭肌的四個頭及縫匠肌。內側有一條皮枝的**隱神經**下行通往膝內側，並繼續通往踝部。到大腿中段時，它穿過內收肌管（參見 61 頁），並與股動脈和股靜脈一併進入股後側隔間。

閉孔神經（L2-L4）沿著閉孔內肌上表面骨盆內的外側壁下行，穿過閉孔（骨盤孔）並進入大腿內側，分布並支配內收肌。一旦股神經功能喪失，會導致髖關節屈曲和髖關節外展（向外擺動步伐）的力量虛弱，以及膝關節無法伸展。不過，內收大肌也受坐骨神經的支配，因此臀外展喪失可以獲得稍微緩解。

腰薦神經幹（L4-L5）和**薦脊神經**連接，形成了薦神經叢 (S1-S4)。從這組神經叢發出**上臀神經**（L4、L5、S1），穿過梨狀肌上方的坐骨大孔（參見 50 頁），分布並支配臀中肌，有時也包括臀小肌（參見 59 頁）。**下臀神經**（L5, S1, S2）從梨狀肌下方進入臀部，分布及支配臀大肌（參見 59 頁）。

坐骨神經（L4-5、S1-3）連同股後側皮神經及下臀神經一起穿過梨狀肌下方的坐骨大孔，鑽行於臀大肌下方（但並不支配該肌肉）。坐骨神經從坐骨粗隆和股骨大轉子之間下行，接著在股後側隔間的膝上部位分成脛神經和腓總神經。脛神經分布及支配小腿後側肌群和足底肌群；而**腓總神經**則支配小腿外側肌群（**腓淺神經**）及小腿前外側隔間的肌群（**腓深神經**）。有少數比率的人，坐骨神經全部或部分穿過梨狀肌，導致臀部疼痛（梨狀肌症候群）。**陰部神經**（S2-4）分布及支配會陰部。

幾種因素有可能損及一條或多條坐骨神經根，包括骨關節炎導致 L4-S1（與其他部位）的椎間孔變窄，或者由於椎間盤脫出，造成壓力施加於某一條神經根。這種疼痛感受有可能沿著下肢往下傳到足部。

解剖名詞中英對照（按英文字母排序）

Adductor canal 內收肌管
Common fibular nerve 腓總神經
Deep fibular nerve 腓深神經
Femoral nerve 股神經
Femur 股骨
Fibula 腓骨
Genitofemoral nerve 生殖股神經
Greater sciatic foramen 坐骨大孔
Greater sciatic notch 大坐骨切迹
Greater trochanter 大轉子
Hamstring muscles 膕旁肌群
Iliohypogastric nerve 髂腹下神經
Ilioinguinal nerve 髂腹股溝神經
Iliopsoas 髂腰肌
Ilium 髂骨
Inferior gluteal nerves 下臀神經
Infrapatellar branch 髕下支
Inguinal ligament 腹股溝韌帶
Ischial tuberosity 坐骨粗隆
Lateral femoral cutaneous nerve 股外側皮神經
Lateral plantar nerve 外側蹠神經／足底外側神經
Lateral sural cutaneous nerve 腓腸外側皮神經
Lumbar plexus 腰神經叢
Lumbosacral trunk 腰薦神經幹
Medial plantar nerve 內側蹠神經／足底內側神經
Medial sural cutaneous nerve 腓腸內側皮神經
Obturator foramen 閉孔／骨盤孔
Obturator internus muscle 閉孔內肌
Obturator nerve 閉孔神經
Patella 髕骨
Perineal branch 會陰支
Piriformis 梨狀肌
Posterior femoral cutaneous nerve 股後側皮神經
Pudendal nerve 陰部神經
Sacral plexus 薦神經叢
Sacral spinal nerve 薦脊神經
Sacrum 薦骨
Saphenous nerve 隱神經
Sciatic nerve 坐骨神經
Superficial fibular nerve 腓淺神經
Superior gluteal nerve 上臀神經
Tibia 脛骨
Tibial nerve 脛神經

見86、89頁

周邊神經系統

腰神經叢與薦神經叢：支配下肢的神經

著色說明：(1) 從前視圖開始上色。腰神經叢和薦神經叢要塗上灰色；這兩個神經叢都以黑點標示以利辨識。(2) 為股神經（A）及其分支上色，其中最長的分支是隱神經（B）。(3) 為閉孔神經（C）上色。(4) 為股外側皮神經上色。(5) 背視圖的各神經都要上色。圖示的腳跟是踮高狀態，可以見到腳底蹠面。

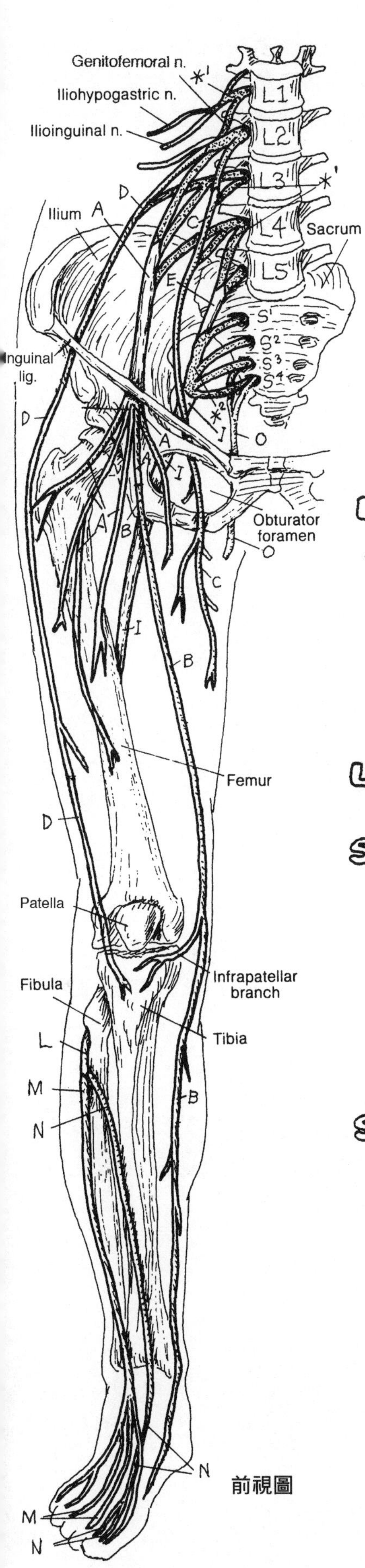

前視圖

LUMBAR PLEXUS (L1-L4) *1
FEMORAL NERVE A
SAPHENOUS N. B
OBTURATOR N. C
LATERAL FEMORAL CUTANEOUS N. D

LUMBOSACRAL TRUNK (L4-L5) E

SACRAL PLEXUS (L4-S4) *2
POSTERIOR FEMORAL CUTANEOUS N. F
SUPERIOR GLUTEAL N. G
INFERIOR GLUTEAL N. H

SCIATIC N. (L4-S3) I
TIBIAL N. (L4-S3) J
MEDIAL PLANTAR N. K
LATERAL PLANTAR N. K'
COMMON FIBULAR N. (L4-S2) L
SUPERFICIAL FIBULAR N. M
DEEP FIBULAR N. N
PUDENDAL N. (S2-4) O

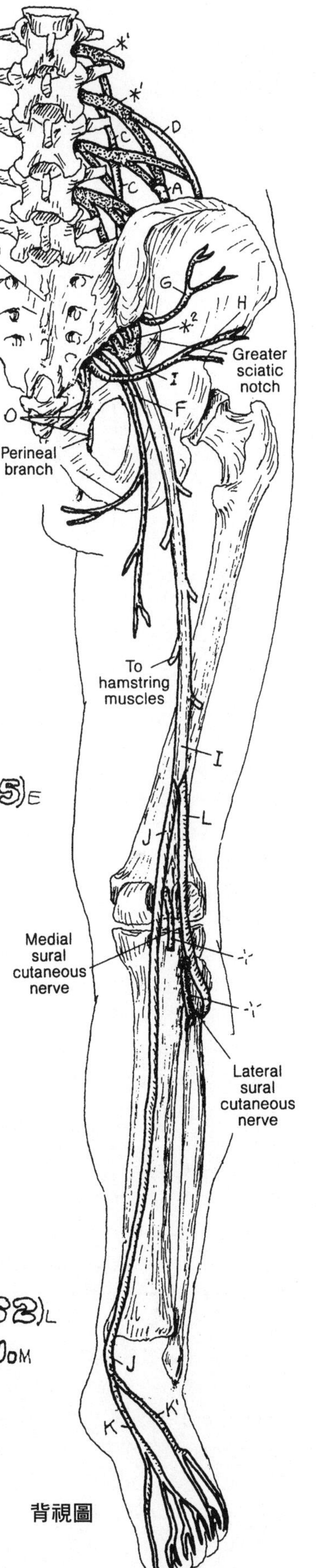

背視圖

請回顧第 83 頁的腦神經功能分類的相關內容。脊神經也可以採行相仿方式來分類，不過少了特殊類別（特殊軀體感覺和特殊內臟感覺等）。

皮節（dermatome）是指受某單一脊神經的感覺纖維所支配的特定皮膚範圍（derma 指「皮膚」，而 tome 指「劃分」）。全身整個體表分成了不同的皮節，而其劃分基礎，則以脊神經的感覺纖維及三叉（第五對）腦神經感覺纖維的分布節段為本。脊神經的一般軀體感覺纖維將感覺衝動直接傳向脊髓，而三叉神經的一般軀體感覺纖維則負責將臉部皮膚內感受器所得的資訊，傳至位於橋腦到髓腦的神經節和神經核群（右圖未畫出）。

解剖名詞中英對照（按英文字母排序）

Anal 肛門
Area of inguinal ligament 腹股溝韌帶部位
Big toe 大腳趾
Cervical nerves 頸神經
Cutaneous nerve 皮神經
Dermatome 皮節
Ganglion 神經節
Genital 外生殖器
Heel 腳跟
Knee 膝
Lateral arm 臂外側
Lateral foot 足外側
Lateral leg 小腿外側
Lumbar nerves 腰神經
Medial forearm 前臂內側
Middle finger 中指
Nipple 乳頭
Perineum 會陰
Phrenic nerve 膈神經
Plantar surface 足底面
Posterior (dorsal) spinal nerve root 脊神經後根（背根）
Posterior thigh 大腿後側
Sacral nerves 薦神經
Sensory axon 感覺軸突
Shoulder 肩
Spinal cord 脊髓
Spinal nerve 脊神經
Thoracic nerves 胸神經
Trigeminal nerve 三叉神經
Umbilicus 臍

每處脊髓皮節分別由一般軀體感覺神經元，將感覺受器的觸覺、溫覺、壓覺和痛覺等相關衝動傳往脊髓。皮節依部位和相關脊神經的序列編碼來辨認，例如第五頸脊神經（或 C5）皮節。

使用棉花棒輕觸或針刺可用來測試一般感覺，你就能察覺某個皮節的感覺機能（但有時可能感覺不出）。身體的 28 對皮節，跟脊神經及其神經根在中央管、外側隱窩和／或脊柱椎間孔的位置有相對應關係。皮節表現的精確性，一般都是在出現脊髓感覺神經根缺陷、三叉神經興奮過盛（irritation）和脊髓病變的情況下才能驗證。最常見的神經根壓迫及傷害等相關缺陷見於手和腳，因為那裡的感覺受器分布密度最高，缺陷狀況出現時也最有可能察覺。舉例來說，C6 缺陷導致拇指和食指麻木的表徵，常見於腕隧道症候群以及 C5-6 椎間盤脫出所致的神經根壓迫；C8 缺陷導致小指（第五指）麻木，有可能見於尺神經（C8-T1）的肘隧道壓迫；而 L5 和 S1 缺陷則分別反映於大腳趾和小腳趾，通常與 L4-5 和 L5-S1 椎間盤脫出有關。

神經根不適和檢查結果的詮釋，有可能受到皮節部分重疊的影響（參見右頁左下插圖）。這裡若有感覺神經皮支重疊，則神經根缺損檢查有可能得出陰性結果，顯示出現症狀的神經根所支配部位未受影響。

皮節疼痛反應可能反映皮膚疼痛和牽涉到非皮膚的（內臟）疼痛情況；舉例來說，胸膜炎有可能產生肩部皮膚疼痛感，這是因為皮膚和胸膜同樣都由 C3-C5 脊神經（膈神經）支配。

C1 沒有皮節，因為它並沒有感覺根，不過它有可能併行於 C2。由於脊神經 C5-T1 負責支配上肢，因此 C4 和 T2 的皮節在胸壁重疊。由於 L4-S1 神經負責支配小腿和足部，因此 L3 和 S3 的皮節在下背部重疊。

周邊神經系統
皮節

著色說明：先閱讀左頁文字。左下圖解描繪的是一處皮膚部位（皮節）的感覺神經分布，以及鄰接脊神經皮枝與它們各自支配之皮節的重疊程度。(1) 為左下方圖解的三條脊神經及中央皮節的矩形邊線上色。注意重疊現象。(2) 使用非常淺的顏色為五群皮節上色。所有標示 V 的皮節全都使用同一個顏色，標示 C 的皮節則上另一個顏色，T、L 和 S 等皮節比照處理。建議：沿用 C 所使用的顏色，仔細為 C 皮節集群的邊界上色，接著再為圈起來的範圍上色，特別注意相關脊神經負責的皮膚區；標示 T、L 和 S 的皮節也比照處理。

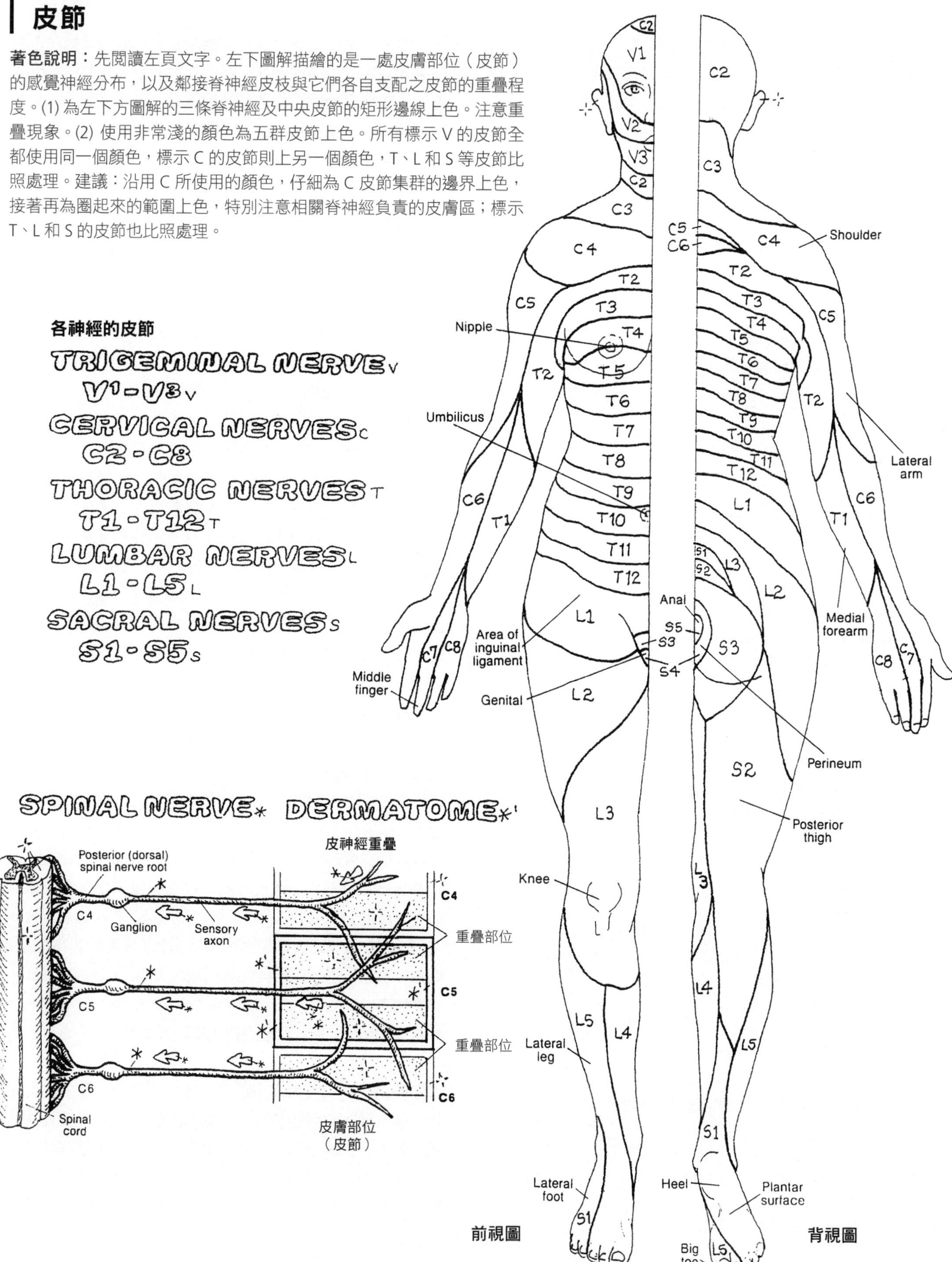

感覺受器向腦部提供身體內外環境的相關資訊。多數受器都是一種轉換器：它們把機械、化學、電子或光刺激，變換成可以由神經系統傳導的電化學衝動。一旦受了激發，資訊受器或感覺受器產生的衝動，便經由感覺神經元傳往中樞神經系統，最終抵達視丘（丘腦）。到了這裡，神經衝動便經轉遞到感覺皮質（供意識解讀），或送往運動中樞來產生適當的（反射）反應。參見右頁右上方的圖解。

解剖名詞中英對照（按英文字母排序）

Ascending pre-thalamic tract 丘腦前上行徑
Ascending tract 上行性神經路徑
Axon 軸突
Baroreceptor 壓力受器
Capsule 囊
Chemoreceptor 化學受器
Collagen fibers 膠原纖維
Dermal papilla 真皮乳突
Dermis 真皮
Encapsulated endings 有被囊的神經末梢
Epidermis 表皮
Exteroceptor 外在受器
Free nerve endings 游離神經末梢
Gamma efferent fiber γ 傳出纖維
General exteroceptor 一般外在受器
Golgi organ 高基氏器
Interoceptor 內在受器
Meissner corpuscle 梅斯納氏小體
Merkel (tactile) cell 梅克爾氏（觸覺）細胞
Muscle fibers 肌纖維
Muscle spindle 肌梭
Neurotendinous organ 神經腱器官
Nociceptor 痛覺感受器
Nuclear bag fiber 核袋纖維
Nuclear chain fiber 核鏈纖維
Pacinian (pressure) corpuscle 巴氏（壓力）小體
Post-thalamic tract 丘腦後徑
Primary axon 主軸突
Proprioceptor 本體感受器
Receptor 受器
Ruffini (deformation) endings 魯氏（變形）神經末梢
sensory axon 感覺軸突
Sensory cortex 感覺皮質
Sensory receptor 感覺受器
Special exteroceptor 特殊外在受器
Spinal cord 脊髓
Spiral sensory ending 螺旋型感覺神經末梢
Stratum basale 基底層
Superficial fascia 淺筋膜
Tactile sensitivity 觸覺敏感度
Tendon 肌腱
Thalamus 丘腦（視丘）

外在受器位於體表附近。**特殊外在受器**（右頁圖未畫出）包括視網膜光感受器（光刺激，見 94 頁）、味覺受器（化學刺激，見 99 頁）及聽覺受器（聲音刺激，見 98 頁）。**一般外在受器**為皮膚感覺末梢，有些外覆被囊，有些則屬於游離型。**游離神經末梢**（見右頁圖皮膚塊中的 D）有的屬單一型，有些則屬網絡型，遍布於表皮及體內所有的結締組織。這群末梢有可能是感受冷／熱的溫度受器、感受輕微碰觸的機械受器，或是感受傷害的痛覺受器。游離神經末梢的螺旋末梢包繞毛囊，對毛幹運動有靈敏感受。樹突狀的**梅克爾氏細胞**和表皮基底層的游離神經末梢相連（參見 15 頁），它們包含神經傳導物質，意味著具有神經內分泌機能。它們對碰觸似乎具有敏銳的感受性，即觸覺敏感度（tactile sensitivity）。**梅斯納氏小體**是真皮層的包被性神經末梢，對觸覺刺激有敏銳感應。**魯氏神經末梢**是包被性小體，見於厚皮膚，對機械作用力（伸展和扭曲，即扭轉）具有敏銳的感受性。

本體感受器見於較深層的組織（例如筋膜、肌腱、韌帶、肌肉，以及關節囊）。這型感受器對伸張、運動、擠壓和姿勢改變有敏銳感應。**巴氏小體**是大型的層疊機械受器，能因應壓力和扭曲，發出電化學神經衝動。**肌梭**即肌肉伸張受器，由核袋與核鏈兩類特殊肌纖維，加上螺旋型或繖型感覺神經末梢交纏而成。這些肌纖維只因應伸展動作才縮短（由 γ 傳出纖維傳導），隨後感覺神經末梢還對小腦發出感覺衝動。反射運動神經指令會促使肌梭的特殊肌纖維緊縮，從而抵制伸張。藉由這些肌梭，中樞神經系統得以控制肌肉張力和收縮作用。神經肌腱器（高爾肌腱器）是包覆在囊中的神經末梢，位於肌肉／肌腱接合處或附近部位。它們會因應肌腱變形（伸展）而發出電化學神經衝動。

內在受器（右頁圖未畫出）是游離性或具有被囊的神經末梢，通常連同特殊上皮細胞一起見於血管壁和內臟壁（皮膚則無）。這類受器，也包括對末梢血液所含氧氣或二氧化碳濃度具有敏銳感受性的化學受器、對血壓和呼吸壓力靈敏的壓力受器，以及對疼痛敏感的痛覺感受器。

見13、15、16、78頁

周邊神經系統
感覺受器

著色說明：(1) 為右上方各鏤空名稱及感覺路徑的簡圖上色；接著為受器（A）、感覺軸突（B）及丘腦前上行徑（C）著色；丘腦（C）及感覺皮質請塗上灰色。(2) 為「外在受器」標題底下的鏤空名稱 D 至 E^2 上色，包括右方框圖中的 D^1；受器 D 至 E^2，以及它們的感覺軸突都要上色。(3) 為「本體感受器」標題底下的各鏤空名稱及相關受器 F^1 至 F^3 著色。右圖那塊皮膚的底部有個本體感受器，稱為帕氏小體（F^1）。(4) 整個肌梭（F^2）都要著色，但周圍的囊外肌纖維不上色。為頁底圖框內的神經肌腱器及軸突（F^3）上色。

SENSORY CORTEX *
THALAMUS C
Ascending tract
SENSORY AXON B
刺激
Ascending tract
Spinal cord
RECEPTOR A

感覺路徑
（示意圖）

感覺受器

外在受器

FREE NERVE ENDINGS / AXON D
MERKEL (TACTILE) CELL / AXON D'
ENCAPSULATED ENDINGS E-
MEISSNER (TACTILE) CORPUSCLE/AXON E'
RUFFINI (DEFORMATION) ENDINGS/AXON E^2

本體感受器

PACINIAN (PRESSURE) CORPUSCLE / AXON F^1
MUSCLE SPINDLE / MIXED AXONS F^2
NEUROTENDINOUS ORGAN / AXON F^3

內在受器（未畫出）

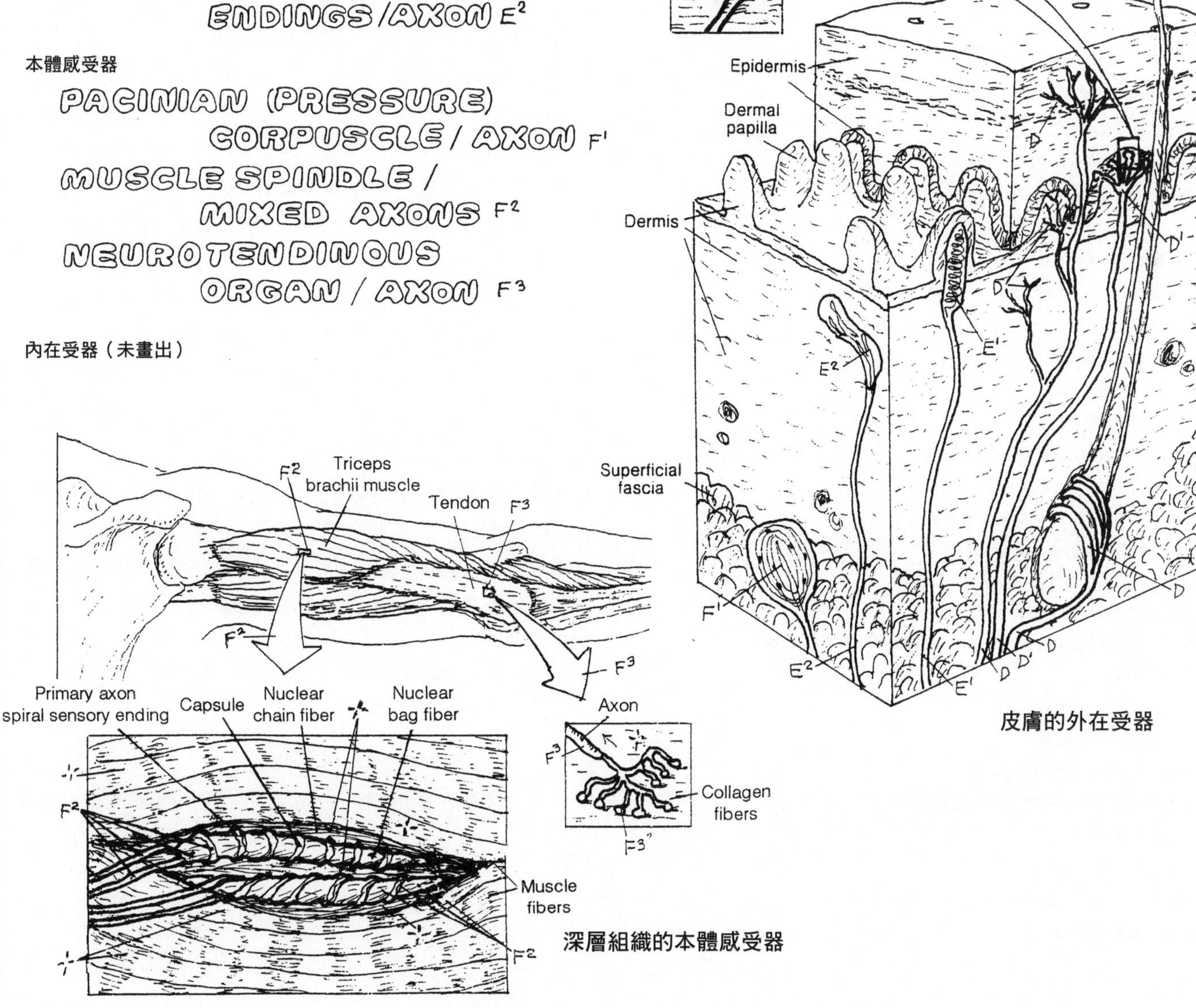

皮膚的外在受器

深層組織的本體感受器

自主神經系統以兩個神經元連結構成一種獨有特徵，而運動神經系統則控制平滑肌、調控心肌活動以及腺體（作用器）。主要作用單元是**節前神經元**和**節後神經元**。

自主神經系統（ANS）也稱為內臟神經系統（VNS），構成周邊神經系統的一部分，由交感神經和副交感神經共同組成。**交感神經分系**又稱胸腰神經分系，與對刺激之「戰或逃」反應有關：擴張瞳孔、加快心跳和呼吸速率、促進血液朝腦部和骨骼肌流動、收縮括約肌，以及抑制腺體分泌（皮膚汗腺除外）。副交感神經分系又稱腦薦神經分系，是「不隨意機能（vegetative）」分系，負責驅動內臟活動（腸活動性、腺體分泌等，參見 93 頁）。兩分系的合作落實身體所有層面的內部穩定性，此稱為恆定狀態。

來自內臟的感覺衝動由內臟感覺神經元（一般內臟感覺纖維）負責傳導，其作用與軀體感覺神經元（一般軀體感覺）相似。這類神經元並不是 ANS 運動神經系統的一部分。透過自主神經系統兩分系的神經衝動傳導，始自**節前神經元**。這些神經元的胞體位於 T1-L2 脊髓段的側角部位（參見 84 頁及右頁上方的視圖）。具髓鞘的節前軸突循著前根（運動神經根）離開脊髓，在脊神經內延伸一小段距離後發出**白枝**，接著白枝引導具髓鞘的纖維通往**交感神經節鏈**（沿著脊柱兩邊前外側分布；參見 84 頁及右頁圖解各路徑）。節前軸突分別由以下四種路徑之一向外延伸：(1) 進入神經鏈時，節前軸突或與一個**節後神經元**形成突觸，也可能在鏈內上行 (2) 或下行 (3) 兩個或多個節段後，再形成突觸。接著節後神經就取道**灰枝**，在形成突觸的該節段上離開神經鏈，並與脊神經匯合。這些節後軸突在脊神經分布範圍內支配動脈（以及部分靜脈）的平滑肌，並支配汗腺、豎毛肌和皮膚動脈的平滑肌。有些進入神經鏈的節前軸突會在不形成突觸的情況下，接著從兩側穿出形成內臟神經 (4)，然後朝腹主動脈前壁的交感與副交感神經節和神經叢之神經元延伸。這些內臟神經的最後歸屬，請見下頁。

解剖名詞中英對照（按英文字母排序）

Abdominal viscus 腹部內臟
Anterior (ventral) root 前根（腹根）
Autonomic nervous system (ANS) 自主神經系統
Bony thorax 骨性胸廓
Chain of sympathetic ganglia 交感神經節鏈
Gray ramus 灰枝
Lateral horn 側角
Medulla 髓腦／延腦
Midbrain 中腦
Postganglionic axon 節後軸突
Postganglionic cell body 節後細胞體
Postganglionic neuron 節後神經元
Preganglionic axon 節前軸突
Preganglionic cell body 節前細胞體
Preganglionic neuron 節前神經元
Prevertebral ganglia / plexus 椎前神經節／神經叢
Sacrum 薦骨
Spinal cord segments 脊髓節段
Spinal nerve 脊神經
Splanchnic nerve 內臟神經
Sympathetic chain 交感神經鏈
Vertebra 脊椎骨
Vertebral body 椎體
Visceral nervous system (VNS) 內臟神經系統
White ramus 白枝

自主（內臟）神經系統

自主神經系統：交感神經 (1)

著色說明：第 91 至 93 頁要一起著色。節前神經元（B、B1）及節後神經元（G、G1），請使用對比鮮明的顏色來上色。(1) 為神經衝動的傳導途徑上色，從右上圖位於 A 區內（代表 T1 到 L2 的各脊髓段）的神經節前細胞體（B）開始上色。(2) 為左上圖的 D、E 和 F 上色，接著請循著箭頭依序完成上色。(3) 為左下圖「節前和節後神經元路徑」上色，先從路徑 1 開始，接著處理路徑 2、3 和 4。(4) 最後為底下兩幅插圖的支持部件 A 和 H* 著色。

ANS：交感神經 (1)

SPINAL CORD SEGMENTS T1-L2 A
PREGANGLIONIC CELL BODY B
PREGANGLIONIC AXON B'
WHITE RAMUS C*
SPLANCHNIC NERVE D
PREVERTEBRAL GANGLIA / PLEXUS E
SYMPATHETIC CHAIN (GANGLIA) F
POSTGANGLIONIC CELL BODY G
POSTGANGLIONIC AXON G'
GRAY RAMUS H*
SPINAL NERVE I

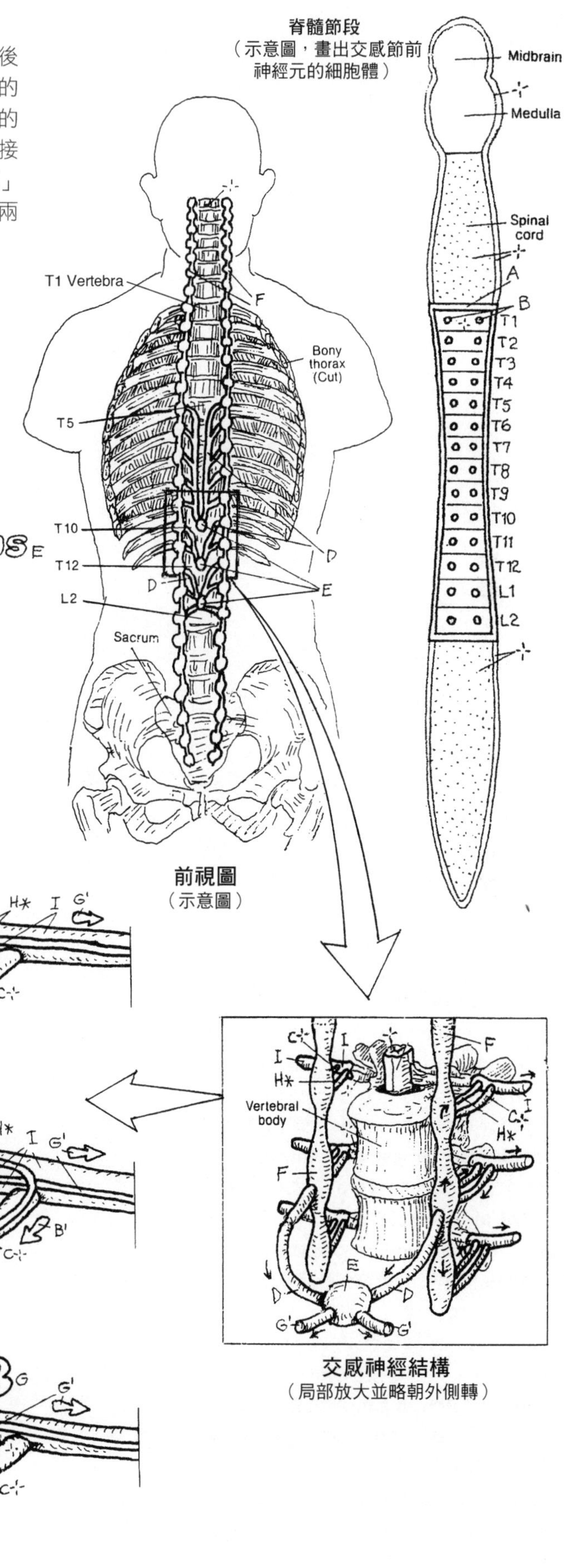

前視圖
（示意圖）

交感神經結構
（局部放大並略朝外側轉）

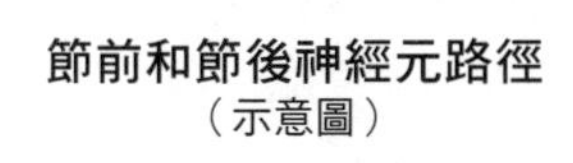

節前和節後神經元路徑
（示意圖）

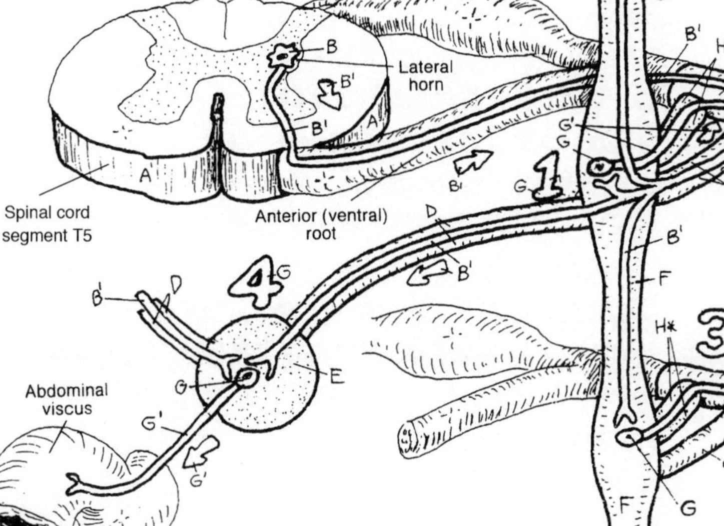

皮膚（與內臟）的交感神經分布，起自脊髓 L1 － 2 節段（胸腰部位）的節前神經元。節前軸突經由脊神經前枝離開脊髓，經一小段距離後又離開脊神經並與交感神經鏈的**白交通枝**連結。

節前軸突或上行或下行，或保持在同一水平面上，接著就進入並與預定通往皮膚的節後神經元形成突觸。這些節後軸突取道**灰交通枝**離開神經鏈，分從 C1 至 Co1（尾椎第 1 節）各節段進入脊神經，接著取道皮神經到達皮膚。這些軸突能誘發汗腺分泌活動（對其他腺體並無作用）、促使豎毛肌收縮以及血管的收縮作用（但不包括通往頭／腦、骨骼肌和皮膚的動脈）。皮膚並沒有對應的副交感神經。通往血管的神經與脊神經併行，並藉由血管周圍網絡到達標的血管。總之，交感神經預做身體逃離危險，若是逃不了，就起身戰鬥。既定的交感神經活動都依循這個基本原則。

頸上神經節的**節後神經元**發出節後神經纖維通往頸部，其路徑是包繞在通往頭頸部動脈（因為此部位沒有脊神經）以到達它們的標的器官。通往心臟和肺部的節後神經元在上位神經鏈的神經節發出，接著經由心臟神經／神經叢和肺神經叢到達目標器官。這些神經元能藉由局部釋出兒茶酚胺（catecholamine，腎上腺素和正腎上腺素等）來誘發心肌血管舒張、提高心跳速率及擴張支氣管。

通往腹部和骨盆內臟的節前神經在 T5-L2 段離開脊髓，進入白交通枝後並不形成突觸，直接穿出交感神經鏈。它們在神經鏈和主動脈椎前神經節之間形成三對**內臟神經**，分別為內臟大神經、小神經及最小神經。這些軸突跟椎前神經節、神經叢的節後神經元形成突觸，作用是降低腸管的蠕動、緊縮括約肌，以及減弱腺體分泌作用（別忘了「戰逃」反應）。它們會刺激**腎上腺髓質**，所分泌的神經傳導物質大半是腎上腺素和部分的正腎上腺素。交感神經鏈的最下方神經節（即薦神經節），取道灰枝（請記住：T1 以上和 L2 以下都沒有白枝）發出節後軸突。這些軸突與體脊神經軸突一起伸往骨盆及鄰近的神經叢，而節後軸突也就從那裡延伸到下方的結腸、直腸、肛管、肛門、骨盆／會陰的泌尿道、攝護腺、子宮和生殖器結構，並誘發括約肌收縮、降低腸動性、鬆弛膀胱肌、束縮肛門和尿道括約肌、刺激男／女生殖腺的分泌作用、刺激子宮收縮，以及收縮會陰與尿道肌群來促成射精。

解剖名詞中英對照（按英文字母排序）

Adrenal medulla 腎上腺髓質
Arrector pili 豎毛肌
Blood vessels 血管
Celiac ganglia / plexus 腹腔神經節／神經叢
Ganglion impar 奇神經節（尾神經節）
Gray communicating ramus 灰交通枝
Inferior cervical ganglion 頸下神經節
Middle cervical ganglion 頸中神經節
Pelvic / perineal viscera 骨盆／會陰部內臟
Pelvic plexus 骨盆神經叢
Postganglionic neurons 節後神經元
Preganglionic neurons 節前神經元
Spinal cord 脊髓
Spinal nerves 脊神經
splanchnic nerve 內臟神經
Superior cervical ganglion 頸上神經節
Superior mesenteric plexus ganglia 腸繫膜上神經叢（節）
Sweat glands 汗腺
Sympathetic division 交感神經分系
White communicating ramus 白交通枝

見84頁

自主（內臟）神經系統
自主神經系統：交感神經 (2)

著色說明：沿用第 91 頁所採用的顏色來為 B、D 和 G 著色。(1) 從節前神經元鏤空名稱及左側節前神經元 B 開始上色，再到左上圖的皮膚 G 與其作用器 G3。(2) 為節前神經元鏤空名稱及右側節前神經元 B，以及通往腹部各內臟的內臟神經 D 上色。(3) 為節後神經鏤空名稱，以及通往頭部、胸部的節後神經圖解（G、G[1]、G[2]），還有從椎前神經節通往腹部與骨盆／會陰各器官的節後神經（G[4]、G[5]）上色。

交感神經
（底下所示 1、2 兩鏈的樣式說明如下）

1. 左側部分：連結節前神經元通到節後神經元之後，經灰枝到脊神經，而後到達皮膚。
2. 右側部分：連結節前神經元、通往腹部各內臟的內臟神經，以及通往頭、胸、骨盆和會陰各區域的神經叢，再由節後神經纖維支配各該區域的標的器官。

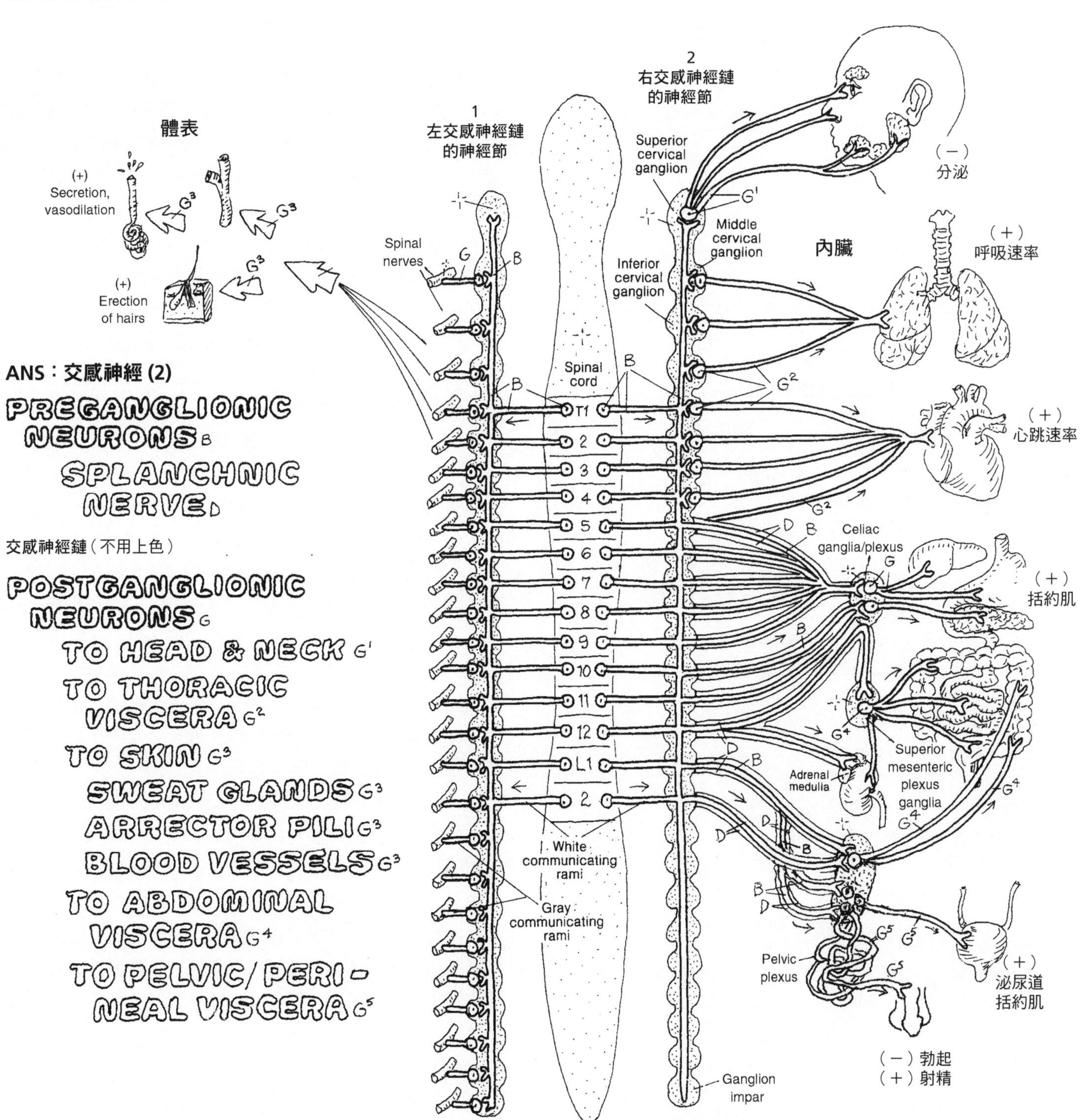

Bladder 膀胱
Bronchus 支氣管
Cell body 細胞本體
Ciliary muscle 睫狀肌
Ganglia 神經節
 Ciliary 睫狀神經節
 Pterygopalatine 翼腭神經節
 Submandibular 頷下神經節
 Otic 耳神經節
 Intramural 壁內神經節
Heart 心
Infratemporal fossa 顳下窩
Jugular foramen 頸靜脈孔
Kidney 腎
Lacrimal gland 淚腺
Large intestine 大腸
Liver 肝
Lungs 肺
Medulla 髓腦／延腦
Midbrain 中腦
Oral and nasal mucosa 口鼻部黏膜
Pancreas 胰
Papillary constrictor 瞳孔收縮肌
Parasympathetic division 副交感神經分系
Parotid gland 腮腺
Pelvic plexus 骨盆神經叢
Pelvic splanchnic nerve 骨盆內臟神經
Posterior mediastinum 後縱膈
Postganglionic neurons 節後神經元
Eye 眼
Nasal / oral cavities 鼻腔／口腔
Salivary glands 唾液腺
Thoracic / abdominal viscera 胸／腹內臟
Pelvic / perineal viscera 骨盆／會陰內臟
Preganglionic neurons 節前神經元
III cranial nerve 第三腦神經
VII cranial nerve 第七腦神經
IX cranial nerve 第六腦神經
X cranial nerve 第十腦神經
Pterygopalatine fossa 翼腭窩
Rectum 直腸
Sacral region 薦椎區
Small intestine 小腸
Spinal cord 脊髓
Stomach 胃
Sublingual gland 舌下腺
Submandibular gland 頷下腺
Superior orbital fissure 上眶裂
Uterus 子宮

自主神經系統的**副交感神經**分系也稱為頭薦分系（craniosacral division），其功能與不隨意機能有關（例如促進黏液腺和消化腺的分泌，以及括約肌的擴張）。就機能方面來說，自主神經系統的兩種分系似乎就是相對的兩極。而就整體而言，雙方要能協同運作得好，其中一方大概會比另一方多了些許功能性。話說回來，在享用過一頓好餐點且沒有出現消化問題，或者在長途搭車後跑了趟廁所解放後的那種平和感受，跟竭力跑步領先衝過終點線，同樣都是令人愉悅的。

節前神經元（一般內臟運動纖維）起自中腦；這群軸突和第三對腦神經（即**動眼神經**）匯合，穿過上眶裂進入眼眶，並與眼眶內的**睫狀神經節**（E^1）的節後神經細胞形成突觸（見 94 和 96 頁）。節後纖維（G^1）投射到眼球後側，穿透後繼續伸往虹膜，並從那裡支配瞳孔收縮肌。和**顏面神經**（B^2）相連的節前神經元，起自腦橋和髓腦之間的腦幹部位。有些纖維前往翼腭窩（位於後鼻腔和鼻咽部側邊），接著它們就與**翼腭神經節**（E^2）的節後神經元形成突觸。節後纖維（G^2）支配口及鼻黏膜的腺體，還有眼眶上外側角的淚腺。在髓腦上後側部位與舌咽神經（IX）相連的節前神經元（B^3；一般內臟運動纖維），經由一條非比尋常的路徑，通往**耳神經節**（E^4）：它們穿出頸靜脈孔，向上通過中耳腔，穿透中耳腔頂，接著和顏面神經的纖維接合，下行進入顳下窩並與耳神經節的神經節細胞形成突觸。節後纖維（G^3）支配相當大的腮腺（位於耳前）。迷走神經（X）的一般內臟運動纖維伸入從胸部到骨盆的大部分部位。節前纖維非常長，從下腦幹沿著頸部下行，和頸內動脈與頸內靜脈會合之後，再經後縱膈以及橫膈的食道裂孔延伸到達胃腸道。這些節前軸突延伸直達橫結腸；其所屬神經節位於本身支配器官的肌肉壁之內，稱為**壁內神經節**。因此節後軸突都非常短，並止於平滑肌和腺體。

節前薦神經元的細胞體見於脊髓薦節段 2、3 和 4 的側角。它們的軸突經由前枝脫離脊髓，並自行形成神經，稱為**骨盆內臟神經**。這些神經和骨盆神經叢的交感節後神經混合，接著就向外各自通往標的器官。它們在器官壁內的壁內神經節處，跟節後神經元形成突觸。這些纖維能刺激直腸和膀胱的肌肉系統收縮，並引導陰莖和陰蒂的血管擴張（勃起）。

見83、88頁

自主（內臟）神經系統
自主神經系統：副交感神經

著色說明：沿用你在第 91 和 92 頁所使用的顏色，來為 B、D 和 G 下標符號處著色。E 請使用鮮亮的顏色。右側大圖只畫出身體一側的副交感模式（身體兩側的神經分布完全相同）。(1) 為節前神經元的細胞體、軸突（B[1]-B[3]）、相關神經節（E[1]-E[4]），以及通往圖示器官（G[1]-G[3]）的節後軸突上色。(2) 比照上述做法，處理 B[4]、相關神經節 E[5] 及通往圖示器官的節後軸突 G[4] 至 G[5]。(3) 繼續處理節前和節後薦神經，注意各標的器官（G[4]-G[5]）。

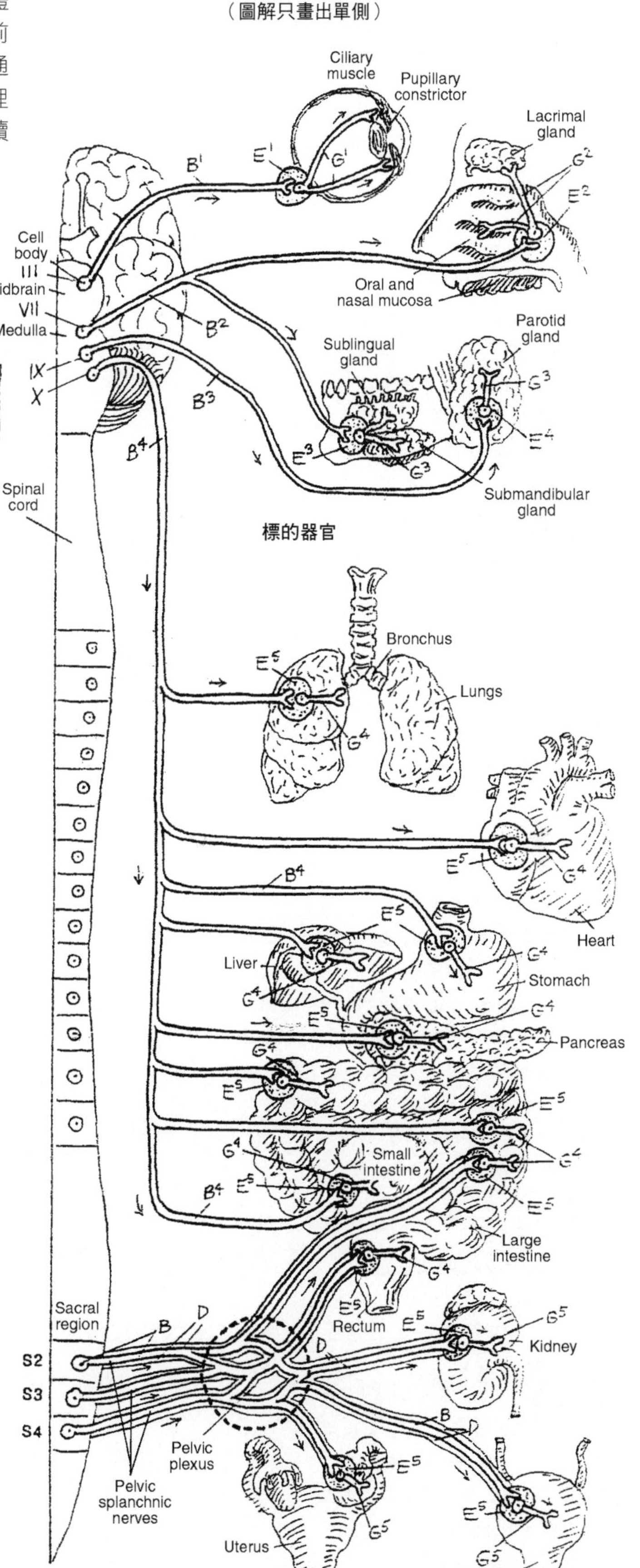

自主神經系統內神經節的位置

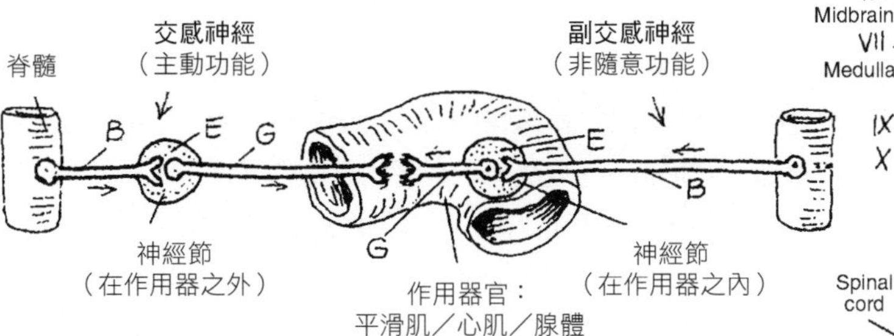

副交感神經

PREGANGLIONIC NEURONS B~
- III CRANIAL NERVE B[1]
- VII CRANIAL N. B[2]
- IX CRANIAL N. B[3]
- X CRANIAL N. B[4]
- PELVIC SPLANCHNIC N. D

GANGLIA E
- CILIARY E[1]
- PTERYGOPALATINE E[2]
- SUBMANDIBULAR E[3]
- OTIC E[4]
- INTRAMURAL E[5]

POSTGANGLIONIC NEURONS G
- EYE G[1]
- NASAL/ORAL CAVITIES G[2]
- SALIVARY GLANDS G[3]
- THORACIC/ABDOMINAL VISCERA G[4]
- PELVIC/PERINEAL VISCERA G[5]

解剖名詞中英對照（按英文字母排序）

Anterior chamber 前房
Aqueous humor 眼房水
Arachnoid 蛛網膜
Axon layer 軸突層
Bipolar cell 雙極細胞
Choroid 脈絡膜
Ciliary body 睫狀體
Ciliary muscle 睫狀肌
Cone cell 視錐細胞
Conjunctiva 結膜
Cornea 角膜
Dura mater 硬腦膜
Eyelash 睫毛
Eyelid 眼瞼
Fovea centralis 中央小窩
Frontal bone 額骨
Ganglion cell 神經節細胞
Horizontal cell 水平細胞
Inferior oblique muscle 下斜肌
Inferior rectus muscle 下直肌
Iris 虹膜
Lateral rectus muscle 外直肌
Lens 水晶體
Levator palpebrae superioris muscle 提上眼瞼肌
Macula lutea 黃斑部
Maxillary bone 上頜骨
Medial rectus muscle 內直肌
Optic axis 視軸
Optic disc 視神經盤
Optic nerve 視神經
Ora serrata 鋸齒緣
Orbicularis oculi muscle 眼輪匝肌
Periorbital fat 眶周脂肪
Photoreceptor cell 光感受細胞
Photoreceptor 光感受器
Pia mater 軟腦膜
Pigmented epithelial layer 色素上皮層
Posterior chamber 後房
Process 突起
Pupil 瞳孔
Retina 視網膜
Retinal artery 視網膜動脈
Retinal vein 視網膜靜脈
Rod cell 視桿細胞
Sclera 鞏膜
Sinus 竇
Superior rectus muscle 上直肌
Suspensory ligament 懸韌帶
Tarsal glands 瞼板腺
Vitreous body 玻璃體
Vitreous humor 玻璃狀液

眼球外面有一層球形的纖維膜，前方是透明部分的角膜，後部是橡膠狀、具防護作用的乳白色鞏膜，眼球內裝了一層光感受細胞及相關的神經元（視網膜）。**角膜**由五層上皮和纖維組織組成，這是眼睛的主要折射介質，能把光線對焦在視網膜上。**水晶體**是緻密封包、包被外囊的非彈性纖維，衍生自上皮細胞，它也能折射光線，在中年之前，還能改變其形狀和折射率。**眼房水**是一種細胞外液，充滿了眼球的前房和後房，另一種較呈凝膠狀（99%水分）的玻璃狀液則具有折射介質的功能，占了眼球容積達八成。鞏膜內面的後三分之二，內襯一層布滿血管且含豐富色素的**脈絡膜**，能夠吸收光線，避免光線散射。脈絡膜前側的增厚部分是睫狀體，呈環形圈繞著水晶體。睫狀體的表面有許多突起，水晶體的懸韌帶便附著於此。睫狀體的前側有一道細薄、含色素的上皮及纖維肌性層（虹膜），圈繞著水晶體前方中心部位的開孔（瞳孔）。

視網膜襯覆眼球內的後半部，另有一小部分則止於前側的鋸齒緣。視軸是一條虛構的直線，通過視野中點連到視網膜上具黃色色素的範圍（即**黃斑部**）。黃斑部內有個低陷區，稱為**中央小窩**，這處範圍在照明情況下是形狀和顏色視覺最敏銳的核心區。這處核心反映出顏色敏感細胞（即視錐細胞）的緻密聚集現象。黃斑朝鼻側約三毫米處，是軸突集束從**視神經盤**穿出並轉變為視神經的位置。視神經盤不具有光敏感細胞，因此是個盲點。視網膜的**色素上皮**層能為毗鄰的視桿／視錐更新色素，它和脈絡膜最為貼近。

光感受器層由對顏色敏感的**視錐細胞**，以及對顏色不敏感、但對光線極端敏感的**視桿細胞**共同組成。你可以在夜間時自己驗證看看：看進光線黯淡或黑暗之處，試著找出你能約略看到的一棵樹或某個結構。直視它，接著看向側邊，將那棵樹或那個結構固定擺在你的周邊視野（使用你的視桿細胞）。接著又對它直視。它到哪裡去了？看出來了嗎？視桿細胞能為你帶來某種程度的夜間視覺！雙極細胞接收並中介從視桿細胞及視錐細胞傳來的輸入，並把產生的神經衝動導向神經節細胞層。在這兩個較偏周邊的層理中，混雜了相互交織並能影響神經元活動的眾多水平細胞（右頁圖未畫出）。神經節細胞的軸突（視網膜活動的最後共同路徑）形成了視神經纖維。

見95、96頁

特殊感覺
視覺系統 (1)

著色說明：E 使用橙色、G 使用黃色、M 和 M1 用紅色、N 和 N1 用藍色，而 C、H、I 和 K 則使用非常淺的顏色。由於視桿細胞（O¹）對顏色並不敏感，所以幫它們著上灰色。水晶體是無色的。(1) 眼球矢狀切面及最上方的幾幅插圖要同步上色。(2) 為視網膜各分層上色時，請將代表神經衝動的箭頭（深黑色輪廓）著上灰色；光線箭頭不上色。

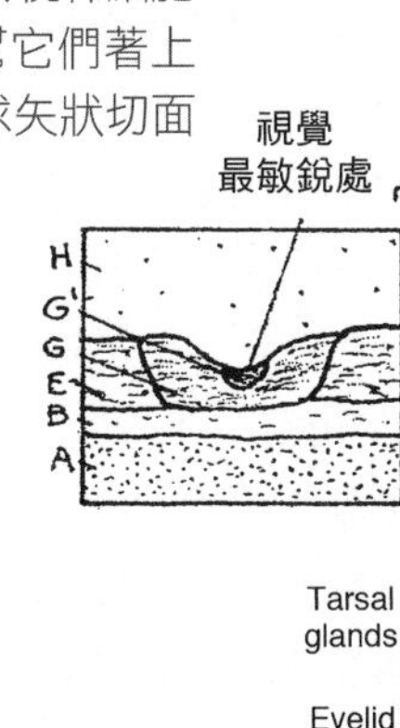

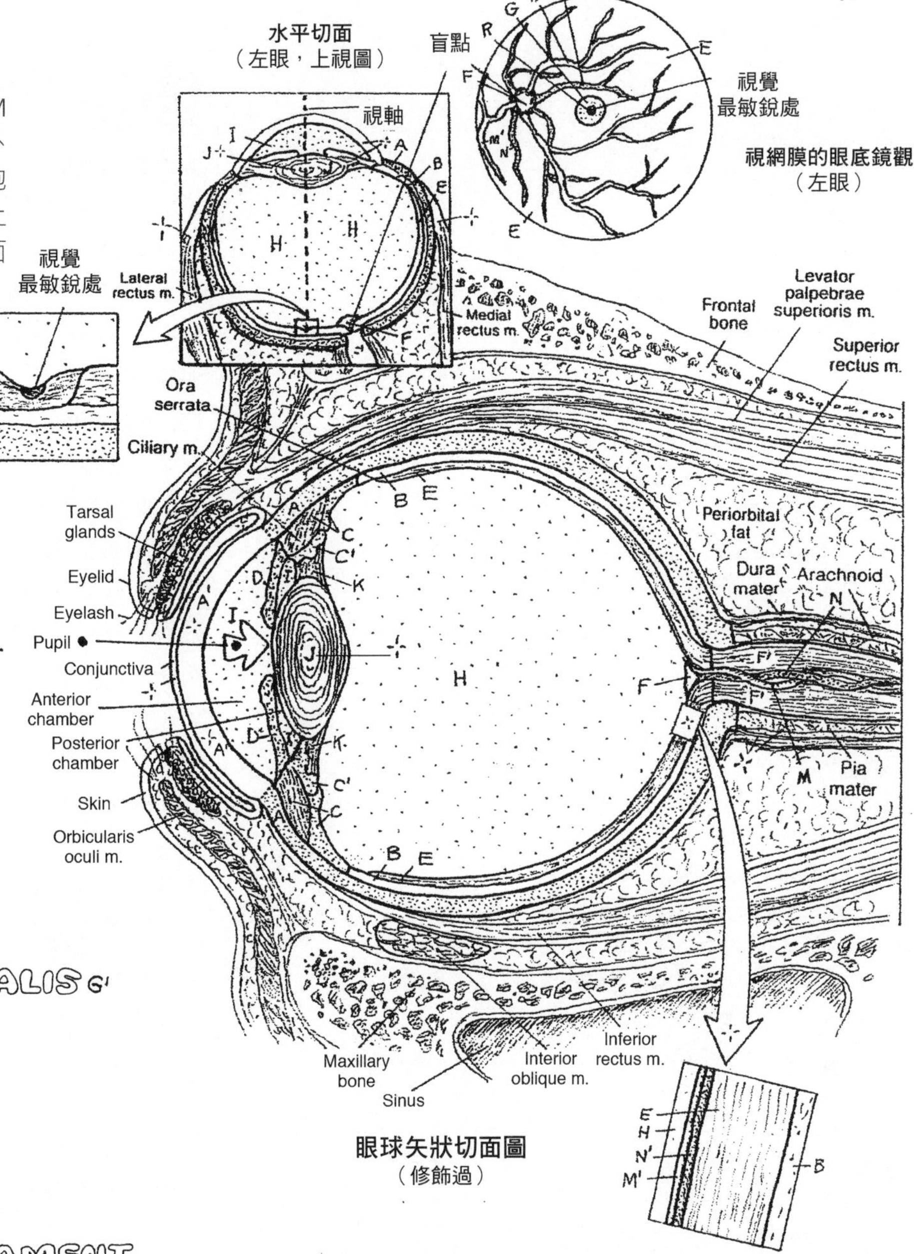

眼球矢狀切面圖
（修飾過）

眼球分層

SCLERA A / CORNEA A'
CHOROID B
CILIARY BODY C /
PROCESS C'
IRIS D
RETINA E
OPTIC DISC F
MACULA LUTEA G
FOVEA CENTRALIS G'

眼內液體

VITREOUS BODY H
AQUEOUS HUMOR I

其他結構

LENS J
SUSPENSORY LIGAMENT K
OPTIC NERVE L
RETINAL ARTERY M / BRANCH M'
RETINAL VEIN N / BRANCH N'

視網膜分層

AXON L¹ / AXON LAYER L¹
GANGLION CELL L² / LAYER L²
BIPOLAR CELL L³ / LAYER L³
PHOTORECEPTOR LAYER O
ROD CELL O¹
CONE CELL O²
PIGMENTED EPITHELIAL LAYER P

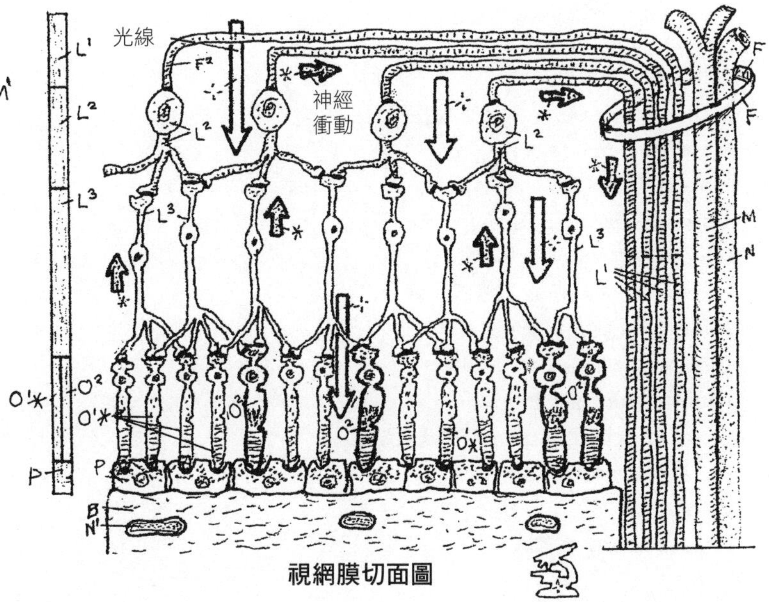

視網膜切面圖

淚水在眼瞼的結膜和角膜之間形成一層膜，可以讓眼瞼在角膜上的運動變得更為輕鬆，而且不會引發刺激疼痛。眨眼時，你的眼瞼會壓迫分泌腺，迫使淚水從管道流出到結膜表面，而這有利於清潔殘屑。此外，淚水也是移動上皮殘屑和微生物的運載工具，能把角膜表面和眼瞼下表面的這類物質，經由**淚器**導入鼻腔。這是你在大哭一場時，一把鼻涕一把眼淚的解剖學基礎。如果沒有淚水，可能會導致劇痛，甚至失明。分泌淚水的主要腺體是**淚腺**，位於眼眶的前上側（顳側）面。其他相關腺體以及淚水的源頭，還包括結膜的單細胞腺（即**杯狀細胞腺**），以及眼瞼的**瞼板腺**。陣發性眨眼（眼瞼快速貼近、回抽的周期）可以讓薄層淚水保持在結膜上，並防止「乾眼」。眼瞼規律閉合發生在肌肉鬆弛之時；主動閉合必須靠眼輪匝肌。眼瞼回抽，則是靠上眼瞼的平滑肌纖維（苗勒氏眼瞼肌）及提眼瞼肌來完成。

眼房水是眼睛**前房**及**後房**裡一種血漿狀的清澈液體，由**睫狀突**的細胞分泌排入後房（參見右頁下圖）。液體和電解質還能從**睫狀體**擴散進入。循環通過前房後，液體便經篩濾進入**舒萊姆氏管**（鞏膜靜脈竇），這是一種變形的靜脈，裡面充滿纖維小樑，就位於鞏膜與角膜的交界處。舒萊姆氏管裡面的液體會排入鄰近靜脈，排放阻塞是眼內壓增高的幾個起因之一，這時前房／後房對水晶體施加的壓力提升，隨之水晶體又壓迫玻璃體（成分 99% 是水）。由於水不能壓縮，壓力便施加於毗連的視網膜。如果壓力沒有紓緩，持續把血管壓向視網膜的軸突和神經元，神經元就會受損，有可能導致青光眼而致失明。

解剖名詞中英對照（按英文字母排序）

Anterior chamber 前房
Aqueous humor 眼房水
Canal of Schlemm 舒萊姆氏管
Choroid 脈絡膜
Ciliary body 睫狀體
Ciliary process 睫狀突
Conjunctiva 結膜
Cornea 角膜
Duct of tarsal gland 瞼板腺管
Duct 腺管
Eyelash 睫毛
Eyelid 眼瞼
Fornix 穹窿
Goblet gland 杯狀細胞腺
Inferior meatus of nasal cavity 鼻腔下鼻道
Inferior nasal concha 下鼻甲
Intraocular pressure (IOP) 眼內壓
Iris 虹膜
Lacrimal apparatus 淚器
Lacrimal gland 淚腺
Lacrimal puncta 淚點
Lacrimal sac 淚囊
Lens 水晶體
Levator palpebrae muscle 提眼瞼肌
Nasal cavity 鼻腔
Nasolacrimal duct 鼻淚管
Optic disc 視神經盤
Orbicularis oculi muscle 眼輪匝肌
Posterior chamber 後房
Process 突起
Retina 視網膜
Sclera 鞏膜
Scleral venous sinus 鞏膜靜脈竇
Smooth muscle 平滑肌
Suspensory ligament 懸韌帶
Tarsal glands 瞼板腺
Tarsal muscle of muller 苗勒氏眼瞼肌
Tarsal plate 瞼板
Vein 靜脈
Vitreous body 玻璃體

特殊感覺
視覺系統 (2)

著色說明：沿用94頁的顏色來為圖解的J、K、L、M、N' 和O著色；而A、G和H要使用淺色。注意，中央圖解的各種結構也出現在最下面的那幅圖解中。

附屬構造

涙器

LACRIMAL GLAND A
TEAR A'
DUCT B
LACRIMAL PUNCTA C
CANAL D
LACRIMAL SAC E
NASOLACRIMAL DUCT F
INFERIOR MEATUS OF NASAL CAVITY G
TARSAL PLATE / GLAND H
CONJUNCTIVA I

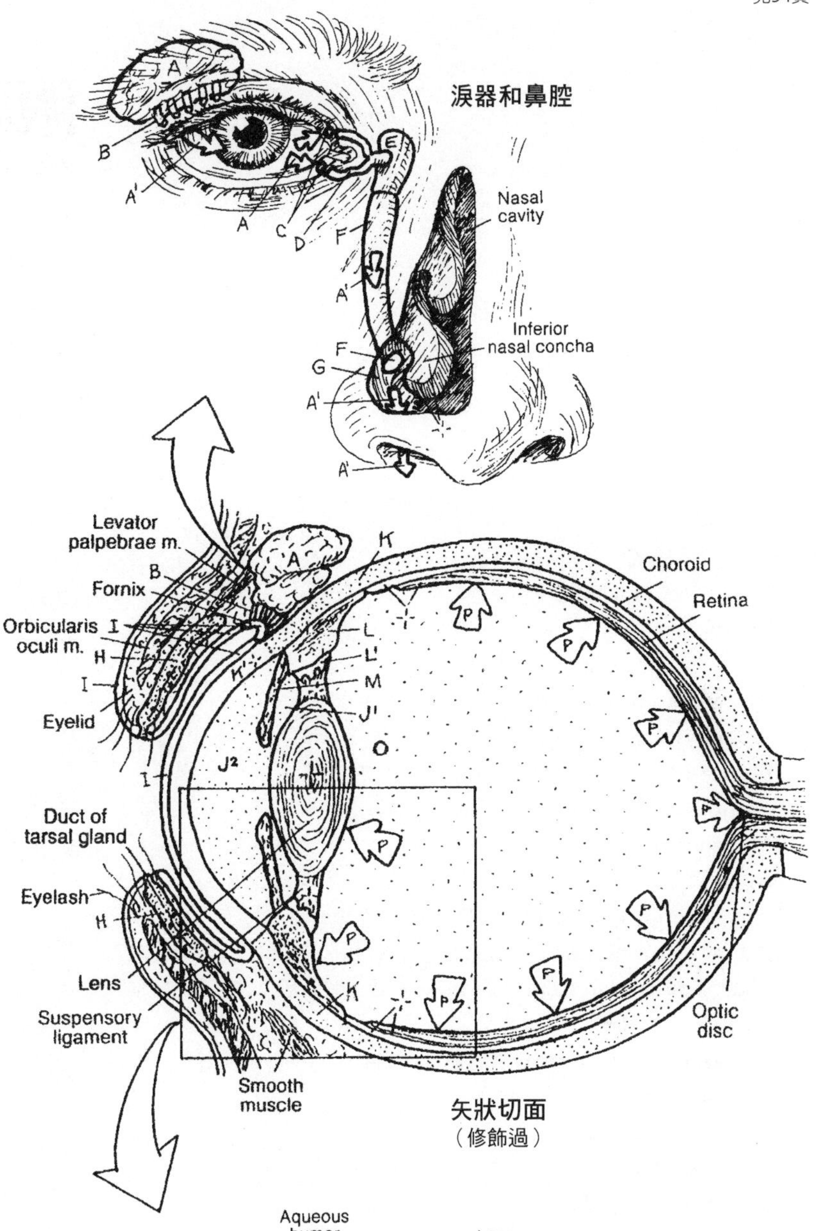

眼房水的分泌／引流

FLOW OF AQUEOUS HUMOR J
SCLERA K
CORNEA K'
CILIARY BODY L
PROCESS L'
POSTERIOR CHAMBER J'
IRIS M
ANTERIOR CHAMBER J²
CANAL OF SCHLEMM N
VEIN N'
VITREOUS BODY O
INTRAOCULAR PRESSURE (IOP) P

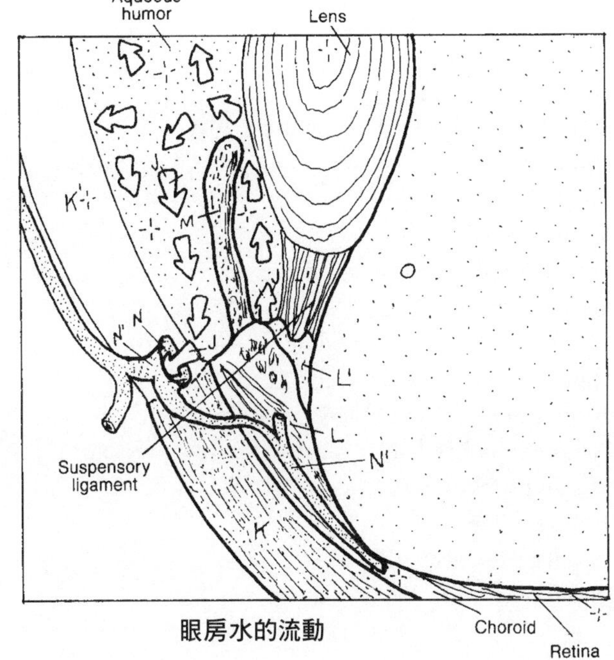

眼外肌是眼睛的外在肌，能賦予眼睛出色的追蹤能力。中樞神經系統機制容許雙眼共軛運動。眼球含六塊外在骨骼肌，其中兩塊是斜向作用。這些肌肉由腦神經 III、IV 和 VI 支配（請複習第 83 頁），其真正功能比右頁圖示還要更複雜，最主要的原因是眼球旋轉和扭轉必須多重肌肉共同作用。如果雙眼偏離對等排列狀況（眼睛無法同時對準同一點）時，就稱為斜視。

本在肌位於睫狀體和虹膜之中，前者為**睫狀肌**，後者為瞳孔擴張肌和括約肌。請參照右頁睫狀肌的動作插圖：(1) 睫狀肌的收縮 (2) 讓睫狀體產生皺褶，使睫狀突鬆弛，也讓水晶體的懸韌帶鬆弛 (3)，容許水晶體變圓（這是水晶體纖維的固有張力使然）。這群睫狀肌都由副交感神經所支配，能在看近物時，發揮較高的折射率。**瞳孔擴張肌**由肌上皮細胞組成，這群肌肉能把虹膜拉近睫狀體並擴張瞳孔，這個動作能導入更多光線並強化視力。此擴張肌由交感神經節後纖維所支配。**瞳孔括約肌**圍繞內虹膜，受到副交感神經誘發收縮時，這群肌肉會緊縮虹膜，讓瞳孔變小。參見右頁的肌肉作用圖解。

讀者完成著色時，請注意：源自視軸較偏顳側部位（即外側）的視網膜軸突（K^2），並不會在視交叉處交叉（亦即不會跨越中線至對側）。請注意腦下垂體和視交叉的解剖關係；你能否看出來，當腦下垂體的腫瘤腫大，便有可能傷及**顳側視野**的視覺敏銳度，引致「管狀視覺」（視野變狹隘）？位於視丘後方的**外側膝狀體**具有視覺接轉中樞的功能，它向多處記憶區和其他中樞發送刺激的相關訊息。**上丘**是視覺反射中樞，讓我們在看見威脅時，能夠迅速反應並做出頭部和身體動作。最後還請注意，投射在**視覺皮質**（K 和 J）上的雙重刺激影像，跟實際所見情景上下顛倒（J 和 K）。視覺訊息在視覺皮質的統整作業，讓影像知覺得以和實際所見吻合（J ／ K）。

解剖名詞中英對照（按英文字母排序）

Choroid 脈絡膜
Circular tendon 腱環
Conjunctiva 結膜
Dilator pupillae 瞳孔擴張肌
Extraocular muscles 眼外肌
Hypophysis 腦下垂體
Inferior oblique (rotator left) 下斜肌（左旋肌）
Inferior rectus (depressor) 下直肌（降肌）
Intrinsic muscle 本在肌
Iris 虹膜
Lateral geniculate body 外側膝狀體
Lateral rectus (abductor) 外直肌（外展肌）
Levator palpebrae superioris muscle 提上眼瞼肌
Light wave 光波
Medial rectus (adductor) 內直肌（內收肌）
Midbrain 中腦
Myoepithelial cell 肌上皮細胞
Nasal half 鼻半部
Occipital lobes 枕葉
Optic chiasma 視交叉
Optic nerve 視神經
Optic radiation 視放射
Optic tract collicular fibers 視徑視丘纖維
Optic tract 視徑
Pupil 瞳孔
Retina 視網膜
Sphincter pupillae 瞳孔括約肌
Superior colliculi 上丘
Superior oblique (rotator right) 上斜肌（右旋肌）
Superior rectus (elevator) 上直肌（提肌）
Suspensory ligament 懸韌帶
Temporal half 顳半部
Thalamus 丘腦／視丘
Trochlea 滑車
Visual cortex 視覺皮質
Visual field 視野

特殊感覺
視覺系統 (3)

著色說明：A 至 F、H 和 I 分別選用淺色。(1) 為每條眼肌完成上色後，請分別為其功能箭頭著色。(2)「睫狀肌動作」圖解，只需為收縮的睫狀肌（G）上色。(3) 為視覺路徑著色：（A）兩幅視野圖（J 和 K）要著上對比色；（B）光線沿直線行進，請為兩條直線（K¹）上色，其中一條從視野 K 連往一邊視網膜的顳半部（K²），另一條連往另一視網膜的鼻半部（K²）；（C）為兩條從 K³ 到 K⁹ 的路徑上色，這裡先略過其名稱；（D）為「視覺路徑」下面的所有鏤空名稱上色，從 J 和 K 開始。各名稱請著上灰色，同時也使用 J 或 K 的顏色來為其所指稱的視覺路徑部分上色。

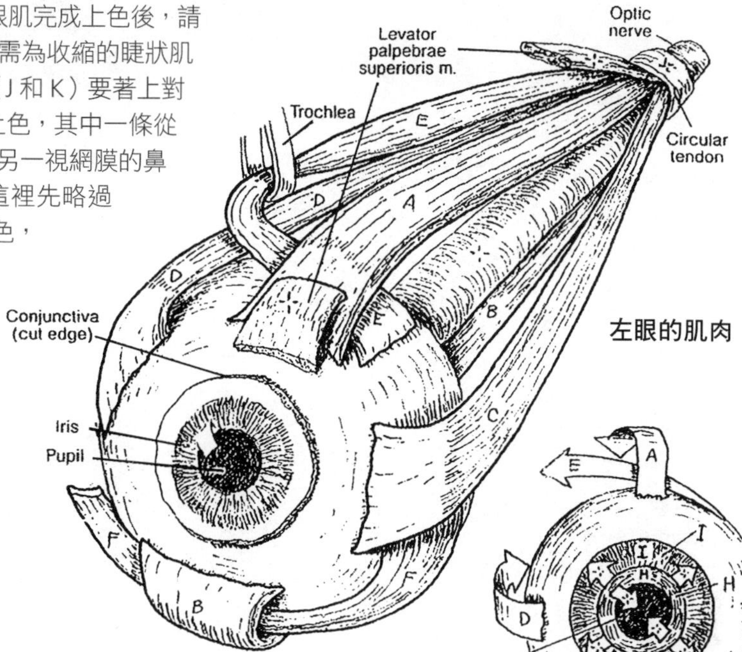

眼外肌

SUPERIOR RECTUS (ELEVATOR) A
INFERIOR RECTUS (DEPRESSOR) B
LATERAL RECTUS (ABDUCTOR) C
MEDIAL RECTUS (ADDUCTOR) D
SUPERIOR OBLIQUE (ROTATOR RIGHT) E
INFERIOR OBLIQUE (ROTATOR LEFT) F

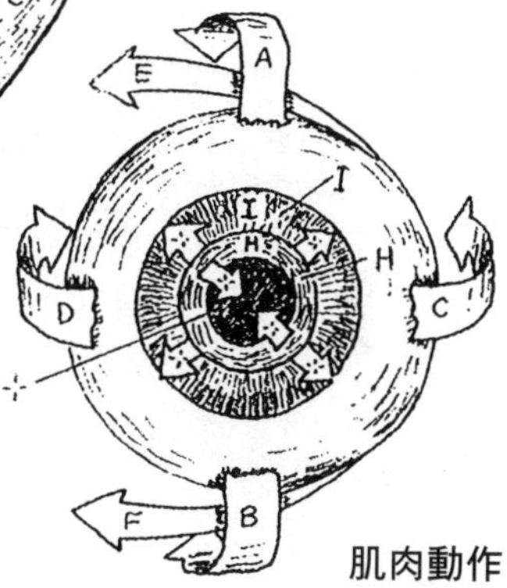

內在肌

CILIARY G
SPHINCTER PUPILLAE H
DILATOR PUPILLAE I

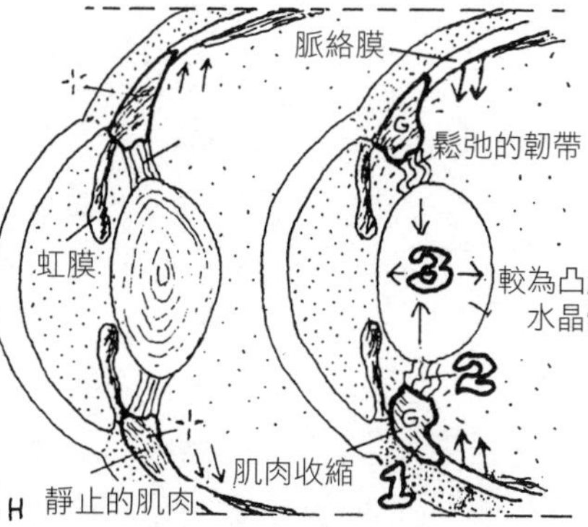

睫狀肌動作

視覺路徑

VISUAL FIELD J / VISUAL FIELD K
LIGHT WAVE *(J¹, K¹)
RETINA *(J², K²)
OPTIC NERVE *(J³, K³)
OPTIC CHIASMA *(J⁴, K⁴)
OPTIC TRACT *(J⁵, K⁵)
LATERAL GENICULATE BODY *(J⁶, K⁶)
SUPERIOR COLLICULUS *(J⁷, K⁷)
OPTIC RADIATION *(J⁸, K⁸)
VISUAL CORTEX *(J⁹, K⁹)

視覺路徑
（腦部橫切面，示意圖）

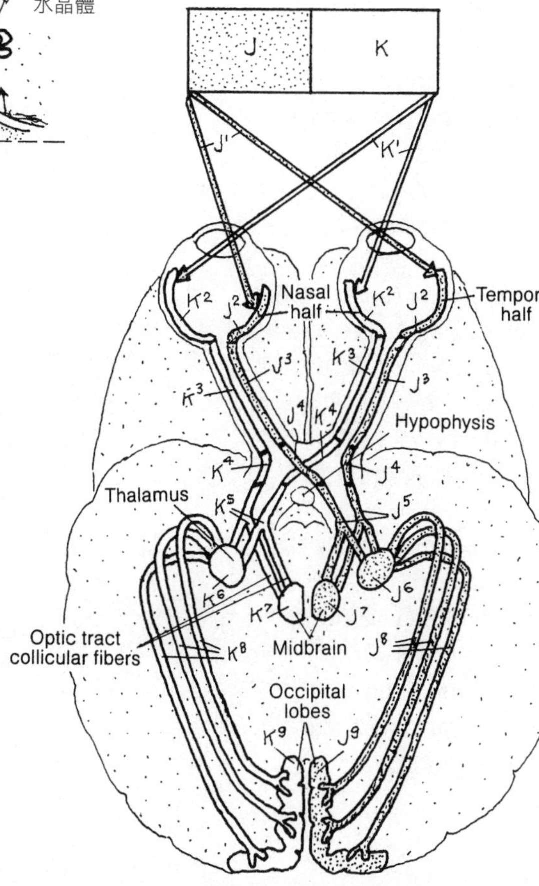

耳是負責聽覺和平衡的器官（**聽覺和前庭系統**）。耳的組成有外耳、中耳和內耳三個部分，外耳包含**耳廓**（收集聲音能量）及**外耳道**（一道狹長的通道，能傳導聲音到**鼓膜**）。鼓膜外側襯覆皮膚，內側襯覆呼吸黏膜，能因應傳入的聲波產生共鳴，並把聲能轉換成機械能。

中耳是一處高度結構化的窄小部位，包括三塊稱為**小骨**的小型骨：**錘骨**、**砧骨**和**鐙骨**，這三塊骨頭以滑液關節接合在一起。這些小骨能隨鼓膜運動產生振動，從而將機械能放大並傳抵富有彈性、不透水的**卵圓窗**（中耳／內耳交界處），接著就導入內耳的水中。位於中耳室前內側的**耳咽管**延伸到鼻咽部，容許鼻腔的（外界）氣壓和中耳氣壓彼此保持均衡。

內耳埋於顳骨岩部（參見 23 頁）內，由一系列互連的骨性腔室和通道組成（稱為**骨性迷路**，包括**前庭**、**半規管**及**耳蝸**），裡面充滿了類似細胞外液的外淋巴液。骨性迷路裡面還安置了第二組互連的膜性腔室和通道（稱為**膜性迷路**，包括**球囊**、**橢圓囊**、**耳蝸管**及**半規導管**），裡面充滿了類似細胞內液的內淋巴液。**內淋巴管**出自球囊，延伸至硬腦膜下方，末端位於內耳道口附近的一處盲囊（參見 25 頁）。這條管道排放內淋巴液，並宣洩注入硬腦膜下腔內的靜脈。膜性**耳蝸管**盤曲成圈，由骨性及纖維性的**基底膜**支撐，管內有一群特化受器（**毛細胞**）與**支持細胞**結合形成條帶。這兩類細胞都覆蓋著一層稱為覆膜、富彈性的纖維性醣蛋白。這種裝置稱為**柯蒂氏器**，能把從振盪搔刮毛細胞的覆膜傳來的機械能轉換為電能。這樣發出的神經衝動，會沿著第八對腦神經的雙極感覺（聽覺）神經元傳導。（文接下頁）

解剖名詞中英對照（按英文字母排序）

Auditory (eustachian) tube 耳咽管（歐氏管）
Auricle 耳廓
Basilar membrane 基底膜
Blind sac 盲囊
Bony labyrinth 骨性迷路
Cochlea 耳蝸
Cochlear branch 耳蝸枝
Cochlear duct 耳蝸管
Cranial nerve 腦神經
End sac 終囊
Endolymph 內淋巴
Endolymphatic duct 內淋巴管
External auditory meatus 外耳道
External ear 外耳
Hair cell 毛細胞
Incus 砧骨
Internal ear 內耳
Malleus 錘骨
Mastoid air cells 乳突氣室
Membranous labyrinth 膜性迷路
Middle ear 中耳
Organ of corti 柯蒂氏器
Ossicle 小骨
Oval window 卵圓窗
Perilymph fluid 外淋巴液
Petrous portion 顳骨岩部
Round window 圓窗
Saccule 球囊
Scala tympani 鼓階
Scala vestibuli 前庭階
Semicircular canal 半規管
Semicircular duct 半規導管
Spiral ganglion 螺旋神經節
Stapes 鐙骨
Subdural space 硬腦膜下腔
Supporting cell 支持細胞
Tectorial membrane 覆膜
Temporal bone 顳骨
Tympanic cavity 鼓室
Tympanic membrane 鼓膜
Utricle 橢圓囊
Vestibular branch 前庭支
Vestibular system 前庭系統
Vestibule 前庭

見23、98頁

特殊感覺
聽覺與前庭系統 (1)

著色說明：Z 使用黃色，A、B、G、I、M、N、W 和 X 都選用淺色。先安排好上色計畫，你有可能得重複使用各種顏色，設法把同一顏色區隔開來。(1) 從最上面的圖解開始上色，循著列表及相關構造一路進行下來。(2) 著色作業請接著下頁一起完成。

外耳

AURICLE A
EXTERNAL AUDITORY MEATUS B
TYMPANIC MEMBRANE C

中耳

MALLEUS (HAMMER) D
INCUS (ANVIL) E
STAPES (STIRRUP) F
AUDITORY TUBE G

內耳

BONY LABYRINTH H
VESTIBULE I
OVAL WINDOW J
SEMICIRCULAR CANAL K
COCHLEA L
SCALA VESTIBULI M
SCALA TYMPANI N
ROUND WINDOW O

MEMBRANOUS LABYRINTH P
SACCULE Q /UTRICLE Q'
ENDOLYMPHATIC DUCT R
SEMICIRCULAR DUCTS S
COCHLEAR DUCT T
TECTORIAL MEMBRANE U
ORGAN OF CORTI V
HAIR CELL W
SUPPORTING CELL X
BASILAR MEMBRANE Y
CRANIAL NERVE VIII Z

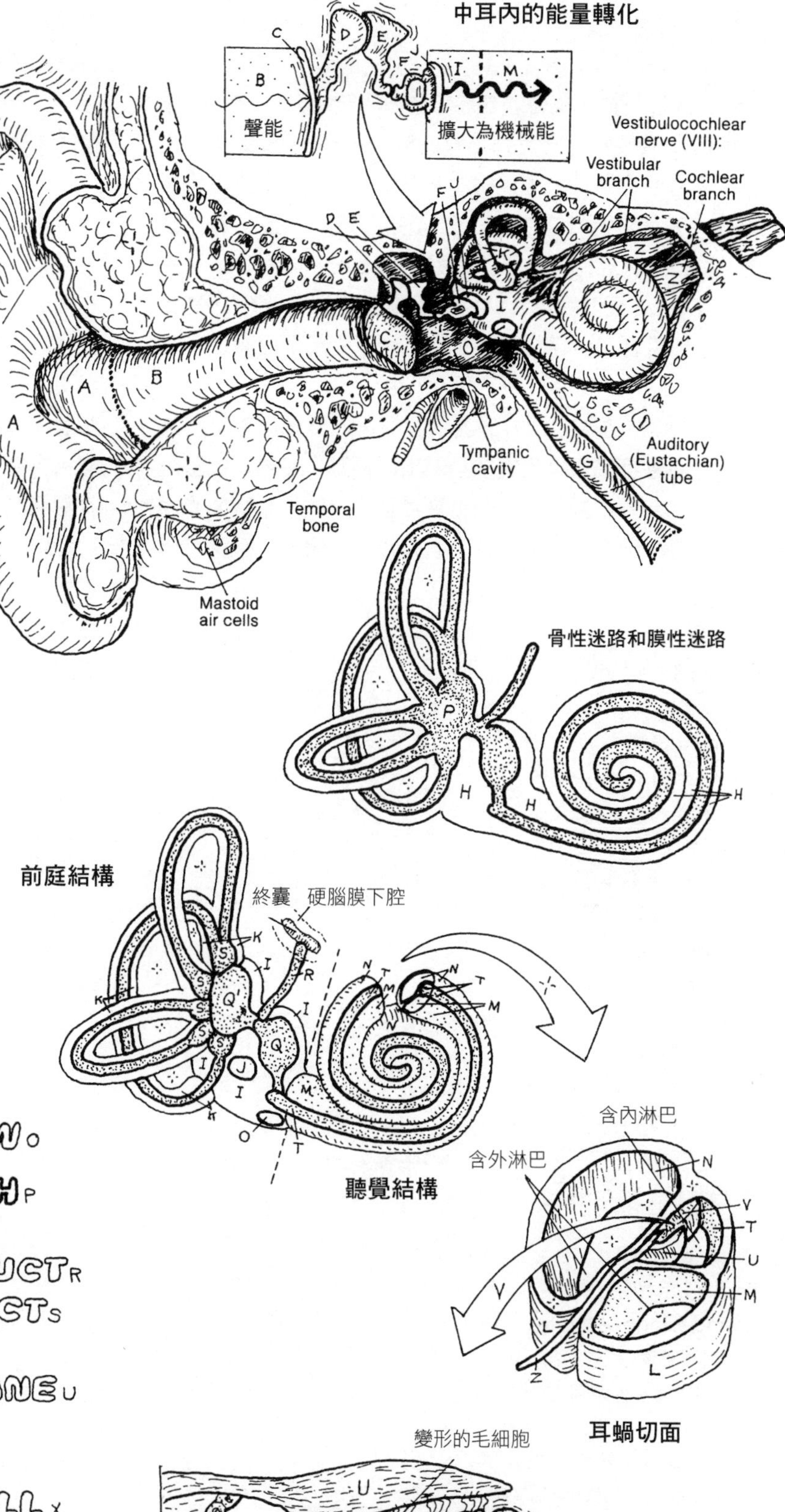

聽覺系統

複習：外耳負責收集聲波並將它們導向鼓膜 (1)，鼓膜把聲能轉換成機械能。三塊聽小骨連結 (2) 增強能量振幅，並將作用力傳往內耳骨性迷路的**卵圓窗**。卵圓窗中的鐙骨振動 (3)，會傳送至骨性迷路前庭內的外淋巴，並產生流體震波。這些波動穿過**前庭**進入耳蝸的**前庭階**，再到耳蝸頂點（盤旋 2-1/2 圈）的**蝸孔** (4)，接著繼續傳到**鼓階** (5)，其止點則位於**圓窗** (6)。液波和振動到這裡便受緩衝而靜止。

現在請看第 97 頁右下方的覆膜及柯蒂氏器圖解：前庭階的液體運動讓膜性耳蝸管的頂部出現振動，使得耳蝸管內的內淋巴產生波動。這個運動讓覆膜產生微振，摩擦受器細胞（毛細胞）的毛髮狀突起並導致細毛彎折，而讓它們去極化並誘發電化學衝動。這些衝動由第八對腦神經耳蝸支系的感覺神經元負責傳導。

解剖名詞中英對照（按英文字母排序）

Ampulla 壺腹
cochlear branch 耳蝸支
Crista 嵴
Cupola 頂
Endolymph 內淋巴
Gelatinous layer 膠質層
Hair cell 毛細胞
Helicotrema 蝸孔
Inner ear 內耳
Macula 聽斑
Middle ear 中耳
Nerve fiber 神經纖維
Nerve impulse 神經衝動
Nystagmus 眼球震顫
Otolith 耳石
Outer ear 外耳
Perilymph 外淋巴
Round window 圓窗
Saccule 球囊
Scala tympani 鼓階
Scala vestibuli 前庭階
Semicircular canal 半規管
Semicircular duct 半規導管
Supporting cell 支持細胞
Tympanic cavity 鼓室
Vestibular branch 前庭支
Vestibular nuclei 前庭神經核
Vestibulocochlear nerve 前庭耳蝸神經

前庭系統／平衡覺

複習：前庭系統位於內耳。骨性**半規管**彼此呈九十度方位角。膜性**半規導管**位於骨性半規管內，每條膜性半規導管的兩端都以**壺腹**直接通往骨性迷路前庭內的橢圓囊。**球囊**也位於前庭內部，並與膜性耳蝸管互通。球囊／橢圓囊和壺腹內部，都含有能對液體（內淋巴）運動產生反應的感測器。各壺腹都有一處細胞丘（或「嵴」），由毛細胞受器和支持細胞共同組成。毛細胞受器的毛髮狀突起，嵌於凝膠狀的**頂**（像個倒置的杯子）裡面。轉動頭部時（尤其是旋轉），半規管的淋巴會因應流動，推動這些杯狀頂並彎折毛細胞，引發毛細胞去極化並發出一股電化學衝動。這股衝動從第八對神經的前庭支系向外傳送，來到下腦幹的前庭神經核。當身體快速轉動時，眼睛會出現橫向震顫，此稱為**眼球震顫**（nystagmus）。這種眼球運動可由內耳壺腹對腦幹輸入的（平衡）感覺來調節。這種運動代表在頭部和／或身體旋轉時，腦子會設法藉由瞬間視覺固定來維持空間定向。當身體沒有旋轉，卻出現旋轉運動的感覺時，這種現象稱為眩暈（vertigo）。

橢圓囊／球囊裡面的毛細胞和它們的支持細胞都覆蓋了一種凝質層，膠質裡面嵌著稱為耳石的石灰質小體。內淋巴液的流動引發膠質層對毛細胞的相對運動，毛細胞的反應和壺腹受器的反應相同。橢圓囊／球囊內的受器活性，受到身體線性（橫向或縱向，非旋轉）加速度的影響。

見23、76、97頁

特殊感覺
聽覺與前庭系統 (2)

著色說明：本頁接續第 97 頁，聽覺系統圖解的相關名稱都列在前一頁。請參照前頁圖解為相關構造上色。(1) 上方圖解的功能順序請依循 1 到 6 編碼，請按順序著上相稱的顏色。請參閱前頁更精確的解剖結構。(2) 為維持動靜態平衡的前庭系統相關部位上色。本頁介紹了三種新構造，分別在前庭系統圖解以 1、2 和 3 標示出來。

聽覺系統

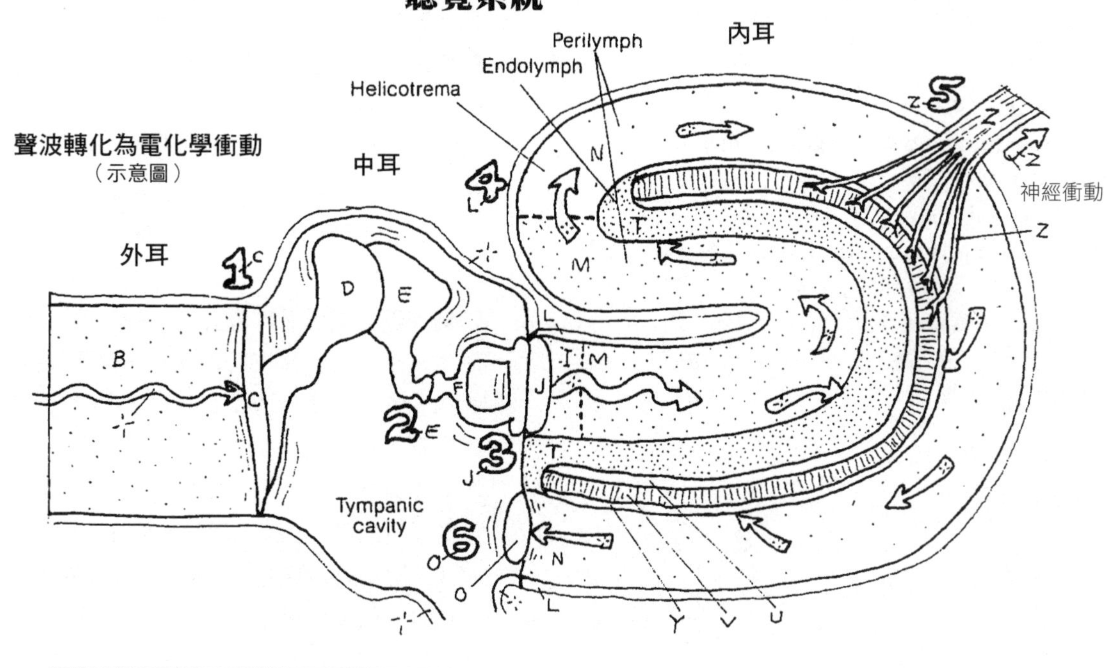

前庭系統／平衡覺

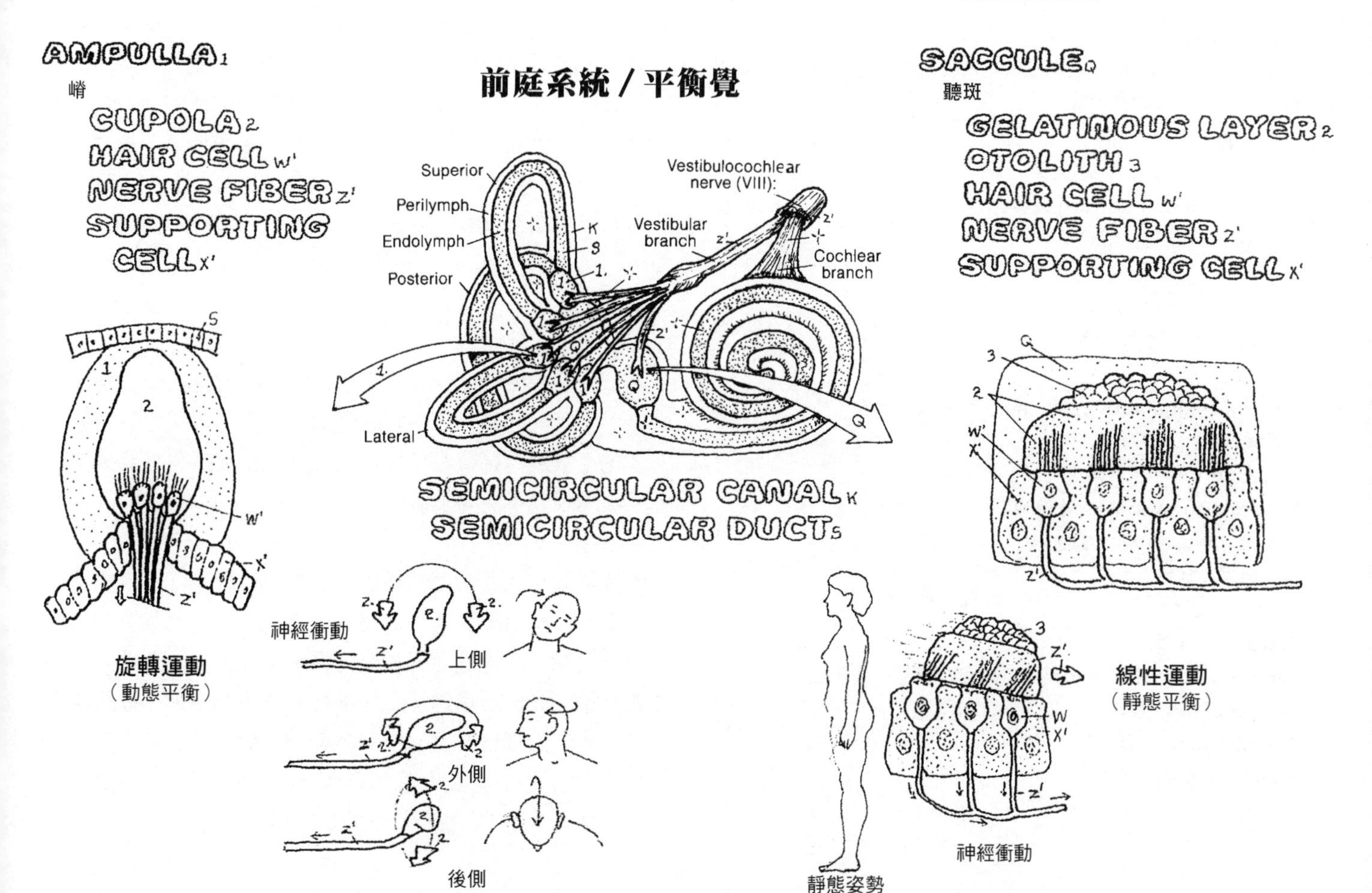

解剖名詞中英對照（按英文字母排序）

Air flow 氣流
Anterior nasal aperture 前鼻孔
Axon 軸突
Bitter 苦
Connective tissue 結締組織
Cribriform plate (ethmoid bone) 篩狀板（篩骨）
Filiform papillae 絲狀乳頭
Foliate papillae 葉狀乳頭
Frontal lobe (Ant. perforated substance) 額葉（前穿通質）
Frontal lobe (Septal area) 額葉（中隔區）
Fungiform papillae 蕈狀乳頭
Inferior frontal lobe 額下葉
Lingual tonsil 舌扁桃體
Moat 溝
Nerve fiber 神經纖維
Olfactory bulb 嗅球
Olfactory bundle 嗅束
Olfactory cilia 嗅毛
Olfactory gland 嗅腺
Olfactory mucosa 嗅覺黏膜
Olfactory neuron 嗅覺神經元
Olfactory tract 嗅徑
Opening of Auditory (Eustachian) tube 耳咽管（歐氏管）開孔
Palatine tonsil 腭扁桃腺
Pore canal 孔道
Postcentral gyrus 中央後回
Posterior nasal aperture 後鼻孔
Receptor cell 受器細胞
Salt 鹹
Serous gland 漿液腺
Skeletal muscle 骨骼肌
Sour 酸
Stratified squamous epithelium 複層鱗狀上皮
Striae 嗅紋
Sulcus terminalis 界溝
Superior nasal concha 上鼻甲
Supporting cell 支持細胞
Sweet 甜
Synapse 突觸
Taste bud 味蕾
Temporal lobe (Pre-pyriform cortex) 顳葉（前梨狀皮質）
Temporal lobe 顳葉
Thmoid bone 篩骨
Vallate papillae 輪廓乳頭

味覺

舌頭是具有活動性的器官，大半由骨骼肌組成，兼具內在肌（起自舌頭也止於舌頭）和外在肌（從雙側大半起自舌骨、下頜骨和腭）；其背側表面覆蓋一層具有複層鱗狀上皮的黏膜。舌頭有一道稱為**界溝**的倒 V 字形溝槽，其頂端面朝後方。這道界溝把舌頭區分為前、後兩部：舌後部大半為舌扁桃體組織；舌前部質地粗糙，大半覆蓋了細小的**絲狀乳頭**。界溝前緣有一群**輪廓乳頭**，排列成一條 V 字形線。這群乳頭的特徵是具有深槽（參見右頁的右上圖）。

味覺受器又稱**味蕾**，位於舌頭的輪廓乳頭、葉狀乳頭（右頁圖未畫出）及**蕈狀乳頭**側邊的複層鱗狀上皮襯膜裡面。軟腭和會厭舌側表面也有味蕾，不過數量較少。細小的絲狀乳頭不含味蕾。每個味蕾都是由數個**受器細胞** (F) 和它們的**支持細胞**（G）共同組成，這種橢圓形細胞複合體的頂端面朝溝槽，其開口從這裡經由一條**孔道**（E）朝向乳頭表面。溶解的物質進入孔中，刺激味覺（化學受器）細胞。這樣發出的神經衝動，沿著經由腦神經 VII、IX 和 X 延伸到腦幹的感覺軸突傳導（參見 83 頁）。味覺的詮釋，發生在稱為**中央後回**的感覺皮質下游部位。傳統上把基本味覺分為甜、酸、苦、鹹四種，但實際而言，這卻是結合嗅覺、食物質地和溫度，再加上味蕾感覺能力的對應作用。味覺的傳導，在舌頭前側由第七對腦神經（顏面神經）負責；舌頭後側部分則由第九對腦神經（舌咽神經）負責；軟腭、會厭和咽頭部分則由第十對腦神經（迷走神經）負責。

嗅覺

嗅覺受器是雙極感覺神經元（受器細胞）的變形周圍突（軸突），埋藏在鼻腔頂部的嗅覺黏膜裡面。嗅覺黏膜占據鼻腔的上表面（鄰接顱前窩的底部），和襯覆呼吸道的典型呼吸黏膜並不是同一種組織。

嗅覺黏膜包括管泡狀的**嗅腺**，負責讓化學受器的末梢保持清潔，還協同鼻黏膜分泌物，一起把這些受器察覺的化學物質溶解。嗅神經元的軸突從鼻腔頂部上行，穿過篩骨的篩狀板，並與**嗅球**的第二級神經元以突觸相連。這些神經元的軸突形成三條稱為**嗅紋**的嗅束，構成嗅徑的一部分，脫離嗅球並止於額下葉和顳葉內側。這裡存有嗅覺與記憶、進食、存活和性行為之關係的神經基礎。

見83、135頁

特殊感覺
味覺與嗅覺

著色說明： H 使用黃色，A、B、C、G 和 I 分別使用淺色。(1) 最右邊的輪廓乳頭切面圖，味蕾不必上色。(2) 最下方的圖解，嗅球內的神經元要上色。

味覺

乳頭

VALLATE A
FUNGIFORM B
FILIFORM C
TASTE BUD D∴
PORE CANAL E
RECEPTOR CELL F
SUPPORTING CELL G
NERVE FIBER H

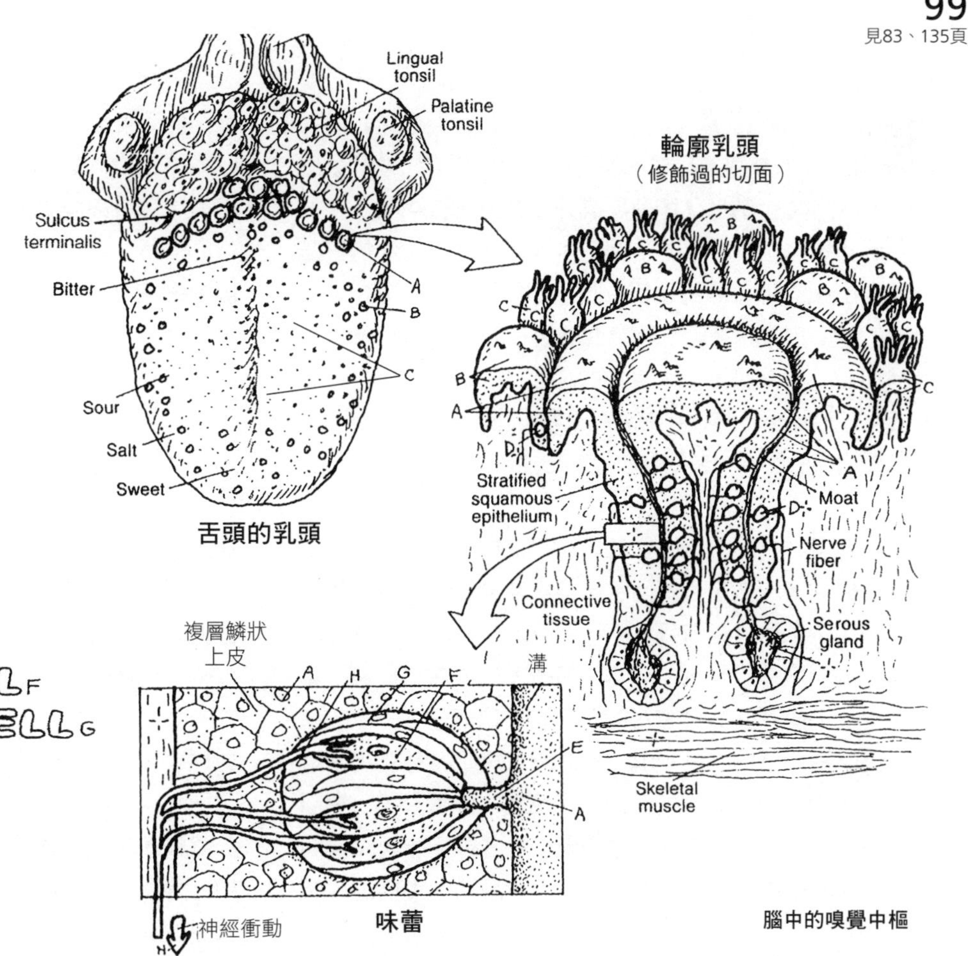

嗅覺

OLFACTORY MUCOSA I
OLFACTORY GLAND J
OLFACTORY NEURON K
OLFACTORY CILIA K¹
AXON K²
SUPPORTING CELL G¹
OLFACTORY BULB H¹
OLFACTORY TRACT H²

AIR FLOW*

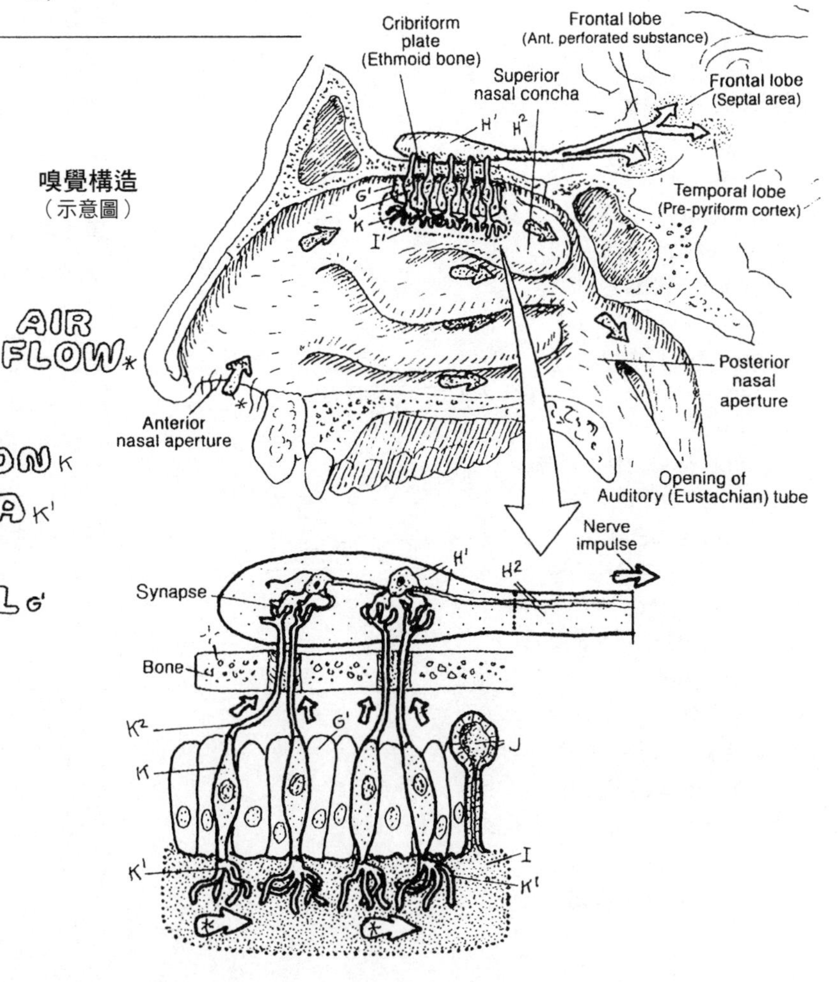

血液的組成含血漿（液相）以及有形成分（血球和血小板）。血液經離心機處理後在試管中靜置，會分離出血漿（占體積的 55%）和有形成分（占體積的 45%）。把血漿倒掉後，紅血球便占了體積的 99%，而且 1% 的白血球和血小板碎片會浮到頂部（此部分稱為血塊黃層）。紅血球的分率在臨床實驗室稱為血球容積比（hematocrit），簡稱血容比；一般而言，男性的血容比（45 ～ 49% ）略高於女性的比值（37 ～ 47%）。血容比明顯較低，有可能是幾種病症的跡象，包括貧血症和出血。

男性的紅血球數量約為每立方毫米血液 4.5 ～ 6.2 百萬個，女性則約為 4 ～ 5.5 百萬個。**紅血球**在骨髓中形成，起初是真細胞（意思是具有細胞核）。將近成熟時，每個紅血球都失去細胞核以及大半胞器，隨後才進入末梢血液。新近釋出的未成熟紅血球有可能保有若干核醣體，染色時就能看出略顯網狀的外觀，稱為**網狀紅血球**。隨著血流循環的紅血球是一種非剛性的雙凹面形軟囊，外覆薄膜，裡面裝了血紅素。血紅素是一種蛋白質，所含鐵質能與氧氣結合，還為紅血球帶來紅顏色。血紅素是身體的主要攜氧載具，血漿排名第二。紅血球在肺中獲取氧氣，流到微血管時便釋出供附近的組織／細胞取用。過了 120 天，老化的紅血球就會在脾臟被清出循環之外。

凝血細胞是指血小板，數量約為每毫升血液 15 ～ 40 萬個，直徑則為 2 ～ 5 微米，是由骨髓中的大細胞（即**巨核細胞**）的細胞質裂解產生的碎片。血小板的角色是限制出血：血小板凝團會釋出凝血活酶（thromboplastin），強化血凝塊的形成。一旦血液結成血凝塊，細胞就會分解（此稱為溶血作用），形成一種稱為**血清**（右頁圖未畫出）的黃色濃稠流質。血清是血漿去除凝結成分後剩下的殘液。

白血球是白色的血球，主要負責身體的防護作用。它們可以分為兩大類，一類是顆粒性白血球，包括：嗜中性白血球、嗜酸性白血球及嗜鹼性白血球；另一類是非顆粒性白血球，包括淋巴球及單核球兩種。

節狀核**嗜中性白血球**產生自骨髓，存在於血液和結締組織中，壽命很短（數小時至四日）。未成熟的形式稱為「帶狀白血球」，嚴重感染時可見於血液。嗜中性白血球能摧毀微生物，帶走細胞殘屑。

嗜酸性白血球經適當染色後會呈現多彩顆粒，這種白血球是過敏原免疫反應的吞噬細胞，尤其擅長對付寄生蟲。

嗜鹼性白血球經染色後呈深色顆粒，這種白血球負責調控過敏性反應，應付寄生性感染。

淋巴球占白血球總數的 20 ～ 45%，由骨髓產生，在淋巴組織和血液中四處巡防。淋巴球和免疫作用有連帶關係。參見 120 頁。

單核球占白血球總數的 2 ～ 8%，由骨髓產生後在血液中成熟，接著脫離循環，成為細胞外間隙的**巨噬細胞**。

解剖名詞中英對照（按英文字母排序）

Bands 帶狀白血球
Basophil 嗜鹼性白血球
Buffy coat 血塊黃層
Cytoplasm 細胞質
Eosinophil 嗜酸性白血球
Erythrocytes 紅血球
Formed elements of the blood 血液的有形成分
Granules 顆粒
Granulocyte 顆粒性白血球
Leukocytes 白血球
Lymphocyte 淋巴球
Megakaryocyte 巨核細胞
Monocyte 單核球
Neutrophil 嗜中性白血球
Nucleus 細胞核
Plasma 血漿
Platelet 血小板
Reticulocyte 網狀紅血球
Segmented neutrophils 節狀核嗜中性白血球
Serum 血清
Thrombocyte 凝血細胞

見120、121、122頁

心血管系統

血液與血液的組成

著色說明：(1) 為左邊試管的 A、B 鏤空名稱和百分比，以及管內的 A、B 物質上色。(2) 為大箭頭 B 上色；為 B[1] 的名稱及百分比、中間試管的邊線 B 及其中的主要內容物 B[1] 著色。中央試管上面的名稱和百分比不上色。(3) 為「凝血細胞」英文鏤空名稱 Thrombocyte（C）及中央管的微粒上色。(4) 白血球的英文鏤空名稱 Leukocytes 不上色；為本頁底下的六個白血球上色，色碼如下：B 藍色、LB 淺藍、O 橙色、LO 淺橘色、P 紫色、DP 深紫色、LP 淺紫色。最後再用最深的顏色點畫顆粒。(5) 為右上方試管內的五條白血球帶上色，這些條帶反映的是末梢血液所含的各式白血球的相對分布情況。

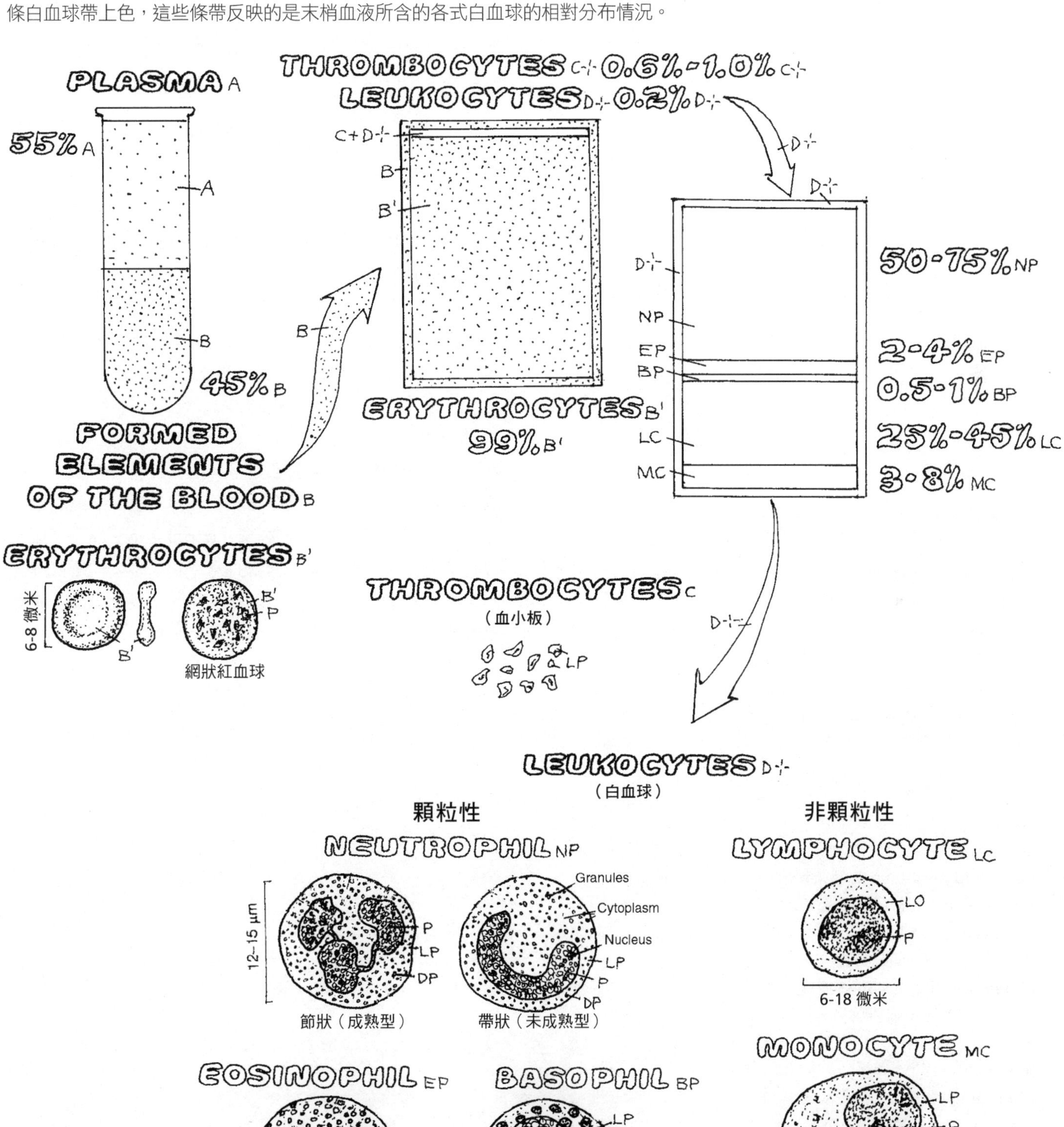

血液循環從心臟開始，心臟泵送血液進入動脈，並從靜脈收回血液。不論血液含氧量高低（氧化作用），動脈都把血液輸離心臟，而靜脈則把血液輸往心臟。微血管是管壁極端細薄的血管所形成的網絡，遍布全身各處組織，這種管壁容許氣體和養分在血管內腔及外部（細胞外間隙）之間進行交換。微血管從小動脈接收血液，並將血液傳輸至小靜脈。

血流有兩套迴路：(1) **肺循環**將缺氧血從心臟右側運輸到肺臟進行氧化作用並釋出二氧化碳，接著再把充氧血運回心臟左側；以及 (2) **體循環**從心臟左側將充氧血輸送到身體組織，並將缺氧血輸回心臟右側。充氧血通常以紅色代表，缺氧血則以藍色來表示。

微血管攜帶混合血液；微血管床的動脈側大多為充氧血，靜脈側則多為缺氧血。這是因為微血管輸運氧氣供應組織，並帶走組織裡的二氧化碳。

通常在一條動脈和一條靜脈之間，都存在著一套微血管網絡。不過也有例外：**肝門脈循環**就涉及了動、靜脈之間的兩套微血管（參見右頁門靜脈〔portal vein〕部分，以及胃腸道與心臟之間的另一套微血管網絡）；其他細節詳見 118 頁。其他門脈系統見於下視丘和腦下垂體之間（**垂體門脈系統**，參見 150 頁），以及腎臟的腎絲球和腎小管周邊微血管叢之間（參見 148 頁）。

解剖名詞中英對照（按英文字母排序）

Capillary blood 微血管血
Gastrointestinal tract 胃腸道
Heart muscle 心肌
Hypophyseal portal system 垂體門脈系統
L. Atrium 左心房
L. Ventricle 左心室
Left lung 左肺
Liver 肝
Lower limb 下肢
Oxygen-poor blood 缺氧血
Oxygen-rich blood 充氧血
Pelvis and perineum 骨盆和會陰
Portal circulation 肝門脈循環
Portal vein 門靜脈
Pulmonary artery 肺動脈
Pulmonary circulation 肺循環
Pulmonary vein 肺靜脈
R. Atrium 右心房
R. Ventricle 右心室
Right lung 右肺
Systemic artery 體循環動脈
Systemic circulation 體循環
Systemic vein 體循環靜脈
Thoracic and abdominal wall 胸壁和腹壁

心血管系統

血液循環示意圖

著色說明：(1)先為中央上方鏤空名稱A至C上色：A用藍色，B用紫色，C用紅色。D和E要分別選用不會跟A、B和C混淆的顏色。接著為「體循環」(D)和「肺循環」(E)的英文鏤空名稱、兩幅人形小圖及兩條微血管(B)塗紫色。(2)為循環大圖解的括弧(D、E)上色。從右心房(起點)處開始，為缺氧血(A)血流上色，並循徑一路進入肺臟。血液在肺中從B到C逐漸充氧。(3)充氧血(C)回到心臟左側，接著泵進體循環，進入全身微血管網絡。缺氧血(A)回到心臟並重複這個循環。

OXYGEN-POOR BLOOD$_A$

CAPILLARY BLOOD$_B$

OXYGEN-RICH BLOOD$_C$

SYSTEMIC CIRCULATION$_D$

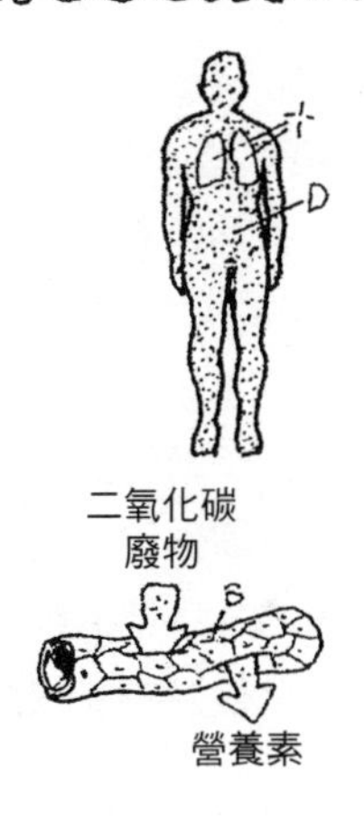

PULMONARY CIRCULATION$_E$

E

氧

B

二氧化碳

血液循環示意圖

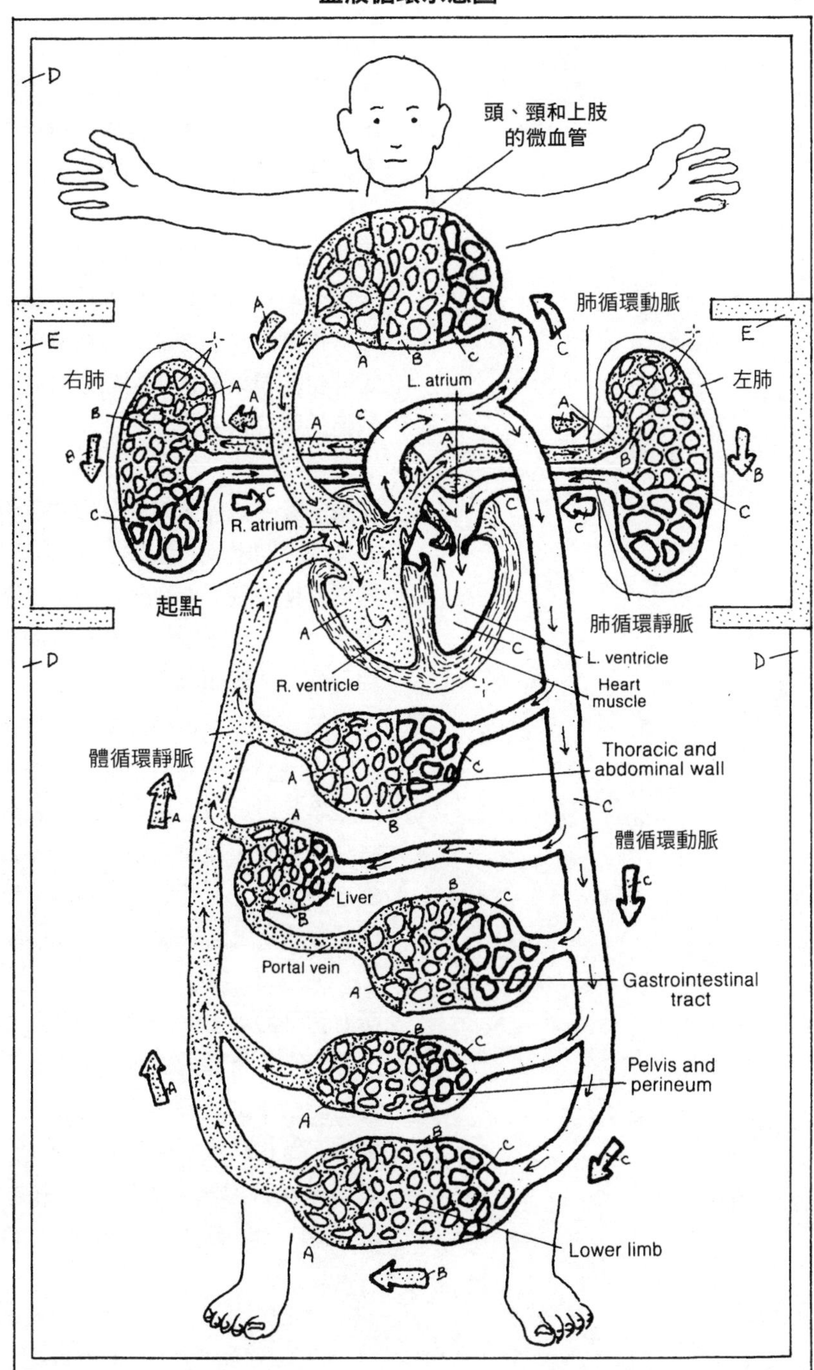

脈管系統是用於統稱全身的血管及淋巴管。動脈把血液帶離心臟（泵）並輸往微血管網絡，從而分配到全身細胞和組織；而靜脈則把微血管網絡的血液帶回心臟。至於淋巴管部分可參見 120 頁的切面圖解。

動脈具平滑肌，管壁還有一或兩層的彈性膜。動脈壁的分層一般都很清楚分明，只除了最大的動脈（襯覆內皮的彈性管）及最小的動脈（微血管前）。**小動脈**也稱為阻力血管，可以在必要時截斷通往微血管區的血流。中型動脈往往都能因應需求，把血流分配到身體各部。大型動脈相當於有彈性的導管，能輸運大量血液離開心臟或主動脈，並送往遠側部位（頭、下肢等）。所有動脈都有纖維性外層，稱為**外膜**。在這層被膜中還能見到極細小的營養血管（稱為血管滋養管），以及運動／感覺神經（稱為管壁神經）。

動脈有能力因應變動環境做出反應，包括：藉由血管舒張作用來增強血流並降低血壓；藉由血管收縮作用來減弱血流並提高血壓；還能引導血液分流／轉向，甚至截斷某特定部位的循環作用（例如休克時微血管會變蒼白，或受創截斷的肢體會中止出血）。

靜脈的管壁一般都沒有明顯的平滑肌和彈性組織層。靜脈的作用大體上就是當成一種導管，受壓力重荷時還能大幅提增輸運容積。大型靜脈的容量特別大（參見 115 頁的硬膜竇）；**小靜脈**由微血管合併而成，其組成構造基本上是相同的。越朝向心臟的靜脈越大。靜脈就像河川，有匯流而入的支流，但沒有分支（門脈循環除外）。頸部和四肢的中型靜脈多半具有一連串稱為**瓣**的小囊袋，由內皮層形成。這些瓣成對出現，使血流朝一定方向流動。下肢的靜脈瓣特別多。儘管瓣膜對血流不形成阻力，但逆向的血流會被靜脈瓣（及管腔）所阻斷。骨骼肌收縮可以強化下肢的靜脈流，肌肉的收縮鼓脹部位能推動血流對抗重力。

微血管是最細小的血管，管壁細薄，內皮管可能具有細孔，還有若干支持性的纖維。微血管沒有肌肉及彈性組織，它的功能跟釋出營養素、氣體及流質到周圍組織有關，也能帶走二氧化碳及其他「非必要的」氣體和纖小微粒物質。此類微血管通常允許細胞自由通過微血管壁（由內皮細胞構成），具有這種性質的特化微血管稱為**竇狀隙**（參見 124 頁）。

解剖名詞中英對照（按英文字母排序）

Arteriole 小動脈
Artery 動脈
Capillary 微血管
Dural sinus 硬膜竇
Elastic lamina 彈性膜
Endothelial tube 內皮管
Endothelium 內皮
External elastic lamina 外彈性膜
Fibrous tissue 纖維組織
Internal elastic lamina 內彈性膜
Large arteries 大動脈
Large veins 大靜脈
Lumen 內腔
Medium arteries 中型動脈
Medium veins 中型靜脈
Nervus vasorum 管壁神經
Red blood cell 紅血球
Resistance vessel 阻力血管
Sinusoid 竇狀隙
Skeletal muscle 骨骼肌
Smooth muscle 平滑肌
Tunica externa / adventitia 外膜
Tunica interna 內膜
Tunica media 中膜
Valve 瓣
Vasa vasorum 血管滋養管
Vein 靜脈
Venule 小靜脈

血管

著色說明：A 用紅色、B 用紫色、C 用藍色（都是你在前一頁用過的顏色）來為上方圖解的鏤空名稱及相對應的血管類別上色。(1) 從上方圖解的英文 LARGE ARTERIES（大動脈）開始上色，接著為所有血管及鏤空名稱上色。(2) 為「血管構造」切面圖的鏤空名稱及其特有組成部分上色。D、F 和 H 都使用非常淺的顏色。(3) 請注意，左下方動脈橫切面的纖維組織層（H）的血管滋養管及管壁神經都不上色。(4) 最右方兩幅靜脈（C¹）圖解，注意靜脈下段的靜脈瓣是閉合的，上段的瓣膜則正在運作。上圖兩片瓣膜之間的血液請著上灰色，這樣才不會和靜脈結構混淆。

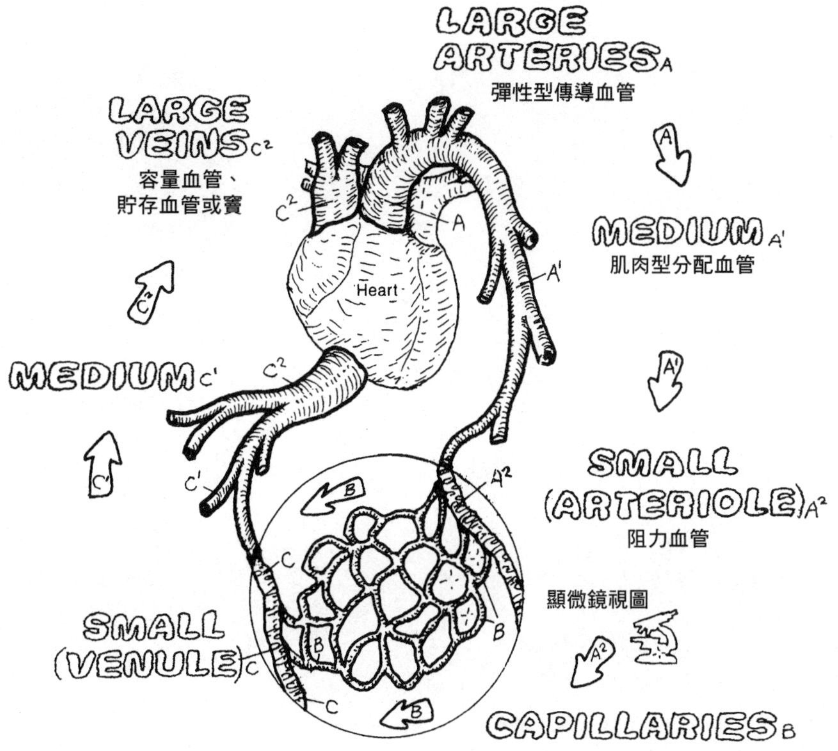

血管構造

內膜

ENDOTHELIUM D

INTERNAL ELASTIC LAMINA E

中膜

SMOOTH MUSCLE F

EXTERNAL ELASTIC LAMINA G

外膜

FIBROUS TISSUE H

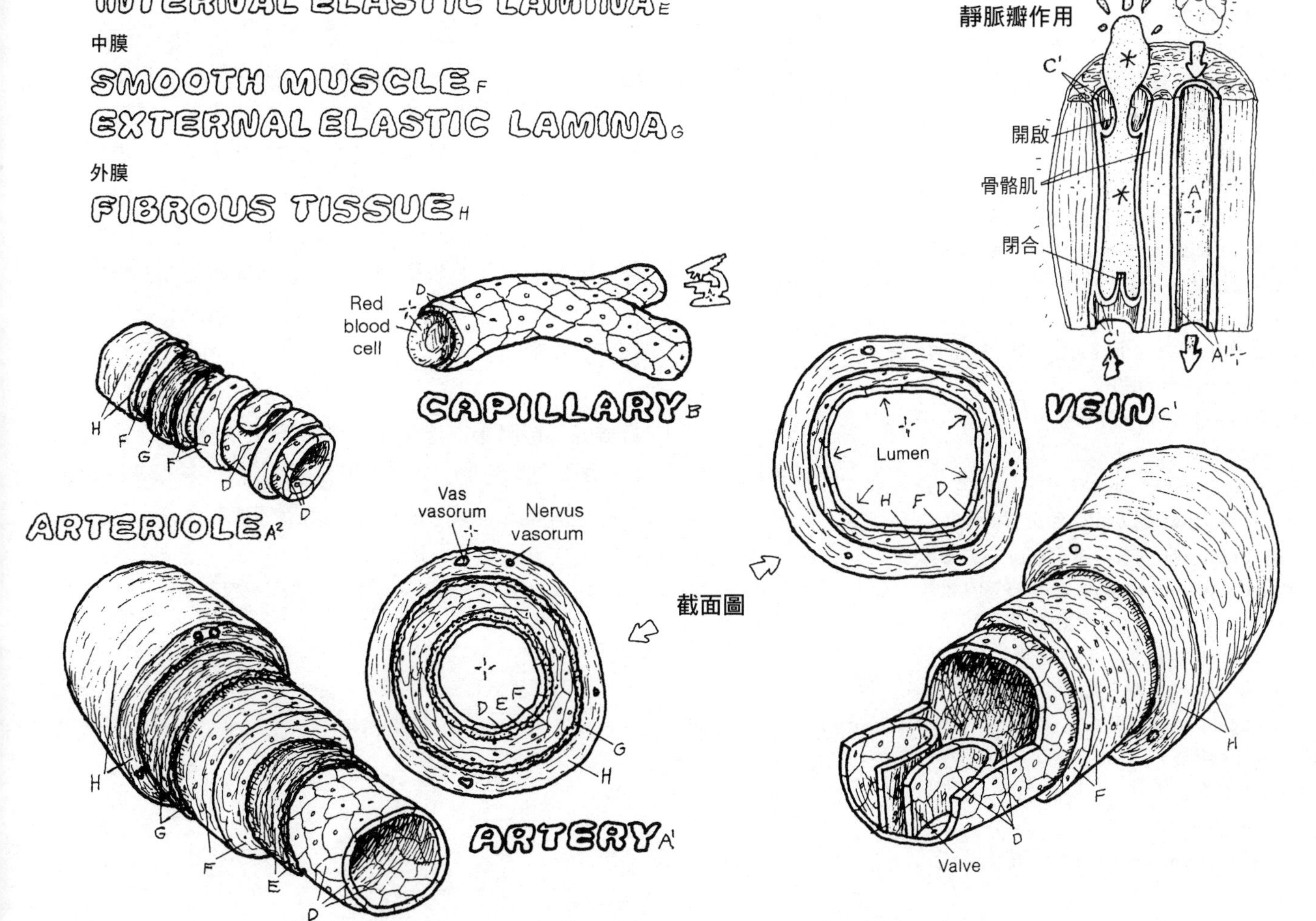

縱膈腔是指胸部的正中隔間（median partition），這處包含眾多構造的部位就介於肺臟之間，但不包含肺臟。這大半是因為心臟有眾多輸入及輸出的脈管，構成了胸腔內部的重要結構。藉由細分縱膈腔來學習腔內的多種構造，是相當標準的學習步驟，因為這種做法最能掌握這處擁擠又繁複的身體部位的結構布局。

仔細看看右頁上方的兩幅圖解，並注意縱膈腔底部就是胸膈（橫膈膜）；頂部是進入／離開**上縱膈腔**的筋膜性周邊結構；外側壁是**壁層胸膜**；後側壁是胸椎骨的前側面；前側壁是胸骨和肋軟骨。縱膈腔劃分為幾個分區（參見右頁矢狀圖），這些分區裡面的重要器官／血管／神經，多數（並非全部）列在中間左側的鏤空名稱，也可在兩幅視圖中找到。讀者的學習目標是要定義縱膈腔的各分區，並能列舉各區內的重要構造。

心臟壁（見右頁底圖）的組成，包括內側一層襯覆心臟各腔室的簡單鱗狀上皮（**心內膜**）；心內膜覆蓋厚薄不一的**心肌層**。心肌層的外側是一個三層囊（稱為心包膜），其最內層是裹覆心臟的**心包臟層**，又稱為**心外膜**。心包臟層在主動脈弓的起點處朝外翻轉（反摺）變成心包壁層（壁層心包膜），這層膜環繞心臟並包圍中空的心包腔。想像你伸出一手，握拳抓著一個密封紙袋的邊緣。現在把袋子向下壓，包住仍然抓著紙袋邊緣的拳頭。請注意看，紙袋的兩層紙和塌陷的袋子空腔都包住了你的拳頭，但你的拳頭並不在袋子裡面。你的拳頭跟紙袋的兩層紙之間的關係，就跟心臟與心包臟層、心包壁層的關係是一樣的。除了能讓心臟在囊內無摩擦地自由運動的漿液之外，心包腔裡面是空的。

纖維性心包膜是心包壁層的外覆襯膜，這層膜含纖維和脂肪，緊緊貼附在胸骨、大血管和橫膈膜上。它讓不斷扭轉、收縮、擠壓的心臟，始終待在縱膈腔中央。

解剖名詞中英對照（按英文字母排序）

1st rib 第一肋骨
Aortic arch 主動脈弓
Brachiocephalic artery 頭臂動脈
Diaphragm 橫膈
Endocardium 心內膜
Epicardium 心外膜
Esophagus 食道
Fibrous pericardium 纖維性心包膜
Inferior vena cava 下腔靜脈
Left brachiocephalic vein 左頭臂靜脈
Left common carotid artery 左頸總動脈
Left internal jugular vein 左頸內靜脈
Left subclavian artery 左鎖骨下動脈
Manubrium 胸骨柄
Mediastinum 縱膈腔
 Superior 上縱膈
 Inferior 下縱膈
 Anterior 前縱膈
 Middle 中縱膈
 Posterior 後縱膈
Myocardium 心肌層
Parietal pericardium 壁層心包膜
Parietal pleural membrane 壁層胸膜
Pericardial cavity 心包腔
Pericardium 心包
Pericardium-lined heart 外襯心包膜的心臟
Phrenic nerve 膈神經
Pulmonary artery 肺動脈
Pulmonary trunk 肺動脈幹
Pulmonary vein 肺靜脈
Right brachiocephalic vein 右頭臂靜脈
Right common carotid artery 右頸總動脈
Right internal jugular vein 右頸內靜脈
Serous pericardium 漿膜性心包膜
Superior vena cava 上腔靜脈
Thoracic aorta 胸主動脈
Thoracic wall 胸壁
Thymus 胸腺
Trachea 氣管
Vagus nerve 迷走神經
Visceral pericardium 心包臟層

見107、109、111、120頁

心血管系統

縱膈／縱隔腔、心壁與心包膜

著色說明：使用最淺的顏色來為A至D著色；F用藍色，G用紅色。從「縱膈腔各分區」開始上色。(1) 為縱膈腔圖解的各分區鏤空名稱及四處部位上色。(2) 為前視圖的縱膈腔內主要結構，以及相關鏤空名稱上色。肺部不上色。矢狀圖中的胸腺在前視圖中已經去除，以便看到深處的大血管。(3) 為底下的心臟壁、各層心包膜及它們的鏤空名稱上色。為了方便上色，這裡把心包腔大幅放大了。正常來說，心包腔是介於兩層連續膜之間的一個狹小空腔，內含部分液體。

縱膈腔各分區

SUPERIOR A
INFERIOR -¦-
ANTERIOR B
MIDDLE C
POSTERIOR D

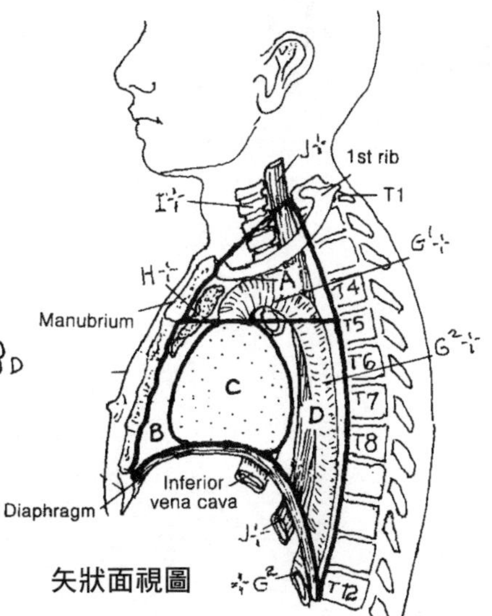

矢狀面視圖

縱膈腔內各構造

PERICARDIUM-LINED HEART E
大血管
SUPERIOR VENA CAVA F
PULMONARY TRUNK F¹
PULMONARY ARTERY F²
PULMONARY VEIN G
AORTIC ARCH G¹
THORACIC AORTA G² -¦-
THYMUS H -¦-
TRACHEA I
ESOPHAGUS J
VAGUS NERVE K
PHRENIC NERVE L

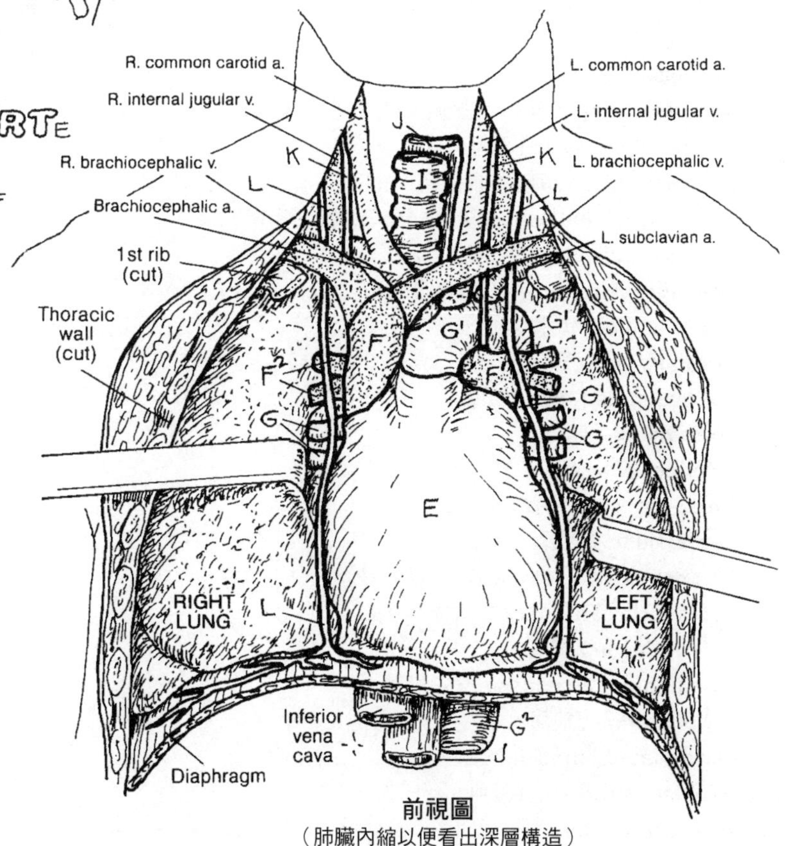

前視圖
（肺臟內縮以便看出深層構造）

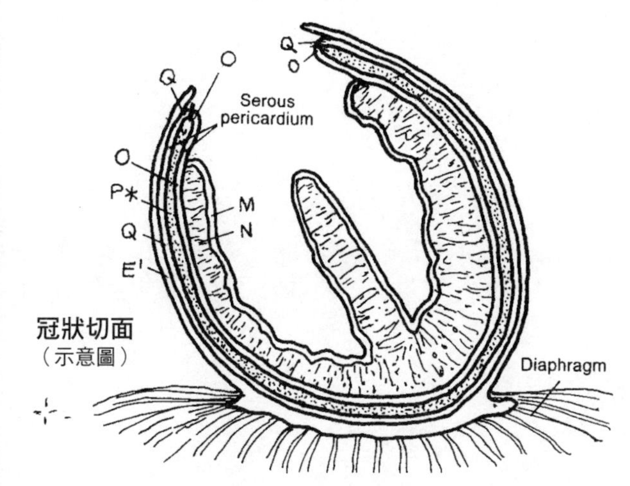

冠狀切面
（示意圖）

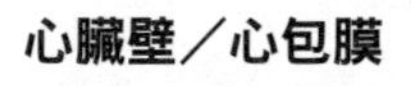

心臟壁／心包膜

ENDOCARDIUM M
MYOCARDIUM N
VISCERAL PERICARDIUM O
PERICARDIAL CAVITY P*
PARIETAL PERICARDIUM Q
FIBROUS PERICARDIUM E¹

心臟是血管系統的肌肉性泵浦，包括四個腔室，兩個位於右邊（肺循環心），另兩個位於左邊（體循環心）。

肺循環心包括**右心房**和**右心室**。具薄壁的右心房從上腔、下腔靜脈及**冠狀竇**（為心血管的匯流）接收缺氧血；而具薄壁的**左心房**則從肺靜脈接收充氧血。心房的血液以 5 mm Hg 左右的壓力通過**房室孔**，同時泵入右心室和左心室，右邊由**三尖瓣**看守，左邊則由二尖瓣負責。瓣尖就像降落傘的拼布，由**腱索**（一種肌腱）固定於心室裡面的**乳頭狀肌**。在心室收縮階段（收縮期），心室血液鼓脹湧進瓣尖，這些肌肉就會隨心室肌群一起收縮，繃緊腱索並阻止瓣尖掀翻。

右心室泵送缺氧血經**肺動脈幹**輸往肺部，壓力約為 25 mm Hg（右心室），同時左心室也泵送充氧氣的血液進入**升主動脈**，壓力約為 120 mm Hg。這個壓力差，也反映出左心室壁比右心室壁更厚。口袋狀的**肺動脈半月瓣**及**主動脈半月瓣**，分別看守著肺動脈幹及主動脈。當血液在心肌收縮靜止階段（舒張期），從動脈幹／主動脈逆向朝心室流動，這些袋狀瓣膜就會充血，分別閉合它們的開孔以防止血液回流進入心室。

解剖名詞中英對照（按英文字母排序）

Aortic arch 主動脈弓
Aortic semilunar valve 主動脈半月瓣
Ascending aorta 升主動脈
Atrioventricular orifice 房室孔
A-v bicuspid (mitral) valve 房一室二尖瓣（僧帽瓣）
A-v tricuspid valve 房一室三尖瓣
Brachiocephalic artery 頭臂動脈
Chordae tendine 腱索
Coronary sinus 冠狀竇
Deoxygenated blood 缺氧血
Fossa ovalis 卵圓窩
Inferior vena cava 下腔靜脈
Interventricular septum 室間隔
Left atrium 左心房
Left common carotid artery 左頸總動脈
Left subclavian artery 左鎖骨下動脈
Left ventricle 左心室
Ligamentum arteriosum 動脈韌帶
Myocardium 心肌層
Oxygenated blood 充氧血
Papillary muscle 乳頭狀肌
Pulmonary artery 肺動脈
Pulmonary semilunar valve 肺動脈半月瓣
Pulmonary trunk 肺動脈幹
Pulmonary vein 肺靜脈
Right atrium 右心房
Right ventricle 右心室
Superior vena cava 上腔靜脈
Thoracic aorta 胸主動脈
Trabeculae carneae 肉柱
Tricuspid valve 三尖瓣
Valve cusps 瓣尖

見101頁

心血管系統
心臟的腔室

著色說明：使用藍色為 A 至 A^4 上色；兩幅圖解的黑點點箭頭代表的是靜脈血流。使用紅色為 H 至 H^4 著色；兩幅插圖的空心箭頭代表的是動脈血流。使用不同的淺色為心房及心室 B、C、I 和 J 上色。(1) 從上圖左側右心房（B）上、下方的箭頭 A^4 開始上色；為鏤空名稱 A 和 A^1 上色。然後依序為列表名稱的圖解構造 A 至 H^3 著色。(2) 為下方的循環圖解上色，從導入右心房（編號 1）的箭頭 A^4 開始。從 1 到 4 依序為各編號及各相關箭頭上色。右下圖解的心房、心室及血管都不用上色。

SUPERIOR VENA CAVA $_A$
INFERIOR VENA CAVA $_{A'}$

A^4

RIGHT ATRIUM $_B$

RIGHT VENTRICLE $_C$
A-V TRICUSPID VALVE $_D$
CHORDAE TENDINEAE $_E$
PAPILLARY MUSCLE $_F$

PULMONARY TRUNK $_{A^2}$
PULMONARY SEMILUNAR VALVE $_G$
PULMONARY ARTERY $_{A^3}$

PULMONARY VEIN $_H$
LEFT ATRIUM $_I$

LEFT VENTRICLE $_J$
A-V BICUSPID (MITRAL) VALVE $_{D'}$
CHORDAE TENDINEAE $_{E'}$
PAPILLARY MUSCLE $_{F'}$

ASCENDING AORTA $_{H'}$
AORTIC SEMILUNAR VALVE $_{G'}$
AORTIC ARCH $_{H^2}$
THORACIC AORTA $_{H^3}$

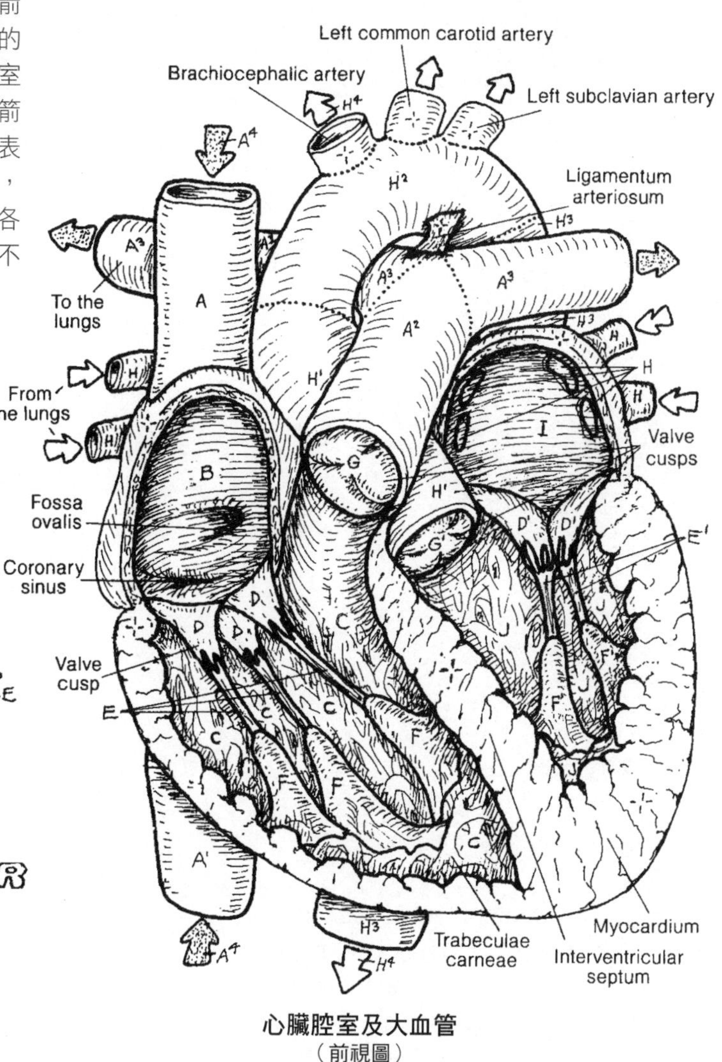

心臟腔室及大血管
（前視圖）

OXYGENATED BLOOD H^4
DEOXYGENATED BLOOD A^4

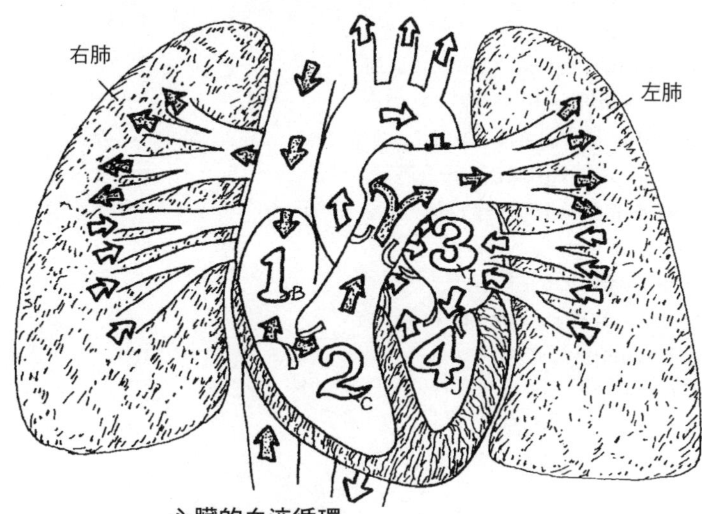

心臟的血液循環
（示意圖）

心肌細胞會自發性收縮，毋須運動神經就能縮短。不過這些細胞的固有收縮速率太慢，也沒有組織性，無法讓心臟有效泵動。幸運的是，還有一群比較容易興奮、但不會收縮的心臟細胞，負起責任來觸發電化學衝動並傳遍整個心臟肌肉組織。這種細胞能引動心肌做出協調一致、井然有序的節律收縮，從而推動血液以合宜的血量和壓力流過心臟各處房室。這些細胞構成**心臟傳導系統**。**竇房結**發出的神經衝動傳布到整個心房，接著取道非離散式**結間路徑**傳到**房室結**。房室結發出的神經衝動循著房室束及其分支，傳往埋置於心室肌肉中的**浦金埃氏細胞叢**。

心臟傳導系統在心臟周圍產生電壓變化，其中有些改變可用心電圖（ECG 或 EKG）來監測、評估及測量。基本上，一幅心電圖就是一幅電壓計讀數圖示，它並不測量血液動力學的變動情況。使用時，要把電極擺在幾處體表位置，錄下的數據（在一段時間內的種種電壓變動波形）會顯示在一台示波器或一條移動的紙條上。波形和波動偏移方向，取決於體表電極（導子）之間的空間關係。

當竇房結放電時，房前肌肉系統的興奮／去極化作用便從竇房結向外傳播。心房去極化 (depolarization) 的現象會反應在心電圖中，原本呈現靜止水平線的等電位線會產生向上偏折的波形（此即 P 波），伴隨 P 波而來的是心房肌肉收縮與心室充血。**P-Q 間期**（無 Q 波的 P-R 間期）反映的是：興奮從心房傳向心室心肌層的浦金埃氏細胞叢的傳導作用。這段間期拖延超過 20 秒，就有可能表示房室結的傳導受阻。**QRS 複合波**反映的是心室心肌層的去極化作用，複合波指的是 Q、R 和 S 三種波的結合波，緊貼在心室收縮且同時血液被強力泵入肺動脈幹和升主動脈之前出現。**S-T 節段**反映的是一段心室去極化的連續時期。心肌局部缺血，有可能誘發這種正常呈水平的節段出現一次偏折。**T 波**是一種向上延續偏折的現象，反映的是心室再極化作用（恢復），在此期間心房從腔靜脈和肺靜脈被動充血。QT 間期反映的是心室去極化到再極化結束的時間，因此可用來校正心率。這個節段拖長可能暗示心室節律異常，此稱為心律不整。在跳動緩慢的健康心臟中，P-Q、S-T 及 T-P 節段都呈現水平的等電位線。

解剖名詞中英對照（按英文字母排序）

Aortic semilunar valve 主動脈半月瓣
Atria 心房
Atrioventricular bundle (AV bundle) 房室束
Atrioventricular node (AV node) 房室結
A-V bicuspid valve 房－室二尖瓣
A-V tricuspid valve 房－室三尖瓣
Cardiac conduction system 心臟傳導系統
Electrocardiography (ECG, EKG) 心電圖測量技術
Internodal pathway 結間路徑
Left atrium 左心房
Left ventricle 左心室
P wave P 波
P-Q (P-R) interval P-Q (P-R) 間期
Pulmonary vein 肺靜脈
Purkinje cell 浦金埃氏細胞
Purkinje plexus 浦金埃氏細胞叢
QRS complex QRS 複合波
Right atrium 右心房
Right ventricle 右心室
Sinoatrial node (SA node) 竇房結
S-T Segment S-T 節段
T wave T 波
T-P segment T-P 節段
Vena cava 腔靜脈
Ventricle 心室

心血管系統
心搏傳導系統與心電圖

著色說明：D 用藍色，E 用紅色；B 要使用非常淺的顏色，如此心電圖上標誌 B 至 B^3 各節段的黑點花樣才能在著色後依然清晰可辨。EGC 圖解的 QRS 複合波及 S-T 節段也按照相同方法上色；兩者反映的都是心室去極化作用。(1) 先從右上圖開始上色，標出心房（A^2）、心室（B^3）的四個大箭頭及所屬鏤空名稱都要上色；心房和心室不必上色。為結間路徑及心房間路徑的箭頭（A^1）上色。(2) 頁面中間小圖的字母及血流要上色，這些階段和底下心電圖的電壓變化有關。(3) 為心電圖及相關字母上色，從左至右上色。(4) 時間線底下的水平長條圖也要上色。

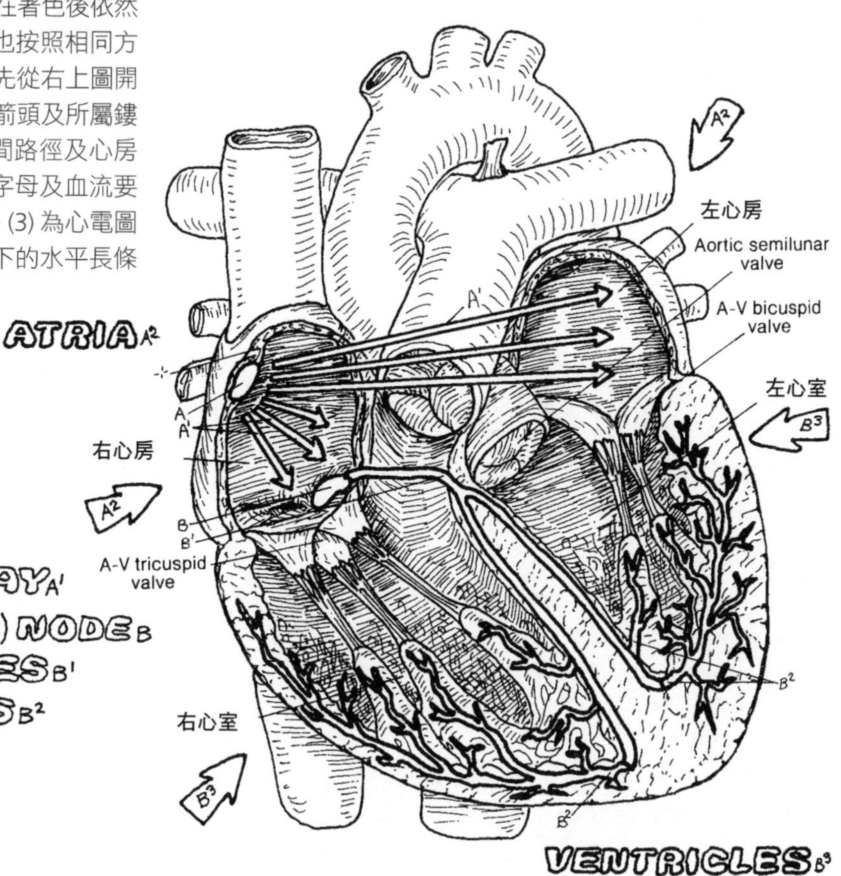

傳導系統

SA (SINOATRIAL) NODE A
INTERNODAL PATHWAY A^1
AV (ATRIOVENTRICULAR) NODE B
AV BUNDLE/BRANCHES B^1
PURKINJE PLEXUS B^2

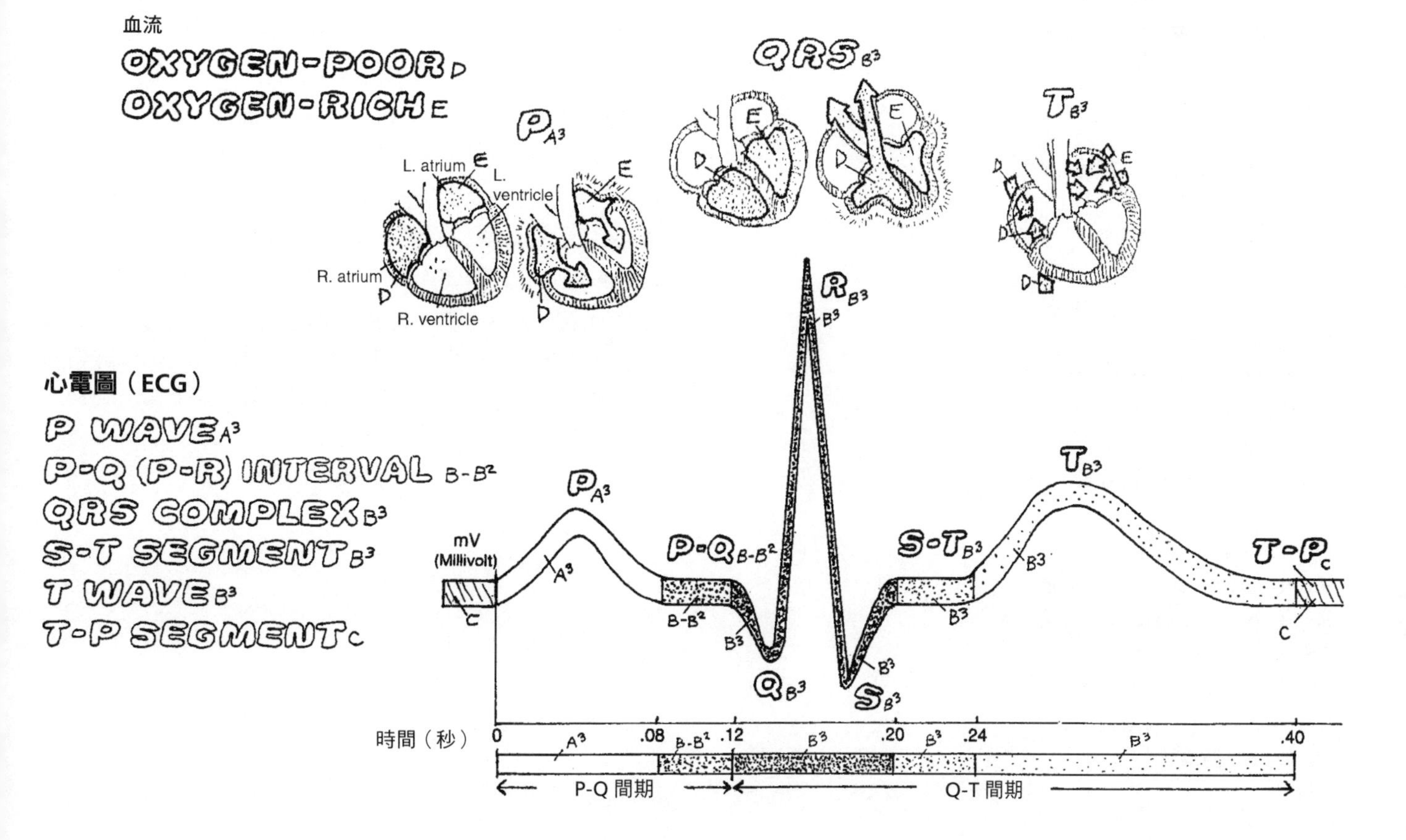

冠狀動脈

冠狀動脈在心臟表面構成倒置王冠的形狀，前表面的左冠狀動脈安置在溝槽裡，通常都外覆心外膜。

左、右冠狀動脈的源頭，都是緊鄰主動脈半月瓣尖上方的細小開口（**主動脈竇**）。一般而言，左冠狀動脈稍微比右冠狀動脈大。多數人在心搏周期通過左冠狀動脈的流量率，都高於通過右冠狀動脈的流量率。左右動脈分支的吻合模式有可能出現相當程度的變異。這些小動脈分支供應肌纖維間的廣大微血管網絡。儘管左、右冠狀動脈之間在表面上有多重交流，一旦單邊或兩邊冠狀動脈同時發生嚴重阻塞，依然會發生輕重不等的血液供應不足現象。心臟還有一些冠狀動脈之外的血管支援，有些出自心外膜血管，也就是胸廓內動脈的分支，有些則來自主動脈的血管滋養管。

冠狀動脈若出現脂質沉積或發炎現象，其內膜層就會受損。血小板會凝集在這些地點，助長形成**斑塊**（細胞物質、脂質、血小板和纖維蛋白）。斑塊在血管中積聚，形成血栓並漸漸讓血管阻塞越發嚴重。於是導往心肌層的血流大幅減少，形成局部缺血，有可能引發胸、背、肩和手臂各部劇痛（心絞痛），還可能導致**心肌層**永久性損傷（梗塞），甚至失能和死亡。

冠狀靜脈

冠狀靜脈伴行冠狀動脈延伸，但並不完全如此。整個心肌層各處靜脈都綿密吻合；多數取道**冠狀竇**流入右心房。**心前靜脈**將血液直接導入右心房；其他小型靜脈也有可能直接將血液導入右心房。有些深層的靜脈（動脈竇狀隙）會將血液直接導入心房和心室。此外，還可以通過腔靜脈的血管滋養管來進行心外靜脈引流。

解剖名詞中英對照（按英文字母排序）

Anterior cardiac vein 心前靜脈
Anterior interventricular (descending) branch 前室間（下行）支
Aortic sinus 主動脈竇
Circumflex branch 迴旋支
Coronary sinus 冠狀竇
Epicardium 心外膜
Great cardiac vein 心大靜脈
Internal thoracic arteries 胸廓內動脈
Intimal layer 內膜層
Left aortic sinus 左主動脈竇
Left atrium 左心房
Left coronary artery 左冠狀動脈
Left ventricle 左心室
Marginal branch 邊緣支
Marginal vein 邊緣靜脈
Middle cardiac vein 心中靜脈
Muscular branch 肌支
Myocardial infarction 心肌梗塞
Myocardium 心肌層
Plaque 斑塊
Posterior interventricular (descending) branch 後室間（下行）支
Pulmonary artery 肺動脈
Right aortic sinus 右主動脈竇
Right coronary artery 右冠狀動脈
Right ventricle 右心室
Small cardiac vein 心小靜脈
Vasa vasorum 血管滋養管
Vena cava 腔靜脈

心血管系統
冠狀動脈與靜脈

著色說明：本頁只為動脈和靜脈上色，心臟不用著色。使用最鮮豔的顏色為 A、D 和 L 上色。(1) 為動脈上色時，代表心臟後側表面血管的虛線也要著上顏色。(2) 靜脈部分也比照處理。(3) 為圓圈內斑塊前面的動脈上色。

RIGHT CORONARY ARTERY A
MUSCULAR BRANCH A'
MARGINAL BRANCH B
POSTERIOR INTERVENTRICULAR (DESCENDING) BRANCH C
LEFT CORONARY ARTERY D
ANTERIOR INTERVENTRICULAR (DESCENDING) BRANCH E
MUSCULAR BRANCH E'
CIRCUMFLEX BRANCH F

冠狀動脈

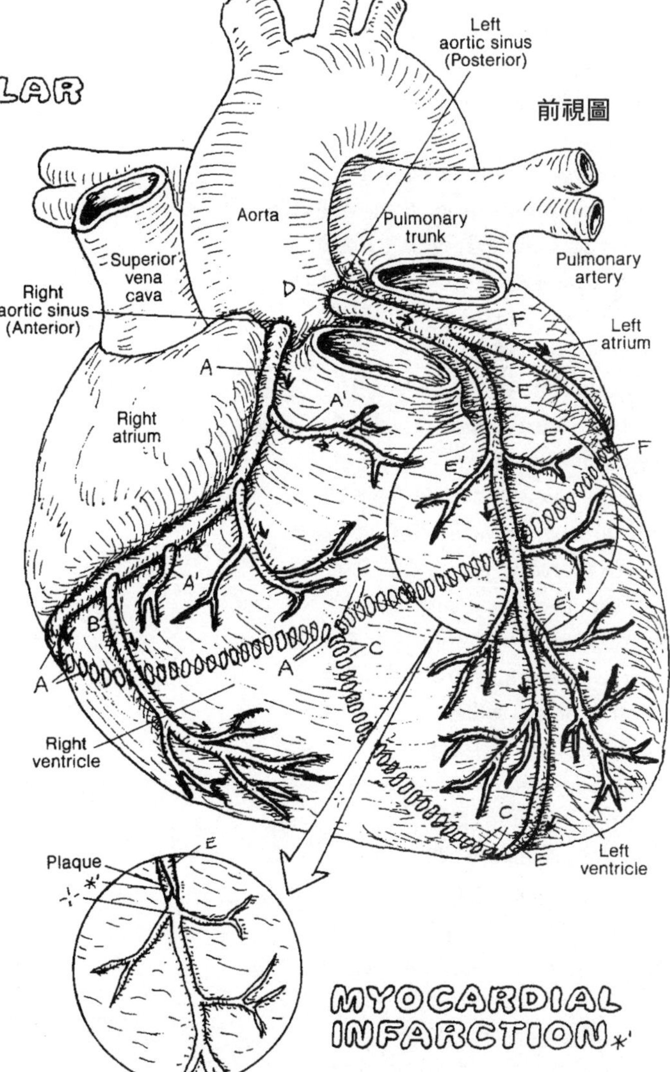

MYOCARDIAL INFARCTION *'

冠狀靜脈（心臟靜脈）

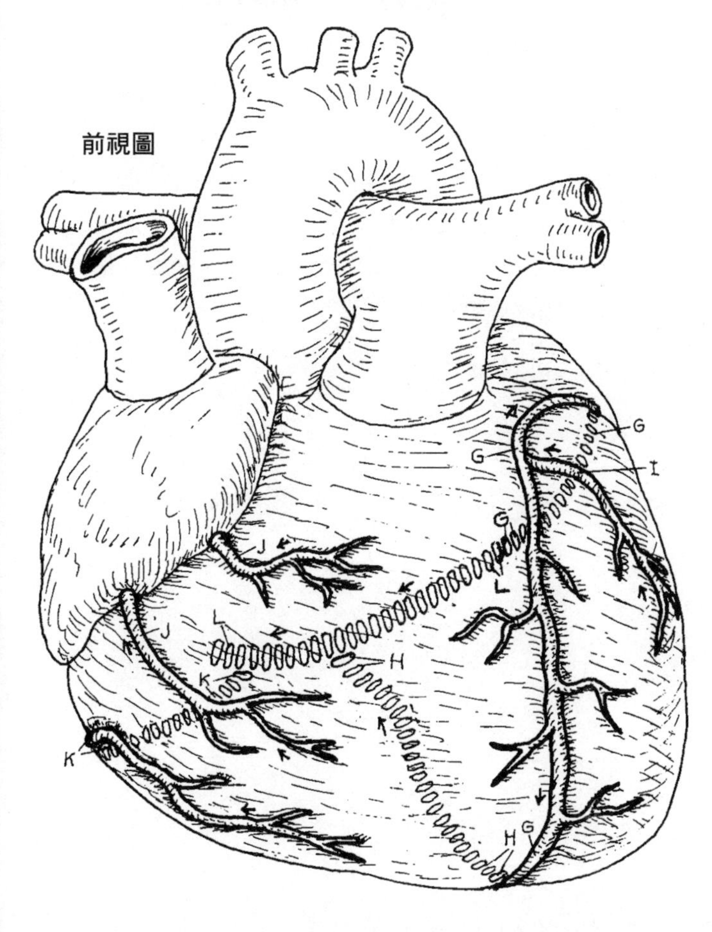

GREAT CARDIAC V. G
MIDDLE CARDIAC V. H
MARGINAL V. I
ANTERIOR CARDIAC V. J
SMALL CARDIAC V. K
CORONARY SINUS L

往頭頸部走的動脈，主要是**鎖骨下動脈**和**總頸動脈**，分別間接出自右側的**頭臂幹**，以及直接出自左側的主動脈弓。這種差異有其胚胎基礎，從右頁右下方圖解就能清楚看出。支援腦部運作的血流取道椎動脈及頸內動脈流入，在第 108 頁還會深入討論。

在右頁左圖解中，請注意看**右鎖骨下動脈**的分支（左側的分支在這裡並未畫出，但可參照前視圖）。**左鎖骨下動脈**的分支，基本上是相同的。鎖骨下動脈經由腋動脈（參見 109 頁）供應上肢。

鎖骨下動脈的第一條分支是**胸內動脈**，這是上下肢之間一條重要的吻合動脈（參見 114 頁）。供應頸部的血管，許多都出自**甲狀頸幹**和**肋頸幹**。其中特別重要的是**甲狀腺下動脈**，這條動脈從甲狀頸幹通往甲狀腺。

現在請沿著總頸動脈二分叉之後的**頸外動脈**前行。注意，第一條分支是**甲狀腺上動脈**，這條動脈支援至關緊要的喉頭和甲狀腺（參見 152 頁）。循著這些分支前往舌肌、顏面肌肉及枕骨區。到了這裡，頸外動脈分叉形成**上頷動脈**和**淺顳動脈**。上頷動脈的分支包括**中腦膜動脈**，這是一條相當重要的血管，位於顳骨的一道溝槽，供應硬腦膜（參見 23 頁）。跌倒頭部著地或頭側邊遭到重擊時，這裡就有可能出現動脈破裂，引發硬腦膜外血腫（epidural hematoma）。如果你是個棒球迷，或許你也納悶為何打擊手戴的頭盔會有個向下延伸的部分，遮蓋他靠近投手這側的頭部。這是因為如果太陽穴被投出的棒球擊中，就有可能導致中腦膜出血，沒有及早發現可能有性命之虞。上頷動脈也很重要，因為它供應牙齒、下頷、翼區、鼻腔和鼻子、硬腭和軟腭，以及顳顎關節。

解剖名詞中英對照（按英文字母排序）

Aortic arch 主動脈弓
Ascending cervical artery 頸升動脈
Ascending part of aortic arch 主動脈弓的升部
Axillary artery 腋動脈
Bifurcation of common carotid 頸總動脈二分叉
Brachiocephalic trunk 頭臂幹
Clavicle 鎖骨
Costal cartilage 肋軟骨
Costocervical trunk 肋頸幹
Deep cervical artery 頸深動脈
Descending part of aortic arch 主動脈弓的降部
Dorsal scapular artery 肩胛背動脈
Esophagus 食道
External carotid artery 頸外動脈
Facial artery 顏面動脈
Frontal branch 額支
Highest intercostal artery 最上肋間動脈
Hyoid bone 舌骨
Inferior alveolar artery 下齒槽動脈
Inferior thyroid artery 甲狀腺下動脈
Internal carotid artery 頸內動脈
Internal thoracic artery 胸內動脈
Left common carotid artery 左頸總動脈
Left subclavian artery 左鎖骨下動脈
Lingual artery 舌動脈
Maxillary artery 上頷動脈
Middle meningeal artery 中腦膜動脈
Occipital artery 枕動脈
Ophthalmic artery 眼動脈
Parietal branch 頂支
Posterior auricular artery 耳後動脈
Right common carotid artery 右頸總動脈
Right subclavian artery 右鎖骨下動脈
Spinous processes 棘突
Superficial cervical artery 頸淺動脈
Superficial temporal artery 淺顳動脈
Superior alveolar artery 上齒槽動脈
Superior thyroid artery 甲狀腺上動脈
Suprascapular artery 肩胛上動脈
Thyrocervical trunk 甲狀頸幹
Thyroid cartilage 甲狀軟骨
Thyroid gland 甲狀腺
Trachea 氣管
Transverse cervical artery 頸橫動脈
Transverse facial artery 橫面動脈
Vertebral artery 椎動脈

見109、112頁

心血管系統
頭頸部的動脈

著色說明： A 用紅色，B 和 L 使用深色或鮮豔的顏色。(1) 從右下方的前視圖開始上色，圖解上方的鏤空名稱也要上色。(2) 為左側的側視圖上色，從頭臂幹（A）開始。臉側的虛線代表血管的分布位置比用實線描繪的動脈更深。(3) 為箭頭著色，這些箭頭指向四個能觸摸到脈搏的位置。

BRACHIOCEPHALIC TRUNK A

RIGHT SUBCLAVIAN B
- INTERNAL THORACIC C
- VERTEBRAL D
- THYROCERVICAL TRUNK E
  - INFERIOR THYROID F
  - SUPRASCAPULAR G
  - TRANSVERSE CERVICAL H
- COSTOCERVICAL TRUNK I
  - DEEP CERVICAL J
  - HIGHEST INTERCOSTAL K

RIGHT COMMON CAROTID L
- INTERNAL CAROTID M
  - OPHTHALMIC N
- EXTERNAL CAROTID O
  - SUPERIOR THYROID P
  - LINGUAL Q
  - FACIAL R
  - OCCIPITAL S
  - MAXILLARY T
    - INFERIOR ALVEOLAR U
    - SUPERIOR ALVEOLAR U'
    - MIDDLE MENINGEAL V
  - POSTERIOR AURICULAR W
  - SUPERFICIAL TEMPORAL X
    - TRANSVERSE FACIAL Y

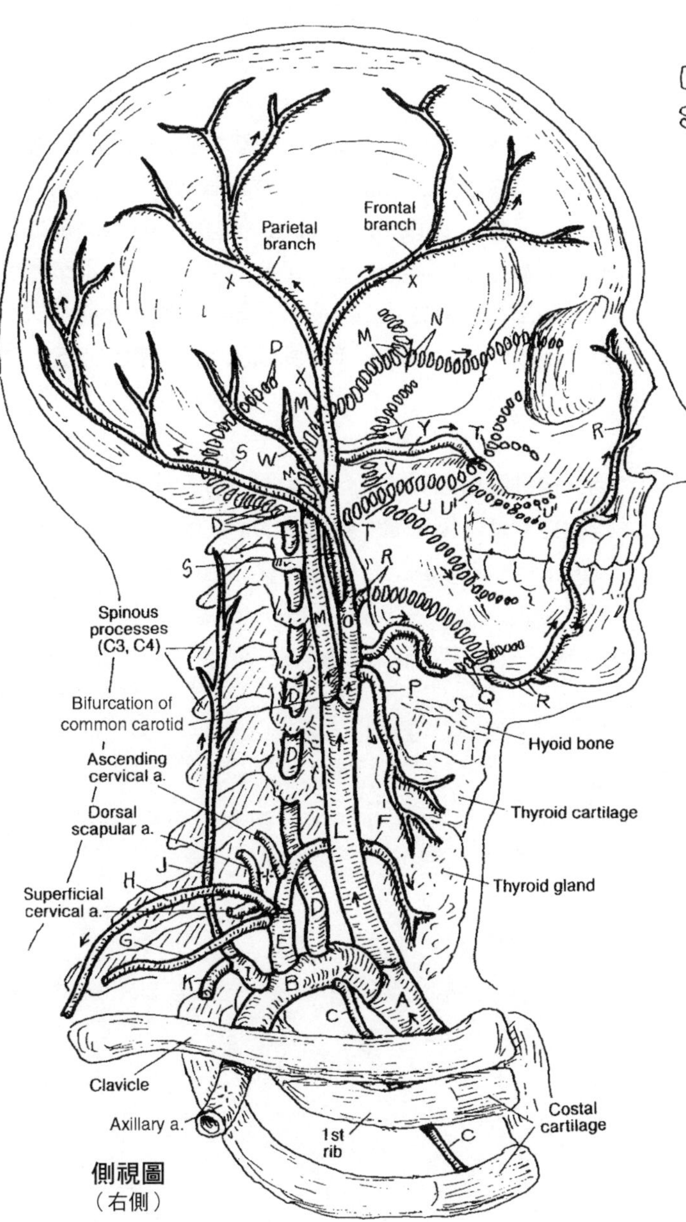

側視圖
（右側）

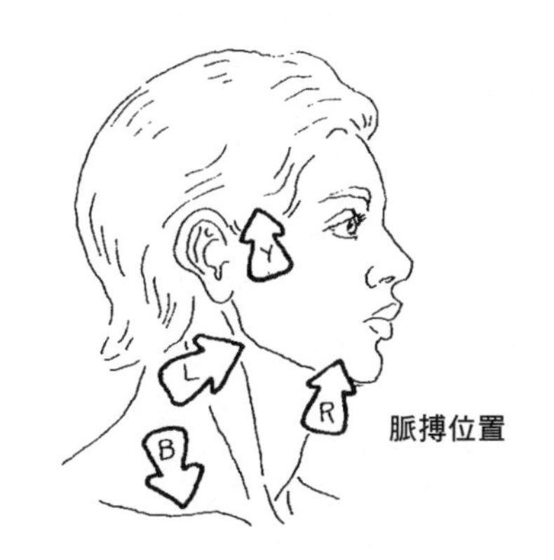

LEFT SUBCLAVIAN A. B'
LEFT COMMON CAROTID A. L'

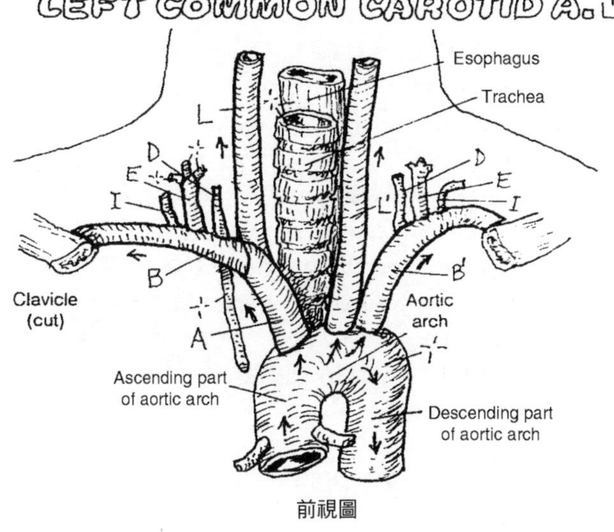

前視圖

以下兩對動脈為腦部供血：**頸內動脈系統**及**椎動脈系統**（複習前頁）。兩條頸內動脈在頸部上行，來到頭顱基底的**頸動脈管**（參見 23 頁），接著延伸到緊貼視交叉外側的中顱窩。參照右頁上中圖解，請注意頸內動脈的斷端（A）。每條頸內動脈又各自分出**前大腦動脈**及**中大腦動脈**。在分叉之前，頸內動脈先分出眼動脈，並經由視孔通往眼眶。

前大腦動脈循著嘴側延續，彼此靠攏，藉由一條**前交通動脈**相連。**前大腦動脈**的涵蓋區域，可以在右頁三幅動脈分布圖看出。**中大腦動脈**沿著腦島和顳葉之間的外側裂向外側延伸，並以直角分出又短又細小的**豆紋動脈**，接著就通往基底神經節。這些所謂的「中風動脈」是大腦內出血的常見根源，一般而言，這起碼會導致局部癱瘓，波及出血位置對側的四肢肌肉。請注意前、中、後大腦動脈在大腦表面的分布範圍。

檢視右頁中間的那幅大圖解，注意看看血管如何直接、間接分支供應腦幹的椎動脈 (F)。**前脊椎動脈**出自成對的椎動脈，情況和小腦下後動脈（PICA）雷同。椎動脈形成**基底動脈**，後者位於腦橋—髓腦接合區。基底動脈從腦橋前側表面發出動脈通往小腦、內耳（迷路動脈）和腦橋，並在分叉成兩條後大腦動脈（大腦動脈環的下動脈部分）之後終止。

後交通動脈是以頸動脈跟椎動脈系統直接相連的動脈。不過從血管造影圖來看，動脈環的構成部分卻有相當程度的變異，包括異常狀況和嚴重狹窄的血管。

解剖名詞中英對照（按英文字母排序）

Anterior cerebral artery 前大腦動脈
Anterior communicating artery 前交通動脈
Anterior inferior cerebellar artery 小腦前下動脈
Anterior spinal artery 前脊椎動脈
Basilar artery 基底動脈
Carotid canal 頸動脈管
Cerebellar artery 小腦動脈
Cerebellum 小腦
Corpus callosum 胼胝體
External carotid artery 頸外動脈
hypophysis 腦下垂體
Insula 腦島
Internal carotid artery 頸內動脈
Labyrinthine artery 迷路動脈
Lateral fissure 外側裂
Left common carotid artery 左頸總動脈
Left subclavian artery 左鎖骨下動脈
Lenticulostriate artery 豆紋動脈
Middle cerebral artery 中大腦動脈
Middle cranial fossa 顱中窩
Olfactory bulb 嗅球
Ophthalmic artery 眼動脈
Optic chiasma 視交叉
Optic nerve 視神經
Pons 腦橋
Pontine artery 腦橋動脈
Posterior communicating artery 後交通動脈
Posterior inferior cerebellar artery (PICA) 小腦下後動脈
Posterior inferior cerebellar artery 小腦後下動脈
Spinal cord 脊髓
Superior cerebellar artery 上小腦動脈
Temporal lobe 顳葉
Vertebral artery 椎動脈
Vth cranial nerve 第五對腦神經

心血管系統
腦部的動脈

著色說明：(1) 為頸動脈系統 A-E 的血管上色。(2) 為椎動脈系統 F-J 的血管上色，並使用對比色。(3) 為右上圖解上色。(4) 為左側的動脈環圖解上色，從 A 開始。(5) 為底下兩幅大腦半球的血管上色。

INTERNAL CAROTID A
ANTERIOR CEREBRAL B
ANTERIOR COMMUNICATING C
MIDDLE CEREBRAL D
POSTERIOR COMMUNICATING E

VERTEBRAL F
BASILAR G
CEREBELLAR (3) H
POSTERIOR CEREBRAL I
ANTERIOR SPINAL J

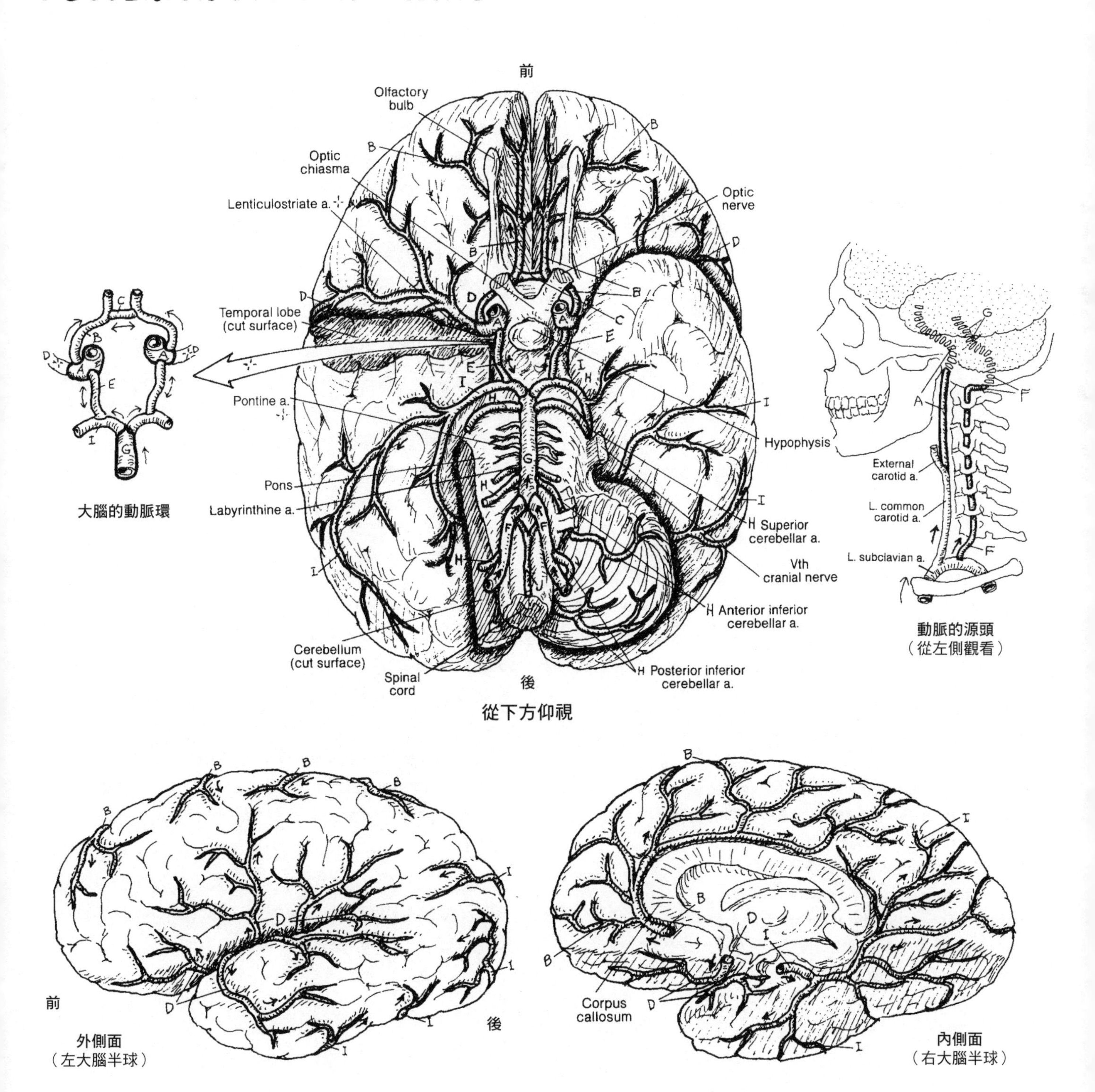

大腦的動脈環

從下方仰視

動脈的源頭
（從左側觀看）

外側面
（左大腦半球）

內側面
（右大腦半球）

解剖名詞中英對照（按英文字母排序）

Acromial rete 肩峰網
Acromion 肩峰
Antecubital fossa 前肘窩
Anterior circumflex humeral artery 肱骨前迴旋動脈
Anterior interosseous artery 骨間前動脈
Anterior ulnar recurrent artery 尺側前返動脈
Axillary artery / vein 腋動脈／腋靜脈
Basilic vein 貴要靜脈／肱內靜脈
Brachial artery / vein 肱動脈／肱靜脈
Brachiocephalic artery / vein 頭臂動脈／頭臂靜脈
Cephalic vein 頭靜脈
Circumflex scapular artery 旋肩胛動脈
Clavicle 鎖骨
Collateral circulation 側支循環
Common carotid artery 頸總動脈
Common digital arteries 指總動脈
Common interosseous artery 骨間總動脈
Common palmar digital artery 指掌總動脈
Coracoid process 喙突
Deep palmar arch 掌深弓
Dorsal digital vein & network 指背靜脈和靜脈網
External jugular vein 頸外靜脈
Humerus 肱骨
Inferior ulnar collateral artery 尺側下動脈
Internal jugular vein 頸內靜脈
Interosseous membrane 骨間膜
Lateral thoracic artery 胸外側動脈
Median cubital vein 肘正中靜脈
Median vein of forearm 前臂的正中靜脈
Middle collateral artery 中側副動脈
Posterior circumflex humeral artery 肱骨後迴旋動脈
Posterior interosseous artery 骨間後動脈
Posterior ulnar recurrent artery 尺側後返動脈
Profunda brachial artery 肱深動脈
Pulse points 脈搏點
Radial artery 橈動脈
Radial recurrent artery 橈側返動脈
Radius 橈骨
Recurrent interosseous artery 骨間返動脈
Subclavian artery / vein 鎖骨下動脈／鎖骨下靜脈
Subscapular artery 肩胛下動脈
Superficial palmar arch 掌淺弓
Superior thoracic artery 胸廓上動脈
Superior ulnar collateral artery 尺側上動脈
Suprascapular artery 肩胛上動脈
Thoracoacromial artery 胸肩峰動脈
Ulna 尺骨
Venae comitante 伴行靜脈

動脈

上肢的主要動脈是**腋動脈**，是由上肢根部鎖骨深處的**頭臂動脈**和**鎖骨下動脈**所延伸出來的。檢視右頁的動脈分布，我們可以看到一條大略呈直線的動脈，這是**肱動脈**，它穿越前臂的正中部位，還有一條重要的支動脈從後臂下行至肘部以下，稱為**肱深動脈**。肩胛骨（右圖未畫出）周邊有一群互相吻合的血管，構成一種「側支循環」模式，並由鎖骨下動脈、腋動脈及肱動脈共同形成肩胛骨周邊的環肩胛的吻合網，這個吻合網在下方的腋動脈和肱動脈受阻時，能為前臂提供血液。幾處主要關節周圍都有吻合的通路，包括：(1) 肩峰和肩部吻合網（稱為**肩峰網**），有**胸肩峰動脈**、**胸外側動脈**及**肩胛上動脈**等動脈的分支參與；(2) 肱骨頸吻合網，含旋肩胛動脈及肱骨前迴旋動脈／肱骨後迴旋動脈；(3) 肩部吻合網（肱骨前迴旋動脈／肱骨後迴旋動脈），以及 (4) 肘部周圍吻合網，包括肱深動脈、**尺側上動脈**和**尺側下動脈**、**橈動脈**和**橈側返動脈**，以及前、後**骨間總動脈**等參與。

前臂的主要動脈為橈動脈和尺動脈。此外，還有兩條動脈沿著骨間膜（這是韌帶）下行，稱為骨間前動脈及骨間後動脈（未畫出，但可參見右頁的骨間膜圖解）。在手腕部位，則有橈動脈和尺動脈促成了腕部及手部的吻合網，包括**掌深弓**和**掌淺弓**。指總動脈發出背側及掌側的指動脈。

靜脈

就像下肢靜脈，上肢靜脈的數量和模式也有變異現象。這裡提出兩組互相串連的靜脈：深層靜脈及淺層靜脈。深層組靜脈依循動脈的路徑，也稱為同名靜脈（例如橈靜脈對應橈動脈）。但淺層組靜脈不是這樣，例如貴要靜脈（basilic vein，即肱內靜脈）、頭靜脈（cephalic vein）以及肘正中靜脈（median cubital vein）等。這裡的「cubital」意指肘，例如經常用來做靜脈內注射的幾條靜脈，就是位於前肘窩。手、前臂及下臂的深層靜脈通常與動脈成對同行（稱為伴行靜脈），右頁圖雖然沒有畫出，但讀者要記住它們是與動脈伴行的。圖中空心點的虛線，代表前臂後側面的淺層（皮下）靜脈。在手肘部位，框盒內的靜脈是取血樣及施行靜脈注射的常用位置。

心血管系統
上肢的動脈與靜脈

著色說明：(1) 依循血流方向，為左邊動脈 A-F² 上色。(2) 把脈搏點都塗上灰色。(3) 為右方靜脈 G¹-O 上色，由頁底部分開始。

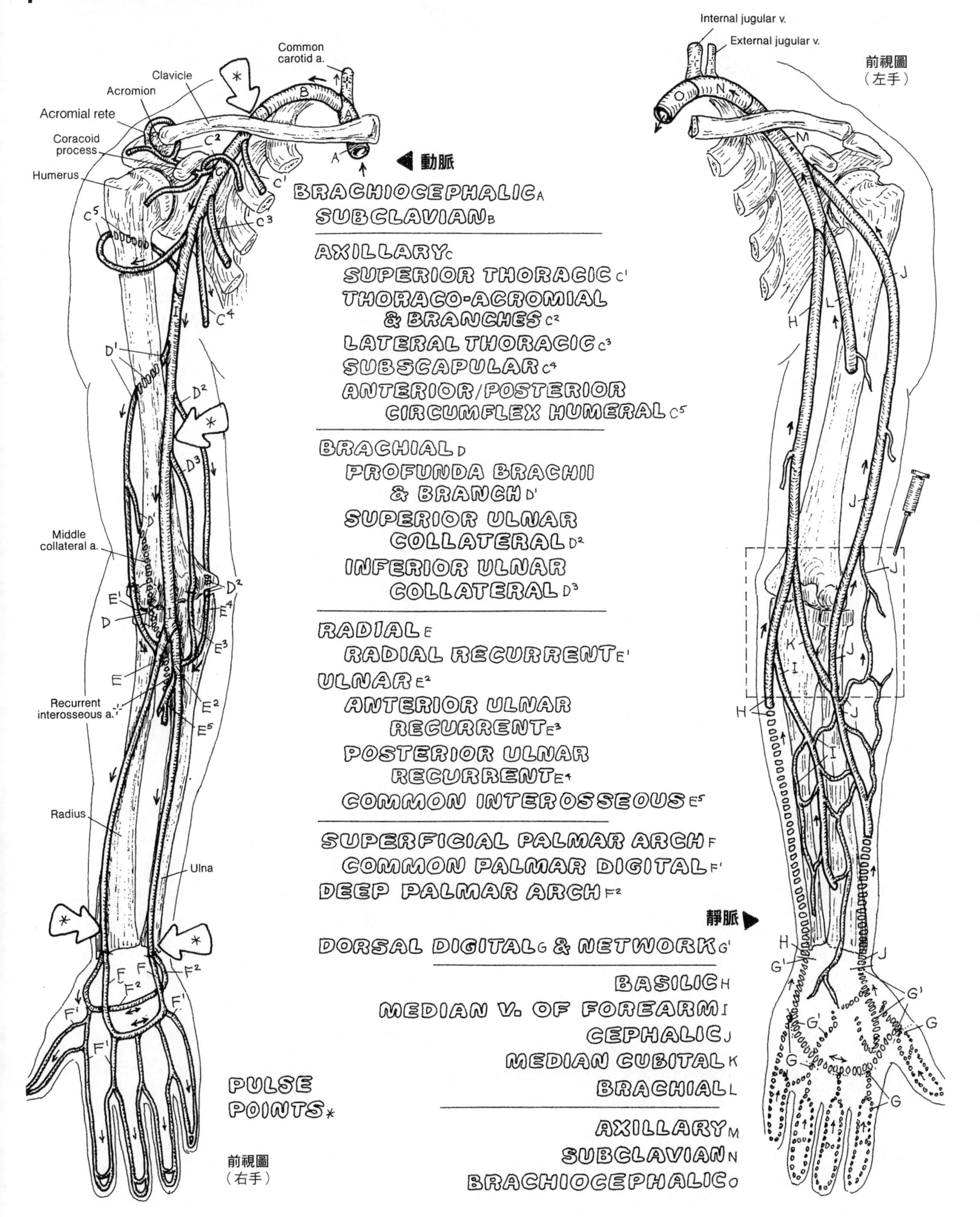

解剖名詞中英對照（按英文字母排序）

Abdominal aorta 腹主動脈
Adductor canal 內收肌管
Anterior tibial artery 脛前動脈
Anterior tibial recurrent artery 脛前返動脈
Arcuate artery 弓狀動脈
Circumflex fibular artery 腓骨迴旋動脈
Common iliac arteries 髂總動脈
Descending branch 降支
Descending genicular artery 膝降動脈 .
Dorsal digital artery 趾背動脈
Dorsal metatarsal artery 蹠背動脈
Dorsalis pedis artery 足背動脈
External iliac artery 髂外動脈
Femoral artery 股動脈
Femur 股骨
Fibula 腓骨
Fibular artery 腓動脈
Genicular anastamosis 膝吻合網
Genicular artery 膝動脈
Hip joint 髖關節
Inferior epigastric artery 腹壁下動脈
Inferior gluteal artery 臀下動脈
Inguinal ligament 腹股溝韌帶
Internal iliac artery 髂內動脈
Interosseous membrane 骨間膜
Lateral circumflex artery 旋股外側動脈
Lateral inferior genicular artery 膝下外側動脈 .
Lateral malleolus 外踝
Lateral plantar artery 足底外側動脈
Lateral superior genicular artery 膝上外側動脈
Left common iliac artery 左髂總動脈
Medial circumflex artery 旋股內側動脈
Medial inferior genicular artery 膝下內側動脈
Medial malleolus 內踝
Medial plantar artery 足底 側動脈
Medial superior genicular artery 膝上內側動脈
Obturator artery 閉孔動脈
Obturator foramen 閉孔
Patella 髕骨
Perforating branch 穿通支
Plantar arterial arch 足底動脈弓
Plantar digital artery 蹠側趾指動脈
Plantar metatarsal artery 蹠側蹠骨動脈
Popliteal artery 膕動脈
Posterior tibial artery 脛後動脈
Profunda femoris artery 股深動脈
Pulse points 脈搏點
Right common iliac artery 右髂總動脈
Superior epigastric artery 腹壁上動脈
Superior gluteal artery 臀上動脈
Tibia 脛骨

通往下肢的動脈幹起點位於骨盆側壁。在這裡兩側的髂總動脈為腹主動脈終末（右頁圖呈現的是右側），其發出**髂內動脈**供應骨盆壁和盆內臟器，並衍生出對下肢相當重要的某些血管，包括分別從梨狀肌上、下方的坐骨大孔穿出骨盆的**臀上動脈**及**臀下動脈**（參見 59 頁），供應的是臀中肌和臀小肌。**閉孔動脈**和相伴隨的神經都穿過閉孔，這條動脈主要供應臀關節。請注意臀下動脈對臀關節周邊吻合網的貢獻。

髂外動脈在即將延伸到腹股溝韌帶之前，發出一條非常重要的**腹壁下動脈**。這條動脈在前腹壁的深面攀升到腹直肌肌鞘，接著就與腹壁上動脈相吻合（參見 111 頁）。這是腹主動脈血流阻塞時，可以用來導往下肢的主要側支路徑。當髂外動脈伴隨同名稱的靜脈和神經一併從腹股溝韌帶底下通過之後，它就變成了**股動脈**。

股動脈在行進階段很早就伸出**股深動脈**，接著下行降到縫匠肌的深層，並穿透內側肌間隔（即內收肌管），由此得以進入膕部和小腿部分。由於後側大腿具有相當大的肉質量，因此股深動脈相當粗大，同時它分出的下行**穿通支**動脈也非常綿密。請注意**旋股內側動脈**及**旋股外側動脈**在股骨頭／股骨頸及髖關節處形成動脈吻合網的情形。有好幾種情況，都會危害到臀關節部位的供血。

膕動脈是股動脈的遠端延伸，位於膕窩頂部。這條動脈比較短，在分叉成**前、後脛動脈**後就終止了。膝動脈連同**腓骨迴旋動脈**和**脛前返動脈**，在膝關節周邊形成了一組重要的吻合網模式。倘若膕動脈阻塞，它們還可以保持膝蓋周邊的生機。**脛前動脈**順著骨間膜下行，而供應外側和後側小腿間隔的**腓動脈**也沿著這條路徑。**脛後動脈**和腓動脈在腓腸肌和比目魚肌的深層向下延伸。脛前動脈從小腿後間隔穿出，位置緊貼膝蓋下方，接著就貼著骨間膜的前表面下行。一旦脛後動脈出現阻塞，腓動脈就會擴張，並藉由多重交通血管負起輸運重任。

通往腳背的主要動脈是**足背動脈**，其脈搏在跗骨部位觸摸得到。腳底部位的主要動脈則是脛後動脈。

心血管系統
下肢的動脈

著色說明：A 使用紅色。(1) 同時為下肢的兩幅圖解上色。請特別注意，臀部、髖部及膝蓋各部位周圍的吻合網。請注意膝部各種不同的膝動脈（N），因為它們在膝關節周邊形成了一種模式。(2) 後視圖的腳部為蹠屈，可以見到腳底。(3) 把四處脈搏點的箭頭都著上灰色。

L. common iliac a.
Inguinal ligament
Adductor canal
Femur
Descending genicular a.
Lateral superior genicular a.
Patella
Medial superior genicular a.
Lateral inferior genicular a.
Fibula
Medial inferior genicular a.
Circumflex fibular a.
Tibia
Anterior tibial recurrent a.
Interosseous membrane

ABDOMINAL AORTA A
RIGHT COMMON ILIAC B
INTERNAL ILIAC C
OBTURATOR D
SUPERIOR GLUTEAL E
INFERIOR GLUTEAL F

EXTERNAL ILIAC G
INFERIOR EPIGASTRIC G'
FEMORAL H
PROFUNDA FEMORIS I
PERFORATING BRANCHES J
MEDIAL CIRCUMFLEX FEMORAL K
LATERAL CIRCUMFLEX FEMORAL L
DESCENDING BRANCH M
GENICULAR ANASTAMOSIS N

POPLITEAL O
ANTERIOR TIBIAL P
DORSALIS PEDIS Q
ARCUATE R
DORSAL METATARSAL S
DORSAL DIGITAL T

POSTERIOR TIBIAL U
FIBULAR V
MEDIAL PLANTAR W
LATERAL PLANTAR X
PLANTAR ARCH Y
PLANTAR METATARSAL Z
PLANTAR DIGITAL 1

PULSE POINTS *

前視圖
（右腳）

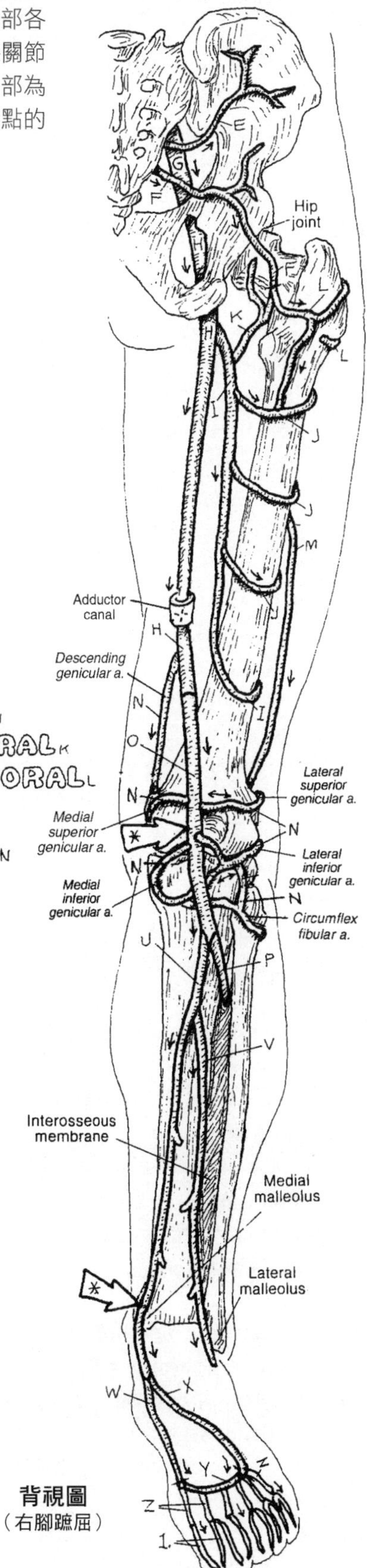

背視圖
（右腳蹠屈）

主動脈起於左心室上側，此為**升主動脈**，即主動脈弓的上升段。這條大血管屬於一種典型的「大型動脈」，管壁幾乎完全由彈性組織構成。這種動脈特別的是有一對冠狀動脈，起點是兩個口，位於升主動脈的起始段。這兩個開口通入主動脈瓣的三個瓣尖當中的兩個。在收縮期時，血液從左心室以高壓注入，壓迫主動脈瓣尖抵住主動脈壁。在舒張期時，升主動脈管內的血液回流（逆流）填滿瓣尖，並流入兩條冠狀動脈。心臟就是這樣幫自己取得最新鮮的血液！主動脈弓位於第四胸椎節段。

主動脈弓有好幾條分支，從你的右邊到你的左邊分別為**頭臂幹**、**左頸總動脈**和**左鎖骨下動脈**。下行的胸主動脈，其起點位於第三肋（T5 椎骨），與胸後壁中線左側部分密切貼合。細小的**支氣管動脈**和**食道動脈**都發源自胸主動脈管壁前側。位置最高的最上肋間動脈是**肋頸幹**的分支（參見 107 頁），供應第一和第二後肋間隙。胸主動脈發出九對的後肋間動脈。十二對肋骨，十一對間隙。頭兩條肋間動脈是從哪裡來的？

請注意，左側的**胸內動脈** (F) 出自鎖骨下動脈的下表面，它棲身於前肋間隙，深處於肋軟骨部位。胸內動脈發出前肋間動脈（右頁圖未畫出），並在肋間隙位置與後肋間動脈會合。依循這條動脈來到第六肋間隙；到這裡它便分叉成**肌膈動脈**（止於橫膈膜）及**腹壁上動脈**。後面這條動脈下行降至前腹壁，深及腹直肌肌鞘（圖中未畫出，可參閱第 49 頁左上圖）。腹壁上動脈的終末分支，跟起於髂外動脈（參見 110 頁）的腹壁下動脈終末吻合。這是身體最重要的吻合網之一：經由這些連結，就算腹主動脈發生嚴重阻塞，血液依然能夠供應下肢。

腹主動脈的分支分別屬於內臟支或體壁支。體壁支即腰動脈，是雙側性、分節的小型動脈，為體壁供血。這批動脈大都負責對脊髓提供動脈血。內臟支可以是成對的（例如胃、腎、卵巢／睪丸動脈），也可以不成對（例如腹腔、上腸繫膜及下腸繫膜動脈）。主動脈的這些體壁支和內臟支在右頁圖中都呈現得很清楚，請讀者仔細上色。後續談到它們所屬的相關系統時，還會更詳細呈現。

解剖名詞中英對照（按英文字母排序）

1st posterior intercostal artery 第一後肋間動脈
Abdominal aorta 腹主動脈
Anterior intercostal artery 前肋間動脈
Aortic arch 主動脈弓
Arch 動脈弓
Ascending aorta 升主動脈
Ascending part 升支
Brachiocephalic trunk 頭臂幹
Bronchial artery 支氣管動脈
Celiac trunk 腹腔幹
Clavicle 鎖骨
Common hepatic artery 肝總動脈
Common iliac artery 髂總動脈
Coronary artery 冠狀動脈
Costocervical trunk 肋頸幹
Descending part 降支
Diaphragm 橫膈
Esophageal artery 食道動脈
Esophagus 食道
External iliac artery 髂外動脈
Femoral artery 股動脈
Highest intercostal artery 最上肋間動脈
Inferior mesenteric artery 下腸繫膜動脈
Inferior phrenic artery 膈下動脈
Inferior vena cava 下腔靜脈
Intercostal space 肋間隙
Internal iliac artery 髂內動脈
Internal thoracic artery 胸內動脈
Kidney 腎
Left common carotid artery 左頸總動脈
Left gastric artery 胃左動脈
Left subclavian artery 左鎖骨下動脈
Lumbar artery 腰動脈
Middle sacral artery 薦中動脈
Musculophrenic artery 肌膈動脈
Posterior intercostal artery 後肋間動脈
Renal artery 腎動脈
Splenic artery 脾動脈
Superior epigastric artery 腹壁上動脈
Superior mesenteric artery 上腸繫膜動脈
Suprarenal artery 腎上腺動脈
Suprarenal gland 腎上腺
Testicular / ovarian artery 睪丸／卵巢動脈
Thoracic aorta 胸主動脈
Trachea 氣管

心血管系統

主動脈、分支與相關血管

著色說明：A、A^1 和 A^2 使用紅色。(1) 為主動脈弓及其分支 A–E 著色；接著為供應前、後肋間隙 1–11、F–H 的動脈上色。(2) 為支氣管和食道的支氣管動脈和食道動脈上色。(3) 為腹壁上動脈上色。(4) 為腹主動脈分支上色。圖示以點畫方式呈現下腔靜脈以供參考。

AORTIC ARCH A
CORONARY B
BRACHIOCEPHALIC TRUNK C
LEFT COMMON CAROTID D
LEFT SUBCLAVIAN E
INTERNAL THORACIC F
MUSCULOPHRENIC F^1
SUPERIOR EPIGASTRIC F^2
COSTOCERVICAL TRUNK G
HIGHEST INTERCOSTAL H

THORACIC AORTA A^1
BRONCHIAL I
ESOPHAGEAL J
POSTERIOR INTERCOSTAL (9) K

ABDOMINAL AORTA A^2
CELIAC TRUNK L
LEFT GASTRIC M
SPLENIC N
COMMON HEPATIC O
SUPERIOR MESENTERIC P
RENAL Q
TESTICULAR / OVARIAN R
LUMBAR S
INFERIOR MESENTERIC T
COMMON ILIAC U

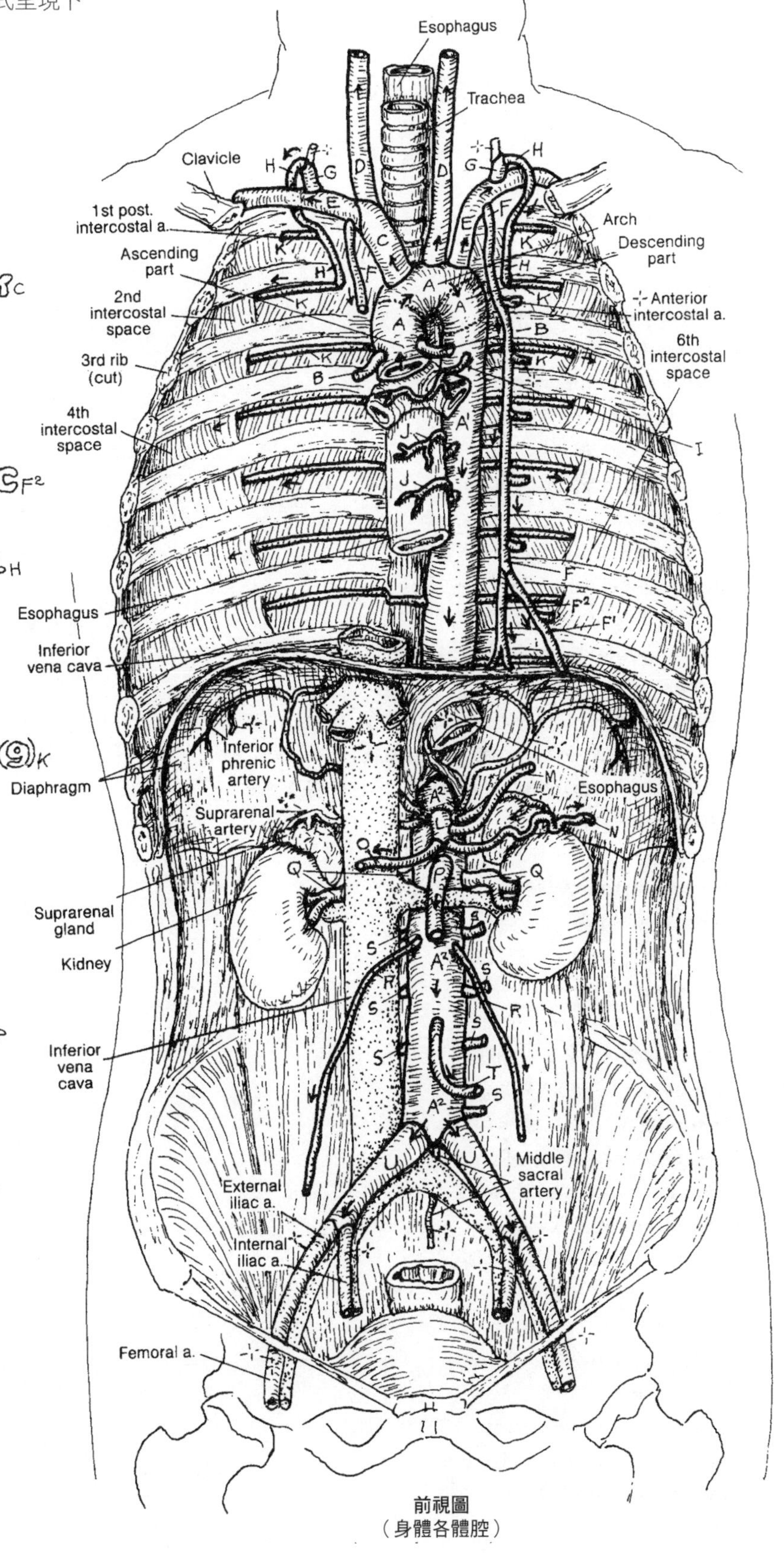

前視圖
（身體各體腔）

解剖名詞中英對照（按英文字母排序）

Aorta 主動脈
Appendix 闌尾
Ascending colon 升結腸
Cecum 盲腸
Celiac trunk 腹腔幹
Common hepatic artery 肝總動脈
Common mesentery 總腸繫膜
Cystic artery 膽囊動脈
Descending colon 降結腸
Diaphragm 橫膈
Duodenum 十二指腸
Gall bladder 膽囊
Gastroduodenal artery 胃十二指腸動脈
Gastroepiploic artery 胃網膜動脈
Greater omentum 大網膜
Head of pancreas 胰頭
Hepatic artery 肝動脈
Ileo-colic artery 迴結腸動脈
Ileum 迴腸
Inferior mesenteric artery 下腸繫膜動脈
Inferior rectal artery 直腸下動脈
Internal iliac artery 髂內動脈
Internal pudendal artery 陰部內動脈
Jejunum 空腸
Left / right colic artery 左／右結腸動脈
Left / right gastric artery 左／右胃動脈
Left / right gastroepiploic artery 左／右胃網膜動脈
Lesser omentum 小網膜
Liver 肝
Marginal artery 邊緣動脈
Mesentery 腸繫膜
Middle colic artery 中結腸動脈
Middle rectal artery 直腸中動脈
Pancreaticoduodenal (superior / inferior) artery
胰十二指腸（上／下）動脈
Parietal peritoneum 壁層腹膜
Rectum 直腸
Retroperitoneal 腹膜後側
Sigmoid branches 乙狀結腸支
Sigmoid colon 乙狀結腸
Sigmoid mesocolon 乙狀結腸繫膜
Small intestine 小腸
Spleen 脾
Splenic artery 脾動脈
Stomach 胃
Superior mesenteric artery 上腸繫膜動脈
Superior rectal artery 直腸上動脈
Transverse colon 橫結腸

腹腔幹是第一條從腹主動脈發出的單一內臟支動脈，它在胸膈的主動脈裂孔裡面從腹主動脈分支出來。腹腔幹是一條非常短的血管，出現後立刻分出多條動脈，分別導往肝臟、脾臟、胃、十二指腸和胰臟。請注意導往胃部的綿密吻合網模式。胃左、右動脈都遍及了整個胃小彎，左支延伸到下食道並負責供血。「網膜」的英文 -epiploic 又做 omentum，是指從胃到肝之間的腹膜皺褶（即小網膜），以及從胃到橫結腸之間的腹膜皺褶（即大網膜；參見 138 頁）。**胃網膜動脈**供應胃大彎，並一路延伸進入大網膜中。

上腸繫膜動脈供應小腸大半部位、胰臟頭、盲腸、升結腸及部分的橫結腸。這條動脈在總腸繫膜中延伸，而總腸繫膜起自於腹壁的壁層腹膜。腹腔動脈和上腸繫膜動脈之間，在十二指腸彎道中有一組吻合網。上、下腸繫膜動脈也經由一條邊緣動脈彼此相連。邊緣動脈沿著大腸延伸，並同時接受這兩條腸繫膜動脈供血。為迴腸／空腸 (O、P) 供血的動脈，則在總腸繫膜中延伸。

下腸繫膜動脈供應橫結腸，向下延伸至直腸和肛管。其分支大半位於腹膜後側；主要例外是沿著左方**乙狀結腸繫膜**內部延伸並通往乙狀結腸的一群血管。請注意，**直腸上動脈**（起於下腸繫膜動脈）分支之間的吻合網，以及直腸中動脈（源自髂內動脈）與直腸下動脈分支之間的吻合網。此外，陰部內動脈的部分也要注意。

心血管系統
胃腸道和相關臟器的動脈

著色說明：主動脈（A）使用紅色；並沿用前一頁「腹主動脈」標題下的各條動脈所用顏色來為本頁 B、J、K、L 和 Q 的動脈上色（注意，前頁各動脈的標號與本頁不一樣）。(1) 從右上方圖解開始上色，以便了解各動脈的走向。(2) 大圖解上色時要按照由上而下的順序。

AORTA A

CELIAC TRUNK B
HEPATIC: COMMON C / LEFT C' / RIGHT C²
RIGHT GASTRIC D
GASTRODUODENAL E
RIGHT GASTROEPIPLOIC F
LEFT GASTROEPIPLOIC G
PANCREATICO-DUODENAL (SUPERIOR) H
CYSTIC I
LEFT GASTRIC J
SPLENIC K

SUPERIOR MESENTERIC L
PANCREATICO-DUODENAL (INFERIOR) H'
MIDDLE COLIC M
RIGHT COLIC N
ILEO-COLIC O
BRANCHES TO SMALL INTESTINE P

INFERIOR MESENTERIC Q
LEFT COLIC R
SIGMOID BRANCHES S
SUPERIOR RECTAL T

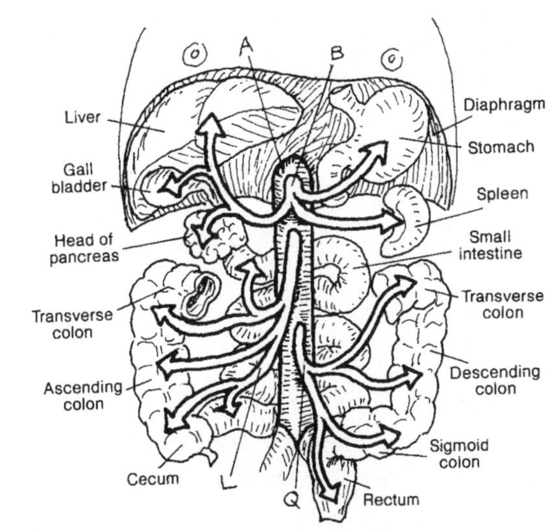

通往胃腸道的三條主要動脈

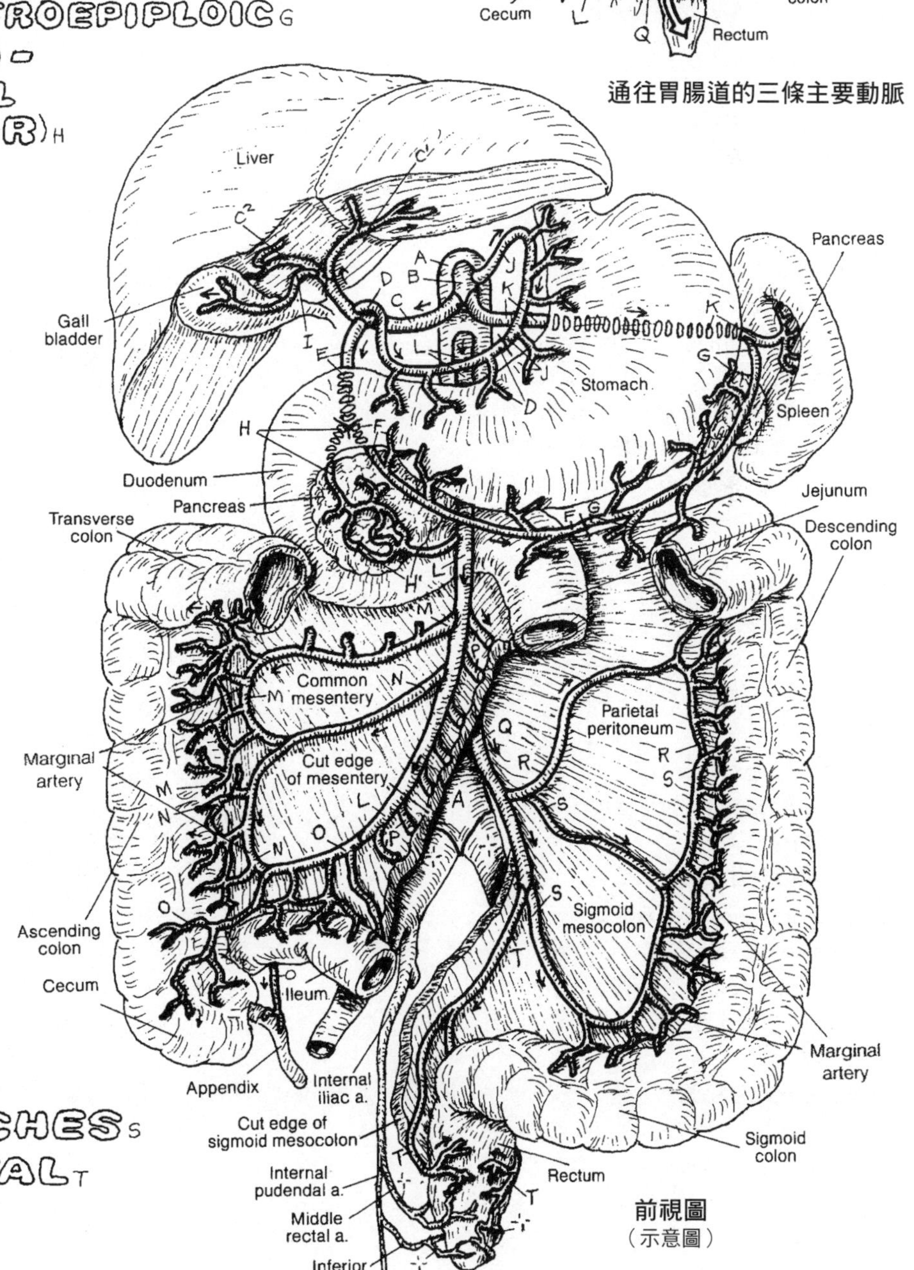

前視圖
（示意圖）

解剖名詞中英對照（按英文字母排序）

Aorta 主動脈
Appendix 闌尾
Ascending colon 升結腸
Cecum 盲腸
Celiac trunk 腹腔幹
Common hepatic artery 肝總動脈
Common mesentery 總腸繫膜
Cystic artery 膽囊動脈
Descending colon 降結腸
Diaphragm 橫膈
Duodenum 十二指腸
Gall bladder 膽囊
Gastroduodenal artery 胃十二指腸動脈
Gastroepiploic artery 胃網膜動脈
Greater omentum 大網膜
Head of pancreas 胰頭
Hepatic artery 肝動脈
Ileo-colic artery 迴結腸動脈
Ileum 迴腸
Inferior mesenteric artery 下腸繫膜動脈
Inferior rectal artery 直腸下動脈
Internal iliac artery 髂內動脈
Internal pudendal artery 陰部內動脈
Jejunum 空腸
Left / right colic artery 左／右結腸動脈
Left / right gastric artery 左／右胃動脈
Left / right gastroepiploic artery 左／右胃網膜動脈
Lesser omentum 小網膜
Liver 肝
Marginal artery 邊緣動脈
Mesentery 腸繫膜
Middle colic artery 中結腸動脈
Middle rectal artery 直腸中動脈
Pancreaticoduodenal (superior / inferior) artery 胰十二指腸（上／下）動脈
Parietal peritoneum 壁層腹膜
Rectum 直腸
Retroperitoneal 腹膜後側
Sigmoid branches 乙狀結腸支
Sigmoid colon 乙狀結腸
Sigmoid mesocolon 乙狀結腸繫膜
Small intestine 小腸
Spleen 脾
Splenic artery 脾動脈
Stomach 胃
Superior mesenteric artery 上腸繫膜動脈
Superior rectal artery 直腸上動脈
Transverse colon 橫結腸

髂內動脈是骨盆和會陰部位的主要血液供應來源，其分支通常組織為前（臟支）／後（壁支）區系／幹。血管系略有差異，右頁圖解為典型樣式。**臀上動脈**從**後幹**延伸，穿過梨狀肌上方的坐骨大孔通往上臀部。**臀下動脈**和**陰部內動脈**從**前幹**穿過梨狀肌下方的坐骨小孔離開骨盆，這條動脈供應下臀部，並與髖關節的血管共同維繫吻合管道。**髂內前幹**從臀下動脈和陰部動脈的近側發出以下四條支脈，男女皆然：(1) **膀胱上動脈**源自胎兒的**臍動脈**近端部分。剪斷臍帶後，該動脈遠端萎縮，形成臍內側韌帶；臍動脈的其餘部分成為膀胱上動脈，為上膀胱和輸精管供血。(2) 第二條支脈是**閉孔動脈**，通往大腿內側部位。(3) 第三條支脈是**子宮動脈**，如果是男性，就是膀胱下動脈。**陰道動脈**起於子宮動脈；而通往攝護腺和儲精囊（右頁圖未畫出）的動脈則起於膀胱下動脈。(4) 第四條支脈是**直腸中動脈**，對直腸和肛管周邊的直腸吻合網有重要貢獻（參見112頁）。

左、右陰部內動脈為外生殖器結構供血。陰部的血管（和神經）取道坐骨小孔離開骨盆腔，接著下行穿入坐骨直腸窩外側壁內的**陰部管**，沿著恥骨下枝的內表面前進。這條動脈進入**會陰深隙**。

到了這裡，通往陰莖球的動脈、**陰莖深動脈**及**陰莖背動脈**便發出分支，分別伸入陰莖球後側面、海綿體後側面及陰莖背。在男性方面，這群動脈為尿道海綿體及陰莖海綿體的勃起組織之血管間隙供血，也為龜頭（背動脈）供血。尿道海綿體止於龜頭。陰莖的深動脈及背動脈會因應副交感神經的刺激而擴張，提高流入勃起組織的血量，讓勃起體膨脹，並使陰莖勃起、變硬。相較於陰莖海綿體，龜頭的勃起組織一般都比較軟，因此可讓交媾插入部分比較柔軟。

在女性方面，陰部內動脈的分支模式和男性的方式雷同，動脈分叉伸入陰道前庭球和陰蒂海綿體。陰蒂背動脈為陰蒂頭供血。

骨盆與會陰的動脈

著色說明：注意，右方兩幅圖解中的主動脈要留白不上色。(1) 同步為兩幅內視圖的骨盆上色。(2) 為下面觀（從下往上看）圖解的兩半會陰部著色。(3) 條列在「會陰」標題底下的鏤空名稱，至少可在三幅圖解之一看到。

骨盆

INTERNAL ILIAC A
- POSTERIOR TRUNK A¹
  - ILIOLUMBAR B
  - SUPERIOR GLUTEAL C
    - LATERAL SACRAL D
- ANTERIOR TRUNK A²
  - UMBILICAL (FETAL) E ✣
    - SUPERIOR VESICAL /
      - A. TO VAS DEF. F
  - OBTURATOR G
  - UTERINE H
    - VAGINAL I
  - INFERIOR VESICAL J
  - MIDDLE RECTAL K
  - INFERIOR GLUTEAL L

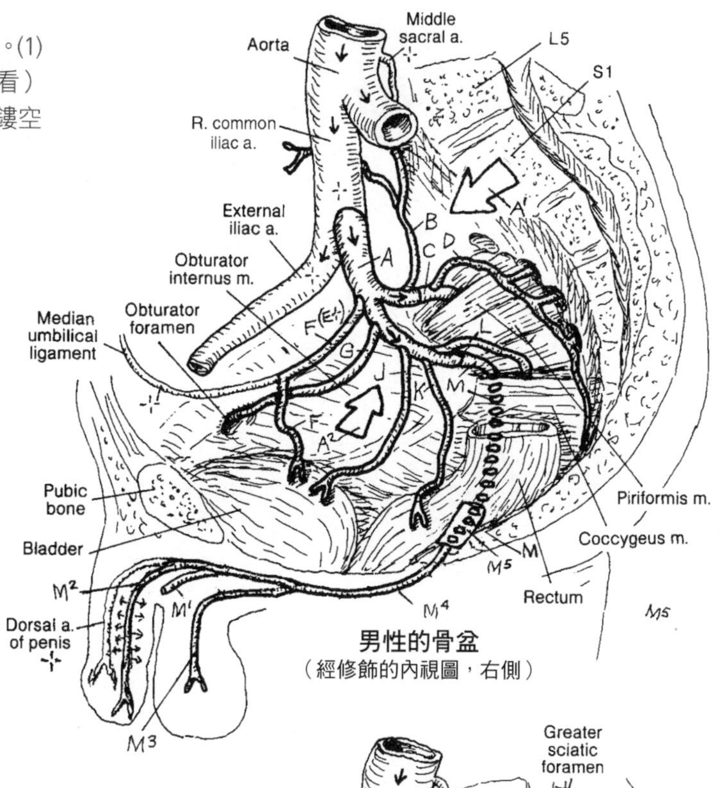

男性的骨盆
（經修飾的內視圖，右側）

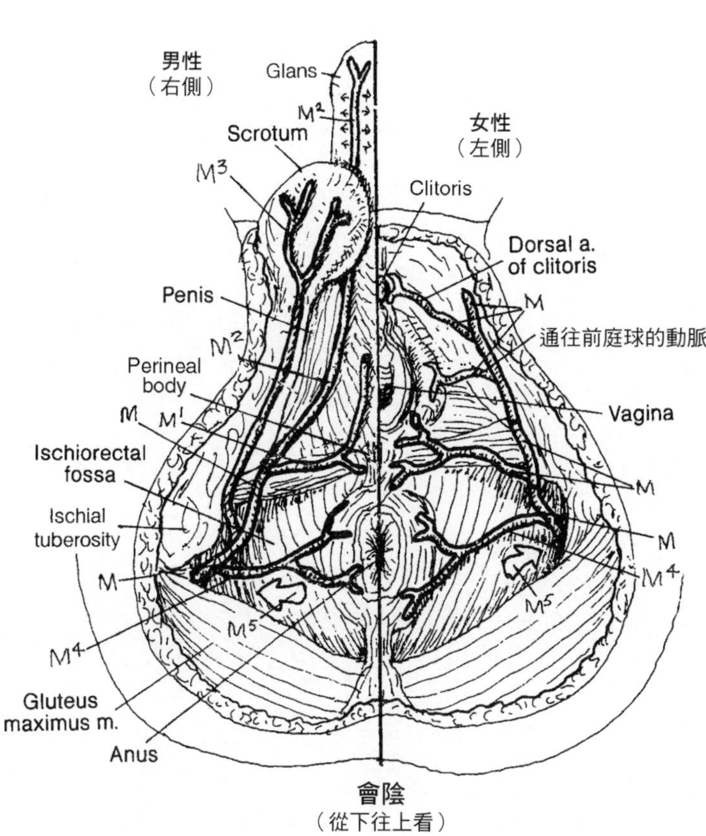

會陰
（從下往上看）

女性的骨盆
（經修飾的內視圖，右側）

會陰

PUDENDAL M
- A. TO THE BULB OF PENIS M¹
- DEEP A. OF THE PENIS M²
- POSTERIOR SCROTAL M³
- INFERIOR RECTAL M⁴

PUDENDAL CANAL M⁵

心血管系統
主要動脈複習

著色說明：動脈只有在四肢才以雙側呈現。請注意，此圖採解剖體位，手掌朝前。(1) 必要時可參照先前各頁，從 A 開始依順序上色。建議使用鉛筆作答，方便修改（你很有可能會改變心意）。若決定用鉛筆作答時，要用相對應的顏色把各行開頭的字母或數字圈起來。

（答案見附錄 1）

A

上肢動脈
B
C
D
E
F
G
H
I
J

頭頸部動脈
K
L
M

胸部動脈
A
A^1
N
O
P
Q
R
S

腹部與骨盆動脈
A^2
T
U
V
W
X
Y
Z
1
2

下肢動脈
3
4
5
6
7
8
9
10
11
12
13
14

解剖名詞中英對照（按英文字母排序）

Angular vein 角靜脈
Anterior jugular vein 頸前靜脈
Clavicle 鎖骨
Calvaria 顱頂
Cavernous sinus 海綿竇
Confluence of sinuses 竇匯
Deep cervical vein 頸深靜脈
Deep facial vein 顏面深靜脈
Diploic vein 板障靜脈
Dura mater 硬腦膜
Dural venous sinus 硬腦膜靜脈竇
Emissary vein 導靜脈
External jugular vein 頸外靜脈
Facial vein 顏面靜脈
Falx cerebri 大腦鐮
Great cerebral vein of Galen 大腦大靜脈
Hypophysis 腦下垂體
Inferior petrosal sinus 下岩竇
Inferior sagittal sinus 下矢狀竇
Intercavernous sinus 海綿間竇
Internal jugular vein 頸內靜脈
Jugular foramen 頸靜脈孔
Left hemisphere 左大腦半球
Lingual vein 舌靜脈
Maxillary vein 上頜靜脈
Meningeal 腦膜
Middle thyroid vein 甲狀腺中靜脈
Occipital sinus 枕竇
Periosteal layer 骨膜層
Posterior auricular vein 耳後靜脈
Pterygoid plexus 翼靜脈叢
Retromandibular vein 下頜後靜脈
Right brachiocephalic vein 右頭臂靜脈
Right subclavian vein 右鎖骨下靜脈
Sigmoid sinus 乙狀竇
Splenium 壓部
Straight sinus 直竇
Superficial temporal vein 淺顳靜脈
Superior cerebral vein 大腦上靜脈
Superior petrosal sinus 上岩竇
Superior sagittal sinus 上矢狀竇
Superior thyroid vein 甲狀腺上靜脈
Tentorium cerebelli 小腦天幕
Transverse sinus 橫竇
Uperior ophthalmic vein 眼上靜脈
Vertebral vein 椎靜脈

腦位於一個骨質空腔（頭顱）裡面，上方有個骨質頂部，稱為**顱頂**。由於顱頂是由好幾塊骨組成的，因此 calvaria（顱頂）一詞必須採用複數型 (-ia)，而不能使用單數型 (-ium)。顱骨空腔的表面有骨膜，參與構成硬腦膜的外層（即骨膜層）。硬腦膜的內層是腦膜，形成包覆腦和脊髓的硬膜囊；它還從外層分裂出來，形成纖維性隔間，支持並隔開大腦和小腦的各處部位（參見 81 頁）。

硬膜的內、外層之間是襯覆內皮的間隙，稱為**硬腦膜靜脈竇**。硬膜竇負責把腦部靜脈中的血液，傳輸到頸內靜脈、顏面動脈及翼靜脈叢。這群靜脈竇也從其他部位收集靜脈血，包括介於頭顱骨各緻密骨板之間的**板障靜脈**，以及通過頭顱各處開孔外伸，與顱外各處靜脈叢連接的腦脊膜靜脈和**導靜脈**。

大腦的深層靜脈負責匯集視丘、基底神經節及間腦的靜脈血，並併入兩條大腦內靜脈，共同形成大腦大靜脈，匯合位置分別位於胼胝體最後側的壓部及小腦上方（參見 75 頁）。這條大靜脈導入**直竇**前端。硬膜竇（含**枕竇**、**直竇**、**橫竇**及**上、下矢狀竇**）的匯流點位於枕骨附近，帳棚狀的**小腦天幕**與**大腦鐮**中線位置合併（參見 81 頁）。靜脈血匯流後流入成對的橫竇，並經由成對的**乙狀竇**，繼續導向頸內靜脈。

顱前窩、顱中窩以及顏面靜脈的靜脈血取道眼靜脈，流入成對的海綿竇。在這些竇的外側壁內可以見到眾多腦神經，包括第三對動眼神經、第四對滑車神經、第五對視神經（V^1）和上頜神經（V^2）。海綿竇中，另外有第六對外展神經和頸內動脈穿行。海綿竇匯入上、下岩竇，接著再匯入頸內靜脈。

以下是一個實用性的提醒：顏面皮膚經常會在鼻子和臉頰周邊部位長出帶膿液的紅頭小點，貿然用手擠這種粉刺（黑頭或白頭），可能會導致受感染物質回流進入眼靜脈。如果靜脈把這些物質輸往海綿竇，有可能導致海綿竇阻塞。這種情況有可能發展成一種很嚴重的狀況，稱為海綿竇血栓症（cavernous sinus thrombosis），典型症狀包括熊貓眼、眶周腫脹，以及更為糟糕的情況。好好想想消毒的重要性吧！

見23、81頁

心血管系統
頭頸部的靜脈

著色說明：注意表列各支流的鏤空名稱，匯入的靜脈均依照血流方向列置。在所有以靜脈為主的頁面上，一律遵循著這種配置方式。圖解中以虛線呈現的靜脈竇A-K使用較淺的顏色。(1)從上方「硬腦膜的靜脈竇」開始上色。為大腦鐮和小腦幕塗上灰色，裡面包含的血管A、B、D和E都塗上淺色。圖解中，與上矢狀竇A相連的大腦上靜脈不要上色。枕竇(K)只有在底下的側視圖中有畫出來。(2)為左下圖頭頸部的所有靜脈上色。

硬腦膜的靜脈竇

SUPERIOR SAGITTAL SINUS A
INFERIOR SAGITTAL SINUS B
GREAT CEREBRAL V. C
STRAIGHT SINUS D
TRANSVERSE SINUS E
SIGMOID SINUS F
SUPERIOR OPHTHALMIC V. G
CAVERNOUS SINUS H
SUPERIOR PETROSAL SINUS I
INFERIOR PETROSAL SINUS J
OCCIPITAL SINUS K

右顱腔內視圖

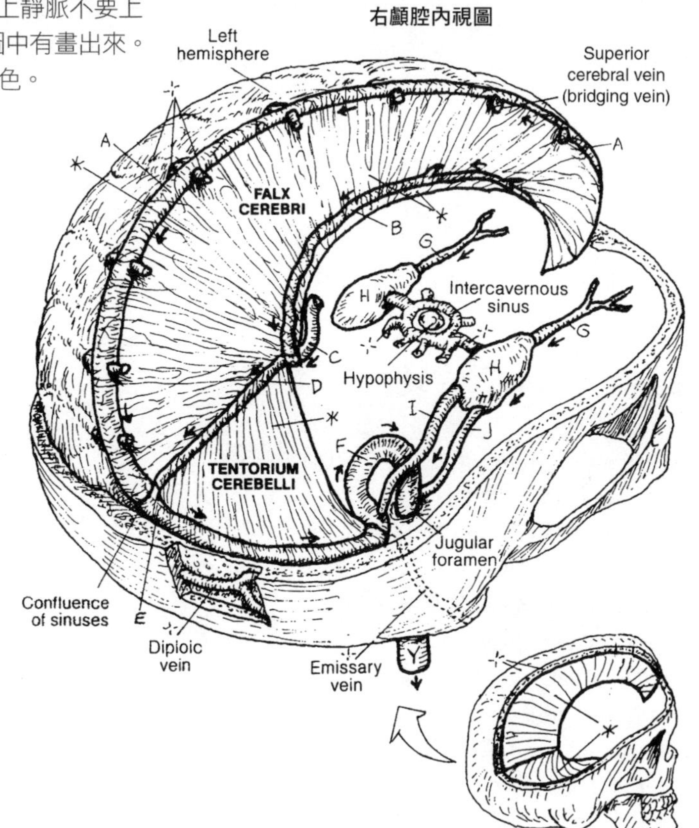

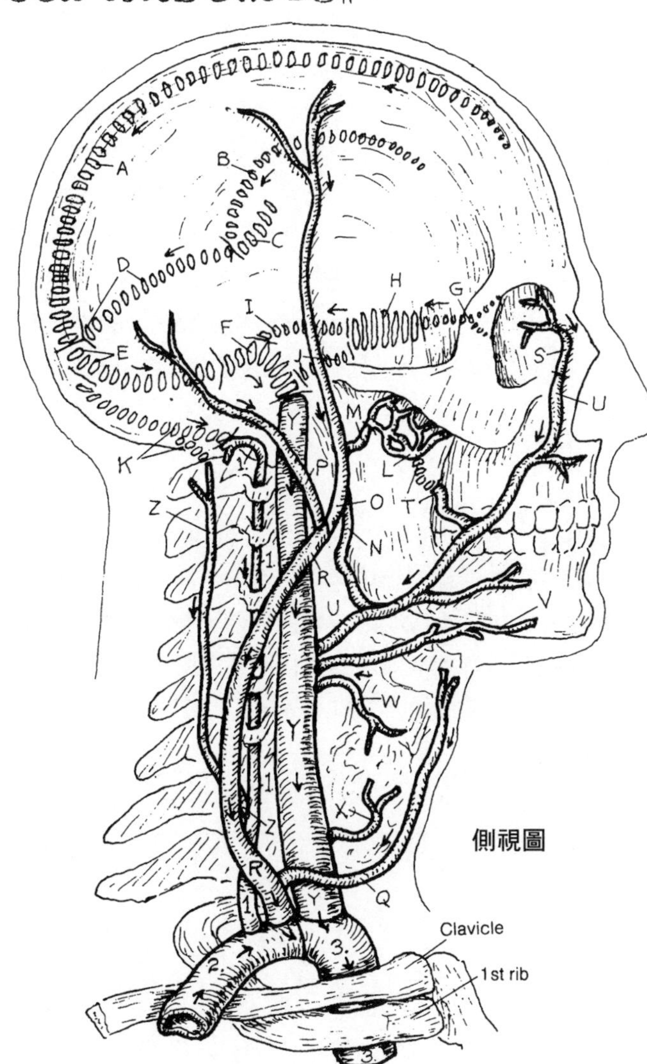

側視圖

頭頸部的靜脈

PTERYGOID PLEXUS L
MAXILLARY M
RETROMANDIBULAR N
SUPERFICIAL TEMPORAL O
POSTERIOR AURICULAR P
ANTERIOR JUGULAR Q
EXTERNAL JUGULAR R
ANGULAR S
DEEP FACIAL T
FACIAL U
LINGUAL V
SUPERIOR THYROID W
MIDDLE THYROID X
INTERNAL JUGULAR Y
DEEP CERVICAL Z
VERTEBRAL 1.
RIGHT SUBCLAVIAN 2.
RIGHT BRACHIOCEPHALIC 3.

上腔靜脈把頭部、頸部和上肢部位的血液，直接注入右心房。此外，它還取道多條不同靜脈的組合（**奇靜脈系統**），收集後肋間和腰部的血液。奇靜脈系統包括奇靜脈、**副半奇靜脈**和**半奇靜脈**，當下腔靜脈阻塞時，奇靜脈系統便連同椎管（脊椎靜脈叢）共同提供一套次級輸運管道，把下肢和後側體壁的血液導回心臟。

基本上，動脈形成時的壓力條件高於靜脈。於是靜脈在較低壓力下形成的數量便超過動脈，血流模式也比動脈更無規律，而且它們的管壁構造也比較細薄。這些事實在奇靜脈系統看得最為清楚，因為這套系統並沒有相對的動脈。

第一肋間後靜脈，包括左、右兩條，負責收集第一肋間隙的血液，接著直接匯入兩側的頭臂靜脈。左、右兩側的第二和第三肋間靜脈匯入一條總脈管，稱為**肋間上靜脈**，但怪事出現了！左肋間上靜脈和**左頭臂靜脈**連接，而右肋間上靜脈卻與奇靜脈連接。在左側，4-7 肋間後靜脈先和**副半奇靜脈**連接，接著再與奇靜脈連接；左方下處，8-12 肋間後靜脈和半奇靜脈連接，接著就跨越脊柱並與奇靜脈連接。在右側，肋間後靜脈分段各自流入奇靜脈。奇靜脈源自右側的下腔靜脈；半奇靜脈起於左側的**腰升靜脈**。奇靜脈通過橫膈膜的主動脈裂孔進入胸廓，並在第二肋軟骨節段上止於上腔靜脈的後側面。肋間前靜脈（右頁圖未畫出）匯入胸內靜脈 (F)，接著便在兩側分別連接鎖骨下靜脈——這條靜脈與大家很熟悉的肋間動脈（參見 111、114 頁）逆向而流。為胃腸道、膽囊和胰臟排流的重要靜脈支流（參見 118 頁），不包括在下腔靜脈和奇靜脈系統裡面。不過肝是由肝靜脈負責排流進入下腔靜脈，位置就在橫膈膜和右心房正下方。

請注意，右睪丸靜脈在右側以約 20 度角併入下腔靜脈，這樣產生的靜脈血流阻力微乎其微。在左側，睪丸靜脈以 90 度直角與腎靜脈連接。由於腎靜脈管內出現交會血流，睪丸靜脈管內的血流阻力會把左睪丸周圍的靜脈叢向下推降，導致左睪丸經常（卻非總是）比右睪丸稍低。

解剖名詞中英對照（按英文字母排序）

1st posterior intercostal vein 第一肋間後靜脈
Abdominal aorta 腹主動脈
Accessory hemiazygos 副半奇靜脈
Aortic arch 主動脈弓
Ascending lumbar vein 腰升靜脈
Azygos system 奇靜脈系統
Common iliac vein 髂總靜脈
Diaphragm 橫膈
External iliac vein 髂外靜脈
External jugular vein 頸外靜脈
Femoral vein 股靜脈
Hemiazygos vein 半奇靜脈
Hepatic vein 肝靜脈
Inferior thyroid vein 甲狀腺下靜脈
Inferior vena cava 下腔靜脈
Intercostal space 肋間隙
Internal iliac vein 髂內靜脈
Internal intercostal muscle 肋間內肌
Internal jugular vein 頸內靜脈
Internal thoracic vein 胸內靜脈
Left / right brachiocephalic vein 左／右頭臂靜脈
Left / right subclavian vein 左／右鎖骨下靜脈
Lumbar vein 腰靜脈
Middle thyroid vein 甲狀腺中靜脈
Phrenic vein 橫膈靜脈
Posterior intercostal vein 肋間後靜脈
Renal vein 腎靜脈
Subcostal vein 肋下靜脈
Superior intercostal vein 肋間上靜脈
Superior thyroid vein 甲狀腺上靜脈
Superior vena cava 上腔靜脈
Suprarenal vein 腎上腺靜脈
Testicular / ovarian vein 睪丸／卵巢靜脈
Thyroid cartilage 甲狀軟骨
Thyroid gland 甲狀腺

見119頁

心血管系統

腔靜脈與奇靜脈

著色說明：上、下腔靜脈（H、H¹）使用藍色。請注意，下腔靜脈有一大段已經切除，好讓奇靜脈（N）展現出來。第一肋間後靜脈（D）和胸內靜脈（F）要使用鮮豔的顏色，這兩條靜脈都流入頭臂靜脈。請注意，肋間後靜脈右側大半都流入奇靜脈（N），並從左側流入副半奇靜脈（L）及半奇靜脈（M）。

上腔靜脈系統

SUPERIOR THYROID A
MIDDLE THYROID B
INTERNAL JUGULAR C
1ST POSTERIOR INTERCOSTAL D
INFERIOR THYROID E
INTERNAL THORACIC F
RIGHT BRACHIOCEPHALIC G
LEFT BRACHIOCEPHALIC G'
SUPERIOR VENA CAVA H

奇靜脈系統

POSTERIOR INTERCOSTAL D'
SUPERIOR INTERCOSTAL I
LUMBAR J
ASCENDING LUMBAR K
HEMIAZYGOS (ACCESSORY) L
HEMIAZYGOS M
AZYGOS N

下腔靜脈系統

COMMON ILIAC O
TESTICULAR / OVARIAN P
RENAL Q
HEPATIC R
INFERIOR VENA CAVA H'

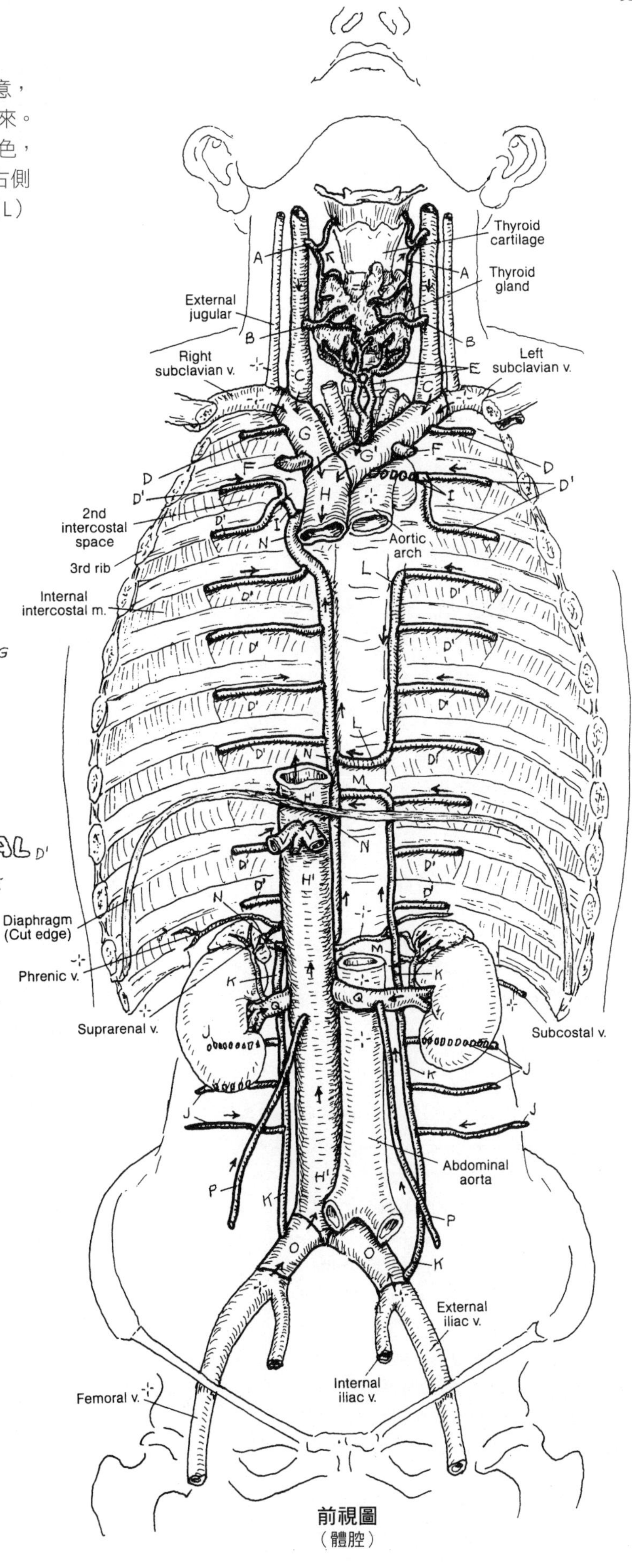

前視圖
（體腔）

深層靜脈在深筋膜中，與名稱相同或目的地相同的動脈並行。就像河川的支流匯入較大河川一樣，深層靜脈也流入較大的靜脈。右頁列於「深層靜脈」標題底下的四群靜脈，大靜脈都列在該群名單的最後。因此 A 是 D 的支流，而 D 則是 G 的支流，接著 G 又是 K 的支流，而 K 則是 P 的支流。P 將血液攜往心臟。

淺層靜脈由小隱靜脈（膕靜脈的支流）和大隱靜脈（股靜脈的支流）匯流而成。

下肢深層靜脈的血流，大致上都依循上升路徑行進。為調合重力，小腿擺在水平姿勢（或其他情況）太久，有可能導致深層靜脈血流減緩，此稱為停滯（stasis），這會導致靜脈擴張和發炎而引發靜脈炎。接下來有可能形成血凝塊（血栓），引發深層靜脈血栓症及各種發炎症狀，稱為血栓性靜脈炎（thrombophlebitis）。發生這種情況時，血栓有可能剝落並釋出進到靜脈循環，進而引發栓塞（embolism）。如果血栓繼續循靜脈途徑上行且不斷增長，很容易就會進入右心，再經泵送進入肺部，逐漸進入越來越小的血管，最後栓塞就堵在裡面，此稱為肺栓塞（pulmonary embolism）。

儘管深層靜脈一般都伴隨動脈同行（稱為併行靜脈），但淺層靜脈並非如此。它們反而是在淺筋膜裡面與皮神經並行，其中許多都很容易在四肢裡面看得到。這些長靜脈裡面的血液必須克服重力很長一段距離，同時它們的瓣膜（參見 102 頁）也經常會承受荷重的壓力。所幸在深、淺靜脈之間還存在著好幾條交通靜脈（稱為穿通靜脈，右頁圖未畫出），容許血液流入深層靜脈。這樣一來，就能大幅補償下肢淺層靜脈受到瓣膜閉鎖不全的影響，防止血液鬱積和腫脹而可能演變為炎症的後果。下肢靜脈壓增高如果時日一久，還可能導致隱靜脈和它們的支流永久性變形和功能障礙，稱為靜脈曲張（varicosity）。

血液必須不斷流動，不流動的血液會結成血凝塊。為了讓小腿靜脈的血液沿著下肢流往下腔靜脈，經常動動腳部及小腿肌肉是有幫助的（甚至是有必要的），這樣才能協助靜脈血液朝心臟流動。事實上，這群肌肉還能按壓靜脈並協助血液朝向心臟流動。所以，運動的功用何其大啊！

解剖名詞中英對照（按英文字母排序）

Anterior tibial vein 脛前靜脈
Coxal bone 髖骨
Cutaneous nerve 皮神經
Deep plantar venous arch 深足底靜脈弓
Digital / metatarsal vein 趾／蹠靜脈
Dorsal vein 背側靜脈
Dorsal venous arch 足背靜脈弓
External iliac vein 髂外靜脈
Femoral vein 股靜脈
Femur 股骨
Fibula 腓骨
Great saphenous vein 大隱靜脈
Inferior vena cava 下腔靜脈
Inguinal ligament 腹股溝韌帶
Internal iliac vein 髂內靜脈
Lateral circumflex femoral vein 旋股外側靜脈
Lateral marginal vein 外側緣靜脈
Lateral plantar vein 外側蹠靜脈
Left / right common iliac vein 左／右髂總靜脈
Medial / lateral malleolus vein 內踝／外踝靜脈
Medial circumflex femoral vein 旋股內側靜脈
Medial marginal vein 內側緣靜脈
Medial plantar vein 內側蹠靜脈
Obturator vein 閉孔靜脈
Perforating vein (perforator) 穿通靜脈
Plantar digital / metatarsal vein 蹠趾／蹠側靜脈
Popliteal vein 膕靜脈
Posterior tibial vein 脛後靜脈
Profunda femoris vein 股深靜脈
Small saphenous vein 小隱靜脈
Superiorl / inferior gluteal vein 臀上／臀下靜脈
Tibia 脛骨
Venae comitantes 併行靜脈

心血管系統
下肢的靜脈

著色說明： P 使用藍色，深層靜脈使用淺色，淺層靜脈（圖中以較深顏色描畫輪廓者）則使用深色。淺層靜脈的支流見於兩幅小插圖。(1) 從深層靜脈（A）開始，依照鏤空名稱順序上色，兩幅大圖解要同時進行。(2) 為淺層靜脈 Q'-V 著色，小插圖最後才上色。

深層靜脈

PLANTAR DIGITAL A / METATARSAL A'
DEEP PLANTAR VENOUS ARCH B
MEDIAL PLANTAR C
LATERAL PLANTAR C'
POSTERIOR TIBIAL D
DORSAL E
ANTERIOR TIBIAL F
POPLITEAL G
LATERAL CIRCUMFLEX FEMORAL H
MEDIAL CIRCUMFLEX FEMORAL H'
PROFUNDA FEMORIS I
FEMORAL J
EXTERNAL ILIAC K
SUPERIOR L / INFERIOR GLUTEAL L'
OBTURATOR M
INTERNAL ILIAC N
RIGHT COMMON ILIAC O
INFERIOR VENA CAVA P

淺層靜脈

DIGITAL Q / METATARSAL Q'
DORSAL VENOUS ARCH R
LATERAL MARGINAL S
MEDIAL MARGINAL T
GREAT SAPHENOUS U
SMALL SAPHENOUS V

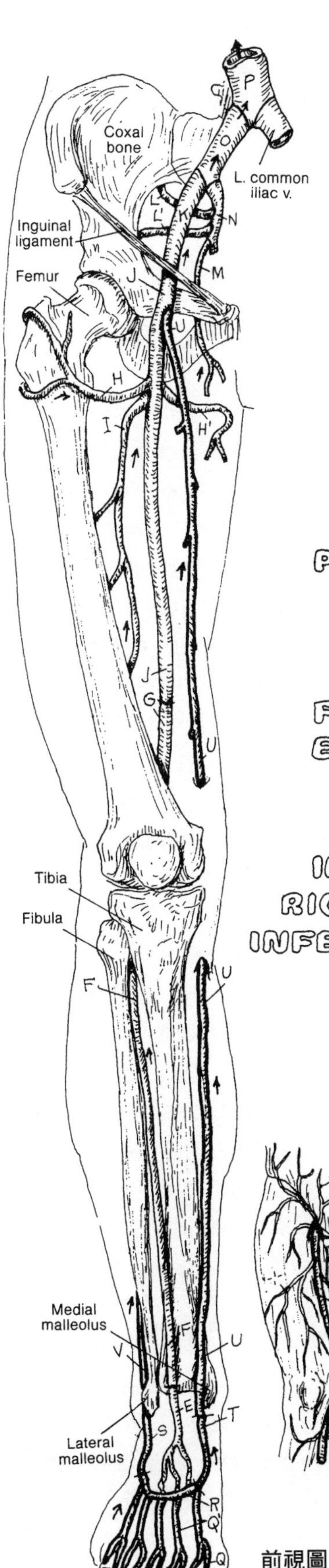

前視圖
（足背）

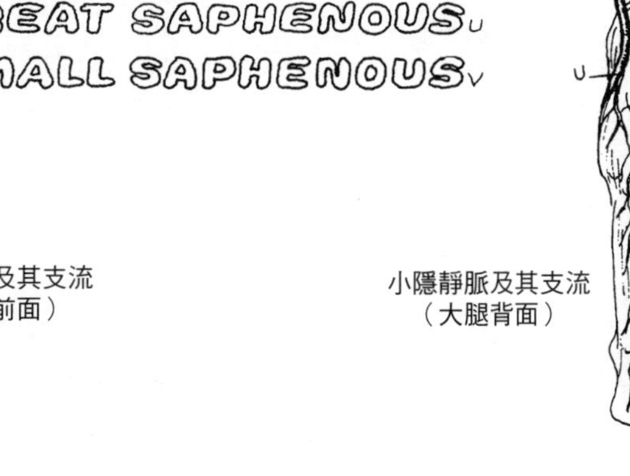

大隱靜脈及其支流
（大腿前面）

小隱靜脈及其支流
（大腿背面）

Medial malleolus
Lateral malleolus

背視圖
（蹠屈動作）

門靜脈系統是指從一套微血管網輸送血液到另一套微血管網，且在中途不用通過心臟的血管系統。這就相當於把原油裝載上一列油槽鐵路車廂，接著把列車開往煉油廠並卸載原油進行處理作業。就人體來講，負責處理作業的就是肝臟。肝臟的微血管，從腸道的第一套微血管網運來攝取的養分和相關分子，接著就在第二套微血管網（肝竇狀隙）中予以處理。

肝門靜脈系統的起點是胃腸道、膽囊、胰臟和脾臟各處的微血管系。肝門靜脈的支流負責為這些血管排流；它們並不是分叉出去的分支，而是支流（就像河川匯流同向的支流一樣）。肝臟內部的門靜脈分支（就像動脈分支），把血液排入周圍包覆肝細胞的微血管（竇狀隙）。這些細胞從竇狀隙移除經消化後的（分子）脂質、碳水化合物、胺基酸、維生素及鐵。接著細胞把這些物質儲存起來，改變它們的結構，並／或分送到身體各處組織（而且，如有非必要或有害的分子，或是毒性物質經降解後的殘留物時，就送往腎臟）。分送過程，開始於從肝細胞選擇性釋出分子物質並流入三條肝靜脈的小支流。**肝靜脈**在緊貼橫膈下方位置和**下腔靜脈**相連，橫膈則緊貼於右心房下方。

匯集腹腔內臟的靜脈血一般都和為這群內臟供血的動脈併行，也冠上這群動脈的相同名稱。

肝病一開始是肝細胞死亡，接著是一種發炎反應，在死亡細胞殘屑周邊和之間滋生纖維組織。肝細胞的繁殖速度不夠快，不足以防範纖維組織在發炎之後侵入肆虐。隨著纖維（傷疤）組織數量增多，便侵入肝竇狀隙並開始阻塞流經肝臟遭波及部位的血流。隔一段時間後，就會導致門靜脈和所屬支流大幅擴張。這種情況跟門靜脈及其支流缺乏靜脈瓣有關，下腔靜脈與其支流的情形也一樣。靜脈血逆流，會促使受波及部位形成阻力較低的路徑。靜脈血必須回到右心房，而它也總會找到出路。

這種「出路」（好比右頁圖 *1、*2 的路徑）會利用門脈系統跟其他系統的靜脈（包括上腔和下腔靜脈、奇靜脈及椎靜脈等系統）之間的吻合網來搭接成形，稱為**側支循環**。如果不予治療任由病程繼續發展，那麼這些管壁薄的吻合網靜脈（特別是食道和直腸部位）就會擴張、扭曲（此稱為靜脈曲張），而且管壁會變得薄弱，會引致很容易復發甚至致命的出血狀況。

解剖名詞中英對照（按英文字母排序）

Ascending colon 升結腸
Ascending lumbar vein 腰升靜脈
Azygos vein 奇靜脈
Colic vein 結腸靜脈
Collateral circulation 側支循環
Cystic vein 膽囊靜脈
Descending colon 降結腸
Diaphragm 橫膈
Esophageal vein 食道靜脈
Hemiazygos vein 半奇靜脈
Hepatic portal system 肝門靜脈系統
Hepatic vein & tributaries 肝靜脈和支流
Inferior rectal vein 直腸下靜脈
Inferior vena cava 下腔靜脈
Left / right gastric vein 左／右胃靜脈
Left / right gastroepiploic vein 左／右胃網膜靜脈
Lumbar vein 腰靜脈
Middle rectal vein 直腸中靜脈
Pancreatic vein 胰靜脈
Portal vein 門靜脈
Sigmoid colon 乙狀結腸
Sinusoid 竇狀隙
Splenic vein 脾靜脈
Subcostal vein 肋下靜脈
Superior / inferior mesenteric vein 上／下腸繫膜靜脈
Superior rectal vein 直腸上靜脈
Tributary of superior vena cava 上腔靜脈的支流
Tributary 支流

心血管系統
肝門靜脈系統

著色說明：I 使用藍色，J 選用深色。(1) 為靜脈 A-J[1] 以及相關的箭頭著色。胃網膜靜脈有左、右兩條（D、D[1]），胃靜脈也有左、右兩條（G、G[1]）。要為鄰接血管且輪廓線色澤較深的指向箭頭上色時，請沿用鄰接血管的顏色。(2) 使用灰色為以下部分上色：「Collateral circulation & Site of Anastomosis」（側支循環和吻合網位置）的鏤空英文字，以及三個要上色的相關大箭頭 (*3)，這些箭頭分別指出介於門脈循環及下腔靜脈支流之間的連結 (*1)，以及下腔靜脈的支流 (*2)。

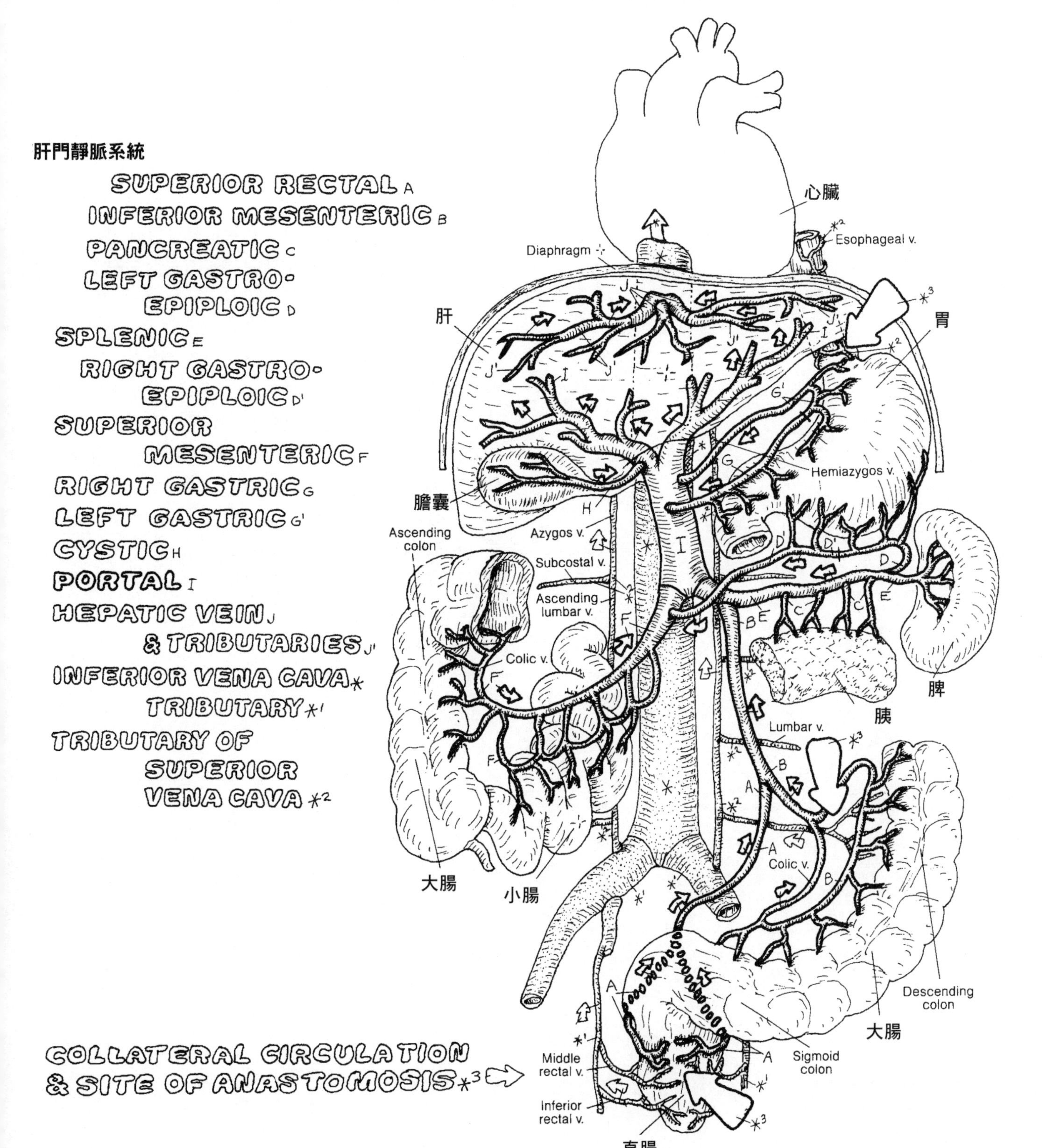

門靜脈和支流
（前視圖，示意圖）

所有的放血治療師都知道，有些靜脈的大小及位置截然不同。他們又是怎麼知道的呢？因為他們都曾經在執業時，花了好幾個小時，（好比）在某人的肘前窩（手肘前方）尋找一條應該出現在那裡的靜脈，但卻找不到。有些人的手肘前面分布了大批可供抽血的靜脈，但有些人卻似乎連一條可供下針的靜脈都沒有！

深層靜脈會伴隨同名的動脈並行（但流動方向相反）。四肢部分的靜脈通常成對分布，稱為並行靜脈；而動脈很少有這種情形。淺層靜脈一般都沒有伴行的動脈：它們往往都與皮神經並行。複習時，你應該很清楚動脈和門靜脈都有分支；而其他所有靜脈都有支流。最後還請記得，人體內靜脈的數量遠多過動脈。

在右頁圖中，部分介於上胸和下肢之間的吻合網靜脈並沒有畫出路徑，而一旦下腔靜脈因故受損時，這些路徑就能提供靜脈回流心臟的管道。讀者或許還記得，腹壁上、下動脈之間的吻合網（第 111 頁）；其對等的靜脈都冠上相同名稱，而且在相同位置延伸（深入腹直肌），並止於它們的對應動脈供應部位。另外，腋靜脈支流的胸外側靜脈及腹壁淺靜脈（大隱靜脈的支流）之間還有一條側支路徑。這些靜脈沒有在右頁圖中畫出來，也沒有在文字介紹裡提過。

解剖名詞中英對照（按英文字母排序）

Great saphenous vein 大隱靜脈
Lateral thoracic vein 胸外側靜脈
Portal vein 門靜脈
Superficial epigastric vein 腹壁淺靜脈
Thoracoepigastric vein 胸腹壁靜脈

心血管系統
主要靜脈複習

著色說明：四肢的淺層靜脈如圖左邊所示，深層靜脈則畫在右邊。只有極少數靜脈，左右雙側都畫出。兩手掌朝前。(1) 必要時可以參照先前幾頁，從 A（右手）開始並按照表列順序上色。在為圖解的靜脈上色時，同時用鉛筆一一寫下該靜脈的名稱（這樣才方便修改）。為了方便辨識，建議著色後再用同色的色筆把答案表前面的標號及英文字母圈起來。完成四肢的淺層靜脈後，再從手／足部分開始為所有深層靜脈上色。(2) 請記得，深層靜脈都和名稱相同的動脈並行。
（答案見附錄 1）

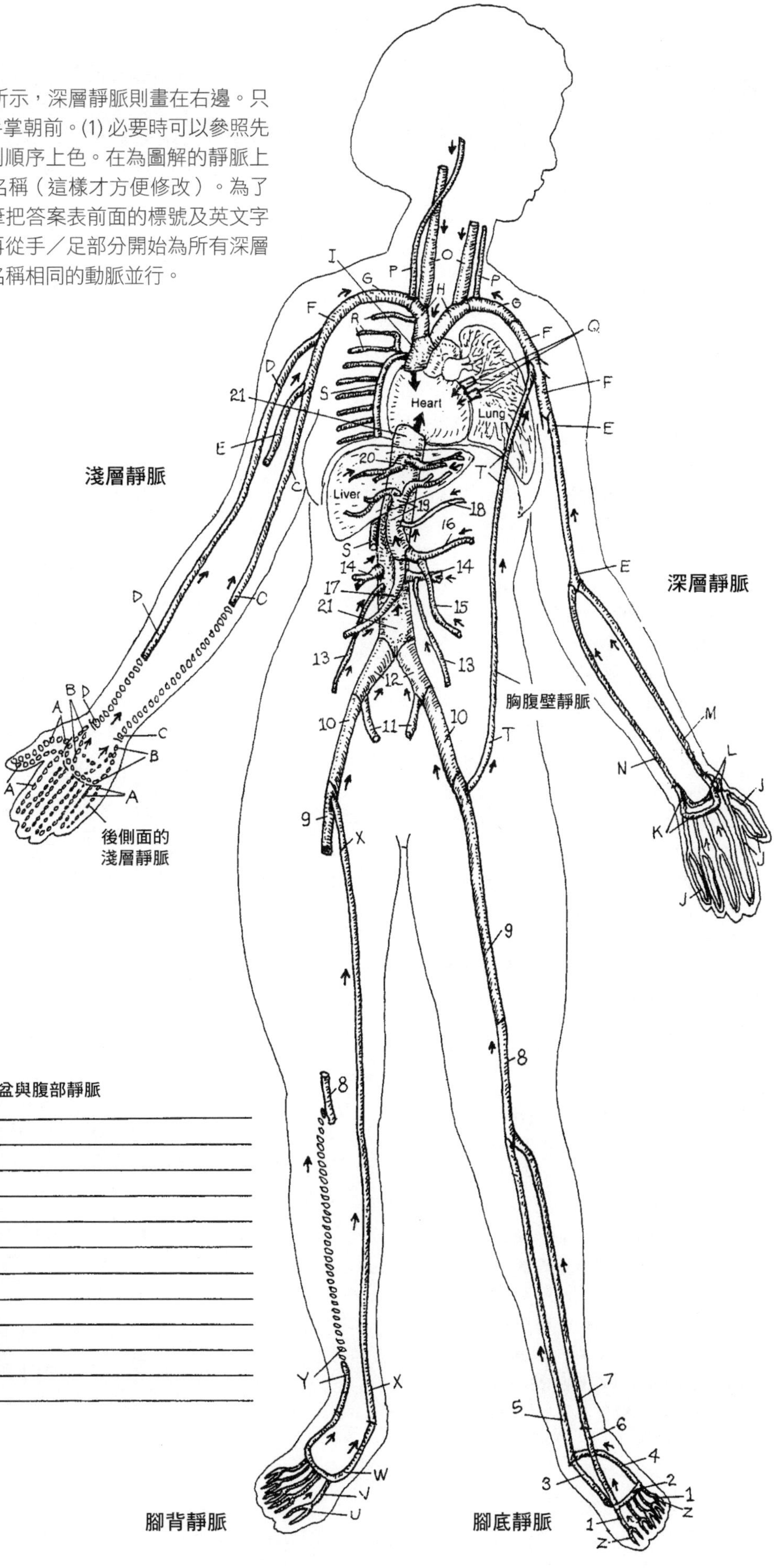

上肢靜脈
A
B
C
D
E
F
G
H
I
J
K
L
M
N

頭頸部靜脈
O
P

胸部靜脈
Q
R
S
T

下肢靜脈
U
V
W
X
Y
Z
1
2
3
4
5
6
7
8
9

骨盆與腹部靜脈
10
11
12
13
14
15
16
17
18
19
20
21

淺層靜脈

深層靜脈

後側面的淺層靜脈

胸腹壁靜脈

腳背靜脈

腳底靜脈

身體的水占了體重的六成，有些水區隔在細胞之內，稱為細胞內液，另有些水位於細胞外間隙／組織，稱為細胞外液。細胞外液包括組織液及血中的液體（血漿）。這些液體可從一處細胞外液腔室任意通往另一處，促使移動的因素包括：局部擴散作用、其他壓力，以及與分子運動和使液體從一處腔室流往另一處有關的流體力學。從間質組織滲入微淋巴管的額外液體／離子／分子稱為淋巴。細胞外液含過量液體的情況，稱為淋巴水腫（lymphedema）。

淋巴球（淋巴細胞）是見於所有細胞外液間隙（參見 100 頁）的小型白血球，是免疫系統的主要細胞（參見 121 頁）。右頁底的圖解簡要地呈現淋巴球的循環作用，請順著號碼看。淋巴球在紅骨髓的造血組織中形成，這種血球有些還在胸腺 (1) 中進一步分化，變成與細胞性免疫力有關的 T 細胞，此外還有一種 B 細胞則與體液性免疫力有關（參見 121 頁）。淋巴球進入血液循環 (2)，並流經微血管網 (3)。它們可以離開微血管網，經由靜脈回到心臟，另有一些淋巴球則可能進入細胞外液間隙 (4)。進入這些組織之後，它們有可能受引導趨近抗原，進行辨識及標記作業。**微淋巴管**是一種管壁薄的內皮管，在疏鬆結締組織中形成（參照右頁底的小插圖）。不同於微血管，微淋巴管有一端是封閉的（稱為盲管，參見右頁圖），另一端則會跟其他微淋巴管合併，最後匯集成較大的淋巴管。淋巴液／淋巴球通常都經由淋巴輸入管流入**淋巴結** (5) ；參見 125 頁。淋巴球通過淋巴結之後，有可能繼續留在淋巴結中或經由淋巴管輸出管離開 (6)，到最後會匯集到胸管或右淋巴導管 (7)。淋巴球還能從小靜脈襯膜細胞的間隙，直接溜進淋巴結的深皮質。這種小靜脈的特色是具有「圓胖的」大型立方內皮，因此稱為「高內皮小靜脈」（HEV）(6)；參見 125 頁。

淋巴回流受惠於鄰近肌肉的收縮動作，這能提高間質組織的壓力；此外淋巴管還具有瓣膜，能防止淋巴逆流。比較大型的淋巴管，管壁具有平滑肌，這群肌肉收縮還可以增強淋巴回流。

淋巴管兼具淺層和深層的運行模式。淺層淋巴管在四肢末梢及頭頸部運行，並通過頸部、腋下及腹股溝等部位較重要的淋巴結集群之一進行「篩檢」。深層淋巴管，跟注入大型乳糜池的肋間淋巴幹、腰淋巴幹及腸淋巴幹連接。胸管把淋巴液輸運到左下頸部，並在那裡接上頸淋巴幹及鎖骨下淋巴幹，並將淋巴液注入左頸內靜脈及鎖骨下靜脈的接合點。右淋巴導管的情況類似。

解剖名詞中英對照（按英文字母排序）

Afferent lymph vessel 淋巴輸入管
Arterial blood 動脈血
Artierial end 動脈端
Axillary lymph node 腋淋巴結
Blind end of lymph capillary 微淋巴管的盲端
Blood capillaries 微血管
Bone marrow 骨髓
Bone 骨
Bronchomediastinal trunk 支氣管縱膈淋巴幹
Cervical lymph node 頸淋巴結
Cisterna chyli 乳糜池
ECF space 細胞外液間隙
Efferent lymph vessel 淋巴輸出管
Extracellular fluid(ECF) 細胞外液
High endothelial venules (HEV) 高內皮小靜脈
Inferior vena cava 下腔靜脈
Inguinal lymph node 腹股溝淋巴結
Intestinal trunk 腸淋巴幹
Intracellular fluid (ICF) 細胞內液
Jugular trunk 頸淋巴幹
Left heart 左心
Lower intercostal trunk 下肋間淋巴幹
Lumbar trunk 腰淋巴幹
Lymph node 淋巴結
Lymphatic capillaries 微淋巴管
Lymphatic trunk 淋巴幹
Lymphocyte 淋巴球／淋巴細胞
Peripheral tissue cell 周邊組織細胞
Red blood cells 紅血球
Right heart 右心
Right internal jugular vein 右頸內靜脈
Right lymph duct 右淋巴導管
Right subclavian vein 右鎖骨下靜脈
Subclavian lymph trunk 鎖骨下淋巴幹
Superficial lymph vessel 淺層淋巴管
Superior vena cava 上腔靜脈
Thoracic duct 胸管
Thymus 胸腺
Venous blood 靜脈血
Venous end 靜脈端

見123、125頁

淋巴系統

淋巴匯流與淋巴球循環

著色說明： H 使用藍色，I 塗上紅色，J 塗上紫色，並選用與血管所用顏色呈強烈對比的顏色來為淋巴管／淋巴結上色。(1) 為「淋巴球循環」的鏤空名稱及圖解上色，請依編號循序進行。(2) 為最底下的小插圖上色；只要為淋巴球（N）、微血管（J）及微淋巴管（K）上色。(3) 為右上方圖解的淋巴管、乳糜池和淋巴結上色。

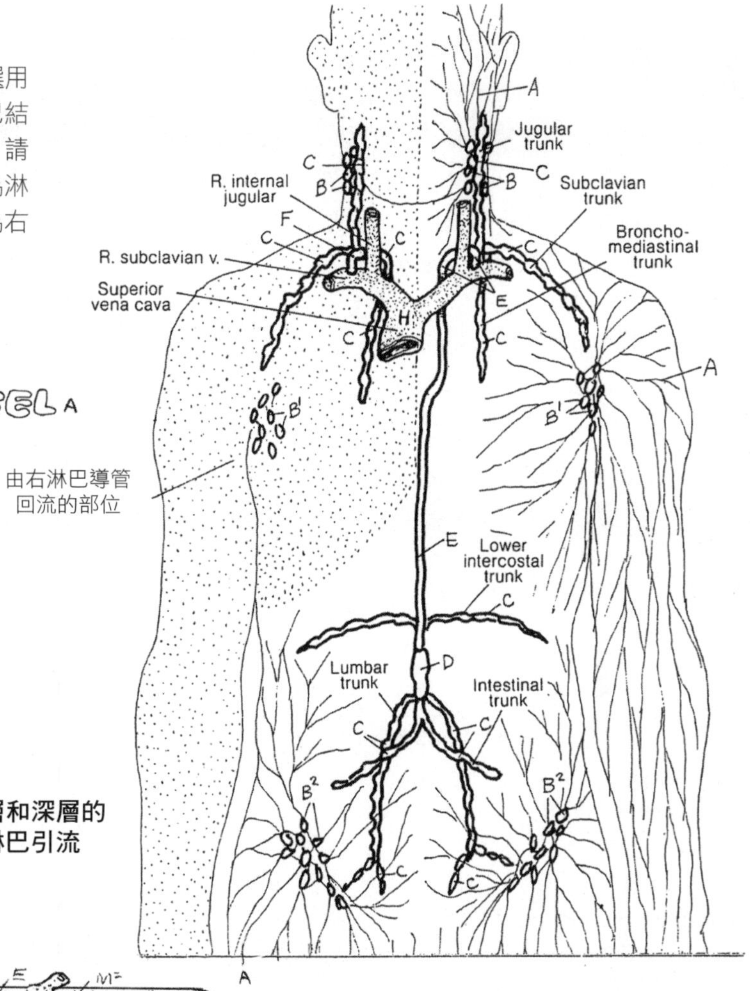

淺層淋巴引流

SUPERFICIAL LYMPH VESSEL A
CERVICAL LYMPH NODE B
AXILLARY LYMPH NODE B'
INGUINAL LYMPH NODE B²

深層淋巴引流

LYMPHATIC TRUNK C
CYSTERNA CHYLI D
THORACIC DUCT E
RIGHT LYMPH DUCT F

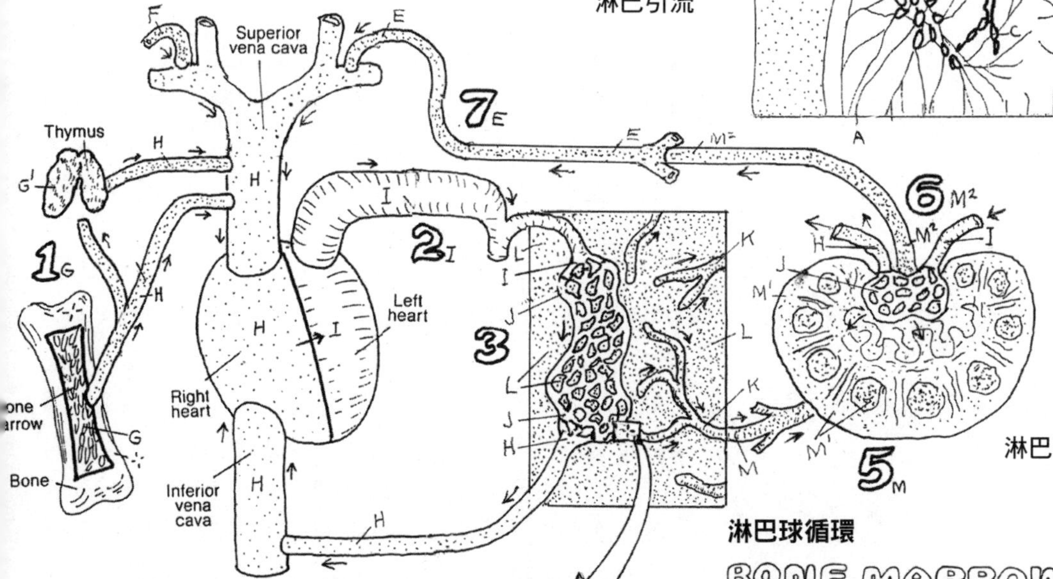

淺層和深層的淋巴引流

淋巴球循環圖解

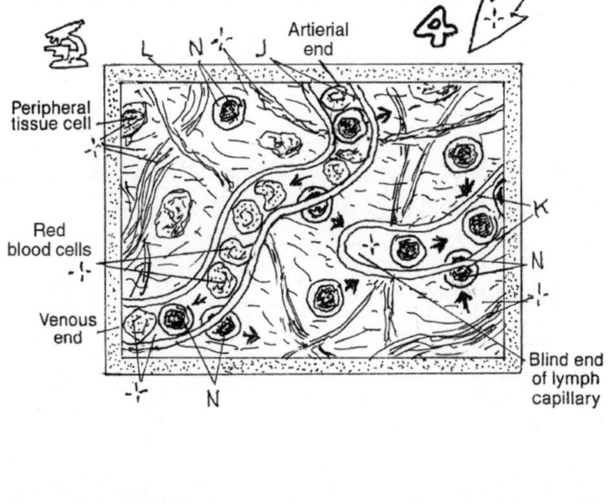

淋巴球循環

BONE MARROW G / THYMUS G'
VENOUS BLOOD H
ARTERIAL BLOOD I
BLOOD CAPILLARIES J
LYMPHATIC CAPILLARIES K
ECF SPACE L
AFFERENT LYMPH VESSEL M
LYMPH NODE M'
EFFERENT LYMPH VESSEL M²
LYMPHOCYTE N

淋巴系統是免疫系統的解剖結構成員，會對進入體內的微生物以及不能識別為「自我」的細胞／細胞部分做出反應。這套系統提供兩種形式的免疫力：先天性免疫反應及適應性免疫反應（參見 122 頁）。第一種是即刻對挑戰產生反應的形式，這是一生下來就有的非特異性免疫力，其主要表現手段是發炎反應（參見 122 頁）。第二種反應要稍微多花點時間，它會評估激發反應的病原體的化學組成（抗原），得記憶細胞之助，它能生成可以終生對抗各特定挑戰者的免疫能力。淋巴系統是由各種組織和器官共同組成，其特有構造包括各種不同的非定型淋巴球和定型淋巴球，以及吞噬細胞和纖維母細胞，四周則環繞細胞外液、淋巴液，以及由網狀纖維和網狀細胞的小樑網絡所支持的微血管／微淋巴管。

紅骨髓和胸腺是初級淋巴器官，是淋巴細胞（淋巴球）的主要來源。骨髓內含所有淋巴球的前驅物，並負責將它們配送進入循環。它主要含有分處於不同成熟階段的各式血球、吞噬細胞、網狀細胞及網狀纖維，還有脂肪細胞。有些淋巴球在骨髓中成熟，並經歷結構與生化上的修改（分化作用），最後才變成 B 淋巴球。大淋巴球從骨髓進入循環，並發揮自然殺手細胞的功能。

胸腺位於上縱膈腔和前縱膈腔（下縱膈腔）之內，接收來自骨髓的非定型（初級的）淋巴球。它在胚胎期和胎兒期，以及出生後的頭十年期間，都積極參與 T 淋巴球的增生與分化作用。在青春期之後，胸腺開始退化。

次級淋巴器官是內含淋巴球的結構，而且這些淋巴球主要都是從初級淋巴器官遷移而來的。它們的類型繁多，從各處散置淋巴球的疏鬆結締組織，到包被性的複雜結構（**脾臟和淋巴結**）都是。

B 淋巴球（B 代表 bone marrow-derived，即骨髓衍生的）沿著特定路線分化，其中一條會變成漿細胞。**漿細胞**分泌蛋白質分子（抗體）進入組織液（體液性免疫力）。抗體能跟特定標的互動並摧毀它們，包括抗原以及能引致 B 細胞活化狀態的游離或附著的細胞部分。

T 淋巴球（T 代表 thymus-derived，即胸腺衍生的）會分化成好幾種細胞，包括輔助性細胞（T_H）、細胞毒性細胞（T_C）及記憶細胞（右頁圖未畫出）。輔助性細胞由抗原刺激啟動，能刺激並調節特異性及非特異性免疫行動來對抗細胞，而且不必然需要 B 細胞的協助。它們能傳輸細胞介導的免疫力。細胞毒性細胞能殺害由其他 T 細胞或淋巴激素所瞄準的標的細胞。它們並不經由血管循環回流。

自然殺手細胞基本上都是沒有分化的淋巴球；它們是先天性免疫系統的一部分，不用靠其他細胞或淋巴激素來活化（產生適應性）。它們主要能與細胞毒性細胞聯手，一起摧毀腫瘤細胞和受病毒感染的細胞。

吞噬細胞是組織巨噬細胞，能以吞噬作用來摧毀抗原和細胞殘屑。它們的功能是做為 T 細胞的抗原呈現細胞（即把抗原呈獻給 T 細胞），接著 T 細胞會活化吞噬細胞。

解剖名詞中英對照（按英文字母排序）

Antibody 抗體
Antigen 抗原
Antigen-presenting cell (APC) 抗原呈現細胞
Appendix 闌尾
B lymphocyte B 淋巴球
Bone marrow 骨髓
Bronchi 支氣管
Committed lymphocyte 定型淋巴球
Cytoplasm 細胞質
Diaphragm 橫膈
Fibroblast 纖維母細胞
Groups of nodules 小結節群
Large intestine 大腸
Lymph node 淋巴結
Lymphokine 淋巴激素
Lysosome 溶酶體
Mucosal associated lymphoid tissue (MALT) 黏膜層淋巴組織
Natural killer cell 自然殺手細胞
Nucleus 細胞核
Phagocyte 吞噬細胞
Plasma cell 漿細胞
Pseudopod 偽足
Small intestine 小腸
Spleen 脾臟
T (cytotoxic) cell 細胞毒性 T 細胞
T (helper) lymphocyte 輔助性 T 淋巴球
Throughout mucosa 完整的黏膜
Thymus 胸腺
Tonsils 扁桃腺
Trachea 氣管
Uncommitted lymphocyte 非定型淋巴球
Urinary bladder 膀胱

見100頁

免疫（淋巴）系統
概論

著色說明：圖中所示胸腺（T）是從出生到青春期的樣子，胸腺會生產輔助性細胞及細胞毒性細胞，所以也使用 T 所用顏色來為這些細胞上色。D、E、F、G、Ag 和 Ab 要使用鮮豔的顏色；細胞則使用淺色。黏膜層淋巴組織（E）是一種遍布所有內臟黏膜的細胞聚合；更詳盡的表現作用可參見 126 頁。圖解的縮寫字母，都是左列鏤空細胞名稱的縮寫。(1) 為整個細胞上色；細胞核內的辨識縮寫符號是通用記法（參見內文）。(2) 依照左列名稱的順序上色。出現在 122 至 128 頁的細胞類型，每一類細胞盡量使用相同的淺色筆來上色，有助於記誦它們的名稱。

初級淋巴器官

BONE MARROW A
THYMUS T

次級淋巴器官

SPLEEN C
LYMPH NODE D
MUCOSAL ASSOCIATED LYMPHOID TISSUE (M.A.L.T.) E
TONSILS F
APPENDIX G

淋巴細胞

B LYMPHOCYTE B
PLASMA CELL PC
T (HELPER) LYMPHOCYTE TH
T (CYTOTOXIC) CELL TC
NATURAL KILLER CELL NK
PHAGOCYTE P

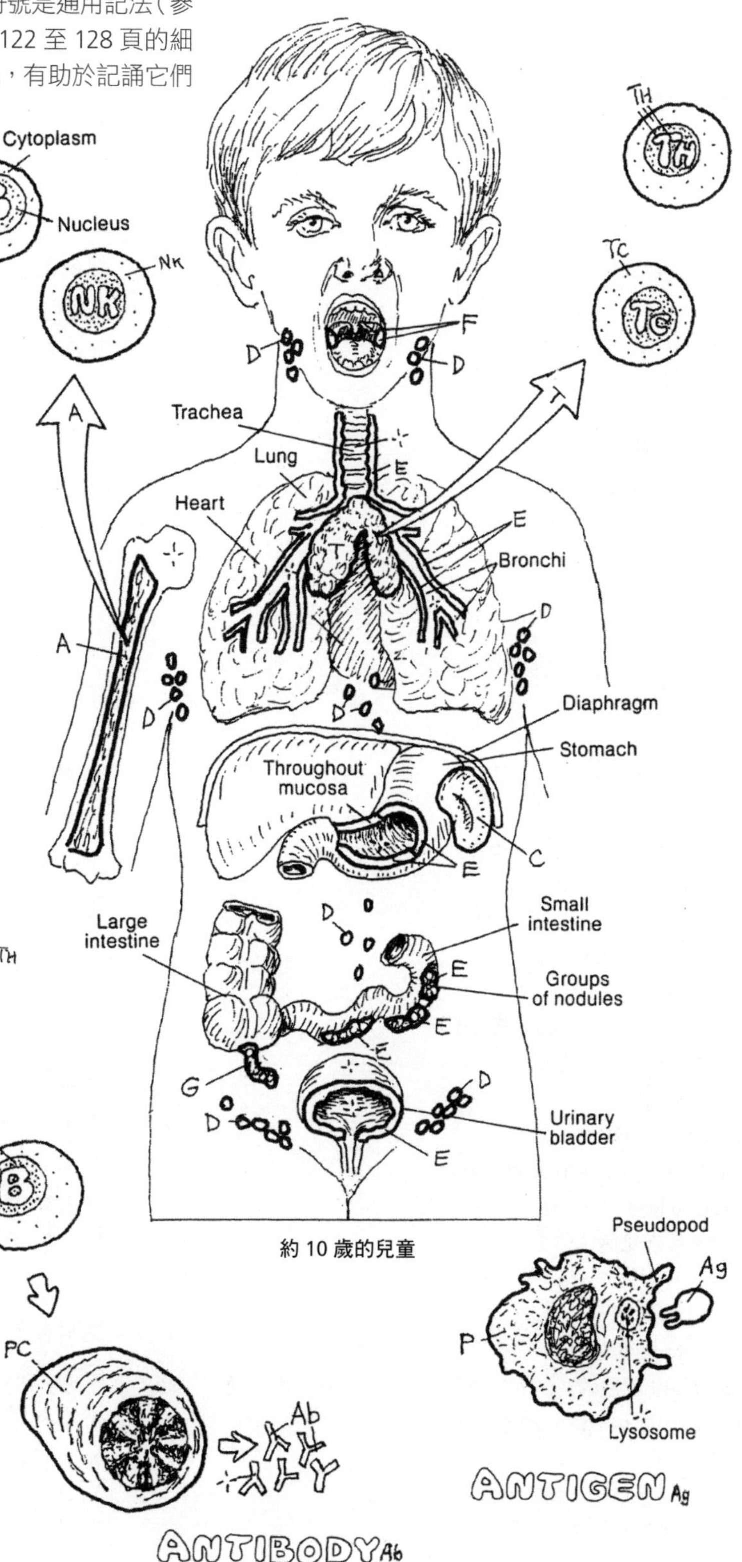

約 10 歲的兒童

免疫力是身體對有害以及可能危及生命的病原生物的一種反應。讀者在 121 頁已經學到，先天性（自然的）免疫力是由種種自然的非特異性感染屏障所組成，如右頁上部圖解所示。這是一種作用迅速的反應，從皮膚或黏膜一開始受到侵害時就會出現。在出生前不久和隨後的日子，我們的身體會逐漸取得比較特異的適應性免疫力（後天性免疫力）：末梢血液、淋巴組織和淋巴器官與組織中的某些淋巴球，會由於身體遭遇抗原（任何能引發免疫反應的物質）而被活化。淋巴球活化需要一、兩天時間來凝集及應付挑戰。

先天性免疫力會不加區辨地對付微生物和退化的細胞、細胞殘體及纖維殘屑。**解剖屏障** (1)，比如皮膚或黏膜，會形成實體障礙來制止微生物侵入。然而一旦受到侵害，受損皮膚會釋出因子，展開凝血機制並誘發發炎：局部微血管擴張導致皮膚表面呈現紅色及發熱；局部組織由於體液積聚出現腫脹並伴隨疼痛發作。該區微血管中的嗜中性白血球和單核球，受了細胞激素與其他化學介質的影響，開始進入該區掃蕩。來自血液 (2) 或結締組織 (3) 的數千個**吞噬細胞／巨噬細胞**逼近獵物，這些細胞能以吞噬作用 (4) 來吞噬標的，並以**溶酶體酶**摧毀它們 (5)。體液裡面有一種稱為**補體**的可溶性蛋白質，能與微生物結合，強化它們的吞噬作用。

適應性免疫力牽涉到遭遇抗原時產生的多樣化但特異的淋巴球反應。每種反應都涉及淋巴球的活化、增生，隨後便是摧毀抗原。後天免疫力可根據淋巴球類別區分為兩種：體液性免疫力及細胞性免疫力。反應的特異性和多樣性、保持對抗原的細胞記憶，以及區辨身體的蛋白質是自我或非自我的能力，全都會傳承納入這兩種免疫力當中。

體液性免疫力的特徵包括：**B 淋巴球**被抗原（Ag）活化 (1)；增生、形成**記憶細胞**（Bm），並泌出抗體（Ab）（2）；還會形成漿細胞（PC）（3），漿細胞會分泌抗體 (4)。抗體是複雜的蛋白質，遇上特異性抗原時便因應生成，接著就附著在該抗原上面，以促進其吞噬作用，其附著點稱為抗原決定位 (5)。

細胞性免疫力的特性是具有 **T 淋巴球**，T 淋巴球會被抗原活化，而這些抗原則附著於抗原呈現細胞，即吞噬細胞 (P) 上面 (1)。多數 T 細胞會分化成輔助性 T 淋巴球及細胞毒性 T 淋巴球。輔助性 T 淋巴球 (2) 能活化 B 細胞、增強發炎反應、刺激因子（淋巴激素）活化吞噬細胞，還能形成記憶細胞，從而增強體液性免疫力。**細胞毒性 T 淋巴球** (3) 黏附在受感染細胞上面並予摧毀，還能形成對這起事件的記憶（記憶 T 細胞）。**記憶細胞**會對它們所遭遇到的特定抗原的結構特徵產生記憶，日後若再接觸到這類抗原時，就能促進快速免疫反應。

解剖名詞中英對照（按英文字母排序）

Anatomic barries 解剖屏障
Antibody 抗體
Antigen 抗原
Antigenic determinant site 抗原決定位
B lymphocyte B 淋巴球
Capillary wall 微血管管壁
Cellular immunity 細胞性免疫力
Complement 補體
Cytokine 細胞激素
Cytotoxic cell (Tc) 細胞毒性細胞
Cytotoxins 細胞毒素
Determinant site 決定位
Dilated capillary 擴張的微血管
Helper cell (Th) 輔助性細胞
Humoral immunity 體液性免疫力
Infected cell 受感染的細胞
Inflammatory response 發炎反應
Innate immunity 先天性免疫力
Lymphokines 淋巴激素
Lysed infected cell 溶解的受感染細胞
Lysosomal enzyme 溶酶體酶
Lysosome 溶酶體
Memory cell 記憶細胞
Memory T cell (TM cell) 記憶 T 細胞
Monocyte 單核球
Phagocyte 吞噬細胞
Phagocytosis 吞噬作用
Plasma cell 漿細胞
Receptor site 受器位置
Red blood cell 紅血球
Remains of microorganism 微生物殘骸
Skin 皮膚
Subcutaneous fibrous tissue 皮下纖維組織
T lymphocyte T 淋巴球

免疫（淋巴）系統
先天性免疫力與適應性免疫力

著色說明：使用粉紅色為上方標示為 IR、描繪發炎反應的大圓圈上色。盡可能沿用你在 121 頁所使用的顏色。細胞周圍的放射狀線條代表活化作用。所有組成都經放大，並畫成簡圖以方便上色。(1) 為「先天性免疫力」底下的鏤空名稱上色，並依編號 1-5 進行。(2) 為「體液性免疫力」底下的鏤空名稱上色，同樣按編號 1-5 的順序上色。(3) 比照上面做法，為「細胞性免疫力」底下的鏤空名稱及圖解上色。

先天性免疫力

MICROORGANISM A
ANATOMIC BARRIER ABa
COMPLEMENT C
PHAGOCYTE P
INFLAMMATORY RESPONSE IR

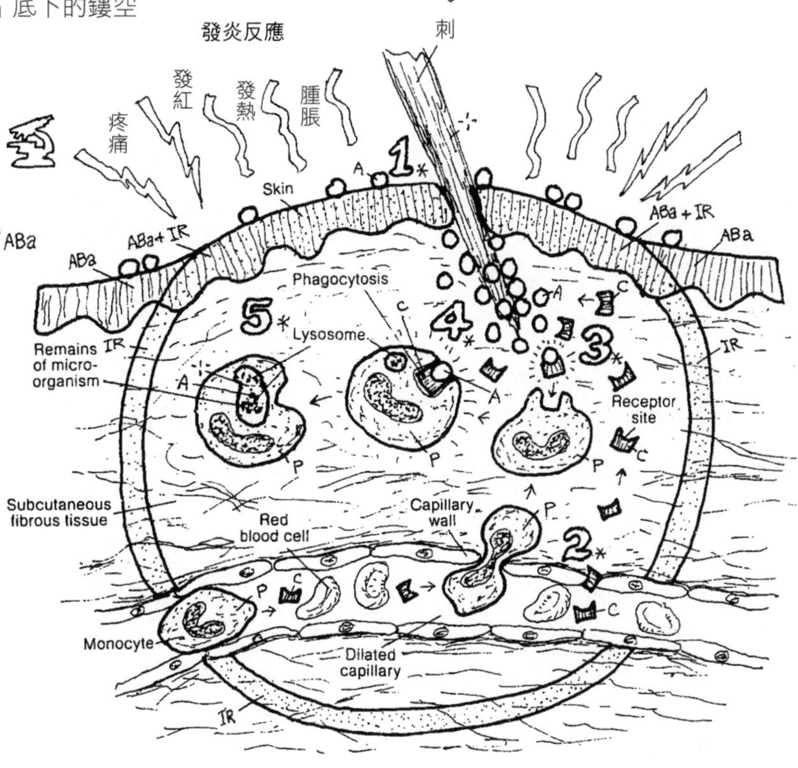

適應性免疫力

ANTIGEN Ag
HUMORAL IMMUNITY B-
B LYMPHOCYTE B
MEMORY CELL BM
PLASMA CELL PC
ANTIBODY Ab

INFECTED CELL IC
CELLULAR IMMUNITY T-
T LYMPHOCYTE T
MEMORY CELL TM
HELPER CELL (TH) TH
CYTOTOXIC CELL (TC) TC

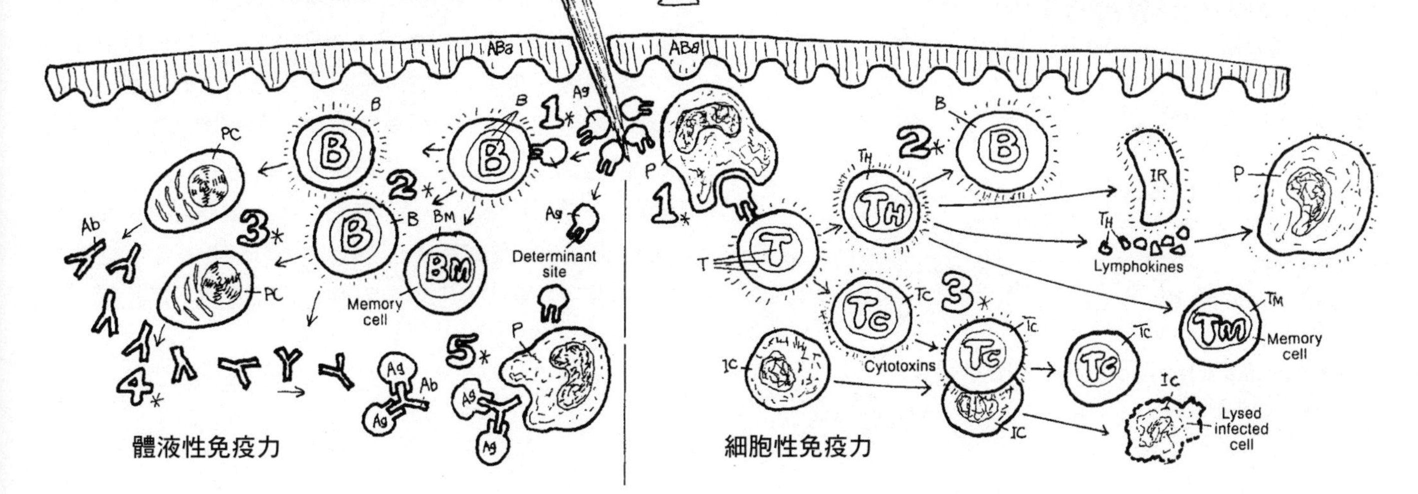

胸腺由兩葉腺體組織組成，位於前縱膈腔和上縱膈腔內。它為全身播撒 T 淋巴球，也就是細胞性免疫力的主角。到了胎兒後期／新生兒期間，胸腺便開始運作，尺寸也較大（15 克）。胸腺在青春期之前會持續成長、運作，過了青春期後，其尺寸和活性都會變小。

解剖名詞中英對照（按英文字母排序）

Arterial vessel 動脈管
B lymphocyte B 淋巴球
Compact bone 緻密骨
Cortex 皮質
Cytoplasmic pore 細胞質孔
Epithelioreticular cell 上皮網狀細胞
Fibrous septum 纖維性隔膜
Fibrous trabeculae 纖維小樑
Growth factory 生長因子
Hassal's corpuscle 哈塞耳氏小體
Heart 心臟
Hematopoietic tissue 造血組織
Immature T lymphocyte 未成熟的 T 淋巴球
Lobules 小葉
Long bone 長骨
Lung 肺
Lymph vessel 淋巴管
Lymphocyte stem cell 淋巴球幹細胞
Mature T lymphocyte 成熟的 T 淋巴球
Medulla 髓質
Megakaryocyte 巨核細胞
Natural killer cell 自然殺手細胞
Phagocyte 吞噬細胞
Red marrow 紅骨髓
Reticular cell 網狀細胞
Reticuloepithelial tissue 網狀上皮組織
Sinusoid 竇狀隙
Stroma 基質
Stromal cell 基質細胞
T stem cell T 幹細胞
Thymic corpuscle 胸腺小體
Thymocyte 胸腺細胞
Thymus 胸腺
Thyroid gland 甲狀腺
Trachea 氣管
Undifferentiated lymphocyte 未分化的淋巴球
Venous vessel 靜脈管

功能性胸腺由纖細小葉組成，並由含血管的中隔區隔開來。各小葉都有外層皮質，裡面密布淋巴球（這群細胞在胸腺裡面時稱為**胸腺細胞**），小葉還有個中央**髓質**，裡面所含的淋巴球要稀疏得多。胸腺的支持組織由纖維小樑組成，這是一種纖維組織的延伸構造，形成小葉的邊界，同時也形成一種稱為網狀上皮的細胞群集。網狀上皮在皮質和髓質都有分布，可支持和協助淋巴球與吞噬細胞的成熟與分化。

從骨髓釋出的 **T 幹細胞**取道胸腺動脈進入胸腺皮質，並以未成熟的胸腺細胞形式展開分化。儘管皮質胸腺細胞肯定都會變成活性 T 細胞，但其中多數卻在期終考時不及格，因為它們辨識不出特定抗原。接著這些胸腺細胞便經處理後被吞噬帶走。被容許轉移進入髓質、數量有限的細胞，顯現出高度發展的跡象，也就是說，它們的細胞膜組成出現變化，容許它們形成毒殺性 CD8+T 淋巴球（cytotoxic CD8+T lymphocyte）或輔助性 CD4+T 淋巴球（helper CD4+T lymphocyte）。通過考驗的細胞循著小靜脈離開胸腺並進入體循環，移出胸腺後，一旦跟抗原遭遇就會被活化。有些 T 淋巴球進入淋巴管，循線前往縱膈淋巴結或更遠處的部位。

髓質除了含有網狀上皮組織之外，還有零星散布的胸腺細胞，以及由角質化的上皮網狀細胞構成的一些同心圓的獨特小體，稱為哈塞耳氏小體（又稱胸腺小體）。它們的功能，目前還不是完全清楚，但被認為能提供對胸腺細胞的發育有深遠影響的細胞激素。

紅骨髓（參見 17 頁）裡面充滿了各種各樣的血球，分處於種種不同的發展階段，合稱為造血組織。骨髓的支持架構，包括網狀纖維和基質細胞，這是能影響淋巴球分化的非淋巴細胞。骨髓內的微血管由骨頭的滋養小動脈供血，可以擴大到像小竇管（竇狀隙）般大小。它們會打開暫時性的細胞質「孔」，形成供細胞進入循環的即時通道。淋巴球的前驅細胞（T 幹和 B 幹細胞）是發育中血球的一部分，它們受特定生長因子的刺激而開始分裂。這批細胞的後裔大半都是小淋巴球，還有部分的大淋巴球。**B 淋巴球**（B 細胞）、**自然殺手細胞**（大淋巴球）和 **T 幹細胞**都在骨髓中發育。這些淋巴球進入竇狀隙和靜脈，接著就外流分配到全身各部位。

見17、121頁

免疫（淋巴）系統
胸腺與紅骨髓

著色說明：G 用紅色，H 用藍色，H1 用紫色，J 則塗上綠色。(1) 為最底下的紅骨髓鏤空名稱（A）上色；接著再為最上面新生兒長骨（肱骨）的紅骨髓（A）上色。回頭處理頁底圖解，完成全部鏤空名稱及圖解的上色。(2) 為胸腺切面圖及胸腺淋巴球成熟作用的示意圖上色。注意，圖解的邊線分別代表胸腺皮質（左）及髓質（右）。(3) 最後為胸腺功能的概觀示意圖上色。

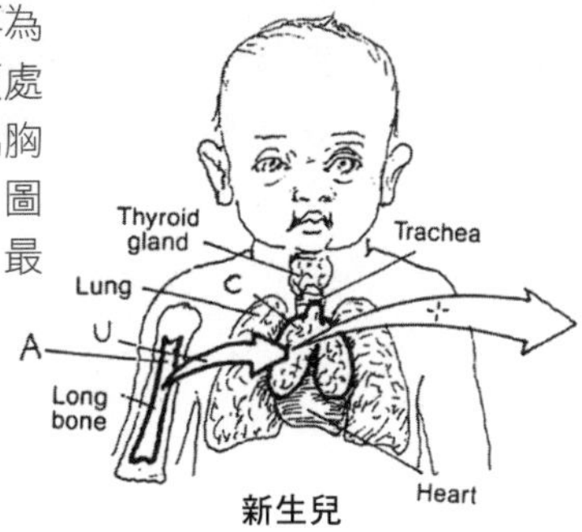

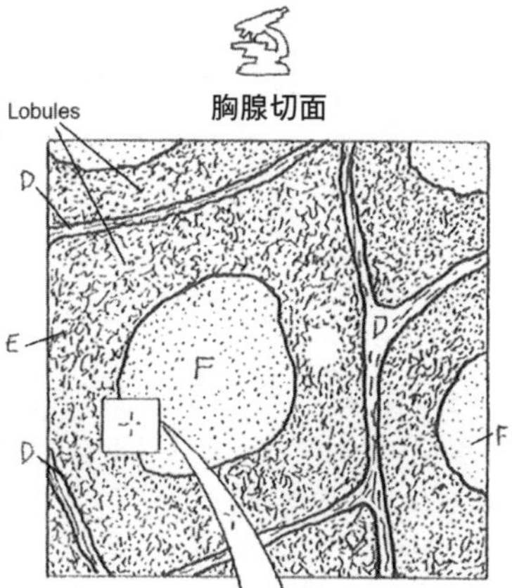

THYMUS C
FIBROUS SEPTUM D
CORTEX E
UNDIFFERENTIATED LYMPHOCYTE U
IMMATURE T LYMPHOCYTE I
MEDULLA F
MATURE T LYMPHOCYTE T

ARTERIAL VESSEL G
VENOUS VESSEL H
LYMPH VESSEL J

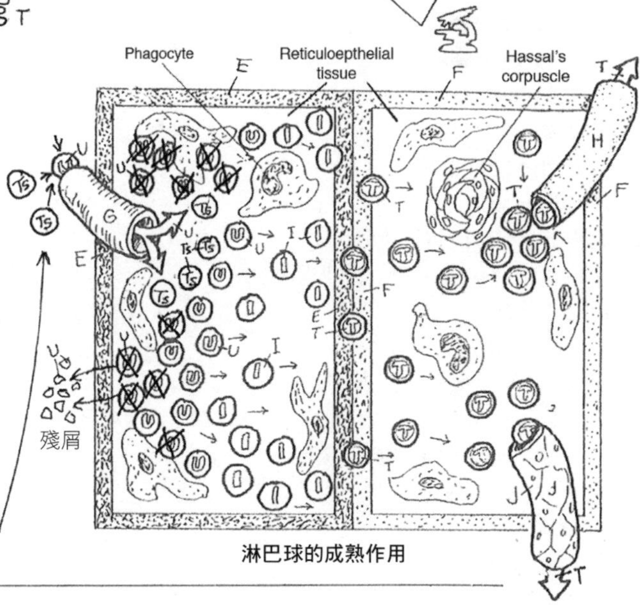

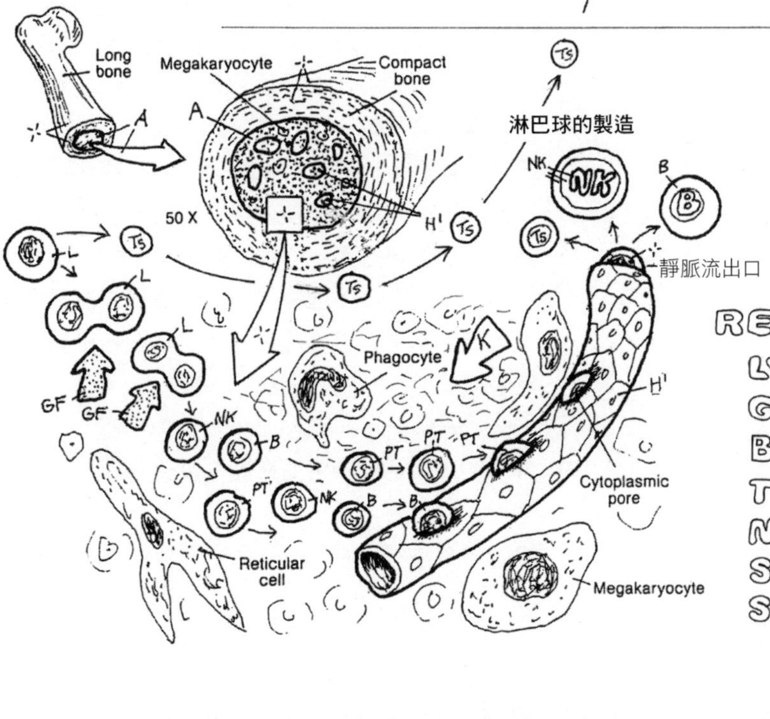

RED MARROW A
LYMPHOCYTE STEM CELL L
GROWTH FACTOR GF
B LYMPHOCYTE B
T STEM CELL Ts
NATURAL KILLER CELL NK
SINUSOID H'
STROMA K

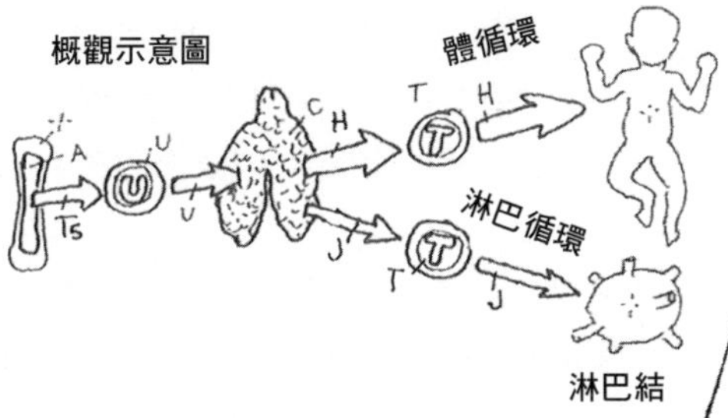

脾臟是個柔軟、充滿血的深紫色器官，位於腹部上左象限的後側，就在左腎正上方，約在第 11 和第 12 肋骨節段上；大小約為你的拳頭大小。脾囊向內突伸出一群小樑，支持該器官及流入／流出的血管。脾臟的顯微視圖充滿了彷彿無窮無盡的種種纖細構造，讓整個圖面顯得相當繁複，包括：淋巴球、巨噬細胞／吞噬細胞、紅血球、棄置的血球殘骸、小動脈和靜脈竇。不過別氣餒，下一段內容可以幫你更清楚了解。

解剖名詞中英對照（按英文字母排序）

Arteriole 小動脈
Artery 動脈
B lymphocyte B 淋巴球
Capsule 脾囊
Central artery 中央動脈
Colic surface 結腸面
Gastric surface 胃面
Germinal center 生發中心
Hilum 臍
Large intestine 大腸
Left kidney 左腎
Lymphoid follicle 淋巴濾泡
mitotic lymphocyte 有絲分裂淋巴球
Pancreas 胰臟
Pancreatic surface 胰面
Penicillar arterioles 筆毛小動脈
Periarteriolar lymphoid sheaths (PALS) 動脈周圍淋巴鞘
Periarteriolar sheath 動脈周圍鞘
Phagocyte 吞噬細胞
Plasma cell 漿細胞
Red pulp 紅髓
Renal surface 腎面
Reticular cell 網狀細胞
Splenic artery 脾動脈
Splenic cord 脾索
Splenic sinus 脾竇
Splenic vein 脾靜脈
Spllen 脾臟
Stomach 胃
T lymphocyte T 淋巴球
Trabecula 小樑
Trabecular artery 小樑動脈
Trabecular vein 小樑靜脈
Vein 靜脈
Venous sinusoid 靜脈竇狀隙
Venule 小靜脈
White pulp 白髓

脾臟可用**白髓**和**紅髓**這兩種可見的基本特徵來描述。白髓是由**淋巴濾泡**組成，這種濾泡的特性是零星散布了淋巴球有絲分裂的生發中心（因此呈白色）；而紅髓的組成要素則包括淋巴球鏈（稱為**脾索**），以及多種不同的細胞（也包括紅血球），這些全都和靜脈竇狀隙（稱為**脾竇**）形成開放式和閉鎖式循環網絡有關。這些竇狀隙由小樑靜脈（trabecular vein）負責引流，而小樑靜脈本身則為脾靜脈的支流。

請看右頁最下面的圖解，從左上方的脾動脈分支開始，這條分支穿透脾囊，並在纖維小樑中穿行。中央小動脈從這些動脈分支出來，進入周圍滿布 **T 淋巴球**的白髓，接著通過幾乎全由 **B 淋巴球**組成的淋巴濾泡。環繞中央小動脈四周的這群 T 淋巴球，統稱為**動脈周圍淋巴鞘**。當巨噬細胞呈遞抗原且白髓的淋巴球與之遭遇時，淋巴球便被活化，因應適應各種不同抗原的挑戰。淋巴濾泡在這種抗原刺激下擴大：在刺激出現之後，大型有絲分裂淋巴球（分處種種不同的細胞分裂階段）在各濾泡（生發中心）的中央部更頻繁現身，同時也在濾泡細胞密集區的周邊範圍，產生出密集度稍低的地帶。動脈周圍淋巴鞘的小動脈通過生發中心。這批小動脈在脫離白髓時變直（就像一束束刷毛），接著進入紅髓時，它們便稱為**筆毛小動脈**。

當筆毛小動脈離開白髓時，它們失去了肌肉質被膜 (1)，並直接通向四周由吞噬細胞環繞的靜脈竇狀隙；或 (2) 取道血管的間隙，通向組織間隙（開放式循環），有一篇文章描述如下：「一個水桶的桶板間隙。」註 1 吞噬細胞／巨噬細胞在這些間隙附近聚集，並陷捕、隔離、取食或丟棄老舊的紅血球。這裡在紅髓裡面，可以見到一落落的淋巴球（脾索），排列在襯覆內皮的大型靜脈竇狀隙（脾竇）周圍和竇狀隙中，而在小樑網格或網狀細胞與網狀纖維基質上，還有淋巴球、漿細胞、紅血球和各種吞噬細胞與血小板等四處徘徊。脾臟是完美的清道夫器官，從它那裡經過的一切都會再循環利用。竇狀隙注入小靜脈（小樑靜脈的支流）。

脾臟的主要活動是生產抗體，以及吞噬作用。

註 1：Mescher, A. L. *Junqueira' s Basic Histology*. McGraw-Hill Medical, New York, 2010.

免疫（淋巴）系統
脾臟

著色說明：白髓（D）、濾泡（D'）和竇狀隙（G）都不上色。A 使用紫紅色，F 使用紅色，H 則著上藍色。細胞部分沿用先前各頁所採用的顏色。(1) 為上方兩幅圖解及相關的鏤空名稱上色。(2) 為剖視圖上色；E 使用淺色。(3) 為大圖解著色；從邊界 A、D 和 E 開始。為各種不同的細胞上色。要讓畫面更清楚，竇狀隙部分最好不要上色。整片紅髓塗上一層淡淡的顏色，以便保留圖解的細節。

Stomach (cut)
Pancreas
A
L.kidney
Large intestine

A
Hilum
Splenic artery vein
F
H'
Renal surface
Gastric surface
Colic surface
Pancreatic surface

SPLEEN A
CAPSULE A'
TRABECULA C
WHITE PULP D
LYMPHOID FOLLICLE D'
RED PULP E

血管

ARTERY F
ARTERIOLE F'
VENOUS SINUSOID G
VENULE H
VEIN H'

細胞

T LYMPHOCYTE T
B LYMPHOCYTE B
MITOTIC LYMPHOCYTE ML
PHAGOCYTE P
PLASMA CELL PC

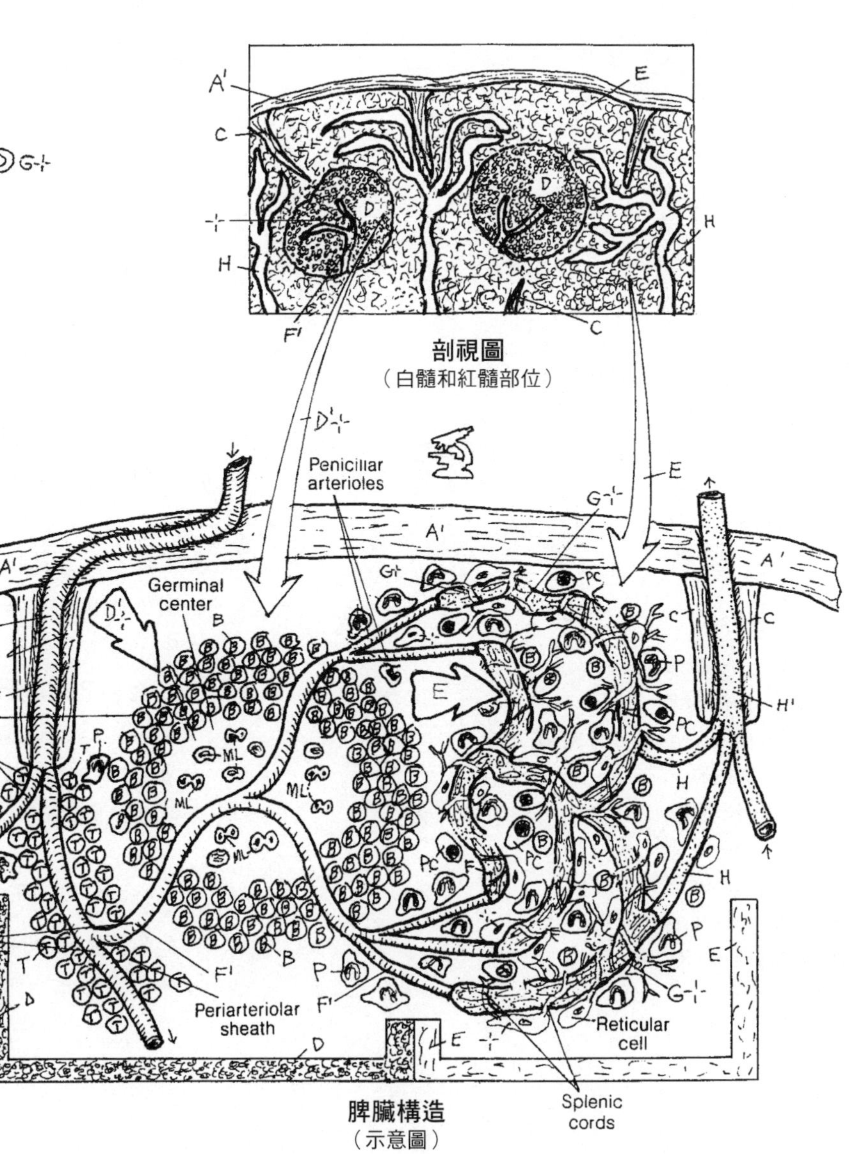

淋巴結有個纖維囊，纖維小樑就是從這裡伸入器官，把它局部區隔成不同隔間。細緻的網狀纖維和細胞從小樑向外散布，形成厚厚一層遍布於淋巴結、由支持性網狀細胞及纖維交織成的網狀網絡。脾囊在淋巴結的周邊多處位置接收**淋巴輸入管**，接著淋巴（淋巴液和淋巴球）一路通過**被膜下淋巴竇**及**小樑竇**，流入淺層皮質、深層皮質及**髓竇**。吞噬細胞、淋巴球和漿細胞，自由進入及穿行這些部位。這些竇中的網狀纖維（參見右頁放大圖）形成一處空間架構，方便吞噬細胞在淋巴流中和抗原接觸作戰。淋巴經由**淋巴輸出管**脫離髓竇及淋巴結。

淋巴結的特有構造是被膜下淋巴竇深處的一層淺皮質（參見放大圖 #2 和 #3）。在這裡可以見到一團團特別密集的 B 淋巴球，稱為**淋巴小結**。這些結節的中央部位稱為**生發中心**，中心裡面有些地方的**有絲分裂 B 淋巴球**（參見 #4）分布較為稀疏。有絲分裂活性越高，生發中心的尺寸就越大；當抗原大量出現時，B 細胞的有絲分裂活動便會迅速提升。深層皮質又稱為副皮質（參見 #5），此區裡面的吞噬細胞分布比較零散，還有大量 T 細胞和部分 B 細胞。在深皮質區裡，微血管後小靜脈的內皮細胞值得注意（參見 #7）。這些**高內皮小靜脈**（HEV）細胞呈高聳的立方形，能調節淋巴球從血管系統進入淋巴竇的遷移（稱為血球滲出）；這個遷移活動會產生些許壓力差，從而抽動淋巴和電解質通過淋巴竇並注入血管系統。HEV 還為淋巴球提供回歸受器，能影響淋巴結內的 T 細胞和 B 細胞的局部化現象。髓質（參見 #6）包含一批集中配置的**髓索**以及互連的淋巴竇，裡面還有相當大量的吞噬細胞和漿細胞。

當淋巴液蜿蜒流經淋巴竇中的大批網狀纖維時，吞噬細胞會撿出抗原並呈遞給深層皮質內的 T 細胞。結節中活化的 B 細胞被輔助性細胞催化，轉變成漿細胞和記憶細胞。漿細胞和 B 細胞分泌出具有受器且能跟部分抗原結合的抗體，從而幫助摧毀該抗原。多數對抗抗原的挑戰都能促進生發中心的形成。更進一步的免疫活動，則發生在副皮質區和內髓質區。

總結來說，淋巴結是身體對付抗原的體液媒介（B 細胞）免疫反應及細胞媒介（T 細胞）免疫反應的作用位置。以懷疑可能是上呼吸道感染的診斷為例，若觸診發現頸部淋巴結腫大，起碼就能證明確實有微生物存在。

解剖名詞中英對照（按英文字母排序）

Afferent lymph vessel 淋巴輸入管
Antigen 抗原
Artery 動脈
B lymphocytex B 淋巴球
Capsule 被囊
Cells phagocytes 吞噬細胞
Cortex 皮質
Deep cortex 深層皮質
Diapedesis 血球滲出
Efferent lymph vessel 淋巴輸出管
Germinal center 生發中心
High endothelial venule (HEV) 高內皮小靜脈
Hilum 臍
Lymph (lymphoid) nodule 淋巴小結
Lymph node 淋巴結
Lymph 淋巴
Medulla 髓質
Medullary cord 髓索
Medullary sinus 髓竇
Mitotic lymphocytes 有絲分裂淋巴球
Paracortex 副皮質
Plasma cells 漿細胞
Reticular network 網狀網絡
Subcapsular sinus 被膜下淋巴竇
Superficial cortex 淺層皮質
T lymphocytes T 淋巴球
Trabecula 小樑
Trabecular sinus 小樑竇
Valve 瓣
Vein 靜脈

免疫（淋巴）系統
淋巴結

著色說明：M 使用紅色，N 用藍色，O 著上綠色。細胞顏色仍沿用先前所用過的顏色。(1) 從淋巴輸入管（J）處的箭頭（O）開始，依照表列鏤空名稱的順序上色。(2) 為七個號碼的圓形放大圖上色，這些圓形圖分別指出這七處淋巴結的主要景象。

LYMPH NODE A–
LYMPH O
AFFERENT LYMPH VESSEL J
CAPSULE A'
SUBCAPSULAR SINUS H
TRABECULA C
TRABECULAR SINUS H'
CORTEX E
RETICULAR NETWORK D
LYMPH NODULE F
GERMINAL CENTER G
DEEP CORTEX I
HEV N'
MEDULLA K
MEDULLARY SINUS H²
MEDULLARY CORDS B/T

EFFERENT LYMPH VESSEL L
ARTERY M
VEIN N

細胞
PHAGOCYTES P
T LYMPHOCYTES T
B LYMPHOCYTES B
MITOTIC LYMPHOCYTES P
PLASMA CELLS Pc
ANTIGEN Ag

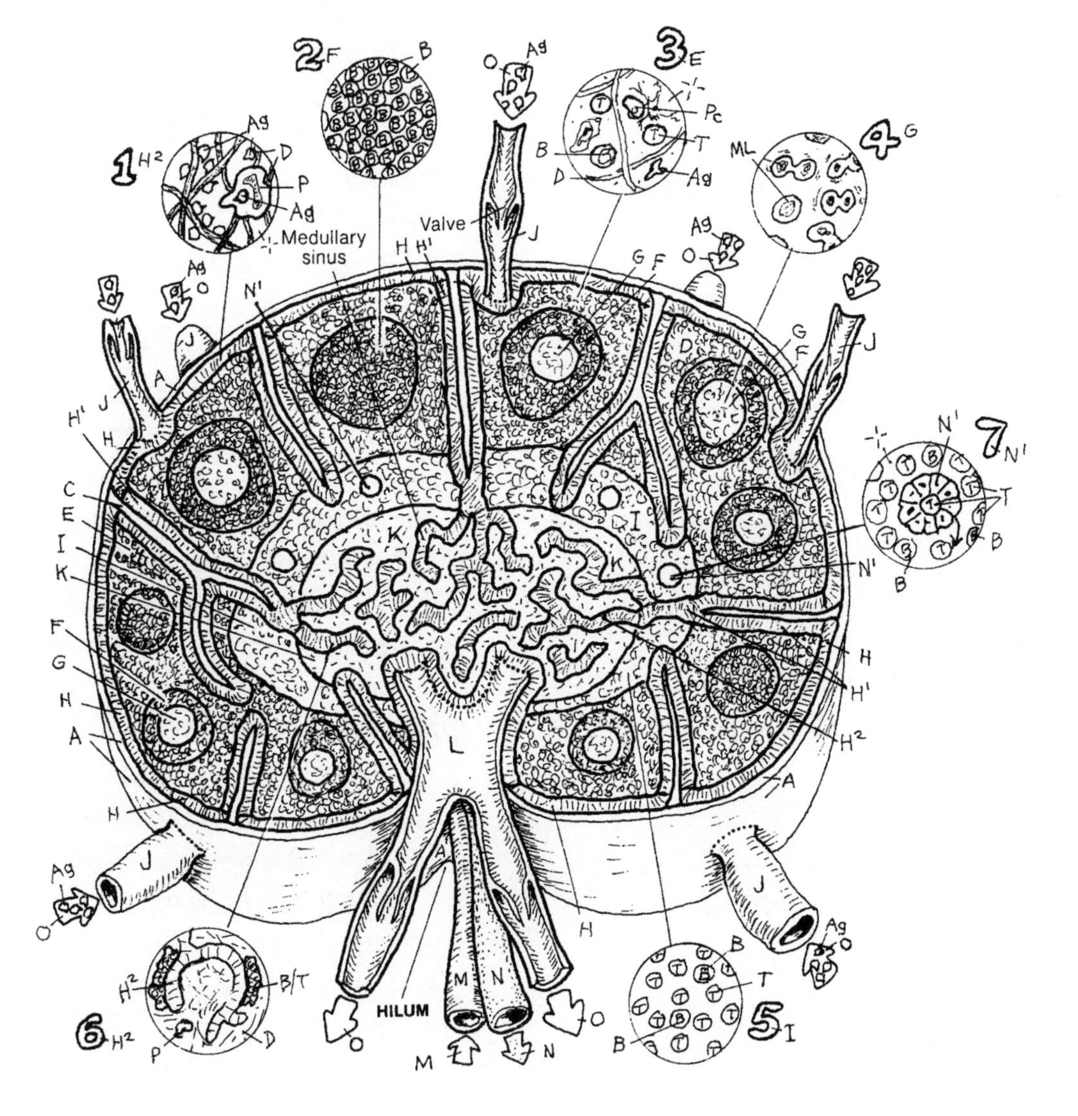

解剖名詞中英對照（按英文字母排序）

Activated follicle 活化的濾泡
Adenoid 腺樣體
Antibody 抗體
Antigen 抗原
Ascending colon 升結腸
B lymphocyte B 淋巴球
Blood vessel 血管
Cecum 盲腸
Crypt 隱窩
Diffuse lymphoid tissue 瀰漫性淋巴組織
Dilated vessel 擴張的血管
Efferent lymph vessel 淋巴輸出管
Epithelial layer 上皮層
Germinal center 生發中心
Ileum 迴腸
Inflamed tonsil 發炎的扁桃體
Inflammatory cells (phagocytes) 發炎細胞（吞噬細胞）
Intestinal fold with villi 具絨毛的腸道皺褶
Mitotic lymphocyte 有絲分裂淋巴球
Mucosa associated lymphoid tissue (MALT) 黏膜相關淋巴組織
Mucosa 黏膜
Palatine tonsil 腭扁桃體
Palatopharyngeal arch 腭咽弓
Peyer's patch 培亞氏淋巴叢／培氏斑
Phagocyte 吞噬細胞
Pharyngeal tonsil 咽扁桃體
Plasma cell 漿細胞
Plataglossal arch 腭舌弓
Primary follicle 初級濾泡
Primary lymphoid follicles 初級淋巴濾泡
Septum 中隔
Submucosa 黏膜下層
Surface vascular streaks 表面血管紋路
Swelling 腫脹
T lymphocyte T 淋巴球
Tonsillitis 扁桃體炎
Tonsils 扁桃體
Uvula 懸雍垂
Vermiform appendix 闌尾

身體所有的上皮和結締組織，都充滿大量無被囊包覆的淋巴組織。這裡我們要討論的是位於黏膜和黏膜下層裡面的淋巴組織。倘若你想不起黏膜的樣子，可參見 14 頁。淋巴組織有可能是一群群或疏鬆或緻密、能活動的淋巴球，它們通常與吞噬細胞合作，扮演抗原呈現細胞以及摧毀者的功能。聚集型的淋巴組織也納入這個類型，它們有些只有單一小結，有些則有許多小結，比如在淋巴結和脾臟裡面所見者。小結有可能在消失之後，為了因應抗原挑戰，又出現新的。**黏膜**（或黏膜下層）**相關淋巴組織**為了因應付抗原挑戰所產生的適應性免疫反應，包括辨識抗原，接著就產生抗體或 T 細胞生成細胞激素，以此來摧毀抗原。

扁桃體是口腔黏膜中一團團的**初級淋巴濾泡**。右頁圖的扁桃體是**腭扁桃體**，有別於咽扁桃體（又稱腺樣體）。它們分別位於兩側的腭舌弓和腭咽弓之間（參見 121 頁）。扁桃體並沒有截然分明的淋巴竇；倒是可以見到微淋巴管注入**淋巴輸出管**中，參見右頁的「濾泡切面圖」。扁桃體發炎（扁桃體炎）是一種先天性免疫反應，一般都是因為抗原刺激所致。扁桃體發炎會引發紅腫（通常黏膜表面會出現一條條小血管），以及異常的熱痛。當致病微生物遇上吞噬細胞與 B 淋巴細胞時，就會活化淋巴球，並觸發適應性免疫反應！於是有絲分裂啟動，生發中心形成，B 和 T 淋巴球數量增加，吞噬細胞和漿細胞出現，針對致病微生物的特異抗體開始生產，T 細胞製備了一批細胞激素，很快就會把侵入的有機體摧毀。以往，扁桃體切除術曾經被視為一種特殊文化的成年禮，但如今只有萬不得已時才會進行切除，比如呼吸道阻塞、慢性感染釀成其他感染等。

培亞氏淋巴叢（或稱培氏斑）是出現在迴腸末端黏膜下層的淋巴濾泡聚合體。淋巴濾泡一般都是零星散布在整條腸道內，但在這裡會比較密集。就像扁桃體，一旦受到抗原刺激，這群濾泡就會增大，同時也展開了適應性免疫反應。

闌尾是盲腸（大腸）起始段上一小段細窄的管狀延伸部位。闌尾含有一些淋巴濾泡，從黏膜下層向上延伸到黏膜的上皮襯膜。闌尾的黏膜會頻繁地受到番茄籽、爆米花核仁、葵花子和食入異物等的損傷，也經常出現發炎現象（闌尾炎）。其適應性免疫反應相當典型：吞噬反應、辨識確認致病的有機體、啟動 T 和 B 淋巴球、淋巴結節／濾泡增大、生發中心出現、漿細胞形成，隨後還形成特異抗體和細胞激素反應。

見121、135、141頁

免疫（淋巴）系統
黏膜層淋巴組織

著色說明：C 使用綠色，細胞請沿用先前採用的顏色。(1) 從左上方的鏤空名稱開始上色，接著分別使用粉紅色和紅色為正常和發炎的扁桃體圖上色。從上到下依序著色，也包括圓形放大圖示（用來區辨濾泡和生發中心裡面的主要細胞）。(2) 為培亞氏淋巴叢的顯微解剖圖解上色。(3) 為闌尾的剖面圖上色，包括右邊放大的圖解，裡面畫出了活化的 T 細胞、吞噬細胞及漿細胞。

PRIMARY FOLLICLE A
GERMINAL CENTER A-ⅰ-
EFFERENT LYMPH VESSEL C

淋巴細胞

MITOTIC LYMPHOCYTE ML
PHAGOCYTE P
B LYMPHOCYTE B
T LYMPHOCYTE T
PLASMA CELL PC
ANTIBODY Ab
ANTIGEN Ag
BLOOD VESSEL BV

TONSIL D　　INFLAMED TONSIL E

D
D
正常的扁桃體

Uvula
Palatopharyngeal arch
Palatoglossal arch
E
E
Surface vascular streaks
發炎的扁桃體

A
D
Crypt

剖面圖

BV
E
Dilated vessel
Crypt
A-ⅰ-
A
A-ⅰ-
A
Septum
Inflammatory cells (phagocytes)

Ag
A
C
B

濾泡剖面

A
A-ⅰ-
C
P
B
ML
Ab
Ab
P

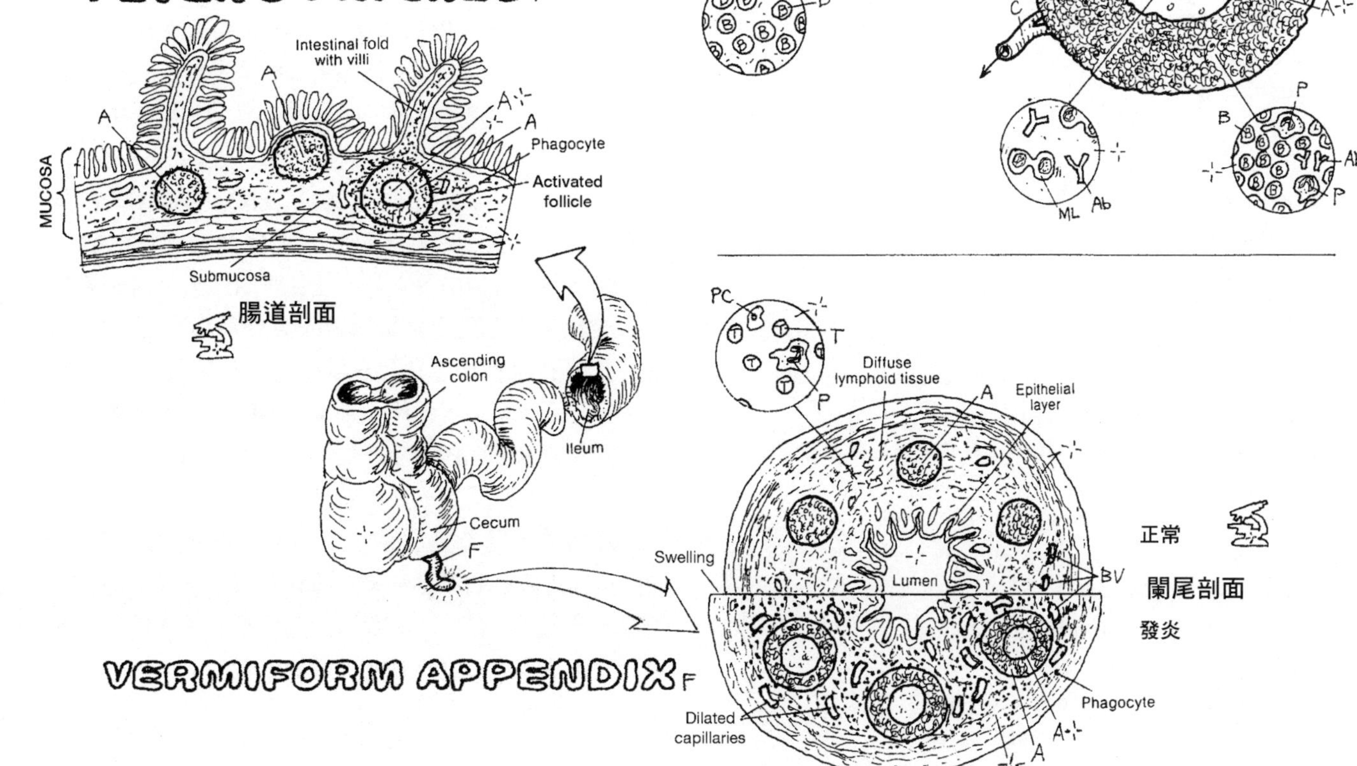

呼吸道藉由胸膈和肋間肌之助，能將空氣傳導至肺部的呼吸單元（吸氣），平均而言，每次吸氣量約為500毫升，因此有充裕氧氣可供血液吸收，而充滿二氧化碳的氣體則可以從體內排放到外部大氣。喉頭能發聲及修飾聲音，並轉變成可理解的聲音，還能發出從美妙旋律到狠毒的狂言惡語等種種不同的聲音。呼吸道能呼出體內過酸的成分（以二氧化碳形式排出），從而協助維持血液的酸鹼平衡。我們體內沒有其他地方能像肺部的空氣／血液介面那樣，透過種種肉眼看不見的微小構造，讓外界能這麼輕易地接觸到受保護的身體內腔。不過，各位很快就會見到，身體確實擁有一套自我保護的方法。呼吸道包含以下兩部分：一是空氣傳導，二是呼吸作用。

空氣傳導的管道包括上呼吸道（**鼻腔**、**咽**、**喉**），以及下呼吸道（氣管、**初級支氣管**和**支氣管樹**）。上呼吸道襯覆著**呼吸黏膜**，但不包括下咽部位（這裡的表面覆蓋的是複層鱗狀上皮）。除了鼻和咽之外，呼吸道框架都是軟骨質，直到最小的氣道（即**細支氣管**）都是如此，到了細支氣管，軟骨才被平滑肌所取代。與氣體交換有關的部位是最小的細支氣管和肺泡（呼吸單元），肺部大半體積都被它們占據。

吸氣和呼氣的必要力量，大半都由肌肉構成的**橫膈膜**提供。另外25%的力量，是由運動肋骨的肋間肌負責。

呼吸道的黏膜大半都襯覆著**偽複層柱狀上皮**及（細支氣管內的）**單層立方上皮**，此外還有會分泌黏液的杯狀腺細胞和游離面上的纖毛。在呼吸性細支氣管和肺泡中，這些細胞轉變成單層鱗狀上皮。在這些過渡型細胞的正上方有泌出的黏液，能陷捕細支氣管／支氣管表面（就在肺泡上方）的外來微粒物質，接著纖毛會強力擺動把黏液送往咽頭以利排出。由於吸入的空氣含有水分，因此氧分子可溶於水氣內，整個含氧的吸入氣體可再藉由位於呼吸道管壁內的血管加溫。上皮細胞由疏鬆的纖維質血管固有層支持，裡面滿含纖維母細胞、淋巴球和淋巴濾泡，這裡就是吞噬反應和免疫反應的作用位置。這個結締組織層的深處是黏膜下層，其特有構造包括管狀的**漿黏液腺**，這種腺體的導管能排放黏液到氣管表面。黏膜下層深處的支持性組織各有不同：鼻腔部分是骨骼；咽頭為橫紋肌和部分平滑肌；喉頭、氣管和支氣管為透明軟骨，而細支氣管則為平滑肌，以及支持肺泡的細纖維。

解剖名詞中英對照（按英文字母排序）

Alveolus 肺泡
Artery 動脈
Bronchial tree 支氣管樹
Bronchiole 細支氣管
Cartilage 軟骨
Cilia 纖毛
Clavicle 鎖骨
Diaphragm 橫膈膜
Epiglottis 會厭
Esophagus 食道
Gland 腺體
Goblet (mucus-secreting) cell 杯狀（黏膜分泌）細胞
Lamina propria 固有層
Laryngopharynx 咽喉
Larynx 喉
Left lung 左肺
Nasal cavity 鼻腔
Nasopharynx 鼻咽
Oral cavity 口腔
Oropharynx 口咽
Perichondrium 軟骨膜
Pharynx 咽
Primary bronchi 初級支氣管
Pseudostratified columnar epithelium 偽複層柱狀上皮
Respiratory mucosa 呼吸黏膜
Respiratory tract 呼吸道
Right lung 右肺
Seromucous gland 漿黏液腺
Simple cuboidal epithelium 單層立方上皮
Trachea 氣管
Trachealis (smooth muscle) 氣管肌（平滑肌）
Vein 靜脈

見28頁

呼吸系統
概論

著色說明：L 用紅色，其他所有部分都塗上淺色。(1) 從呼吸道結構開始上色。(2) 最後完成氣管（D）的橫剖面及呼吸黏膜的顯微切面。

呼吸道

NASAL CAVITY A
PHARYNX B
LARYNX C
TRACHEA D
PRIMARY BRONCHI E
BRONCHIAL TREE F
RIGHT LUNG G
LEFT LUNG G'
DIAPHRAGM H

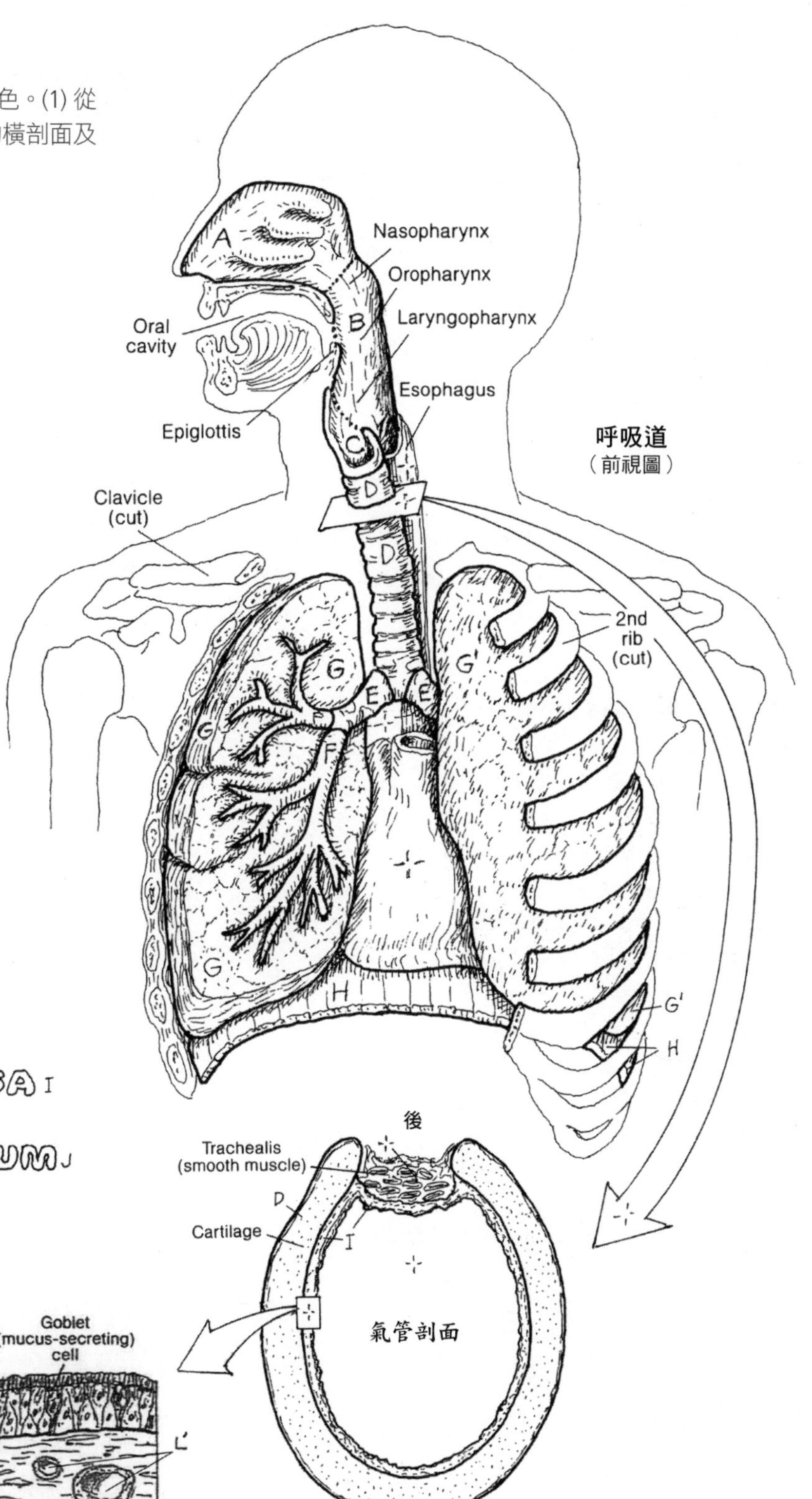

RESPIRATORY MUCOUSA I
PSEUDOSTRATIFIED COLUMNAR EPITHELIUM J
LAMINA PROPRIA K
ARTERY L / VEIN L'
GLAND M

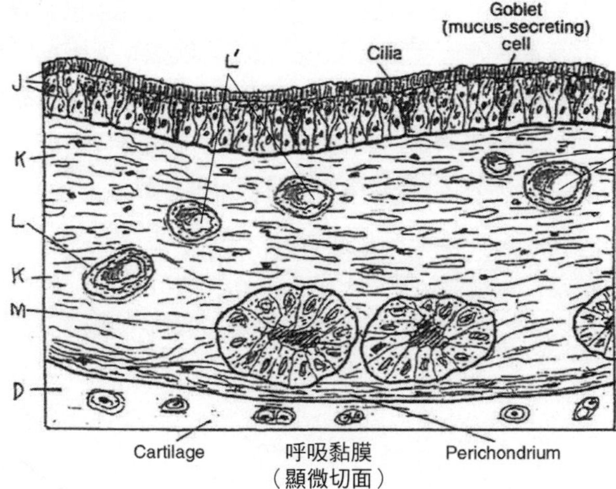

呼吸黏膜
（顯微切面）

解剖名詞中英對照（按英文字母排序）

Alar cartilage 鼻翼軟骨
Body of the maxilla 上頷體
Bridge 鼻樑
Cartilage of nasal septum 鼻中隔軟骨
Choanae 鼻後孔
Ciliated pseudostratified epithelial 偽複層纖毛上皮
Cribriform plate of ethmoid 篩骨的篩板
Cribriform plate 篩狀板
Cristal galli 雞冠
Ethmoid bone 篩骨
Fibro-fatty tissue 脂肪纖維組織
Floor 底
Frontal bone 額骨
Frontal process of maxilla 上頷骨額突
Frontal sinus 額竇
Hard palate 硬腭
Inferior concha 下鼻甲
Inferior meatus 下鼻道
Lateral nasal cartilage 鼻外側軟骨
Lateral wall 側壁
Left choana 左鼻後孔
Left wall 左壁
Maxillary sinus 上頷竇
Meatus 鼻道
Medial pterygoid plate 翼突內側板
Middle concha 中鼻甲
Middle meatus 中鼻道
Nares 鼻孔
Nasal bone 鼻骨
Nasal septum 鼻中隔
Nasopharynx 鼻咽
Olfactory bulb (Cranial nerve I) 嗅球（腦神經 I）
Paranasal sinus 副鼻竇
Perpendicular plate of ethmoid bone 篩骨垂直板
Right choana 右鼻後孔
Right wall 右壁
Roof 頂
Root 鼻根
Soft palate 軟腭
Sphenoid bone 蝶骨
Sphenoidal sinus 蝶竇
Superior concha 上鼻甲
Superior meatus 上鼻道
Tip 鼻尖
Upper lip 上唇
Vestibule of nose 鼻前庭
Vibrissae 鼻毛
Vomer bone 犁骨
Wing 鼻翼

鼻外部凸出於顱骨本體之外，大半為軟骨（除了細小的**鼻骨**之外，全部是軟骨）。鼻孔開口通往顱骨鼻腔的前側，這是個骨性通道，在中線由鼻中隔區分開來，**鼻中隔**本身為部分軟骨、部分硬骨。後側鼻腔開口經由**鼻後孔**通往肌肉構成的咽部。鼻後孔由**犁骨**區分為兩個具骨壁的後側開孔。

鼻子位於臉部前側，所以當臉部受到撞擊時，鼻子經常是首當其衝。遇上這種意外時，可能會導致鼻中隔的軟骨斷落，脫離篩骨垂直板。倘若軟骨偏離中隔，鼻腔另一半的狹窄通道有可能阻塞氣流通過。

鼻前庭表面襯覆皮膚，並長有長毛（鼻毛），可阻擋小生物意外進入。鼻腔覆蓋一層黏膜內襯，黏膜上有獨特的偽複層纖毛上皮細胞及黏液腺。這兩種構造能合力保持鼻腔清潔：一個分泌黏液，陷捕細小異物殘屑和乾涸的黏液，另一個（纖毛）則負責把侵入鼻咽部的細小微粒物質清掃乾淨。

右頁圖中並未畫出鼻腔骨質側壁的細部構造，這部分一般在實驗室的顱骨及矢狀切面圖中都可見到；如果你手上正好有解剖圖鑑，也可以拿來參照。鼻腔的骨質側壁從前到後、由上到下的組成包括：**鼻骨**、上頷骨額突、篩骨和上／中鼻甲、淚骨、上頷體、下鼻甲、翼突內側板和腭骨垂直板。緊貼這些側壁的外側為上頷竇（參見 129 頁）。

三塊骨質鼻甲（鼻甲的額切面曲線優美像海螺貝殼，因此英文名 concha）能擴大鼻腔表面積，大幅提高局部溫度及濕潤內容物。兩側**下鼻甲**各自以一處不能活動的關節（骨縫）與篩骨接合；**上鼻甲**和**中鼻甲**均為篩骨的一部分。鼻甲下間隙，稱為**鼻道**，分別通往充滿空氣的**副鼻竇**（在 129 頁會進一步探討）。請注意，嗅覺神經纖維從鼻腔頂（**篩狀板**）通過；而腦額葉則位於篩狀板上或附近部位。另外請注意鼻腔底部是 (1) **硬腭**，這也是口腔的頂部，以及 (2) **軟腭**，這是骨質腭的肌肉延伸部分。

見22頁

鼻外部、鼻中隔與鼻腔

著色說明：H 和 I 要使用非常淺的顏色。(1) 從上方插圖開始上色。(2) 為鼻腔圖解的鼻中隔及其結構上色。(3) 為鼻腔及相關部位的鏤空名稱，以及最底下的鼻腔側壁圖解上色。

鼻外部

NASAL BONE A
CARTILAGE OF NASAL SEPTUM B
LATERAL NASAL CARTILAGE C
ALAR CARTILAGE D
FIBRO-FATTY TISSUE E

鼻中隔

CARTILAGE OF NASAL SEPTUM B
ALAR CARTILAGE D
PERPENDICULAR PLATE OF ETHMOID BONE F
VOMER BONE G

鼻腔和相關部位

NASAL BONE A
FRONTAL BONE H
SPHENOID BONE I
CRIBRIFORM PLATE OF ETHMOID F'
VESTIBULE OF NOSE D'
SUPERIOR CONCHA J
MIDDLE CONCHA K
INFERIOR CONCHA L
HARD PALATE M
SOFT PALATE N
LATERAL WALL O*

Root
Bridge
A
C
B
E
D
Wing
Tip

鼻外部

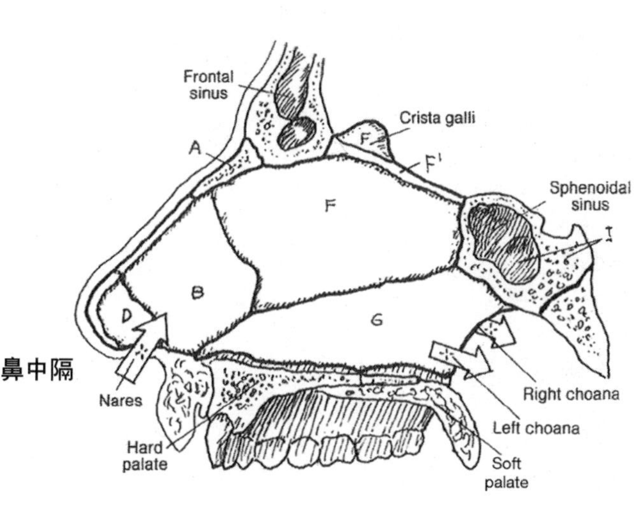

鼻中隔

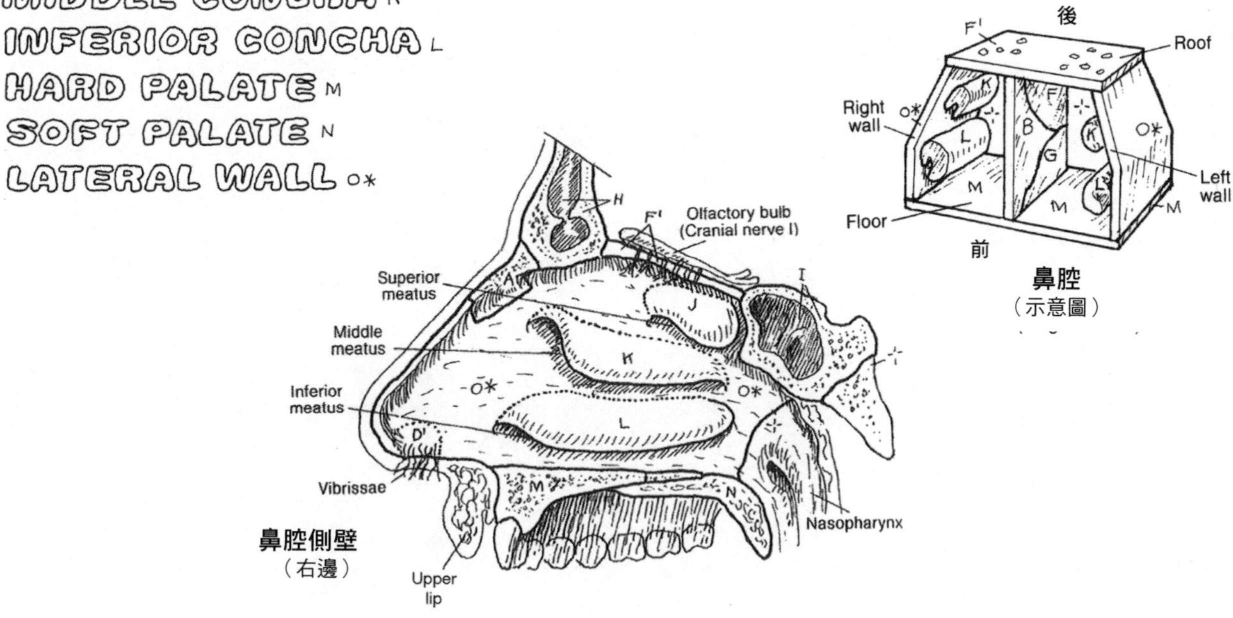

鼻腔
（示意圖）

鼻腔側壁
（右邊）

頭顱有好幾個腔室，其中有幾個是你很熟悉的，包括口腔、鼻腔、外耳和眼眶，但也有一些是你可能還不熟悉的。比如說額、上頜、蝶骨、篩骨和顳骨都有間隙，但不直接通往體外，而是取道鼻腔。此外，鼻子還有個稱為**副鼻竇**的空腔，請與靜脈竇、淋巴竇、心包竇及其他骨質竇做比較。

氣竇能減輕頭顱的重量，增強發聲時的共鳴，還能發出悲鳴的聲音。氣竇襯覆呼吸類上皮，並與鼻腔與鼻咽部的上皮直接續連，甚至還與整個呼吸道的上皮連成一片。這些上皮襯膜的黏液分泌物沿著管道通行，進入鼻甲正下方的鼻腔（鼻道）。其特定的**引流位置**，請見右頁圖解的箭頭標示。一旦這些通道因為發炎腫脹而被堵塞（這種情況在某些人身上可能很頻繁），那麼鼻竇內的壓力就會累積到引發疼痛的程度，這種情況稱為鼻竇炎、鼻竇痛、竇性頭痛。充血緩和劑及抗發炎藥劑一般都能收縮血管，幫助紓解腫脹並恢復鼻竇正常引流。顳骨乳突部的**乳突氣室**位於外耳正後下方（和其他氣室相隔一段距離），並通到中耳腔（鼓室）。乳突氣室經由耳咽管，與鼻腔正後側的鼻咽部相通。

出生時，副鼻竇都很小或不存在，這種狀態直到恆齒發育及青春期時才改觀，這時副鼻竇會變大，明顯影響顏面頭顱的形狀及臉形。

鼻淚管接收淚腺分泌液，淚液能保持眼球的覆蓋層（結膜）濕潤。淚水流入眼瞼內側面的裂隙，這些裂隙通向淚囊，而淚囊則收窄通向鼻淚管，因此淚液會由淚囊流入鼻淚管再進入鼻腔。這些導管向下沿著鼻腔側壁通行，並分從兩側通向下鼻甲的鼻道。

解剖名詞中英對照（按英文字母排序）

Air sinuses 氣竇
Anterior cranial fossa 顱前窩
Auditory tube / pharyngotympanic tube 耳咽管
Ethmoid sinus 篩竇
Floor of anterior cranial fossa 顱前窩底
Frontal bone 額骨
Frontal sinus 額竇
Inferior concha 下鼻甲
Inferior meatus 下鼻道
Mastoid air cell 乳突氣室
Mastoid process of temporal bone 顳骨乳突部
Mastoid sinus 乳突竇
Maxillary bone 上頜骨
Maxillary sinus 上頜竇
Middle concha 中鼻甲
Middle ear cavity 中耳腔
Middle meatus 中鼻道
Nasal cavity 鼻腔
Nasal conchae 鼻甲
Nasal septum 鼻中隔
Nasolacrimal duct 鼻淚管
Opening of auditory tube 耳咽管開口
Orbit 眼眶
Palate 腭
Paranasal air sinus 副鼻竇
Sinus headache 竇性頭痛
Sphenoethmoidal recess 蝶篩隱窩
Sphenoid bone 蝶骨
Sphenoid sinus 蝶竇
Superior concha 上鼻甲
Superior meatus 上鼻道

呼吸系統
副鼻竇

著色說明：沿用你在 128 頁使用的顏色來為本頁的骨頭（A、B、C）和鼻甲（F、G、H）上色；鼻腔請用淺灰色。(1) 為鼻腔側壁的「鼻竇引流位置圖」上色。包括鼻甲的邊緣也要上色，圖中這處部位已經部分切除，以便露出鼻道和相關引流位置。(2) 為冠狀切面圖上色，這是合成圖，呈現的是通向鼻腔的開口，這些構造在其他單一冠狀面上都未顯示。(3) 為下方圖解上色。請注意，鼻淚管和額竇管只有一邊畫出來。

氣竇

FRONTAL A
SPHENOID B
ETHMOID C
MAXILLARY D
MASTOID E

鼻甲

SUPERIOR F
MIDDLE G
INFERIOR H

OPENING OF AUDITORY TUBE I
NASOLACRIMAL DUCT J
NASAL SEPTUM K
NASAL CAVITY L*

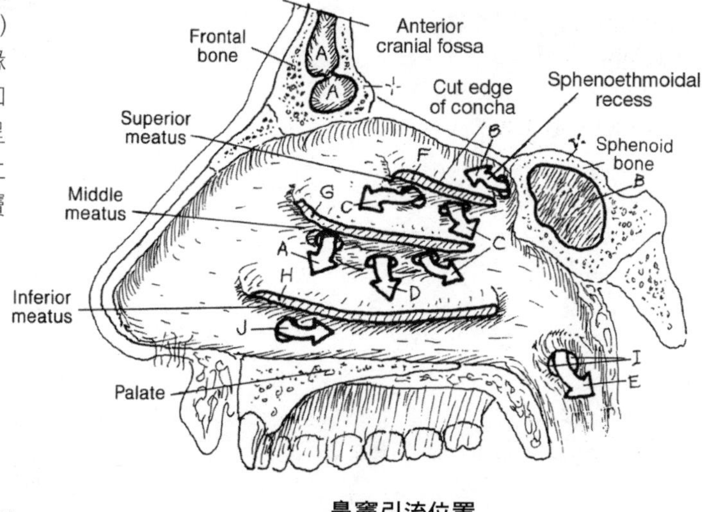

鼻竇引流位置
（鼻腔右側壁，鼻甲已移除）

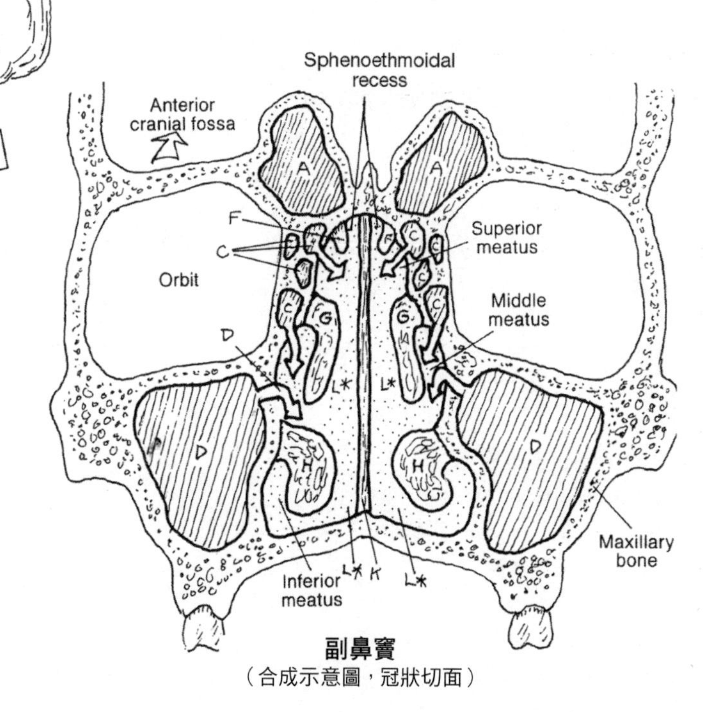

副鼻竇
（合成示意圖，冠狀切面）

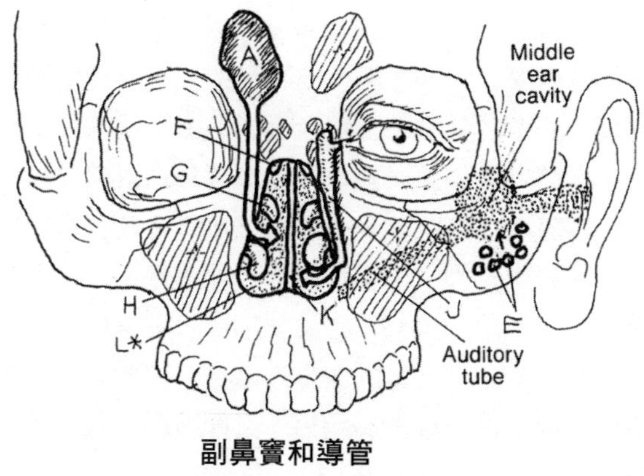

副鼻竇和導管

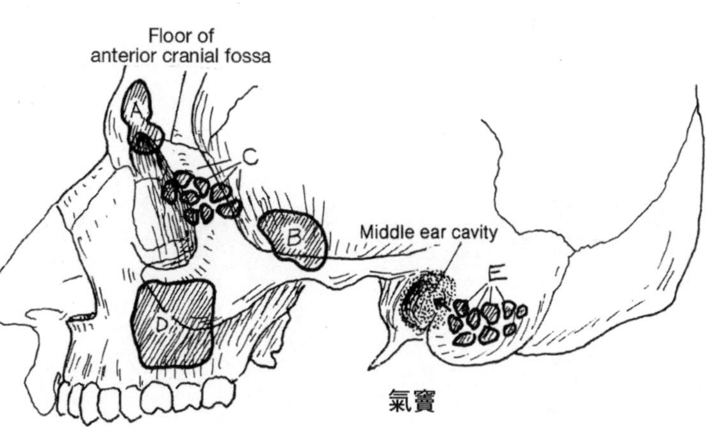

氣竇

解剖名詞中英對照（按英文字母排序）

Air flow 氣流
Anterior arch of C1 第一節頸椎前弓
Arytenoid cartilage 杓狀軟骨
Base of tongue 舌根
Corniculate cartilage 小角狀軟骨
Cricoid cartilage 環狀軟骨
Cricothyroid ligament 環甲韌帶
Cricotracheal membrane 環狀氣管膜
Epiglottis 會厭
Esophagus 食道
Frontal sinus 額竇
Hard palate 硬腭
Hyoid bone 舌骨
Inferior horn 下角
Inferior pharyngeal constrictor 下咽縮肌
Lamina 骨板
Laryngeal cavity 喉腔
Laryngeal prominence 喉結
Laryngopharynx 咽喉部
Larynx 喉
Middle pharyngeal constrictor 中咽縮肌
Nasal septum 鼻中隔
Nasopharynx 鼻咽
Neural canal 神經管
Opening of auditory (Eustachian) tube 耳咽管（歐氏管）開口
Oral cavity 口腔
Oropharynx 口咽
Palatine tonsil 腭扁桃體
Pharyngeal tonsil 咽扁桃體
Pharynx 咽
Piriform recess 梨狀隱窩
Posterior arch of C1 第一節頸椎後弓
Retropharyngeal space 咽後間隙
Rima glottidis 聲門裂
Sinus 竇
Soft palate 軟腭
Sphenoidal sinus 蝶竇
Superior horn 上角
Superior pharyngeal constrictor 上咽縮肌
Thyrohyoid membrane 甲狀舌骨膜
Thyroid cartilage 甲狀軟骨
Thyroid gland 甲狀腺
Tongue 舌
Trachea 氣管
Tracheal rings 氣管環
Tubal tonsil 耳咽管扁桃體
Uvula 懸雍垂
Vallecula 谿
Vestibular fold 前庭襞
Vocal fold 聲帶（褶）

咽是個肌性管腔，開口通往鼻腔後側（**鼻咽部**）和口腔後側（**口咽部**）。這些腔室運用這條管腔將空氣導入上呼吸道（喉），並將飲食導入上消化道。關鍵在於如何避免把食物推進呼吸道（吸入），或把空氣引進食道（打嗝）。咽基本上全由骨骼肌組成，最明顯的部位是**上咽縮肌**、**中咽縮肌**和**下咽縮肌**（參見 137 頁）。這些肌肉有節律地接續收縮，加上把咽頭固定於顱底的其他幾條肌肉，共同發出動力，連同重力一道推動食物嚥下食道（吞嚥，參見 137 頁）。咽喉的協調肌肉活動是吞嚥機制的基礎；而空氣通過咽頭的運動，是呼吸肌肉產生的氣壓差和空氣容積差所引發的作用（參見 133 頁）。

喉首先就是空氣進出肺部的通道。連同這項功能，它還能以本身的聲帶褶機械式封閉呼吸道，以免將固體物質吸入肺中。其次，喉頭還提供一種機械方式來發出聲音，還能做各種不同的音調、音色及音量變化。

喉有一個以韌帶相連的透明軟骨框架。喉管腔在上方與**咽喉部**延續，下方則與氣管延續。它的前側面毗鄰疏鬆的筋膜和皮膚；後側鄰接咽喉部和頸部食道。脊柱頸段位於食道後側，兩者中間是寬窄不一的**咽後間隙**。間隙裡面滿布血管，倘若脊柱頸段因伸展過度受創，這裡就有可能成為出血蓄積的部位。通常喉頭是位於脊椎骨 C2 和 C6 之間。

儘管和喉有關，但舌骨卻不是喉部結構的一環。**舌骨**提供甲狀舌骨膜（韌帶，起自**甲狀軟骨**）的附著點。請注意，甲狀軟骨並沒有後側面。喉結（俗稱亞當蘋果）從表面就能觸摸到，通常見於青春期後的男生。**環狀軟骨**的形狀就像個印章指環，面朝後側，位置在第一道氣管環上。**杓狀軟骨**和環狀軟骨的頂部以關節相連，並以之為樞軸。聲帶褶（聲帶）是襯覆黏膜的韌帶，伸展跨連於甲狀軟骨及杓狀軟骨之間。聲帶的張力（改變音高）是由甲狀軟骨上下傾來操控。杓狀軟骨外展／內收，能改變**聲門裂**開口的大小與形狀。呼吸時，杓狀軟骨外展；咳嗽時，軟骨會短暫全面內收（閉鎖聲門裂，並容許胸腔內壓提高），接著軟骨外展以便排出困陷的氣體。在發聲期間，聲帶褶一般都是內收，並跟著音高和音量的改變而發生一些變化。**前庭襞**又稱為假聲帶，是一種纖維組織，只能被動移動。吞嚥時，它們有可能會阻塞呼吸道，也確實會發生。

咽與喉

著色說明：N、O和Q要使用鮮亮的顏色。(1) 從右上角的概觀圖解開始上色。(2) 為矢狀剖面的大圖解上色；代表氣流的箭頭要塗灰色。請注意，咽／喉周圍不用上色的構造，是你上色時的參考架構。(3) 請同步完成這六幅圖解的上色。

咽和喉
（示意圖）

A
H
Esophagus
Trachea

PHARYNX A
NASOPHARYNX B
PHARYNGEAL TONSIL C
OROPHARYNX D
PALATINE TONSIL E
LARYNGOPHARYNX F

HYOID BONE G

LARYNX H
LARYNGEAL CAVITY H'
EPIGLOTTIS I
THYROID CARTILAGE J
THYROHYOID MEMBRANE K
CRICOID CARTILAGE L
CRICOTHYROID LIGAMENT M
ARYTENOID CARTILAGE N
CORNICULATE CARTILAGE O
VESTIBULAR FOLD P
VOCAL FOLD Q
RIMA GLOTTIS R*

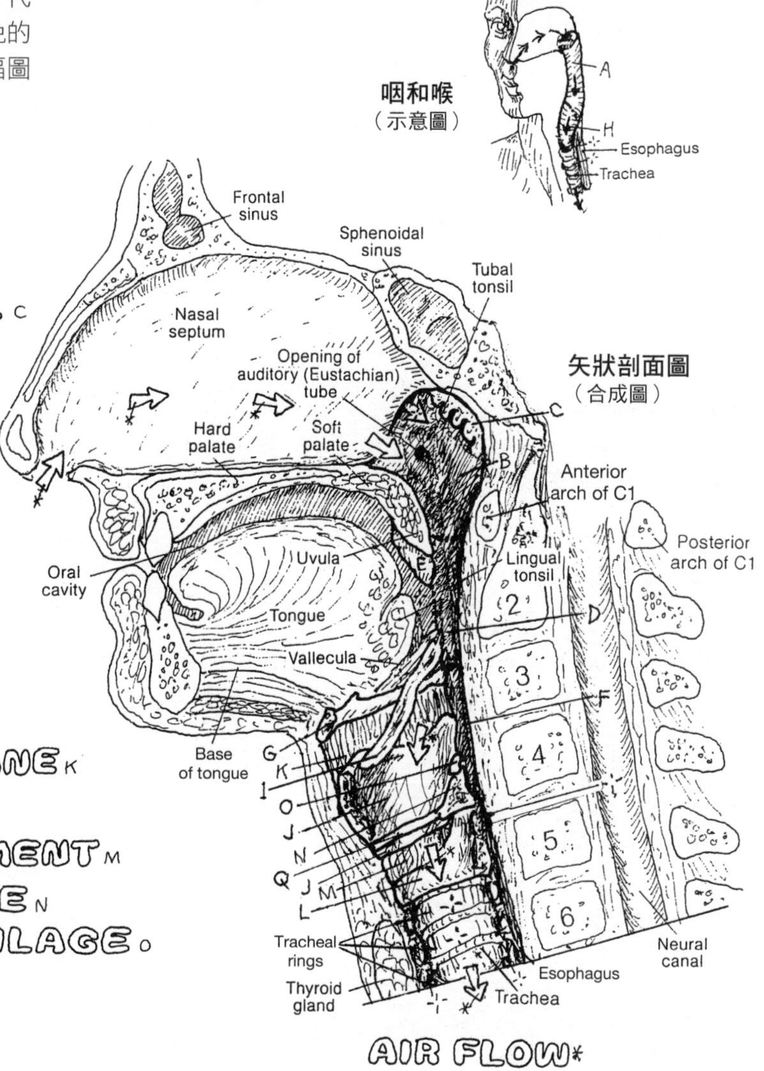

AIR FLOW*

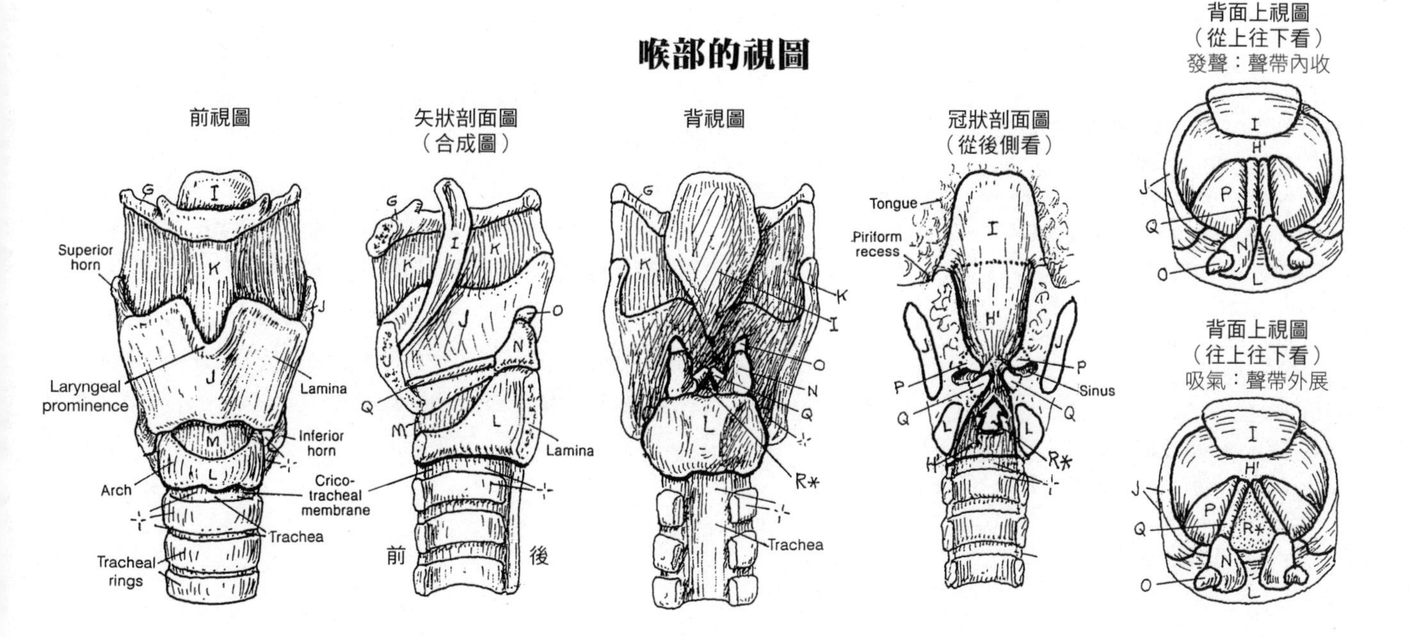

肺是呼吸系統的主要器官。肺臟的組成包括氣室（肺泡）、一套管道系統（支氣管、細支氣管及肺泡管；參見 132 頁），這套管道在吸氣時把空氣輸往肺泡，並在呼氣時把空氣送出肺泡。肺臟屬於輕盈的海綿質，太半充滿了氣體。肺臟占了胸腔外側的三分之二，而正中的三分之一則是縱膈腔（參見 103 頁）。各肺的肺根（**肺門**）就是支氣管導入肺臟、肺動脈進入肺臟，以及肺靜脈導出肺臟的位置。左右肺表面的最低處分別鄰接胸膈，胸膈是主要的呼吸肌（參見48頁）。左右肺的後側、外側及前側面，分別以脊柱（參見 25 頁）、肋骨（參見 28 頁）以及肋間肌（參見 48 頁）為界。右肺上下以水平裂及斜裂區隔為上、中、下三葉；左肺兩葉則以一道斜裂隔開。

左右兩肺之間以縱膈隔開。兩肺的外面都包覆著**臟層胸膜**，這是一層細薄的間皮漿膜層（單層鱗狀上皮），間雜些許輕盈的纖維組織。臟層胸膜在兩肺的肺根外轉（反摺）並轉變成**壁層胸膜**，接著便襯覆胸壁內表面、縱膈外側以及橫膈的大半部分。各層的壁層胸膜都以鄰接器官或構造來加以區辨，比如縱膈胸膜、肋胸膜、橫膈胸膜或頸胸膜等。壁層胸膜起自胸廓上口，並穿越胸廓上口把肺部完全蓋住，形成所謂的**胸膜圓頂**。

臟層與壁層胸膜之間夾了一個潛在的空腔（胸膜腔），內含一層細薄的液體（水樣的醣蛋白）；一旦染上某些疾病，讓細胞外液滲入兩層胸膜之間，這處腔隙就會擴大而拖累肺臟去遷就增多的液體（胸膜積水），導致肺總量縮減。正常情況下，在兩層胸膜之間，會存在少量的一層漿液，維持相當程度的表面張力，防止臟層和壁層胸膜分離。

壁層胸膜保持完整相當重要。胸膜間的環境低於大氣壓力，若是壁層胸膜受到破壞，具有彈性的肺臟就有可能朝肺根塌陷（也就是氣胸）。

在靜態呼氣期間，襯覆臟層胸膜的肺臟下緣和前緣不會觸及到壁層胸膜，在兩胸膜層之間會留有一處狹窄的間隙或隱窩。這是介於肋骨架和縱膈（右頁圖未畫出）之間的肋縱膈隱窩，而在肋骨架和橫膈膜之間的就稱為肋橫膈隱窩（參見右頁圖的冠狀剖面圖）。

解剖名詞中英對照（按英文字母排序）

Alveolar duct 肺泡管
Apex of lung 肺尖
Ascending aorta 升主動脈
Cardiac notch 心切跡
Carina 隆凸
Clavicle 鎖骨
Colon 結腸
Costodiaphragmatic recess 肋橫膈隱窩
Costomediastinal recess 肋縱膈隱窩
Diaphragm 橫膈
Esophague 食道
Heart and great vessel 心臟和大血管
Hilum 肺門
Horizontal fissure 水平裂
Left crus of diaphragm 橫膈左腳
Left kidney 左腎
Left main bronchus 左主支氣管
Left pulmonary artery 左肺動脈
Mediastinal surfaces 縱膈面
Oblique fissure 斜裂
Pancreas 胰臟
Parietal pleura 壁層胸膜
Pleurae 胸膜
Pleural effusion 胸（肋）膜積水
Pleural reflection 胸膜褶
Pleural space 胸膜腔
Potential pleural space 潛在胸膜間隙
Recess 隱窩
Right main bronchus 右主支氣管
Right pulmonary artery 右肺動脈
Root of lung 肺根
Sternum 胸骨
Superior vena cava 上腔靜脈
Thoracic aorta (descending) 胸主動脈／降主動脈
Trachea 氣管
Visceral pleura 臟層胸膜

呼吸系統
肺葉與胸膜

著色說明：A 至 E 使用鮮亮的顏色，F 和 G 使用非常淺的顏色，H 則使用紅褐色。為了方便上色，胸膜 F 和 G 的厚度已經放大。(1) 為前視圖上色；肋骨和肋間肌已經移除（參見 48 頁）。兩層胸膜（F、G）已剝除、分開，以露出胸膜腔。這處潛在的間隙以深色線條描繪。(2) 為冠狀剖面圖上色。(3) 為右上方經過第五節胸椎的橫切面圖解（由上往下看）上色（包括肺葉，胸膜、支氣管及血管）。

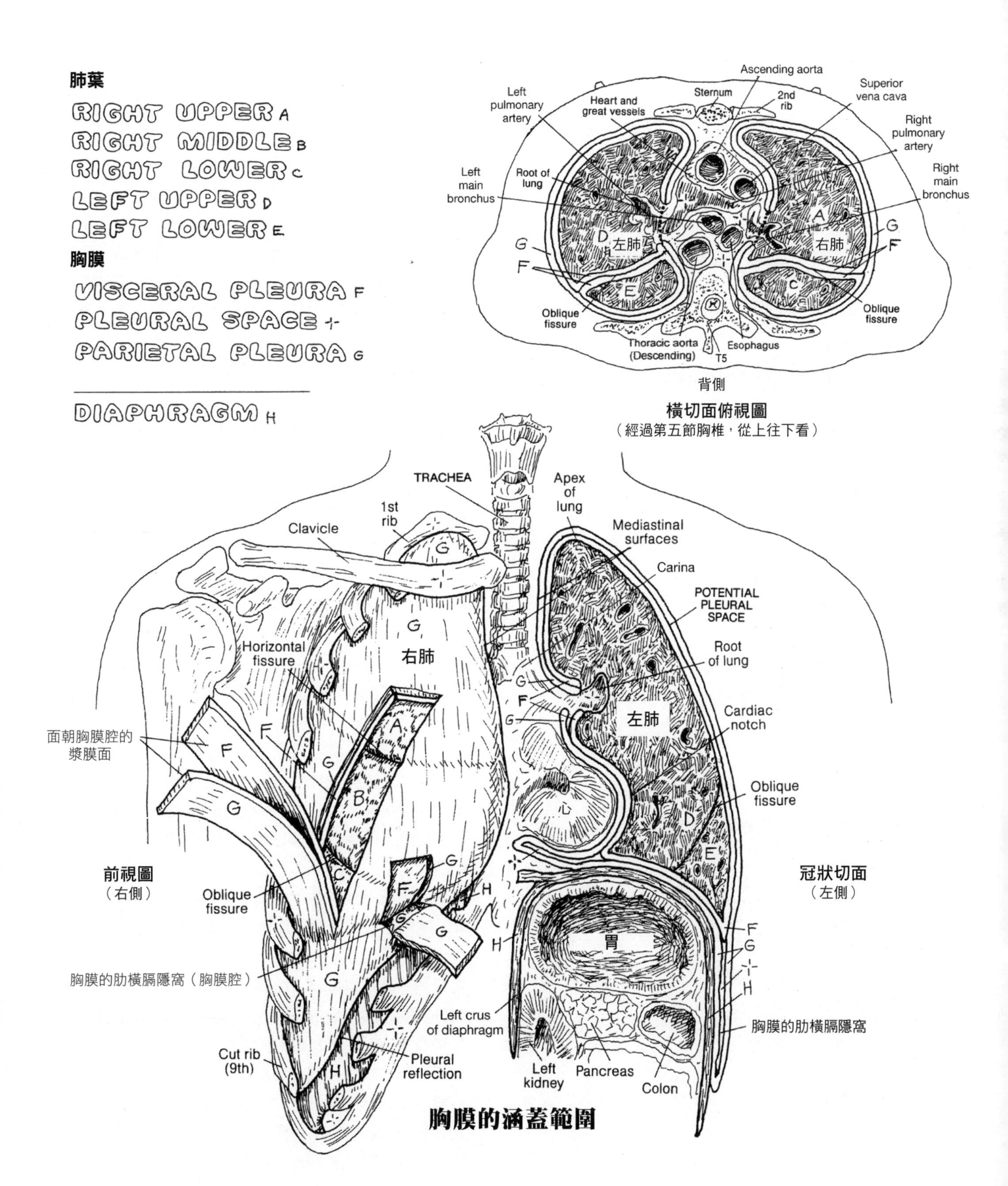

胸膜的涵蓋範圍

下呼吸道由氣管、**支氣管樹**和呼吸單元組成。**氣管**由長串的不完整的 C 型軟骨環組成，其中各對都以纖維彈性組織相連。各個 C 型軟骨環的末端都在後側接合，橋接的平滑肌稱為**氣管肌**。氣管的起點是在喉部環狀軟骨的下邊界，就在第六頸椎（C6）節段。氣管繼續往下延伸至分叉點，在第四節胸椎（T4，即主動脈弓平面上）區分為左、右**主支氣管**（**初級支氣管**）。

左右主支氣管都從**肺門**進入肺中，其中的右主支氣管較粗短，也較偏垂直。右主支氣管一般分出三條**肺葉支氣管**（也稱次**級支氣管**），並通往上、中、下三片肺葉。左主支氣管分成兩條肺葉支氣管，分別通往上、下肺葉。各肺葉都以纖維中隔區分成角錐狀且能以手術切除的解剖暨功能性單元，稱為**支氣管肺節**。各個肺節分別有一條**肺節支氣管**（**三級支氣管**），而且每個肺節都有一條肺節動脈負責供血，以及肺節靜脈和淋巴管負責排流。

肺葉和肺節的數量或有差異，右頁圖所示的左右肺分具 10 條肺節。在此圖中，你可以看到右肺的肺節 #4 和 #5，跟左肺該兩節的位置並不一樣。在某些情況下，**頂節**及**後節**會合而為一，而**前基底節**和**內基底節**也彼此結合，這樣一來，左肺就只剩下 8 個肺節了。

對肺臟外科醫師和臨床醫師來說，了解肺節三維配置的相關知識特別重要，因為他們必須找出肺部病灶的精確位置。

每個支氣管肺節內，都有一條肺節支氣管會分支成好幾條**細支氣管**，每條直徑都不到一毫米，沒有軟骨，全靠平滑肌支持。這些細支氣管還會分支成更小的**終末細支氣管**，其典型特徵是立方形纖毛細胞、沒有腺體。倘若纖毛位置的下方存在著腺體（杯狀）細胞，液體就會在肺泡中積聚，這是不健康的情況。終末細支氣管代表空氣傳導路徑的終點。

每條終末細支氣管分別分叉成兩條或多條的**呼吸性細支氣管**，其典型特徵是管壁偶爾可見少數的肺泡囊。每條呼吸性細支氣管都支援一個**呼吸單元**，這是指一個個列置在肺泡囊內的肺泡離散群，由**肺泡管**供氣。每條呼吸性細支氣管分別從源頭的細支氣管向下延伸，所屬肺泡囊的數量也越來越多。肺泡壁由單層鱗狀上皮組成，並由一層層細薄、交織的彈性纖維和網狀纖維來支持，其周圍分布微血管，這群微血管起自**肺小動脈**，隨後變成**肺小靜脈**的支流。這批微血管的管壁和結構雷同的肺泡合併。氧氣和二氧化碳能迅速隨著壓力差，擴散滲透過這些管壁。

解剖名詞中英對照（按英文字母排序）

Alveolar duct 肺泡管
Alveolar sac 肺泡囊
Alveolus wall 肺泡壁
Alveolus 肺泡
Anterior basal segment 前底節
Anterior segment 前節
Apical segment 頂節
Basal (diaphragmatic) suface 基底面／橫膈面
Bronchial tree 支氣管樹
Bronchiole 細支氣管
Bronchopulmonary segment 支氣管肺節
Capillary network 微血管網絡
Capillary wall 微血管管壁
Carbon dioxide 二氧化碳
Contiguous basal laminae 連續性基底板
Inferior segment 下節
Lateral basal segment 外側底節
Lateral segment 外側節
Left inferior lobar bronchus 左下葉支氣管
Left superior lobar bronchus 左上葉支氣管
Lobar bronchi 肺葉支氣管
Lower lobe 下葉
Main primary bronchus 初級主支氣管
Medial basal segment 內側底節
Medial segment 內側節
Middle lobe 中葉
Oxygen 氧氣
Posterior basal segment 後底節
Posterior segment 後節
Pulmonary arteriole 肺小動脈
Pulmonary venule 肺小靜脈
Red blood corpuscle 紅血球
Respiratory bronchiole 呼吸性細支氣管
Right inferior lobar bronchus 右下葉支氣管
Right middle lobar bronchus 右中葉支氣管
Right superior lobar bronchus 右上葉支氣管
Root of the lung 肺根
Secondary bronchus 次級支氣管
Segmental bronchi 肺節支氣管
Superior segment 上節
Terminal bronchiole 終末細支氣管
Tertiary Bronchi 三級支氣管
Trachea 氣管
Trachealis 氣管肌
Upper lobe 上葉

呼吸系統
下呼吸道

著色說明： H 用藍色，I 用紫色，紅色則保留給 J。(1) 使用 10 種不同的顏色來為兩側的各個肺節上色，鎖定這些顏色為 10 條支氣管肺節上色。(2) 跟著箭頭通往呼吸單元。肺泡（G¹）和肺泡囊（G）使用淺色。仔細看看氣體交換圖解，請注意，微血管 (I) 中的紅血球必須根據氧合作用階段，分別塗上三種不同顏色。

TRACHEA A
MAIN PRIMARY BRONCHUS B
LOBAR (SECONDARY) BRONCHUS C

1 APICAL　2 POSTERIOR　3 ANTERIOR　4 LATERAL (R.L.)
4 SUPERIOR (L.L.)　5 MEDIAL (R.L.)　5 INFERIOR (L.L.)
6 SUPERIOR　7 MEDIAL BASAL　8 ANTERIOR BASAL
9 LATERAL BASAL　10 POSTERIOR BASAL

左肺

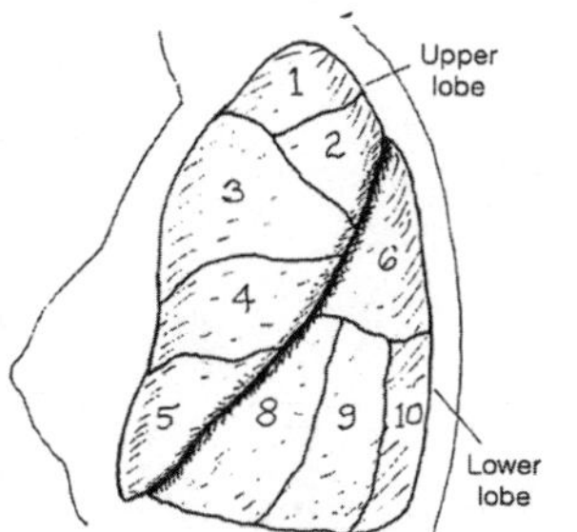

左側視圖

右肺

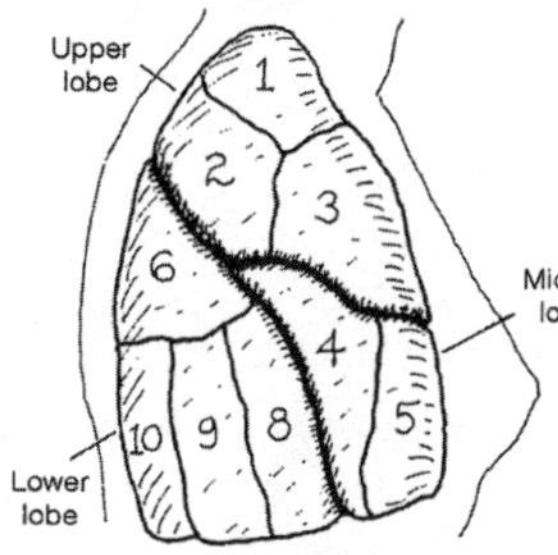

右側視圖

支氣管樹

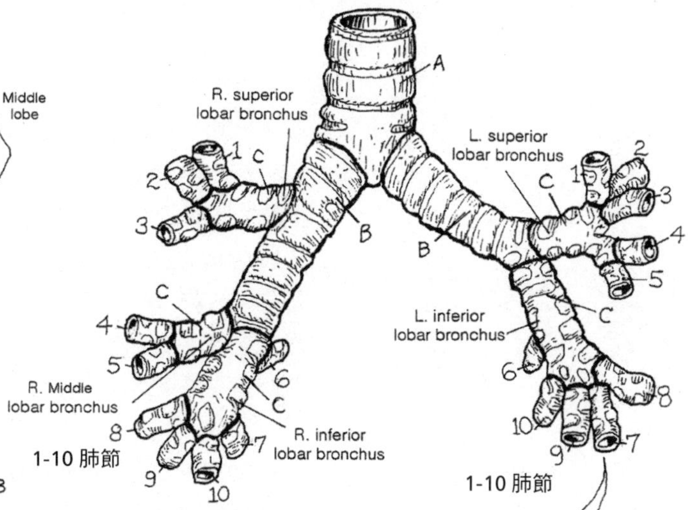

支氣管肺節
左主支氣管

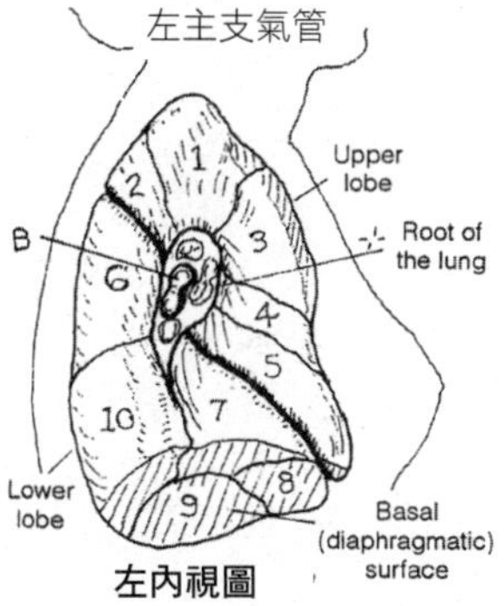

左內視圖

支氣管肺節
右主支氣管

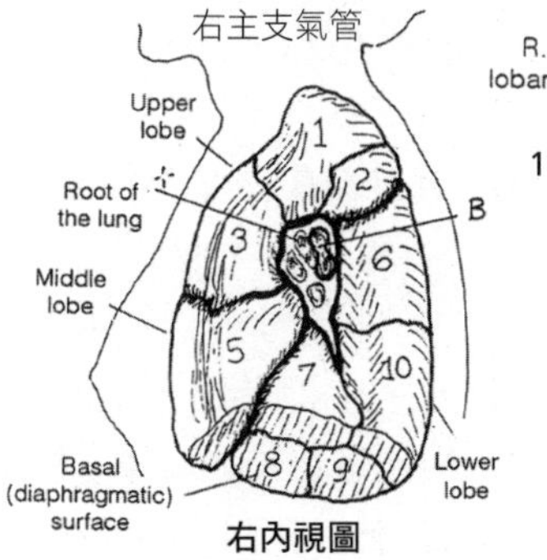

右內視圖

終末呼吸單元

BRONCHIOLE D
RESPIRATORY BRONCHIOLE E
ALVEOLAR DUCT F
ALVEOLAR SAC G
ALVEOLUS G¹
PULMONARY ARTERIOLE H
CAPILLARY NETWORK I
PULMONARY VENULE J

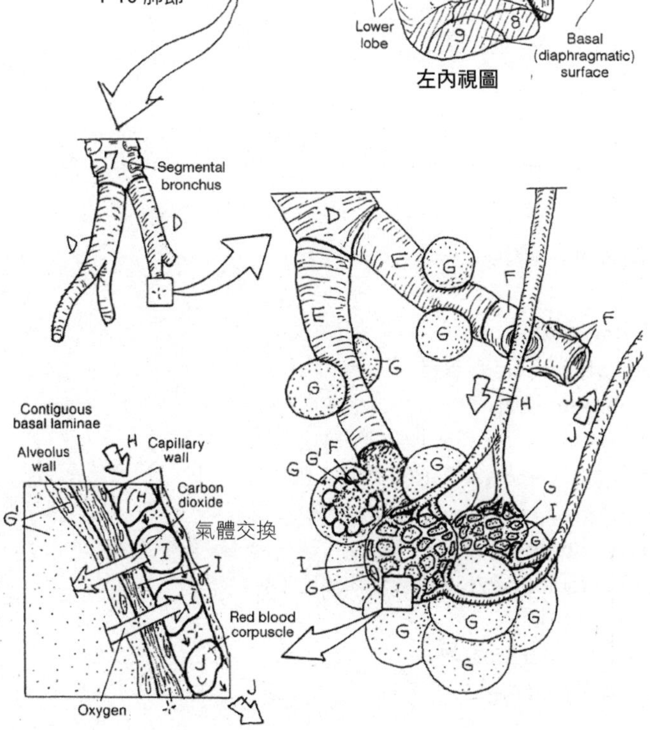

我們靠呼吸機制進行呼吸作用。呼吸流程包括把空氣吸入肺中（吸氣），以及把缺氧氣體回歸周圍大氣（呼氣）。就像心肌收縮，呼吸也是一種終其一生都有的現象：生命以此起始，也在呼吸終止時結束。

空氣移動進出胸腔的基本物理原理，就是壓力與體積的逆相關（反比）：其中一個提高，另一個就下降。大自然不利於形成真空；胸腔空間容積增大，空氣就會經由口鼻被吸進去。縮小胸腔的空間容積，空氣就會經由口鼻洩出。

平常靜靜呼吸時，增大胸腔容積就會降低胸腔內壓 1 ～ 2 毫米水銀柱高，空氣就會經由口鼻被吸入肺中。這個作用稱為吸氣。要想增大胸腔內容積，增加胸腔垂直尺寸，可以採用以下幾種方法：

(1) **收縮胸膈**。胸膈收縮時會變得平坦，胸腔的上下尺寸也隨之增大。
(2) **收縮肋間外肌**。這會把肋骨拉到比脊柱高的位置。這樣一來，肋骨便會將胸骨往外推；較下方的大肋骨往上提；胸腔的前後尺寸也隨之增大。
(3) 透過**胸鎖乳突肌**把鎖骨和肋骨架向上抬升。經由這些動作，約有 500 毫升的空氣就會經由鼻腔、口腔、咽、喉、氣管和支氣管樹吸入肺中。在整個呼吸活動中，胸膈落實了 75%，而肋間外肌約占 25%。

肺中空氣的體積減小就是**呼氣**，這時氣壓會提高，驅動空氣去尋找氣壓較低的合適環境。要減小胸腔內的尺寸，可以採用以下幾種方法：

(1) 鬆弛胸膈，讓它被腹腔內臟（肝、胃和脾臟）向上推升。這會減小胸腔的上下尺寸，從而減小肺內容積。於是肺中壓力提高，促使空氣經由唯一可行路徑離開，也就是呼氣（從口鼻呼出）。
(2) 鬆弛肋間外肌（由腦中的呼吸中樞觸動）及收縮**肋間內肌**（緊貼於肋間外肌深處）。這群肌肉的肌纖維走向，和肋間外肌的纖維走向相反。肋間內肌收縮會降低肋骨架，也讓胸骨重新朝向中心移動，從而縮減前後尺寸，並縮小肺臟容積。正常呼氣時，肺中氣壓增高，約 500 毫升空氣流入呼吸道並湧出口鼻。

解剖名詞中英對照（按英文字母排序）

Air flow 氣流
Body of sternum 胸骨體
Diaphragm 橫膈
External intercostal muscle 肋間外肌
Internal intercostal muscle 肋間內肌
Rib & costal cartilage 肋骨和肋軟骨
Sternal angle 胸骨角
Sternocleidomastoid muscle 胸鎖乳突肌
Sternum 胸骨
Thoracic vertebrae 胸椎
Thoracic wall 胸壁

見28、48頁

呼吸系統

呼吸的機制

著色說明：除了E使用鮮亮顏色或深色之外，其他全部使用淺色。(1)為左下方「吸氣」圖解的B、D、E、F等鏤空名稱及相關構造上色。鬆弛的橫膈是彎曲的虛線E；而收縮的橫膈則以筆直的實線E代表。請注意可著色的箭頭，指出的是肌肉的收縮方向（E、F）和肋骨架動作（C）。為標示空氣進入的箭頭（H）上色。(2)為「呼氣」圖解及相關鏤空名稱（G）上色；為橫膈鬆弛作用／相關箭頭（E）、G的收縮／收縮方向及呼出空氣的箭頭（H）上色。(3)為右上方的呼吸運動圖解上色。

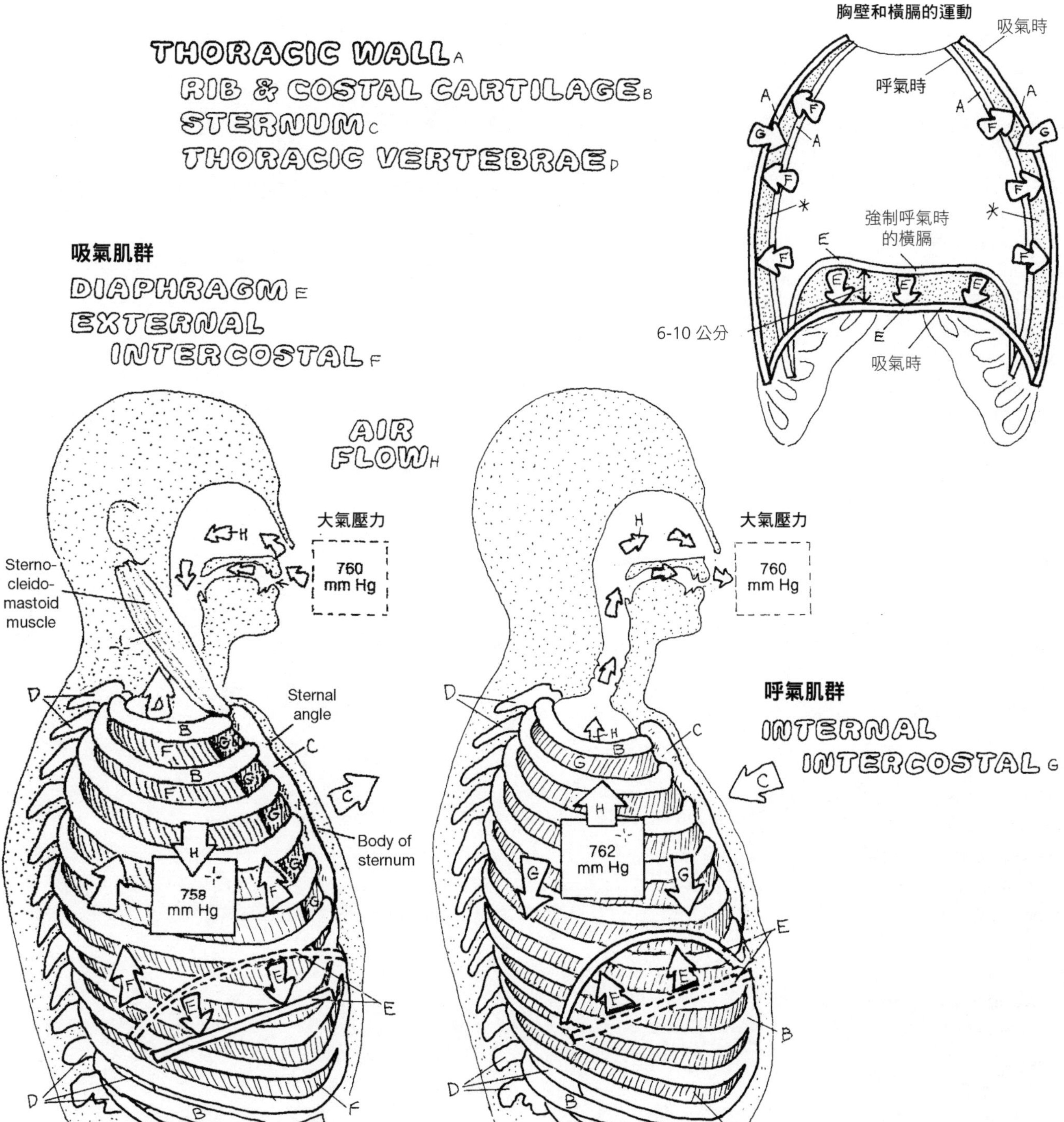

消化系統由一條**消化道**及**附屬器官群**一起組成。消化道的起點是**口腔**，攝入的食物經牙齒研磨，同時由**唾液腺**分泌液軟化並局部消化。舌頭在機械式操控食物（食團）中有輔助作用，並在吞嚥時翻攪食物，推入纖維肌性的咽頭。

食道透過肌肉的蠕動收縮來移動食團，一路進入**胃**部。到了胃內，食團會經歷機械性及化學性消化作用，隨後進入高度盤曲的**小腸**，接受更多酵素性和機械性的消化處理。膽汁能協助分解脂肪，由**肝臟**生成並儲積在**膽囊**裡面，接著會泌出並經由一條**膽管**注入**十二指腸**。**胰臟**的消化酶同樣也注入十二指腸。大小像分子的營養成分主要在小腸內腔被吸出，經由襯膜細胞吸收後轉移到微血管和微淋巴管中，最後會送到肝臟進行處理。**大腸**的功能，跟礦物質與水分的吸收（近端半段）及儲積有關。未消化、未吸收的物質繼續向**直腸**移動，最後經由**肛管**和肛門排出。

解剖名詞中英對照（按英文字母排序）

Alimentary canal 消化道
Anal canal 肛管
Ascending colon 升結腸
Bile ducts 膽管
Cecum 盲腸
Colon 結腸
Descending colon 降結腸
Diaphragm 橫膈
Duodenum 十二指腸
Epiglottis 會厭
Esophagus 食道
Gallbladder 膽囊
Hard palate 硬腭
Ileum 迴腸
Jejunum 空腸
Large intestine 大腸
Laryngopharynx 咽喉部
Larynx 喉
Left lung 左肺
Liver 肝臟
Nasal cavity 鼻腔
Oral cavity 口腔
Pancreas 胰臟
Parotid gland 腮腺
Pharynx 咽
Rectum 直腸
Right lung 右肺
Salivary gland 唾液腺
Sigmoid colon 乙狀結腸
Small intestine 小腸
Spleen 脾臟
Stomach 胃
Sublingual gland 舌下腺
Submandibular gland 頷下腺
Teeth. 牙齒
Tongue 舌頭
Trachea 氣管
Transverse colon 橫結腸
Vermiform appendix 闌尾

消化系統
概論

著色說明：使用最淺的幾個顏色，分別為 D、E、T、V 和 W 上色。倘若有些器官或結構有部分重疊，每個重疊部分都要重疊塗上雙方的顏色。(1) 完成消化道的上色後，請再看一遍該結構後，再接著為附屬器官群上色。橫結腸（J）的中央段已經移除，以便露出更深處的結構。(2) 為右上角的消化道人體示意圖塗上灰色。

消化道

ORAL CAVITY A
PHARYNX B
ESOPHAGUS C
STOMACH D

小腸

DUODENUM E
JEJUNUM F
ILEUM G

大腸

CECUM H
VERMIFORM APPENDIX H'

結腸

ASCENDING COLON I
TRANSVERSE COLON J
DESCENDING COLON K
SIGMOID COLON L
RECTUM M
ANAL CANAL N

附屬器官

TEETH O
TONGUE P

唾液腺

SUBLINGUAL Q
SUBMANDIBULAR R
PAROTID S
LIVER T
GALLBLADDER U
BILE DUCTS V
PANCREAS W

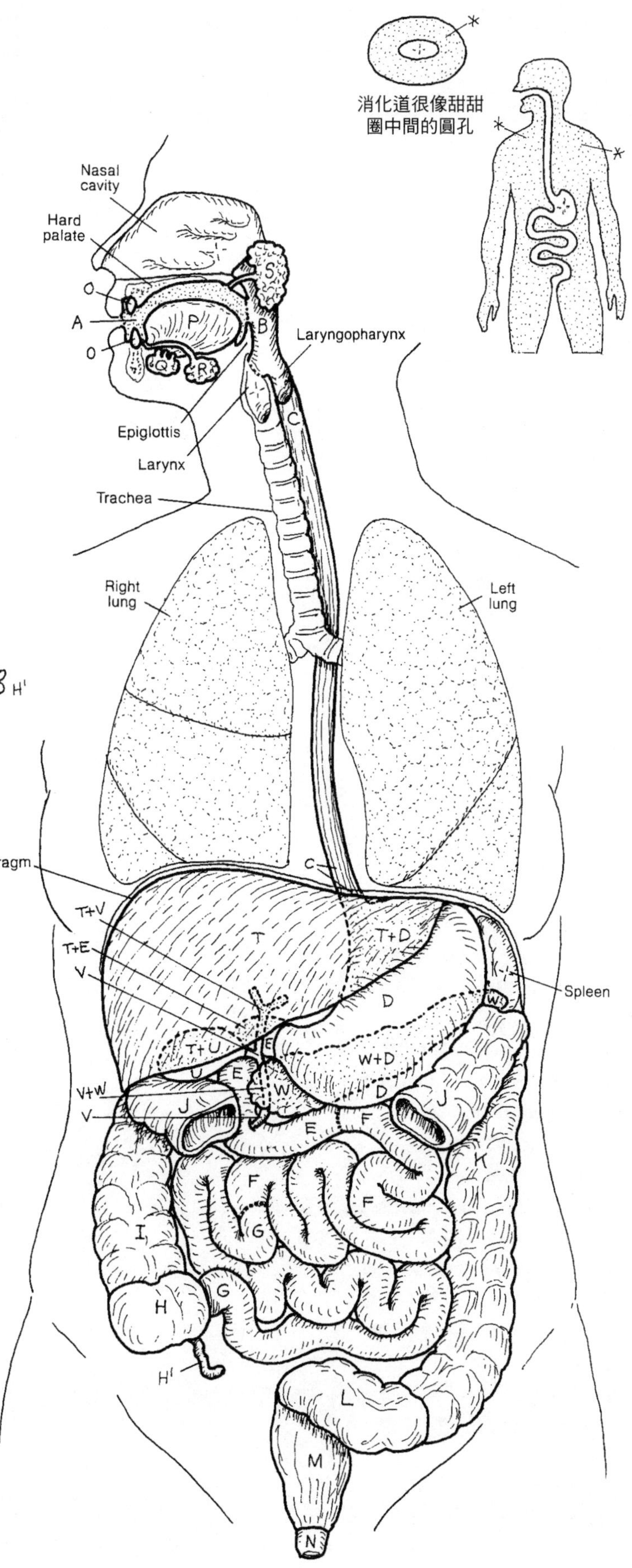

口腔的基本功能是用來預備食物以供吞嚥。牙齒（參見 136 頁）藉由咀嚼動作來研磨食物（機械性消化作用），這是由咀嚼肌及顳顎關節（見 45 頁）所促成的，這處關節可讓嘴巴張開，讓上下門牙相距 35 ～ 50 毫米。舌頭和襯覆口腔的黏膜上面有數千個黏液腺及漿液腺，這些腺體能發揮濕潤食物的功能。濕潤和酵素作用也是唾液腺的功能（參見下文）。舌頭的背面有乳頭，能強化機械性消化作用。舌乳頭（不包括絲狀乳頭）能提供味覺受器一個分布位置，還能讓表面變得粗糙，方便磨碎食物。

口腔頂部是腭，你可以用自己的舌尖觸抵**硬腭**。鼻腔緊貼硬腭正上方。朝著咽頭移動舌頭，你就能感覺到硬腭變成**軟腭**的轉變。在這裡，向左或向右移動你的舌頭，就能感覺得到**腭舌弓**。這個部位的後側是**腭咽弓**。在這兩處腭弓之間是**腭扁桃體窩**和腭扁桃體（有些人已經切除了這個扁桃體）。倘若你的還在，只要張口並對著咽頭照明，很可能就能清楚見到它們。舌頭後側面還有扁桃體組織，稱為**舌扁桃體**（不使用反射鏡一般看不到）。**咽扁桃體**位於咽頭內，大部分被腭咽弓擋住；右頁圖解的咽扁桃體位於腭咽弓的外側面。**懸雍垂**是軟腭的末端，張口就能見到它位於中線位置。它的正下方，就在舌頭後側面有感覺受器，一碰觸就會觸發「作嘔反射」（腦神經 IX 和 X 的作用）。

當我們進食或期待進食時，唾液腺會分泌一種富含酶的液體並注入口中。其中最大的腺體是腮腺，分別位於兩側外耳道前下方，局部覆蓋咬肌。腮腺管呈弧形橫越咬肌上方，穿透臉頰黏膜，從第二上臼齒對側進入口腔。腮腺的腺細胞屬於漿液細胞。最小的唾液腺是黏液性的**舌下腺**，位於舌下及口腔黏膜下方。**頷下腺**呈 U 字形，包繞下頷舌骨肌（參見 46 頁）；頷下腺由導管和混合型腺體組成，其中主要是黏液腺。

右頁的右下方圖解是一種黏液漿液混合型的腺體例子。這種漿液腺由環狀陣列的錐狀細胞組成，這群細胞形成葡萄狀的圓形腺泡 (P)，中心部位形成導管（參見 8 頁）。分泌黏液的管狀腺呈圓筒形，中央有一條導管。導管和腺細胞的基底層內都含有能收縮的**肌上皮細胞**，負責施力讓分泌物注入導管並流出腺體。

解剖名詞中英對照（按英文字母排序）

Acinus 腺泡
Buccal fat 頰脂
Buccinators 頰肌
Duct 導管
Epiglottis 會厭
Filiform papilla 絲狀乳頭
Foliate pap 葉狀乳頭
Frenulum of the lip 唇繫帶
Fungiform pap 蕈狀乳頭
Gingiva (gum) 牙齦
Hard palate 硬腭
Lingual tonsil 舌扁桃體
Lumen of duct 管腔
Lumen 內腔
Mandible 下頷骨
Masseter muscle 咬肌
Mucous tubule 黏液小管
Mylohyoid muscle 下頷舌骨肌
Myoepithelial cell 肌上皮細胞
Nasopharynx 鼻咽
Oral cavity 口腔
Oropharynx 口咽
Palatine tonsil 腭扁桃體
Palatine tonsillar fossa 腭扁桃體窩
Palatoglossal arch 腭舌弓
Palatopharyngeal arch 腭咽弓
Parotid duct 腮腺管
Parotid gland 腮腺
Pharyngeal tonsil 咽扁桃體
Pharyngeal tonsilar fossa 咽扁桃體窩
Salivary glands 唾液腺
Serous acinus 漿液性腺泡
Soft palate 軟腭
Sternocleidomastoid muscle 胸鎖乳突肌
Sublingual ducts 舌下腺管
Sublingual gland 舌下腺
Submandibular duct 頷下腺管
Submandibular gland 頷下腺
Teeth 牙齒
Tongue 舌頭
Upper 2nd molar 上第二臼齒
Upper lip 上唇
Uvula 懸雍垂
Vallate papillae 輪廓乳頭

見24、45、99、126頁

消化系統
口腔暨相關構造

著色說明：I 使用粉紅色或紅色，N、O 和 P 使用非常淺的顏色。(1) 同時為上方的兩幅口腔圖解上色。使用相關色為軟顎的各部位上色。(2) 為中間舌頭圖解的乳頭上色，沿用前面為舌頭（I）選用的顏色，但此處舌頭本身不上色。(3) 為三個唾液腺及其右方的細胞圖解上色。請注意，導管的內腔不用上色。

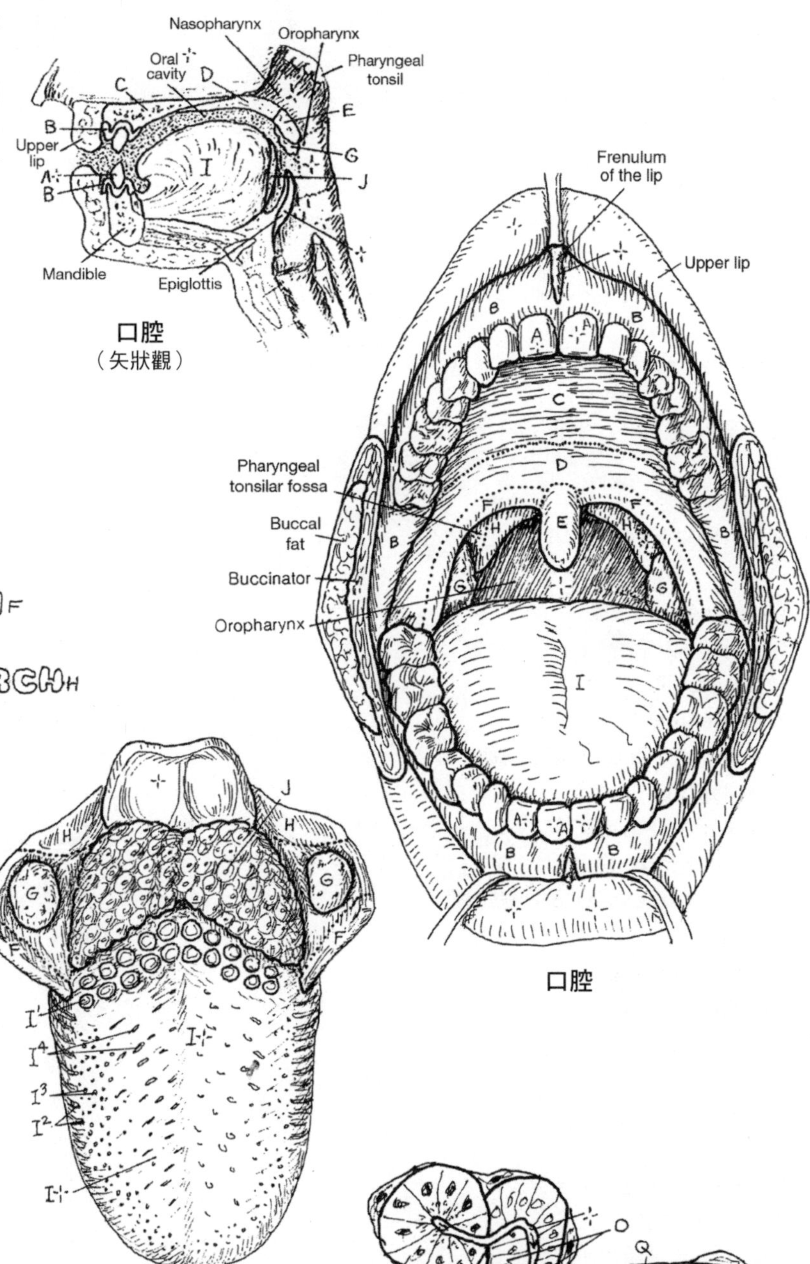

口腔（矢狀觀）

口腔

舌

口腔

TEETH A

GINGIVA (GUM) B

HARD PALATE C

SOFT PALATE D

- UVULA E
- PALATOGLOSSAL ARCH F
- PALATINE TONSIL G
- PALATOPHARYNGEAL ARCH H

TONGUE I

- LINGUAL TONSIL J
- VALLATE PAPILLAE I^1
- FOLIATE PAP. I^2
- FUNGIFORM PAP. I^3
- FILIFORM PAP. I^4

唾液腺

SUBLINGUAL K

SUBMANDIBULAR L

PAROTID M

腺體結構

DUCT N

MUCOUS TUBULE O

SEROUS ACINUS P

MYOEPITHELIAL CELL Q

Lumen

Masseter muscle

Parotid duct

Upper 2nd molar

Sublingual ducts

Submandibular duct

Sternocleido-mastoid muscle

Lumen of duct

唾液腺

腮腺的細胞

右頁的臼齒縱切面有兩支牙根。牙齒的核心物質是**齒質**，齒質由緊密列置的顯微小管組成。齒質不含血管，但對疼痛很敏感。它的密度如骨，但礦物質含量較高（占重量的 70%）。齒質頂部覆蓋一層 1.5 毫米厚的不敏感琺瑯質，礦物質占重量的 95%，有機物占不到 1%。琺瑯質由顯微圓柱組成，柱內充滿羥磷灰石（骨）晶體，這是人體最堅硬的物質。每顆牙齒的齒質都有個中空的牙髓腔，並延伸到每個牙根裡面，這就是根管。每個牙根的尖端都有個稱為**根尖孔**的開口，可供血管和神經通行，進出齒槽骨。每顆牙齒都有個**牙冠**，從牙齦（牙齦線）往上延伸；還有一個**牙頸**（在牙齦水平面上，位於牙冠與牙根交界處，這裡是琺瑯質的分布止點，並鄰接齒堊質），同時還有一支或多支的**牙根**埋植於上頜或下頜的齒槽骨內（分別屬於上頜牙和下頜牙）。門牙和犬齒各具有單一根管；前臼齒和臼齒可能分具一到三個牙根（因人及不同顆牙齒而異）。除了只有一道切緣的門牙之外，牙冠表面的典型特徵都具有結節狀的牙尖，各牙尖之間以裂隙分開。犬齒有一個牙尖，前臼齒有兩個牙尖，而臼齒有四或五個牙尖。多個牙尖能強化牙齒的磨碎和研磨功能。

纖維質的**牙周韌帶**厚約 0.2 毫米，和（襯覆牙根的）齒堊質及齒槽骨接合。齒堊質是高度礦物化的物質。塞在齒堊質中的膠原纖維，穿透韌帶並附著在齒槽骨內。**牙齦**是具有複層鱗狀上皮的黏膜，以一層加厚的基底層附著於琺瑯質。該黏膜的固有層緊緊固定於底下的齒槽骨。

成人有 32 顆牙齒，四個象限（上、下牙弓各分為左、右象限）各 8 顆。每個人一生之中會長出兩套牙齒（稱為齒列）：乳齒和恆齒。乳齒齒列共 20 顆，在孩童期就被吸收／脫落；恆齒齒列有 32 顆，不會自然脫落。初生嬰兒的乳齒齒列埋在牙齦底下，這對哺乳的母親來說應該會心存感激。大致而言，乳門牙在六個月大時長出，也是最早萌出的乳齒。全口乳齒（參見右頁圖）在 18 個月大時長齊，12 歲時脫落。最早長出的恆齒是第一臼齒，約在六歲時長出；而最後萌出的恆齒是**第三臼齒（智齒）**，約在 18 歲時長出。在所有牙齒當中，這顆臼齒最可能出問題（通常是蛀牙），起因往往是毫無症狀的乳酸桿菌或葡萄球菌慢性感染。

解剖名詞中英對照（按英文字母排序）

1st molar 第一臼齒
1st premolar 第一前臼齒
2nd molar 第二臼齒
2nd premolar 第二前臼齒
3rd molar (wisdom) 第三臼齒（智齒）
Alveolar bone 齒槽骨
Alveolar wall 齒槽壁
Apical foramen 根尖孔
Buccal or labial aspect 頰側或唇側
Canine 犬齒
Cementum 齒堊質
Central incisor 正中門齒
Crown 牙冠
Cusp 牙尖
Dentin 齒質
Dentition 齒列
Distal surface 遠側面
Enamel 琺瑯質
Fissure 齒裂隙
Gingival 牙齦
Lateral incisor 側門齒
Mandible 下頜骨
Maxilla 上頜骨
Mesial surface 近心面
Neck 牙頸
Palatal or lingual aspect 腭側或舌側
Palatine bone 腭骨
Periodontal ligament 牙周韌帶
Pulp cavity 牙髓腔
Pulp 牙髓
Root canal 根管
Root 牙根

見135頁

消化系統
牙齒的結構

著色說明：F 使用黃色，G 使用紅色，H 著上藍色，A、B 和 L 分別使用淺色，並為下方的牙齒鏤空名稱上色。每個名稱都有不只一個標記來點出其顏色：數字代表恆齒，字母代表乳齒。(1) 從上面的那顆牙齒開始上色，接著為上方大圖解上色；上圖左邊的鏤空名稱及垂直箭頭／條帶都塗上灰色。(2) 為下方牙齒著色。

牙冠
牙頸
牙根

牙齒

ENAMEL A
DENTIN B
PULP CAVITY C
　PULP E
ROOT CANAL D
　NERVE F
　ARTERY G
　VEIN H
CEMENTUM I
PERIODONTAL LIGAMENT J
GINGIVA K
ALVEOLAR BONE L

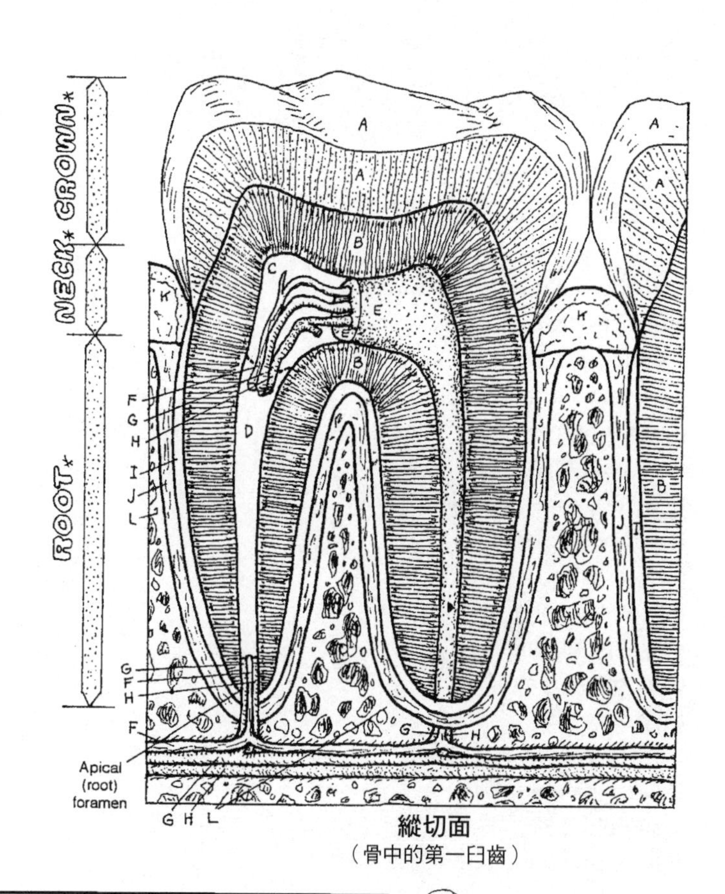

縱切面
（骨中的第一臼齒）

成人／兒童齒列

CENTRAL INCISOR 8, 9, 24, 25, E, F, O, P
LATERAL INCISOR 7, 10, 23, 26, D, G, N, Q
CANINE 6, 11, 22, 27, C, H, M, R
1ST PREMOLAR 5, 12, 21, 28
2ND PREMOLAR 4, 13, 20, 29
1ST MOLAR 3, 14, 19, 30, B, I, L, S
2ND MOLAR 2, 15, 18, 31, A, J, K, T
3RD MOLAR (WISDOM) 1, 16, 17, 32

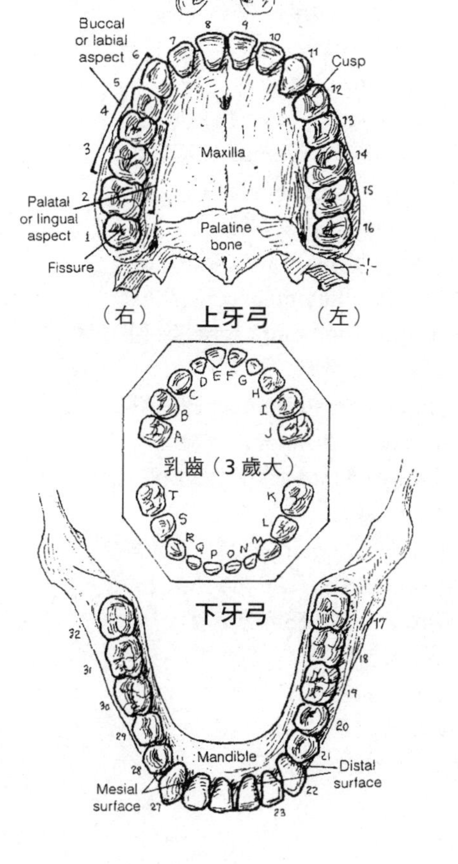

上牙弓

下牙弓

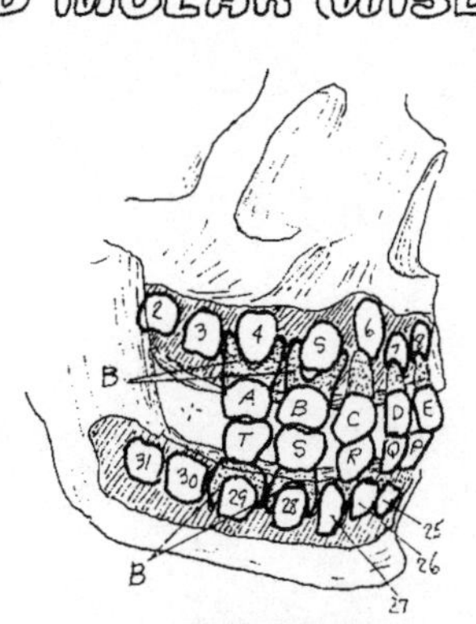
乳齒和恆齒
（5 歲時／齒槽壁已移除）

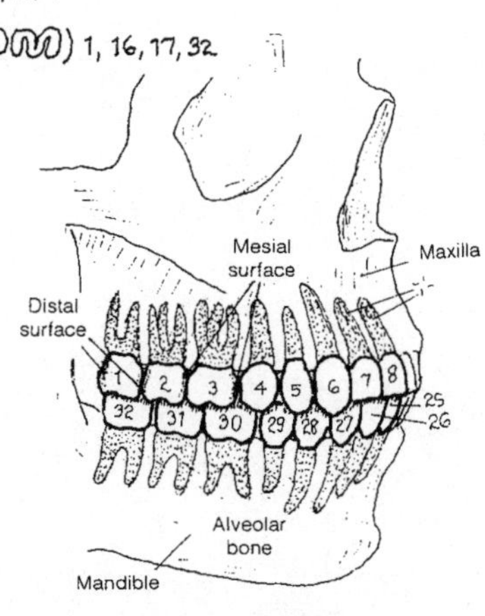

恆齒咬合圖
（21 歲時）

吞嚥的起點是食物 (P*) 進入口腔之時，而且在此之前身體想必已經準備好開動了。一丸食團經舌頭自主上推，並向後送入口咽部。軟腭繃緊（**腭張肌**）並向上提舉（**腭提肌**），抵住鼻咽部以防食團進入鼻腔。除了這個動作，雙側**腭咽肌**也在咽頭處局部閉合口腔，選擇性允許尺寸適合的食團進入咽頭。到這時候，整個過程都是自主動作；隨後進行的事件則都是不自主的。

食團來到了口咽部，而且鼻咽也已經堵住，於是食團就不能進入喉部，只能導入喉咽。接下來的關鍵構造是**舌骨**。舌骨上肌（參見 46 頁）把舌骨舉高，接著還朝前或向後移動，實際得看向咽移入的食物而定。舌頭的外部肌（包括頦舌肌、舌骨舌肌及腭舌肌）舉高後舌朝向腭移動並堵住口腔，同時還壓迫食團抵住口咽部，為接下來的下行過程做準備。這時舌骨固定，甲狀舌骨肌、莖咽肌及咽部的其他外部肌一起抬高喉，並把喉向前移動到舌骨後側，同時還舉高咽。

你可以感覺得到舌骨在吞嚥時如何升降：把拇指和食指擺在頸前的中段附近，高度就在可觸及舌骨的水平面上，然後做吞嚥動作（參見 46 頁）。

由於喉與咽都已舉高，食道的**咽口**（pharyngeal opening）便隨之擴大。喉內肌群將**喉口**封閉，而**會厭**則從後側被動受力而蓋住呼吸道。聲帶也受緊密迫近，以防範意外吸入。**咽上縮肌**和**咽中縮肌**在重力輔助下，從上方相繼收縮並推動食團朝下進入咽喉。腭咽肌收縮引導食團略微朝後，並向下推進。**咽下縮肌**收縮，引導食團進入食道。

解剖名詞中英對照（按英文字母排序）

Bolus of food 食團
Buccinator muscle 頰肌
Cricoid cartilage 環狀軟骨
Cricothyroid muscle 環甲肌
Epiglottis 會厭
Esophagus 食道
Genioglossus muscle 頦舌肌
Greater horn of hyoid bone 舌骨大角
Hard palate 硬腭
Hyoglossus muscle 舌骨舌肌
Hyoid bone 舌骨
Inferior constrictor 咽下縮肌
Intrinsic laryngeal muscles 喉內肌群
Laryngeal opening 喉口
Laryngopharynx 喉咽
Larynx 喉
Left root of tongue 左舌根
Levator palate 腭提肌
Mandible 下頜
Medial pterygoid plate 翼突內側板
Middle constrictor 咽中縮肌
Nasal cavity 鼻腔
Nasopharynx 鼻咽
Oral cavity 口腔
Oropharynx 口咽
Palatoglossus muscle 腭舌肌
Palatopharyngeal muscle 腭咽肌
Pharyngeal opening 咽口
Pharyngeal raphe 咽縫
Pharyngobasilar fascia 咽顱底筋膜
Posterior pharyngeal wall 咽後壁
Pterygomandibular raphe 翼突下頜縫
Soft palate 軟腭
Stylopharyngeus muscle 莖突咽肌
Superior constrictor 咽上縮肌
Suprahyoid muscles 舌骨上肌群
Tensor palate 腭張肌
Thyrohyoid ligament 甲狀舌骨韌帶
Thyrohyoid muscle 甲狀舌骨肌
Thyroid cartilage 甲狀軟骨
Tongue 舌頭
Trachea 氣管
Uvula 懸雍垂
Zygomatic arch 顴弓

見46、130頁

咽與吞嚥

著色說明：L 使用粉紅色；所有圖解中的食團（P）著上灰色。(1) 為吞嚥圖解 1 和 2 上色。(2) 下方三幅圖解要同步上色。咽頭內部背視圖的咽後壁已經分開後拉，以便觀察咽內結構與咽縮肌（A、B、C）的關係，以及咽的細分部位（D、G、I）。(3) 為吞嚥圖解上色時請參照左頁說明。

咽的肌壁

SUPERIOR CONSTRICTOR A
MIDDLE CONSTRICTOR B
INFERIOR CONSTRICTOR C

咽的內部構造及關係

NASOPHARYNX D
SOFT PALATE E
UVULA F
OROPHARYNX G
PALATOPHARYNGEAL MUSCLE H
LARYNGOPHARYNX I

ESOPHAGUS J

相關構造

ORAL CAVITY K
TONGUE L
HYOID BONE M
EPIGLOTTIS N
LARYNX O
BOLUS OF FOOD P*

鼻腔
Hard palate
Mandible
Suprahvoid muscles
Thyroid cartilage
Trachea
C1
C6
1
2

吞嚥

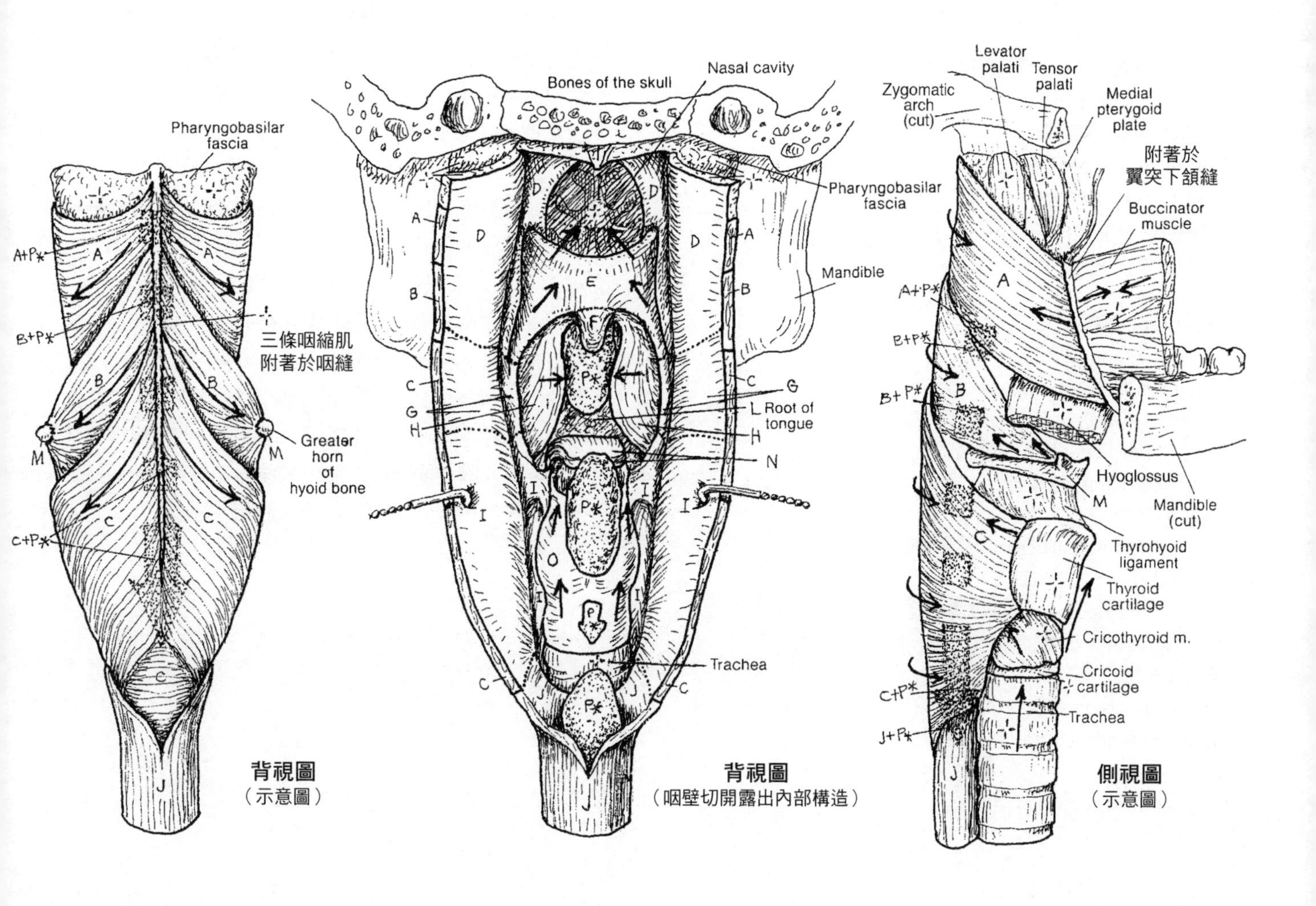

背視圖（示意圖）

背視圖（咽壁切開露出內部構造）

側視圖（示意圖）

腹膜是腹腔的漿膜。其配置類似其他漿膜（參見 103、131 頁）。附著於體壁的腹膜稱為壁層腹膜；若附著於內臟外壁則稱為臟層腹膜。在壁、臟兩層腹膜之間有一個潛在的中空間隙（**腹膜腔**），腔內有一層細薄的漿液層，可容臟器滑移運動。壁層腹膜的後側深處，是一個稱為**腹膜後腔**的構造。

想像（胎兒的）腹壁後側有一群腹腔器官，在腹膜覆蓋之下正在發育。隨著器官增長、扭彎、迴轉，同時也帶著外覆的腹膜一起動作。

隨著時間推進，情況變得更為錯綜複雜。到了出生時，胎兒體內的這些器官依然附著於後側體壁，表面也依然覆蓋著壁層腹膜，因此它們都是腹膜後器官。這些器官的深層面並沒有腹膜。

遠離體壁的器官會帶著腹膜一起移動，這類器官由兩層腹膜懸弔在體壁上，並構成一層**腸繫膜**；其中包覆器官的腹膜 (#1_) 就稱為**臟層腹膜**。當體壁和器官 (#1) 之間還另有一個器官 (#2)，比如是胃，也被包圍在腸繫膜內，那麼這兩個器官之間的雙層腹膜就稱為網膜。

這些腹膜的續連狀況，可查考右頁的矢狀圖，並請注意，這些器官如何直接、間接地脫離後側體壁。分布並供應腹腔器官的血管和神經全都出自大血管及脊髓，而且全都位於腹膜後。延伸到腸繫膜內器官的血管或神經，都會先逗留在腹膜底下，直至它找到一層腸繫膜或網膜，有間隙供它穿行在腹膜層之間，最後才到達它所供應或支配的器官。請記住，血管和神經的源頭全都始自腹膜深處（即後腹膜腔）。

右頁的右上圖解畫的是腸道及它們的腸繫膜／網膜，這些腹膜在圖中是彼此分離的，但實際上它們是緊密貼合的，就像濕繩子上一股股盤捲的繩股一樣。網膜囊內襯腹膜，這是在胎兒階段由胃旋轉形成的。網膜囊的開口位於右側的網膜孔，就介於小網膜和壁層腹膜之間。網膜囊（小囊）就在這裡和塌陷的中空腹膜腔（大囊）相通。

圖解 1：前腹壁連同腹膜都打開了。**大網膜**把橫結腸和胃連接在一起（參見圖解 2）。

圖解 2：胃和大網膜抬高，可以見到橫結腸和壁層腹膜（A）之間具雙層腹膜的**橫結腸繫膜**（F）。請注意 G 和 H 這兩片腸繫膜。

圖解 3：所有腸繫膜全都移除；腹膜後構造（含主動脈、下腔靜脈、腎、輸尿管、胰臟、十二指腸、升結腸及降結腸）都位於腹膜後側（位於 A 的深處）。許多神經和血管都在腹膜後腔中通行。

解剖名詞中英對照（按英文字母排序）

Abdominal aorta 腹主動脈
Bare area of liver 肝臟裸區
Bare area 裸區
Bladder 膀胱
Common mesentery 總腸繫膜
Diaphragm 橫膈
Duodenum 十二指腸
Epiploic foramen 網膜孔
Floor of retroperitoneum 後腹腔的腔底
Greater omentum 大網膜
Lesser omentum 小網膜
Liver 肝
Mesentery 腸繫膜
Omental bursa 網膜囊
Omentum (複數形 omenta) 網膜
Pancreas 胰臟
Parietal peritoneum 壁層腹膜
Peritoneal cavity 腹膜腔
Rectum 直腸
Retroperitoneal structures 腹膜後結構
Sigmoid colon 乙狀結腸
Sigmoid mesocolong 乙狀結腸繫膜
Small intestine 小腸
Stomach 胃
Transverse colon 橫結腸
Transverse mesocolon 橫結腸繫膜
Uterus 子宮
Visceral peritoneum 臟層腹膜

腹膜

見5、134頁

著色說明：壁層腹膜（A）和臟層腹膜(I)要使用非常淺的顏色。(1)為矢狀視圖上色。網膜囊（E）使用深灰色或黑色；腹膜腔間隙（B）經過大幅放大，以清楚呈現腹膜。器官和器官壁都不上色。(2)依照數字順序為下方三幅圖解上色。請注意，消化器官都外覆臟層腹膜（I）；器官壁不用上色。

腹膜

PARIETAL PERITONEUM A
PERITONEAL CAVITY B*
LESSER OMENTUM C
OMENTAL BURSA E•
GREATER OMENTUM D
TRANSVERSE MESOCOLON F
COMMON MESENTERY G
SIGMOID MESOCOLON H
VISCERAL PERITONEUM I

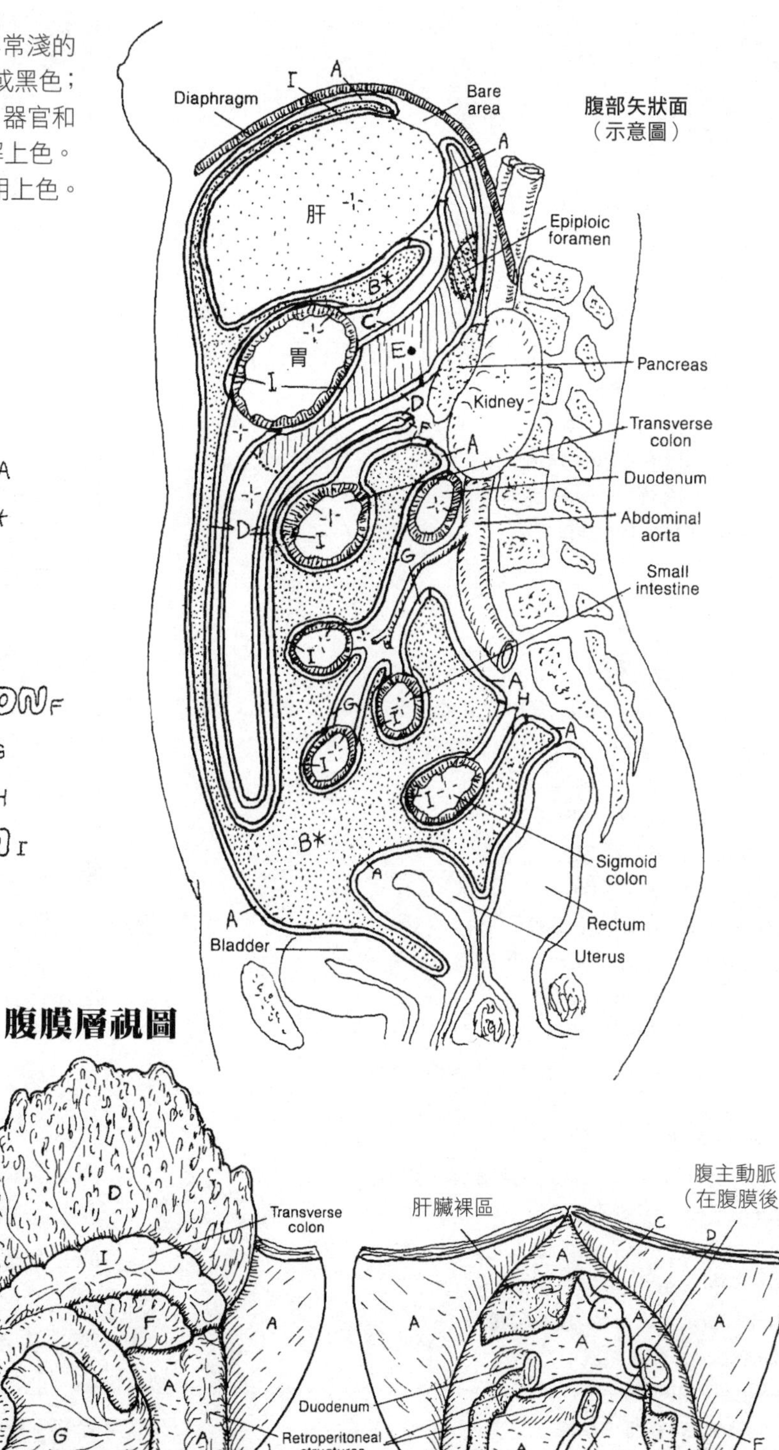

腹膜層視圖

1 腹壁打開

2 大網膜已經拉起

3 體壁後側的壁層腹膜

解剖名詞中英對照（按英文字母排序）

Aorta 主動脈
Body 胃體
Cardia 賁門
Cardiac notch 心切迹
Carotid sheath 頸動脈鞘
Celiac trunk 腹腔幹
Chief cell 主細胞
Circular muscle 環狀肌
Common hepatic artery 肝總動脈
Duodenum 十二指腸
Endocrine cell 內分泌細胞
Esophageal branches 食道分支
Esophagus 食道
External sphincter 外括約肌
Fundus 胃底
Gastric gland 胃腺
Gastric pit 胃小凹
Gastrin 胃泌素
Gastroduodenal artery 胃十二指腸動脈
Gastroesophagea junction 胃食道交界處
HCL 氯化氫
Inferior vena cava 下腔靜脈
Lamina propria 固有層
Laryngopharynx 喉咽
Left gastric artery 胃左動脈
Left gastroepiploic artery 胃網膜左動脈
Longitudinal muscle 縱肌
Longus colli muscle 頸長肌
Lower esophageal sphincter 下食道括約肌
Lumen 管腔
Mucosa 黏膜
Mucosal surface (rugae) 黏膜表面（皺褶）
Mucous cell 黏液細胞
Mucus 黏液
Muscularis externa 外肌肉層
Muscularis mucosae 黏膜肌層
Oblique muscle 斜肌
Parietal cell 壁細胞
Pepsinogen 胃蛋白酶原
Pyloric sphincter 幽門括約肌
Pylorus 幽門
Right crus of diaphragm 右橫膈腳
Right gastroepiploic artery 胃網膜右動脈
Serosa 漿膜
Spleen 脾臟
Stomach wall 胃壁
Submucosa 黏膜下層
Superior duodenum 上十二指腸

食道始自咽喉部最下端，在第六節頸椎（C6）的水平面上。食道前側穩定地位於喉和氣管之間，後側則緊貼於頸長肌和脊柱之間。咽壁襯覆非角質化的複層鱗狀上皮，並由頸部的骨骼肌支撐。這兩種組織一路伸入食道管壁。食道順著頸部下行，沿途側邊都與頸動脈鞘密切關聯。頸動脈鞘各自與頸動脈、頸內靜脈和迷走神經束縛在一起。食道緊貼著主動脈弓（見 103 頁）和心臟後側通行，約在第五節胸椎（T5）位置從氣管二分叉處正後方穿過。當**降胸主動脈**循徑來到後縱膈腔就定位之後，食道就成為它的前側鄰接器官。食道穿過胸膈的食道裂孔延續為胃部。上皮組織在這裡轉換成具有腺體的單層柱狀上皮，這是比較具有消化功能的器官，同時骨骼肌也轉變成平滑肌。平滑肌層的布局兼採縱向及環形走向，其中還包含一道細薄的**黏膜肌層**。

胃與食道交界處有個部分是特化的環狀肌（**下食道括約肌**），這處肌肉在吞嚥時鬆弛就可讓食團通過。橫膈右腳也發出纖維伸往食道，稱為**外括約肌**，其功能是在吸氣時防止胃食道逆流。

胃是胃腸道的第一個部分，一般位於腹部的左上象限，不過滿載的胃部有可能垂入骨盆，而患了嚴重胃食道逆流病症的胃則可能鼓起凸入胸腔。胃的十二指腸端收窄，成為肌肉性**幽門括約肌**。

依正統分法，胃有四個分區，形狀則各依內容物數量而有不同。胃部採機械式操控消化的東西，提高酸度來強化蛋白質消化作用，分泌蛋白水解酶（胃蛋白酶），並促使膽囊分泌膽汁、胰臟分泌酵素，這兩種分泌物都注入十二指腸。微生物一般都無法在這些活動下存活。

請注意**胃壁**的配置，以及組成黏膜上皮層的種種不同細胞。上皮細胞是有實質功能的細胞，提供一批混合的消化產物，主要分解對象是蛋白質。**固有層**為內表面許許多多的小凹陷（**胃小凹**）提供血管和機械性支持。黏膜的肌肉層和外肌肉層發動蠕動收縮，輔助機械性消化並沿著消化道推動消化殘餘。纖維性的**黏膜下層**支持淋巴濾泡、血管及神經。

胃部的供血可參見 112 頁。胃部和食道都由自主神經系統支配，參見 91 ～ 93 頁。

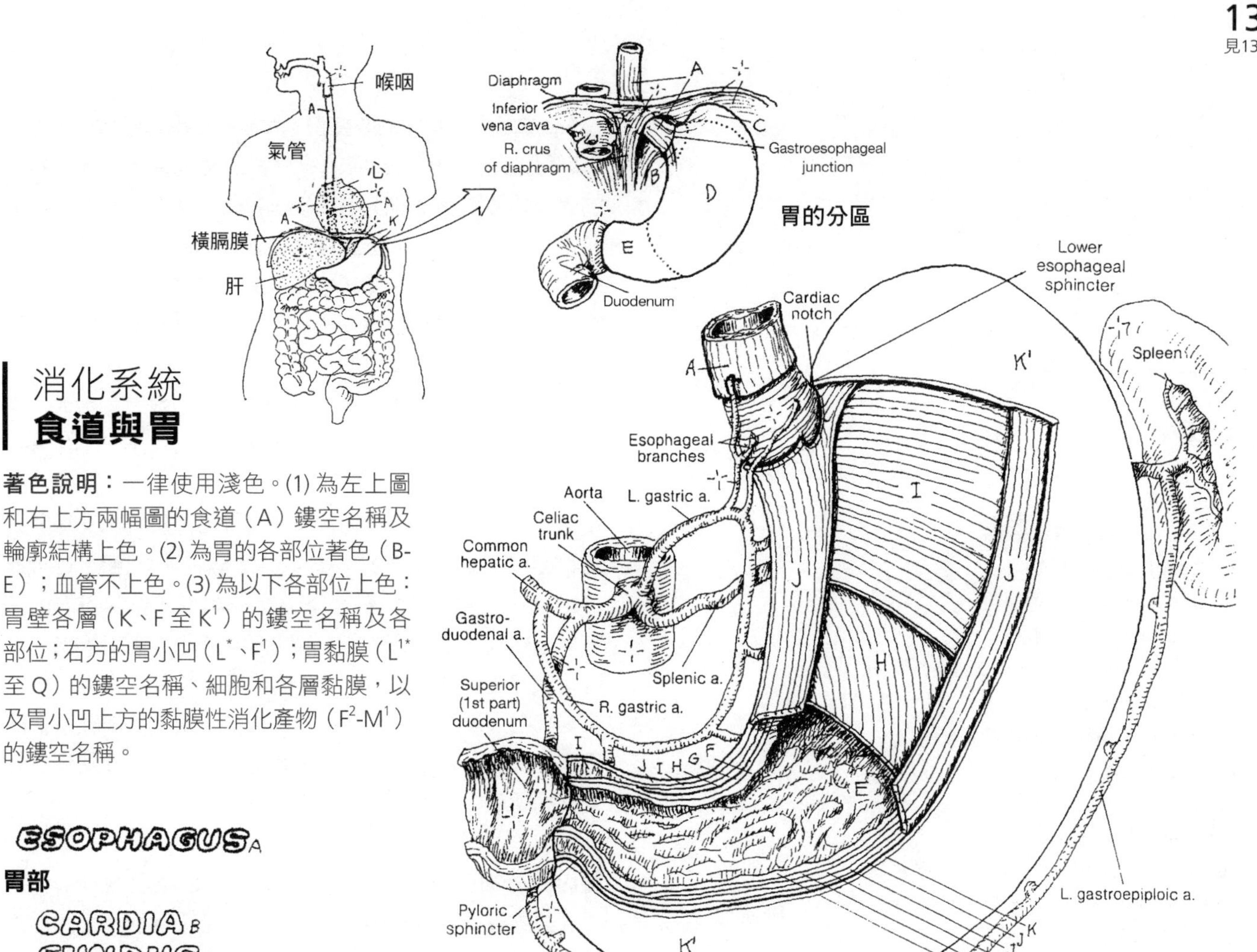

消化系統
食道與胃

著色說明：一律使用淺色。(1) 為左上圖和右上方兩幅圖的食道（A）鏤空名稱及輪廓結構上色。(2) 為胃的各部位著色（B-E）；血管不上色。(3) 為以下各部位上色：胃壁各層（K、F至K¹）的鏤空名稱及各部位；右方的胃小凹（L*、F¹）；胃黏膜（L¹*至Q）的鏤空名稱、細胞和各層黏膜，以及胃小凹上方的黏膜性消化產物（F²-M¹）的鏤空名稱。

ESOPHAGUS A

胃部

CARDIA B
FUNDUS C
BODY D
PYLORUS E

STOMACH WALL K
MUCOSAL SURFACE (RUGAE) F
SUBMUCOSA G
MUSCULARIS EXTERNA -:-
OBLIQUE M. H
CIRCULAR M. I
LONGITUDINAL M. J
SEROSA K¹

黏膜

上皮層

GASTRIC PIT L*
MUCOUS CELL F¹
GASTRIC GLAND L¹*
PARIETAL CELL M
CHIEF CELL N
ENDOCRINE CELL O
LAMINA PROPRIA P
MUSCULARIS MUCOSAE Q

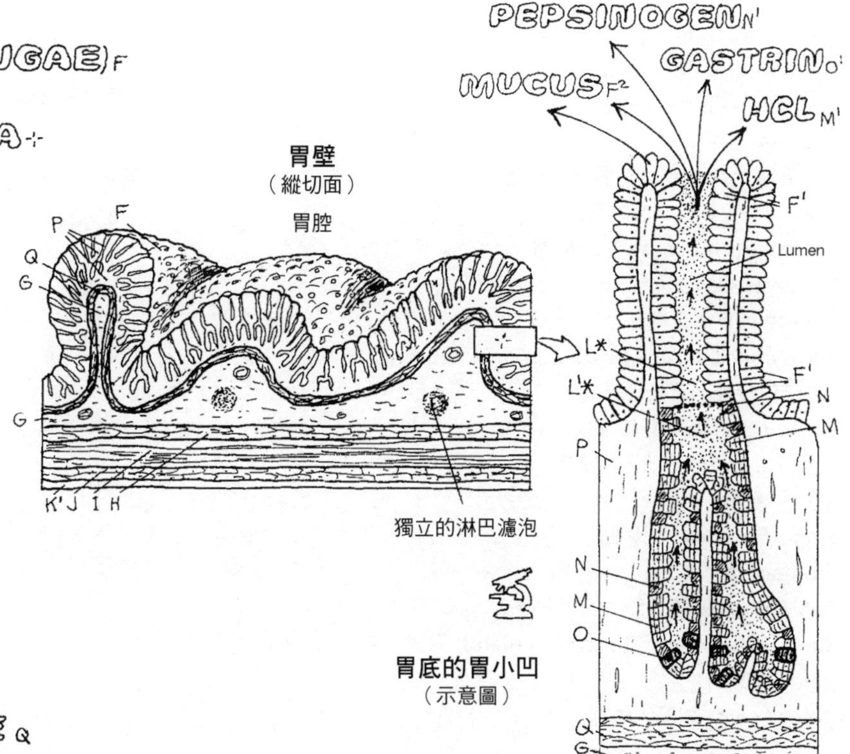

小腸是高度盤曲的薄壁管，大半的化學和機械消化過程以及幾乎所有的吸收程序都在這裡進行。**十二指腸**的第一段（或稱上段）由小網膜懸吊；第二段（下行段）和第三段（水平段）位於腹膜後側；第四段（上升段）從後側出現，並由**總腸繫膜**包覆，由一條平滑肌向上拉提並懸吊在十二指腸與空腸交界處。**空腸**盤曲於腹腔中，由總腸繫膜懸吊在腹膜層之間，而且供血管道、支配的神經以及回流的靜脈，也都在這裡面通行。較細較長的**迴腸**，也由總腸繫膜懸吊，其開口導入腹腔右下象限大腸的盲腸段。

小腸的內表面（或管腔表面），由連續的圓周形（環狀）皺褶組成，尤其是空腸。這類皺褶稱為環狀皺襞（plicae circulare），由黏膜和黏膜下層組織構成。黏膜表面的特有構造包括無數錐形的指狀突起（**絨毛**），還有大量的深層管狀腺（腸隱窩）。絨毛和腸隱窩都襯覆著單層柱狀上皮，其中大半為杯狀**黏液細胞**和**吸收細胞**。腸隱窩所含的細胞都具有分泌功能，能製造水樣介質，強化礦物質和營養素的攝取。

腸內分泌細胞會分泌好幾種激素，促進腺體的分泌作用（例如膽囊收縮素和腸泌素）。具有潛在吞噬作用的潘**氏細胞**，能分泌幾種溶菌酶注入深層隱窩內的腸液中，這群消化酶能摧毀細菌的細胞壁。由疏鬆纖維組成、內含血管的固有層，支持著乳糜管、血管和含軸突的絨毛及隱窩的腺體；而大型血管／淋巴管、副交感神經元的細胞體／軸突，則由黏膜下層支持。黏膜下層和固有層都含有一團團淋巴樣結節（即**培氏斑**，參見 126 頁）。上皮淋巴小結分界處的特化上皮細胞或膜性細胞（右頁圖未畫出），扮演著把抗原帶往免疫反應淋巴球的角色。十二指腸內的黏膜下腺會分泌含重碳酸鹽的黏液，中和從胃部流入的鹽酸。

解剖名詞中英對照（按英文字母排序）

Absorptive cell 吸收細胞
Artery 動脈
Axon 軸突
Capillary 微血管
Cecum 盲腸
Cholecystokinin 膽囊收縮素
Circular muscle 環狀肌
Common mesentery 總腸繫膜
Duodenal gland 十二指腸腺
Duodenojejunal flexure 十二指腸空腸曲
Duodenum 十二指腸
Enteroendocrine cell 腸內分泌細胞
Epithelium 上皮
Ileum 迴腸
Intestinal crypt 腸隱窩
Intestinal gland (Crypt) 腸腺（隱窩）
Jejunum 空腸
Lacteal 乳糜管
Lamina propria 固有層
Large intestine 大腸
Liver 肝
Longitudinal muscle 縱肌
Lymphatic capillary 微淋巴管
Lymphoid nodule 淋巴小結
Membranous cell 膜性細胞
Mucosa 黏膜
Mucous (goblet) cell 黏液（杯狀）細胞
Muscularis externa 外肌肉層
Muscularis mucosae 黏膜肌層
Pancreas 胰臟
Paneth cell 潘氏細胞
Parasymphathetic / postganglionic neuron 副交感神經／節後神經元
Plicae circulare 環狀皺襞
Pyloric sphincter 幽門括約肌
Serosa 漿膜
Smooth muscle 平滑肌
Stomach 胃
Submucosa 黏膜下層
Submucosal gland (Brunner's gland) 黏膜下腺／布魯納氏腺
Vein 靜脈
Villus / crypt 絨毛／隱窩

消化系統
小腸

著色說明：N使用綠色，Q用紅色，R用紫色，S塗上藍色，T使用黃色，H則塗上非常淺的顏色。(1) 從小腸三個區段開始上色。(2) 為十二指腸各部上色；固有層（L）只在最底下的圖解才要上色。

小腸

DUODENUM A
- SUPERIOR (1ST) PART B
- DESCENDING (2ND) PART C
- HORIZONTAL (3RD) PART D
- ASCENDING (4TH) PART E

JEJUNUM F

ILEUM G

腸壁

PLICA CIRCULARES H

黏膜

VILLUS H' / CRYPT H²
- EPITHELIUM -¦-
  - ABSORPTIVE CELL H³
  - MUCOUS (GOBLET) CELL I
  - ENTEROENDOCRINE CELL J
  - PANETH CELL K
- LAMINA PROPRIA L
- MUSCULARIS MUCOSAE M
- LYMPHOID NODULE N

SUBMUCOSA O
- DUODENAL GLAND P

ARTERY Q

CAPILLARY R

VEIN S

LACTEAL N'

PARASYMPATHETIC / POSTGANGLIONIC NEURON T

MUSCULARIS EXTERNA U-
- CIRCULAR U
- LONGITUDINAL U'

SEROSA D'

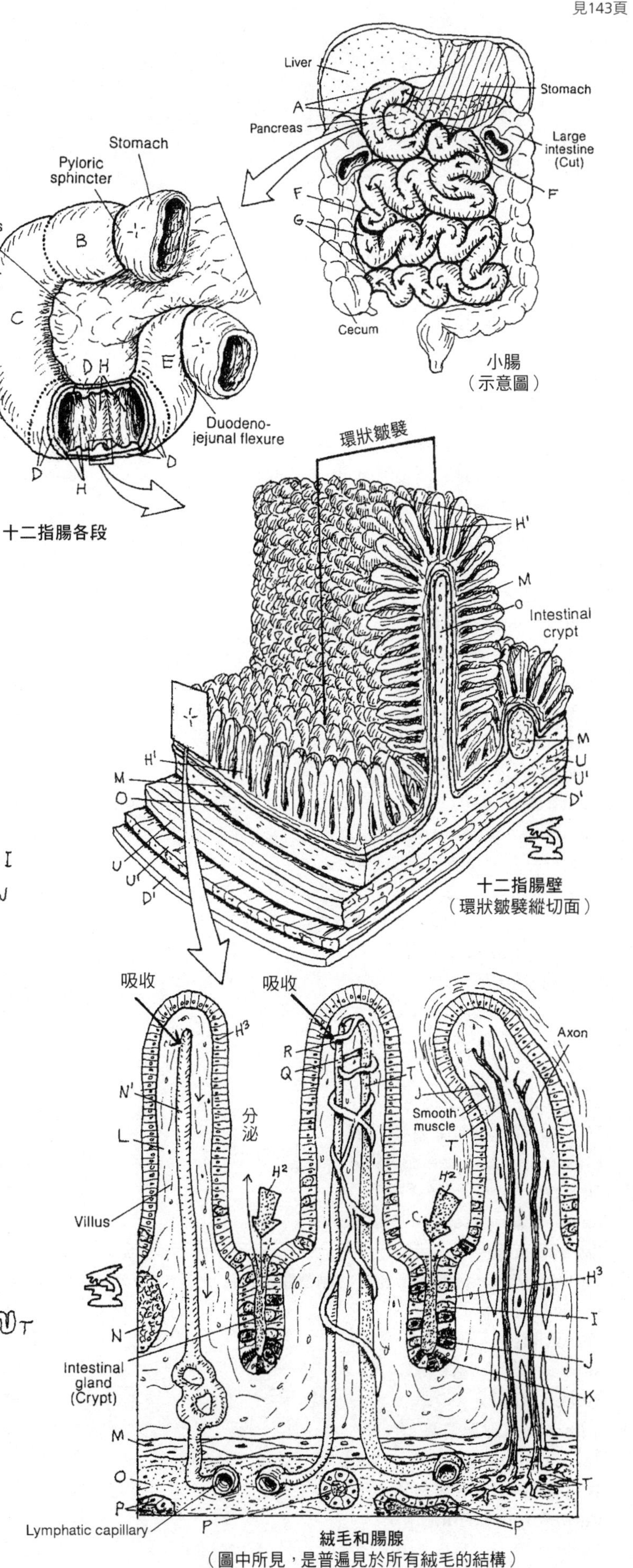

絨毛和腸腺
（圖中所見，是普遍見於所有絨毛的結構）

大腸緊接小腸的迴腸段之後，起點在迴盲腸交界處。這個大型腸道包括盲腸、升結腸、橫結腸、乙狀結腸、直腸和肛管。

盲腸和結腸的特有構造是大型的囊狀鼓起，也就是稱為**結腸袋**的囊狀構造。這些囊袋由外肌肉層（即**結腸帶**）的一條條縱肌負責維繫。腸脂垂附著於升結腸、橫結腸及降結腸的漿膜面，但盲腸除外（這點有何重要性尚未得知）。盲腸外表包覆腹膜，位於腹部的右下外側象限（右髂窩）。

迴盲瓣能稍微控制內容物進入盲腸，反向也有阻擋作用。它一般都與胃腸道的其他瓣膜協同作用。闌尾長度不一（2至 20 公分），可能位於盲腸的前、後側或下方；其類淋巴功能在 126 頁中曾提過。研究顯示，闌尾較常位於盲腸後方，此一事實會影響臨床處理闌尾炎的方法。

升、降結腸位於腹膜後側；**橫結腸**由一條腸繫膜懸吊（即橫結腸繫膜，右頁圖未畫出，可參見 138 頁）。請注意**結腸曲**（colic flexure）和升、降結腸的關係。結腸在骨盆入口處（右頁圖未畫出）向內側轉彎，並有一片腸繫膜（乙狀結腸繫膜，見 138 頁），此段結腸稱為乙狀結腸。其長度和形狀不一，接著在薦椎第三節 (S3) 的水平面轉變成直腸。到這裡就不再有結腸袋、腸脂垂和結腸帶。

直腸長約 12 公分，下段有個擴張部位（壺腹）。直腸下段沒有腹膜覆蓋層。糞便進入、擴大直腸並刺激便意；因此這裡一般不是長期儲積的位置，但也有例外。當直腸下降進入**肛門三角**後隨之收窄，轉變成**肛管**，肛管周圍環繞括約肌（即肛門括約肌）。

基本上，大腸腸壁的組織方式也具有小腸的典型特徵：黏膜表面沒有絨毛或皺襞，底層是含血管的黏膜下層，且具有不完整的雙層式外肌肉層（內層環肌與外層縱肌）。大腸的上皮襯膜是單層柱狀式，唯一例外是肛管，肛管的外皮轉變為複層鱗狀式。大腸的腺體為管狀，能分泌黏液。淋巴小結見於固有層。肛門直腸交接處約位於肛門上方兩公分處，這裡可以見到固有層含有極大數量的靜脈（右頁圖未畫出）。這些靜脈（痔靜脈叢）的靜脈曲張情況，稱為痔瘡。大腸的功能是吸收水分、維生素和礦物質，還有分泌黏液來促進排便。

解剖名詞中英對照（按英文字母排序）

Anal canal 肛管
Anal columns 肛門柱
Anal sphincter 肛門括約肌
Anal triangle 肛門三角
Appendices epiploica 腸脂垂
Appendix 闌尾
Ascending colon 升結腸
Cecum 盲腸
Circular muscle 環狀肌
Colic flexure 結腸曲
Descending colon 降結腸
Epithelium / mucus glands 上皮／黏液腺
External sphincter ani 肛門外括約肌
Flexure 曲
Haustrae 結腸袋
Hemorrhoidal plexus 痔靜脈叢
Ileocecal junction 迴盲腸交界處
Ileum 迴腸
Internal sphincter ani 肛門內括約肌
Lamina propria 固有層
Large intestine 大腸
Left colic flexure (splenic) 左結腸曲（脾曲）
Leocecal valve 迴盲瓣
Liver 肝
Longitudinal muscle 縱肌
Muscularis externa 外肌肉層
Muscularis mucosae 黏膜肌層
Orifice of appendix 闌尾口
Rectal transverse fold 直腸橫襞
Rectum 直腸
Right colic flexure (hepatic) 右結腸曲（肝曲）
Right iliac fossa 右髂窩
Serosa 漿膜
Sigmoid colon 乙狀結腸
Spleen 脾臟
Submucosa 黏膜下層
Taenia coli 結腸帶
Transverse colon 橫結腸
Vermiform appendix 闌尾

消化系統
大腸

著色說明：沿用前頁各段腸壁所使用的顏色，就可顯現出大腸、小腸的雷同之處。上皮／黏液腺（N）的顏色要沿用 140 頁絨毛（H[1]）的顏色；B 使用非常淺的顏色。(1) 從本頁最上面的切片開始上色。

大腸

CECUM A
- ILEOCECAL VALVE B
- VERMIFORM APPENDIX C

ASCENDING COLON D
TRANSVERSE COLON E
DESCENDING COLON F
SIGMOID COLON G
RECTUM H
- ANAL CANAL I
- INTERNAL SPHINCTER ANI J
- EXTERNAL SPHINCTER ANI K

TAENIA COLI L
APPENDICES EPIPLOICA M

腸壁

黏膜
- EPITHELIUM/MUCUS GLANDS N
- LAMINA PROPRIA O
- MUSCULARIS MUCOSAE P

SUBMUCOSA Q
MUSCULARIS EXTERNA -¦-
- CIRCULAR MUSCLE R
- LONGITUDINAL MUSCLE L'

SEROSA D'

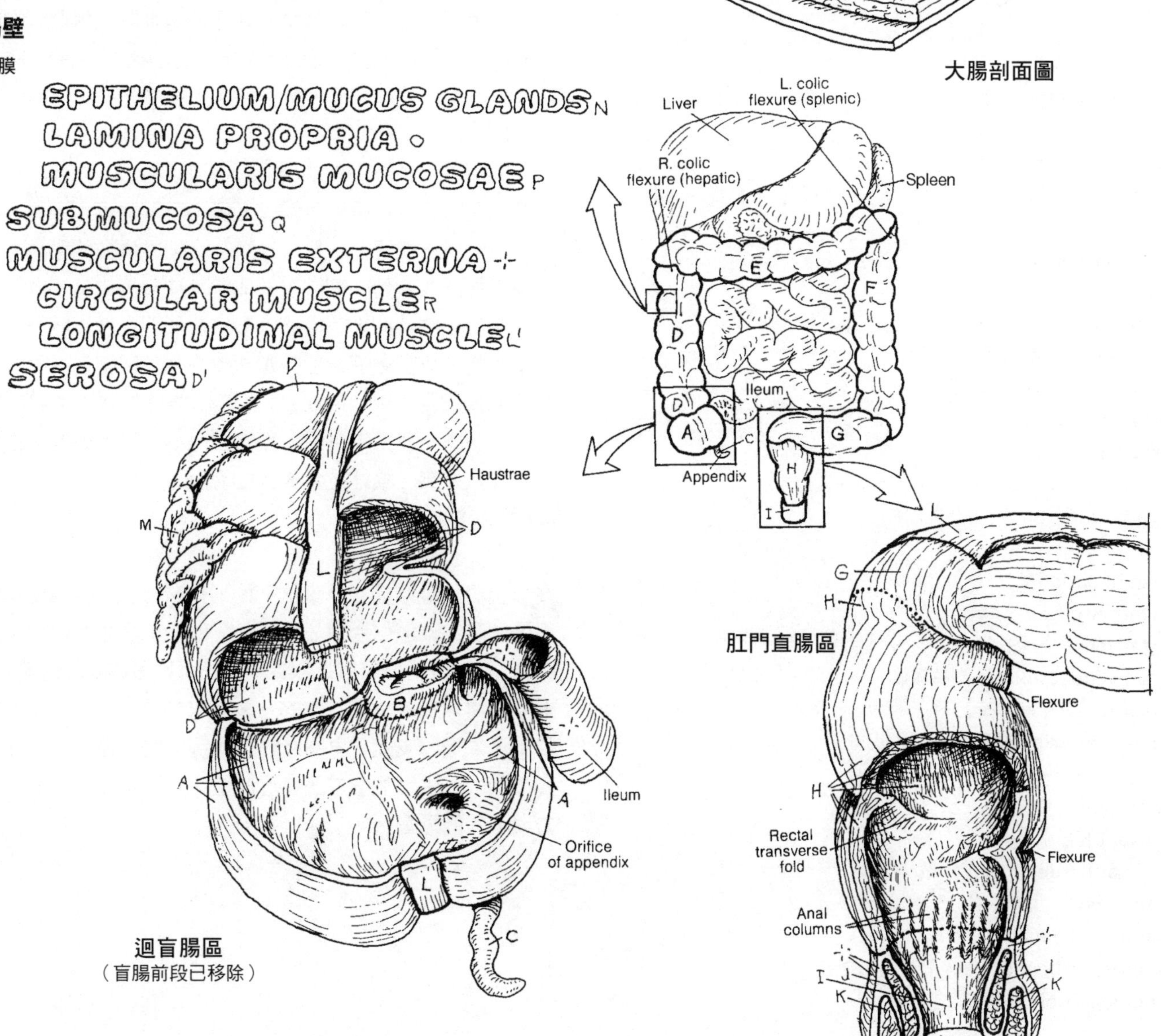

解剖名詞中英對照（按英文字母排序）

Aorta 主動脈
Arterial blood 動脈血
Bare area (nonperitoneal) 裸區（無腹膜）
Bile duct 膽管
Bile flow 膽汁流
Branch of hepatic artery 肝動脈的分支
Branch of portal vein 門靜脈的分支
Caudate lobe 尾狀葉
Central vein 中央靜脈
Colic impression 結腸壓跡
Common bile duct 總膽管
Coronary ligament 冠狀韌帶
Cystic duct 膽囊管
Diaphragm 橫膈
Ductule 小管
Duodenal impression 十二指腸壓跡
Esophageal impression 食道壓跡
Falciform ligament 鐮狀韌帶
Gallbladder 膽囊
Gastric impression 胃壓跡
Hepatic artery 肝動脈
Hepatic cell 肝細胞
Hepatic vein blood 肝靜脈血
Hepatic vein 肝靜脈
Hepatocyte 肝細胞
Inferior border 下緣
Inferior vena cava 下腔靜脈
Kupffer cell 庫弗氏細胞
Left hepatic artery 左肝動脈
Left lobe 左葉
Lesser omentum 小網膜
Ligamentum teres (round ligament) 圓韌帶
Ligamentum venosum 靜脈韌帶
Liver lobule 肝小葉
Porta hepatic 肝門
Portal system 肝門系統
Portal vein 門靜脈
Portal vendous blood 門靜脈血
Quadrate lobe 肝方葉
Renal impression 腎壓跡
Right hepatic duct 右肝管
Right lobe 右葉
Sinusoid 竇狀隙
Superior border 上緣
Triad 三聯管
Triangular ligament 三角韌帶
Tributary of hepatic vein 肝靜脈的支流
Venous sinusoid 靜脈竇

參照右頁的前視圖，注意肝臟的左右葉，**鐮狀韌帶**標出兩葉的分界。肝臟上表面呈圓形，正好適合在橫膈下方；而下表面則呈刀刃狀。因此，肝臟是一個利緣朝下的楔形構造。肝臟前緣（前側面）是楔子的一邊；楔子的後側面是肝臟的深側或臟側（參見右頁第二幅圖解）。注意，肝臟和其他內臟器官貼觸所留下的壓跡。

現在請看臟面的中央區，找出經由肝門導往肝臟內部的脈管，包括肝動脈、肝門靜脈和膽管。注意肝門上方的**尾狀葉**，以及肝門下方的**肝方葉**。下腔靜脈循著一條沿尾狀葉上／下分布的路徑通行。肝靜脈（從肝向外排流）在臟面通行，在穿越橫膈膜之前與下腔靜脈合併，接著就導入心房。見 118 頁。

肝門靜脈從肝門運輸缺氧血（血中富含已吸收的營養素）到肝小葉細胞處；而**肝動脈**則為肝細胞供應充氧血。膽管從肝小葉細胞間的微管把膽汁輸出。這些脈管和所屬顯微小葉是肝臟的功能單元，負責配送的最終機制。

右下圖解是一片肝小葉的剖面圖，可以看出其內部構造。注意，在小葉的各個角落都有三條小葉間脈管，合稱**三聯管**。每一組三聯管都包括：一條為肝細胞供血的動脈；一條運送肝門血液到肝細胞供抽取營養成分的靜脈；以及從肝細胞排出膽汁的膽管。**靜脈竇**接收肝門血液；肝細胞抽取營養物質以供處理。這些竇狀隙的襯膜細胞包括吞噬性的庫弗氏細胞（Kupffer cell），它們能清除微生物和有害物質。肝門血液由中央靜脈從竇狀隙排出。中央靜脈由肝靜脈支流排出。膽汁排入較大的導管，也就是總膽管（位於肝門）的支流。

在這整個三維結構的小葉群裡面，有**肝細胞**負責儲積及釋出蛋白質、碳水化合物、脂質、鐵和某些維生素（A、D、E、K）；以胺基酸來製造尿素，並以色素和鹽來製造膽汁；還能解毒除去經消化吸收的眾多有害物質。膽汁從肝細胞釋出流入膽管支流。**中央靜脈**是大靜脈的支流，彼此在肝臟後側上方併合並形成三條肝靜脈。這些靜脈在橫膈正下方與下腔靜脈會合。

見118、134、143頁

肝臟

著色說明：I 選用藍色，J 使用紅色，K 塗上黃色；A、B 和 L 使用非常淺的顏色。(1) 同步為上方兩幅圖解上色。(2) 先為中間的肝小葉群上色，接著處理右邊的放大圖解。此圖解從三聯管開始上色，接著往內側上色。(3) 完成血液和膽汁循環圖的上色，從動脈血流（J）開始上色，接著再塗數字。

肝葉

RIGHT LOBE A
LEFT LOBE B
QUADRATE LOBE C
CAUDATE LOBE D

韌帶

CORONARY L. E
TRIANGULAR L. F
LESSER OMENTUM G
FALCIFORM L. H

肝門

PORTAL VEIN I
HEPATIC ARTERY J
BILE DUCT K

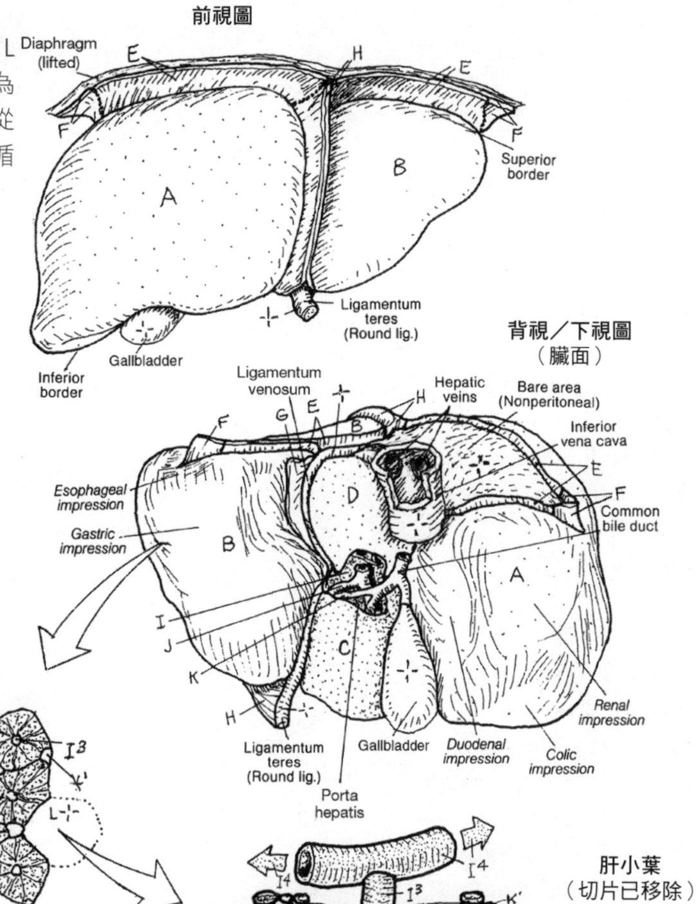

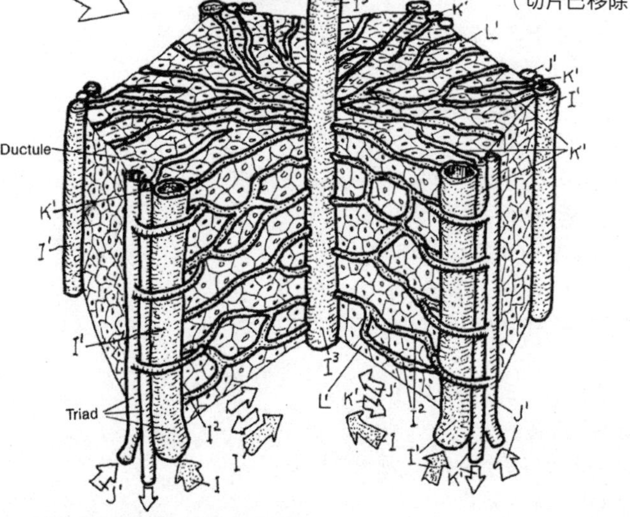

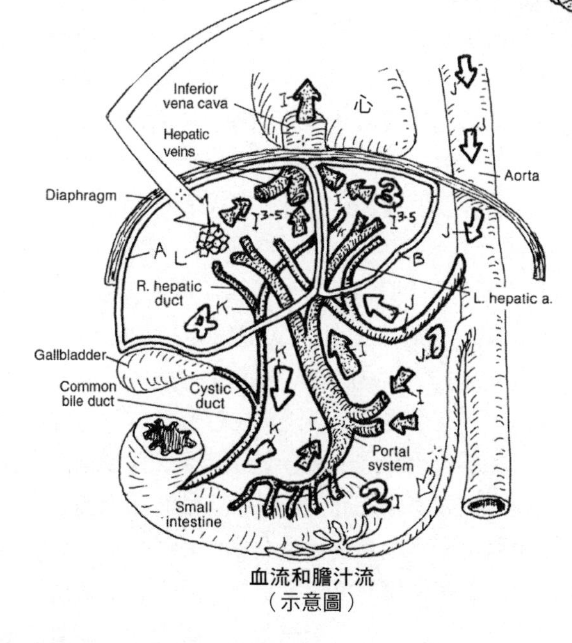

血流和膽汁流（示意圖）

1 ARTERIAL BLOOD J
2 PORTAL VENOUS BLOOD I
3 HEPATIC VEIN BLOOD I^3·I^5
4 BILE FLOW K

LIVER LOBULE L
TRIAD *'
BRANCH OF PORTAL VEIN I'
BRANCH OF HEPATIC ARTERY J'
BILE DUCT K'
SINUSOID I^2
HEPATIC CELL L'
CENTRAL VEIN I^3
TRIBUTARY OF HEPATIC VEIN I^4
HEPATIC VEIN I^5

膽道系統的組成由輸運膽汁的膽管及十二指腸的第二段共同組成，其中膽管負責從肝細胞把製成的膽汁導往膽囊儲積、釋出。

膽汁不是在膽囊中製造，而是在肝中形成。膽汁大半由水組成（占 97%），內含膽鹽和色素，色素是血紅素在脾臟分解所得的產物。膽汁形成後，便從肝細胞排出，注入周圍的微膽管。這些細小的導管合併形成膽小管，膽小管逐漸匯聚成膽管，伴隨肝門靜脈和肝動脈的肝內支脈一道通行。膽汁經由左、右肝管導出肝臟，接著兩管在肝門合併，形成總肝管。**總肝管**在小網膜各層之間下行，並接收出自膽囊、約 4 公分長的**膽囊管**。膽囊貼附在肝臟右葉的臟面，其臟面外覆臟層腹膜。**膽管**由膽囊管和總肝管形成，長約 8 公分，在十二指腸第一段的後面下行，深達或越過胰臟頭。膽管通常都與主胰管匯合，在十二指腸第二段的腸壁形成一個壺腹。在那裡，膽管通向十二指腸的管腔。這兩條管子的接合方式，可以有多種不同方式。

膽囊有貯藏膽汁的作用。膽汁從肝臟排入，在膽囊裡面濃縮數倍。此一事實，從單層柱狀上皮細胞管腔表面有眾多微細絨毛就能反映出來，因為這些絨毛能從稀薄的膽汁吸收水分。當胃中或十二指腸內出現脂肪時，腸道會因應分泌膽囊收縮素，刺激膽囊排出所含物質注入膽囊管。導管肌肉系統的蠕動性收縮能擠壓膽汁，經由壺腹括約肌注入十二指腸的管腔。膽汁能皂化、乳化脂肪，讓它們能夠溶於水，從而得以由酶（脂肪酶）來消化。

胰臟是腹膜後腔的腺體，含胰臟頭、頸、體和尾等部。胰臟大半由囊狀（腺泡）外分泌腺所組成，能夠以每天約 2,000 毫升的速率分泌酶和碳酸氫鈉，這些分泌液注入胰管的支流，接著還經由一、兩個由壺腹括約肌環繞的乳突注入十二指腸。小腸內的化學消化作用，主要都由這類酵素來負責（例如消化脂肪的脂肪酶、消化蛋白質的胰蛋白酶，以及消化碳水化合物等成分的澱粉酶）。胰分泌作用由腸內分泌細胞分泌的激素來負責調節（主要是膽囊收縮素和胰泌素），也受迷走神經節制（神經傳導物質乙醯膽鹼）。胰臟的內分泌機能在 154 頁會再討論。

解剖名詞中英對照（按英文字母排序）

Abdominal aorta 腹主動脈
Ampullary sphincter 壺腹括約肌
Bile canaliculi 微膽管
Bile duct sphincter 膽管括約肌
Bile duct 膽管
Bile ductile 膽小管
Bile 膽汁
Biliary system 膽道系統
Body 胰臟體
Celiac trunk 腹腔幹
Common hepatic artery 總肝動脈
Common hepatic duct 總肝管
Cystic duct 膽囊管
Duodenal wall 十二指腸腸壁
Duodenojejunal flexure 十二指腸空腸曲
Duodenum 十二指腸
Gallbladder 膽囊
Head of pancreas 胰臟頭
Hepatic cell 肝細胞
Hepato-duodenal ampulla 肝十二指腸壺腹
Inferior vena cava 下腔靜脈
Left hapatic artery 左肝動脈
Left hepatic duct 左肝管
Major duodenal papilla 十二指腸大乳頭
Mucosa 黏膜
Neck 胰臟頸
Pancreas 胰臟
Pancreatic duct sphincter 胰管括約肌
Pancreatic duct 胰管
Porta hepatic 肝門
Portal vein 門靜脈
Retroperitoneum 腹膜後腔
Right hepatic artery 右肝動脈
Right hepatic duct 右肝管
Spleen 脾臟
Splenic artery 脾動脈
Splenic vein 脾靜脈
Superior mesenteric vein 上腸繫膜靜脈
Tail of pancreas 胰臟尾

消化系統
膽道系統與胰臟

著色說明：肝細胞及膽管請沿用 142 頁所用的顏色；H 要使用非常淺的顏色。(1)「膽汁的形成和運輸」圖解、大圖解要同步上色。十二指腸、脾臟和背景脈管等部位不用上色，但要參照來看。(2) 為膽汁儲存圖上色。

HEPATIC CELL A
BILE B
RIGHT HEPATIC DUCT C
LEFT HEPATIC DUCT C'
COMMON HEPATIC DUCT D
GALLBLADDER E
CYSTIC DUCT F
BILE DUCT G

PANCREAS H
PANCREATIC DUCT I
HEPATO-DUODENAL AMPULLA J

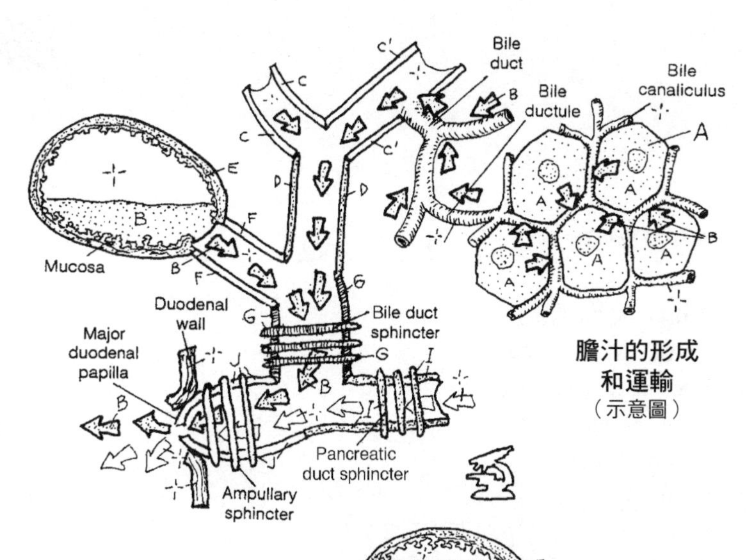

膽汁的形成和運輸
（示意圖）

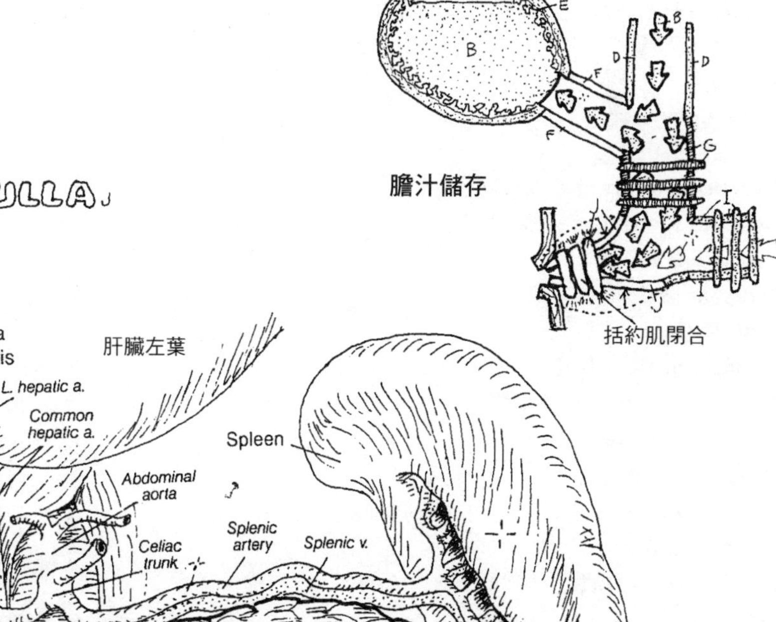

膽汁儲存

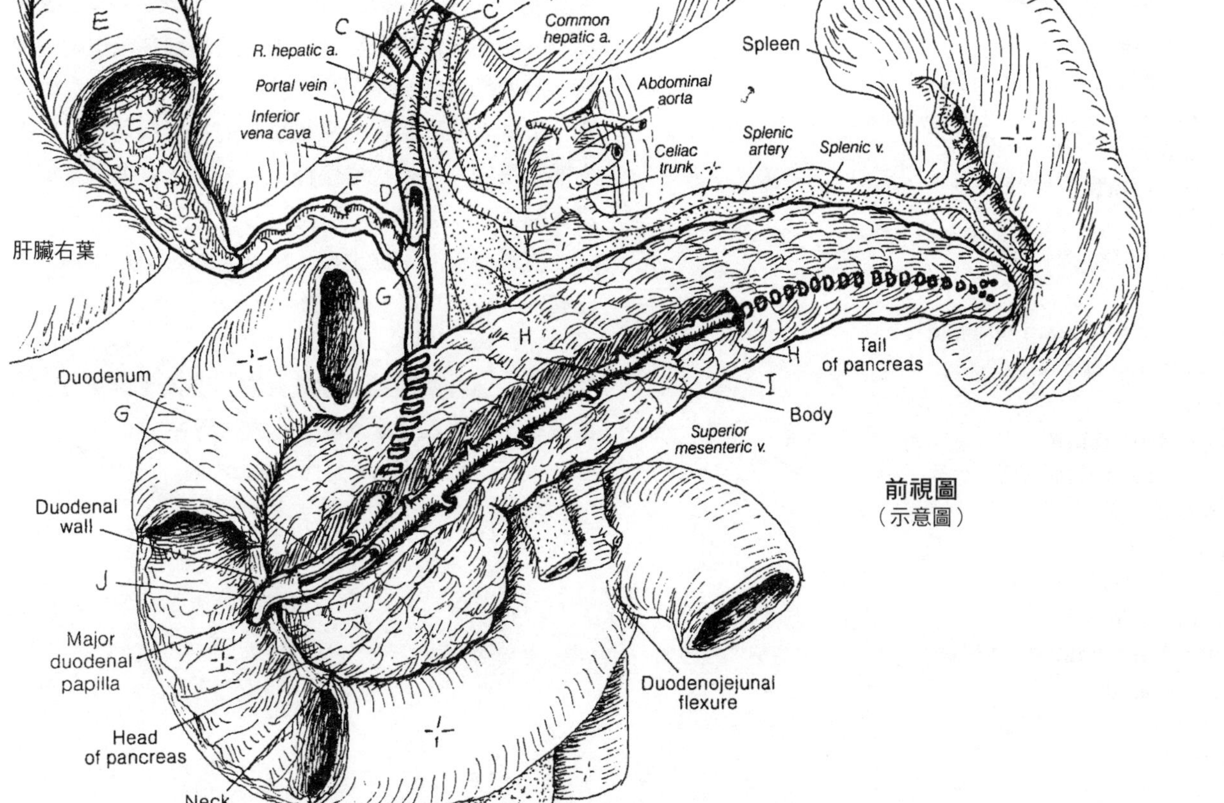

前視圖
（示意圖）

泌尿道的組成含腹膜後腔的一對腎臟和輸尿管、一個膀胱及一條尿道。泌尿道是清除代謝副產物、毒性物質及其他非必要分子的排泄路徑，這所有廢物都溶於少量水中（尿液）。**腎臟**不只是一種排泄工具，還具有保存水分及維持血液酸鹼平衡的功能。這是一種動態的歷程，這一刻被當廢物排出的東西，下一刻有可能當成寶貝保留下來。

輸尿管是一條由纖維肌構成的管道，管腔內襯一層類似食道構造的移形性上皮黏膜（參見 8 頁）。黏膜深處的肌肉層，比黏膜本身更厚。每條輸尿管還都有一道外膜層。輸尿管全程有三個狹窄處，很容易被來自腎臟的礦物化結石阻塞（參見右頁圖箭頭）。

膀胱是纖維肌構成的一個尿液容器，位於真骨盆內，其上側表面覆蓋腹膜。黏膜襯覆移形上皮。膀胱的餘尿量少至 50 毫升，但尿量多達 700 到 1,000 毫升也不會受損。膀胱膨脹時會抬升進入腹腔，並朝後側鼓起。兩個輸尿管口和尿道口之間的黏膜部分稱為三角區。

尿道是纖維肌性及腺性的構造，襯覆移形性上皮（靠近皮膚部位除外），男性尿道（長 20 公分）比女性尿道（4 公分）長，因此尿道炎較常見於男性，而膀胱炎則較常見於女性。男性的尿道可以區分為三部分：攝護腺部、膜部及海綿體部。輸精管和精囊導管的開口在**尿道攝護腺部**接合，不過精囊導管有可能在進入尿道之前就跟輸精管匯合。**尿道膜部**固定在**泌尿生殖膈**的各肌肉層之間，這個尿道部分很短，一旦骨盆前側下部受創，就很容易破裂。尿道海綿體部位於陰莖體內部，長約 15 公分，襯覆複層柱狀上皮或偽複層柱狀上皮。尿道海綿體部在尿道外口處通往體外。

女性的尿道在脫離膀胱之後，立刻進入**會陰深隙**。尿道在**前庭球**之間進入**會陰淺隙**，並通往體外。

解剖名詞中英對照（按英文字母排序）

Abdominal aorta 腹主動脈
Adventitial layer 外膜層
Deep perineal space 會陰深隙
Ductus deferens 輸精管
Duodenum 十二指腸
Epididymis 副睪
External urethral orifice 尿道外口
Interior vena cava 下腔靜脈
Jejunum 空腸
Kidney 腎
Left kidney 左腎
Liver 肝
Membranous urethra 尿道膜部
Opening of ureter 輸尿管的開口
Ovary 卵巢
Pancreas 胰臟
Penis 陰莖
Prostate gland 攝護腺
Prostatic urethra 尿道攝護腺部
Rectum 直腸
Renal pelvis 腎盂
Right kidney 右腎
Scrotum 陰囊
Seminal vesicle 精囊
Spleen 脾臟
Spongy urethra 尿道海綿體部
Stomach 胃
Superficial perineal space 會陰淺隙
Suprarenal gland 腎上腺
Testis 睪丸
Transverse colon 橫結腸
Trigone of bladder 膀胱三角
Ureter 輸尿管
Urethra 尿道
Urinary bladder 膀胱
Urinary tract 泌尿道
Urogenital diaphragm 泌尿生殖膈
Uterine tube 輸卵管
Uterus 子宮
Vagina 陰道
Vestibular bulb 前庭球

見51、145、146、158頁

泌尿系統
泌尿道

著色說明：全頁都使用非常淺的顏色。(1) 泌尿道三幅圖解要同步上色。為前視圖的腎臟上色，請比對與右上圖各器官接觸部位的關係。右上圖的腎臟位於底下（用剪影表示），不用上色。(2) 請注意前視圖中，輸尿管注入膀胱的開口（B）。(3) 為三個箭頭塗上灰色，這些箭頭標示出輸尿管有可能被結石阻塞的位置。

泌尿道

KIDNEY A
URETER B
URINARY BLADDER C
URETHRA D
- PROSTATIC U. (MALE) D'
- MEMBRANOUS U. (MALE) D²
- SPONGY U. (MALE) D³

腎臟相關構造

SUPRARENAL GLAND E
LIVER F
DUODENUM G
TRANSVERSE COLON H
SPLEEN I
STOMACH J
PANCREAS K
JEJUNUM L

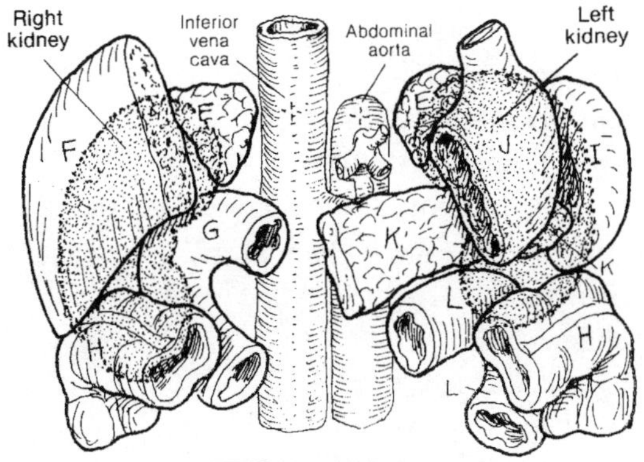

腎臟的前側關係

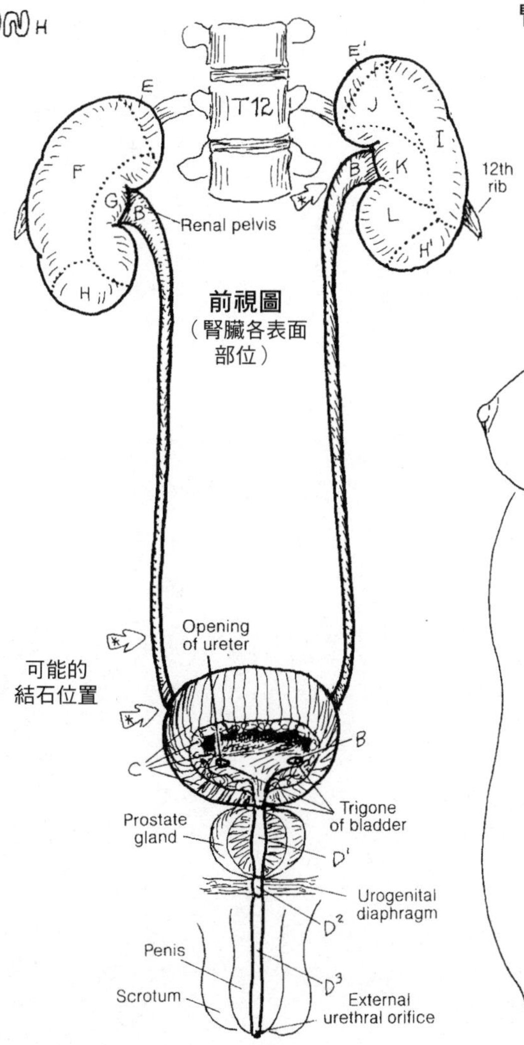

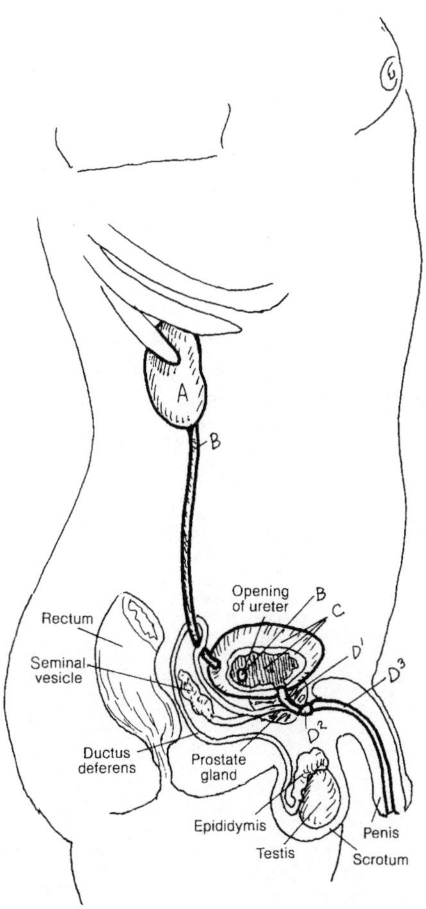

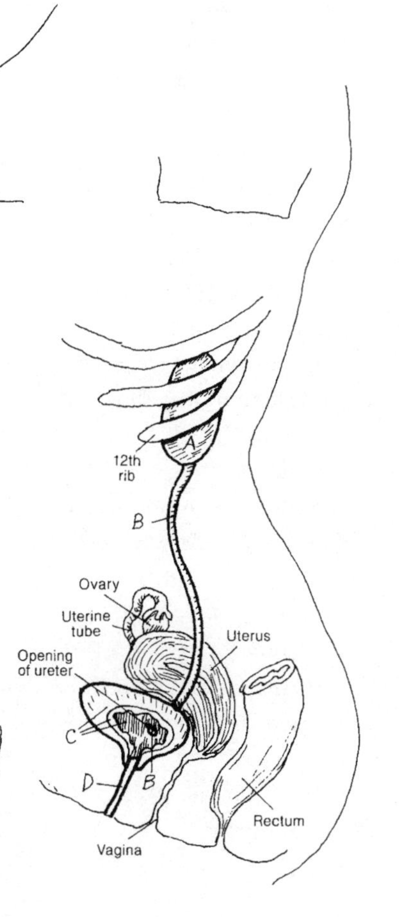

前視圖（腎臟各表面部位）

可能的結石位置

成對的腎臟和輸尿管位於腹膜後腔（腹腔的壁層腹膜後側，參見右頁大圖解左邊的 X），圖中所示是壁層腹膜覆蓋局部的深層結構，仔細看看哪個結構位於腹膜後腔。右邊是沒有被腹膜遮蓋的結構。在胎兒發育階段，有些腹部的構造產生自腹膜後腔（例如腎臟），而另有一些則是由於內臟器官運動而移向腹膜後側（例如升、降結腸和胰臟）。腹主動脈和緊接的支脈，還有下腔靜脈以及緊接的支流，全都位於腹膜後。動脈和靜脈在腹膜各層（大網膜和腸繫膜）之間通行，延伸抵達它們所要供血／排流的器官；在正常狀況下，這些血管始終沒有穿透腹膜。淋巴結、腰淋巴幹和乳糜池（右頁圖未畫出）全都位於腹膜後。**輸尿管**在腹膜後（就在壁層腹膜底下）下行延伸抵達膀胱的後下方。骨盆臟器和血管都位於壁層腹膜的深處。

在壁層腹膜的深處，左右腎分別由腎旁脂肪包覆，並由一層緊繃的**腎筋膜**以及更深層的腎周脂肪牢牢固定住（參見右頁橫切面）。這些腔室的左、右隔間並不相通。這種支持系統容許腎臟在呼吸時進行活動，萬一受到衝擊，也能確保安全牢靠。

解剖名詞中英對照（按英文字母排序）

Aorta & branches 主動脈和分支
Celiac artery & branches 腹腔動脈和分支
Cisterna chyli 乳糜池
Common iliac artery 髂總動脈
Common iliac vein 髂總靜脈
Diaphragmatic peritoneum 膈腹膜（橫膈腹膜隔膜）
Ductus deferens / vas deferens 輸精管
Duodenum 十二指腸
Esophagus 食道
External iliac artery 髂外動脈
External iliac vein 髂外靜脈
Hepatic vein 肝靜脈
Inferior mesenteric artery 下腸繫膜動脈
Inferior vena cava & tributaries 下腔靜脈和支流
Internal iliac artery 髂內動脈
Internal iliac vein 髂內靜脈
Kidney 腎臟
Left lobe of liver 肝臟左葉
Muscle 肌肉
Pancreas 胰臟
Pararenal fat 腎旁脂肪
Parietal peritoneum 壁層腹膜
Perirenal fat 腎周脂肪
Psoas muscle 腰肌
Quadratus lumborum muscle 腰方肌
Rectum 直腸
Renal artery 腎動脈
Renal fascia 腎筋膜
Renal vein 腎靜脈
Retroperitoneum 腹膜後腔
Right lobe of liver 肝臟右葉
Spleen 脾臟
Stomach 胃
Superior mesenteric artery 上腸繫膜動脈
Suprarenal artery 腎上腺動脈
Suprarenal gland 腎上腺
Suprarenal vein 腎上腺靜脈
Testicular artery 睪丸動脈
Testicular vein 睪丸靜脈
Transversus abdominis muscle 腹橫肌
Ureter 輸尿管
Urinary bladder 膀胱
Vertebra 脊椎

泌尿系統
腎臟與相關的腹膜後器官

著色說明：B 使用紅色，L 使用藍色，X 則選用非常淺的顏色。(1) 為大圖解的腹膜後構造上色；壁層腹膜（圖中以 X 表示）在左側局部覆蓋這些結構。(2) 參見右上方，注意腹膜後腔（Y）和壁層腹膜的關係。

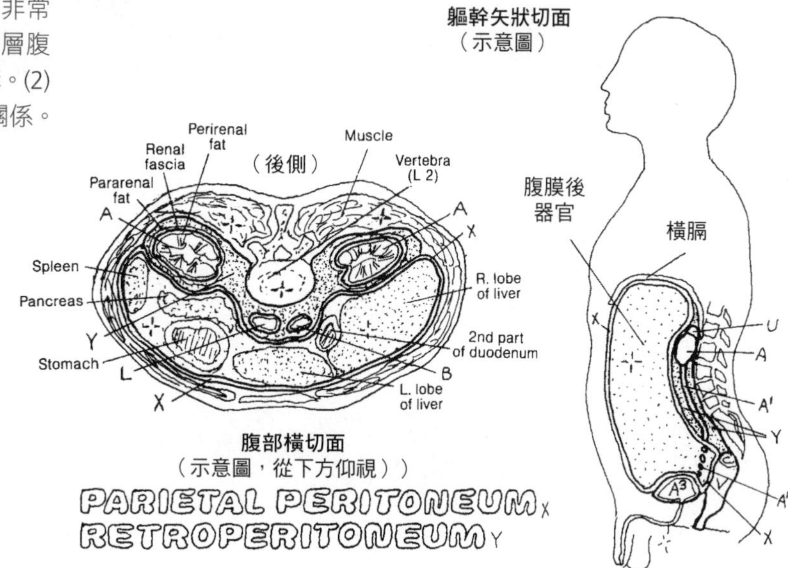

腹部橫切面
（示意圖，從下方仰視））

PARIETAL PERITONEUM X
RETROPERITONEUM Y

KIDNEY A
URETER A'
URINARY BLADDER A²

AORTA B & BRANCHES -¦-
CELIAC A. & BRS. C
SUPRARENAL A. D
SUPERIOR MESENTERIC A. E
RENAL A. F
TESTICULAR A. G
INFERIOR MESENTERIC A. H
COMMON ILIAC A. I
INTERNAL ILIAC A. J
EXTERNAL ILIAC A. K

INFERIOR VENA CAVA L
& TRIBUTARIES -¦-
INTERNAL ILIAC V. M
EXTERNAL ILIAC V. N
COMMON ILIAC V. O
TESTICULAR V. P
RENAL V. Q
SUPRARENAL V. R
HEPATIC VS. S

ORGANS & DUCTS -¦-
ESOPHAGUS T
SUPRARENAL GLAND U
RECTUM V
DUCTUS (VAS) DEFERENS W

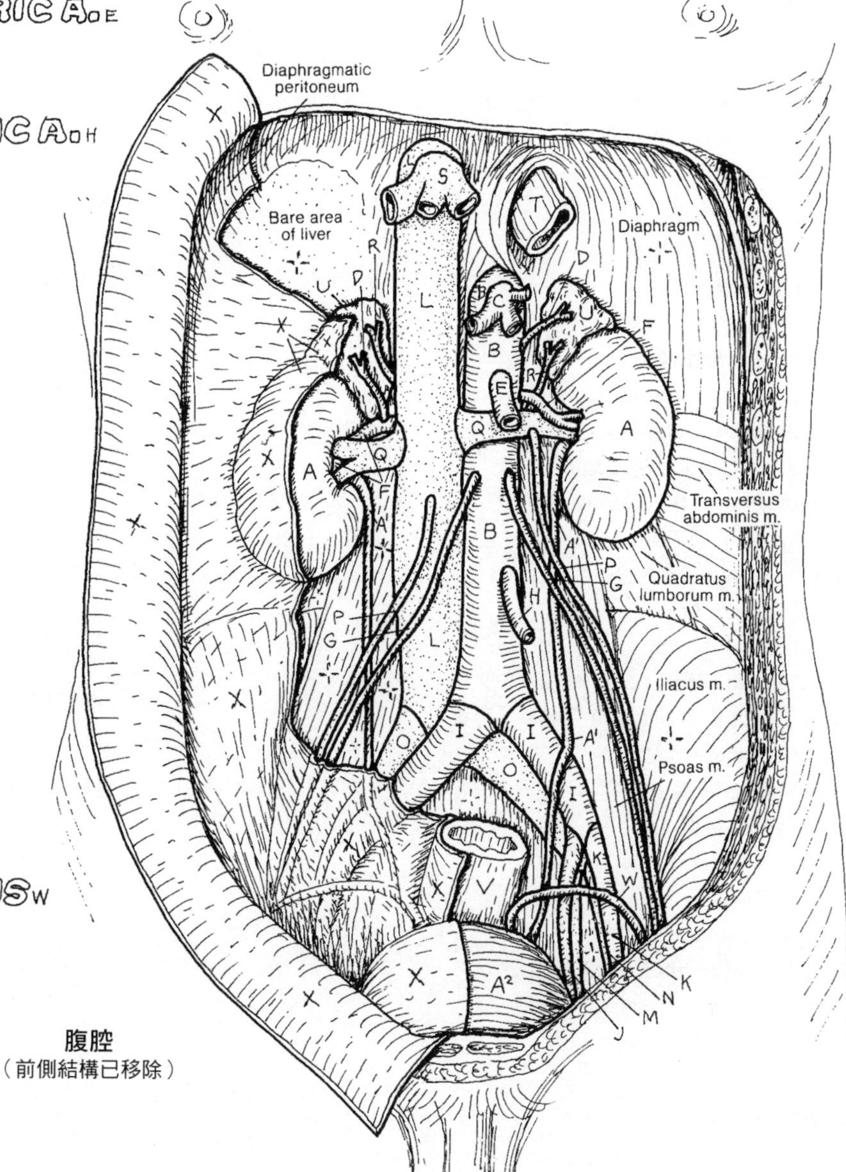

腹腔
（前側結構已移除）

腎臟由過濾囊、小管和血管組成，這些構造緊密貼合在一起，形成所謂的「腎實質」。約三公升的血液循環流經腎臟；腎臟（腎絲球）每 24 小時篩濾約 180 公升血液。三公升血漿每天通過腎臟 60 次，其中 1% 化為尿液排出。結論：腎臟從事的是保護水資源（和必要溶液）的事業。

腎實質的配置分為內外兩層，外層是一個外覆血液篩濾皮質（腎絲球）的**腎囊**，還有大半曲繞的複雜小管；內層是**髓質**（含十多個由小管組構成的**腎錐體**）和集合管，其中許多都能把形成的尿液輸往儲存地點，同時還能保存水分（見 147 頁）。向下延伸到腎錐體之間的這些皮質部位，稱為**腎柱**。各個腎錐體的尖端形成**腎乳頭**（內含眾多的集合管開口），腎乳頭納入一個漏斗形的**腎小盞**（表覆移形性上皮）。這些腎小盞總計有 8 到 18 個，開口通往三個尺寸大很多的**腎大盞**，而腎大盞的開口則導入一個稱為**腎盂**的腔室。

腎臟的凹陷處（內縮部位）稱為**腎門**，裡面可見到小部位的腎竇。**腎竇**是去除功能性組織（包括過濾單元、小管、導管、血管及相關細胞）之後的一個腎腔隙；竇壁延續自腎囊的凹膜。腎竇底部包含乳頭，以及腎小盞和腎大盞的襯膜。腎竇內含腎動脈與腎靜脈的分支及支流，還包含取道腎竇進出的神經。腎盂在這裡收窄形成輸尿管近端，並與腎動脈與腎靜脈共用這處部位，這一切都通過腎門進出腎臟。

負責運送尿液到膀胱的輸尿管是腎盂的續連構造。膀胱的功能性組織（**黏膜**）密集摺疊，只有在空腔滿載的情況下才會撐開來，這時**移形性上皮**（膀胱上皮）**層**有可能為因應負荷而延展其三層細胞厚度。由支持性纖維構成的固有層，相較於醒目的多層平滑肌（肌層），顯得相當薄。肌層包括：**內縱肌**、**中環肌**和**外縱肌**三層。輸尿管的外層是具有稀疏纖維、含血管的細薄漿膜（壁層腹膜）。

解剖名詞中英對照（按英文字母排序）

Abdominal aorta 腹主動脈
Glomerulus 腎絲球
Inferior vena cava 下腔靜脈
Inner longitudinal muscle 內縱肌
Kidney 腎臟
Lamina propia 固有層
Major calyx 腎大盞
Middle circular muscle 中環肌
Minor calyx 腎小盞
Outer longitudinal muscle 外縱肌
Oxygen-poor blood 缺氧血
Oxygen-rich blood 充氧血
Parenchyma of the kidney 腎實質
Renal artery 腎動脈
Renal capsule 腎囊
Renal column 腎柱
Renal cortex 腎皮質
Renal hilum 腎門
Renal medulla (pyramid) 腎髓質（腎錐）
Renal papilla 腎乳頭
Renal pelvis 腎盂
Renal sinus 腎竇
Renal vein 腎靜脈
Serosa 漿膜
Suprarenal gland 腎上腺
Transitional epithelia 移形性上皮
Ureter 輸尿管
Urinary bladder 膀胱
Urine 尿液
Urothelium 膀胱上皮

泌尿系統
腎臟與輸尿管

著色說明：本頁要和下一頁一起上色。J 使用紅色，K 用藍色，P 塗上黃色，B、F、G、H 和 I 則使用非常淺的顏色。(1) 從在原位的腎臟圖開始上色。(2) 為方便上色，腎臟圖解所示的腎囊厚度都已放大。以下都要上色：腎皮質內的血管切緣（K'）；血流、尿流的數量及指向箭頭，以及指向腎門的大箭頭（E）。(3) 為左下方的輸尿管橫切面上色。

腎臟的結構

KIDNEY A
RENAL CAPSULE A'
RENAL CORTEX B
RENAL MEDULLA (PYRAMID) C
RENAL PAPILLA D
RENAL HILUM E
MINOR CALYX F
MAJOR CALYX G
RENAL PELVIS H
RENAL SINUS I
RENAL ARTERY J
OXYGEN-RICH BLOOD J'
RENAL VEIN K
OXYGEN-POOR BLOOD K'

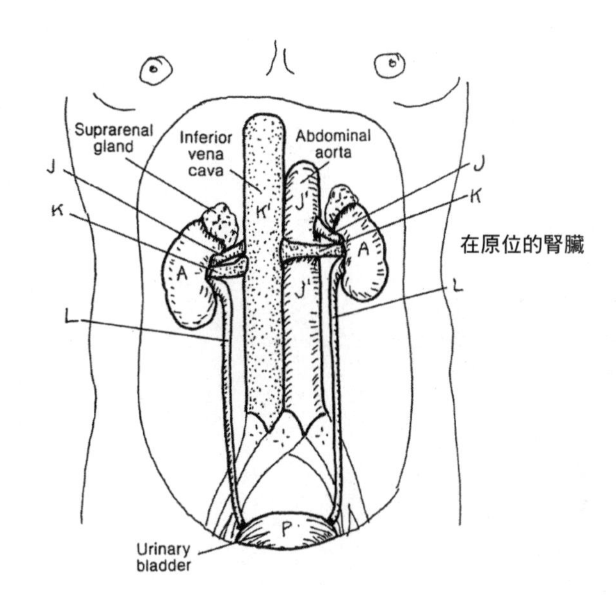

輸尿管的結構

URETER L
黏膜
TRANSITIONAL EPITHELIA M
LAMINA PROPIA N
肌層
INNER LONGITUDINAL O
MIDDLE CIRCULAR O'
OUTER LONGITUDINAL O²
覆蓋層
SEROSA L'

URINE P

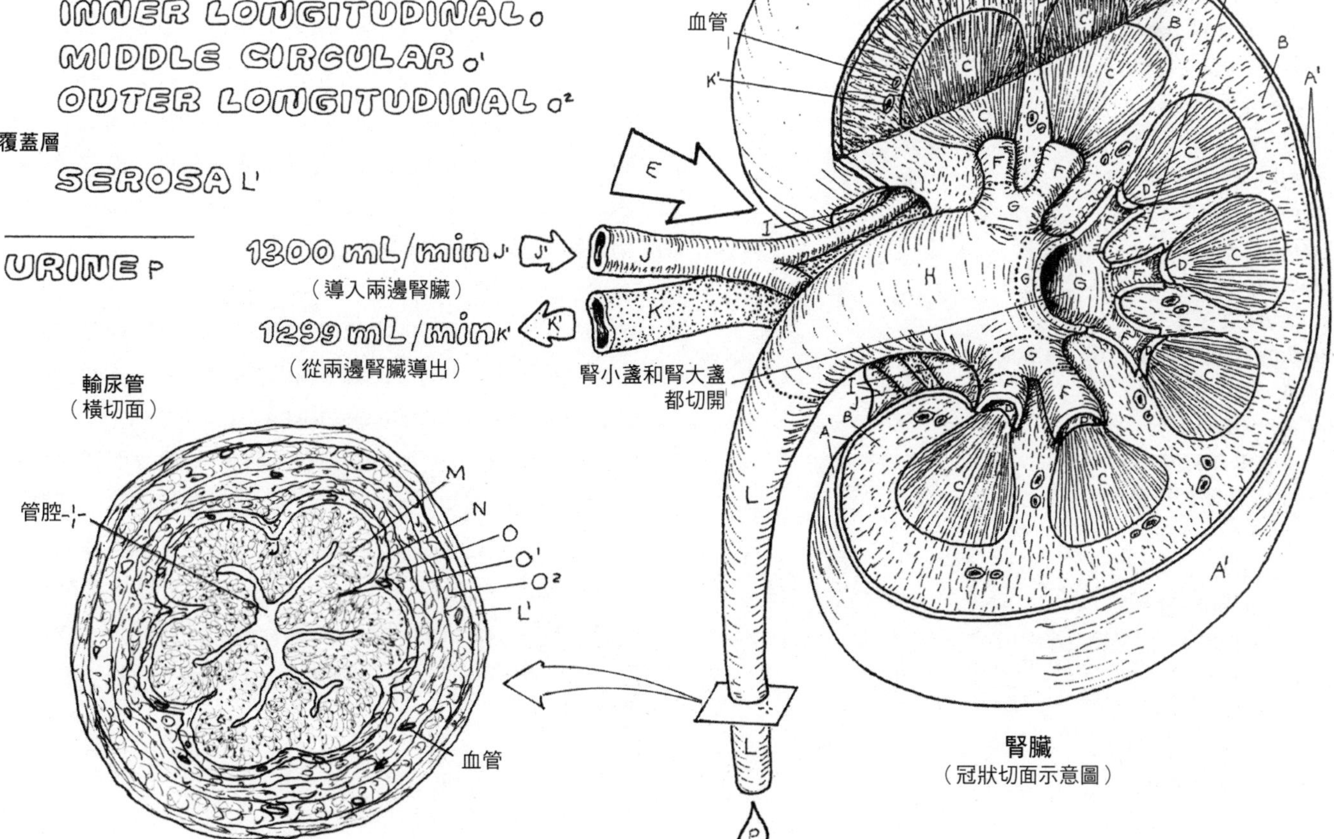

解剖名詞中英對照（按英文字母排序）

Afferent arteriole 入球小動脈
Area cribrosa 篩區
Capsular space 囊腔
Capsule of Bowman 鮑曼氏囊
Capsule 囊
Collecting duct 集合管
Collecting tubule 集合小管
Cortex 皮質
Cortical nephron 皮質腎元
Distal convoluted tubule 遠曲小管
Efferent arteriole 出球小動脈
Fenestration 穿孔
Filtrate 過濾
Filtration slit 過濾隙
Glomerular capillary 腎絲球微血管
Glomerular capsule 腎絲球囊
Glomerulus 腎絲球
Interlobular artery 小葉間動脈
Juxtamedullary nephron 近髓質腎元
Loop of Henle 亨利氏環
Major calyx 腎大盞
Medulla 髓質
Mesangial cell 血管間細胞
Minor calyx 腎小盞
Nephron 腎元
Papilla 乳頭
Papillary duct 乳頭管
Parietal layer 壁層
Pedicel 小足
Plasma 血漿
Podocyte cell body 足細胞細胞體
Podocyte 足細胞
Proximal convoluted tubule 近曲小管
Renal artery 腎動脈
Renal corpuscle 腎小體
Renal pelvis 腎盂
Renal tubule 腎小管
Renal vein 腎靜脈
Thick segments 厚段
Thin segment 細段
Ureter 輸尿管
Urinary pole 尿極
Urine 尿液
Vascular pole 血管極
Visceral layer 臟層

腎臟主要的功能性單元是**腎元**，其組成包括**腎小體**和近曲小管／遠曲小管、直小管及亨利氏環（以上組成統稱**腎小管**）。腎元終止於它和集合小管／集合管的會合處。

腎小體位於皮質部位；在腎臟皮質中，**近髓質腎元**比**皮質腎元**位於更深處，其中皮質腎元是兩者間較常見的一種（占多數，約為 70-80%）。請注意，近髓質腎元細窄的直小管，管長和延伸深度都遠勝於皮質腎元的小管。雙方在功能上的差異，從亨利氏環內尿液的濃度就能看出來（參見 148 頁）。

腎小體由**腎絲球**組成，而腎絲球則是由一群外覆被膜、穿孔型的特化微血管組成，並由一條入球小動脈供血，還有一條出球小動脈負責排流。吞噬性的血管間細胞，則共用血管極周圍的間隙（右頁圖未畫出）。

每個腎絲球都在發育時被推進一處盲囊並內陷進去（參見 103 頁），這個腎絲球囊被稱為**鮑曼氏囊**。腎絲球陷入囊內的那一側稱為**血管極**。現在請看右頁下方的腎小體橫剖面圖，注意看血管極對側的尿極，它的開口導入近曲小管（即腎小管的第一段）。

腎絲球內陷生成的腔室稱為**囊腔**，接收從腎絲球微血管運送過來的血漿濾液。囊腔的外壁是壁層；內壁是臟層，由延伸拉長的章魚狀上皮細胞組成，這種**足細胞**具有很長的延伸部，順著微血管伸展，同時一側或雙側有稱為**小足**的短指狀突起，向外伸出附著於底層的微血管。血漿通過小足之間的微血管開孔，經由這些微細通道（過濾位置）進入囊中。這時囊中液體就是濾液。

腎元的腎小管負責 (1) 從管腔中再吸收特定物質及局部微血管的間質液，例如鈉、鉀、重碳酸鹽、鈣、其他電解質和水；(2) 分泌來自腎小管細胞的特定物質，注入腎小管腔內；以及 (3) 經由集合管排出（運輸）體積不斷變動的尿液以供最後儲積。腎小管就是透過這些作用來保持體液的酸鹼平衡，並隨時將通過腎小管的濾液濃縮再濃縮，從而保留體內的水分。平均來說，99% 的濾液都經腎元的腎小管和集合管重新吸收，回到身體的液體腔隙。遠曲小管、直小管和集合管，就是憑藉這項功能，扮演一個極端重要的角色。

見148頁

泌尿系統
腎元

著色說明：G 和 G1 使用紅色；沿用前頁使用的顏色來為類似結構上色，不過色碼標號可能與本頁不同。(1) 從最上面的「腎臟部位」圖開始上色。(2) 為第一幅楔形圖的兩類腎元上色。(3) 為第二幅楔形圖（皮質腎元細部圖）上色。(4) 為頁底右圖的腎小體橫剖面圖上色；囊腔（H3）不上色。(5) 最後完成頁底左圖的上色：為腎絲球微血管周圍的足細胞上色，並請比對和右邊腎絲球的關係。

腎臟部位

CAPSULE A
CORTEX B
MEDULLA C
PAPILLA D

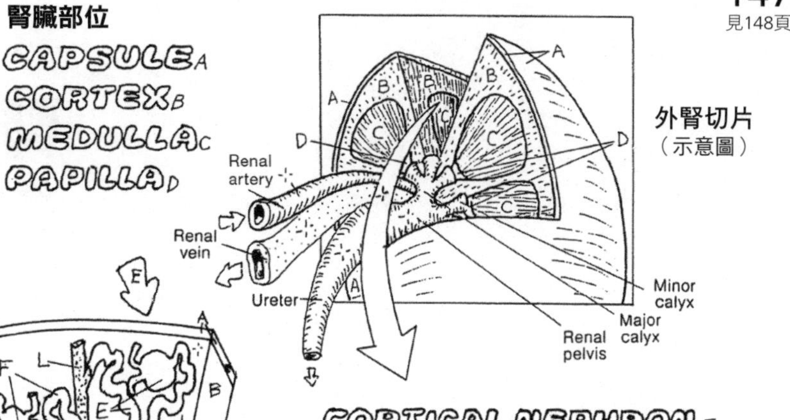

E
F
L
A
B
C
D
L2
M
皮質髓質交界處
皮質腎元和近髓質腎元

CORTICAL NEPHRON E

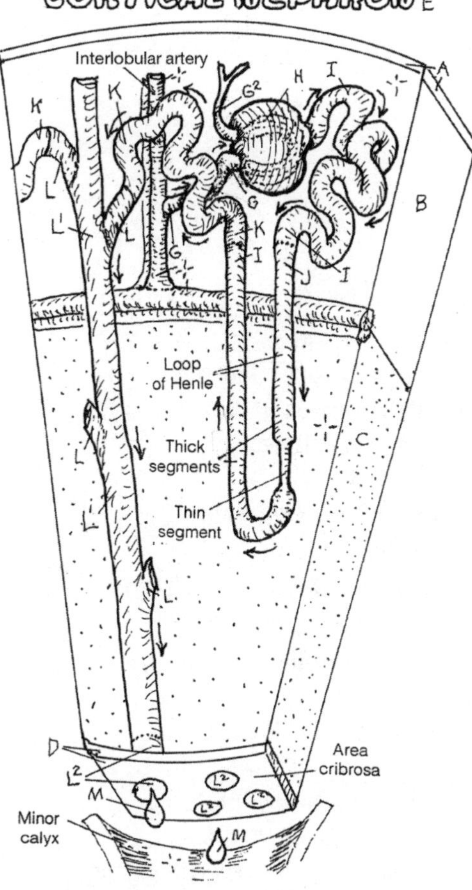

腎元

CORTICAL NEPHRON E
JUXTAMEDULLARY NEPHRON F

腎小體

AFFERENT ARTERIOLE G
GLOMERULUS G1
GLOMERULAR CAPSULE H
PARIETAL LAYER H1
VISCERAL LAYER (PODOCYTE) H2
CAPSULAR SPACE H3
EFFERENT ARTERIOLE G2

腎小管

PROXIMAL CONVOLUTED TUBULE I
LOOP OF HENLE J
DISTAL CONVOLUTED TUBULE K

COLLECTING TUBULE L
COLLECTING DUCT L1
PAPILLARY DUCT L2

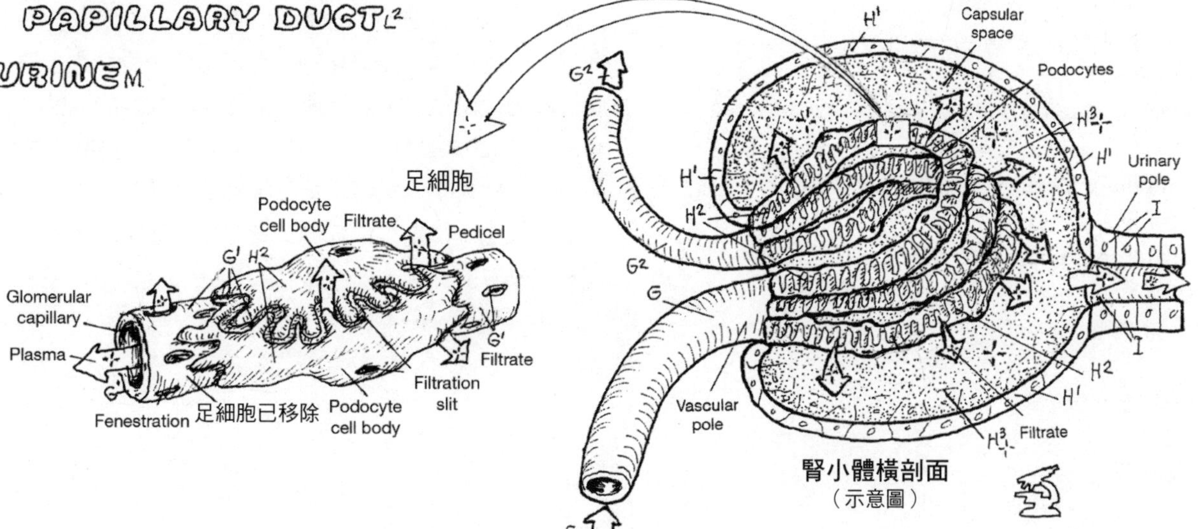

腎絲球濾液在腎囊腔隙中形成，這些濾液含極少量的血漿蛋白，但富含離子、小分子和水。當濾液流入第一段近曲小管時，內含的多數物質（水、鈉和其他離子、葡萄糖和胺基酸）都會經腎小管的細胞再吸收，並取道間質液和周圍的微血管返還身體。腎元的腎小體位於皮質，這群腎元約 70% 在上皮質裡面，而 30% 則位於皮質髓質交界處附近（近髓質處，參見右頁圖解）。

右頁左上圖是腎臟血管結構的概觀圖解。**腎動脈**進入腎門，並發出節段動脈從髓質錐體之間伸入髓質，這時它們就稱為**葉間動脈**。當這群動脈伸抵髓質、皮質邊界時會轉彎九十度，變成**弓狀動脈**。在這裡弓狀動脈會發出許多小葉間動脈，向腎囊一路延伸。在此同時，它們還會發出入球小動脈並伸往腎絲球。在腎小體的這處地方，腎絲球血液的血漿經過篩檢，保留下細胞和大分子，殘餘部分便進入腎絲球囊腔，成為腎絲球濾液（參見 147 頁）。

殘餘血液經由**出球小動脈**離開腎絲球微血管。在皮質區中，出球小動脈下游的微血管（**腎小管周邊微血管**）在近曲小管和遠曲小管及它們的下行、上行支周圍形成一套網絡。這群血管和經由靜脈回輸血液的小靜脈續連，其中除了**葉間靜脈**是直接導入腎靜脈（沒有節段靜脈）之外，其他靜脈大致上都和動脈平行。**近髓質腎元**的直小管，比皮質腎元的要長很多。這些腎元的出球小動脈離開腎絲球起端，隨著長小管（含下行、上行和集合小管）下行，這時它們稱為**直血管**。這群血管，連同長直小管共同形成一套機制，對小管回收水分和關鍵離子有深遠影響，從而濃縮髓質長小管管腔內的濾液，同時還提升了直血管（流入小葉間靜脈和弓狀靜脈）支流的含血量。

能夠分泌腎素的**近腎絲球細胞**（JG cell）由變形的平滑肌構成，位於腎絲球血管極的入球、出球小動脈內，這群細胞是壓力感受器，能感受壓力的變化。鄰接的遠曲小管上有特化的上皮細胞形成緻密斑，能感受鈉和氯化物的濃度，是為機械性感受器。高血壓結合高濃度的鈉會觸發一套連鎖反應來降低局部血壓，方式是調節腎絲球的過濾速率及小動脈的血壓。

解剖名詞中英對照（按英文字母排序）

Afferent arteriole 入球小動脈
Arcuate artery 弓狀動脈
Arcuate vein 弓狀靜脈
Capsule 腎囊
Collecting tubule 集合小管
Cortex 皮質
Distal convoluted tubule 遠曲小管
Efferent arteriole 出球小動脈
Glomerular capsule 腎絲球囊
Glomerulus 腎絲球
Interlobar artery 葉間動脈
Interlobar vein 葉間靜脈
Interlobular artery 小葉間動脈
Interlobular vein 小葉間靜脈
Juxtaglomerular apparatus 近絲球體器
Juxtaglomerular cell (JG cell) 近腎絲球細胞
Juxtamedullary nephron 近髓質腎元
Loop of henle 亨利氏環
Macula densa 緻密斑
Mechanoreceptor 機械性感受器
Medulla 髓質
Peritubular capillary plexus 腎小管周邊微血管叢
Pressoreceptor 壓力感受器
Proximal convoluted tubule 近曲小管
Renal artery 腎動脈
Renal vein 腎靜脈
Rennin 腎素
Segmental artery 節段動脈
Ureter 輸尿管
Vasa recta 直血管

泌尿系統
腎小管功能與腎循環

著色說明：D 使用紅色，G 使用藍色，E 選用紫色；A、B、C、F 和 M 則沿用 147 頁所使用的顏色。(1) 從左上圖的大血管開始上色，依照左下方 D-G³ 鏤空名稱的順序進行。先為所有三幅圖解的血管上色。(2) 閱讀左頁第一段內容；接著處理下面兩幅圖解，為 A、B、C 的鏤空名稱、圖解及整個腎元（F）都著上一個顏色。(3) 為方框圖上色時，相關細胞（近腎絲球細胞，緻密斑細胞）要留白以利區辨。

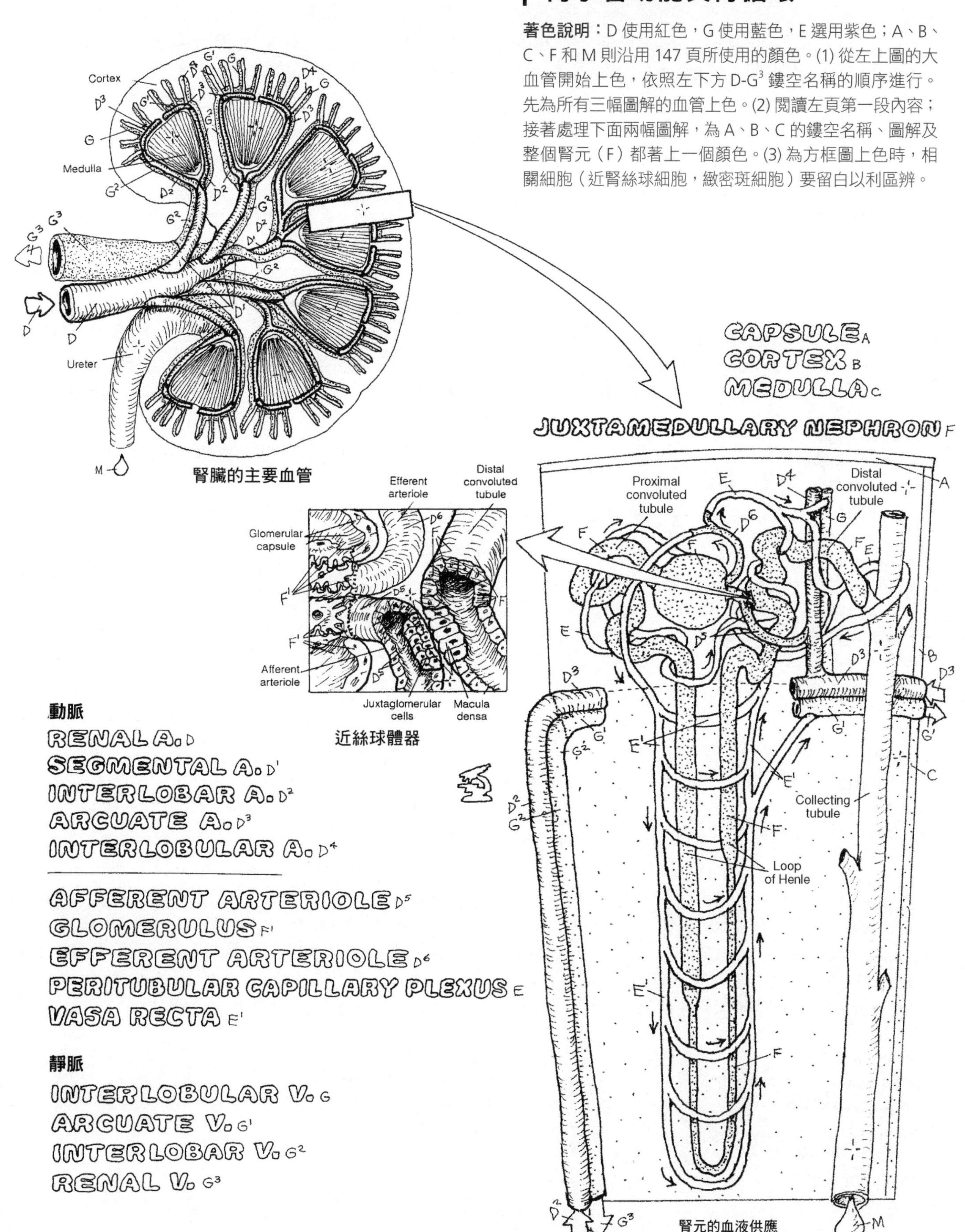

腎臟的主要血管

近絲球體器

腎元的血液供應

以往的典型看法認為，內分泌腺和組織是分離的質團，分別由分泌細胞與所屬的支持組織構成，而且和這群細胞分泌、注入激素的標的微血管貼得很近。激素是一種化學因子，一般都作用於與其源頭相隔一段距離之外的細胞（標的器官）。激素分泌作用，能對標的組織產生正、負回饋控制機制。從較寬廣的角度來看，加上最近的研究發現，如今一般都認為，傳統的定義有可能必須擴充，以便順應有關局部化學控制的新發現。有些細胞泌出的化學因子，不經血液循環，而作用於附近局部標的細胞所處的液體環境，這種因子稱為旁泌素（paracrine）。另外有些細胞能分泌化學因子到細胞膜外，促使本身的細胞內部或表面的受器產生反應，此稱為自分泌。這種細胞，至少有部分屬於自我調節型（self-regulatory）。

激素活性會促成生長、繁殖，以及維繫內在（化學）環境的代謝穩定性。在這種內部環境中，細胞、組織和器官都貢獻出化學輸入，並對輸入做出反應，產生出在廣泛條件下對細胞活動的穩定影響力，從而維繫一種長期的「常態」環境，此稱為恆定狀態。

右頁圖解是典型的內分泌腺，其中除了松果腺（參見75頁）和胸腺（參見123頁）除外，都會陸續出現在往後數頁中。除了典型的內分泌腺之外，這裡還從許許多多能分泌化學因子來影響細胞活動的組織／細胞當中選列了幾種。

心房會在血壓高漲時分泌心房排鈉胜肽（atrial natriuretic peptide, ANP）。這種化學因子的作用是抑制腎素－血管張力素－醛固酮機制（renin-angiotensin-aldosterone mechanism），並容許水和鈉提高排出量。

腎臟的近腎絲球細胞（參見148頁）能分泌腎素，這種酵素（酶）能把血管張力素原（angiotensinogen）轉換成血管張力素I，間接促使血壓增高並能保存體液（好比在出血時）。

胃腸道細胞能分泌好幾種內分泌因子，從而影響腸道的能動性和酵素的分泌作用。

胎盤會分泌許多種激素，包括人類絨毛膜促性腺激素（human chorionic gonadotropin, hCG）、雌激素、黃體素、促乳素（促進乳房發育和乳汁分泌），以及鬆弛素（relaxin）。受孕後前九十天期間，人類絨毛膜促性腺激素會刺激黃體生長，從而輔助支持胚胎生長。

解剖名詞中英對照（按英文字母排序）

Adrenal (suprarenal) gland 腎上腺
Atrial natriuretic peptide (ANP) 心房排鈉胜肽
Autocrine 自分泌
Bronchi 支氣管
Cerebellum 小腦
Corpus luteum 黃體
Diaphragm 橫膈
Embryo 胚胎
Endocrine gland 內分泌腺
Gastrointestinal tract 胃腸道
Heart 心臟
Hormonal secretion 激素分泌
Hypophysis (pituitary) 腦下垂體
Hypothalamus 下視丘
Kidney 腎臟
Large intestine 大腸
Lung 肺
Ovary 卵巢
Pancreas 胰臟
Paracrine 旁泌素
Parathyroid gland 副甲狀腺
Penis 陰莖
Pineal gland 松果腺
Placenta 胎盤
Scrotum 陰囊
Small intestine 小腸
Stomach 胃
Target organ 標的器官（靶器官）
Testis 睪丸
Thymus gland 胸腺
Thyroid cartilage 甲狀軟骨
Thyroid gland 甲狀腺
Trachea 氣管
Umbilical cord 臍帶
Uterine tube 輸卵管
Uterus 子宮

見第8頁

內分泌系統
概論

著色說明：甲狀腺（C）要使用非常淺的顏色，而副甲狀腺（D）使用較深的顏色（副甲狀腺實際上位於甲狀腺的後側表面）。內分泌腺和內分泌組織都上好色後，再接著為右下方的功能圖解上色。

內分泌腺

HYPOPHYSIS (PITUITARY) A
PINEAL B
THYROID C
PARATHYROID (4) D
THYMUS E
ADRENAL (SUPRARENAL) (2) F
PANCREAS G
OVARY (2) H
TESTIS (2) I

內分泌組織

HYPOTHALAMUS J
HEART K
KIDNEY (2) L
GASTROINTESTINAL TRACT M
PLACENTA N

內分泌功能

ENDOCRINE GLAND O
HORMONAL SECRETION P
TARGET ORGAN Q

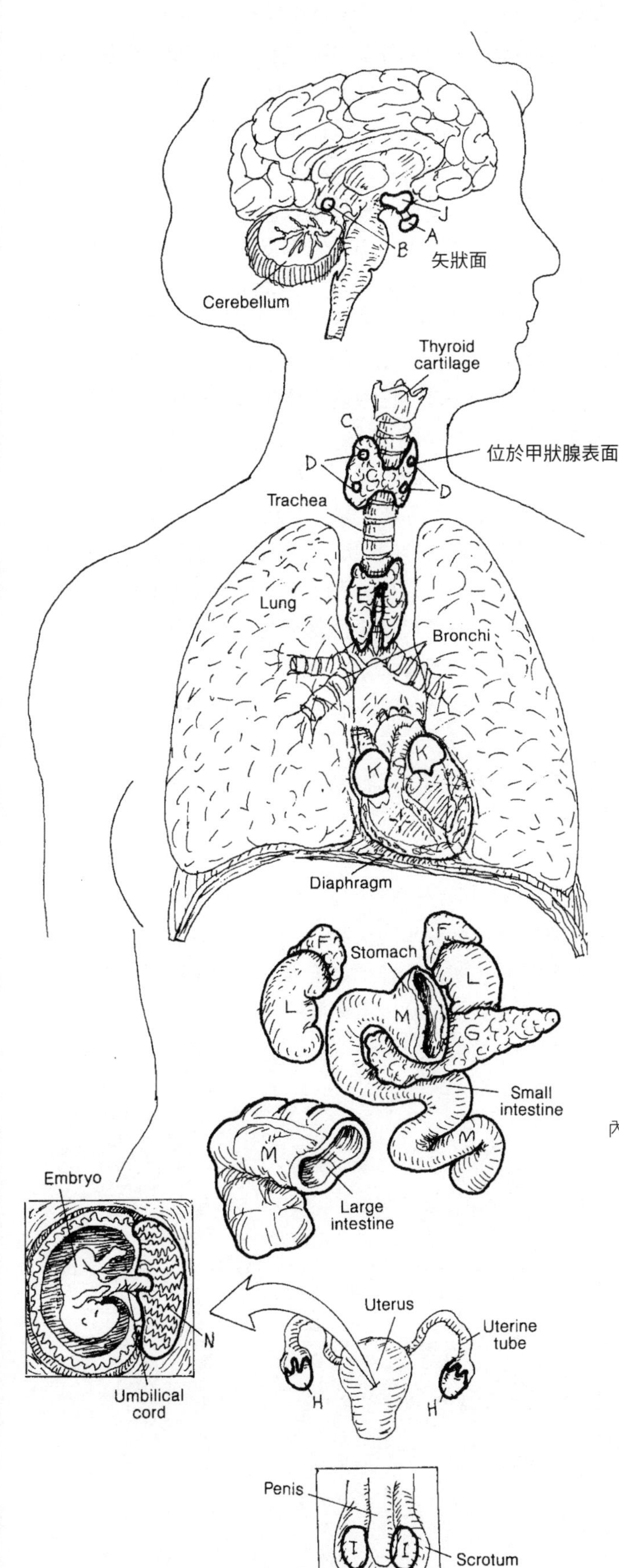

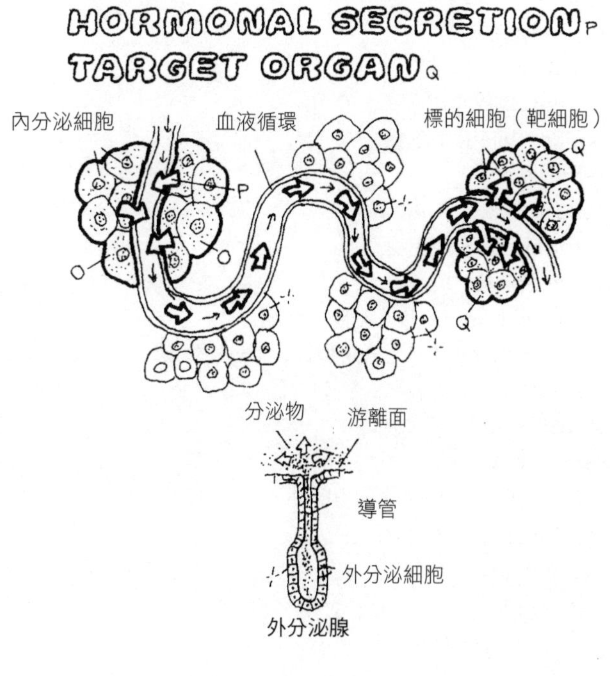

腦下垂體位於蝶骨一處稱為**蝶鞍**的隱窩，並以**漏斗**和下視丘相連。腦下垂體**前部**的組成包括一個稱為**腺垂體**的前葉、一個結節部位，以及一個**垂體中間葉**。腦下垂體後部，則由一個稱為**神經垂體**的後葉及漏斗組成。腦下垂體前部的三個部分是嘴巴頂部發育向上延伸的結果。的確，這個腺體一度被誤認為能產生黏液並泌入鼻中。從發育來看，後葉是從下視丘底部朝下遷移而來。那處底部就在第三腦室的下側，由一個中空漏斗（漏斗柄）及周圍環繞的正中隆起，加上一個下視丘細胞神經核一起組成。漏斗的最底下部分（位於正中隆起的下方）在成熟時依然屬於下視丘底部的一環，卻不再中空，而且與後葉續連。這三處部位（漏斗、正中隆起及後葉）一般都被視為神經垂體。

腦下垂體前部的結節核包繞下視丘前葉的漏斗柄及正中隆起。下視丘這處部位的神經元能分泌釋放激素及抑制激素進入一片微血管網絡中，而這片網絡由**垂體上動脈**供血，並由**下視丘—垂體門靜脈**負責排流。這組門靜脈輸運激素到前葉的竇狀隙和微血管，促進（或抑制）那裡的分泌細胞分泌激素（參見 151 頁）。**垂體下靜脈**負責為前葉排流。

腦垂體中間葉目前尚未表現出任何與分泌活動相關的重要功能。

腦垂體後葉本身沒有分泌細胞。下視丘的**視上核**和**旁室核**，它們**分泌神經元**的軸突，延伸通過漏斗並進入後葉的微血管網絡，這條路徑稱為**下視丘—腦垂體徑**。軸突終端會釋出催產素及抗利尿激素並納入循環（參見 151 頁）。

解剖名詞中英對照（按英文字母排序）

Adenohypophysis 腺垂體
Anterior lobe 垂體前葉
Anterior pituitary gland 腦下垂體前部
Capillary plexus 微血管叢
Floor of hypothalamus 下視丘底
Hypothalamic-hypophyseal portal vein 下視丘—垂體門靜脈
Hypothalamo-hypophyseal portal system 下視丘—垂體門脈系統
Hypothalamo-hypophyseal tract 下視丘—腦垂體徑
Hypothalamus 下視丘
Inferior hypophyseal artery 垂體下動脈
Inferior hypophyseal vein 垂體下靜脈
Infundibular recess 漏斗隱窩
Infundibular stem 漏斗柄
Infundibulum 漏斗
Intermediate lobe 垂體中間葉
Mammillary body 乳頭體
Median eminence 正中隆起
Neurohypophysis 神經垂體
Paraventricular nucleus 旁室核
Portal vein 門靜脈
Posterior lobe 垂體後葉
Posterior pituitary 腦下垂體後部
Preoptic nuclei 視前核
Secretory cells / hormones 分泌細胞／激素
Secretory neuron / secretion 分泌神經元／分泌作用
Sella turcica 蝶鞍
Sinusoid 竇狀隙
Sphenoid bone 蝶骨
Superior hypophyseal artery 垂體上動脈
Supraoptic nucleus 視上核
Tuberal part 結節部位

內分泌系統
腦下垂體與下視丘

著色說明：E 使用紅色，F 使用紫色，I 著上藍色，H 使用非常淺的顏色。(1) 從上往下依序上色。(2) 為前葉示意圖上色，按照鏤空名稱的順序進行。(3) 為後葉示意圖上色，同樣按照鏤空名稱的順序。(4) 為標示 *、*[1] 的鏤空名稱，以及指向前、後葉漏斗部的兩個大箭頭塗上灰色。

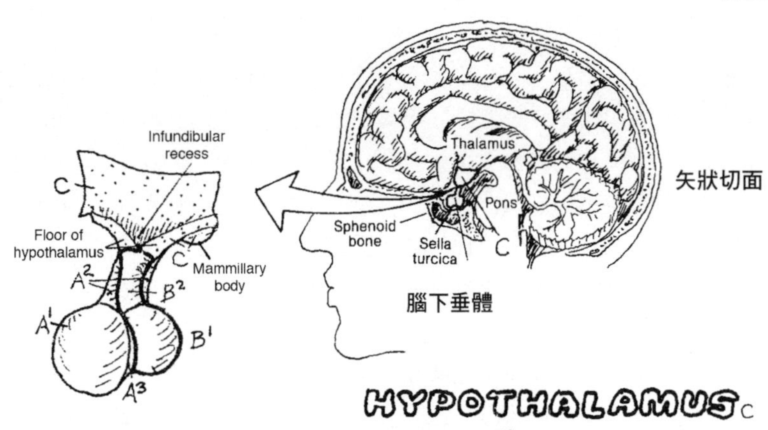

腦下垂體

ANTERIOR PITUITARY$_{A-}$
ANTERIOR LOBE$_{A^1}$
TUBERAL PART$_{A^2}$
INTERMEDIATE LOBE$_{A^3}$
POSTERIOR PITUITARY$_{B-}$
POSTERIOR LOBE$_{B^1}$
INFUNDIBULUM$_{B^2}$

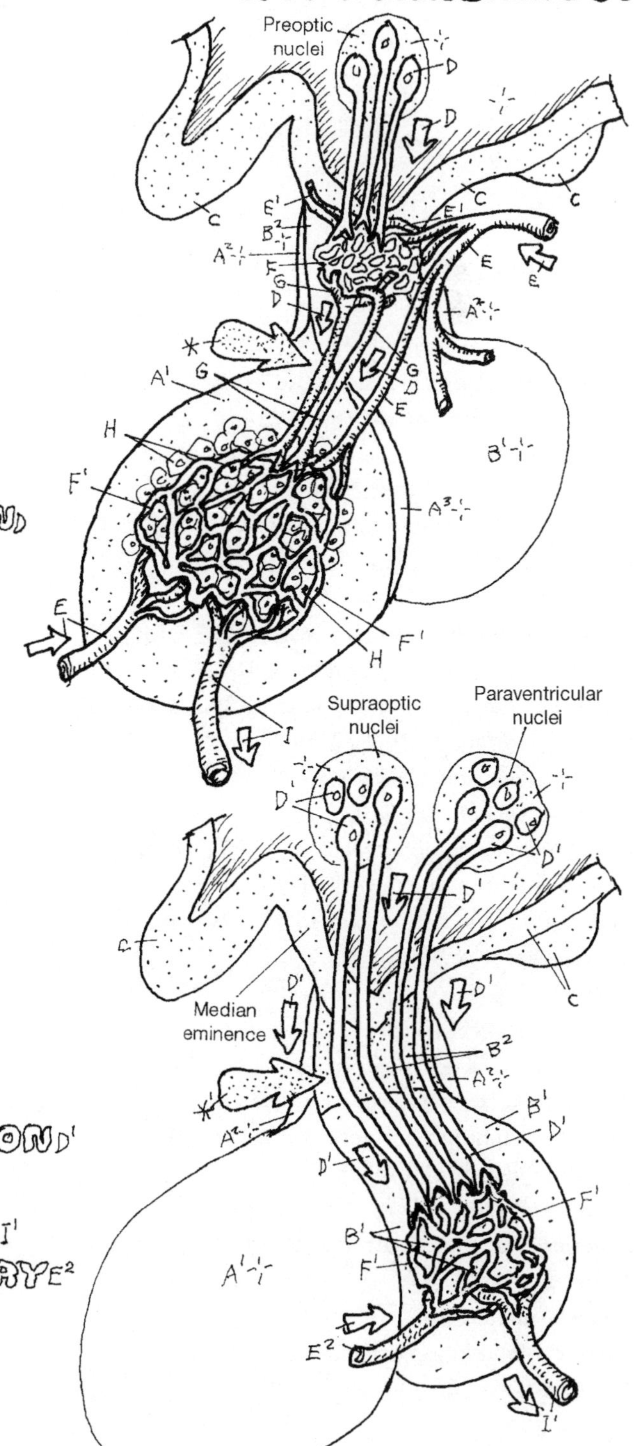

ANTERIOR LOBE$_{A^1}$
HYPOTHALAMO-HYPOPHYSEAL PORTAL SYSTEM*
SECRETORY NEURON/SECRETION$_D$
SUPERIOR/INFERIOR HYPOPHYSEAL ARTERY$_E$
ARTERIOLE$_{E^1}$
CAPILLARY PLEXUS$_F$
PORTAL VEIN$_G$
SINUSOID/CAPILLARY PLEXUS$_{F^1}$
SECRETORY CELLS/HORMONES$_H$
INFERIOR HYPOPHYSEAL VEIN$_I$

POSTERIOR LOBE$_{B^1}$
HYPOTHALAMO-HYPOPHYSEAL TRACT*[1]
SECRETORY NEURON/SECRETION$_{D^1}$
CAPILLARY PLEXUS$_{F^1}$
INFERIOR HYPOPHYSEAL VEIN$_{I^1}$
INFERIOR HYPOPHYSEAL ARTERY$_{E^2}$

下視丘釋出或抑制的激素作用於腦下垂體前葉。這類激素能刺激／抑制位於前葉的標的（靶）細胞，以便強化／減弱它們的激素分泌作用。然而，對腦下垂體激素分泌的抑制作用，最常由標的器官本身的負回饋來控制。例如，下視丘對下視丘和腦下垂體循環中的雌激素有敏銳的感應，而這套循環是經由垂體上動脈（或者是供應丘腦及下視丘的大腦前、中、後動脈的一條或多條深層皮質支脈）的分支來運轉。當雌激素的血中含量減少時，某些下視丘核會感應到變化，接著便有可能增加它們的**促性腺激素釋放素**（GRH）的分泌量。GRH 的激素是從正中隆起的垂體門脈系統的分泌神經末梢釋出（參見 150 頁）。GRH 取道下視丘——垂體門脈系統，以最直接的方式輸抵前葉的竇狀隙，並刺激某些嗜鹼性白血球分泌出**促濾泡激素**（FSH）。FSH 釋入循環後，會刺激卵巢濾泡的生長（在男性方面則是刺激精子生成）。當雌激素含量大幅提高時，下視丘會感應到（回饋），於是它會關閉本身的促性腺激素釋放素的分泌作用（負回饋）。

腦下垂體前部分泌的激素，包括**促黃體素**（LH，屬於促性腺激素）。LH 會刺激睪固酮分泌、排卵、黃體發育和雌激素／黃體素的分泌。**促甲狀腺素**（TSH）能引致甲狀腺素分泌（參見 152 頁）。就跟促濾泡素和促黃體素一樣，下視丘的釋放激素及抑制激素也能調節促甲狀腺素的分泌。

促腎上腺皮質激素（ACTH）能刺激皮質醇等腎上腺皮質激素的釋出，從而大幅影響脂質、蛋白質和碳水化合物的代謝活動。ACTH 是一種類固醇分子，而先前提到的激素大半是小分子蛋白質（胜肽）。ACTH 也具有促黑素細胞素（MSH）的種種特性，能分散皮膚所含的色素（參見 15 頁）。

生長激素（GH）能刺激身體生長，特別是骨骼。**催乳素**調節乳汁分泌（參見 162 頁），並受下視丘催乳素抑制激素的抑制影響。

催產素和抗利尿激素（ADH，這是一種血管升壓素）是下視丘視上核和旁室核的分泌神經元所製造的產物。這些分泌物質會循著下視丘—腦垂體徑的長軸突傳輸到後葉的微血管，接著就被釋出並經由垂體靜脈納入全身循環。催產素會引發噴乳反應，並能刺激子宮收縮。

抗利尿激素（**ADH**，參見 153 頁）能促進腎臟保留身體水分。這種激素的分泌作用是由下視丘的滲透壓感受器來誘發。ADH 也是一種強大的血管收縮劑。

解剖名詞中英對照（按英文字母排序）

Adrenal cortical hormone 腎上腺皮質素
adrenocorticotropic hormone (ACTH) 促腎上腺皮質激素
Antidiuretic hormone (ADH) 抗利尿激素
Capillaries 微血管
Chromophobe cell 厭色性細胞
Corticotropin releasing hormone 促腎上腺皮質素釋放激素
Estrogen 雌激素
Feedback 回饋
Follicle-stimulating hormone (FSH) 促濾泡激素
GH hormone-releasing hormone 生長素釋放激素
Gonadotropin releasing hormone 促性腺激素釋放激素
Growth hormone (GH) 生長激素
Hypophyseal artery 垂體動脈
Hypophyseal vein 垂體靜脈
Hypothalamic-hypophyseal tract 下視丘—腦垂體徑
Luteinizing hormone (LH) 促黃體素
Melanocyte-stimulating (MSH) 促黑素細胞素
Osmoreceptor 滲透壓感受器
Oxytocin 催產素
Portal veins 門靜脈
Progesterone 黃體素
Prolactin 催乳素
Prolactin-inhibiting hormone 催乳素抑制激素
Secretory neuron 分泌神經元
Sinusoids 竇狀隙
Superior hypophyseal artery 垂體上動脈
Target organ 標的器官
Testosterone 睪固酮
Thyroid stimulating hormone (TSH) 促甲狀腺素
Thyroxin 甲狀腺素

見152、153頁

內分泌系統
腦下垂體與受影響的標的器官

著色說明：下視丘的各激素（A）和分泌作用（A'）請沿用150頁所使用的顏色。(1)請注意圖解中的黑體字；為相關的鏤空名稱、箭頭，以及代表激素和兩葉分泌物的圓圈上色。(2)為代表標的器官激素如何表現回饋功能的大、小箭頭上色。

腦下垂體激素

前葉

FOLLICLE-STIMULATING H. (FSH)B
LUTEINIZING H. (LH)C
THYROID STIMULATING H. (TSH)D
ADRENOCORTICOTROPIC H. (ACTH)E
GROWTH H. (GH)F
PROLACTIN G

後葉

OXYTOCIN H
ANTIDIURETIC H. (ADH)I

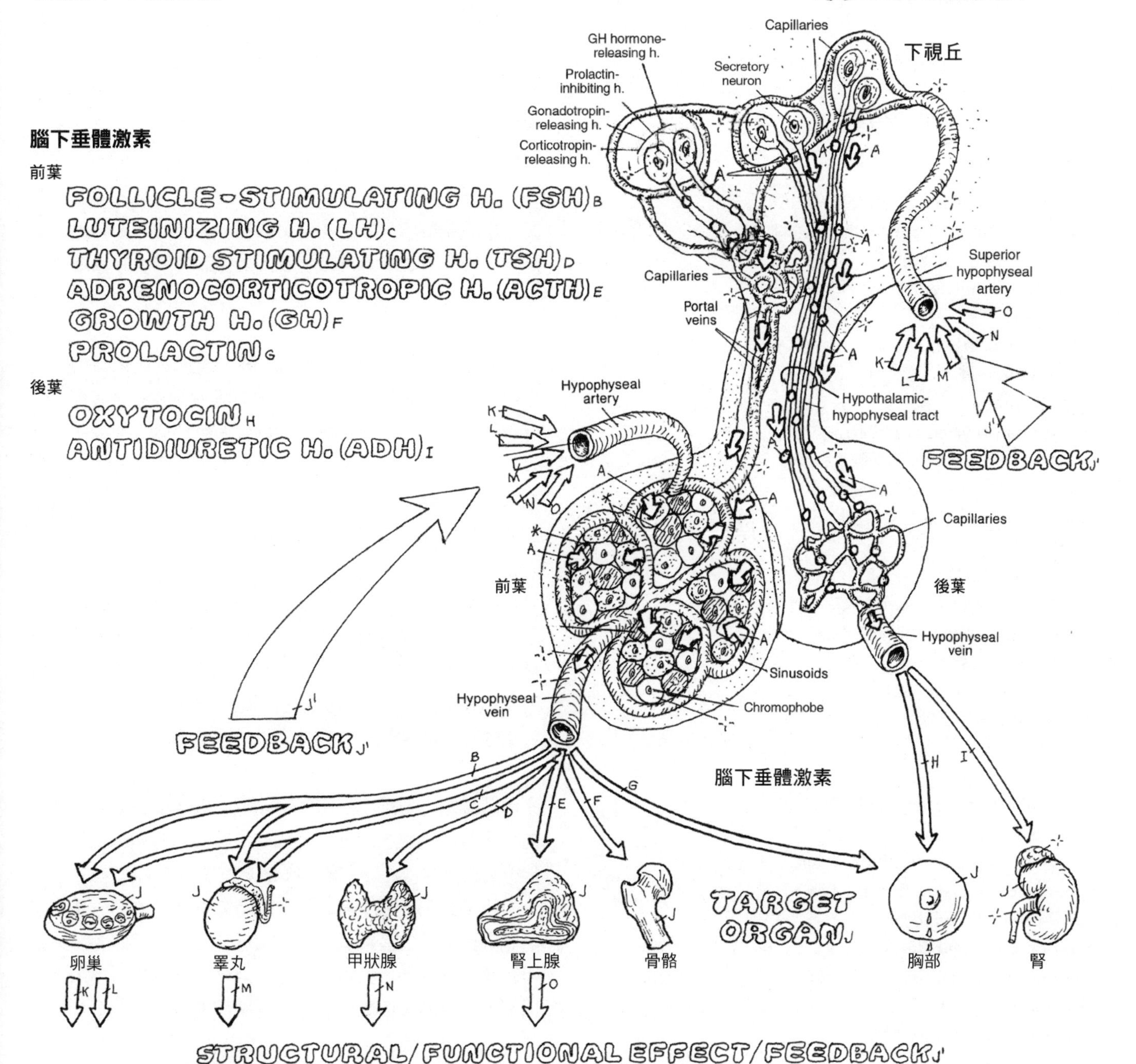

STRUCTURAL/FUNCTIONAL EFFECT/FEEDBACK J'

標的器官激素

ESTROGEN K
PROGESTERONE L
TESTOSTERONE M
THYROXIN N
ADRENAL CORTICAL H. O

解剖名詞中英對照（按英文字母排序）

Anterior lobe of pituitary 腦下垂體前葉
Aortic arch 主動脈弓
Artery 動脈
Blood circulation 血液循環
Bone 骨
Brachiocephalic artery 頭臂動脈
Chief cell 主細胞
Colloid 膠體
Common carotid artery 頸總動脈
Common inferior thyroid vein 甲狀腺下總靜脈
Costocervical trunk 肋頸幹
Cricothyroid muscle 環甲肌
Esophagus 食道
Follicle cell 濾泡細胞
Hyoid bone 舌骨
Hypothalamus 下視丘
Inferior parathyroid 下副甲狀腺
Inferior thyroid artery 甲狀腺下動脈
Internal carotid artery 頸內動脈
Internal jugular vein 頸內靜脈
Isthmus 峽
Lateral lobe 側葉
Left brachiocephalic vein 左頭臂靜脈
Middle thyroid vein 甲狀腺中靜脈
Osteoclast 蝕骨細胞
Parathormone 副甲狀腺素
Parathyroid 副甲狀腺
Pharynx 咽
Right brachiocephalic vein 右頭臂靜脈
Right subclavian artery 右鎖骨下動脈
Superior parathyroid 上副甲狀腺
Superior thyroid artery 甲狀腺上動脈
Superior thyroid vein 甲狀腺上靜脈
Superior vena cava 上腔靜脈
Thyroglobulin 甲狀腺球蛋白
Thyrohyoid membrane 甲狀舌骨膜
Thyroid cartilage 甲狀軟骨
Thyroid follicle 甲狀腺濾泡
Thyroid 甲狀腺
Thyroxine 甲狀腺素
Trachea 氣管
Tracheal ring 氣管環
TRH (thyrotropin-releasing hormone) 促甲狀腺素釋素
TSH (thyroid-stimulating hormone) 促甲狀腺素
Vein 靜脈

甲狀腺覆蓋第二到第四個氣管環的前表面，四周由一個纖維囊包裹，而其後層則包繞四個副甲狀腺。甲狀腺區分左、右兩葉，兩葉間以甲狀腺峽相連。甲狀腺含一團團葡萄狀的**濾泡**，並由富含血管的疏鬆纖維組織支持。從濾泡的顯微切片可以看出，濾泡壁是以單層立方上皮細胞形成的。濾泡包括透明的**膠體**及濾泡細胞所製造的一種稱為**甲狀腺球蛋白**的醣蛋白。這群細胞取得甲狀腺球蛋白，把它拆解並製成好幾種激素，其中最主要的是四碘甲狀腺素（T4）。接著甲狀腺素泌入毗鄰的微血管中。甲狀腺分泌的激素內含碘化物（碘的一種約化形式），透過濾泡細胞從血液中吸收。腦下垂體前部分泌的促甲狀腺素，能刺激甲狀腺素的形成和分泌。這層關係靠一種負回饋機制來運作：提高甲狀腺素的分泌量，能抑制促甲狀腺素進一步分泌。

甲狀腺素能提升幾乎所有組織的耗氧量，以此來保持代謝速率。這種激素就多方面來說，都與生長和發育有關。甲狀腺素分泌過度，一般會導致體重減輕、極度神經質和基礎代謝率提高。反之，甲狀腺機能不足則會導致精神活動力降低、變聲、代謝活性降低，以及皮下黏液狀物質蓄積（稱為黏液性水腫），從而令人顯得虛胖。

就像所有內分泌腺，甲狀腺也有血管密集分布。右頁圖所示的血管有必要謹慎探究，因為往後遇上氣管造口術（氣切）或環甲膜切開術（cricothyrotomy）等緊急手術時都會遇上這樣的處境：這些血管的模式，不見得都能準確預測。特別注意位於氣管前側表面的甲狀腺下靜脈。

副甲狀腺由一種細小的釦狀物組成，這些小釦子是有密集血管分布的組織，內含兩種細胞，其中一種稱為主細胞，能分泌副甲狀腺素。**副甲狀腺素**能誘發蝕骨細胞的活性（分解骨頭），釋放鈣離子，從而維繫血漿的鈣含量。正常肌肉活動和血液凝固，都取決於正常的血漿鈣含量。副甲狀腺功能降低，鈣含量會隨之降低，一旦降到特定濃度以下，就會導致肌肉僵直、抽筋、痙攣以及抽搐，此稱為強直性痙攣（tetany）。

內分泌系統
甲狀腺與副甲狀腺

著色說明：H 使用紅色，I 使用藍色，E、F 和 G 要塗上不同的淺色。(1) 同步為上方三幅圖解上色，留意穿透甲狀腺的動脈和靜脈。(2) 為機能減退和機能亢進的甲狀腺濾泡的顯微切面圖上色；正常組織介於該兩極端之間。(3) 為甲狀腺和副甲狀腺功能圖解上色。

THYROID A
THYROID FOLLICLE A-
FOLLICLE CELL B
COLLOID C
THYROXIN A'

PARATHYROID (4) D
PARATHORMONE D'

相關構造
TRACHEA E
PHARYNX F
ESOPHAGUS G
ARTERIES H
VEINS I

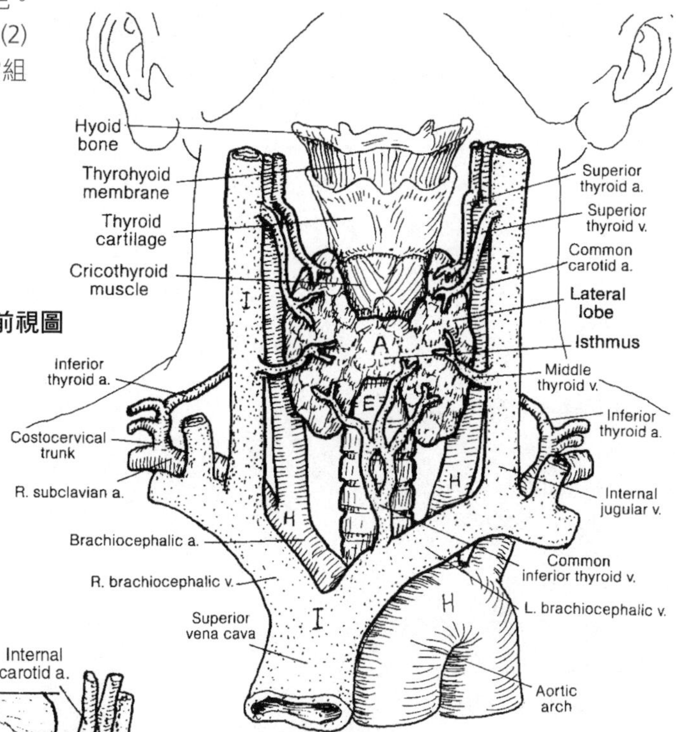

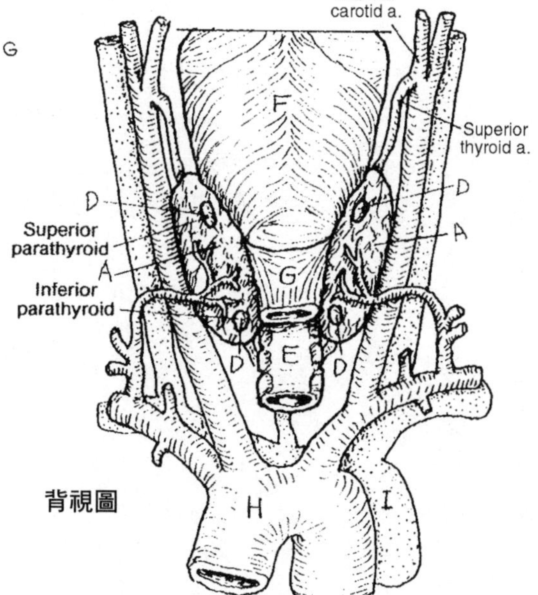

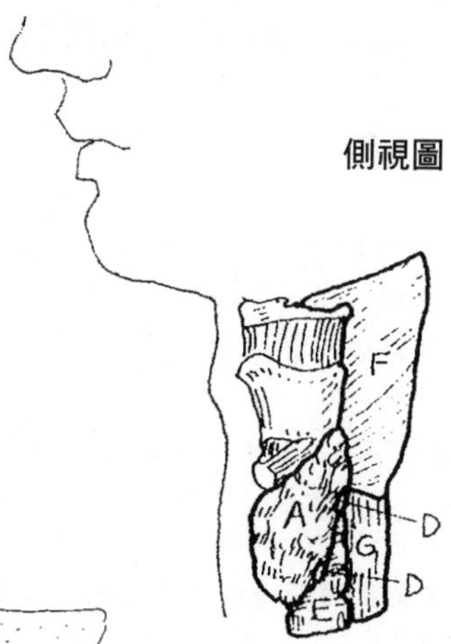

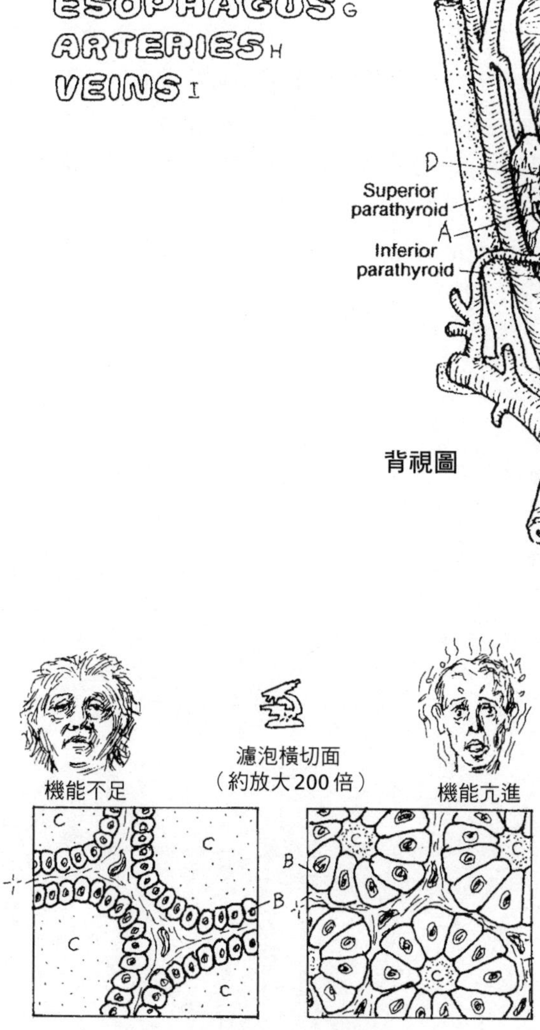

甲狀腺濾泡活動

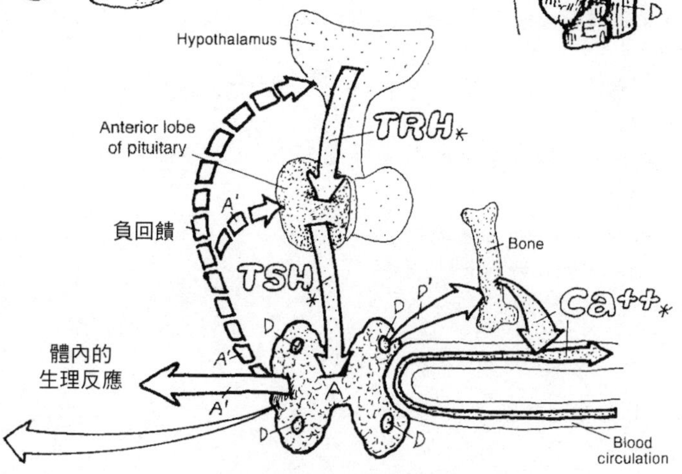

甲狀腺和副甲狀腺的功能

腎上腺位於腹膜後腔內，就在兩側腎臟上內側方的腎筋膜內部（在 T11 至 T12 脊椎水平面上）。腎上腺含兩種不同的腺體，兩者以被膜包覆為一：外皮質和內髓質。就像其他內分泌腺一樣，腎上腺也滿布著血管。

腎上腺皮質的組織區分為三區：最外層的**球狀帶**、中間的**束狀帶**以及內側的**網狀帶**。在液體量減少的情況下，例如出血時，球狀帶的細胞就會合成、泌出幾種激素（礦物皮質激素），其中最為人所知的就是醛固酮。礦物皮質激素主要作用於腎臟的遠側小管、汗腺和胃腸道，誘發鈉（和水）的吸收以及鉀的分泌。束狀帶的細胞由促腎上腺皮質激素中介調節，分泌**糖皮質激素**。這類激素主要含皮質醇，其次則為皮質酮，能刺激肝臟形成葡萄糖。網狀帶的細胞能分泌少量的去氫皮質酮（DHEA）。DHEA 是一種雄激素，能轉換成睪固酮。這群細胞還能分泌少量的雌性激素（類固醇激素），含雌激素和黃體素。這類腎上腺雄激素和雌激素，終其一生都能發揮有限的作用。

腎上腺髓質由分泌細胞索組成，並由網狀纖維與大群微血管支持。**內臟大神經**的纖維直接通過腹腔神經節，不形成突觸以便進入腎上腺。這群纖維終止於髓質分泌細胞並刺激它們，其中 80% 的髓質分泌細胞會製造及釋出**腎上腺素**；其餘的則分泌**正腎上腺素**。這些分泌細胞是變形的節後神經元，它們的分泌液能激發「戰逃」反應，以因應處理威脅生命的情況，如右頁圖解所示。

解剖名詞中英對照（按英文字母排序）

Adrenal gland 腎上腺
Aldosterone 醛固酮
Capillary 微血管
Capsule 腎囊
Celiac ganglion 腹腔神經節
Celiac trunk 腹腔幹
Corticosterone 皮質酮
Dehydroepiandrosterone (DHEA) 去氫皮質酮
Epinephrine 腎上腺素
Esophagus 食道
Glucocorticoid 糖皮質激素
Greater splanchnic nerve 內臟大神經
Hepatic veins 肝靜脈
Inferior mesenteric artery 下腸繫膜動脈
Inferior phrenic artery 膈下動脈
Inferior suprarenal a artery 腎上腺下動脈
Inferior vena cava 下腔靜脈
Left suprarenal vein 腎上腺左靜脈
Medulla 髓質
Middle suprarenal a artery 腎上腺中動脈
Mineralocorticoid 礦物皮質激素
Norepinephrine 正腎上腺素
Ovarian (testicular) artery 卵巢動脈（睪丸動脈）
Plexus 神經叢
Renal artery 腎動脈
Renal vein 腎靜脈
Right suprarenal vein 腎上腺右靜脈
Sex steroids 性類固醇
Superior mesenteric artery 上腸繫膜動脈
Superior suprarenal artery 腎上腺上動脈
Suprarenal plexus 腎上腺叢
Ureter 輸尿管
Zona fasciculate 束狀帶
Zona glomerulosa 球狀帶
Zona reticularis 網狀帶

見91頁

內分泌系統
腎上腺

著色說明：F 使用紅色，G 使用藍色，H 塗上黃色，E 要用非常淺的顏色。(1) 上方圖解只需為有標示出來的血管上色。(2) 為腎上腺橫剖面及相關箭頭、激素上色。(3) 為與「戰逃」反應有關的種種器官上色，請注意列舉的身體反應。

ADRENAL GLAND A
CAPSULE A'

腎上腺皮
ZONA GLOMERULOSA B
ZONA FASCICULATA C
ZONA RETICULARIS D
MEDULLA E

動脈
SUPERIOR SUPRARENAL A. F
MIDDLE SUPRARENAL A. F'
INFERIOR SUPRARENAL A. F2

靜脈
RIGHT SUPRARENAL VEIN G
LEFT SUPRARENAL VEIN G'

大血管
GREATER SPLANCHNIC N. H
CELIAC GANGLION H'
PLEXUS H2

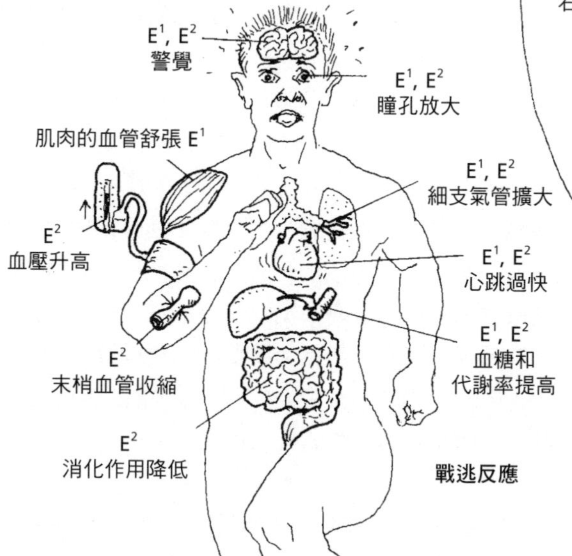

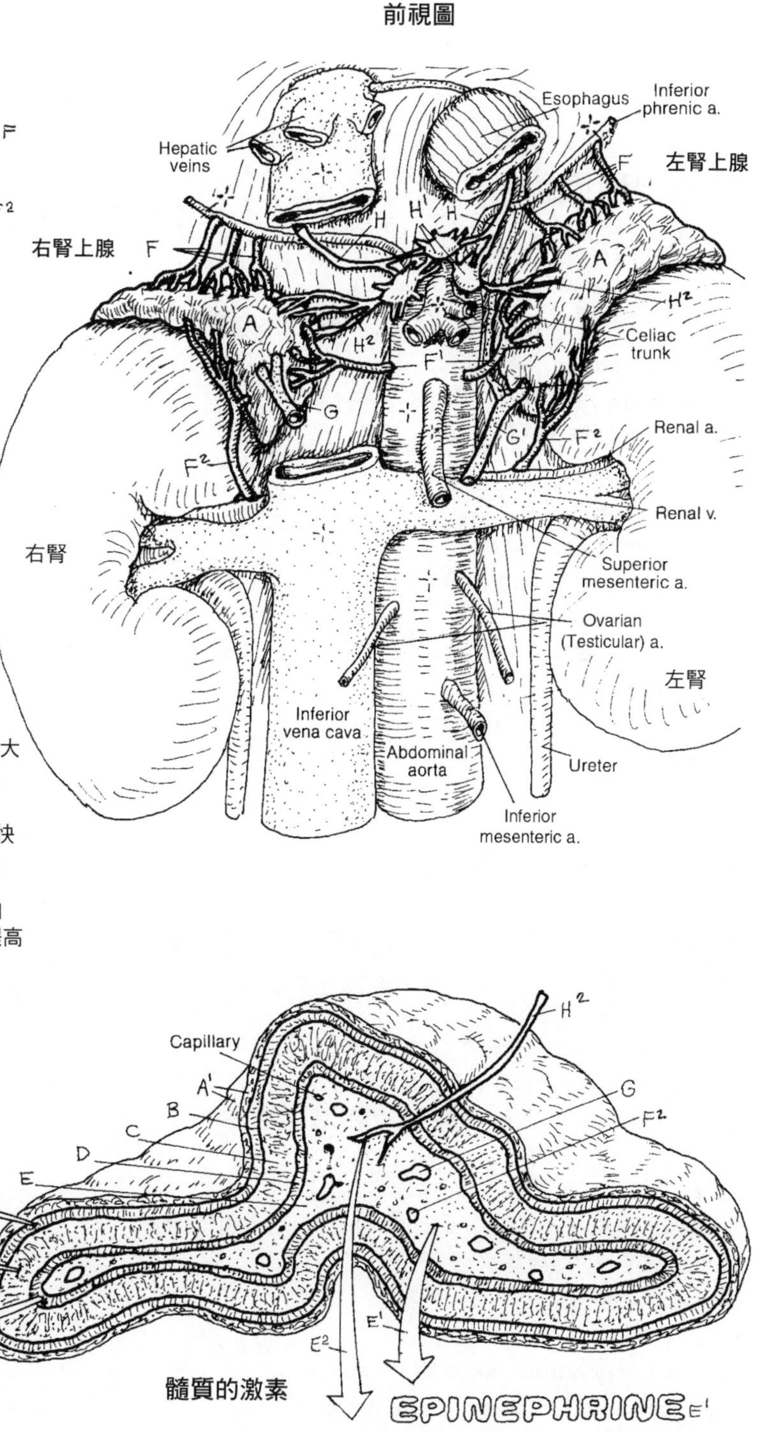

MINERALOCORTICOIDS B
（包括醛固酮）

GLUCOCORTICOIDS C
（包括皮質醇）

SEX STEROIDS D
（雌激素、黃體素、雄激素）

皮質的激素

EPINEPHRINE E1
NOREPINEPHRINE E2

胰臟由好幾條源自腹腔動脈和上腸繫膜動脈的動脈來負責供血；肝門靜脈負責為胰臟的外分泌組織及內分泌部的微血管網回流。內分泌部分由稱為**蘭氏小島**的顯微胰島組成，因為不具導管，只能仰賴周遭微血管來把它們分泌的產物（胰島素、升糖素及數量稀少得多的體抑素），運輸到肝臟和其他部位並納入全身循環。人體幾乎所有組織，全都是這類分泌物的標的器官！回頭翻閱 143 頁，你會發現胰臟的主要部分（就體積來講）也投入繁忙的外分泌分泌作用。這些分泌物透過一套導管系統（參見右頁圖解）流通，最後止於十二指腸的第二段。

胰臟的這些內分泌組織島（胰島）和所屬的微血管，就真的是一種含疏鬆細胞（見右頁圖下方）的分離小島，並夾雜在數量遠遠更多的外分泌腺細胞當中。外分泌細胞聚集成群（腺泡），環繞在襯覆立方形細胞的導管周邊，它們分泌的酵素直接注入導管。在這些腺泡和導管之間，還零星散置了一些胰島（有三、四類不同的細胞），它們集結成群，卻沒有特定的布局，但都與大量微血管有連結。**α 細胞**一般都位於各胰島的周邊，分泌的**升糖素**是一種多肽激素，能與肝細胞膜上的肝醣受器結合。升糖素會誘發酶分解作用來消化肝醣（這是一種複雜的澱粉，是葡萄糖的貯積形式），這個過程就稱為糖解作用。升糖素能促進糖質新生作用，也就是在肝臟把肝醣轉變為葡萄糖，其影響就是血中葡萄糖含量提高。

β 細胞構成胰島細胞總數的 70% 或更高，它們能因應血漿的葡萄糖含量來分泌**胰島素**（一種多肽）。胰島素作用很快，半生期非常短，約只有五分鐘；接著就消失了。胰島素大半由肝臟和腎臟吸收，不過幾乎所有細胞都能代謝這種激素。胰島素能增加葡萄糖載體的數量，從而加速從循環中清除葡萄糖。葡萄糖載體是一種蛋白質，能輸運葡萄糖越過肌細胞、脂肪細胞、白血球和其他細胞（肝細胞除外）的細胞膜。胰島素能強化肝細胞內葡萄糖合成肝醣的作用。許多細胞（但非所有細胞）的細胞膜內外表面都有胰島素接受器（蛋白質），都能促進胰島素攝入作用。如果胰島素分泌作用減弱，或是胰島素接受器數量減少或活性減弱，都會引發高血糖症及糖尿病。胰島素活性的影響非常深遠，其作用包括：居間調節電解質運輸和養分儲存（含碳水化合物、蛋白質和脂肪）；促進細胞生長；強化肝、肌肉和脂肪組織的代謝作用。

δ 細胞占據胰島周邊部分，約構成胰島細胞總數的 5%。它們能分泌體抑素，這種激素會抑制腦下垂體分泌生長激素，以及抑制升糖素和胰島素的分泌。

解剖名詞中英對照（按英文字母排序）

Abdominal aorta 腹主動脈
Alpha cell α 細胞
Anterior pancreatico-duodenal artery 胰十二指腸前動脈
Beta cell β 細胞
Blood capillary 微血管
Celiac trunk 腹腔幹
Common hepatic artery 肝總動脈
Delta cell δ 細胞
Digestive enzymes 消化酶
Dorsal pancreatic artery 胰背動脈
Duodenum 十二指腸
Gastroduodenal artery & branches 胃十二指腸動脈和分支
Glucagon 升糖素
Gluconeogenesis 糖質新生作用
Glucose 葡萄糖
Glycogen 肝醣
Glycolysis 糖解作用
Great pancreatic artery 胰大動脈
Inferior pancreatic artery 胰下動脈
Inferior pancreatico-duodenal artery 胰十二指腸下動脈
Insulin 胰島素
Langerhans islet 蘭氏小島
Left gastric artery 胃左動脈
Left gastroepiploic artery 胃網膜左動脈
Pancreatic acini (exocrine glands) 胰腺泡（外分泌腺）
Pancreatic duct 胰管
Pancreatic islet 胰島
Posterior pancreatico-duodenal artery 胰十二指腸後動脈
Receptor 受器／接受器
Somatostatin 體抑素
Spleen 脾臟
Splenic artery & branches 脾動脈和分支
Superior mesenteric artery 上腸繫膜動脈

內分泌系統
胰島

著色說明：N 使用紫色，K 和 L 使用淺色。(1) 為上方圖解上色時，代表胰臟內部或後側表面的動脈虛線也要一併上色。(2) 為左下方的胰臟顯微切片和胰島放大圖上色。(3) 所有鏤空箭頭都要上色；為右下圖解上色（可以看出葡萄糖、肝醣及胰島素接受器等角色之間的關係）。

通往胰臟的動脈

GASTRODUODENAL & BRANCHES A
ANTERIOR PANCREATICO-DUODENAL A. B
POSTERIOR PANCREATICO-DUODENAL A. C
SPLENIC & BRANCHES D
DORSAL PANCREATIC A. E
INFERIOR PANCREATIC A. F
GREAT PANCREATIC A. G
SUPERIOR MESENTERIC A. H
INFERIOR PANCREATICO-DUODENAL A. I

PANCREATIC ISLET (ENDOCRINE) J
ALPHA CELL K
GLUCAGON K¹
RECEPTOR K²
BETA CELL L
INSULIN L¹
RECEPTOR L²
DELTA CELL M
BLOOD CAPILLARY N

GLYCOGEN O GLUCOSE P

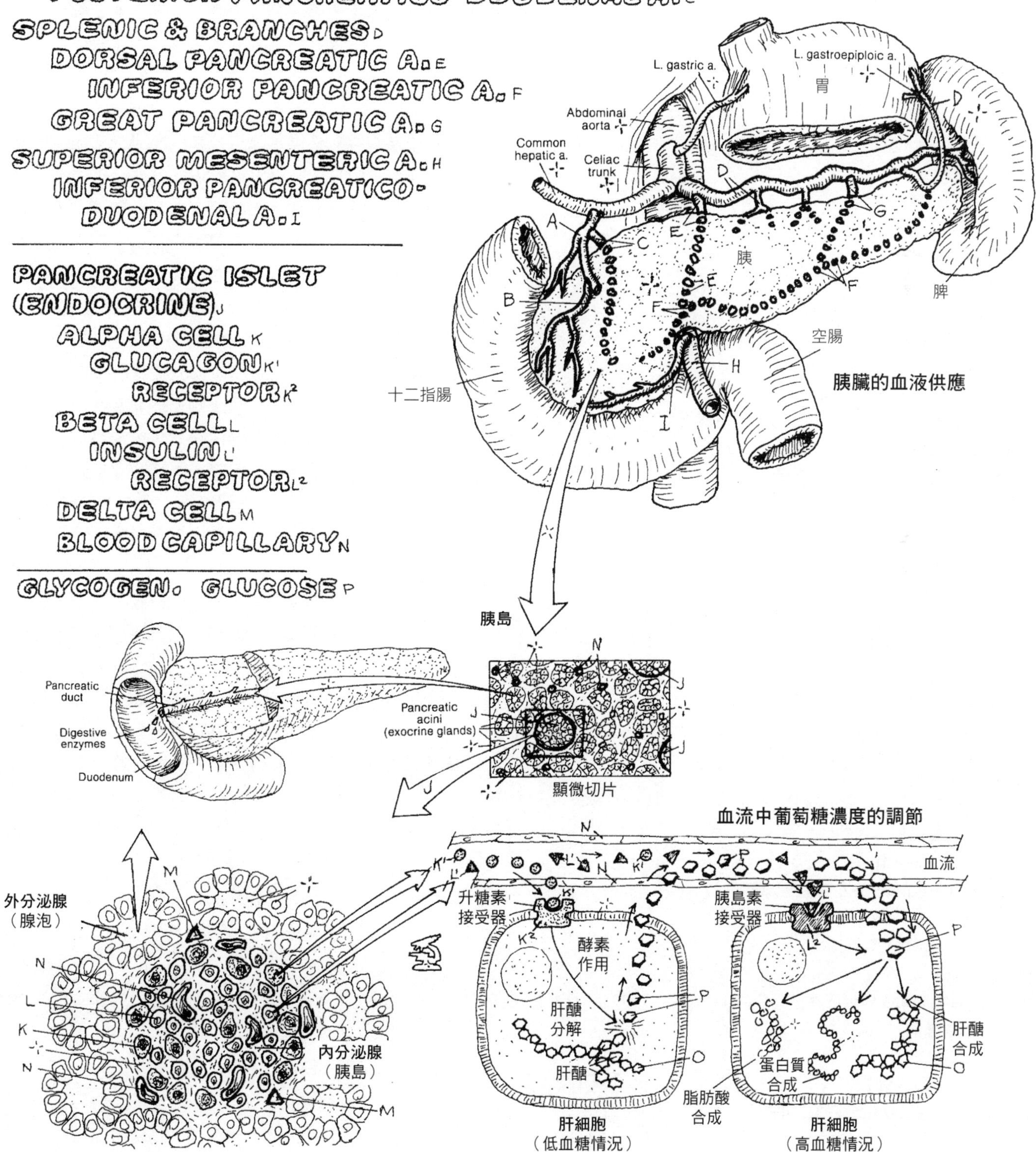

男性生殖系統包括**睪丸**、導管、腺體和陰莖等。睪丸是該系統的主要器官，由成對的**精索**懸吊在一個由皮膚及細薄的纖維肌性組織層構成的**陰囊**裡面。

男性的生殖細胞（精子、精蟲）在睪丸內發育，所需溫度略低於體溫（約攝氏35度），這在陰囊裡面是能夠辦到的，因為精細胞在陰囊裡，可以和較溫暖的體腔隔開。陰囊內部的溫度可以藉由收縮／鬆弛陰囊壁的平滑肌（稱為**肉膜肌**），提高或放鬆睪丸周圍的陰囊皮膚張力（緊度）來稍做調節。

成熟的精子儲存在副睪中。除了本身的原動力，加上一點刺激，精細胞就會快速運動，由輸精管壁平滑肌的韻律收縮推動通過副睪和**輸精管**。輸精管有血管及覆蓋層，在腹股溝韌帶的正中附著點附近進入腹股溝淺環。它穿越腹壁（沿著鼠蹊管）通行約四公分，從腹股溝深環穿出，外面包裹著一層腹橫筋膜（稱為**精索內筋膜**），並深入腹部斜肌位置（參見 49 頁）。兩側輸精管分別進入腹膜後側骨盆腔中，越過髂部血管，跨越輸尿管並在膀胱後面大角度轉彎，改朝下行並與位於**攝護腺**後側壁的**精囊**導管接合，形成一個鉛筆尖狀的**射精管**（開口導入尿道攝護腺部）。攝護腺和精囊富含營養素的分泌物，就在這裡加入精子族群（精液）中。精液排出（射精）之前，**尿道球腺**先為尿道海綿體部添加分泌液，提供交媾所需的潤滑作用。

每一條**睪丸動脈**（參見 111 頁）分別從腎動脈正下方出自腹主動脈。**睪丸靜脈**離開睪丸的部分是為蔓狀靜脈叢（參見右頁下方圖解）。從這幅圖解，可以看出睪丸動脈、輸精管跟蔓狀靜脈叢的關係；圖中也可以見到一小段精索內筋膜（K）（參見 49 頁）。第 116 頁有一幅較大的圖解，可以看到睪丸靜脈和下腔靜脈（右側）與左腎靜脈合併的情況。

解剖名詞中英對照（按英文字母排序）

Bulbo-urethral gland 尿道球腺
Coverings 覆蓋層
Cremaster muscle 提睪肌
Cremasteric fascia 提睪肌筋膜
Dartos muscle 肉膜肌
Deep inguinal ring 腹股溝深環
Deep ring 深環
Ductus deferens 輸精管
Ejaculatory duct 射精管
Epididymis 副睪
Fundiform ligament Of penis 陰莖基底韌帶
Glans 龜頭
Inguinal canal 腹股溝管
Internal spermatic fascia 精索內筋膜
Pampiniform plexus of veins 蔓狀靜脈叢
Penis 陰莖
Prostate gland 攝護腺
Pubic bone 恥骨
Rectum 直腸
Scrotum 陰囊
Seminal vesicle 精囊
Superficial inguinal ring 腹股溝淺環
Testicular artery 睪丸動脈
Testicular vein 睪丸靜脈
Testis 睪丸
Transversalis fascia 腹橫筋膜
Ureter 輸尿管
Urethra 尿道
Urinary bladder 膀胱
Urogenital diaphragm 泌尿生殖膈

見35、49、51頁

生殖系統
男性生殖系統

SCROTUM A
TESTIS B
EPIDIDYMIS C
DUCTUS DEFERENS D
SEMINAL VESICLE E
EJACULATORY DUCT F
URETHRA G
BULBOURETHRAL GLAND H
PROSTATE GLAND I
PENIS J

著色說明：L 使用紅色，M 使用藍色，A、J 和 K 使用非常淺的顏色。(1) 同步為矢狀合成圖及冠狀切面／前視圖上色。(2) 為底下的前視圖上色；在你為精索覆蓋層及其組成的解剖圖上色時要特別留意。

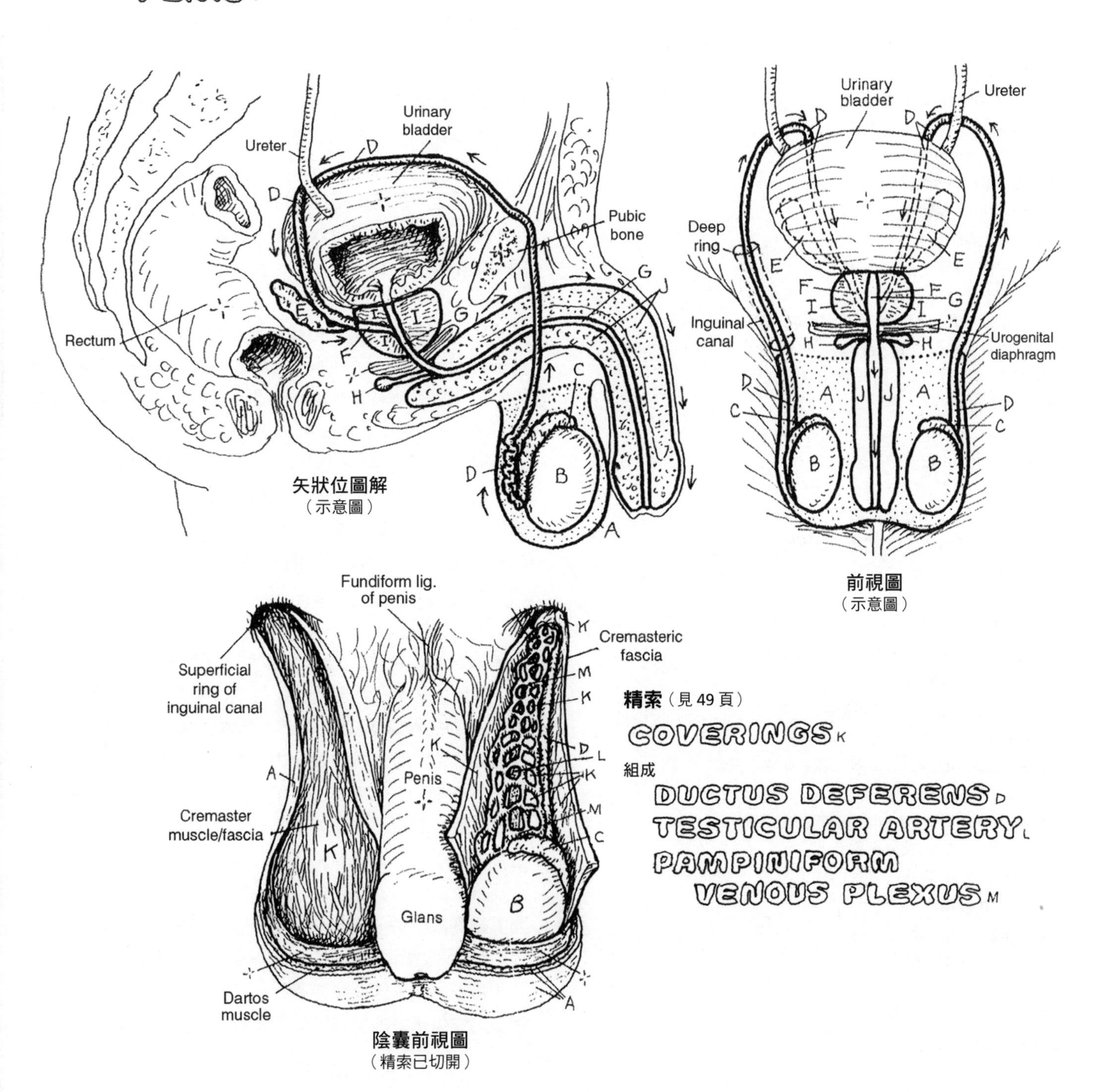

矢狀位圖解
（示意圖）

前視圖
（示意圖）

陰囊前視圖
（精索已切開）

睪丸有兩項主要功能：一是發育男性的精細胞（精子或精蟲），精蟲加上女性的生殖細胞（參見 159 頁）才能讓種族生生不息；二是分泌雄激素睪固酮。

左右睪丸各具一個緻密的纖維質外囊（稱為**白膜**），白膜從這裡朝中心走向把睪丸區隔成眾小葉。各葉分別包含一到四條盤曲纏繞的**曲細精管**，各自襯覆一層**基底膜**（基底層）並占有該葉空間。精蟲就是在這種小管裡面發育。這種曲細精管分別朝所屬的小葉後側會聚，伸直形成直小管，並連接到一組襯覆上皮的腔隙網絡（稱為**睪丸網**）。**輸出管**離開睪丸網，形成副睪頭。副睪（分為頭、體、尾三部）的盤曲小管襯覆著偽複層柱狀上皮，其中一類包含不能活動的長纖毛，稱為靜纖毛（右頁圖未畫出）。副睪下方部位的各小葉都轉朝上方，形成**輸精管**。這條導管的管壁襯覆了帶有靜纖毛的偽複層柱狀上皮，且內含厚實的平滑肌。這些肌肉在排精作用時的節律收縮，能驅動精子朝向攝護腺移動。

每條曲細精管各有一條襯覆基底膜、有中央管腔的小管，還有多層緻密有組織的細胞（稱為**生精上皮**），以及數量較少、較大型的支持性細胞（**塞托利細胞**）。基底膜納入了一群平坦、細薄的細胞，這種細胞稱為小管周細胞或肌樣細胞，其纖維組織可以縮短，並輔助在小管內活動的細胞通過小管的全長。

精子生成作用的起點是發育出精子的細胞（精原細胞）。這群細胞分裂後，子細胞被推出並朝管腔移動，接著在管腔中分化成**初級精母細胞**，這是發育中的精細胞當中最大的一種。當它們分裂成**次級精母細胞**時，經過減數分裂後，染色體的數量從 46 減至 23。每一對新形成的次級精母細胞很快就再次分裂，形成四個精細胞。這些細小的細胞長出尾部並發育成熟，濃縮它們的細胞核和細胞質，並發展出帽（cap）或稱**頂體**，頂體內充滿了酶，用來分解卵細胞的外壁結構，讓它得以透入。

成熟精細胞（**精子**）的組成包括：(1) **頭部**，含 23 個染色體（細胞核），也包含頂體在內；(2) **中節**，具有用來推動細胞運動的粒線體；(3) 尾部，基本上就是一條鞭毛，其鞭運動作能為細胞提供原動力。然而，早期的精蟲基本上都是不能動的，也沒辦法讓卵子受精。它們受纖毛運動和液體流動所驅動，從睪丸網和輸出管進入副睪。接著它們就在裡面成熟，轉變為能活動、有效能的精細胞。

間質細胞散置於小管周圍、滿布血管的間質組織之中，包括纖維母細胞和**萊迪希氏分泌細胞**，已知這種細胞能製造並分泌睪固酮，還能在青春期（一般為 11 ～ 14 歲之間）刺激男性生殖道的管道及腺體發育，並發展出第二性徵。

解剖名詞中英對照（按英文字母排序）

Acrosome 頂體
Basal lamina 基底層
Basement membrane 基底膜
Blood vessel 血管
Bulbourethral gland 尿道球腺
Capillary 微血管
Connective tissue 結締組織
Ductus deferens 輸精管
Efferent duct 輸出管
End piece 末節
Epididymis 副睪
Fibroblast 纖維母細胞
Interstitial cell (of leydig) 間質細胞（萊迪希氏細胞）
Interstitial tissue 間質組織
Lobules 小葉
Lumen 管腔
Middle piece 中節
Mitochondrion 粒線體
Myoid cell 肌樣細胞
Peritubular cell 小管周細胞
Primary spermatocyte 初級精母細胞
Principal piece 主節
Prostate gland 攝護腺
Rete testis 睪丸網
Secondary spermatocyte 次級精母細胞
Seminal vesicle 精囊
Seminiferous tubule 曲細精管
Septum 中隔
Sertoli (supporting) cell 塞托利（支持）細胞
Spermatid 精細胞
Spermatogenic epithelium 生精上皮
Spermatogonium 精原細胞
Spermatozoon 精子
Stereocilia 靜纖毛
Testis 睪丸
Testosterone 睪固酮
Tubuli recti 直小管
Tunica albuginea 白膜
Urinary bladder 膀胱

見157頁

生殖系統
睪丸

著色說明：沿用第155頁睪丸、副睪及輸精管使用的顏色，來為本頁的A、E和F等相同結構上色。U使用紅色，G、H、I、S和T要分別塗上淺色。(1)注意曲細精管橫剖面圖的生精上皮要塗灰色，而小管內腔不上色。

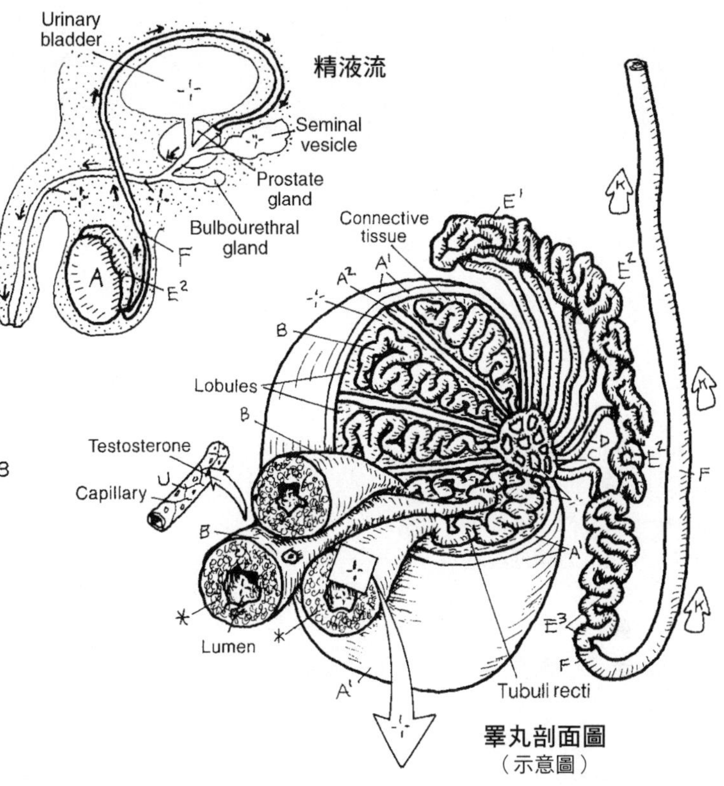

睪丸剖面圖
（示意圖）

TESTIS A
TUNICA ALBUGINEA A'
SEPTUM A²
SEMINIFEROUS TUBULE B
RETE TESTIS C
EFFERENT DUCT D

EPIDIDYMIS E
HEAD E'
BODY E²
TAIL E³

DUCTUS DEFERENS F

生精上皮

SPERMATOGONIUM G
PRIMARY SPERMATOCYTE H
SECONDARY SPERMATOCYTE I
SPERMATID J
SPERMATOZOON K

頭
ACROSOME L
NUCLEUS M

尾
NECK N
MIDDLE PIECE O
MITOCHONDRION P
PRINCIPAL PIECE Q
END PIECE R

SERTOLI (SUPPORTING) CELL S
BASEMENT MEMBRANE B'
INTERSTITIAL CELL (OF LEYDIG) T
BLOOD VESSEL U

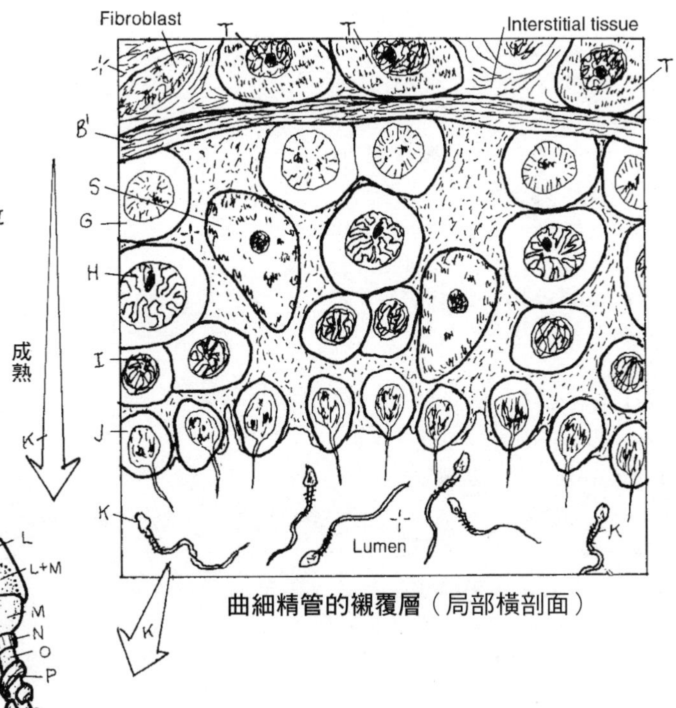

曲細精管的襯覆層（局部橫剖面）

精子
（精細胞）

上色前請先複習第 50 頁（骨盆的肌肉）、第 51 頁（會陰的肌肉）、113 頁（骨盆和會陰的動脈）以及 155 頁（男性生殖系統）。

男性的**尿道**長 20 公分左右。尿道區分為以下三段：(1) 第一段是**尿道攝護腺部**，全部位於攝護腺實質內。尿道在這個位置接收來自膀胱的尿液、兩側射精管的精液、兩側輸精管末端儲精囊的精液，以及來自眾多攝護腺管泡狀腺的分泌液。**管泡狀腺**的開口經由幾條管道導入尿道。膀胱頸肌能在精液排出期間反射收縮，從而防止尿液排放。攝護腺基底以一層筋膜和**泌尿生殖膈**或**會陰膜**區隔開來，並以攝護腺提肌的細薄纖維和**骨盆膈**區隔開來（參見 50 頁）。

尿道的第二段是**尿道膜部**，下行通過會陰深隙／深膜。請回想先前讀過的泌尿生殖膈（參見 51 頁），那時提到會陰深膜的組成包括上、下兩層筋膜（就像三明治的兩片麵包），以及夾在三明治當中的「肉」：尿道括約肌、尿道球腺和會陰深橫肌。這段尿道固定得很牢靠，或許就是太牢靠了，所以很容易在會陰部遭受鈍器或利器傷害時受創（好比撕裂傷或橫斷傷），這方面的例子包括車禍碰撞或從高處墜落。

尿道海綿體部通過**陰莖球**和**尿道海綿體**。尿道黏膜含有眾多的黏液腺。尿道球腺的導管排入尿道海綿體部緊貼泌尿生殖膈的下方。尿道開口經由龜頭末端的孔口通往體外。

陰莖由包覆兩層筋膜外鞘的三個勃起組織體組成：**陰莖海綿體**是位於外側的兩條勃起體，起自恥骨下枝中央；**尿道海綿體**起自一個尿道球，尿道球懸吊於泌尿生殖膈的下筋膜。每一個勃起體（勃起組織）都由襯覆內皮的彈性纖維間隙（海綿竇）組成，並具有一些平滑肌，外面則以纖維囊（白膜）包覆。三個勃起體束縛在一起，外圍有緊實的**會陰深筋膜**套筒，共組一個單元，並由深層的懸韌帶和較淺層的基底韌帶懸吊起來。白膜和皮膚之間有一層**淺筋膜**。從事性行為時，這裡的動脈會二次擴張來提高副交感神經的活性，進入海綿竇的血量也跟著提升，讓勃起組織膨大。於是位於深層白膜內的勃起體周圍的靜脈，便受纖維囊的壓迫，導致血液無法排流。陰莖膨大變硬（勃起），而龜頭依然保持柔軟。

解剖名詞中英對照（按英文字母排序）

Artery 動脈
Bulb of the penis 陰莖球
Bulbourethral gland 尿道球腺
Corona 陰莖頭冠
Corpus cavernosum 陰莖海綿體
Corpus spongiosum 尿道海綿體
Crus of penis 陰莖腳
Deep artery 深動脈
Deep dorsal vein 背深靜脈
Deep fascia 深筋膜
Deep perineal fascia 會陰深筋膜
Deep perineal space 會陰深隙
Deep transverse perineal muscle 會陰深橫肌
Dorsal artery 背動脈
External urethral orifice 尿道外口
Glans penis 龜頭
Internal pudendal artery 陰部內動脈
Ischiorectal fossa 坐骨直腸窩
Levator ani (pelvic diaphragm) 提肛肌（骨盆膈）
Levator prostatae 攝護腺提肌
Membranous urethra 尿道膜部
Nerve 神經
Pelvic diaphragm 骨盆膈
Perineal membrane 會陰膜
Prepuce / foreskin 包皮
Prostatic urethra 尿道攝護腺部
Pubic bone 恥骨
Septum 中隔
Spongy urethra 尿道海綿體部
Subcutaneous dorsal vein 背皮下靜脈
Superficial fascia 淺筋膜
Suspensory ligament 懸韌帶
Testis 睪丸
Trigone of urinary bladder 膀胱三角
Tubuloalveolar gland 管泡狀腺
Tunica albuginea 白膜
Urinary bladder 膀胱
Urogenital diaphragm 泌尿生殖膈
Vein 靜脈

見50、51、113、115頁

生殖系統

男性泌尿生殖構造

著色說明：I 使用藍色，J 使用紅色，K 使用黃色，D、E 和 G 則塗上非常淺的顏色。(1) 右邊的兩幅圖解要同步上色。請注意，冠狀面圖解略過淺筋膜（G）和深筋膜（H），沒有畫出。(2) 為陰莖的結構圖及橫剖面上色。

尿道

PROSTATIC U. A
MEMBRANOUS U. B
SPONGY U. C

陰莖

CORPUS CAVERNOSUM D
CRUS OF PENIS D'
CORPUS SPONGIOSUM E
BULB OF PENIS E'
GLANS PENIS E^2
PREPUCE (FORESKIN) F

相關構造

SUPERFICIAL FASCIA G
DEEP FASCIA H
VEIN I
ARTERY J
NERVE K
SUSPENSORY LIGAMENT L
LEVATOR ANI (PELVIC DIAPHRAGM) M
UROGENITAL DIAPHRAGM N
BULBOURETHRAL GLAND O

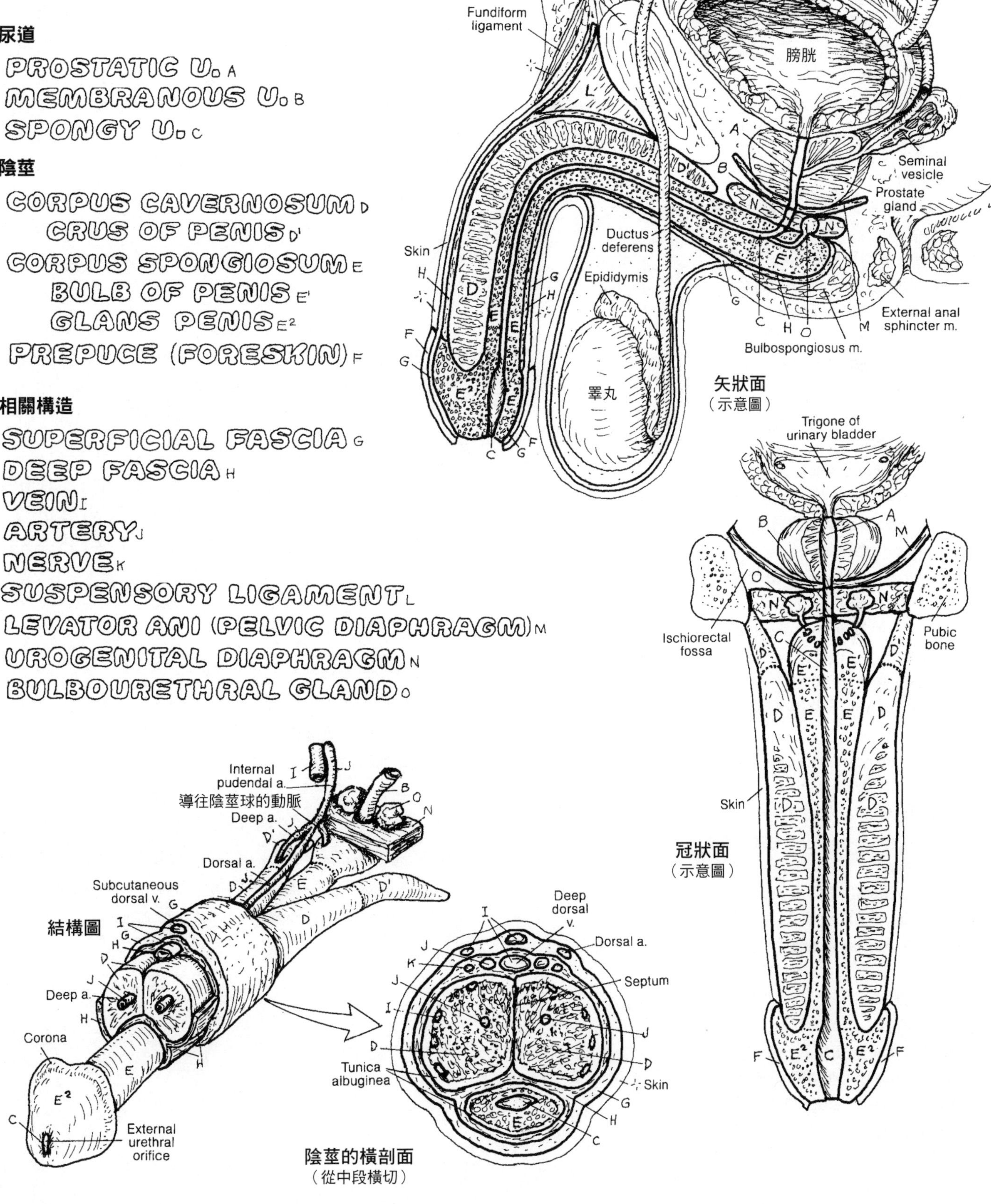

矢狀面
（示意圖）

冠狀面
（示意圖）

結構圖

陰莖的橫剖面
（從中段橫切）

解剖名詞中英對照（按英文字母排序）

Adipose tissue 脂肪組織
Anal canal 肛管
Anterior commissure 前連合
Anus 肛門
Broad ligament 闊韌帶
Bulb of the vestibule 前庭球
Bulbospongiosus muscle 球海綿體肌
Cervix 子宮頸
Clitoris 陰蒂
External sphincter muscle 外括約肌
Fornix 穹窿
Fourchette 陰唇繫帶
Frenulum 繫帶
Hymen 處女膜
Ischiocavernosus muscle 坐骨海綿體肌
Ischiopubic ramus 坐恥骨枝
Labium majus 大陰唇
Labium minus 小陰唇
Mons pubis 陰阜
Ovarian ligament 卵巢韌帶
Ovary 卵巢
Parietal peritoneum 壁層腹膜
Perineal body 會陰體
Posterior abdominal wall 腹腔後壁
Posterior fornix 後穹窿
Posterior labial commissure 陰唇後連合
Prepuce 包皮
Pubic bone 恥骨
Rectouterine pouch 直腸子宮陷凹
Rectum 直腸
Round ligament of uterus 子宮的圓韌帶
Suspensory ligament of ovary 卵巢的懸韌帶
Symphysis pubis 恥骨聯合
Transverse perineal muscle 會陰橫肌
Urethra 尿道
Urethral orifice 尿道口
Urinary bladder 膀胱
Urogenital diaphragm 泌尿生殖膈
Uterine (fallopian) tube 輸卵管
Uterus 子宮
Vagina 陰道
Vaginal orifice 陰道口
Vesicouterine pouch 膀胱子宮陷凹
Vestibular gland / duct 前庭腺／管
Vestibule 前庭
Vulva 女陰

女性生殖系統的主要器官是卵巢。**卵巢**能製造女性生殖細胞（卵子），分泌雌激素及黃體素兩種激素。兩側卵巢在胎兒發育期，分別起自腰椎部的後側腹壁。卵巢和睪丸同樣會下降，不過卵巢在下降過程的早期就受圓韌帶攔阻，滯留在真骨盆中。**子宮**是受精卵的著床位置，也是發育中胚胎／胎兒的孕育之處。**輸卵管**是剛受精的卵子或未受精的卵子通往子宮的管道；這條管道的子宮端，也可能成為受精卵混淆的著床處所而在那裡著床，這種情況稱為異位妊娠，有可能會危及性命。**陰道**是一條纖維肌鞘，在性交時容納陰莖，為精液提供一條前往子宮的路徑，也是新生兒來到這個新世界的產道。參見 159 及 160 頁。

女性的外生殖器稱為**女陰**，這是能促進與性伴侶成功結合並可能產下後代的一群結構，它們還能促成新生兒順利分娩。外生殖器位於會陰淺層（見 51 頁）。**大陰唇**是一種富含脂肪的皮褶，起自女陰**前連合**的前側；大陰唇是會陰體上覆皮膚的一部分，其後側始終沒有完全併合。在大陰唇內側，陰道和尿道兩側有兩片細薄的無脂肪皮褶，稱為**小陰唇**。小陰唇之間的腔隙是**前庭**，有陰道和尿道的開口。沿著兩片小陰唇往前可以通往**陰蒂頭**和**陰蒂體**，小陰唇的皺襞像一條披巾（包皮），裹繞越過陰蒂頭和陰蒂體周邊，還像披巾的尾端一樣從陰蒂頭底下繞過，並在下巴底下打個結，形成**繫帶**。在後側部分，小陰唇在會陰體的上方會聚在一起，形成**陰唇繫帶**。性行為開始之後，這種融合現象就變得很不明確。就像陰莖一樣，陰蒂也有一組**勃起腳**，分別起自各坐恥骨枝；兩腳在中線接合，形成勃起體。勃起體由筋膜包繞，頂上是有皮膚覆蓋、富含血管的敏感陰蒂頭。導致陰蒂變硬的機制，和陰莖的運作方式相同；然而，陰蒂並不包含尿道，這點和陰莖有別。**前庭勃起球**和陰莖球是同源構造，但只區隔成兩個勃起體。前庭勃起球外覆**球海綿體肌**，並在性刺激時突伸進入陰道。未成年女性的陰道口通常有一片細薄黏膜（處女膜）封閉或局部閉合；而成年女子的陰道口通常會在周圍留存這種黏膜的遺跡。這層黏膜往往會在運動或性行為時撕裂。

見51、159、160頁

生殖系統
女性生殖系統

著色說明：(1) 同步為上方兩幅內生殖器結構圖上色。在內視圖中，代表壁層腹膜切緣的雙重線，以及腹壁和骨盆壁較寬廣的腹膜（Q），都塗上淺灰色。(2) 下方兩幅圖解先為 D¹ 和 O 兩處開孔及 F 的內壁上色，接著再為前庭（N）塗上非常淺的灰色。

內部器官

OVARY A
UTERINE (FALLOPIAN) TUBE B
UTERUS C
VAGINA D

外生殖器

LABIUM MAJUS E
LABIUM MINUS F
FRENULUM G
PREPUCE H
CLITORIS I
GLANS I'
BODY J
CRUS K
BULB OF THE VESTIBULE L
VESTIBULAR GLAND/DUCT M
VESTIBULE N*
URETHRAL ORIFICE O
VAGINAL ORIFICE D'
HYMEN P
PARIETAL PERITONEUM Q

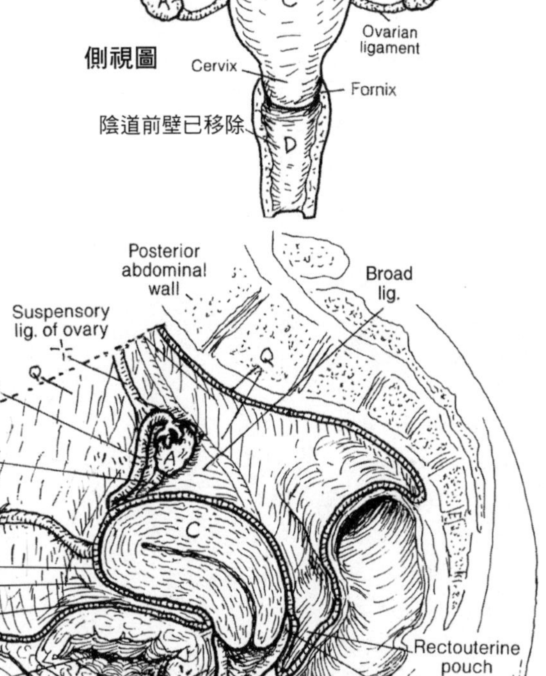

側視圖

內視圖
（右邊，泌尿生殖器結構）

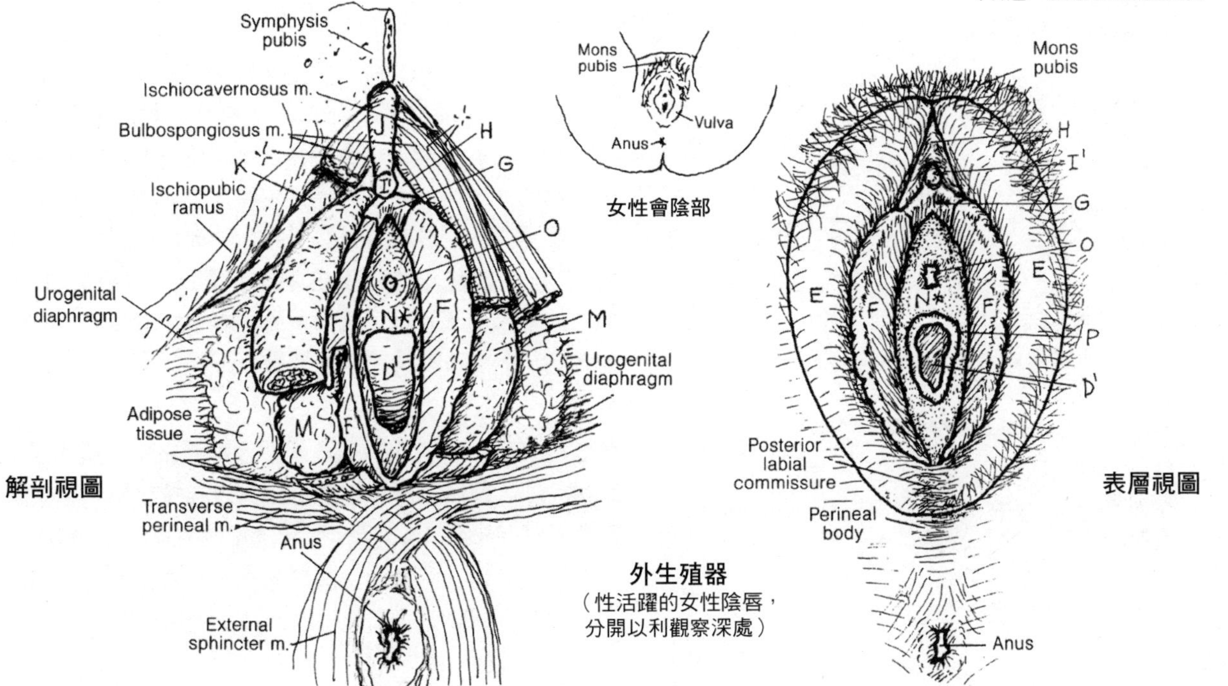

解剖視圖

女性會陰部

表層視圖

外生殖器
（性活躍的女性陰唇，分開以利觀察深處）

身體兩側的卵巢大小各為長3公分、寬1.5公分或較小，位於真骨盆側邊，附著在壁層腹膜雙重皺襞的後層（闊韌帶）上面，這層皺壁垂掛下來覆蓋卵巢、輸卵管及子宮，就像一床毯子掛在從一側牽到另一側的曬衣繩上（參見160頁）。卵巢和輸卵管的開口（卵巢繖）之間有個腔隙，這處空腔和腹膜腔續連，這裡少有東西進入或回返。卵子從卵巢出來之後，必須避開這處深淵，否則就會迷失在腔隙裡面，錯失了一生一遇的機會。

卵巢襯覆一層衍生自**間皮**的立方形細胞。原卵從胚胎期卵黃囊，移入卵巢基質並在此增生，增生的成千上百個原卵，只有幾百枚能進入成熟期。

卵巢的兩項主要活動是 (1) 在濾泡期培育出女性的生殖細胞（卵），以及 (2) 在黃體期或分泌期分泌雌激素及黃體素。卵巢在各個不同的發育期間會長出許多濾泡，濾泡位於細胞緩衝層和疏鬆結締組織（卵巢基質）裡面。卵巢濾泡含一枚未成熟的上皮生殖細胞（**卵母細胞**），其四周圍繞了一、兩層與生殖無關的支持細胞。

卵子的發育起點是**原始濾泡**，也就是只含一層濾泡細胞的卵母細胞。當卵母細胞周圍的濾泡細胞數量增多，形成一個**初級濾泡**時，卵母細胞的尺寸及成熟度都提升了。在**次級濾泡**的內部出現了一個稱為**濾泡腔**的小腔，腔內充滿了濾泡液。濾泡腔繼續擴大就會犧牲到濾泡細胞，除了周邊一層之外，濾泡細胞全都被推擠遠離了卵母細胞，這時已經是成熟濾泡或稱**格雷夫氏濾泡**。這群細胞在生育周期的濾泡期分泌雌激素。在任何階段停止發育的濾泡，都稱之為「閉鎖濾泡」。

月經周期約第14天時（參見右頁圖「卵巢周期」），成熟濾泡的卵子周圍已經披上了一層稱為**透明帶**的醣蛋白膜，這時萬事具備就等著排卵了。一群放射冠細胞和襯覆透明帶的卵子從濾泡的爆裂中現身，進入輸卵管的指狀構造（**卵巢繖**）。爆裂的濾泡已經把卵母細胞排出，本身也萎縮了。在濾泡細胞轉變成**黃體**期間，仍會持續出血、凝成血塊並形成**出血體**，這個階段的典型特徵是大量脂質逐漸蓄積，以供後續分泌類固醇激素之需。

黃體會在生育周期的這個黃體期分泌雌激素和黃體素；如果懷孕了，黃體就會以這些分泌物來支持胚胎／胎兒的發育達三個月。倘若沒有受孕，那麼黃體就會退化變成**白體**。不管任何時候，卵巢內一般都可見到一群群的濾泡和白體／黃體，分別參與了前後兩次或多次的周期階段。

解剖名詞中英對照（按英文字母排序）

Antrum 腔／竇
Antrum 濾泡腔
Atretic fol follicle 閉鎖濾泡
Blood vessel 血管
Broad ligament 闊韌帶
Connective tissue stroma 結締組織基質
Corona radiate 放射冠
Corpus albican 白體
Corpus hemorrhagicum 出血體
Corpus luteum 黃體
Discharged ovum 排出的卵子
Epithelium / tunica albuginea 上皮／白膜
Fimbriae 卵巢繖
Follicular cell 濾泡細胞
Follicular phase 濾泡期
Graafian follicle 格雷夫氏濾泡
Luteal phase 黃體期
Mature (graafian) fol follicle 成熟濾泡（格雷夫氏濾泡）
Mature corpus luteum 成熟的黃體
Maturing follicle 成熟中的濾泡
Mesosalpinx 輸卵管繫膜
Mesothelium 間皮
Mesovarium 卵巢繫膜
Oocyte / ovum 卵母細胞／卵子
Ovarian artery 卵巢動脈
Ovarian ligament 卵巢韌帶
Ovarian vein 卵巢靜脈
Ovary 卵巢
Primary follicle 初級濾泡
Primordial follicle 原始濾泡
Primordial ova 原卵
Ruptured follicle 破裂的濾泡
Secondary follicle 次級濾泡
Stroma 基質
Suspensory ligament of ovary 卵巢懸韌帶
Uterine artery 子宮動脈
Uterine tube 輸卵管
Uterine vein 子宮靜脈
Uterus 子宮
Young corpus luteum 幼齡的黃體
Zona pellucida 透明帶

見158、160頁

生殖系統
卵巢

著色說明：沿用 158 頁卵巢（A）和輸卵管（M）使用的顏色。K 和 R 使用紅色，L 使用黃色，S 塗上藍色，C 至 J、M、O 和 P 則使用非常淺的顏色。(1) 為上下兩幅卵巢圖解的生殖細胞發育過程上色。卵母細胞（C）要從排卵開始著色。大圖解做為背景的基質（B）要塗灰色。

卵巢的構造

EPITHELIUM / TUNICA ALBUGINEA A
CONNECTIVE TISSUE STROMA B*

卵子的發育

OOCYTE / OVUM C
PRIMORDIAL FOLLICLE D
PRIMARY FOL. E
SECONDARY FOL. F
MATURING FOL. G
MATURE (GRAAFIAN) FOL. H
RUPTURED FOL. I
DISCHARGED OVUM C'
ATRETIC FOL. J
CORPUS HEMORRHAGICUM K
YOUNG CORPUS LUTEUM L
MATURE CORPUS LUTEUM L'
CORPUS ALBICANS L²✢

相關構造

UTERINE TUBE M
FIMBRIAE M'
BROAD LIGAMENT N
MESOSALPINX O
MESOVARIUM P
SUSPENSORY LIGAMENT OF OVARY Q
OVARIAN ARTERY R
OVARIAN VEIN S
UTERINE ARTERY R'
UTERINE VEIN S'
OVARIAN LIGAMENT T

黃體期（分泌期）
28
14
Corona radiata
Ovulation
Zona pellucida
Corona radiata
第 1 天
濾泡期（增生期）

卵巢周期

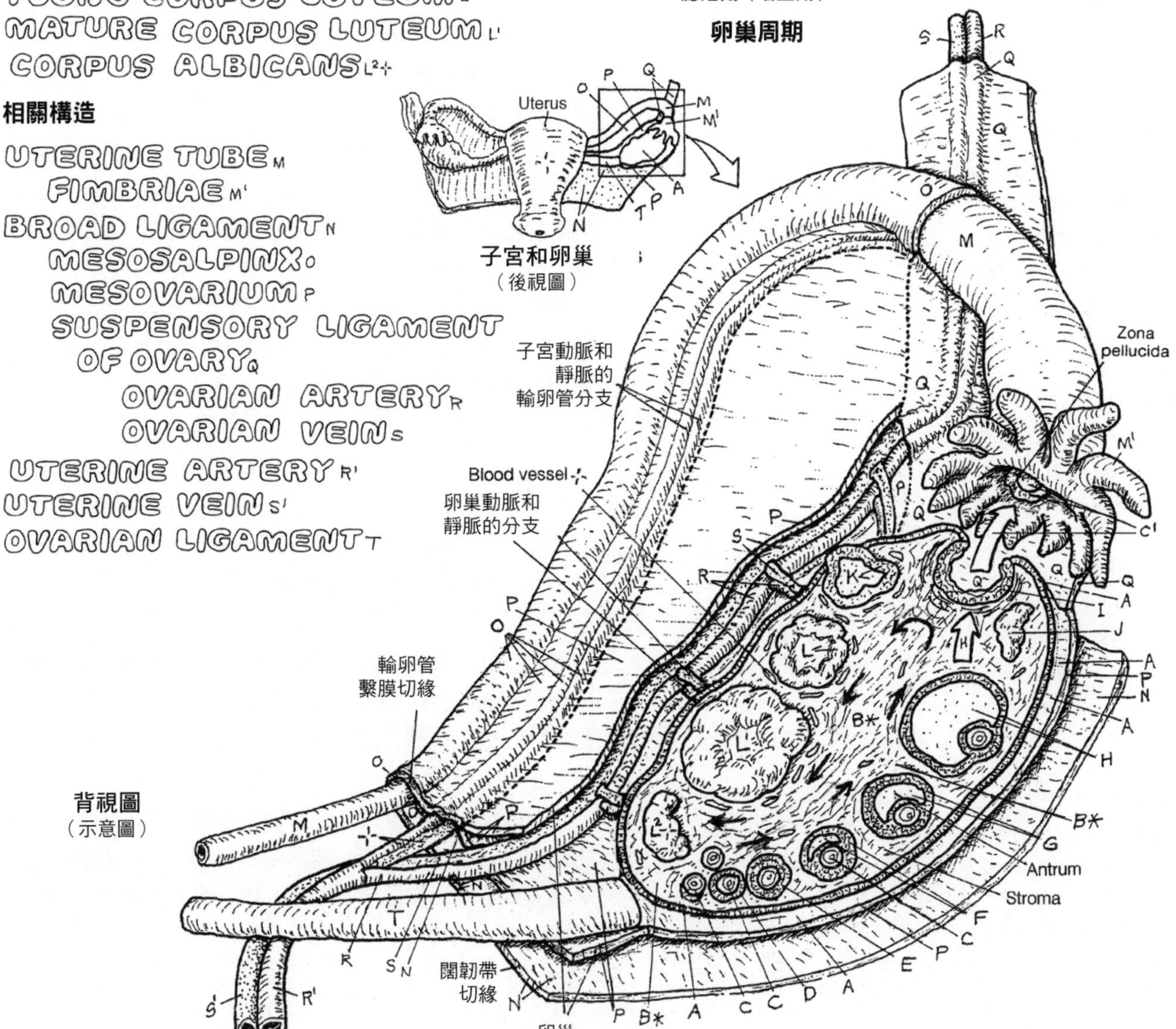

子宮和輸卵管外覆一層闊韌帶褶（像個倒置的 U 字）。輸卵管是子宮的側向延伸，懸吊於闊韌帶的部分稱為**輸卵管繫膜**。輸卵管內襯覆滿含營養素、具纖毛的柱狀上皮，這層上皮由結締組織及平滑肌來支持。平滑肌有節律的收縮能輔助卵子踏上旅程，從卵巢繖前往子宮腔（假定它能避開深淵），沿途並由襯膜細胞供應營養。輸卵管長約 10 公分，區分為相當分明的三段：遠端的**卵管繖段**（指狀凸出結構），這能攔下排出的卵子，並揮舞著把它撢進管腔；**壺腹段**，這是輸卵管最寬的段落；以及**峽段**，其管腔在進入子宮腔時收窄。

子宮是一個梨狀結構，長約 7、8 公分；懷孕時尺寸會增大。上方部分（輸卵管口以上）是**子宮底**；中央部是**子宮體**，較下方的 2、3 公分部分是**子宮頸**。

子宮比陰道更偏向前傾（朝前傾斜）和前屈（朝前屈曲），其頸部（子宮頸）約呈直角（前屈）突入陰道上段，子宮體（底）則在膀胱上方前屈並前傾。子宮後屈／後傾並不罕見，特別是生育過的女性。後屈的子宮，先天上有可能輕微的滑入陰道（稱為脫垂），這時子宮和子宮頸／陰道的軸線比較一致。這種情況通常會受到重重攔阻，包括：骨盆和泌尿生殖膈、會陰體，還有眾多負責把子宮和所屬管道繫縛在骨盆壁和薦骨上的纖維韌帶（闊韌帶和增厚的骨盆筋膜群，右頁圖未畫出）。子宮壁大半是平滑肌（稱為**子宮肌層**），襯覆厚薄不一的腺性層（稱為**子宮內膜**），這層黏膜對雌激素和黃體素極端敏感。

子宮頸長約一寸（2、3 公分），區分為兩段：上段的**陰道上部**及下段的**陰道部**。子宮頸內襯黏膜的特有結構是一種交叉脊，能防範細菌在月經後大舉侵襲。子宮頸黏膜不參與子宮體黏膜周期增厚變薄的歷程。

陰道是一條由纖維肌構成的彈性管腔，表面覆蓋複層鱗狀上皮黏膜層。黏膜的前、後表面通常彼此接觸。陰道前壁包含 4 公分長的短尿道。陰道的黏膜沒有腺體，性刺激期間的分泌活動，得自子宮頸內局部微血管及腺體的血漿滲出液，以及男性出自尿道球腺的分泌物。出現在陰道襯膜的感覺受器極少。子宮頸伸入陰道的部分，周圍形成一道稱為**穹窿**的環溝或環槽；由彈性纖維組織構成的後側穹窿能在性交時大幅擴張。

解剖名詞中英對照（按英文字母排序）

Abdominal cavity 腹腔
Anteflexion 子宮前屈
Broad ligament 闊韌帶
Cervical canal 子宮頸管
Cervix 子宮頸
Endometrium 子宮內膜
External os 子宮頸外口
Fornix of vagina 陰道穹窿
Fundus 子宮底
Ligament 韌帶
Mesometrium (broad ligament) 子宮繫膜（闊韌帶）
Mesosalpinx (broad ligament) 輸卵管繫膜（闊韌帶）
Myometrium 子宮肌層
Ovarian artery 卵巢動脈
Ovarian ligament 卵巢韌帶
Ovarian vein 卵巢靜脈
Ovary 卵巢
Peritoneum 腹膜
Rectum 直腸
Retroflexion 子宮後屈
Round ligament of uterus 子宮圓韌帶
Supravaginal part 陰道上部
Suspensory ligament. Of ovary 卵巢懸韌帶
Tubal branch 輸卵管分支
Urinary bladder 膀胱
Uterine artery 子宮動脈
Uterine tube 輸卵管
Isthmus 峽
Ampulla 壺腹
Fimbria 繖
Uterine vein 子宮靜脈
Uterus 子宮
Fundus 子宮底
Cervix 子宮頸
Uterine cavity (endometrium) 子宮腔（子宮內膜）
Myometrium 子宮肌層
Vagina 陰道

生殖系統
子宮、輸卵管與陰道

著色說明：N 使用紅色，O 使用藍色， D、E 和 Q 使用不同的淺色。(1) 從大圖解的左半部開始上色，此圖只局部呈現卵巢靜脈和子宮靜脈。神經和淋巴管伴隨動脈和靜脈並行，並未畫出。(2) 為前屈、後屈子宮的兩幅圖解上色；右上圖請為主韌帶上色。

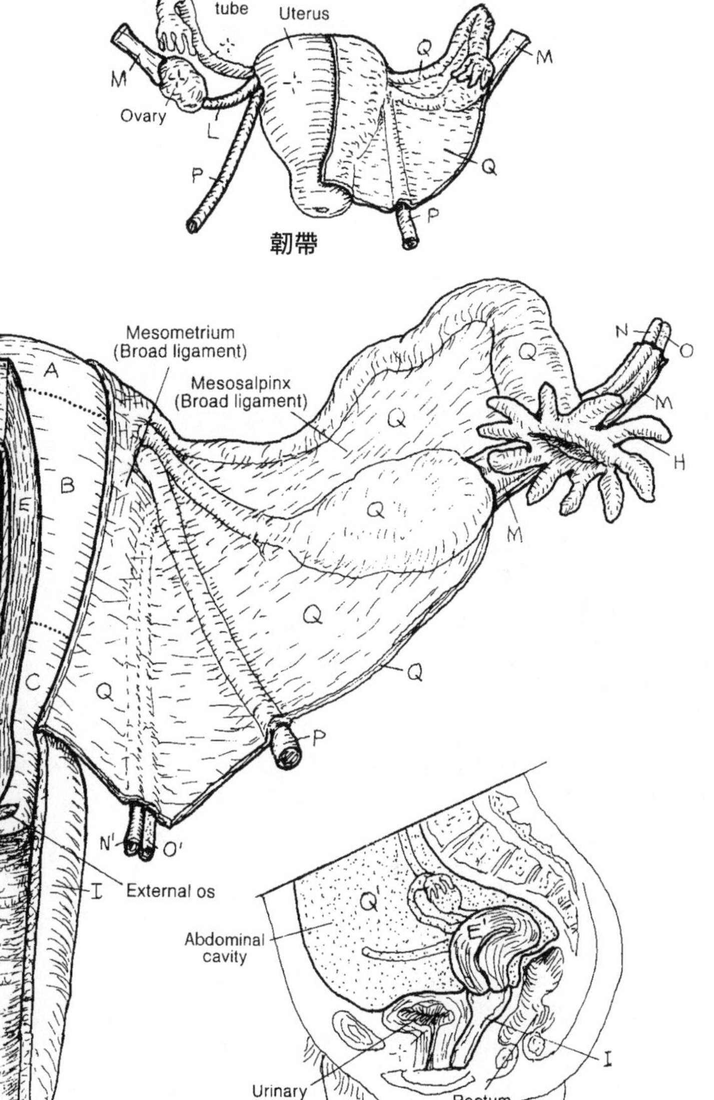

子宮

FUNDUS A
BODY B
CERVIX C
UTERINE CAVITY (ENDOMETRIUM) D
MYOMETRIUM E

輸卵管

ISTHMUS F
AMPULLA G
FIMBRIA H

VAGINA I
FORNIX OF VAGINA J

相關構造

OVARY K
OVARIAN LIGAMENT L
SUSPENSORY LIG. OF OVARY M
OVARIAN ARTERY N
OVARIAN VEIN O
ROUND LIG. OF UTERUS P
UTERINE ARTERY N'
UTERINE VEIN O'
BROAD LIG. Q (PERITONEUM) Q'

子宮的位置

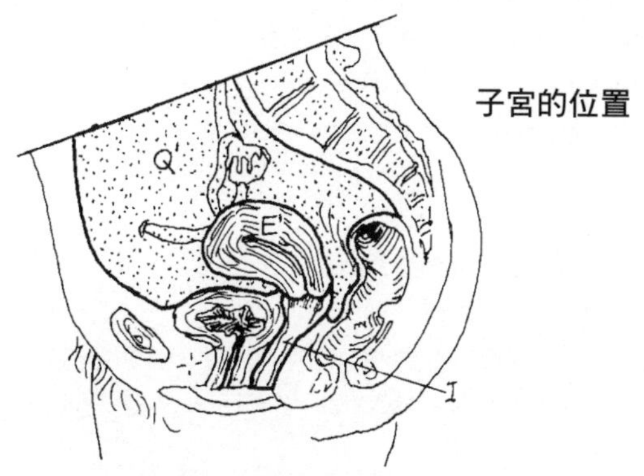

女性的 28 天生殖周期靠激素來啟動及維持，並涉及到濾泡和子宮內膜等結構的大幅變化。生殖周期約始自 12 歲時（初經），止於約 45 歲時（停經期／更年期），其典型特徵是一次次的子宮內膜瓦解、排出（月經）的時期。在每次周期當中，卵巢和子宮都會出現漸進性的變化，肩負起女性生殖細胞的培育及釋出功能，為接受男性生殖細胞的授精預做準備，並備妥子宮內膜供受精卵著床。

經期（生理期）構成月經周期的頭五天，這段期間子宮內膜組織流失，並伴隨出血。子宮內膜約從月經周期的第五天起開始生長，這次生長由卵巢濾泡的激素促成，而濾泡激素則由腦下垂體前葉的促濾泡素及促黃體素來負責調節。激素含量相當平穩，但子宮內膜的生長就不一樣！前一次周期的末尾幾天，以及下一次周期的頭幾天，這些激素（促濾泡素和促黃體素）和雌激素會驅使子宮發育並刺激濾泡發育。

濾泡發育開始製造雌激素的起點約在第 7 天；請注意雌激素含量的增高，以及它對子宮內膜生長的影響。約到了第 14 天，促黃體素的血中濃度出現尖峰，加上促濾泡素和雌激素的濃度也提高了，結果便引發排卵。這會導致成熟卵的濾泡爆裂，釋出未成熟的卵子，進入輸卵管的卵巢繖內。排卵後，爆裂的濾泡受了促黃體素的影響，經歷大幅重建（黃體）。到了第 21 天左右，黃體分泌黃體素和雌激素，這是強化子宮內膜腺發育的致勝複方。纖維性的基質很快就充滿了分泌物並出現浮腫。許多增生腺體周邊的一條條**螺旋動脈**受到擠壓，只能扭曲繞過。倘若卵子在第 16 天左右受精，黃體就會成為往後 90 天的首要激素來源。

如果沒有受孕，黃體便從第 26 天開始退化（形成白體），雌激素／黃體素的濃度也會陡峭下降。

沒有了激素的刺激，子宮內膜會經歷腺分泌減少的情況，而局部靜脈的液體吸收作用也持續遞減，接著組織會在短時間內塌陷，就像烤爐爐門猛然摔上，爐中脆弱蛋糕的下場！螺旋動脈受到這些影響的阻撓而破裂，並開始以相當大的出血壓力，破壞上皮襯膜、腺體和纖維組織。除了基底層之外，子宮內膜的結構完整性基本上已經毀壞。血管收縮反射局限出血。受到破壞的組織（經血、腺性組織和分泌物）、血液和一枚或多枚未受精的卵子都朝陰道沉降。月經過後 3～5 天，子宮內膜約只剩 1 毫米（高度）供日後重生。往後兩週期間，內膜還會重新增長 500%，約達 5 毫米高。

解剖名詞中英對照（按英文字母排序）

Anterior lobe of pituitary gland 腦下垂體前葉
Corpus albicans 白體
Corpus luteum 黃體
Endometrium 子宮內膜
Epithelium 上皮
Estrogen 雌激素
FSH (follicle stimulating hormone) 促濾泡素
Gland 腺體
Glandular pit 腺性小凹
Hemorrhage 出血
LH (luteinizing hormone) 促黃體素
Mature follicle 成熟的濾泡
Menstrual flow 行經
Menstruation 月經
Myometrium of uterus 子宮肌層
Ovary 卵巢
Ovulation 排卵
Ovum 卵子
Primary follicle 初級濾泡
Primordial follicle 原始濾泡
Progesterone 黃體素
Proliferative 增生
Secondary follicle 次級濾泡
Secretory 分泌
Spiral artery 螺旋動脈
Vagina 陰道

見151、159、160頁

生殖系統
月經周期

著色說明：B使用黃色，G至G2使用紅色，A則塗上非常淺的顏色。(1)為主圖解底部的月經周期時間長條圖上色；「激素的影響」圖解中的箭頭C和D要上色。接著再為大圖解的激素曲線C和D上色，隨後處理主圖解卵巢周期的濾泡發育不同階段（A、B），注意這些激素如何影響濾泡的種種改變。(2)為「激素的影響」圖解的箭頭E和F以及子宮內膜上色；為主圖解的激素曲線E和F上色，隨後處理子宮腺／組織在月經周期的種種改變，注意這些激素如何影響子宮內膜的生長和月經作用。只為子宮內膜的上皮表面、腺體和血管上色，結締組織不上色。(3)圖中標示的日數是平均值（約略值）。激素曲線反映的是血清激素的相對含量，非絕對值。

卵巢周期

PRIMORDIAL FOLLICLE A
PRIMARY FOL. A'
SECONDARY FOL. A²
MATURE FOL. A³
OVULATION A⁴
CORPUS LUTEUM B,B'
CORPUS ALBICANS B²

激素周期

垂體激素

FSH C
LHD

卵巢激素

ESTROGEN E
PROGESTERONE F

月經周期

階段／期

MENSTRUATION G
PROLIFERATIVE H
SECRETORY I

子宮內膜

EPITHELIUM J
GLAND I'
SPIRAL ARTERY G¹/HEMORRHAGE G²

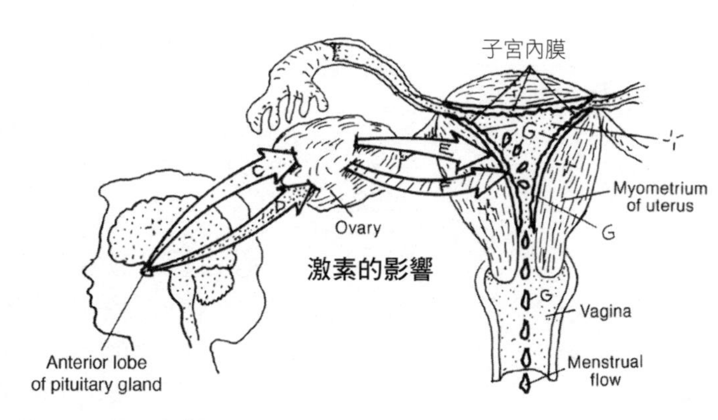

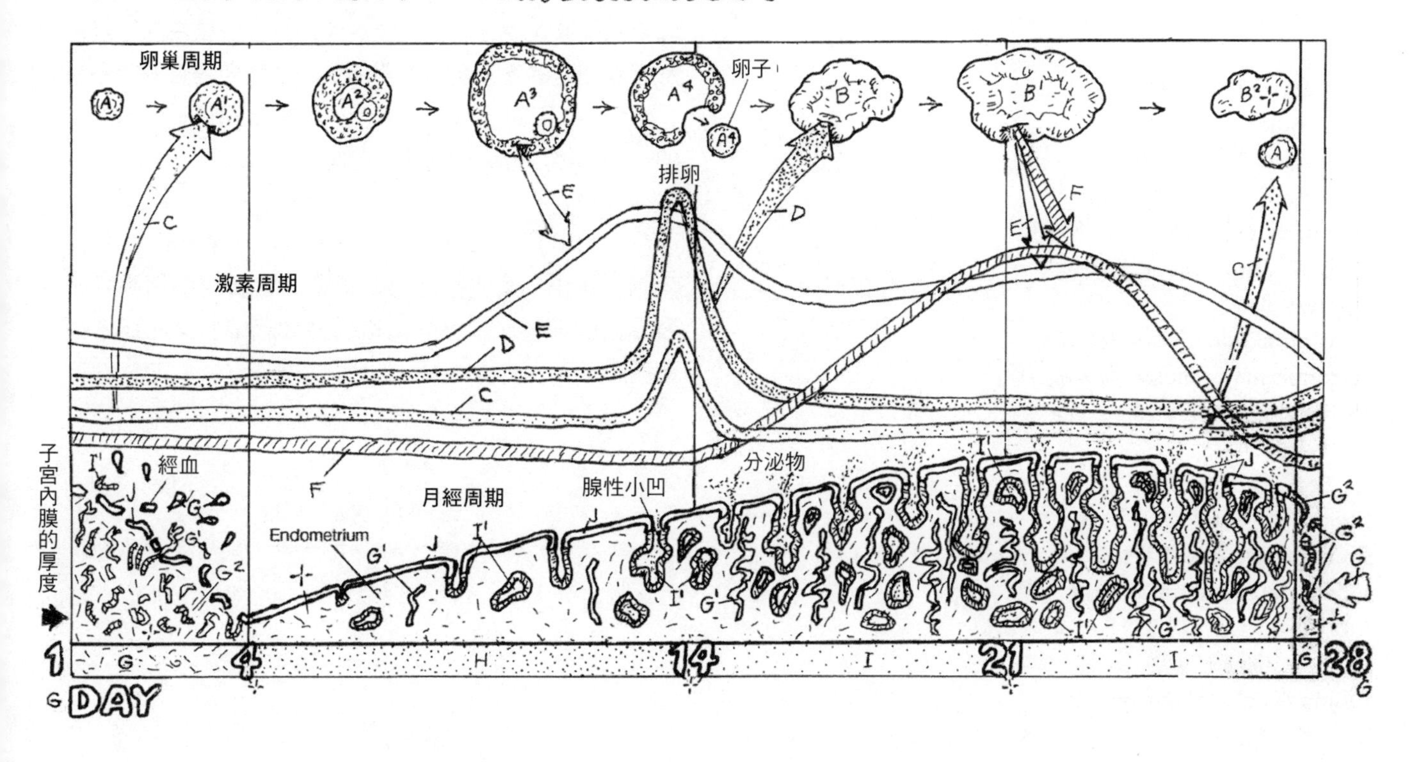

乳房（含男女兩性）位於胸壁前側覆蓋胸大肌的（皮下）**淺筋膜**之內。乳房部位是個多脂肪的（含脂肪並呈疏鬆性蜂窩狀）纖維組織，並有相關的神經、血管及淋巴管。這處脂肪組織靠著覆蓋肌肉的**深筋膜**延伸部（**懸韌帶**）來支持，其功能在年輕、發育健全的青春期女性乳房中表現得最醒目。脂肪組織裡面緊密聚集了一批分支的導管，稱為**輸乳管**，男性和未懷孕（未泌乳）女性的這些導管並未發育。與這些輸乳管有關的腺體極少（或幾乎沒有）。青春期時，女性的卵巢（也許還包括腎上腺）增加雌激素的分泌量，這種影響會促使乳頭和乳暈增大，還有全身各處部位的脂肪大幅增生。於是乳房就會增大到若干程度，程度因人而異。

輸乳管系統在妊娠早期階段會大幅增生，無活性的細小**管泡狀腺**（含管狀腺及泡狀腺）形成，開口導入腺泡管。**乳小葉**便由幾條這種導管和幾個腺體組成。**乳葉**（總共有15到20個）由數個乳小葉組成，並以**小葉間管**彼此相連。小葉間管會聚形成多達20條輸乳管。這些導管在接近乳頭的位置會擴大形成**輸乳竇**，隨後在乳頭裡面再次收窄。這些輸乳竇或許能在泌乳期間發揮乳汁貯存所的功能。乳頭由帶色素的皮膚，加上固定於纖維組織中的一些平滑肌纖維共同組成。乳頭勃起，或許能強化乳汁在管道中流通。環形的乳暈也帶有色素，而且比周圍皮膚的濃度更高，乳暈內含皮脂腺，哺乳時或許能扮演皮膚潤滑劑的功能。到了妊娠後期各階段，腺泡經過成熟過程，開始形成乳汁。乳汁的生產在娩出新生兒後達到高峰，這是由於好幾種會影響腺細胞的激素發揮作用所致。乳汁朝導管的流動稱為「奶陣」，而向乳頭泌出乳汁，則是嬰兒吸吮乳頭所引發的一種神經內分泌反射機制的結果。

淋巴管是乳房的重要部分：它們能把泌乳期間所製造的乳脂肪排出，還能把乳房受感染的物質或癌細胞轉移到較偏遠的部位。有可能轉移或擴散感染的淋巴通道如右頁圖所示。

解剖名詞中英對照（按英文字母排序）

Alveolar gland 泡狀腺
Apical node 頂淋巴結
Areola 乳暈
Axillary node 腋淋巴結
Clavicle 鎖骨
Costal cartilage 肋軟骨
Deep fascia 深筋膜
Duct cells 管細胞
Gland lobules (contain alveoli) 腺小葉（含小泡）
Glandular lobe 腺葉
Intercostal muscle 肋間肌
Interlobular duct 小葉間管
Lactiferous duct 輸乳管
Lactiferous sinus 輸乳竇
Lymph vessel 淋巴管
Lymphatic drainage 淋巴排流
Nipple 乳頭
Parasternal node 胸骨旁淋巴結
Pectoralis major muscle 胸大肌
Rectus sheath 腹直肌鞘
Rib 肋骨
Secretory cells 分泌細胞
Skin 皮膚
Supensory ligament 懸韌帶
Superficial fascia (fat) 淺筋膜（脂肪）
Tubular duct 管狀導管
Tubular gland 管狀腺
Tubuloalveolar gland 管泡狀腺

生殖系統
乳房（乳腺）

著色說明：E 使用黃色；K 使用粉紅色或棕褐色，J 使用一個較深的類似顏色； A、D 和 G 則使用淺色。(1) 同步為描繪乳房和乳房基底結構的兩幅圖解上色。(2) 指出淋巴流向及胸部淋巴結的箭頭要上色。請注意淋巴管網絡。(3) 為乳房發育圖解上色。(4) 為右下角的腺體和導管放大圖上色。

骨
RIB A
CLAVICLE A'

肌肉和筋膜
INTERCOSTAL MUSCLE B
PECTORALIS MAJOR MUSCLE C
DEEP FASCIA D

乳房
SUPERFICIAL FASCIA (FAT) E
SUSPENSORY LIGAMENT F
GLANDULAR LOBE G
LACTIFEROUS DUCT H
LACTIFEROUS SINUS I
NIPPLE J
AREOLA K

LYMPHATIC DRAINAGE L

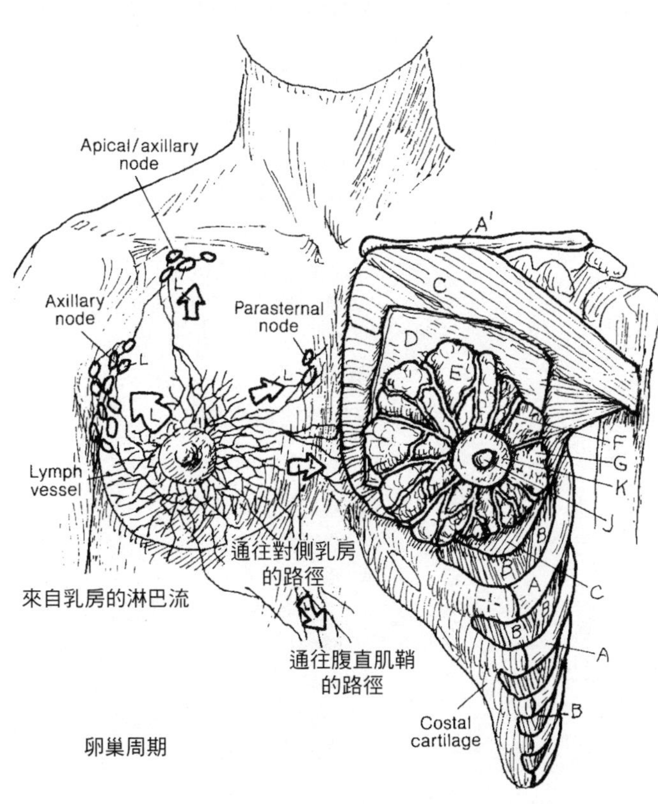

乳房基底結構
（青春期後、未懷孕、未泌乳）

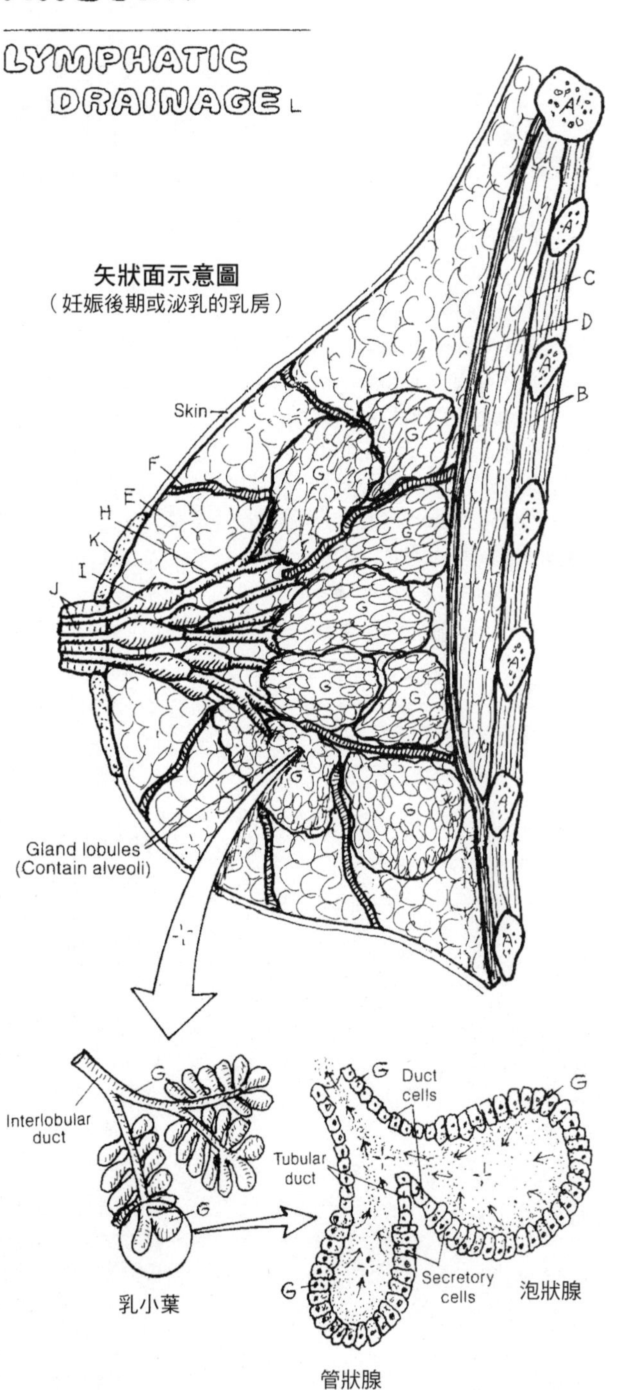

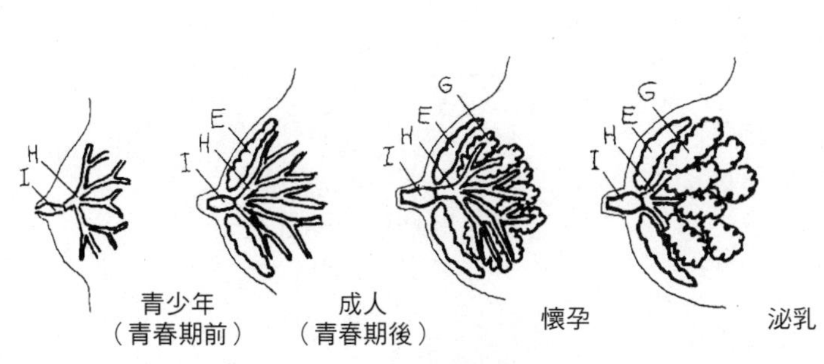

乳房發育

附錄 1
解答

第 34 頁
上肢：骨骼／關節複習

上肢骨

A 鎖骨 Clavicle
B 肩胛骨 Scapula
C 肱骨 Humerus
D 尺骨 Ulna
E 橈骨 Radius
F 腕骨 Carpals
G 掌骨 Metacarpals
H 指骨 Phalanges

上肢關節

1 肩鎖關節 Acromioclavicular joint
2 盂肱關節 Glenohumeral joint
3 胸鎖關節 Sternoclavicular joint
4 肱尺關節 Humeroulnar joint
5 橈肱關節 Radiohumeral joint
6 近端橈尺關節 Proximal radioulnar joint
7 遠端橈尺關節 Distal radioulnar joint
8 橈腕關節 Radiocarpal joint
9 腕骨間關節 Intercarpal joint
10 腕掌關節 Carpometacarpal joint
11 掌骨間關節 Intermetacarpal joint
12 掌指關節 Metacarpophalangeal joint
13 指骨間關節 Interphalangeal joints

第 41 頁
下肢：骨骼／關節複習

下肢骨

A 髖骨 Hip
B 股骨 Femur
C 髕骨 Patella
D 脛骨 Tibia
E 腓骨 Fibula
F 跗骨 Tarsal
G 蹠骨 Metatarsals
H 趾骨 Phalanges

上肢骨

A^1 肩胛骨 Scapula
B^1 肱骨 Humerus
D^1 尺骨 Ulna
E^1 橈骨 Radius
F^1 腕骨 Carpals
G^1 掌骨 Metacarpals
H^1 指骨 Phalanges

下肢關節

1 薦髂關節 Sacroiliac joint
2 髖關節 Hip joint
3 髕股關節 Patellofemoral joint
4 脛股關節 Tibiofemoral joint
5 近端脛腓關節 Proximal tibiofibular joint
6 遠端脛腓關節 Distal tibiofibular joint
7 踝關節 Ankle joint
8 跗骨間關節 Intertarsal joint
9 跗蹠關節 Tarsometatarsal joint
10 蹠骨間關節 Intermetatarsal joint
11 蹠趾關節 Metatarsophalangeal joint
12 趾骨間關節 Interphalangeal joints

第 58 頁
上肢：肌肉複習

主要作用於肩胛骨的肌群

A 斜方肌 Trapezius
A^1 菱形肌 Rhomboids
A^2 前鋸肌 Serratus anterior

運動肩關節的肌群

B 三角肌 Deltoid
B^1 胸大肌 Pectoralis major
B^2 背闊肌 Latissimus dorsi
B^3 棘下肌 Infraspinatus
B^4 小圓肌 Teres minor
B^5 大圓肌 Teres major
B^6 喙肱肌 Coracobrachialis

運動肘部和橈尺關節的肌群

C 肱二頭肌 Biceps brachii
C^1 肱肌 Brachialis
C^2 肱三頭肌 Triceps brachii
C^3 肘肌 Anconeus
C^4 肱橈肌 Brachioradialis
C^5 旋前圓肌 Pronator teres

運動腕關節和手關節的肌群

D 橈側屈腕肌 Flexor carpi radialis
D^1 掌長肌 Palmar longus
D^2 尺側屈腕肌 Flexor carpi ulnaris
D^3 橈側伸腕長肌 Extensor carpi radialis longus
D^4 橈側伸腕短肌 Extensor carpi radialis brevis
D^5 伸指肌 Extensor digitorum
D^6 伸小指肌 Extensor digiti minimi
D^7 尺側伸腕肌 Extensor carpi ulnaris

運動拇指的前臂肌群

E 外展拇肌 Abductor pollicis
E^1 伸拇長肌 Extensor pollicis longus
E^2 伸拇短肌 Extensor pollicis brevis

運動拇指的魚際肌群

F 拇指對掌肌 Opponens pollicis
F^1 外展拇短肌 Abductor pollicis brevis
F^2 屈拇短肌 Flexor pollicis brevis

運動第五指的小魚際肌群

G 小指對掌肌 Opponens digiti minimi
G^1 外展小指肌 Abductor digiti minimi
G^2 屈小指短肌 Flexor digiti minimi brevis

作用於拇指及手指的其他肌群

H 內收拇肌 Adductor pollicis
H^1 蚓狀肌 Lumbricals
H^2 背側骨間肌 Dorsal interosseous

第 66 頁
下肢：肌肉複習

主要作用於髖關節的肌群

A 閉孔內肌 Obturator internus
A^1 髂腰肌 Iliopsoas
A^2 臀中肌 Gluteus medius
A^3 闊筋膜張肌 Tensor fasciae latae
A^4 臀大肌 Gluteus maximus
A^5 恥骨肌 Pectineus
A^6 內收長肌 Adductor longus
A^7 內收大肌 Adductor magnus

主要作用於膝關節的肌群

B 股直肌 Rectus femoris
B^1 股外側肌 Vastus lateralis
B^2 股內側肌 Vastus medialis
B^3 縫匠肌 Sartorius
B^4 股薄肌 Gracilis
B^5 股二頭肌 Biceps femoris
B^6 半腱肌 Semitendinosus
B^7 半膜肌 Semimembranosus

主要作用於踝關節的肌群

C 腓腸肌 Gastrocnemius
C[1] 蹠肌 Plantaris
C[2] 比目魚肌 Soleus
C[3] 屈趾長肌 Flexor digitorum longus
C[4] 屈拇趾長肌 Flexor hallucis longus
C[5] 脛前肌 Tibialis anterior
C[6] 伸趾長肌 Extensor digitorum longus
C[7] 伸拇趾長肌 Extensor hallucis longus
C[8] 第三腓骨肌 Fibularis tertius

主要作用於距骨下關節的肌群

D 腓骨長肌 Fibularis longus
D[1] 腓骨短肌 Fibularis brevis

主要作用於腳趾的肌群

E 外展拇趾肌 Abductor hallucis
E[1] 外展小趾肌 Abductor digiti minimi
E[2] 伸趾短肌 Extensor digitorum brevis

第 114 頁
主要動脈複習

A 主動脈弓 Aortic arch

上肢動脈

B 頭臂動脈 Brachiocephalic
C 鎖骨下動脈 Subclavian
D 腋動脈 Axillary
E 肱動脈 Brachial
F 橈動脈 Radial
G 尺動脈 Ulnar
H 掌深弓動脈 Deep palmar arch
I 掌淺弓動脈 Superficial palmar arch
J 掌指動脈 Palmar digital

頭頸部的動脈

K 頸總動脈 Common carotid
L 頸內動脈 Internal carotid
M 頸外動脈 External carotid

胸部的動脈

A 主動脈弓 Aortic arch
A[1] 胸主動脈 Thoracic aorta
N 肋間動脈 Intercostal
O 胸內動脈 Internal thoracic
P 肌膈動脈 Musculophrenic
Q 腹壁上動脈 Superior epigastric
R 肺動脈幹 Pulmonary trunk
S 肺動脈 Pulmonary

腹部和骨盆的動脈

A[2] 腹主動脈 Abdominal aorta
T 腹腔動脈 Celiac
U 上腸繫膜動脈 Superior mesenteric
V 下腸繫膜動脈 Inferior mesenteric
W 腎動脈 Renal
X 睪丸／卵巢動脈 Testicular / Ovarian
Y 髂總動脈 Common iliac
Z 髂內動脈 Internal iliac
1 髂外動脈 External iliac
2 腹壁下動脈 Inferior epigastric

下肢動脈

3 股動脈 Femoral
4 膕動脈 Popliteal
5 脛前動脈 Anterior tibial
6 足背動脈 Dorsalis pedis
7 弓狀動脈 Arcuate
8 蹠背動脈 Dorsal metatarsal
9 趾背動脈 Dorsal digital
10 脛後動脈 Posterior tibial
11 腓骨動脈 Fibular
12 足底內側動脈 Medial plantar
13 足底外側動脈 Lateral plantar
14 足底動脈弓 Plantar arch

第 119 頁
主要靜脈複習

上肢靜脈

A 指背靜脈 Dorsal digital
B 指背靜脈網 Dorsal digital network
C 貴要靜脈 Basilic
D 頭靜脈 Cephalic
E 肱靜脈 Brachial
F 腋靜脈 Axillary
G 鎖骨下靜脈 Subclavian
H 頭臂靜脈 Brachiocephalic
I 上腔靜脈 Superior vena cava
J 指靜脈 Digital
K 掌淺弓靜脈 Superficial palmar arch
L 掌深弓靜脈 Deep palmar arch
M 橈靜脈 Radial
N 尺靜脈 Ulnar

頭頸部的靜脈

O 頸內靜脈 Internal jugular
P 頸外靜脈 External jugular

胸部的靜脈

Q 肺靜脈 Pulmonary
R 肋間靜脈 Intercostal
S 奇靜脈 Azygos
T 胸腹壁靜脈 Thoracoepigastric

下肢靜脈

U 趾背靜脈 Dorsal digital
V 蹠背靜脈 Dorsal metatarsal
W 足背靜脈弓 Dorsal venous arch
X 大隱靜脈 Great saphenous
Y 小隱靜脈 Lesser saphenous
Z 蹠趾靜脈 Plantar digital
1 蹠側靜脈 Plantar metatarsal
2 深足底靜脈弓 Deep plantar venous arch
3 足底內側動脈 Medial plantar
4 足底外側動脈 Lateral plantar
5 脛後靜脈 Posterior tibial
6 背側靜脈 Dorsal
7 脛前靜脈 Anterior tibial
8 膕靜脈 Popliteal
9 股靜脈 Femoral

骨盆和腹部的靜脈

10 髂外靜脈 External iliac
11 髂內靜脈 Internal iliac
12 髂總靜脈 Common iliac
13 睪丸／卵巢靜脈 Testicular/Ovarian
14 腎靜脈 Renal
15 下腸繫膜靜脈 Inferior mesenteric
16 脾靜脈 Splenic
17 上腸繫膜靜脈 Superior mesenteric
18 胃靜脈 Gastric
19 肝門靜脈 Hepatic portal
20 肝靜脈 Hepatic
21 下腔靜脈 Inferior vena cava

附錄 2
骨骼肌的脊神經分布與支配

人體的神經系統主要分成中樞神經系統（包括腦與脊髓），以及周邊神經系統（包括 12 對腦神經和 31 對脊髓神經）。從脊髓發出的神經就稱為脊髓神經（簡稱脊神經），脊神經是成束的神經纖維，其末梢分布於軀幹和四肢。所有的脊神經都是混合神經，包含接收訊息的「感覺神經纖維」與輸出訊息的「運動神經纖維」兩大部分，可將軀幹及四肢等皮膚內受器的神經衝動傳遞到脊髓，也可將中樞神經系統的神經衝動傳達到軀幹及四肢的作用器以產生反應。下表羅列身體各骨骼肌（有些單獨列出，有些納入功能相關的肌群）、支配這些肌肉的脊神經，以及源頭的脊髓節段或神經根的名稱。除非另有標示（例如後枝），否則表列神經全都是前枝的分支。括號中的編號（比如 L2），代表該神經根對所述肌肉的神經有些微貢獻。

喪失神經分布會威脅骨骼肌的生命。當肌肉局部或完全去除神經支配時，肌肉的失能現象表現為感覺喪失、相關深層腱的反射減弱／喪失，以及肌肉萎縮。這些症狀可以透過專業的診斷（包括醫師、物理治療師、護理師等）來辨識及改善。

骨骼肌的脊神經分布與支配

（下表黑體字的脊髓節段名稱，代表神經支配的主要源頭。）

骨骼肌	神經分布	脊髓節段／神經根
頸部肌群		
胸鎖乳突肌	脊副神經	C2–C5
枕骨下肌	枕下神經	C1 背根
舌骨上肌群		
二腹肌	下齒槽神經	V3 腦神經
下頜舌骨肌	下齒槽神經	V3 腦神經
莖突舌骨肌	顏面神經	VII 腦神經
頦舌骨肌	取道舌下神經	C1
舌骨下肌群		
胸骨舌骨肌	頸襻	C1–C3
胸骨甲狀肌	頸襻	C1–C3
甲狀舌骨肌	取道舌下神經	C1
肩胛舌骨肌	頸襻	C1–C3
脊椎前肌群		
頭前直肌／頭側直肌	前枝	C1-C2
頸長肌／頭長肌	後枝／肌肉分支	C2–C6
脊椎側肌群		
前斜角肌	前枝	C4–C6
中斜角肌	前枝	C3-C8
後斜角肌	前枝	C6-C8
頸深肌群		
頭半棘肌／頸半棘肌	後枝	C6–C8
豎棘肌／多裂肌深層的小型動作肌	肌肉分支	C2-C6
胸壁肌群		
胸膈	膈神經	C3–C5
肋間肌	肋間神經	T1-T12
後上鋸肌	胸後枝	T1–T3
後下鋸肌	胸後枝	T9–T12
肋骨下肌／胸橫肌	肋間神經	T12/T1–T11
腹壁肌群		
外斜肌／內斜肌	胸／腰前枝	T6–T12, L1
提睪肌（出自內斜肌）	生殖股神經／生殖分支神經	L1–L2
腹橫肌	胸／腰前枝	T6–T12, L1
腹直肌	胸前枝	T5–T12
錐狀肌	肋下神經	T12
腰方肌	胸／腰前枝	T12, L1–L3
深背肌群		
頭夾肌／頸夾肌；横棘肌群：頭半棘肌／頸半棘肌、多裂肌、迴旋肌（主要為胸側）、豎脊肌、棘突間肌、橫突間肌	頸椎、胸椎、腰椎和薦椎神經的後枝	C1–C8, T1–T12, L1–5, S1–3
骨盆／會陰肌群		
提肛肌	陰部神經／薦神經叢	S2–S3
尾骨肌	薦神經叢	S3–S4；(Co1)
會陰肌群	陰部神經／薦神經叢 骨盆內臟神經	S2–S4
尿道括約肌	骨盆內臟神經 陰部神經 會陰／直腸分支	S2–S4 S2–S4 S4

上肢肌群		
斜方肌	脊副神經	C1–C5
大菱形肌／小菱形肌	肩胛背神經（C5）	C4–C5
提肩胛肌	肩胛背神經（C5）	C3–C5
前鋸肌	胸長神經	C5–C7
胸小肌	內側胸神經／外側胸神經	C5–T1
鎖骨下肌	通往鎖骨下肌的神經	C5–C6
棘上肌	肩胛上神經	C5–C6
棘下肌	肩胛上神經	C5–C6
肩胛下肌	上／下肩胛下神經	C5–C6
小圓肌	腋神經	C5–C6
三角肌	腋神經	**C5**–C6
胸大肌	內側胸神經／外側胸神經	C5–T1
背闊肌	胸背神經	C6–C8
大圓肌	下肩胛下神經	C5–C7
肱二頭肌	肌皮神經	**C5**–C6
肱肌	肌皮神經／橈神經	C5–(C7)
喙肱肌	肌皮神經	C5–C7
肱橈肌	橈神經	C5–**C6**
肱三頭肌	橈神經	C6, **C7**, C8
肘肌	橈神經	C6–C8
旋後肌	橈神經	**C6**–C7
旋前圓肌	正中神經	C6–C7
旋前方肌	正中神經	C7–C8
掌長肌	正中神經	C7–T1
掌短肌	尺神經	C8–T1
橈側屈腕肌	正中神經	C6–C7
尺側屈腕肌	尺神經	C7, **C8**, T1
屈指淺肌	正中神經	C8, T1
屈指深肌	正中神經／尺神經	C8, T1
屈拇長肌	正中神經	C7, C8
魚際肌	正中神經	**C6**, C7–T1
小魚際肌	尺神經	C8, T1
手內在肌	尺神經	C8, T1
骨間肌	尺神經	C8, T1
蚓狀肌 1, 2	正中神經	C8, T1
蚓狀肌 3, 4	尺神經	C8, T1
伸腕肌	橈神經	C6–C8
伸指肌	橈神經	C7, C8
下肢肌群		
腰大肌	腰神經叢	L1–L3
腰小肌	腰椎神經	L1
髂肌	股神經	L2–L3
髖內收肌	閉孔神經	L2, L3, (L4)
內收大肌	閉孔神經／坐骨神經	L2, L3, (L4)
恥骨肌	股神經／閉孔神經	L2, L3
股四頭肌	股神經	L2–L4
縫匠肌	股神經	L2–L3
闊筋膜張肌	上臀神經	L4–S1
臀大肌	下臀神經	L5, S1, (S2)
臀中肌／臀小肌	上臀神經	**L4**–S1
大腿後側肌群	坐骨神經	L5–S2
髖部外旋肌	薦神經叢	L5–S2
梨狀肌	通往梨狀肌的神經	L5–S2
閉孔內肌	通往閉孔內肌的神經	L5–S1
閉孔外肌	閉孔神經（後側分支）	L3–L4
孖上肌／孖下肌	通往閉孔內肌的神經／通往股方肌的神經	L5–S1
股方肌	通往股方肌的神經	L5–S1
脛前肌	腓深神經	**L4**–L5
伸拇趾長肌	腓深神經	L5
伸趾長肌	腓深神經	**L5**–S1
第三腓骨肌	腓深神經	L5–S1
腓骨長肌／腓骨短肌	腓淺神經	L5–S1
腓腸肌／比目魚肌	脛神經	S1–S2
蹠肌	脛神經	S1–S2
脛後肌	脛神經	L4–L5
屈拇趾長肌	脛神經	L5, **S1**, **S2**
屈趾長肌	脛神經	L5–S2
足內在肌	脛神經／蹠神經	L5–S3

出　處：W. B. Haymaker and B. Woodhall, *Peripheral Nerve Injuries*, 2nd ed. (Philadelphia: W.B. Saunders. 1953)；R. D. Lockhart, G. F. Hamilton, and F. W. Fyfe, *Anatomy of the Human Body* (Philadelphia: J. B. Lippincott, 1959)；P. L. Williams, ed., *Gray's Anatomy*, 38th ed. (New York: Churchill Livingstone, 1995)；K.L. Moore, A.F, Dalley II, *Clinically Oriented Anatomy*, 5th ed. (Philadelphia, Lippincott, Williams & Wilkins, 2006).

參考書目

Alberts, B., Johnson, A., Lewis, J., Raff, M., Roberts, K., and Walter, P. *Molecular Biology of the Cell*, 4th ed. Garland Science, New York, 2002

Blumenfeld, H. *Neuroanatomy through Clinical Cases.* Sinauer and Associates, Sunderland, MA, 2002

Burkitt, H.G., Young, B., and Heath, J.W. *Wheater's Functional Histology.* Churchill Livingstone, Edinburgh, 1993

Diamond, M.C., Scheibel A.B., and Elson, L.M. *The Human Brain Coloring Book.* HarperCollins, New York, 1985

Dickenson, R.L. *Human Sex Anatomy*, 2nd ed. Williams & Wilkins, Baltimore, 1949

Dorland's Illustrated Medical Dictionary, 30th ed. Saunders/Elsevier, Philadelphia, 2003

DuBrul, L. *Sicher's Oral Anatomy*, 7th ed. C.V. Mosby, St. Louis, 1980

Eroschenko, V.P. *DiFiore's Atlas of Histology with Functional Correlations*, 11th ed. Wolters Kluwer/Lippincott, Williams & Wilkins, Philadelphia, 2008

Foerster, O. *The Dermatomes in Man.* Brain *56*:1–39, 1933

Gazzaniga, M.S. (ed.-in-chief), *The Cognitive Neurosciences III.* MIT Press, Cambridge, MA, 2004

Gilroy, A.M., MacPherson, B.R., and Ross, L.M. (eds.). *Atlas of Anatomy,* Thieme, New York, 2009

Guyton, A.C., and Hall, J.E. *Textbook of Medical Physiology*, 10th ed. W.B. Saunders, Philadelphia, 2000

Haymaker, W.B., and Woodhall, B. *Peripheral Nerve Injuries: Principles of Diagnosis*, 2nd ed. W.B. Saunders, Philadelphia, 1953

Hoppenfeld, S. *Physical Examination of the Spine and Extremities.* Appleton-Century-Crofts, New York, 1976

Huettel, S.A., Song, A.W., and McCarthy, G. *Functional Magnetic Resonance Imaging.* Sinauer and Assocs., Sunderland, MA, 2004

Kandel, E.R., Schwartz, J.H., and Jessell, T.M. *Principles of Neural Science*, 4th ed. McGraw-Hill, New York, 2000

Kendall, F.P., McCreary, E.K., Provance, P.G., Rodgers, M.M., and Romani, W.A. *Muscles: Testing and Function with Posture and Pain*, 5th ed. Lippincott Williams & Williams, Baltimore, 2005

Lockhart, R.D., Hamilton, G.F., and Fyfe, F.W. *Anatomy of the Human Body,* 2nd ed. Faber & Faber, London, 1965

Lockhart, R.D., Hamilton, G.F., and Fyfe, F.W. *Anatomy of the Human Body*. J.B. Lippincott, Philadelphia, 1959

Marieb, E.N., and Hoehn, K. *Human Anatomy and Physiology*, 9th ed. Pearson, Boston, 2013

Marieb, E.N., Wilhelm, P.B., and Mallatt, J. *Human Anatomy*, 6th ed. Benjamin Cummings/Pearson, San Francisco, 2012

Mescher, A.L. *Junqueira's Basic Histology.* McGraw-Hill Medical, New York, 2010

Moore, K.L. *The Developing Human: Clinically Oriented Embryology*, 6th ed. W.B. Saunders, Philadelphia, 1998

Moore, K.L., and Dalley, A.F. *Clinically Oriented Anatomy*, 5th ed. Lippincott/Williams & Wilkins, Philadelphia, 2006

Murphy, K, *Immunobiology*, 8th ed. Garland Science/Taylor & Francis Group, London, 2012

Netter, F. *Atlas of Human Anatomy*, 4th ed. Saunders/Elsevier, Philadelphia, 2006
Nomina Anatomica, 6th ed. Churchill Livingstone, New York, 1989
O'Rahilly, R. *Gardner-Gray-O'Rahilly Anatomy.* WB Saunders, Philadelphia, 1986
Purves, D., Augustine, G.J., Fitzpatrick, D., Hall, W.C., La Mantia, A.S., McNamara, J.O., and White, L. (eds.). *Neuroscience*, 4th ed. Sinauer Associates, Sunderland, MA, 2008
Roberts, M., and Hanaway, J. *Atlas of the Human Brain in Section*, 2nd ed. Lea & Febiger, Philadelphia, 1970
Rohen, J.W., Yokochi, C., and Lütjen-Drecoll, E. *Color Atlas of Anatomy: A Photographic Study of the Human Body*, 5th ed. Wolters Kluwer/ Lippincott Williams & Wilkins, Philadelphia, 2002
Romanes, G.J. (ed.). *Cunningham's Textbook of Anatomy*, 12th ed. Oxford University Press, Oxford, UK, 1981
Ross, M.H., and Pawlina, W. *Histology: A Text and Atlas.* Wolters Kluwer/ Lippincott Williams & Wilkins, Philadelphia, 2011
Rosse, C., and Gaddum-Rosse, P. *Hollinshead's Textbook of Anatomy*, 5th ed. Lippincott-Raven, Philadelphia, 1997
Skinner, H. *The Origin of Medical Terms*, 2nd ed. Williams & Wilkins, Baltimore, 1961
Terminologia Anatomica, 2nd ed. Georg Thieme, New York, 2011
Warfel, J. *The Head, Neck, and Trunk: Muscles and Motor Points*, 6th ed. Lea & Febiger, Philadelphia, 1993
Warfel, J. *The Extremities*, 6th ed. Lea & Febiger, Philadelphia, 1993
Williams, P.L. (ed. & chair). *Gray's Anatomy*, 38th ed. Churchill Livingstone, New York, 1995

索引

A

B

C

D

E

F

G

H

I

J~K

L

M

N

O

P

Q~R

S

T

U

V

W~Z

BH0023R

人體解剖著色學習手冊

邊看邊畫邊學，為知識上色，更有趣、更輕鬆、更好記

The Anatomy Coloring Book

作　　者　維恩．凱彼特（Wynn Kapit）、勞倫斯．埃爾森（Lawrence M. Elson）合著
譯　　者　蔡承志
審　　定　張宏名、陳儷友、楊世忠
責任編輯　于芝峰
特約主編　莊雪珠
封面設計　黃聖文
內頁構成　舞陽美術

發 行 人　蘇拾平
總 編 輯　于芝峰
副總編輯　田哲榮
業務發行　王綬晨、邱紹溢、劉文雅
行銷企劃　陳詩婷
出　　版　橡實文化 ACORN Publishing
231030新北市新店區北新路三段207-3號5樓
電話：（02）8913-1005 傳真：（02）8913-1056
網址：www.acornbooks.com.tw
E-mail信箱：acorn@andbooks.com.tw
發　　行　大雁出版基地
231030新北市新店區北新路三段207-3號5樓
電話：（02）8913-1005 傳真：（02）8913-1056
讀者服務信箱：andbooks@andbooks.com.tw
劃撥帳號：19983379 戶名：大雁文化事業股份有限公司

國家圖書館出版品預行編目資料

人體解剖著色學習手冊 / 維恩．凱彼特(Wynn Kapit), 勞倫斯．埃爾森(Lawrence M. Elson)合著 ; 蔡承志譯. -- 二版. -- 新北市 : 橡實文化出版 : 大雁出版基地發行, 2024.12
384面 ; 21×28公分
譯自 : The anatomy coloring book
ISBN 978-626-7441-98-5(平裝)

1.CST:人體解剖學 2.CST:圖錄

394.025　　113014100

印　　刷　中原造像股份有限公司
二版一刷　2024年12月

定　　價　900元
I S B N　978-626-7441-98-5